ABC DU BAC

Excellence

Ambition PRÉPA

Mathématiques

Term S

spécifique & spécialité

Christian Lixi

Gérard Chassard

Nathan

Mode d'emploi

Un ouvrage efficace pour réviser et anticiper la prépa

COURS

- Des **rappels de cours clairs et structurés**, pour mémoriser l'essentiel des connaissances à savoir.
- Des **encadrés et des annotations en marge** pour vous aider à comprendre certains points difficiles.

EXERCICES ET SUJETS

- **Nombreux et variés**, les exercices proposés couvrent l'ensemble des thèmes abordés dans le chapitre.
- Des **points de méthode** et des **conseils de résolution** enrichissent les énoncés.
- Différentes rubriques permettent un **entraînement progressif** :
  - Questions courtes, pour une auto-évaluation simple des connaissances ;
  - Exercices d'entraînement ;
  - Sujets de type bac.
- Le **minutage** est donné pour chaque exercice, ainsi que le **niveau de difficulté** :
  - pas d'étoile : exercice de base ;
  - ★ : exercice de réflexion et de synthèse ;
  - ★★ : exercice présentant quelque difficulté ;
  - ★★★ : exercice de type bac faisant appel à des notions diversifiées.

CORRIGÉS

- Les corrigés sont entièrement rédigés, **très détaillés**, et présentent toutes les étapes du raisonnement et des calculs.
- Ils sont accompagnés de commentaires, de remarques, de conseils, de compléments… **pour être « au top »** en mathématiques.

AMBITION PRÉPA

- 100 pages pour **anticiper la prépa scientifique** (MPSI, PCSI, PTSI, BCPST ou TSI).
- Les pages *Ambition prépa* sont insérées au fil des chapitres de terminale.
- Chaque cahier *Ambition prépa* est structuré en trois parties :

– **la rubrique *prépa attitude*** ou comment travailler en terminale en **se mettant en condition pour la prépa** ;
– **des prolongements du cours** de terminale S pour commencer à s'initier aux notions étudiées en prépa ;
– **des exercices** sur ces notions avec des corrigés **adaptés** et **commentés**.

Connectez-vous à abcbac.com

Réalisation éditoriale Roseline Messager
Édition Régine Delay, Benjamin Peylet
Conception graphique intérieur Élise Launay, Géraldine Chazel
Couverture Marc & Yvette, Pierre-Yves Skrzypczak
Compositeur Desk, Scientech Livre

ISBN : 978-2-09-152006-3

SOMMAIRE

DESCRIPTION DE L'ÉPREUVE DU BAC

1 Structure de l'épreuve

■ **Durée de l'épreuve :** 4 heures, que ce soit pour les élèves ayant choisi « spécialité » ou seulement l'enseignement spécifique.

■ **Coefficient :** 7.

■ **Coefficient :** 9 pour les candidats ayant choisi l'enseignement de spécialité.

2 Nature du sujet

■ Le sujet comporte de **trois à cinq exercices indépendants** les uns des autres, notés chacun sur 3 à 10 points ; ils abordent une grande variété de domaines du programme.

■ Le sujet proposé aux candidats ayant suivi **l'enseignement de spécialité** diffère de celui proposé aux candidats ne l'ayant pas suivi par un de ces exercices, noté sur **5 points**.

3 Conseils pour l'épreuve

■ Avant de répondre à une question, relisez l'intitulé du texte pour conclure précisément.

■ N'oubliez pas qu'une question apporte une réponse souvent réutilisée dans la suite de l'exercice.

■ La qualité de la rédaction est prise en compte : évitez les fautes d'orthographe, les abréviations et n'utilisez les symboles que dans des phrases mathématiques.

■ Pensez à justifier vos propositions, à vous référer précisément à des définitions, des propriétés, des théorèmes et corollaires.

■ Si une figure est demandée, faites-la rapidement au brouillon avant de la recopier définitivement et proprement sur votre copie.

■ Faites les calculs compliqués au brouillon, mais rédigez directement sur votre copie.

■ Tous les résultats donnés doivent être simplifiés. N'hésitez pas à les mettre en valeur.

■ Prévoyez une copie par exercice et numérotez.

Ambition prépa

Comment anticiper la prépa scientifique ?

DE QUOI S'AGIT-IL ?

- Pour être efficace dès la rentrée en prépa, vous devez adopter la *prépa attitude* pendant votre année de terminale.
- Ce livre va vous aider à **acquérir des réflexes** pour la prépa et vous **préparer au mieux**, pourvu que vous fournissiez les **trois efforts suivants** :
  - valorisez votre temps pendant les cours ;
  - valorisez votre travail à la maison ;
  - apprenez à utiliser efficacement ce livre.

Valorisez votre temps pendant les cours

→ **Améliorez votre prise de notes.**

- Si vous êtes perdu, si vous avez pris trop de retard, « arrêtez de courir » : vous n'entendez plus le cours, il faut sauter des lignes sur votre feuille et **notez ce que le professeur est en train de dire**.

- Ne perdez jamais de vue que vous êtes capable de refaire les calculs, ayez confiance en vous. Dans le discours du professeur, ce qu'il faut surtout retenir, ce sont **les petites phrases qui expliquent les liaisons et qui la plupart du temps ne sont pas écrites au tableau**. Celles que vous retrouvez dans les livres ne correspondent pas tout à fait à votre cours.

→ N'hésitez pas à **poser des questions** à votre professeur, mais si vous n'avez pas travaillé votre cours, vos questions ne vous aideront pas et vous ne ferez pas illusion.

Valorisez votre travail à la maison

→ **Revoyez votre cours le soir même**, les énoncés des théorèmes et définitions sont à apprendre par cœur (n'oubliez pas que la calculatrice est interdite dans de très nombreux concours).

On vous demandera souvent en classes prépas de citer des théorèmes ou définitions.

→ **Les résumés de cours** vont vous aider. **Tous les résumés doivent être connus par cœur**, surlignez de deux couleurs différentes (toujours les mêmes) les hypothèses et les conclusions. Attention, parfois une hypothèse est indiquée « dans un chapeau » : c'est qu'elle est commune à tous les énoncés qui suivent, ne pas oublier de la surligner.

Apprenez les théorèmes en précisant à chaque fois toutes les hypothèses.

→ Vous devez être capable de **refaire les principales démonstrations du cours**, ce sont des modèles pour les exercices, n'oubliez jamais que les concepteurs de sujets savent que vous avez vu ces démonstrations et estiment donc que vous avez des « pistes » pour résoudre telle ou telle question.

→ **Apprenez les démonstrations.** Pour cela, vous devez :

- **bien isoler les hypothèses et la conclusion :**
  – écrivez les sur une feuille sous forme de deux colonnes,
  – traduisez avec des symboles hypothèses et conclusion,
- **reconnaître le type de démonstration :**
  – raisonnement direct,
  – raisonnement par disjonction des cas,
  – raisonnement par contre-exemple,
  – raisonnement par contraposée,
  – raisonnement par l'absurde,
  – raisonnement par analyse-synthèse,
  – raisonnement par récurrence.
- **trouver les « nœuds » de la démonstration,** c'est-à-dire les quelques remarques qui vous assurent que vous êtes sur la bonne voie. Le reste viendra tout seul.

Apprenez à utiliser efficacement ce livre

→ Le **résumé de cours**, pour apprendre le cours, mais aussi pour les révisions.

→ **Les exercices**, qui sont classés par niveaux de difficultés :

- **Les questions courtes** vous aident à déterminer si le cours est bien su ; si vous n'arrivez pas à répondre rapidement, c'est que votre cours n'est pas assez mémorisé.
  Effectuez toujours ce travail, sans utiliser le cours, pour prendre conscience des notions non connues (vous êtes obligé d'aller chercher l'information).
- **Ne soyez pas effrayé par les exercices qui ont le plus d'étoiles.** Dans une question, reformulez si nécessaire la conclusion.
  L'affirmation « je ne sais pas comment démarrer » est souvent le signe d'une mauvaise lecture de la conclusion « que me demande-t-on ? » Si vous n'avancez pas, allez chercher le début du corrigé de la question et essayez de continuer tout seul.
- **Les corrigés** comportent souvent **plusieurs méthodes de résolution**. Certaines solutions d'exercices types sont à connaître comme des démonstrations du cours.

➜ **La partie Ambition prépa** se divise en :

- **des prolongements du cours**, pour vous aider à apprendre seul de nouvelles notions (ces notions seront vues dans les premiers mois de votre classe prépa) ;
- **des exercices qui utilisent ces nouvelles notions**. Presque tous les exercices proposent plusieurs solutions, beaucoup sont des exercices types dont la résolution est à apprendre.

➜ **Les pages qui suivent** vont vous permettre de **mettre en œuvre les méthodes** exposées ci-dessus. Les notions présentées vous sont peut-être familières, mais elles vous sont ici proposées de manière synthétique. Une très bonne connaissance de ces notions est indispensable si vous voulez être efficace pour les autres chapitres.

➜ **Faites les exercices** proposés p. 15 et 16 : il faut pouvoir les résoudre aisément et rapidement.

Si vous avez des difficultés, relisez les pages 11 à 15 et recommencez les exercices. Ce sont des **exercices plus abstraits qui constituent une bonne introduction au travail d'un élève de prépa**.

La Prépa attitude

Dans ce chapitre, des notions vues tout au long du collège et du lycée sont synthétisées. Ce chapitre doit vous apprendre à adopter la *prépa attitude* : **rigueur, mémorisation du cours et justification de chaque affirmation ou de chaque transformation d'une expression...**

Prolongement au cours de Term S

1 Ensembles, Ensemble des parties d'un ensemble

Si le mot *ensemble* ne peut être défini dans le cadre de cet ouvrage, il est possible de définir un ensemble particulier, soit en caractérisant les éléments de l'ensemble par une propriété commune de ses éléments, soit en faisant la liste des éléments de l'ensemble.

Exemple : Soit E l'ensemble des nombres pairs compris entre 1 et 6.
– Définition de E en précisant l'ensemble des éléments $E = \{2, 4, 6\}$.
– Définition de E par caractérisation $E = \{x \in \mathbb{N} / \exists\, k \in \{1, 2, 3\}, x = 2k\}$: « Ensemble des entiers naturels x tels qu'il existe un entier k compris entre 1 et 3 tel que $x = 2k$ ».

Définition : Soit E un ensemble, on dit qu'un ensemble A est une partie de E si tout élément de A est un élément de E (c'est-à-dire $(\forall x \in A)(x \in E)$). On note $A \subset E$.

Théorème : Deux ensembles A et B sont égaux si et seulement si on a à la fois $A \subset B$ et $B \subset A$.

Application aux équations : pour démontrer que deux équations sont équivalentes on montre qu'elles ont le même ensemble de solutions. Pour cela, on démontre que toute solution de la première est solution de la seconde et que toute solution de la seconde est solution de la première.

Conseil

Pour résoudre une équation, on peut écrire successivement des équations équivalentes en utilisant des opérations qui garantissent l'équivalence.

Définition : Soit E un ensemble, l'ensemble des parties (sous-ensembles) de E est appelé ensemble des parties de E, on le note $\mathcal{P}(E)$.

Remarque : Pour tout ensemble E il existe une partie et une seule de E qui ne contient aucun

AMBITION PRÉPA

élément, cette partie est appelée la partie vide et on la note $\varnothing$, l'ensemble E est une partie de E appelée partie pleine.

Théorème : Soit n un entier naturel et E un ensemble ayant n éléments, on dit aussi de cardinal n et on note $\text{card}(E) = n$, alors $\mathcal{P}(E)$ possède 2^n éléments.

Exemples :

– Si $E = \{a\}$, alors $\mathcal{P}(E) = \{\varnothing, \{a\}\}$ (attention, on écrit $a \in \{a\}$ mais $\{a\} \subset E = \{a\}$ et $\{a\} \in \mathcal{P}(\{a\})$. L'ensemble E possède un élément : « a », et $\mathcal{P}(E)$ deux.

– Si $E = \{a, b\}$, alors $\mathcal{P}(E) = \{\varnothing, \{a\}, \{b\}, \{a,b\}\}$. L'ensemble E possède deux éléments et $\mathcal{P}(E)$ quatre.

– Si $E = \varnothing$, alors $\mathcal{P}(E) = \{\varnothing\}$. L'ensemble E possède zéro élément et $\mathcal{P}(E)$ un. L'ensemble $\{\varnothing\}$ n'est pas vide, il possède un élément : la partie vide qui est aussi la partie pleine de E !

2 Opérations dans $\mathcal{P}(E)$

Soit E un ensemble, A et B deux parties de E (on dit aussi deux éléments de $\mathcal{P}(E)$), alors $A \cap B$ (on lit A « inter » B), $A \cup B$ (on lit A « union » B), $A \setminus B$ (on lit A « moins » B, c'est l'ensemble des éléments qui sont dans A sans être dans B), $A \Delta B$ (on lit différence symétrique des parties A et B, on a $A \Delta B = (A \setminus B) \cup (B \setminus A)$) sont des éléments de $\mathcal{P}(E)$.

Soit E un ensemble, A une partie de E, on note $\complement_E A$ et on lit « complémentaire de A dans E » l'ensemble des éléments E qui ne sont pas dans A. $\complement_E A$ est l'unique partie de E qui vérifie

$$A \cup \complement_E A = E \text{ et } A \cap \complement_E A = \varnothing$$

3 Quelques propriétés des opérations dans $\mathcal{P}(E)$

Soit E un ensemble, quelles que soient les parties A, B, C de E, on a :

$$A \cup (B \cup C) = (A \cup B) \cup C \qquad A \cap (B \cap C) = (A \cap B) \cap C$$

$$A \cup B = B \cup A \qquad A \cap B = B \cap A$$

$$A \cup \varnothing = A \qquad A \cap \varnothing = \varnothing$$

$$A \cup E = E \qquad A \cap E = A$$

$$A \subset B \Leftrightarrow A \cup B = B \qquad A \subset B \Leftrightarrow A \cap B = A$$

$$A \cup (B \cap C) = (A \cup B) \cap (A \cup C)$$

$$A \cap (B \cup C) = (A \cap B) \cup (A \cap C)$$

$$C_E(A \cup B) = C_E A \cap C_E B \qquad C_E(A \cap B) = C_E A \cup C_E B$$

$$A\Delta(B\Delta C) = (A\Delta B)\Delta C$$

$$A\Delta B = B\Delta A$$

$$A\Delta\varnothing = A$$

$$A\Delta A = \varnothing$$

$$A \cap (B\Delta C) = (A \cap B)\Delta(A \cap C)$$

Soit n un entier naturel non nul, E un ensemble de cardinal n (c'est-à-dire ayant n éléments), A et B deux parties de E, on a :

- Si A et B sont disjoints, c'est-à-dire si $A \cap B = \varnothing$, $\text{card}(A \cup B) = \text{card}(A) + \text{card}(B)$
- $\text{card}(C_E A) + \text{card}(A) = \text{card}(E)$
- $\text{card}(A \cup B) = \text{card}(A) + \text{card}(B) - \text{card}(A \cap B)$

Remarque

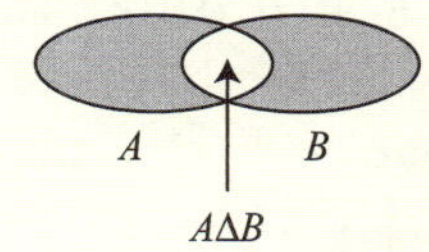

Exercice : Soit E un ensemble, quelles que soient les parties A, B, C de E, on a $A \cup (B \cap C) = (A \cup B) \cap (A \cup C)$. Démontrer.

Corrigé :

– **La première étape** est de reformuler la question, se demander quels sont les « types » d'objets qui interviennent dans la question. $A \cup (B \cap C)$ et $(A \cup B) \cap (A \cup C)$ sont des intersections et des réunions de parties de E, ce sont donc des parties E et la question posée est de démontrer l'égalité entre deux parties de E.

– **Deuxième étape :** comment démontrer que deux sous-ensembles sont égaux ? Le cours dit qu'il suffit de démontrer une double inclusion.

– **Troisième étape :** comment démontrer une inclusion ? Il suffit de démontrer que tout élément de l'un est dans l'autre. Il faut donc commencer par mettre le quantificateur « Pour tout » sous forme symbolique ou dans la première phrase.

● Démonstration de l'inclusion $A \cup (B \cap C) \subset (A \cup B) \cap (A \cup C)$

Pour tout x de $A \cup (B \cap C)$, l'élément x appartient à A « ou » à $B \cap C$.

– Si x appartient à A, alors il appartient à $A \cup B$ (car $A \subset A \cup B$) « et » il appartient à $A \cup C$, donc x appartient à $(A \cup B) \cap (A \cup C)$.

– Si x appartient à $(B \cap C)$, alors il appartient à B « et » à C donc il appartient à $(A \cup B)$ (car $B \subset A \cup B$) « et » il appartient à $A \cup C$, donc x appartient à $(A \cup B) \cap (A \cup C)$.

– Dans les deux cas, l'élément x appartient à $(A \cup B) \cap (A \cup C)$.

En conclusion, tout élément x de $A \cup (B \cap C)$ appartient à $(A \cup B) \cap (A \cup C)$, on a démontré l'inclusion $A \cup (B \cap C) \subset (A \cup B) \cap (A \cup C)$.
• On démontre de même que $(A \cup B) \cap (A \cup C) \subset A \cup (B \cap C)$.
Quelles que soient les parties A, B, C d'un ensemble E, on a $A \cup (B \cap C) = (A \cup B) \cap (A \cup C)$.

4 Produit cartésien de deux ensembles

Soit E et F deux ensembles non vides, on appelle produit cartésien de E et de F l'ensemble, noté $E \times F$, des couples $(x\ ;\ y)$ où x est un élément quelconque de E et y un élément quelconque de F.

Exemple :
soit $E = \{1, 2, 3\}$ et $F = \{a, b\}$ alors :

$$E \times F = \{(1\ ;\ a), (1\ ;\ b), (2\ ;\ a), (2\ ;\ b), (3\ ;\ a), (3\ ;\ b)\}.$$

Les ensembles $E \times F$ et $F \times E$ sont distincts.

Remarque
$F \times E = \{(a\ ;\ 1), (a\ ;\ 2), (a\ ;\ 3), (b\ ;\ 1), (b\ ;\ 2), (b\ ;\ 3)\}$

Théorème : Soit n et m deux entiers naturels non nuls, E et F deux ensembles tels que $\text{card}(E) = n$ et $\text{card}(F) = m$ alors :

$$\text{card}(E \times F) = \text{card}(E) \times \text{card}(F) = nm.$$

5 Application, image directe

Définition : soit E et F deux ensembles, on dit qu'une fonction de E vers F est une application de E vers F si tout élément de E a une image par f. L'ensemble de définition de f est E.

Définition : soit f une application d'un ensemble E vers un ensemble F, on appelle image directe associée à f l'application notée $\hat{f}$ de $\mathcal{P}(E)$ dans $\mathcal{P}(F)$ qui à toute partie A de E associe la partie de F égale à $\{f(x)/x \in A\}$.
Attention, on note souvent f l'application $\hat{f}$. C'est le contexte qui permet de savoir si la notation f désigne f ou $\hat{f}$. Si x appartient à E, la notation $f(x)$ correspond à l'application f. Si A est une partie de E, la notation $f(A)$ correspond à l'application image directe associée à f.

Remarque
$f(A) = \{y \in F / \exists x \in A, y = f(x)\}$

AMBITION PRÉPA

Quelques formules à connaître

Efforcez-vous d'apprendre ces trois formules :

Soit n un entier naturel non nul, on a :

$$1+2+\cdots+n=\sum_{k=1}^{n}k=\frac{n(n+1)}{2}$$

$$1^2+2^2+\cdots+n^2=\sum_{k=1}^{n}k^2=\frac{n(n+1)(2n+1)}{6}$$

$$1^3+2^3+\cdots+n^3=\sum_{k=1}^{n}k^3=\left(\frac{n(n+1)}{2}\right)^2=\frac{n^2(n+1)^2}{4}$$

Méthode : $S=1+2+3+\ldots+(n-1)+n$

$$S=n+(n-1)+\ldots+3+2+1$$

On additionne membre à membre en associant chaque terme de S avec celui écrit au-dessous :

$$2S=(1+n)+(2+n-1)+\ldots+(n-1+2)+(n+1)$$

$$2S=n(n+1)$$

Factorielle

Définition : On appelle factorielle la fonction définie sur $\mathbb{N}$, qui à tout entier naturel n associe un entier naturel noté $n!$ défini par $0!=1$ et pour tout entier naturel n, $(n+1)!=(n+1)\times n!$.

Remarque : Pour tout entier naturel n supérieur ou égal à 2, l'entier $n!$ est égal au produit de tous les entiers compris entre 1 et n.

Exemple : Les résultats suivants sont à connaître par cœur :

$0!=1$, $1!=1\times 0!=1\times 1=1$, $2!=2\times 1!=2$, $3!=6$, $4!=24$, $5!=120$, $6!=720$

EXERCICES

➔ Corrigés p. 16

1 Soit n un entier naturel non nul, E un ensemble de cardinal n, calculer $\displaystyle\sum_{X\in\mathcal{P}(E)}\operatorname{card}(X)$

AMBITION PRÉPA

2 Soit f une application d'un ensemble E vers un ensemble F, montrer que pour toutes parties A et B de E :

1. Si $A \subset B$ alors $f(A) \subset f(B)$

2. $f(A \cup B) = f(A) \cup f(B)$

3. $f(A \cap B) \subset f(A) \cap f(B)$

4. Trouver un contre-exemple pour démontrer que la formule $f(A \cap B) = f(A) \cap f(B)$ est fausse.

3 Montrer en utilisant l'identité remarquable

$$(a+b)^3 = a^3 + 3a^2b + 3ab^2 + b^3,$$

que pour tout entier n supérieur ou égal à 1 :

$$1^2 + 2^2 + \cdots + n^2 = \frac{n(n+1)(2n+1)}{6}$$

4 Soit n un entier naturel supérieur ou égal à 3, on désigne par S_n l'entier :

$$S_n = 1 \times 2 \times 3 + 2 \times 3 \times 4 + \cdots + (n-2) \times (n-1) \times n$$
$$= \sum_{k=3}^{n} (k-2) \times (k-1) \times k$$

Montrer que pour tout entier n supérieur ou égal à 3, $S_n = \dfrac{(n+1)!}{2^2 (n-3)!}$

CORRIGÉS

1 Soit n un entier naturel non nul, E un ensemble de cardinal n, calcul de $\sum\limits_{X \in \mathscr{P}(E)} \operatorname{card}(X)$.

Construisons deux exemples :

– $E = \{a\,;b\}$, on a alors $\mathscr{P}(E) = \{\varnothing, \{a\}, \{b\}, \{a\,;b\}\}$, dans la question, X est une partie quelconque de $\mathscr{P}(E)$ et doit prendre toutes les « valeurs possibles »

$$\sum_{X \in \mathscr{P}(E)} \operatorname{card}(X) = \operatorname{card}(\varnothing) + \operatorname{card}(\{a\}) + \operatorname{card}(\{b\}) + \operatorname{card}(\{a\,;b\})$$
$$= 0 + 1 + 1 + 2 = 4$$

– $E = \{a\,;b\,;c\}$, on a alors $\mathscr{P}(E) = \{\varnothing, \{a\}, \{b\}, \{c\}, \{a\,;b\}, \{a\,;c\}, \{b\,;c\}, \{a\,;b\,;c\}\}$, dans la question, X est une partie quelconque de $\mathscr{P}(E)$ et doit prendre toutes les « valeurs possibles ».

$$\sum_{X\in\mathcal{P}(E)} \operatorname{card}(X) = \operatorname{card}(\varnothing) + \operatorname{card}(\{a\}) + \operatorname{card}(\{b\}) + \operatorname{card}(\{c\}) + \operatorname{card}(\{a\,;\,b\})$$
$$+ \operatorname{card}(\{a\,;\,c\}) + \operatorname{card}(\{b\,;\,c\}) + \operatorname{card}(\{a\,;\,b\,;\,c\})$$
$$= 0+1+1+1+2+2+2+3 = 12$$

On peut généraliser la méthode, mais il faut avoir connaissance de notions que l'on trouve dans le chapitre 9.

Si X est une partie de l'ensemble E, on a $\operatorname{card}(X) + \operatorname{card}(\complement_E X) = \operatorname{card}(E)$.

Toute partie X peut toujours s'écrire comme la partie complémentaire d'une autre partie $X = \complement_E(\complement_E X)$, donc $\sum\limits_{X\in\mathcal{P}(E)} \operatorname{card}(X) = \sum\limits_{X\in\mathcal{P}(E)} \operatorname{card}(\complement_E X)$.

Donc
$$\begin{aligned}2\sum_{X\in\mathcal{P}(E)} \operatorname{card}(X) &= \sum_{X\in\mathcal{P}(E)} \operatorname{card}(X) + \sum_{X\in\mathcal{P}(E)} \operatorname{card}(\complement_E X)\\ &= \sum_{X\in\mathcal{P}(E)} \operatorname{card}(X) + \operatorname{card}(\complement_E X)\\ &= \sum_{X\in\mathcal{P}(E)} \operatorname{card}(E) = \sum_{X\in\mathcal{P}(E)} n\end{aligned}$$

Il y a autant de termes dans la somme qu'il y a d'éléments dans $\mathcal{P}(E)$ soit 2^n donc :
$$2\sum_{X\in\mathcal{P}(E)} \operatorname{card}(X) = 2^n \times n$$
D'où
$$\sum_{X\in\mathcal{P}(E)} \operatorname{card}(X) = \frac{1}{2}2^n \times n = n2^{n-1}$$

2 **1.** La notation $f(A)$ précise que f est ici l'application image directe associée à l'application f de E vers F.

Il faut démontrer, sous l'hypothèse $A \subset B$, qu'on a $f(A) \subset f(B)$.

- Précisons les objets : $f(A)$ et $f(B)$ sont des parties de F.
- Il faut démontrer l'inclusion de $f(A)$ dans $f(B)$
- D'après le cours, pour démontrer l'inclusion, il suffit de démontrer que tout élément de $f(A)$ est élément de $f(B)$.

Pour tout y de $f(A)$, il existe un x de A tel que $f(x) = y$. Mais A est inclus dans B (on utilise l'hypothèse) donc x appartient à B donc $f(x) = y$ appartient à $f(B)$ (car $f(B)$ contient toutes les images des éléments de B).

Tout élément y de $f(A)$ appartient à $f(B)$ donc $f(A) \subset f(B)$.

2. Si A et B sont des parties de E, alors $f(A \cup B) = f(A) \cup f(B)$.

– Précisons les objets: $f(A \cup B)$ et $f(A) \cup f(B)$ sont des parties de F.

– Il faut démontrer une égalité entre deux parties.

– D'après le cours, pour démontrer l'égalité il suffit de démontrer une double inclusion, $f(A \cup B) \subset f(A) \cup f(B)$ et $f(A) \cup f(B) \subset f(A \cup B)$

a) $f(A \cup B) \subset f(A) \cup f(B)$

Rappel

$f(A)$ est l'ensemble des éléments y de F pour lesquels il existe au moins un élément x dans A tel que $y = f(x)$

On applique la méthode de la question **1.**

Pour tout y de $f(A \cup B)$, il existe un x appartenant à $A \cup B$ tel que $f(x) = y$. L'élément x appartient à $A \cup B$, il appartient donc à A ou à B donc $f(x)$ appartient à $f(A)$ ou à $f(B)$.

On a $f(A) \subset f(A) \cup f(B)$ et $f(B) \subset f(A) \cup f(B)$ donc que $y = f(x)$ appartienne à $f(A)$ ou à $f(B)$, il appartient à $f(A) \cup f(B)$.

En conclusion, tout y appartenant à $f(A \cup B)$ appartient à $f(A) \cup f(B)$ donc :
$$f(A \cup B) \subset f(A) \cup f(B).$$

b) $f(A) \cup f(B) \subset f(A \cup B)$

Rappel

Entre parties d'un ensemble, on utilise le symbole $\subset$ et non $\in$.

On applique la méthode de la question **1.**

Pour tout y de $f(A) \cup f(B)$, l'élément y appartient à $f(A)$ ou à $f(B)$ donc il existe un x appartenant à A ou à B tel que $f(x) = y$.

L'élément x appartenant à A ou à B appartient à $A \cup B$ donc $y = f(x)$ appartient à $f(A \cup B)$

En conclusion, tout y appartenant à $f(A) \cup f(B)$ appartient à $f(A \cup B)$ donc $f(A) \cup f(B) \subset f(A \cup B)$.

Si A et B sont des parties de E, alors $f(A \cup B) = f(A) \cup f(B)$.

3. $f(A \cap B) \subset f(A) \cap f(B)$

On applique la méthode de la question **1.**

Pour tout y de $f(A \cap B)$, il existe un x appartenant à $A \cap B$ tel que $y = f(x)$. L'élément x appartient à A et B donc $f(x)$ appartient à $f(A)$ et à $f(B)$ donc à $f(A) \cap f(B)$.

On a donc $f(A \cap B) \subset f(A) \cap f(B)$

4. La propriété $f(A \cap B) = f(A) \cap f(B)$ est fausse.

Pour démontrer que la propriété est fausse, il suffit de construire un contre-exemple. D'après la question précédente, $f(A \cap B) \subset f(A) \cap f(B)$

donc le contre-exemple doit permettre de montrer que la propriété $f(A) \cap f(B) \subset f(A \cap B)$ est fausse.

Soit f l'application de $\mathbb{R}$ dans $\mathbb{R}$ qui à tout réel x associe sa valeur absolue. On choisit $A = [-1\ ;\ 0]$ et $B = [0\ ;\ 1]$

On a $A \cap B = \{0\}$ donc $f(A \cap B) = f(\{0\}) = \{0\}$.

$f(A) = \{f(x)/x \in [-1\ ;\ 0]\} = \{|x|/x \in [-1\ ;\ 0]\}$
$= [0\ ;\ 1]$ de même $f(B) = [0\ ;\ 1]$ donc $f(A) \cap f(B) = [0\ ;\ 1]$ n'est pas inclus dans $f(A \cap B) = \{0\}$

La propriété $f(A) \cap f(B) \subset f(A \cap B)$ est fausse et donc la propriété $f(A \cap B) = f(A) \cap f(B)$ est fausse.

> **Remarque**
> $f(\{0\})$ est l'image d'une partie de $\mathbb{R}$ par f. C'est une partie de $\mathbb{R}$, on l'écrit $\{0\}$ avec des accolades.

3 Pour tout entier n supérieur ou égal à 1

$$1^2 + 2^2 + \cdots + n^2 = \frac{n(n+1)(2n+1)}{6}.$$

Pour tout entier n supérieur ou égal à 1, on désigne par S_n, S'_n et S''_n respectivement les sommes $\sum_{k=1}^{n} k$, $\sum_{k=1}^{n} k^2$, $\sum_{k=1}^{n} k^3$

On écrit l'identité remarquable proposée successivement avec $a = 1$ et $b = 0$, 1, …, n

$$\begin{array}{rcl}
1^3 = (1+0)^3 &=& 1^3 \\
2^3 = (1+1)^3 &=& 1^3 + 3\times 1^2 \times 1 + 3\times 1\times 1^2 + 1^3 \\
3^3 = (1+2)^3 &=& 1^3 + 3\times 1^2 \times 2 + 3\times 1\times 2^2 + 2^3 \\
\vdots & \vdots & \\
(n+1)^3 = (1+n)^3 &=& 1^3 + 3\times 1^2 \times n + 3\times 1\times n^2 + n^3 \\
\hline
S''_{n+1} &=& n+1+ \quad 3S_n \quad + \quad 3S'_n \quad + S''_n
\end{array}$$

La dernière ligne est obtenue en faisant les sommes par colonnes. Pour tout entier n supérieur ou égal à 1

$$S''_{n+1} = n + 1 + 3S_n + 3S'_n + S''_n$$

D'où $3S'_n = S''_{n+1} - S''_n - (n+1) - 3S_n$

$$= (n+1)^3 - (n+1) - 3\frac{n(n+1)}{2}$$

$$= \frac{(n+1)}{2}\left[2(n+1)^2 - 2 - 3n\right] = \frac{(n+1)}{2}\left[2\left((n+1)^2 - 1^2\right) - 3n\right]$$

> **Remarque**
> La différence $S''_{n+1} - S''_n$ ne comporte que le terme $(n+1)^3$.

$$S'_n = \frac{(n+1)}{6}\left[2(n+1+1)(n+1-1)-3n\right]$$
$$= \frac{(n+1)}{6}\left[2n(n+2)-3n\right] = \frac{(n+1)}{6}n(2n+4-3) = \frac{n(n+1)(2n+1)}{6}$$

4 La démonstration porte sur le fait que l'égalité est vraie pour tout entier naturel supérieur ou égal à 3. Ce type de question demande très souvent un raisonnement par récurrence.

Remarque

On précise l'hypothèse de récurrence qu'on utilisera pour démontrer que la propriété est vraie pour l'entier suivant $n+1$.

– L'initialisation se fait pour $n = 3$, l'expression de S_3 ne comporte qu'un seul terme $S_3 = 1\times 2\times 3 = 6$. Si $n = 3$ l'expression $\frac{(n+1)!}{2^2(n-3)!}$ est égale à $\frac{4!}{2^2 0!} = \frac{24}{4\times 1} = 6$. La propriété est vérifiée pour $n = 3$.

– Supposons que pour un certain entier naturel n supérieur ou égal à 3, $S_n = \frac{(n+1)!}{2^2(n-3)!}$

– On a alors

$$S_{n+1} = 1\times 2\times 3 + 2\times 3\times 4 + \cdots + (n-2)\times(n-1)\times n + (n-1)\times(n)\times(n+1)$$
$$= S_n + (n-1)\times(n)\times(n+1) = \frac{(n+1)!}{2^2(n-3)!} + (n-1)\times(n)\times(n+1)$$
$$= \frac{(n+1)!}{2^2(n-3)!} + \frac{(n-1)(n)(n+1)\times 2^2(n-3)!}{2^2(n-3)!}$$
$$= \frac{(n+1)!}{2^2(n-3)!} + \frac{2^2(n-3)!\times(n-1)(n)(n+1)}{2^2(n-3)!}$$
$$= \frac{(n+1)!}{2^2(n-3)!} + \frac{2^2(n-3)!(n-2)\times(n-1)(n)(n+1)}{2^2(n-3)!(n-2)}$$
$$= \frac{(n+1)!}{2^2(n-3)!} + \frac{2^2(n+1)!}{2^2(n-3)!(n-2)} = \frac{(n+1)!}{2^2(n-3)!}\left[1+\frac{2^2}{(n-2)}\right]$$
$$= \frac{(n+1)!}{2^2(n-3)!}\left[\frac{n-2+2^2}{(n-2)}\right] = \frac{(n+1)!}{2^2(n-3)!}\left(\frac{n+2}{(n-2)}\right) = \frac{(n+2)!}{2^2(n-2)!}$$

Remarque

On utilise l'hypothèse de récurrence pour la 3e égalité.

L'égalité est donc vérifiée au rang $n+1$.

D'après le principe de récurrence, la propriété est vraie pour tout entier supérieur ou égal à 3.

AMBITION PRÉPA

CHAPITRE 1

Suites numériques

DE QUOI S'AGIT-IL ?

Dans ce chapitre, il s'agit de développer la notion de suite, étudiée en première, et d'utiliser les propriétés de nouvelles fonctions introduites en Terminale.

1 Suite convergente. Suite divergente

1 Notations

Une suite numérique est une application de $\mathbb{N}$ dans $\mathbb{R}$:

$$u : \begin{cases} \mathbb{N} \to \mathbb{R} \\ n \mapsto u(n) \end{cases}.$$

Rappel
Attention, u_n ou $u(n)$ n'est pas toujours le $n^{\text{ième}}$ terme, par exemple, si u_0 est le premier terme de la suite, u_n est le $(n+1)^{\text{ième}}$.

Au lieu de $u(n)$, on écrit u_n. La suite u se note $(u_n)_{n \in \mathbb{N}}$ ou plus simplement (u_n). On dit aussi que u_n est le **terme général** de rang n de la suite (u_n).

Si u_0 n'est pas définie, la suite est notée $(u_n)_{n \in \mathbb{N}}$.

2 Définitions

- Soit (u_n) une suite numérique et ℓ un nombre réel. On dit que (u_n) admet pour limite le réel ℓ si tout intervalle ouvert contenant ℓ contient tous les termes de la suite à partir d'un certain rang. On note alors $\lim\limits_{n \to +\infty} u_n = \ell$.

- On dit qu'une suite (u_n) a pour limite $+\infty$ (resp. $-\infty$) si tout intervalle de la forme $[A\,;+\infty[$ (resp. $]-\infty\,;A]$) contient tous les termes de la suite à partir d'un certain rang. On note alors $\lim\limits_{n \to +\infty} u_n = +\infty$ (resp. $\lim\limits_{n \to +\infty} u_n = -\infty$).

- On dit que (u_n) est **convergente** ou qu'elle converge, s'il existe un réel ℓ tel que $\lim\limits_{n \to +\infty} u_n = \ell$.

- On dit que (u_n) est **divergente** ou qu'elle diverge, si elle n'est pas convergente (la limite est $+\infty$ ou $-\infty$ ou la suite n'admet aucune limite).

Exemple : Les suites (n), (n^2), (n^3), $(\ln n)$, $(\sqrt{n})$ ont pour limite $+\infty$.

La suite $(-1)^n$ n'a pas de limite.

Bien comprendre

Il y a deux façons de définir une suite : se donner la relation $u_n = f(n)$ ou se donner une relation de récurrence $u_{n+1} = f(u_n)$. Il n'y a que dans le premier cas que l'étude de f permet de conclure sur le sens de variation et la limite de (u_n).

2 Propriétés

1 Majoration ou minoration d'une suite par une autre suite

On démontre que si, à partir d'un certain rang :

- $u_n \geqslant v_n$ et si $\lim\limits_{n \to +\infty} (v_n) = +\infty$, alors $\lim\limits_{n \to +\infty} (u_n) = +\infty$;
- $u_n \leqslant v_n$ et si $\lim\limits_{n \to +\infty} (v_n) = -\infty$, alors $\lim\limits_{n \to +\infty} (u_n) = -\infty$;
- $w_n \leqslant u_n \leqslant v_n$ et si $\lim\limits_{n \to +\infty} (v_n) = \lim\limits_{n \to +\infty} (w_n) = \ell$,

alors $\lim\limits_{n \to +\infty} (u_n) = \ell$.

- $|u_n - \ell| \leqslant v_n$, ℓ étant un réel, et si $\lim\limits_{n \to +\infty} v_n = 0$,

alors $\lim\limits_{n \to +\infty} u_n = \ell$.

2 Compatibilité avec l'ordre

Si à partir d'un certain rang, $u_n \leqslant v_n$ et si $\lim\limits_{n \to +\infty} (u_n) = \ell$ et $\lim\limits_{n \to +\infty} (v_n) = \ell'$, alors $\ell \leqslant \ell'$.

Remarque
L'abréviation F.I. signifie « forme indéterminée, ce qui ne signifie pas qu'il « n'y a pas » de réponse, mais seulement que cela nécessite une étude particulière, la réponse n'est pas « automatique ».

3 Opérations

Soit u et v deux suites.

- **Limite d'une somme**

Si u tend vers	ℓ	ℓ	ℓ	$+\infty$	$-\infty$	$+\infty$
et si v tend vers	ℓ'	$+\infty$	$-\infty$	$+\infty$	$-\infty$	$-\infty$
alors $u+v$ tend vers	$\ell+\ell'$	$+\infty$	$-\infty$	$+\infty$	$-\infty$	F.I.

- **Limite d'un produit**

Si u tend vers	ℓ	$\ell>0$	$\ell>0$	$\ell<0$	$\ell<0$	$+\infty$	$+\infty$	$-\infty$	0
et si v tend vers	ℓ'	$+\infty$	$-\infty$	$+\infty$	$-\infty$	$+\infty$	$-\infty$	$-\infty$	$\pm\infty$
alors uv tend vers	$\ell\ell'$	$+\infty$	$-\infty$	$-\infty$	$+\infty$	$+\infty$	$-\infty$	$+\infty$	F.I.

- **Limite d'un quotient**

Cas où la suite v ne tend pas vers 0 :

Si u tend vers	ℓ	ℓ	$+\infty$	$+\infty$	$-\infty$	$-\infty$	$\pm\infty$
et si v tend vers	$\ell' \neq 0$	$\pm\infty$	$\ell' > 0$	$\ell' < 0$	$\ell' > 0$	$\ell' < 0$	$\pm\infty$
alors $\frac{u}{v}$ tend vers	$\frac{\ell}{\ell'}$	0	$+\infty$	$-\infty$	$-\infty$	$+\infty$	F.I.

Cas où la suite v tend vers 0 :

Si u tend vers	$\ell > 0$ ou $+\infty$	$\ell < 0$ ou $-\infty$	$\ell > 0$ ou $+\infty$	$\ell < 0$ ou $-\infty$	0
et si v tend vers	0 en restant positive à partir d'un certain rang		0 en restant négative à partir d'un certain rang		0
alors $\frac{u}{v}$ tend vers	$+\infty$	$-\infty$	$-\infty$	$+\infty$	F.I.

Bien comprendre

Les théorèmes précédents sont encore vrais si l'une des suites est constante (la suite est convergente et a pour limite la constante).

4 Applications

- Si P est un polynôme, la limite de $P(n)$ quand n tend vers $+\infty$ est celle de son terme de plus haut degré.
- Si P et Q sont deux polynômes, la limite de $\frac{P(n)}{Q(n)}$ quand n tend vers $+\infty$ est celle du quotient des termes de plus haut degré.

5 Sens de variation

Soit (u_n) une suite de nombres réels, on dit que :

- la suite (u_n) est **croissante** (resp. **décroissante**, **constante**) lorsque, pour tout entier n, $u_n \leqslant u_{n+1}$, (resp. $u_n \geqslant u_{n+1}$, $u_n = u_{n+1}$) ;
- la suite (u_n) est **monotone** lorsqu'elle est croissante ou décroissante ;
- la suite (u_n) est **majorée** (resp. minorée), s'il existe un réel M (resp. m) tel que pour tout entier n, $u_n \leqslant M$ (resp. $u_n \geqslant m$) ;

- la suite (u_n) est **bornée**, si elle est à la fois majorée et minorée.
- Si une suite est croissante et converge vers un réel ℓ, alors ℓ est un majorant de la suite.
- Si une suite est décroissante et converge vers un réel ℓ, alors ℓ est un minorant de la suite.

6 Comportement asymptotique d'une suite monotone

Si une suite (u_n) est :

- croissante et non majorée, alors $\lim u_n = +\infty$;
- décroissante et non minorée, alors $\lim u_n = -\infty$;
- croissante et majorée, alors elle est convergente ;
- décroissante et minorée, alors elle est convergente.

Remarque
L'expression « majorée à partir d'un certain rang » n'a pas de sens.

3 Image d'une suite par une fonction

Soit f une fonction définie sur un intervalle I et (u_n) une suite d'éléments de I.

Si $\lim\limits_{n \to +\infty} u_n = a$ et $\lim\limits_{a} f = b$ (a et b finis ou non), alors :

$$\lim_{n \to +\infty} f(u_n) = b.$$

4 Limites usuelles

- Si $\alpha > 0$, $\lim\limits_{n \to +\infty} n^{\alpha} = +\infty$ et $\lim\limits_{n \to +\infty} \dfrac{1}{n^{\alpha}} = 0$.
- Si $q > 1$, $\lim\limits_{n \to +\infty} q^n = +\infty$.
- Si $|q| < 1$, $\lim\limits_{n \to +\infty} q^n = 0$.
- Si $\alpha > 0$, $\lim\limits_{n \to +\infty} \left(\dfrac{\ln n}{n^{\alpha}}\right) = 0$, $\lim\limits_{n \to +\infty} \dfrac{e^n}{n^{\alpha}} = +\infty$, $\lim\limits_{n \to +\infty} n^{\alpha} e^{-n} = 0$.

5 Rappels sur les suites arithmétiques et géométriques

1 Suite arithmétique

$$\begin{cases} u_0 \text{ donné} \\ \text{pour tout entier naturel } n,\ u_{n+1} = u_n + r \end{cases}$$

Remarque
Attention au « premier terme », si c'est u_1, alors $u_n = u_1 + (n-1)r$.

La constante r est appelée **raison** de la suite arithmétique.

- $u_n = u_0 + nr$.
- $S_n = u_0 + u_1 + \cdots + u_n = \dfrac{(n+1)(u_0 + u_n)}{2}$.
- $1 + 2 + \cdots + n = \dfrac{n(n+1)}{2}$.
- Si $r > 0$ (resp. $r < 0$, $r = 0$), $\lim\limits_{n \to +\infty} u_n = +\infty$ (resp. $-\infty$, u_0).

2 Suite géométrique

$$\begin{cases} u_0 \text{ donné} \\ \text{pour tout entier naturel } n,\ u_{n+1} = qu_n \end{cases}$$

Remarque
Attention au « premier terme », si c'est u_1, alors $u_n = u_1 q^{n-1}$.

La constante q est appelée **raison** de la suite géométrique.

- $u_n = u_0 q^n$.
- $S_n = u_0 + u_1 + \cdots + u_n = \begin{cases} u_0 \dfrac{1 - q^{n+1}}{1 - q} & \text{si } q \neq 1 \\ (n+1)u_0 & \text{si } q = 1 \end{cases}$.
- Si $|q| < 1$, $\lim\limits_{n \to +\infty} q^n = 0$ et $\lim\limits_{n \to +\infty} S_n = \dfrac{u_0}{1-q}$.

6 Raisonnement par récurrence

Soit une propriété dépendant d'un entier naturel.

(1) si la propriété est vraie pour un entier n_0 ;

(2) et si, la propriété étant vraie pour un entier n supérieur ou égal à n_0, elle est vraie au rang $n + 1$;

alors la propriété est vraie pour tout entier n supérieur ou égal à n_0.

Questions courtes

1 Sommes

➲ Corrigé p. 38

1. Calculer la somme $S = \left(\frac{1}{3}\right)^2 + \left(\frac{1}{3}\right)^3 + \cdots + \left(\frac{1}{3}\right)^{15}$.

2. Calculer la somme $S = 7 + 11 + 15 + 19 + \cdots + 47$.

Indication
Avant tout calcul sur une suite, repérer si elle n'est pas d'un type connu.

2 Calcul d'un terme

➲ Corrigé p. 38

1. Quel est le terme d'indice 20 d'une suite arithmétique de premier terme d'indice 0 égal à -1 et de raison $\frac{5}{4}$?

2. Quel est le 101e terme d'une suite géométrique de premier terme 5 et de raison $\sqrt{2}$?

Attention
Ne pas confondre terme d'indice n et ne terme.

3 Sens de variation et convergence

➲ Corrigé p. 38

1. Déterminer le sens de variation de la suite (u_n), définie pour tout entier naturel par $u_{n+1} = u_n - 2$.

2. Tous les termes de la suite (u_n) sont strictement positifs.
La suite (u_n) est-elle strictement croissante ?

3. La suite (v_n) est strictement croissante et $v_0 = \frac{1}{2}$.
Les termes de la suite (v_n) sont-ils strictement positifs ?

Méthode
Revoir comment étudier le sens de variation d'une suite (étude du signe de « $u_{n+1} - u_n$ »).

4. La suite (u_n) est strictement croissante. A-t-elle pour limite $+\infty$?

5. La suite (u_n) est telle que pour tout entier n :

$$0 \leqslant u_{n+1} \leqslant \frac{1}{2}u_n.$$

La suite (u_n) est-elle convergente ?

4 Suites et intégrales

➔ Corrigé p. 40

1. Pour tout entier naturel non nul n, on pose $u_n = \int_1^n \frac{1}{t^2}\,\mathrm{d}t$.

Démontrer que, pour tout entier naturel n non nul, $u_n \geqslant 0$. Démontrer que la suite (u_n) est strictement croissante.

Déterminer, si elle existe, la limite de la suite (u_n).

2. Reprendre l'énoncé précédent avec, pour tout entier naturel non nul n :

$$u_n = \int_1^n \frac{1}{t}\,\mathrm{d}t.$$

5 Suites et fonction logarithme

➔ Corrigé p. 41

1. Soit (u_n) la suite définie, pour tout entier naturel n non nul, par :

$$u_n = \ln\left(\frac{4}{n^2}\right).$$

La suite (u_n) est-elle arithmétique ?

Indication
Revoir les caractéristiques d'une suite arithmétique.

2. Soit (u_n) la suite définie, pour tout entier naturel n, par :

$$u_n = \ln\left(\frac{4}{2^n}\right).$$

La suite (u_n) est-elle arithmétique ?

3. Calculer, si elle existe, la limite suivante : $\lim\limits_{n \to +\infty} n^2 \ln\left(\frac{1+n^2}{n^2}\right)$.

6 Suites et fonctions exponentielle

➔ Corrigé p. 42

1. Soit (u_n) la suite définie, pour tout entier naturel n, par $u_n = \mathrm{e}^{-n+1}$.

La suite (u_n) est-elle géométrique ?

Remarque
Attention à la caractérisation d'une suite géométrique.

2. Déterminer le sens de variations de la suite (u_n), définie pour tout entier naturel n non nul par :

$$u_n = 1 + \mathrm{e}^{-\sqrt{n}}.$$

3. Soit u_n la suite, définie pour tout entier naturel n non nul, par :

$$u_n = \int_1^n e^{-t}\, dt.$$

Déterminer le sens de variation de la suite (u_n).

7 Raisonnement par récurrence

➔ Corrigé p. 43

Remarque

Attention, il faut toujours contrôler que la variable est un entier naturel.

1. Montrer que pour tout entier n non nul :

$$1 + 2 + \dots + n = \frac{n(n+1)}{2}.$$

2. Soit $(u_n)_{n \in \mathbb{N}^*}$ la suite définie par $u_1 = 1$ et pour tout n non nul par :

$$u_{n+1} = \sqrt{2 + u_n}.$$

a) Montrer que pour tout entier n non nul $u_n > 0$, conclure.

b) Montrer que pour tout entier n :

$$u_n \in [1\,;\,2].$$

3. Montrer que pour tout réel x positif et tout entier naturel n :

$$(1+x)^n \geqslant 1 + nx.$$

Exercices d'entraînement

8 Suite définie par $u_n = f(n)$, limites

★ 5 min ➔ Corrigé p. 45

Calculer :

a) $\lim\limits_{n \to +\infty} \dfrac{n^2 + 3n - 1}{8n^2 - n + 1}$;

b) $\lim\limits_{n \to +\infty} \dfrac{5n^3 + n^2 - n}{n^2 + n - 1}$.

9 Suite définie par $u_n = f(n)$, sens de variation

★ 10 min ➔ Corrigé p. 46

Pour tout entier naturel n, on définit la suite (u_n) par :

$$u_n = \frac{n(n+2)}{(n+1)^2}.$$

Étudier les variations de la suite (u_n) et sa limite.

10 Utilisation du symbole « Σ »

★★ 10 min ➔ Corrigé p. 46

Pour tout entier n, on définit la suite (u_n) par :

$$u_n = \frac{1}{1 \times 3} + \frac{1}{3 \times 5} + \dots + \frac{1}{(2n+1)(2n+3)}$$

$$u_n = \sum_{p=0}^{n} \frac{1}{(2p+1)(2p+3)}.$$

Conseil
a et b sont des réels indépendants de p, on les calcule par identification.

1. Déterminer deux réels a et b tels que, pour tout entier naturel p :

$$\frac{1}{(2p+1)(2p+3)} = \frac{a}{(2p+1)} + \frac{b}{(2p+3)}.$$

2. En déduire, pour tout entier n, une expression plus simple de (u_n) et déterminer :

$$\lim_{n \to +\infty} u_n.$$

11 Existence de limites

★★ 30 min ➔ Corrigé p. 47

1. Déterminer suivant les valeurs des deux réels strictement positifs a et b la limite, si elle existe, de la suite (u_n) définie pour tout entier naturel n par :

Conseil
Utiliser les suites géométriques.

$$u_n = \frac{a^n - b^n}{a^n + b^n}.$$

2. Déterminer la limite, si elle existe, des suites (u_n) définies pour tout entier naturel non nul n par :

a) $u_n = \sqrt[n]{n}$;

b) $u_n = \dfrac{(\ln n)^2}{n^3}$;

c) $u_n = \dfrac{(0,5)^n}{n^2}$.

3. Pour tout entier naturel n, on définit les deux réels u_n et v_n par :

$$u_n = 2^n \ln 3 - 3^n \ln 2 \quad \text{et} \quad v_n = \frac{3^{(2^n)}}{2^{(3^n)}}.$$

Déterminer, si elles existent, les limites des suites (u_n) et (v_n) ainsi définies.

12 Limite et fonction trigonométrique

★★ 15 min ➔ Corrigé p. 49

Déterminer la limite, si elle existe, de la suite (u_n) définie pour tout entier naturel non nul n par :

$$u_n = 2^n \sin\frac{\pi}{2^n}.$$

Conseil

Utiliser $\lim\limits_{x \mapsto 0} \frac{\sin x}{x} = 1$.

13 Minoration et limite

★★ 15 min ➔ Corrigé p. 50

Soit la suite réelle (u_n) définie par $u_0 = 2$ et, pour tout entier naturel n :

$$u_{n+1} = u_n + n^2 - n.$$

1. Démontrer qu'à partir d'un certain rang, $u_n > n$.

2. En déduire la limite de la suite (u_n).

3. Écrire un algorithme qui calcule la plus petite valeur de n telle que $u_n > n$.

14 Calcul de limites par majoration ou minoration

★★ 20 min ➔ Corrigé p. 51

1. En procédant par des majorations ou des minorations, déterminer les limites, si elles existent, des suites suivantes définies pour tout entier non nul par :

a) $u_n = \frac{\sin 2n}{5n}$;

b) $u_n = \frac{n \sin n}{n^2 + 1}$;

c) $u_n = n^2 - \cos^2(\pi n)$.

2. En procédant par des majorations ou des minorations, déterminer les limites, si elles existent, des suites (u_n) définies par :

a) $u_n = \frac{5n + (-1)^n}{n + (-1)^n}$;

b) $u_n = \frac{n^2 + \sin n}{5n^3 + \cos(\pi n)}$.

15 Majoration par une suite géométrique

★★ 30 min ➔ Corrigé p. 53

Soit les suites réelles (u_n), (v_n) et (w_n) définies, pour tout entier naturel non nul n, par :

$$u_n = \frac{n^3}{2^n},\quad v_n = \frac{2^n}{n!} \text{ et } w_n = \frac{n^3}{n!}, \text{ où } n! = 1 \times 2 \times \cdots \times (n-1) \times n.$$

1. Déterminer, si elles existent :

$$\lim_{n \to +\infty} \frac{u_{n+1}}{u_n} \text{ et } \lim_{n \to +\infty} \frac{v_{n+1}}{v_n}.$$

2. a) Déterminer pour quelles valeurs de n :

$\frac{u_{n+1}}{u_n} \leqslant \frac{3}{4}$, puis $\frac{v_{n+1}}{v_n} \leqslant \frac{1}{4}$.

b) En déduire qu'à partir d'un certain rang, chacune des suites (u_n) et (v_n) est majorée par une suite géométrique.

c) Déterminer, si elles existent, les limites des suites (u_n), (v_n) et (w_n).

3. En déduire, si elle existe, la limite :

$$\lim_{n \to +\infty} \frac{2^n + n^3}{n! + n^3}.$$

> **Remarque**
> Ne pas confondre « $A \in \mathbb{R}$ est un majorant de la suite $(u_n)_{n \in \mathbb{N}}$: $(\forall n \in \mathbb{N})(u_n \leqslant A)$ » et « la suite $(v_n)_{n \in \mathbb{N}}$ est une suite majorante de $(u_n)_{n \in \mathbb{N}}$: $(\forall n \in \mathbb{N})(u_n \leqslant v_n)$ ».

16 Suite d'intégrales

★★ 20 min ➲ Corrigé p. 56

Pour tout entier naturel n, on pose :

$$u_n = \int_0^1 e^{-nt}\,dt.$$

1. Démontrer que, pour tout entier naturel n, $u_n > 0$.

2. Démontrer que la suite (u_n) est décroissante.

3. Calculer, si elle existe, la limite de la suite (u_n).

17 Suites définies par une relation de récurrence

★★ 30 min ➲ Corrigé p. 56

Soit a et b deux suites réelles définies sur $\mathbb{N}$ par $a_0 = 2$, $b_0 = 4$ et pour tout entier naturel n :

$$\begin{cases} a_{n+1} = \frac{1}{4}(a_n + 3b_n) \\ b_{n+1} = \frac{1}{4}(3a_n + b_n). \end{cases}$$

Δ étant un axe rapporté au repère $(O\,;\,\vec{i}\,)$, pour tout entier n, on désigne par A_n et B_n les points de Δ d'abscisses respectives a_n et b_n.

1. Placer les points A_0, B_0, A_1, B_1, A_2 et B_2 sur l'axe Δ.

2. Soit u la suite réelle définie sur $\mathbb{N}$ par :

$$u_n = a_n + b_n.$$

a) Démontrer que la suite u est constante.

b) En déduire que, pour tout entier naturel n, les segments $[A_nB_n]$ ont le même milieu I dont on déterminera l'abscisse.

3. Soit v la suite réelle définie sur $\mathbb{N}$ par :

$$v_n = a_n - b_n.$$

a) Démontrer que la suite v est géométrique, déterminer sa limite si elle existe.

b) Que peut-on dire de la distance A_nB_n lorsque n tend vers $+\infty$?

4. a) Exprimer pour tout entier n, a_n et b_n en fonction de n.

b) Démontrer que les suites a et b sont convergentes et ont la même limite.

18 Suites monotones

★★ 20 min ➔ Corrigé p. 58

Soit (u_n) la suite définie par $u_0 = 2$ et pour tout entier naturel n :

$$u_{n+1} = \frac{1}{3}u_n + 5.$$

1. a) Démontrer que la suite (u_n) est croissante et majorée par $\frac{15}{2}$.

b) Que peut-on en déduire ?

Remarque

La suite $(u_n)_{n \in \mathbb{N}}$ est appelée arithmético-géométrique : $(\forall n \in \mathbb{N})(u_{n+1} = au_n + b)$.

2. On pose, pour tout entier naturel n et pour tout nombre réel h :

$$v_n = u_n + h.$$

a) Déterminer h pour que la suite (v_n) soit géométrique.

b) Exprimer, pour tout entier n, le terme u_n en fonction de n.

c) En déduire la limite de la suite (u_n).

19 Utilisation d'une suite annexe

★★ 30 min ➔ Corrigé p. 59

On considère la suite (u_n) définie par $u_1 = 1$ et pour tout n de $\mathbb{N}^*$:

$$u_{n+1} = 2\sqrt{u_n}.$$

1. Soit la suite (v_n) définie pour tout n de $\mathbb{N}^*$ par $v_n = \ln(u_n) - \ln 4$.

Démontrer que la suite (v_n) est une suite géométrique dont on donnera la raison et le premier terme.

2. Exprimer (v_n) en fonction de n.

En déduire (u_n) en fonction de n (on écrira (u_n) sous la forme 2^{α_n}).

Déterminer $\lim\limits_{n \to +\infty} u_n$.

3. Pour quelles valeurs de n a-t-on $u_n > 3{,}96$?

20 Suite homographique

★★ 30 min ➔ Corrigé p. 61

Soit (u_n) la suite définie par $u_0 = 0$ et pour tout entier naturel n :

$$u_{n+1} = \frac{2u_n + 3}{u_n + 4}.$$

1. Calculer u_1 et u_2.

2. a) Démontrer que pour tout entier naturel non nul n, $0 < u_n < 1$.

b) Démontrer que la suite (u_n) est croissante.

c) Que peut-on en déduire ?

> **Remarque**
>
> Une suite définie par une relation de la forme $u_{n+1} = \dfrac{au_n + b}{cu_n + d}$ est dite homographique.

3. Soit (v_n) la suite définie pour tout entier naturel n, par :

$$v_n = \frac{u_n - 1}{u_n + 3}.$$

a) Démontrer que la suite (v_n) est géométrique.

b) Calculer, pour tout entier naturel n, u_n en fonction de n.

c) Démontrer que la suite (u_n) converge et déterminer sa limite.

21 Deux suites

★★ 30 min ➔ Corrigé p. 64

1. Démontrer que pour tout entier naturel non nul :

$$2^n \geqslant n+1$$

2. Soit (u_n) et (v_n) les deux suites définies pour tout entier n non nul par :

$$u_n = \sum_{k=1}^{n} \frac{1}{k2^k} = \frac{1}{1\times 2^1} + \frac{1}{2\times 2^2} + \ldots + \frac{1}{(n-1)2^{n-1}} + \frac{1}{n2^n}\,;$$

$$v_n = u_n + \frac{1}{n} - \frac{1}{n2^n}.$$

a) Montrer que la suite (u_n) est croissante.

b) Montrer que la suite (v_n) est décroissante.

c) Montrer que $\lim\limits_{n\mapsto +\infty} v_n - u_n = 0$.

Sujets de type bac

22 Suite arithmético-géométrique. Représentation graphique

★★ 30 min ➔ Corrigé p. 65

1. La suite u est définie par $u_0 = 2$ et, pour tout entier naturel n :

$$u_{n+1} = \frac{1}{3}u_n + \frac{23}{27}.$$

On a représenté ci-après dans un repère orthonormé direct du plan, la droite d'équation $y = \frac{1}{3}x + \frac{23}{27}$ et le point A de coordonnées $(2\,;\,0)$.

a) Construire sur l'axe des abscisses les quatre premiers termes de la suite u.

b) Démontrer que si la suite u est convergente, alors sa limite est $\ell = \frac{23}{18}$.

c) Démontrer que pour tout entier naturel n, $u_n \geqslant \frac{23}{18}$.

d) Étudier la monotonie de la suite u et donner sa limite.

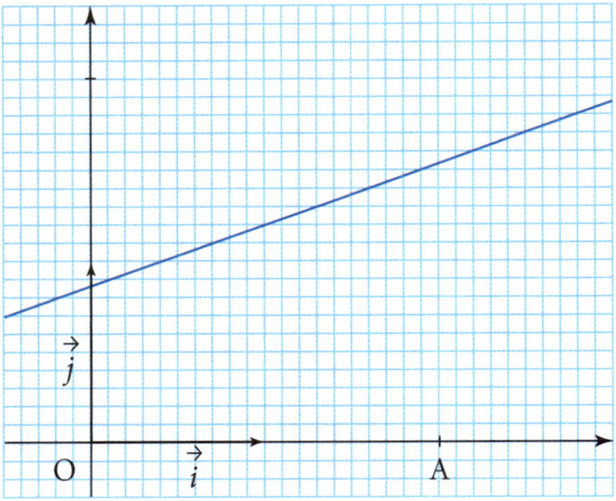

2. a) Soit n un entier naturel supérieur ou égal à 1.
Démontrer que :

$$\sum_{k=2}^{n+1} \frac{1}{10^k} = \frac{1}{90}\left(1 - \frac{1}{10^n}\right),$$

c'est-à-dire que :

$$\frac{1}{10^2} + \frac{1}{10^3} + \ldots + \frac{1}{10^{n+1}} = \frac{1}{90}\left(1 - \frac{1}{10^n}\right).$$

b) La suite v est définie par $v_n = 1{,}277\ 7\ldots7$ avec n décimales consécutives égales à 7. Ainsi $v_0 = 1{,}2$, $v_1 = 1{,}27$ et $v_2 = 1{,}277$.

En utilisant le **a)**, démontrer que la limite de la suite v est un nombre rationnel r (c'est-à-dire le quotient de deux entiers).

3. Écrire un algorithme qui permet de trouver la plus petite valeur de n telle que :

$$\left|u_n - \frac{23}{18}\right| \leqslant 10^{-2}.$$

23 Suite homographique. Représentations graphiques

★★ 50 min Corrigé p. 68

Soit (u_n) la suite définie par $u_0 = 4$ et pour tout nombre entier naturel n :

$$u_{n+1} = \frac{4u_n - 1}{u_n + 2}.$$

Si f est la fonction définie sur l'intervalle $]-2\,;+\infty[$ par $f(x)=\dfrac{4x-1}{x+2}$, alors pour tout nombre entier naturel n, $u_{n+1}=f(u_n)$.

On donne ci-après une partie de la courbe représentative $\mathscr{C}$ de la fonction f ainsi que la droite Δ d'équation $y=x$.

1. a) Sur l'axe des abscisses, placer u_0, puis construire u_1, u_2 et u_3 en laissant apparents les traits de construction.

b) Quelles conjectures peut-on émettre sur le sens de variation et sur la convergence de la suite (u_n) ?

2. a) Démontrer par récurrence que, pour tout nombre entier naturel n :

$$u_n-1>0.$$

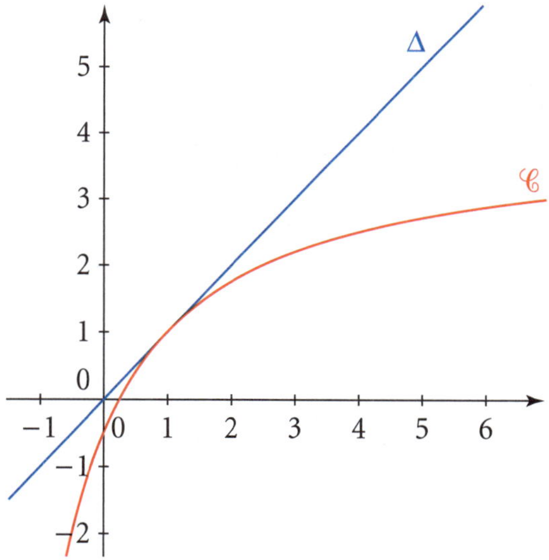

b) Valider par une démonstration les conjectures émises à la question **1.b)**.

3. Dans cette question, on se propose d'étudier la suite (u_n) par une autre méthode, en déterminant une expression de u_n en fonction de n.

Pour tout nombre entier naturel n, on pose $v_n=\dfrac{1}{u_n-1}$.

a) Démontrer que la suite (v_n) est une suite arithmétique de raison $\dfrac{1}{3}$.

b) Pour tout nombre entier naturel n, exprimer v_n, puis u_n, en fonction de n.

c) En déduire la limite de la suite (u_n).

CORRIGÉS

Questions courtes

1 **1.** $S = \left(\frac{1}{3}\right)^2 + \left(\frac{1}{3}\right)^3 + \cdots + \left(\frac{1}{3}\right)^{15}$ est la somme de $14 = 15 - 2 + 1$ termes consécutifs d'une suite géométrique de premier terme $\left(\frac{1}{3}\right)^2$ et de raison $\frac{1}{3}$. La raison est différente de 1, donc :

$$S = \frac{\left(\frac{1}{3}\right)^2 - \left(\frac{1}{3}\right)^{16}}{1 - \frac{1}{3}} \text{ soit : } \boxed{S = \frac{3}{2}\left[\left(\frac{1}{3}\right)^2 - \left(\frac{1}{3}\right)^{16}\right] = \frac{1}{6}\left[1 - \left(\frac{1}{3}\right)^{14}\right].}$$

Remarque
Attention, même si l'inégalité $\frac{1}{3} \neq 1$ est évidente, il faut toujours le préciser.

2. $S = 7 + 11 + 15 + 19 + \cdots + 47$ est la somme de termes consécutifs d'une suite arithmétique de premier terme 7 et de raison 4.

$47 = 7 + 4 \times 10$, donc si $u_0 = 7$ désigne le premier terme de la suite, 47 en est le terme d'indice 10 (c'est le 11e terme) :

$$S = \frac{11 \times (47 + 7)}{2} \text{ soit : } \boxed{S = 297.}$$

Remarque
Il faut apprendre à compter les termes d'une somme.

2 **1.** Si (u_n) est une suite arithmétique de raison r, alors pour tout entier n, $u_n = u_0 + nr$. Ainsi $u_{20} = -1 + 20 \times \left(\frac{5}{4}\right) = 24$, donc : $\boxed{u_{20} = 24}$

2. Si le premier terme est u_0, le 101e est le terme d'indice 100 et :

$u_{100} = 5(\sqrt{2})^{100} = 5 \times 2^{50}$ soit : $\boxed{u_{100} = 5\,629\,499\,534\,213\,120.}$

3 **1.** Pour étudier le sens de variation d'une suite (u_n), il faut déterminer pour tout entier n, le signe de $u_{n+1} - u_n$.

Pour tout entier n, $u_{n+1} - u_n = -2$, donc $u_{n+1} - u_n < 0$.

La suite (u_n) est décroissante.

2. Si tous les termes de la suite (u_n) sont strictement positifs, on ne peut rien dire du sens de variation de la suite.

Par exemple, la suite $\left(1 - \dfrac{1}{n+1}\right)$ est strictement croissante, la suite $(2 - (-1)^n)$ n'est ni croissante, ni décroissante ($u_0 = 2,\ u_1 = 3,\ u_2 = 1,\ u_3 = 3,$ les termes de la suite prennent alternativement les valeurs 1 et 3).

3. La suite (v_n) est strictement croissante et $v_0 = \dfrac{1}{2}$. Donc tous les termes de la suite sont strictement supérieurs à $\dfrac{1}{2}$, donc sont **strictement positifs.**

4. Par exemple, la suite définie, pour tout entier non nul n, par $u_n = 1 - \dfrac{1}{n}$ est strictement croissante, car pour tout entier n non nul :

$$u_{n+1} - u_n = \frac{1}{n} - \frac{1}{n+1} = \frac{1}{n(n+1)} > 0$$

et $\lim\limits_{n \to +\infty} u_n = 1$,

donc cette suite n'a pas pour limite $+\infty$.

Une suite croissante n'a pas obligatoirement $+\infty$ pour limite.

Remarque
Il existe des suites strictement croissante, convergente ou divergente (ayant pour limite $+\infty$).

5. La suite (u_n) est telle que pour tout entier n, $0 \leqslant u_{n+1} \leqslant \dfrac{1}{2} u_n$.

On peut démontrer par récurrence que, pour tout entier n, $u_n \leqslant \left(\dfrac{1}{2}\right)^n u_0$.

La propriété est vraie au rang 0, car $u_0 \leqslant \left(\dfrac{1}{2}\right)^0 u_0$ (en effet, $\left(\dfrac{1}{2}\right)^0 = 1$).

Supposons la propriété vraie à un certain rang n : $u_n \leqslant \left(\dfrac{1}{2}\right)^n u_0$ et, le réel $\dfrac{1}{2}$ étant strictement positif, on peut multiplier les deux membres de l'inégalité par $\dfrac{1}{2}$ sans changer le sens de l'inégalité,

soit $\dfrac{1}{2} u_n \leqslant \dfrac{1}{2}\left(\dfrac{1}{2}\right)^n u_0$ ou encore $\dfrac{1}{2} u_n \leqslant \left(\dfrac{1}{2}\right)^{n+1} u_0$.

Donc, sachant que $u_{n+1} \leqslant \dfrac{1}{2} u_n$, $u_{n+1} \leqslant \left(\dfrac{1}{2}\right)^{n+1} u_0$.

Donc d'après le principe de récurrence, pour tout entier naturel n :

$$u_n \leqslant \left(\frac{1}{2}\right)^n u_0.$$

• Par hypothèse, à partir de l'indice 1, tous les termes sont positifs, donc pour tout n non nul, $0 \leqslant u_{n+1} \leqslant \left(\frac{1}{2}\right)^n u_0$.

Le réel $\frac{1}{2}$ étant compris entre -1 et 1, $\lim\limits_{n \to +\infty} \left(\frac{1}{2}\right)^n = 0$.

En utilisant le théorème d'encadrement, dit théorème des gendarmes :

$$\lim_{n \to +\infty} u_n = 0.$$

Une suite (u_n) telle que, pour tout entier n, $0 \leqslant u_{n+1} \leqslant \frac{1}{2} u_n$, est convergente.

4 Pour tout entier naturel non nul n, on pose :

1. $$u_n = \int_1^n \frac{1}{t^2}\,\mathrm{d}t.$$

La fonction $t \mapsto \frac{1}{t^2}$ est continue sur $\mathbb{R}_+^*$, l'intégrale est donc bien définie et :

$$u_n = \int_1^n \frac{1}{t^2}\,\mathrm{d}t = \left[-\frac{1}{t}\right]_1^n = 1 - \frac{1}{n}.$$

> **Méthode**
> Après le cours sur les intégrales, une autre démonstration est possible : sur $\mathbb{R}_+^*$, la fonction $t \mapsto \frac{1}{t^2}$ est positive et pour tout entier naturel n non nul, $n \geqslant 1$, donc :
> $$\int_1^n \frac{1}{t^2}\,\mathrm{d}t \geqslant 0.$$

Donc, pour tout entier naturel n non nul, $u_n \geqslant 0$.

Pour tout entier naturel n non nul :

$$u_{n+1} - u_n = \left(1 - \frac{1}{n+1}\right) - \left(1 - \frac{1}{n}\right) = \frac{1}{n} - \frac{1}{n+1} = \frac{1}{n(n+1)}.$$

La suite (u_n) est strictement croissante.

La limite de la suite (u_n) est la limite de la suite $\left(1 - \frac{1}{n}\right)$ donc :

$$\boxed{\lim_{n \to +\infty} u_n = 1.}$$

2. Pour tout entier naturel non nul n, on pose $u_n = \int_1^n \frac{1}{t}\mathrm{d}t$.

Pour tout entier non nul, $u_n = \ln n$, donc, **pour tout entier non nul, $u_n \geqslant 0$.**

Pour tout entier naturel n non nul :

$$u_{n+1} - u_n = \ln\,(n+1) - \ln n = \ln\left(1 + \frac{1}{n}\right).$$

Pour tout entier naturel n non nul, le réel $1 + \frac{1}{n}$ est strictement supérieur à 1, donc $\ln\left(1 + \frac{1}{n}\right) > 0$. **La suite est strictement croissante.**

On peut aussi remarquer que, la fonction ln étant strictement croissante, la suite $(\ln n)_{n \in \mathbb{N}^*}$ est strictement croissante, et :

$$\lim_{n \to +\infty} u_n = \lim_{n \to +\infty} (\ln n) = +\infty.$$

5 **1.** La suite est définie pour tout entier non nul n, car le réel $\frac{4}{n^2}$ est strictement positif pour tout entier n non nul.

Pour tout entier n non nul :

$$u_{n+1} - u_n = \ln\left(\frac{4}{(n+1)^2}\right) - \ln\frac{4}{n^2}$$

$$= \ln 4 - \ln(n+1)^2 - (\ln 4 - \ln n^2)$$

(car les trois entiers 4, n^2 et $(n+1)^2$ sont strictement positifs.)

> **Remarque**
> Pour démontrer qu'une suite est arithmétique, on démontre que pour tout entier non nul n, la différence $u_{n+1} - u_n$ est une constante (c'est-à-dire indépendante de n).

$$u_{n+1} - u_n = \ln n^2 - \ln(n+1)^2 = \ln\left(\frac{n^2}{(n+1)^2}\right) = \ln\left(\frac{n}{n+1}\right)^2 = 2\ln\left(\frac{n}{n+1}\right)$$

(car le réel $\frac{n}{n+1}$ est strictement positif).

La suite (u_n) n'est pas arithmétique.

2. La suite est définie pour tout entier n, car le réel $\frac{4}{2^n}$ est strictement positif pour tout entier n.

Pour tout entier n non nul :

$$u_{n+1} - u_n = \ln\left(\frac{4}{2^{n+1}}\right) - \ln\frac{4}{2^n}$$

$$= \ln 4 - \ln 2^{n+1} - (\ln 4 - \ln 2^n)$$

(car les trois entiers 4, 2^n et 2^{n+1} sont strictement positifs).

> **Remarque**
> Pour démontrer qu'une suite est arithmétique, on démontre que pour tout entier non nul n, la différence $u_{n+1} - u_n$ est une constante (c'est-à-dire indépendante de n).

$u_{n+1} - u_n = \ln 2^n - \ln 2^{n+1} = n\ln 2 - (n+1)\ln 2 = -\ln 2.$

La suite (u_n) est une suite arithmétique de raison $-\ln 2$ et de premier terme $u_0 = \ln\frac{4}{2^0} = \ln 4 = 2\ln 2$.

3. Pour tout entier naturel n non nul :

$$n^2 \ln\left(\frac{1+n^2}{n^2}\right) = n^2 \ln\left(1+\frac{1}{n^2}\right) = \frac{\ln\left(1+\frac{1}{n^2}\right)}{\frac{1}{n^2}}.$$

On sait que $\lim\limits_{x \to 0} \dfrac{\ln(1+x)}{x} = 1$, donc en utilisant le théorème sur la composition des limites et en remarquant que $\lim\limits_{n \to +\infty} \dfrac{1}{n^2} = 0$:

$$\boxed{\lim_{n \to +\infty} n^2 \ln\left(\frac{1+n^2}{n^2}\right) = 1.}$$

Remarque

Pour démontrer qu'une suite est géométrique, on démontre que pour tout entier n, le quotient $\dfrac{u_{n+1}}{u_n}$ est une constante (c'est-à-dire indépendant de n) si l'on a démontré **au préalable** que tous les termes sont non nuls, sinon on revient à la définition d'une suite géométrique.

6 **1.** La suite est définie pour tout entier n.

Pour tout entier n, le réel e^{-n+1} est non nul (propriété de l'exponentielle).

Formons alors pour tout entier n, le quotient :

$$\frac{u_{n+1}}{u_n} = \frac{e^{-(n+1)+1}}{e^{-n+1}} = e^{-1}.$$

La suite (u_n) est donc une suite géométrique de raison e^{-1} et de premier terme $u_0 = e$.

Autre méthode

qui n'exige pas de démontrer au préalable que tous les termes sont non nuls. On écrit :
$u_{n+1} = e^{-(n+1)+1} = e^{-n-1+1} = e^{-n+1}e^{-1} = u_n e^{-1}$, donc la suite (u_n) est une suite géométrique de raison e^{-1}.

2. On peut utiliser la méthode précédente, ou, puisque dans ce cas, on a l'expression de (u_n) en fonction de n pour tout n, remarquer que le sens de variation de la suite (u_n) est le sens de variation de la fonction définie sur $\mathbb{R}_+^*$ par :

$$f(x) = 1 + e^{-\sqrt{x}}.$$

La fonction f est dérivable sur $\mathbb{R}_+^*$, et pour tout x de $\mathbb{R}_+^*$:

$$f'(x) = -\frac{1}{2\sqrt{x}}e^{-\sqrt{x}}.$$

Pour tout x de $\mathbb{R}_+^*$, $f'(x) < 0$, la fonction f est strictement décroissante sur $\mathbb{R}_+^*$. **La suite (u_n) est donc strictement décroissante.**

3. Pour tout entier n non nul :

$$u_{n+1} - u_n = \int_1^{n+1} \mathrm{e}^{-t}\mathrm{d}t - \int_1^{n} \mathrm{e}^{-t}\mathrm{d}t = \int_1^{n+1} \mathrm{e}^{-t}\mathrm{d}t + \int_n^{1} \mathrm{e}^{-t}\mathrm{d}t$$

$$= \int_n^{n+1} \mathrm{e}^{-t}\mathrm{d}t \quad \text{(d'après la relation de Chasles).}$$

Sur l'intervalle $[n\,;n+1]$ $(n < n+1)$, la fonction $t \mapsto \mathrm{e}^{-t}$ est continue et positive et l'intégrale est donc positive. **La suite est donc croissante.**

7 **1.** • La propriété est vraie pour $n = 1$, car $1 = \dfrac{1(1+1)}{2}$.

• Supposons que la propriété soit vraie pour un certain entier n non nul, soit pour « cet » n :

$$1 + 2 + \ldots + n = \frac{n(n+1)}{2}.$$

Il faut montrer qu'alors :

$$1 + 2 + \ldots + (n+1) = \frac{(n+1)(n+2)}{2}.$$

> **Conseil**
> Il faut toujours écrire « l'objectif à atteindre », on remplace dans l'expression précédente n par $n + 1$, « partout ».

Pour l'entier n considéré :

$$1 + 2 + \ldots + (n+1) = 1 + 2 + \ldots + n + (n+1) = \frac{n(n+1)}{2} + n + 1$$

car on a supposé que pour cet n, la formule est vérifiée. D'où :

$$1 + 2 + \ldots + (n+1) = \frac{n(n+1) + 2(n+1)}{2} = \frac{(n+1)(n+2)}{2}.$$

La formule est alors vérifiée à l'ordre $n + 1$.

D'après le principe de récurrence, pour tout entier n de $\mathbb{N}^*$:

$$\boxed{1 + 2 + \ldots + n = \frac{n(n+1)}{2}.}$$

2. a) Montrons la propriété par récurrence

• $u_0 = 1$, donc $u_0 > 0$.

• Supposons que pour un certain entier naturel n, on ait $u_n > 0$.

• Montrons qu'alors $u_{n+1} > 0$.

Si $u_n > 0$, alors $u_n + 2 > 2$, et, la fonction racine carrée étant strictement croissante sur $\mathbb{R}^+$, $\sqrt{u_n + 2} > \sqrt{2}$, donc $u_{n+1} > \sqrt{2} > 0$.

> **Remarque**
> Avant de proposer une démonstration par récurrence, il faut toujours vérifier que l'on veut démontrer une propriété qui dépend d'un entier naturel, et que l'on veut démontrer que la propriété est vraie à partir d'un entier n_0.

D'après le principe de récurrence, pour tout entier n : $\boxed{u_n > 0.}$

On pourra donc calculer, pour tout entier n, le terme u_n de la suite (u_n).
On peut dire aussi que la suite est définie sur $\mathbb{N}$.

b) La propriété est à démontrer pour tout entier naturel n, on peut utiliser un raisonnement par récurrence.

- $u_0 = 1 \in [1\,;2]$.
- Supposons que pour un certain entier naturel n, $u_n \in [1\,;2]$.
- Montrons qu'alors $u_{n+1} \in [1\,;2]$. $1 \leqslant u_n \leqslant 2$, donc $3 \leqslant u_n + 2 \leqslant 4$.

La fonction racine carrée est croissante sur $\mathbb{R}^+$, donc :

$\sqrt{3} \leqslant \sqrt{u_n + 2} \leqslant \sqrt{4}$, $\sqrt{3} \leqslant u_{n+1} \leqslant 2$.

Donc $u_{n+1} \in [1\,;2]$ car $\sqrt{3} \approx 1{,}732$.

D'après le principe de récurrence, pour tout entier n : $\boxed{u_n \in [1\,;2].}$

3. La propriété doit être démontrée pour tout entier naturel n, on peut donc essayer une démonstration par récurrence.

- Si $n = 0$, pour tout réel positif x, $(1 + x)^n = 1 \geqslant 1 + 0x$.
- Supposons que pour un certain entier naturel n, pour tout réel positif x :

$$(1 + x)^n \geqslant 1 + nx$$

Montrons qu'alors pour tout réel positif x, $(1 + x)^{n+1} \geqslant 1 + (n + 1)x$.

Pour tout réel positif x, $(1 + x)^{n+1} = (1 + x)^n(1 + x)$.

Pour tout x, $(1 + x)^n \geqslant 1 + nx$ et, le réel $1 + x$ étant positif, on peut multiplier les deux membres par $1 + x$:

$$(1 + x)^n(1 + x) \geqslant (1 + nx)(1 + x)$$

$$(1 + x)^{n+1} \geqslant 1 + nx + x + nx^2$$

$$(1 + x)^{n+1} \geqslant 1 + (n + 1)x + nx^2.$$

Le réel nx^2 est positif, donc pour tout réel positif x :

$$(1 + x)^{n+1} \geqslant 1 + (n + 1)x.$$

D'après le principe de récurrence, pour tout entier naturel n et tout réel positif x :

$$\boxed{(1 + x)^n \geqslant 1 + nx.}$$

Exercices d'entraînement

CORRIGÉS

8 **a)** Pour tout entier n, le réel $8n^2 - n + 1$ est non nul, car le discriminant du trinôme $t(n) = 8n^2 - n + 1$ est $\Delta = (-1)^2 - 4 \times 8 = -31 < 0$; le trinôme t n'a donc pas de racine.
Pour tout entier non nul n :

$$\frac{n^2 + 3n - 1}{8n^2 - n + 1} = \frac{n^2\left(1 + 3\frac{1}{n} - \frac{1}{n^2}\right)}{n^2\left(8 - \frac{1}{n} - \frac{1}{n^2}\right)} = \frac{1 + 3\frac{1}{n} - \frac{1}{n^2}}{8 - \frac{1}{n} - \frac{1}{n^2}}.$$

Or $\lim\limits_{n \to +\infty} \left(1 + 3\frac{1}{n} - \frac{1}{n^2}\right) = 1$ et $\lim\limits_{n \to +\infty} \left(8 - \frac{1}{n} - \frac{1}{n^2}\right) = 8$. Donc :

$$\boxed{\lim_{n \to +\infty} \frac{n^2 + 3n - 1}{8n^2 - n + 1} = \frac{1}{8}.}$$

b) Le trinôme du second degré $t_1(x) = x^2 + x - 1$ a deux racines sur $\mathbb{R}$:

$$x_1 = \frac{-1 + \sqrt{5}}{2} \quad \text{et} \quad x_2 = \frac{-1 - \sqrt{5}}{2}.$$

Ces deux racines ne sont pas entières, donc le trinôme t_1 est non nul sur $\mathbb{N}$.
Pour tout entier n non nul :

$$\frac{5n^3 + n^2 - n}{n^2 + n - 1} = \frac{n^3\left(5 + \frac{1}{n} - \frac{1}{n^2}\right)}{n^2\left(1 + \frac{1}{n} - \frac{1}{n^2}\right)} = n \times \frac{5 + \frac{1}{n} - \frac{1}{n^2}}{1 + \frac{1}{n} - \frac{1}{n^2}}.$$

Or $\lim\limits_{n \to +\infty} \dfrac{5 + \frac{1}{n} - \frac{1}{n^2}}{1 + \frac{1}{n} - \frac{1}{n^2}} = 5$ et $\lim\limits_{n \to +\infty} n = +\infty$.

Donc d'après les théorèmes sur les limites des produits de suites :

$$\boxed{\lim_{n \to +\infty} \frac{5n^3 + n^2 - n}{n^2 + n - 1} = +\infty.}$$

9 La suite (u_n) est bien définie, pour tout entier naturel n, car l'entier $(n+1)^2 \geqslant 1$ n'est jamais nul.

La suite (u_n) est la restriction à $\mathbb{N}$ de la fonction f définie sur $[0\,;+\infty[$ par :

$$f(x) = \frac{x(x+2)}{(x+1)^2} = \frac{x^2+2x}{(x+1)^2}.$$

Le sens de variation de la suite (u_n) est celui de la fonction f sur $[0\,;+\infty[$.

La fonction f est une fonction rationnelle ayant un dénominateur non nul sur $[0\,;+\infty[$, elle est donc dérivable sur $[0\,;+\infty[$ et, pour tout réel x de $[0\,;+\infty[$:

$$\begin{aligned} f'(x) &= \frac{(2x+2)(x+1)^2 - (x^2+2x)\times 2(x+1)}{(x+1)^4} \\ &= \frac{(x+1)[(2x+2)(x+1) - 2(x^2+2x)]}{(x+1)^4} \\ &= \frac{(2x+2)(x+1) - 2(x^2+2x)}{(x+1)^3} = \frac{2}{(x+1)^3}. \end{aligned}$$

Pour tout x de $[0\,;+\infty[$, $f'(x) > 0$, la fonction f est donc strictement croissante sur $[0\,;+\infty[$, la suite (u_n) est donc strictement croissante.

En suivant la même démarche que dans l'exercice précédent, on obtient :

$$\boxed{\lim_{n\to+\infty} u_n = 1.}$$

10 **1.** On utilise une méthode d'identification, pour tout entier naturel p :

$$\frac{1}{2(p+1)(2p+3)} = \frac{a}{2p+1} + \frac{b}{2p+3} = \frac{2(a+b)p + 3a + b}{(2p+1)(2p+3)},$$

si et seulement si $\begin{cases} 2(a+b) = 0 \\ 3a + b = 1 \end{cases}$, c'est-à-dire $a = \dfrac{1}{2}$ et $b = -\dfrac{1}{2}$.

On a donc pour tout entier naturel p :

$$\frac{1}{(2p+1)(2p+3)} = \frac{1}{2}\left(\frac{1}{2p+1}\right) - \frac{1}{2}\left(\frac{1}{2p+3}\right).$$

2. On peut écrire en faisant varier p de 0 à n :

- $\dfrac{1}{1\times 3} = \dfrac{1}{2}\left(\dfrac{1}{1}\right) - \dfrac{1}{2}\left(\dfrac{1}{3}\right)$;
- $\dfrac{1}{3\times 5} = \dfrac{1}{2}\left(\dfrac{1}{3}\right) - \dfrac{1}{2}\left(\dfrac{1}{5}\right)$;
- … ;

Remarque

Une telle somme est dite parfois « télescopique » car tous les termes « disparaissent », exceptés le premier et le dernier.

- $\dfrac{1}{(2p+1)(2p+3)} = \dfrac{1}{2}\left(\dfrac{1}{2p+1}\right) - \dfrac{1}{2}\left(\dfrac{1}{2p+3}\right)$;
- ....
- $\dfrac{1}{(2n+1)(2n+3)} = \dfrac{1}{2}\left(\dfrac{1}{2n+1}\right) - \dfrac{1}{2}\left(\dfrac{1}{2n+3}\right)$.

En faisant la somme membre à membre de toutes ces égalités, on obtient pour tout entier n :

Conseil
Cette méthode est à retenir.

$$u_n = \frac{1}{1\times 2} + \frac{1}{3\times 5} + \cdots + \frac{1}{(2n+1)(2n+3)}$$

$$= \frac{1}{2}\left(\frac{1}{1}\right) - \frac{1}{2}\left(\frac{1}{3}\right) + \frac{1}{2}\left(\frac{1}{3}\right) - \frac{1}{2}\left(\frac{1}{5}\right) + \cdots + \frac{1}{2}\left(\frac{1}{2n+1}\right) - \frac{1}{2}\left(\frac{1}{2n+3}\right)$$

$$= \frac{1}{2}\left(\frac{1}{1}\right) - \frac{1}{2}\left(\frac{1}{2n+3}\right) = \frac{2n+3-1}{2(2n+3)} = \frac{2(n+1)}{2(2n+3)} = \frac{n+1}{2n+3}.$$

Pour tout entier naturel n :

$$u_n = \frac{n+1}{2n+3}.$$

En suivant la même démarche que dans l'exercice **8** :

$$\boxed{\lim_{n\to+\infty} u_n = \frac{1}{2}}$$

11 **1.** Les réels a et b sont strictement positifs, donc pour tout entier naturel n, les réels a^n et b^n sont non nuls et strictement positifs, donc pour tout entier naturel n, le réel $a^n + b^n$ est non nul.

Rappel
Ne jamais oublier d'étudier l'existence des expressions avant de les manipuler.

La suite est définie pour tout entier n.
En mettant a^n ou b^n en facteur au numérateur et au dénominateur, on fait apparaître des expressions de la forme $\left(\dfrac{a}{b}\right)^n$ ou $\left(\dfrac{b}{a}\right)^n$. Pour tout entier naturel n :

soit $u_n = \dfrac{a^n\left(1-\left(\frac{b}{a}\right)^n\right)}{a^n\left(1+\left(\frac{b}{a}\right)^n\right)} = \dfrac{1-\left(\frac{b}{a}\right)^n}{1+\left(\frac{b}{a}\right)^n}$; soit $u_n = \dfrac{b^n\left(\left(\frac{a}{b}\right)^n-1\right)}{b^n\left(\left(\frac{a}{b}\right)^n+1\right)} = \dfrac{\left(\frac{a}{b}\right)^n-1}{\left(\frac{a}{b}\right)^n+1}$.

On sait que si q est un réel strictement compris entre -1 et 1, alors $\lim\limits_{n\to+\infty} q^n = 0$.

On choisira donc l'une ou l'autre des expressions de u_n suivant la position relative de a et de b.

• Si $0 < a < b$, $0 < \frac{a}{b} < 1$; donc $\lim_{n \to +\infty} \left(\frac{a}{b}\right)^n = 0$ et :

Rappel
Si $-1 < x < 1$ et n un entier naturel, alors $\lim_{n \to +\infty} x^n = 0$.

$$\lim_{n \to +\infty} u_n = \lim_{n \to +\infty} \frac{\left(\frac{a}{b}\right)^n - 1}{\left(\frac{a}{b}\right)^n + 1} \text{ donc : } \boxed{\lim_{n \to +\infty} u_n = -1.}$$

(en utilisant les théorèmes sur les opérations des limites de suites).

• Si $0 < b < a$, $0 < \frac{b}{a} < 1$; donc $\lim_{n \to +\infty} \left(\frac{b}{a}\right)^n = 0$ et donc :

$$\lim_{n \to +\infty} u_n = \lim_{n \to +\infty} \frac{1 - \left(\frac{b}{a}\right)^n}{1 + \left(\frac{b}{a}\right)^n} \text{ donc : } \boxed{\lim_{n \to +\infty} u_n = 1.}$$

• Si $a = b$, pour tout entier naturel n, $u_n = \frac{a^n - a^n}{a^n + a^n} = 0$ et : $\boxed{\lim_{n \to +\infty} u_n = 0.}$

2. a) Pour tout entier naturel non nul n :

$$u_n = \sqrt[n]{n} = n^{\frac{1}{n}} = e^{\frac{1}{n}\ln n} = e^{\frac{\ln n}{n}}.$$

La suite (u_n) est la composée de la fonction $n \mapsto \frac{\ln n}{n}$ définie sur $\mathbb{N}^*$ et de la fonction exponentielle.

On sait que $\lim_{n \to +\infty} \frac{\ln n}{n} = 0$, donc en utilisant le théorème sur la composée des limites sachant que $\lim_{x \to 0} e^x = 1$: $\boxed{\lim_{n \to +\infty} u_n = 1.}$

b) Pour tout entier naturel non nul n, $\frac{(\ln n)^2}{n^3} = \frac{(\ln n)^2}{n^2 \times n} = \left(\frac{\ln n}{n}\right)^2 \times \frac{1}{n}$.

$$\lim_{n \to +\infty} \frac{\ln n}{n} = 0, \text{ donc } \lim_{n \to +\infty} \left(\frac{\ln n}{n}\right)^2 = 0 \text{ et } \lim_{n \to +\infty} \frac{1}{n} = 0.$$

Donc en utilisant les théorèmes sur les limites des produits de deux suites :

$$\boxed{\lim_{n \to +\infty} u_n = 0.}$$

c) Pour tout entier naturel non nul n, $\frac{(0,5)^n}{n^2} = (0,5)^n \times \frac{1}{n^2}$.

Le réel 0,5 est strictement compris entre – 1 et 1, donc $\lim\limits_{n \to +\infty} (0{,}5)^n = 0$.

De plus $\lim\limits_{n \to +\infty} \dfrac{1}{n^2} = 0$; donc en utilisant les théorèmes sur les limites des produits de deux suites :

$$\boxed{\lim_{n \to +\infty} u_n = 0.}$$

3. Soit (u_n) la suite définie sur $\mathbb{N}$ par $u_n = 2^n \ln 3 - 3^n \ln 2$.

Pour tout entier naturel n, les réels 2^n et 3^n, sont non nuls. Si l'on met 2^n en facteur, on obtient pour tout n :

$$u_n = 2^n\left(\ln 3 - \left(\frac{3}{2}\right)^n \ln 2\right).$$

Et en mettant 3^n en facteur : $u_n = 3^n\left(\left(\dfrac{2}{3}\right)^n \ln 3 - \ln 2\right)$.

$-1 < \dfrac{2}{3} < 1$, donc $\lim\limits_{n \to +\infty}\left(\left(\dfrac{2}{3}\right)^n \ln 3 - \ln 2\right) = -\ln 2$.

$\lim\limits_{n \to +\infty} 3^n = +\infty$ et donc, en utilisant les théorèmes sur les limites des produits de suites :

> **Remarque**
> On choisira plutôt la seconde expression de u_n car si un réel q est strictement compris entre -1 et 1, alors $\lim\limits_{n \to +\infty} q^n = 0$.

$$\boxed{\lim_{n \to +\infty} u_n = -\infty.}$$

Soit (v_n) la suite définie sur $\mathbb{N}$ par :

$$v_n = \frac{3^{(2^n)}}{2^{(3^n)}} = \frac{e^{2^n \ln 3}}{e^{3^n \ln 2}} = e^{2^n \ln 3 - 3^n \ln 2} = e^{u_n}.$$

La suite (v_n) est la composée : $n \mapsto u_n = 2^n \ln 3 - 3^n \ln 2 \mapsto e^{u_n}$.
En utilisant le théorème sur la composée d'une suite et d'une fonction, sachant que $\lim\limits_{n \to +\infty} u_n = -\infty$ et $\lim\limits_{x \to -\infty} e^x = 0$, on obtient :

$$\boxed{\lim_{n \to +\infty} v_n = 0.}$$

12 Pour tout entier naturel n, $u_n = 2^n \sin \dfrac{\pi}{2^n}$. $\lim\limits_{n \to +\infty} \dfrac{\pi}{2^n} = 0$ car $\lim\limits_{n \to +\infty} 2^n = +\infty$.

La seule limite du cours contenant la fonction sinus est $\lim\limits_{x \to 0} \dfrac{\sin x}{x} = 1$, donc en utilisant les théorèmes sur la composée des fonctions, si l'on définit pour tout n, la suite (v_n) par $v_n = \dfrac{\pi}{2^n}$, $\lim\limits_{n \to +\infty} \dfrac{\sin v_n}{v_n} = 1$.

Pour tout entier naturel n, le réel $\frac{\pi}{2^n}$ est non nul, donc pour tout entier n :

$$u_n = 2^n \sin\frac{\pi}{2^n} = 2^n \frac{\sin\frac{\pi}{2^n}}{\frac{\pi}{2^n}} \times \frac{\pi}{2^n} = \pi \times \frac{\sin\frac{\pi}{2^n}}{\frac{\pi}{2^n}}.$$

Donc, en utilisant le résultat précédent :

$$\boxed{\lim_{n \to +\infty} u_n = \pi.}$$

13 **1.** Soit (u_n) la suite définie sur $\mathbb{N}$ par $u_0 = -2$ et pour tout entier naturel n :

$$u_{n+1} = u_n + n^2 - n.$$

On a successivement :

- $u_1 = u_0 + 0^2 - 0 = -2$;
- $u_2 = u_1 + 1^2 - 1 = -2$;
- $u_3 = u_2 + 2^2 - 2 = 0$;
- $u_4 = u_3 + 3^2 - 3 = 6$.

La question étant de démontrer que « à partir d'un certain rang » pour tout entier n, $u_n > n$, il semble que ce premier rang est 4.

Remarque
Lorsque, dans un énoncé, il y a « à partir d'un certain rang », il ne faut pas toujours trouver « le premier » qui vérifie la propriété.

Démontrons par récurrence que pour tout entier naturel n supérieur ou égal à 4 :

$$u_n > n.$$

- La propriété est vraie pour $n = 4$.
- Si, pour un entier $n \geqslant 4$, $u_n > n$, alors :

$$u_{n+1} = u_n + n^2 - n > n + n^2 - n, \text{ donc } u_{n+1} > n^2.$$

Démontrons que, pour tout entier n supérieur ou égal à 4, $n^2 > n + 1$; pour cela étudions le signe de $n^2 - (n+1) = n^2 - n - 1$.

Le trinôme $x^2 - x - 1$ est strictement positif si et seulement si :

$$x < \frac{1-\sqrt{5}}{2} = -0{,}62 \quad \text{ou} \quad x > \frac{1+\sqrt{5}}{2} = 1{,}62 ;$$

donc pour tout entier n supérieur ou égal à 4, $n^2 - n - 1 > 0$ et donc $n^2 > n + 1$, d'où $u_{n+1} > n + 1$.

- D'après le principe de récurrence, pour tout n supérieur ou égal à 4 :

$$\boxed{u_n > n.}$$

2. Pour tout entier naturel n supérieur ou égal à 4, $u_n > n$ et $\lim_{n \to +\infty} n = +\infty$, donc :

$$\boxed{\lim_{n \to +\infty} u_n = +\infty.}$$

3.

```
▼ Variables
  ├ n, entier
  └ u, réel
▼ Initialisation
  ├ n prend la valeur 0
  └ u prend la valeur 2
▼ Traitement
  ▼ Tant que u ⩽ n Faire
    ├ u prend la valeur u + n * n − n
    └ n prend la valeur n + 1
  ▼ Fin Tant que
▼ Sortie
  └ Afficher n
```

14 **1. a)** Pour tout entier réel x, $-1 \leqslant \sin x \leqslant 1$, soit encore $|\sin x| \leqslant 1$.
Donc pour tout entier naturel non nul n, $|\sin 2n| \leqslant 1$; donc pour tout entier non nul n :

$$\left|\frac{\sin 2n}{5n}\right| = \frac{|\sin 2n|}{|5n|} = \frac{|\sin 2n|}{5n} \leqslant \frac{1}{5n}.$$

Mais $\lim\limits_{n \to +\infty} \frac{1}{5n} = 0$, donc $\lim\limits_{n \to +\infty} \left|\frac{\sin 2n}{5n}\right| = 0$
et donc :

$$\boxed{\lim_{n \to +\infty} \frac{\sin 2n}{5n} = 0.}$$

Remarques

- Si (u_n) est une suite réelle telle que $\lim\limits_{n \to +\infty} |u_n| = 0$, alors $\lim\limits_{n \to +\infty} u_n = 0$.
- Cette propriété est fausse si la limite est non nulle.
- Si (u_n) et (v_n) sont deux suites telles que (v_n) est une suite positive de limite nulle et si à partir d'un certain rang, $|u_n| \leqslant v_n$, alors $\lim\limits_{n \to +\infty} u_n = 0$.

b) Pour tout réel x, $-1 \leqslant \sin x \leqslant 1$, soit encore $|\sin x| \leqslant 1$.
Donc pour tout entier naturel non nul n, $|\sin n| \leqslant 1$, donc pour tout entier non nul n :

$$\left|\frac{n \sin n}{n^2+1}\right| = \frac{|n||\sin n|}{|n^2+1|} = \frac{n|\sin n|}{n^2+1} \leqslant \frac{n}{n^2+1}.$$

Mais $\lim\limits_{n \to +\infty} \frac{n}{n^2+1} = \lim\limits_{n \to +\infty} \frac{1}{n\left(1+\frac{1}{n}\right)} = 0$, car $\lim\limits_{n \to +\infty} \frac{1}{1+\frac{1}{n}} = 1$

et $\lim\limits_{n \to +\infty} \frac{1}{n} = 0$. Donc $\lim\limits_{n \to +\infty} \left|\frac{n \sin n}{n^2+1}\right| = 0$ et donc : $\boxed{\lim\limits_{n \to +\infty} \frac{n \sin n}{n^2+1} = 0.}$

c) Pour tout réel x, $-1 \leqslant \cos x \leqslant 1$, donc $0 \leqslant \cos^2 x \leqslant 1$.
Donc pour tout entier naturel n, on a successivement :

$$0 \leqslant \cos^2(\pi n) \leqslant 1 \quad \text{et} \quad -1 \leqslant -\cos^2(\pi n) \leqslant 0$$

et en ajoutant n^2 aux trois membres : $n^2 - 1 \leqslant n^2 - \cos^2(\pi n) \leqslant n^2$.

$\lim\limits_{n \to +\infty} (n^2 - 1) = +\infty$, donc : $\boxed{\lim\limits_{n \to +\infty} (n^2 - \cos^2(\pi n)) = +\infty.}$

2. a) La première suite (u_n) est définie pour tout n supérieur ou égal à 2, car, si n est pair, le réel $n + (-1)^n = n + 1$ est non nul, et si n est impair et supérieur à 2, le réel $n + (-1)^n = n - 1$ est non nul.

> **Remarque**
> Si $n = 1$, alors $n + (-1)^n = 0$.

Pour tout entier supérieur ou égal à 2 :

$$u_n = \frac{5n + (-1)^n}{n + (-1)^n} = \frac{n\left(5 + \dfrac{(-1)^n}{n}\right)}{n\left(1 + \dfrac{(-1)^n}{n}\right)} = \frac{5 + \dfrac{(-1)^n}{n}}{1 + \dfrac{(-1)^n}{n}}.$$

Pour tout entier supérieur ou égal à 2 : $\left|\dfrac{(-1)^n}{n}\right| = \dfrac{|(-1)^n|}{|n|} = \dfrac{1}{n}$.

$$\lim_{n \to +\infty} \frac{1}{n} = 0, \text{ donc } \lim_{n \to +\infty} \frac{(-1)^n}{n} = 0, \text{ donc } \lim_{n \to +\infty} \left(5 + \frac{(-1)^n}{n}\right) = 5.$$

De même $\lim\limits_{n \to +\infty} \dfrac{(-1)^n}{n} = 0$

et $\lim\limits_{n \to +\infty} \left(1 + \dfrac{(-1)^n}{n}\right) = 1$, d'où :

$$\boxed{\lim_{n \to +\infty} u_n = 5.}$$

> **Remarque**
> Si $\lim\limits_{n \to +\infty} |u_n| = 0$,
> alors $\lim\limits_{n \to +\infty} u_n = 0$,
> donc $\lim\limits_{n \to +\infty} \dfrac{(-1)^n}{n} = 0$.

b) Pour tout entier n, les deux réels $(n^2 + \sin n)$ et $(5n^3 + \cos \pi n)$ existent. Si $n = 0$, le dénominateur est égal à 1 et si $n \geqslant 1$ le dénominateur est supérieur ou égal à 4 car le réel $\cos \pi n$ appartient à $[-1 ; 1]$, la suite (u_n) est donc définie sur $\mathbb{N}$.
Pour tout entier naturel non nul n :

$$u_n = \frac{n^2 + \sin n}{5n^3 + \cos \pi n} = \frac{n^2\left(1 + \dfrac{\sin n}{n^2}\right)}{n^3\left(5 + \dfrac{\cos \pi n}{n^3}\right)} = \frac{1}{n} \times \frac{1 + \dfrac{\sin n}{n^2}}{5 + \dfrac{\cos \pi n}{n^3}}.$$

En raisonnant comme précédemment, pour tout entier non nul n :

$$\left|\frac{\sin n}{n^2}\right| = \frac{|\sin n|}{|n^2|} = \frac{|\sin n|}{n^2} \leqslant \frac{1}{n^2},$$

et donc $\lim\limits_{n \to +\infty} \dfrac{\sin n}{n^2} = 0$ et $\lim\limits_{n \to +\infty} \left(1 + \dfrac{\sin n}{n^2}\right) = 1$.

De même pour tout entier non nul n :

$$\left|\frac{\cos \pi n}{n^3}\right| = \frac{|\cos \pi n|}{|n^3|} = \frac{|\cos \pi n|}{n^3} \leqslant \frac{1}{n^3},$$

et donc $\lim\limits_{n \to +\infty} \dfrac{\cos \pi n}{n^3} = 0$ et $\lim\limits_{n \to +\infty} \left(5 + \dfrac{\cos \pi n}{n^3}\right) = 5$.

D'où en utilisant les théorèmes sur les limites de quotients de deux suites :

$$\lim_{n \to +\infty} \left(\frac{1 + \dfrac{\sin n}{n^2}}{5 + \dfrac{\cos \pi n}{n^3}} \right) = \frac{1}{5}.$$

Mais $\lim\limits_{n \to +\infty} \dfrac{1}{n} = 0$, d'où en utilisant les théorèmes sur les limites du produit de deux suites :

$$\boxed{\lim_{n \to +\infty} u_n = 0 \times \frac{1}{5} = 0.}$$

15 **1.** Pour tout entier naturel n non nul : $\dfrac{u_{n+1}}{u_n} = \dfrac{(n+1)^3}{2^{n+1}} \times \dfrac{2^n}{n^3} = \left(\dfrac{n+1}{n}\right)^3 \times \dfrac{1}{2}$.

Or $\lim\limits_{n \to +\infty} \dfrac{n+1}{n} = \lim\limits_{n \to +\infty} \left(1 + \dfrac{1}{n}\right) = 1$,

donc $\lim\limits_{n \to +\infty} \left(1 + \dfrac{1}{n}\right)^3 = 1$ et $\boxed{\lim\limits_{n \to +\infty} \dfrac{u_{n+1}}{u_n} = \dfrac{1}{2}}$.

> **Remarque**
> Pour tout entier naturel n, non nul, $u_n \neq 0$ et $v_n \neq 0$.

Pour tout entier naturel n non nul, $\dfrac{v_{n+1}}{v_n} = \dfrac{2^{n+1}}{(n+1)!} \dfrac{n!}{2^n} = \dfrac{2}{n+1}$, d'où :

$$\boxed{\lim_{n \to +\infty} \frac{v_{n+1}}{v_n} = 0.}$$

2. a) Pour tout entier naturel n non nul, $\dfrac{u_{n+1}}{u_n} \leqslant \dfrac{3}{4}$

si et seulement si :

$\left(\dfrac{n+1}{n}\right)^3 \dfrac{1}{2} \leqslant \dfrac{3}{4}$, c'est-à-dire $\left(\dfrac{n+1}{n}\right)^3 \leqslant \dfrac{3}{2}$

ou encore $\dfrac{n+1}{n} \leqslant \sqrt[3]{\dfrac{3}{2}}$.

> **Rappel**
> La fonction racine cubique est croissante sur $\mathbb{R}^+$.

> **Remarque**
> Deux réels positifs sont dans le même ordre que leur cubes.

Pour tout entier naturel n non nul, $\frac{u_{n+1}}{u_n} \leqslant \frac{3}{4}$ si et seulement si :

$$\frac{n+1}{n} \leqslant \sqrt[3]{\frac{3}{2}}, \text{ c'est-à-dire } n\left(\sqrt[3]{\frac{3}{2}} - 1\right) \geqslant 1.$$

Le réel $\sqrt[3]{\frac{3}{2}} - 1 \approx 0{,}14$ est positif, donc, pour tout entier naturel n non nul, $\frac{u_{n+1}}{u_n} \leqslant \frac{3}{4}$ si et seulement si $n \geqslant \frac{1}{\sqrt[3]{\frac{3}{2}} - 1} \approx 6{,}9$ c'est-à-dire $n \geqslant 7$.

Pour tout entier naturel n non nul, $\frac{v_{n+1}}{v_n} \leqslant \frac{1}{4}$ si et seulement si $\frac{2}{n+1} \leqslant \frac{1}{4}$, c'est-à-dire $\frac{n+1}{2} \geqslant 4$ (car deux nombres strictement positifs a et b sont dans l'ordre inverse des nombres $\frac{1}{a}$ et $\frac{1}{b}$).

Rappel
Il faut bien préciser strictement positif et pas seulement positif.

Pour tout entier naturel n non nul, $\frac{v_{n+1}}{v_n} \leqslant \frac{1}{4}$ si et seulement si $\frac{n+1}{2} \geqslant 4$, c'est-à-dire :

$$\boxed{n \geqslant 7.}$$

b) Tous les termes de la suite (u_n) sont strictement positifs. On peut donc conjecturer par imitation du cours sur les suites géométriques que pour tout $n \geqslant 7$:

$$0 < u_n \leqslant \left(\frac{3}{4}\right)^{n-7} u_7.$$

Démontrons cette formule par récurrence.

• Si $n = 7$, la propriété est vérifiée car $0 < u_7 \leqslant \left(\frac{3}{4}\right)^0 u_7$.

• Supposons la propriété vérifiée pour un certain entier $n \geqslant 7$; alors $\frac{u_{n+1}}{u_n} \leqslant \frac{3}{4}$ et tous les termes de la suite étant strictement positifs :

$$0 < \frac{u_{n+1}}{u_n} \leqslant \frac{3}{4}.$$

Le réel u_n étant strictement positif, on obtient une inégalité équivalente en multipliant les trois membres de cette inégalité par u_n : $0 < u_{n+1} \leqslant \frac{3}{4} u_n$.

Mais par hypothèse, $0 < u_n \leqslant \left(\frac{3}{4}\right)^{n-7} u_7$.

Donc en multipliant les trois membres par le réel strictement positif $\frac{3}{4}$,

$$0 < \frac{3}{4}u_n \leqslant \left(\frac{3}{4}\right)^{n-7+1} u_7 = \left(\frac{3}{4}\right)^{n-6} u_7, \text{ donc } 0 < u_{n+1} \leqslant \left(\frac{3}{4}\right)^{n-6} u_7.$$

• D'après le principe de récurrence, pour tout $n \geqslant 7,\ 0 < u_n \leqslant \left(\frac{3}{4}\right)^{n-7} u_7$.

On démontrerait de même que, pour tout $n \geqslant 7,\ 0 < v_n \leqslant \left(\frac{1}{4}\right)^{n-7} v_7$.

Chacune des suites (u_n) et (v_n) est donc majorée par une suite géométrique.

c) Les réels $\frac{1}{4}$ et $\frac{3}{4}$ sont strictement compris entre –1 et 1, donc :

$$\lim_{n \to +\infty} \left(\frac{3}{4}\right)^{n-7} = \lim_{n \to +\infty} \left(\frac{1}{4}\right)^{n-7} = 0,$$

et donc en utilisant le « théorème des gendarmes » :

$$\boxed{\lim_{n \to +\infty} u_n = \lim_{n \to +\infty} v_n = 0.}$$

Pour tout entier naturel non nul n : $u_n \times v_n = \frac{n^3}{2^n} \times \frac{2^n}{n!} = \frac{n^3}{n!} = w_n$.

Les deux suites (u_n) et (v_n) sont convergentes et ont pour limite 0 ; la suite (w_n), produit des deux suites précédentes, est convergente et a pour limite le produit des limites, soit 0 :

$$\boxed{\lim_{n \to +\infty} w_n = 0.}$$

3. Pour tout entier naturel non nul n, le réel $\frac{2^n + n^3}{n! + n^3}$ existe (le dénominateur est non nul car strictement supérieur à $n^3 \geqslant 1$).

Pour tout entier naturel non nul n :

$$\frac{2^n + n^3}{n! + n^3} = \frac{2^n\left(1 + \frac{n^3}{2^n}\right)}{n!\left(1 + \frac{n^3}{n!}\right)} = \frac{2^n}{n!} \times \frac{1 + \frac{n^3}{2^n}}{1 + \frac{n^3}{n!}} = v_n \times \frac{1 + u_n}{1 + w_n}.$$

• $\lim\limits_{n \to +\infty} u_n = 0$, donc $\lim\limits_{n \to +\infty} (1 + u_n) = 1$.

• $\lim\limits_{n \to +\infty} w_n = 0$, donc $\lim\limits_{n \to +\infty} (1 + w_n) = 1$, donc $\lim\limits_{n \to +\infty} \frac{1 + u_n}{1 + w_n} = 1$ (limite du quotient de deux suites convergentes, le dénominateur ayant une limite non nulle).

• $\lim\limits_{n \to +\infty} v_n = 0$, donc, d'après le théorème sur la limite de deux suites convergentes :

$$\boxed{\lim_{n \to +\infty} v_n \times \frac{1 + u_n}{1 + w_n} = 0.}$$

16 **1.** Pour tout entier naturel n non nul, on pose $u_n = \int_0^1 e^{-nt}\, dt$.

La fonction $t \mapsto e^{-nt}$ est continue sur $\mathbb{R}$ et strictement positive sur $\mathbb{R}$ et $0 < 1$, donc, d'après les propriétés de l'intégrale, pour tout $n \in \mathbb{N}$:

$$\boxed{u_n > 0.}$$

2. Pour tout entier naturel n non nul :

$$u_{n+1} - u_n = \int_0^1 e^{-(n+1)t}\, dt - \int_0^1 e^{-nt}\, dt = \int_0^1 (e^{-(n+1)t} - e^{-nt})\, dt$$

$$= \int_0^1 e^{-nt}(e^{-t} - 1)\, dt = -\int_0^1 e^{-nt}(1 - e^{-t})\, dt.$$

La fonction définie sur $[0\ ;\ 1]$ par $t \mapsto e^{-nt}(1 - e^{-t})$ est continue et positive sur $[0\ ;\ 1]$.
$0 < 1$, donc, d'après les propriétés des intégrales, pour tout entier non nul n

$$\int_0^1 e^{-nt}(1 - e^{-t})\, dt \geqslant 0 \text{ donc } u_{n+1} - u_n \leqslant 0.$$

La suite est décroissante.

3. La suite est minorée par 0 (elle est positive) et elle est décroissante ; elle est donc convergente. Pour tout entier naturel n non nul :

$$u_n = \left[-\frac{1}{n}e^{-nt}\right]_0^1 = -\frac{1}{n}e^{-n} + \frac{1}{n} = \frac{1}{n}(1 - e^{-n}).$$

$\lim\limits_{n \to +\infty} (1 - e^{-n}) = 1$, donc :

$$\boxed{\lim_{n \to +\infty} u_n = 0.}$$

17 **1.** Sachant que $a_0 = 2$ et $b_0 = 4$, il vient successivement :

$a_1 = \frac{1}{4}(2 + 3 \times 4) = \frac{7}{2}$, puis $b_1 = \frac{1}{4}(2 + 3 \times 4) = \frac{5}{2}$,

$a_2 = \frac{11}{4}$, puis $b_2 = \frac{13}{4}$.

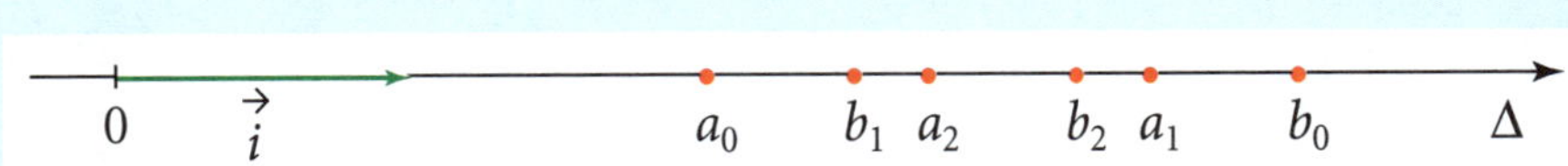

2. a) Pour tout entier naturel n :

$u_{n+1} = a_{n+1} + b_{n+1}$

$$u_{n+1} = \frac{1}{4}(a_n + 3b_n) + \frac{1}{4}(3a_n + b_n) = \frac{1}{4}(4a_n + 4b_n) = a_n + b_n = u_n.$$

Donc, pour tout entier naturel n, $u_{n+1} = u_n$, on peut donc en déduire par un raisonnement par récurrence que pour tout entier naturel n, $u_n = u_0 = a_0 + b_0 = 6$.

La suite *u* est donc constante.

b) Pour tout entier n, l'abscisse du milieu du segment $[A_nB_n]$ est la demi-somme des abscisses des points A_n et B_n, soit $\frac{a_n + b_n}{2} = \frac{u_n}{2} = 3$.

Tous les segments $[A_nB_n]$ ont le même milieu I, d'abscisse 3.

3. a) Pour tout entier naturel n :

$$v_{n+1} = a_{n+1} - b_{n+1} = \left(\frac{1}{4}\left((a_n + 3b_n) - \frac{1}{4}(3a_n + b_n)\right)\right)$$

$$= \frac{1}{4}(-2a_n + 2b_n) = -\frac{1}{2}(a_n - b_n) = -\frac{1}{2}v_n.$$

La suite $(v_n)_{n \in \mathbb{N}}$ est une suite géométrique de raison $-\frac{1}{2}$ et de premier terme $v_0 = a_0 - b_0 = 2 - 4 = -2$.

La raison de cette suite géométrique est strictement comprise entre –1 et 1. Donc **la suite *v* est convergente et sa limite est 0**.

b) Pour tout entier naturel n, la distance A_nB_n est égale à $|a_n - b_n| = |v_n|$.

Pour tout entier naturel n, $v_n = \left(-\frac{1}{2}\right)^n v_0 = (-2)\left(-\frac{1}{2}\right)^n = \left(-\frac{1}{2}\right)^{n-1}$,

donc pour tout entier naturel n :

$$A_n B_n = |v_n| = \left|\left(-\frac{1}{2}\right)^{n-1}\right| = \left(\left|-\frac{1}{2}\right|\right)^{n-1} = \left(\frac{1}{2}\right)^{n-1}.$$

Cette suite a pour limite 0, donc la suite $(v_n)_{n \in \mathbb{N}}$ a pour limite 0, donc :

$$\boxed{\lim_{n \to +\infty} A_nB_n = 0.}$$

4. a) Pour tout entier naturel n, $u_n = 6$ et $v_n = \left(-\frac{1}{2}\right)^{n-1}$, donc pour tout entier naturel n :

$$\begin{cases} a_n + b_n = 6 \\ a_n - b_n = \left(-\frac{1}{2}\right)^{n-1} \end{cases}$$

CORRIGÉS

CORRIGÉS

On obtient par soustraction et addition le système équivalent :

$$\begin{cases} 2a_n = 6 + \left(-\frac{1}{2}\right)^{n-1} \\ 2b_n = 6 - \left(-\frac{1}{2}\right)^{n-1} \end{cases}, \text{ soit } \boxed{\begin{cases} a_n = 3 - \left(-\frac{1}{2}\right)^{n} \\ b_n = 3 + \left(-\frac{1}{2}\right)^{n} \end{cases}}.$$

b) Le réel $-\frac{1}{2}$ est strictement compris entre -1 et 1, donc $\lim\limits_{n \to +\infty} \left(-\frac{1}{2}\right)^n = 0$, donc :

$$\boxed{\lim_{n \to +\infty} a_n = \lim_{n \to +\infty} b_n = 3.}$$

18 Soit $(u_n)_{n \in \mathbb{N}}$ la suite définie par $u_0 = 2$ et pour tout entier naturel n :

$$u_{n+1} = \frac{1}{3}u_n + 5.$$

1. a) Démontrons par récurrence que tous les termes de la suite $(u_n)_{n \in \mathbb{N}}$ sont inférieurs à $\frac{15}{2}$.

• La propriété est vraie au rang 0, car 2 est inférieur à $\frac{15}{2}$.

• Supposons que pour un certain entier naturel n, $u_n < \frac{15}{2}$; on a alors successivement :

$\frac{1}{3}u_n < \frac{1}{3} \times \frac{15}{2}$; $\frac{1}{3}u_n < \frac{5}{2}$; $\frac{1}{3}u_n + 5 < \frac{5}{2} + 5$; $\frac{1}{3}u_n + 5 < \frac{15}{2}$; $u_{n+1} < \frac{15}{2}$.

• D'après le principe de récurrence, la propriété est vraie pour tout entier naturel n.

Démontrons que la suite (u_n) est croissante, et, pour cela, calculons pour tout entier n, le signe de la différence $u_{n+1} - u_n$:

$$u_{n+1} - u_n = \frac{1}{3}u_n + 5 - u_n = -\frac{2}{3}u_n + 5 = \frac{-2u_n + 15}{3}.$$

Comme $u_n < \frac{15}{2}$, pour tout $n \in \mathbb{N}$, $-2u_n + 15 > 0$; donc la différence $u_{n+1} - u_n$ est positive pour tout entier n. **Donc la suite est croissante.**

b) La suite $(u_n)_{n \in \mathbb{N}}$ est croissante et majorée. **Donc la suite (u_n) est convergente.**

2. a) Pour tout entier naturel n, et pour tout réel h, on pose $v_n = u_n + h$, donc :

$$v_{n+1} = u_{n+1} + h = \frac{1}{3}u_n + 5 + h$$

$$v_{n+1} = \frac{1}{3}(v_n - h) + 5 + h = \frac{1}{3}v_n + 5 + \frac{2}{3}h.$$

La suite $(v_n)_{n \in \mathbb{N}}$ est géométrique si et seulement si $5 + \frac{2}{3}h = 0$, c'est-à-dire :

$$\boxed{h = -\frac{15}{2}.}$$

b) Si $h = -\frac{15}{2}$, $(v_n)_{n \in \mathbb{N}}$ est une suite géométrique de raison $\frac{1}{3}$ et de premier terme :

$$v_0 = u_0 - \frac{15}{2} = 2 - \frac{15}{2} = -\frac{11}{2}.$$

Pour tout entier n, $v_n = v_0\left(\frac{1}{3}\right)^n = -\frac{11}{2}\left(\frac{1}{3}\right)^n.$

Donc pour tout entier n :

$$\boxed{u_n = v_n - h = \left(-\frac{11}{2}\right)\left(\frac{1}{3}\right)^n + \frac{15}{2}.}$$

c) La suite $(v_n)_{n \in \mathbb{N}}$ est une suite géométrique dont la raison est strictement comprise entre -1 et 1. Elle est convergente et sa limite est 0.

La limite de la suite $(u_n)_{n \in \mathbb{N}}$ est donc $-h$, c'est-à-dire $\frac{15}{2}$.

19 Pour tout entier non nul n, on définit la suite (u_n) par $u_1 = 1$ et, pour tout entier non nul n :

$$u_{n+1} = 2\sqrt{u_n}.$$

Cette suite est définie pour tout entier naturel non nul n, si tous les termes de la suite sont positifs, ce que l'on peut démontrer par récurrence :

> **Remarque**
> On peut reprendre la démonstration et démontrer que pour tout entier n, $u_n > 0$.

- La propriété est vraie pour $n = 1$.
- Supposons que pour un entier non nul n, $u_n \geqslant 0$, alors $2\sqrt{u_n}$ existe et est un réel positif, donc d'après l'axiome de récurrence, pour tout entier non nul, $u_n \geqslant 0$. La suite (u_n) est bien définie.

1. Pour tout entier non nul n, on définit la suite (v_n) par :

$$v_n = \ln(u_n) - \ln 4,$$

ce qui est possible si tous les termes de la suite (u_n) sont strictement positifs. La démonstration précédente a permis de s'en assurer.

CORRIGÉS

Calculons le premier terme de (v_n) :

$$v_1 = \ln u_1 - \ln 4 = \ln 1 - \ln 4 = -\ln 4,$$

et pour tout entier n non nul :

$$\begin{aligned} v_{n+1} &= \ln u_{n+1} - \ln 4 = \ln(2\sqrt{u_n}) - \ln 4 \\ &= \ln 2 + \ln\sqrt{u_n} - \ln 2^2 \quad \text{(car 2 et } \sqrt{u_n} \text{ sont strictement positifs)} \\ &= \ln 2 + \frac{1}{2}\ln(u_n) - 2\ln 2 = \frac{1}{2}\ln(u_n) - \ln 2 \\ &= \frac{1}{2}(\ln(u_n) - 2\ln 2) = \frac{1}{2}(\ln(u_n) - \ln 4) = \frac{1}{2}v_n. \end{aligned}$$

(v_n) est une suite géométrique de premier terme $v_1 = -\ln 4$ et de raison $\frac{1}{2}$.

2. Pour tout entier non nul n, $v_n = (-\ln 4)\left(\frac{1}{2}\right)^{n-1}$ (attention, le premier terme est v_1).

Pour tout entier non nul n, $v_n = \ln u_n - \ln 4$ soit :

$$\begin{aligned} \ln u_n &= v_n + \ln 4 = (-\ln 4)\left(\frac{1}{2}\right)^{n-1} + \ln 4 = \left(1 - \left(\frac{1}{2}\right)^{n-1}\right)\ln 4 \\ &= \left(1 - \left(\frac{1}{2}\right)^{n-1}\right)2\ln 2 = \left(2 - \left(\frac{1}{2}\right)^{n-2}\right)\ln 2 = \ln\left(2^{\left(2-\left(\frac{1}{2}\right)^{n-2}\right)}\right) \end{aligned}$$

soit encore :

$$\boxed{u_n = 2^{\left(2-\left(\frac{1}{2}\right)^{n-2}\right)}.}$$

Si on pose pour tout entier non nul n, $\alpha_n = 2 - \left(\frac{1}{2}\right)^{n-2}$, pour tout entier non nul n, $u_n = 2^{\alpha_n} = e^{\alpha_n \ln 2}$.

Le réel $\frac{1}{2}$ est strictement compris entre -1 et 1, $\lim\limits_{n \to +\infty} \left(\frac{1}{2}\right)^{n-2} = 0$ et $\lim\limits_{n \to +\infty} \alpha_n = 2$, donc le réel $\ln 2$ étant strictement positif :

$$\lim_{n \to +\infty} \alpha_n \ln 2 = 2\ln 2,$$

et, en utilisant le théorème sur la limite de la composée de deux fonctions, sachant que $\lim\limits_{x \to 2\ln 2} e^x = e^{2\ln 2} = 2^2 = 4$:

$$\boxed{\lim_{n \to +\infty} u_n = \lim_{n \to +\infty} e^{\alpha_n \ln 2} = 4.}$$

3. Pour tout entier naturel non nul n, $u_n > 3{,}96$ si et seulement si :

$$2^{\alpha_n} > 3{,}96$$

$$\alpha_n \ln 2 > \ln(3{,}96)$$

$$\alpha_n > \frac{\ln(3{,}96)}{\ln 2} \quad (\text{car } \ln 2 > 0)$$

$$2 - \left(\frac{1}{2}\right)^{n-2} > \frac{\ln(3{,}96)}{\ln 2}$$

$$-\left(\frac{1}{2}\right)^{n-2} > \frac{\ln(3{,}96)}{\ln 2} - 2$$

$$\left(\frac{1}{2}\right)^{n-2} < 2 - \frac{\ln(3{,}96)}{\ln 2} \quad (\text{en multipliant les deux membres par } -1)$$

$2 - \dfrac{\ln(3{,}96)}{\ln 2} \approx 0{,}0145$, les deux membres de l'inégalité précédente sont positifs, on obtient une inégalité équivalente en prenant le logarithme des deux membres :

$$(n-2)\ln\left(\frac{1}{2}\right) < \ln\left(2 - \frac{\ln(3{,}96)}{\ln 2}\right)$$

$$n - 2 > \frac{\ln\left(2 - \dfrac{\ln(3{,}96)}{\ln 2}\right)}{\ln\left(\dfrac{1}{2}\right)} \quad \left(\text{car } \ln\frac{1}{2} < 0\right)$$

$$n > 2 - \frac{\ln\left(2 - \dfrac{\ln(3{,}96)}{\ln 2}\right)}{\ln 2}.$$

Comme $2 - \dfrac{\ln\left(2 - \dfrac{\ln(3{,}96)}{\ln 2}\right)}{\ln(2)} \approx 8{,}11$ on conclut que, si $n \geqslant 9$:

$$\boxed{u_n > 3{,}96.}$$

20 **1.** $u_1 = \dfrac{2 \times 0 + 3}{0 + 4} = \mathbf{\dfrac{3}{4}}$ et $u_2 = \dfrac{2 \times \dfrac{3}{4} + 3}{\dfrac{3}{4} + 4} = \mathbf{\dfrac{18}{19}}$.

2. a) Démontrons par récurrence que tous les termes de la suite (u_n) sont strictement positifs.

• $u_1 = \frac{3}{4}$ est strictement positif.

• Supposons que pour un entier n non nul on ait $u_n > 0$, les deux réels $2u_n + 3$ et $u_n + 4$ sont strictement positifs et donc leur quotient l'est aussi ; on a donc $u_{n+1} > 0$.

• D'après le principe de récurrence pour tout entier n non nul, $u_n > 0$.

La suite (u_n) est donc bien définie car pour tout entier naturel n, le réel $u_n + 4$ est non nul.

Démontrons par récurrence que pour tout entier naturel n, $u_n < 1$.

• $u_0 = 0$, donc la propriété est vérifiée au rang 0.

• Supposons que pour un entier n, on ait $u_n < 1$; calculons $1 - u_{n+1}$:

$$1 - u_{n+1} = 1 - \frac{2u_n + 3}{u_n + 4} = \frac{u_n + 4 - (2u_n + 3)}{u_n + 4} = \frac{1 - u_n}{u_n + 4}.$$

Le numérateur $1 - u_n$ est strictement positif par hypothèse, et le dénominateur est strictement positif.

Donc $1 - u_{n+1} > 0$.

• D'après le principe de récurrence pour tout entier n, $u_n < 1$.

Donc pour tout entier naturel n non nul :

$$\boxed{0 < u_n < 1.}$$

b) Pour déterminer le sens de variation de la suite (u_n), déterminons pour tout entier n le signe de $u_{n+1} - u_n$. Pour tout entier naturel n :

$$u_{n+1} - u_n = \frac{2u_n + 3}{u_n + 4} - u_n = \frac{-u_n^2 - 2u_n + 3}{u_n + 4}.$$

Le trinôme $-x^2 - 2x + 3$ a une racine évidente 1, l'autre racine est donc -3, et donc pour tout réel x, $-x^2 - 2x + 3 = -(x-1)(x+3)$, donc pour tout entier n :

$$u_{n+1} - u_n = \frac{-(u_n - 1)(u_n + 3)}{u_n + 4}.$$

Pour tout entier n, les réels $-(u_n - 1)$, $u_n + 3$, et $u_n + 4$ sont strictement positifs, le réel $u_{n+1} - u_n$ est donc strictement positif.

La suite (u_n) est strictement croissante, donc croissante.

c) La suite (u_n) est croissante et majorée par 1.
La suite (u_n) est donc convergente.

3. Pour tout entier n, le terme v_n est défini, car le réel $u_n + 3$ est non nul.

a) Pour tout entier n :

$$v_{n+1} = \frac{u_{n+1} - 1}{u_{n+1} + 3} = \frac{\dfrac{2u_n + 3}{u_n + 4} - 1}{\dfrac{2u_n + 3}{u_n + 4} + 3} = \frac{2u_n + 3 - u_n - 4}{2u_n + 3 + 3u_n + 12} = \frac{u_n - 1}{5(u_n + 3)} = \frac{1}{5}v_n.$$

La suite $(v_n)_{n \in \mathbb{N}}$ est géométrique de raison $\frac{1}{5}$ et de premier terme :

$$v_0 = \frac{u_0 - 1}{u_0 + 3} = -\frac{1}{3}.$$

Pour tout entier n :

$$\boxed{v_n = -\frac{1}{3}\left(\frac{1}{5}\right)^n.}$$

b) Pour tout entier n :

$$v_n(u_n + 3) = u_n - 1 \quad \text{et} \quad u_n(v_n - 1) = -1 - 3v_n.$$

Pour tout entier n, le réel v_n est différent de 1, car sinon (raisonnons par l'absurde) on aurait $v_n = 1$ et donc $\dfrac{u_n - 1}{u_n + 3} = 1$ soit $u_n - 1 = u_n + 3$, ce qui est impossible.

Donc pour tout entier n, $u_n = \dfrac{-1 - 3v_n}{v_n - 1} = \dfrac{-1 - 3\left(-\frac{1}{3}\left(\frac{1}{5}\right)^n\right)}{-\frac{1}{3}\left(\frac{1}{5}\right)^n - 1}$

$$\boxed{u_n = \frac{-1 + \left(\frac{1}{5}\right)^n}{-\frac{1}{3}\left(\frac{1}{5}\right)^n - 1}.}$$

c) Le réel $\frac{1}{5}$ est strictement compris entre -1 et 1, donc $\lim\limits_{n \to +\infty} \left(\frac{1}{5}\right)^n = 0$, en utilisant les théorèmes sur les limites, lorsque n tend vers $+\infty$, la suite $(v_n)_{n \in \mathbb{N}}$ a pour limite $\dfrac{-1}{-1} = 1$.

$$\boxed{\lim_{n \to +\infty} v_n = 1.}$$

21 **1.** Démontrons par récurrence que pour tout entier n non nul, $2^n \geqslant n+1$.

- La propriété est vraie au rang 1, car $2^1 \geqslant 1+1$.
- Supposons la propriété vraie pour un certain entier n non nul :

$$2^{n+1} = 2^n \times 2 \text{ et } 2^n \geqslant n+1\text{, donc } 2^n \times 2 \geqslant 2(n+1).$$

Démontrons que pour tout entier n, $2(n+1) \geqslant n+2$, et pour cela formons la différence $2(n+1) - (n+2) = n$ qui est strictement positif, donc :

$$2^{n+1} \geqslant n+2.$$

- D'après le principe de récurrence, pour tout entier naturel non nul n :

$$\boxed{2^n \geqslant n+1.}$$

2. a) Déterminons le sens de variation de la suite (u_n) ; pour cela déterminons pour tout entier n, le signe de $u_{n+1} - u_n$.

Pour tout entier naturel n non nul :

$$u_n = \sum_{k=1}^{n} \frac{1}{k2^k} = \frac{1}{1\times 2^1} + \frac{1}{2\times 2^2} + \ldots + \frac{1}{(n-1)\times 2^{n-1}} + \frac{1}{n\times 2^n}.$$

Donc pour tout entier n :

$$u_{n+1} - u_n = \frac{1}{1\times 2^1} + \ldots + \frac{1}{n\times 2^n} + \frac{1}{(n+1)\times 2^{n+1}} - \left(\frac{1}{1\times 2^1} + \ldots + \frac{1}{n\times 2^n}\right)$$
$$= \frac{1}{(n+1)\times 2^{n+1}}.$$

Donc pour tout entier naturel n non nul, le réel $u_{n+1} - u_n$ est strictement positif. **La suite (u_n) est donc strictement croissante, donc croissante.**

Remarque

Si deux suites sont telles que l'une est croissante, l'autre décroissante et si la suite différence tend vers 0, on dit que les deux suites sont adjacentes.

On peut démontrer que deux suites adjacentes sont convergentes et ont la même limite.

b) Déterminons le sens de variation de la suite (v_n). Pour cela déterminons pour tout entier n, le signe de $v_{n+1} - v_n$.

Pour tout entier naturel n non nul :

$$v_n = u_n + \frac{1}{n} - \frac{1}{n2^n}.$$

Donc pour tout entier naturel n non nul :

$$\begin{aligned}
v_{n+1} - v_n &= u_{n+1} + \frac{1}{n+1} - \frac{1}{(n+1)2^{n+1}} - \left(u_n + \frac{1}{n} - \frac{1}{n2^n}\right) \\
&= u_{n+1} - u_n + \frac{1}{n+1} - \frac{1}{(n+1)2^{n+1}} - \frac{1}{n} + \frac{1}{n2^n} \\
&= \frac{1}{(n+1) \times 2^{n+1}} + \frac{1}{n+1} - \frac{1}{(n+1)2^{n+1}} - \frac{1}{n} + \frac{1}{n2^n} \\
&= \frac{1}{n+1} - \frac{1}{n} + \frac{1}{n2^n} = \frac{n2^n - (n+1)2^n + n + 1}{n(n+1)2^n} \\
&= \frac{n+1-2^n}{n(n+1)2^n}.
\end{aligned}$$

Le dénominateur $n(n+1)2^n$ est un réel strictement positif, le numérateur d'après la première question est négatif ou nul, le quotient est donc négatif ou nul. **La suite (v_n) est donc décroissante.**

c) Déterminons la limite de la suite $(v_n - u_n)$.

Pour tout entier naturel non nul n, $v_n - u_n = \dfrac{1}{n} - \dfrac{1}{n2^n}$.

$\lim\limits_{n \to +\infty} \dfrac{1}{n} = 0$ et $\lim\limits_{n \to +\infty} 2^n = +\infty$, donc $\lim\limits_{n \to +\infty} n2^n = +\infty$ (produit de deux suites ayant pour limite $+\infty$).

On peut donc conclure que $\lim\limits_{n \to +\infty} \dfrac{1}{n2^n} = 0$ et :

$$\lim_{n \to +\infty} (v_n - u_n) = 0.$$

Sujets de type bac

22 **1. a)** On construit les droites d'équations $y = x$ et $y = \dfrac{1}{3}x + \dfrac{23}{27}$.

Soit f la fonction définie sur $\mathbb{R}$ par $f(x) = \dfrac{1}{3}x + \dfrac{23}{27}$.

Pour tout entier n, $u_{n+1} = f(u_n)$.

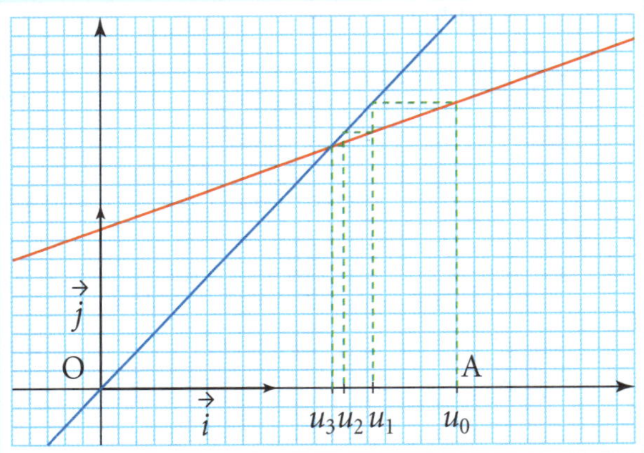

b) La fonction f est une fonction continue sur $\mathbb{R}$, la limite de la suite u, si elle existe, vérifie $\ell = f(\ell)$ soit $\frac{1}{3}\ell + \frac{23}{27} = \ell$ soit : $\boxed{\ell = \frac{23}{18}}$.

c) On montre par récurrence que, pour tout entier naturel n, $u_n \geqslant \frac{23}{18}$.

• Initialisation : $u_0 = 2$, donc $u_0 \geqslant \frac{23}{18}$.

• On suppose qu'il existe un entier naturel n pour lequel $u_n \geqslant \frac{23}{18}$.

La fonction f est une fonction affine strictement croissante, donc $f(u_n) \geqslant f\left(\frac{23}{18}\right)$,

soit $u_{n+1} \geqslant \frac{23}{54} + \frac{23}{17}$, soit $u_{n+1} \geqslant \frac{69}{54}$ et $\frac{69}{54} = \frac{23}{18}$, donc $u_{n+1} \geqslant \frac{23}{18}$.

Donc pour tout entier naturel n, $\boxed{u_n \geqslant \frac{23}{18}}$.

La suite u est minorée par $\frac{23}{18}$.

d) Démontrons la monotonie de la suite u par récurrence.

• Initialisation : $u_0 = 2$ et $u_1 = \frac{2}{3} + \frac{23}{27} = \frac{41}{27}$, donc $u_0 > u_1$.

• On suppose qu'il existe un entier n non nul, pour lequel $u_{n-1} > u_n$.

Comme f est strictement croissante sur $\mathbb{R}$, $f(u_{n-1}) > f(u_n)$ soit $u_n > u_{n+1}$.

Donc on a montré par récurrence que pour tout n de $\mathbb{N}$, $u_n \geqslant u_{n+1}$.

Donc (u_n) est une suite strictement décroissante.

Remarque

Cette démonstration par récurrence de la monotonie d'une suite est à retenir.

La suite (u_n) est décroissante et minorée donc elle est convergente et :

$$\boxed{\lim_{n \to +\infty} (u_n) = \frac{23}{18}.}$$

2. a) Pour tout entier naturel n supérieur ou égal à 1, $\displaystyle\sum_{k=2}^{n+1} \frac{1}{10^k} = \frac{1}{90}\left(1 - \frac{1}{10^n}\right)$.

$\displaystyle\sum_{k=2}^{n+1} \frac{1}{10^k}$ est la somme des n premiers termes d'une suite géométrique de premier terme $\dfrac{1}{10^2}$ et de raison $\dfrac{1}{10}$.

La raison est différente de 1, donc :

$$\sum_{k=2}^{n+1} \frac{1}{10^k} = \frac{\dfrac{1}{10^2} - \left(\dfrac{1}{10}\right)^{n+2}}{1 - \dfrac{1}{10}} = \frac{1}{10^2} \frac{1 - \left(\dfrac{1}{10}\right)^n}{1 - \dfrac{1}{10}} = \frac{1}{10^2} \frac{1 - \left(\dfrac{1}{10}\right)^n}{\dfrac{9}{10}}$$

$$\sum_{k=2}^{n+1} \frac{1}{10^k} = \frac{10}{9 \times 10^2}\left(1 - \left(\frac{1}{10}\right)^n\right) \text{ soit : } \boxed{\sum_{k=2}^{n+1} \frac{1}{10^k} = \frac{1}{90}\left(1 - \frac{1}{10^n}\right).}$$

b) $v_1 = 1{,}2 + 7 \times \dfrac{1}{10^2}$; $v_2 = 1{,}2 + 7\left(\dfrac{1}{10^2} + \dfrac{1}{10^3}\right)$; et pour tout entier n non nul,

$$v_n = 1{,}2 + 7\left(\sum_{k=2}^{n+1} \frac{1}{10^k}\right) = 1{,}2 + \frac{7}{90}\left(1 - \frac{1}{10^n}\right).$$

$\displaystyle\lim_{n \to +\infty} \frac{1}{10^n} = 0$ donc :

$$\lim_{n \to +\infty} v_n = \lim_{n \to +\infty}\left[1{,}2 + \frac{7}{90}\left(1 - \frac{1}{10^n}\right)\right] = \frac{12}{10} + \frac{7}{90} = \frac{115}{90} = \frac{23}{18}.$$

La limite de la suite v est donc un nombre rationnel r (c'est-à-dire le quotient de deux entiers).

3. D'après la question **1. c)**, la suite (u_n) est minorée par $\dfrac{23}{18}$ et,

$\left|u_n - \dfrac{23}{18}\right| \leqslant 10^{-2}$ est équivalent à $u_n - \dfrac{23}{18} \leqslant 10^{-2}$.

Variables
- n, entier
- u, réel

Initialisation
- n prend la valeur 0
- u prend la valeur 2

Traitement
- Tant que $u - \frac{23}{18} > 10^{-2}$
  - Faire u prend la valeur $\frac{1}{3}u + \frac{23}{27}$
  - n prend la valeur $n + 1$
- Fin Tant que

Sortie
- Afficher n

23 **1. a) Construction**

Soit A_n le point de l'axe des abscisses, d'abscisse u_n, on construit successivement :

- le point C_n de la courbe $\mathscr{C}$ ayant pour abscisse u_n, c'est-à-dire de coordonnées $(u_n\,;f(u_n) = u_{n+1})$ (la droite (A_nC_n) est parallèle à l'axe des ordonnées) ;
- le point D_n de la droite d'équation $y = x$ a même ordonnée que le point C_n (la droite (C_nD_n) est parallèle à l'axe des abscisses) et est sur la première bissectrice, donc son abscisse est égale à son ordonnée, les coordonnées de D_n sont $(u_{n+1}\,;\,u_{n+1})$;
- le point A_{n+1} de l'axe des abscisses ayant même abscisse que D_n, l'abscisse de A_{n+1} est u_{n+1}.

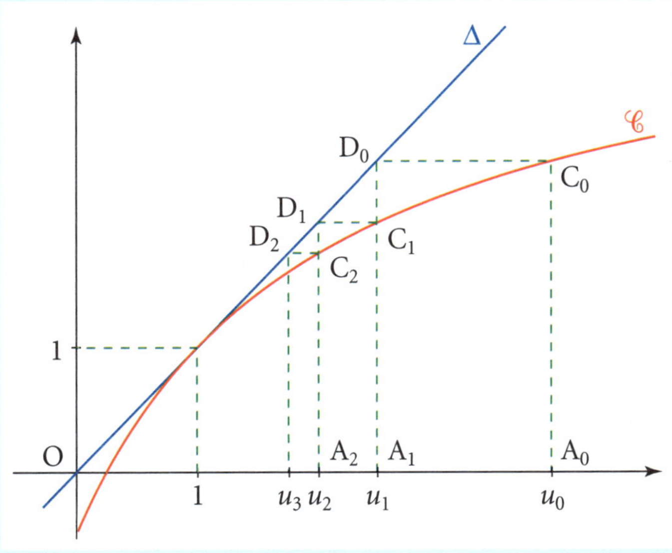

On construit ainsi successivement les points A_0, A_1, A_2, A_3 d'abscisses respectives u_0, u_1, u_2, u_3.

b) Conjectures sur le sens de variation et sur la convergence de la suite (u_n) : **la suite (u_n) semble être décroissante et convergente et avoir pour limite 1.**

2. a) La fonction f est une fonction rationnelle définie sur $]-2\,;+\infty[$, elle est donc dérivable sur cet intervalle et, pour tout réel x de $]-2\,;+\infty[$:

$$f'(x) = \frac{9}{(x+2)^2}.$$

Pour tout réel x de $]-2\,;+\infty[$, $f'(x) > 0$, la fonction f est strictement croissante sur $]-2\,;+\infty[$.

Montrons par récurrence que pour tout entier naturel n, $u_n > 1$.

- $u_0 = 4$, donc $u_0 - 1 > 0$.
- Supposons que pour un certain entier naturel n, $u_n > 1$.
- La fonction f est strictement croissante sur $]-2\,;+\infty[$, donc $f(u_n) > f(1) = 1$ soit $u_{n+1} > 1$.

D'après le principe de récurrence, pour tout entier naturel n, $u_n - 1 > 0$.

Pour tout entier naturel n, $u_n > 1$, donc le réel 1 est un minorant de la suite (u_n).

b) Démonstration des conjectures émises à la question **1. b)**.

Pour tout entier naturel n :

$$u_{n+1} - u_n = \frac{4u_n - 1}{u_n + 2} - u_n = \frac{-u_n^2 + 2u_n - 1}{u_n + 2} = -\frac{(u_n - 1)^2}{u_n + 2}.$$

Pour tout entier naturel n, $u_n > 1$, donc $u_n + 2 > 0$ et $u_n - 1 \neq 0$, donc $(u_n - 1)^2 > 0$.

Donc, pour tout entier naturel n, $-\dfrac{(u_n - 1)^2}{u_n + 2} < 0$,

c'est-à-dire $u_{n+1} - u_n < 0$, la suite (u_n) est strictement décroissante.

La suite (u_n) est décroissante et minorée par 1, elle est donc convergente.

3. a) La suite (v_n) est une suite arithmétique de raison $\dfrac{1}{3}$.

CORRIGÉS

Pour tout entier naturel n :

$$v_{n+1} - v_n = \frac{1}{u_{n+1}-1} - \frac{1}{u_n - 1}$$
$$= \frac{u_n + 2}{4u_n - 1 - u_n - 2} - \frac{1}{u_n - 1}$$
$$= \frac{u_n + 2}{3(u_n - 1)} - \frac{1}{u_n - 1}$$
$$v_n = \frac{u_n - 1}{3(u_n - 1)}.$$

Pour tout entier naturel n, $u_n > 1$, donc $u_n \neq 1$, le réel $u_n - 1$ est non nul, d'où pour tout n de $\mathbb{N}$:

$$v_{n+1} - v_n = \frac{1}{3}.$$

Donc (v_n) est une suite arithmétique de raison $\frac{1}{3}$.

b) $v_0 = \frac{1}{u_0 - 1} = \frac{1}{3}$, la suite (v_n) est une suite arithmétique de raison $\frac{1}{3}$ et de premier terme $v_0 = \frac{1}{3}$, donc pour tout entier naturel n :

$$\boxed{v_n = \frac{1}{3} + \frac{1}{3}n.}$$

Pour tout entier naturel n, $v_n = \frac{1}{u_n - 1}$, le réel $\frac{1}{u_n - 1}$, donc v_n, est non nul.

On en déduit que $u_n - 1 = \frac{1}{v_n}$, donc pour tout entier naturel n :

$$u_n = 1 + \frac{1}{v_n} = 1 + \frac{1}{\frac{1}{3} + \frac{1}{3}n} = 1 + \frac{3}{n+1},$$

donc :

$$\boxed{u_n = \frac{n+4}{n+1}.}$$

c) Limite de la suite (u_n)

$$\lim_{n \to +\infty} u_n = \lim_{n \to +\infty} \frac{n\left(1 + \frac{4}{n}\right)}{n\left(1 + \frac{4}{n}\right)} \text{ soit : } \boxed{\lim_{n \mapsto +\infty} u_n = 1.}$$

La Prépa attitude

1. Les deux théorèmes : toute suite croissante majorée est convergente et toute suite décroissante minorée est convergente permettent de démontrer la convergence mais ne permettent pas de connaître la limite, le majorant connu dans le premier théorème est plus grand que la limite de la suite, le minorant connu dans le deuxième théorème est plus petit que la limite de la suite. L'information obtenue est très imprécise.

2. Le théorème d'encadrement (appelé parfois des gendarmes) permet de conclure à la convergence de la suite encadrée et permet de connaître la limite de cette suite qui est la limite commune des deux suites majorante et minorante.

3. Une autre réponse à la double question de la convergence et du calcul de la limite est la notion de **suites adjacentes**.

Prolongement au cours de Term S

Définition de deux suites adjacentes

On dit que deux suites u et v sont adjacentes, si l'une est croissante, l'autre est décroissante et une suite différence (il y en a deux possibles) converge vers 0.

Théorème des suites adjacentes

Si deux suites u et v sont adjacentes, elles sont toutes les deux convergentes et ont la même limite.

Cette limite commune est comprise entre les deux premiers termes des suites u et v.

Exemple : Les deux suites $\left(1-\dfrac{1}{n}\right)_{n\in\mathbb{N}^*}$ et $\left(1+\dfrac{1}{n}\right)_{n\in\mathbb{N}^*}$ sont adjacentes, on peut vérifier très aisément en faisant la différence de deux termes consécutifs que la suite $\left(1-\dfrac{1}{n}\right)_{n\in\mathbb{N}^*}$ est croissante, et que la suite $\left(1+\dfrac{1}{n}\right)_{n\in\mathbb{N}^*}$ est décroissante.

Une suite différence converge vers 0 (par exemple, pour tout n non nul $1+\frac{1}{n}-\left(1-\frac{1}{n}\right)=\frac{2}{n}$). La suite $\left(\frac{2}{n}\right)_{n\in\mathbb{N}^*}$ converge vers 0. D'après le théorème sur les suites adjacentes, les deux suites $\left(1-\frac{1}{n}\right)_{n\in\mathbb{N}^*}$ et $\left(1+\frac{1}{n}\right)_{n\in\mathbb{N}^*}$ sont convergentes et ont la même limite.

EXERCICES

➔ Corrigés p. 73

1 On considère la suite u de premier terme $u_0 = 0$ et définie pour tout entier naturel n par la relation de récurrence

$$u_{n+1} = \frac{\sqrt{2}}{2}\sqrt{1+u_n}$$

1. Montrer que pour tout entier naturel n non nul, on a :

$$\frac{\sqrt{2}}{2} \leqslant u_n \leqslant 1$$

2. Étudier le sens de variation et la convergence de la suite u.

3. Déterminer la limite a de la suite u (il est nécessaire d'avoir traité le chapitre sur la continuité).

2 On se propose d'étudier la suite (u_n) définie sur l'ensemble des entiers naturels $\mathbb{N}$ par :

$$u_0 = 1 \text{ et } u_{n+1} = u_n \mathrm{e}^{-u_n} \text{ pour tout entier } n \text{ de } \mathbb{N}$$

puis la convergence de la suite (S_n) définie pour tout entier naturel n par :

$$S_n = \sum_{p=0}^{n} u_p.$$

1. a) Montrer que pour tout entier naturel n, le réel u_n est positif.

b) Déterminer le sens de variation de la suite (u_n).

c) En déduire que la suite (u_n) est convergente et déterminer sa limite (il est nécessaire d'avoir traité la chapitre sur la continuité ou admettre que la limite est égale à 0).

2. Montrer que pour tout entier naturel n :

$$u_{n+1} = \mathrm{e}^{-S_n}$$

et en déduire que la suite (S_n) est divergente.

3 Dans les cas suivants, les suites (u_n) et (v_n) ont-elles la même limite ? Sont-elles adjacentes ?

Justifier les réponses.

1. $u_n = 1 - 10^{-n}$ et $v_n = 1 + 10^{-n}$;

2. $u_n = \ln(n+1)$ et $v_n = \ln(n+1) + \dfrac{1}{n}$;

3. $u_n = 1 - \dfrac{1}{n}$ et $v_n = 1 + \dfrac{(-1)^n}{n}$.

CORRIGÉS

1 Soit u la suite définie par $u_0 = 0$ et pour tout entier naturel n par $u_{n+1} = \dfrac{\sqrt{2}}{2}\sqrt{1+u_n}$.

1. Inégalité

Méthode : la propriété devant être démontrée pour tout entier naturel non nul, on peut utiliser un raisonnement par récurrence en initialisant la démonstration au rang 1.

– On a $u_1 = \dfrac{\sqrt{2}}{2}\sqrt{1+u_0} = \dfrac{\sqrt{2}}{2}\sqrt{1+0} = \dfrac{\sqrt{2}}{2} \in \left[\dfrac{\sqrt{2}}{2} ; 1\right]$.

– Supposons la propriété vraie pour un certain entier naturel n non nul, c'est-à-dire que, pour cet entier naturel non nul n, on a $\dfrac{\sqrt{2}}{2} \leqslant u_n \leqslant 1$.

– On a successivement :

$$1 < 1 + \frac{\sqrt{2}}{2} \leqslant 1 + u_n \leqslant 1 + 1$$

La fonction racine carrée est croissante sur $\mathbb{R}^+$ donc :

$$1 < \sqrt{1+\frac{\sqrt{2}}{2}} \leqslant \sqrt{1+u_n} \leqslant \sqrt{2}$$

$$1 \leqslant \sqrt{1+u_n} \leqslant \sqrt{2}$$

Le nombre $\frac{\sqrt{2}}{2}$ est strictement positif, on obtient une inégalité équivalente en multipliant les trois membres par $\frac{\sqrt{2}}{2}$.

$$\frac{\sqrt{2}}{2} \leqslant \frac{\sqrt{2}}{2}\sqrt{1+u_n} \leqslant \frac{\sqrt{2}}{2}\sqrt{2}$$

$$\frac{\sqrt{2}}{2} \leqslant u_{n+1} \leqslant 1$$

La propriété est donc vraie au rang $n+1$.

D'après le principe de récurrence, la propriété est vérifiée pour tout entier naturel n non nul.

La double inégalité précédente permet aussi de démontrer que la suite (u_n) est définie pour tout n.

On peut écrire que pour tout n, $u_n \geqslant 0$ donc que le calcul de $\sqrt{1+u_n}$ est toujours possible et donc que la suite est bien définie sur $\mathbb{N}$.

2. Sens de variation de (u_n)

Méthode : l'expression $u_{n+1} - u_n$ comportant un radical, on utilise l'égalité $a-b = \frac{a^2-b^2}{a+b}$ vraie pour tout couple (a, b) tel que $a+b \neq 0$.

Sous réserve d'existence, pour tout n de $\mathbb{N}$:

$$u_{n+1} - u_n = \frac{\sqrt{2}}{2}\sqrt{1+u_n} - u_n$$

$$= \frac{\left(\frac{\sqrt{2}}{2}\sqrt{1+u_n}\right)^2 - (u_n)^2}{\frac{\sqrt{2}}{2}\sqrt{1+u_n} + u_n}$$

Si $n = 0$, $\frac{\sqrt{2}}{2}\sqrt{1+u_n} + u_n = u_1 + u_0 = u_1 = \frac{\sqrt{2}}{2} \neq 0$

Si $n > 0$, $\frac{\sqrt{2}}{2}\sqrt{1+u_n} + u_n = u_{n+1} + u_n$ est la somme de deux nombres supérieurs à $\frac{\sqrt{2}}{2}$; c'est donc un nombre supérieur à $\sqrt{2}$ donc non nul. L'expression précédente existe pour tout n de $\mathbb{N}$.

Pour tout n de $\mathbb{N}$: $u_{n+1} - u_n = \dfrac{\frac{1}{2}(1+u_n) - (u_n)^2}{\frac{\sqrt{2}}{2}\sqrt{1+u_n} + u_n} = \dfrac{1}{2}\dfrac{-2(u_n)^2 + u_n + 1}{\frac{\sqrt{2}}{2}\sqrt{1+u_n} + u_n}$

Le dénominateur est la somme de deux nombres positifs et est non nul, il est donc strictement positif. Pour tout n de $\mathbb{N}$, $u_{n+1} - u_n$ a le signe de $-2(u_n)^2 + u_n + 1 = (u_n - 1)(-2u_n - 1)$.

Pour tout entier naturel n, $u_n \geqslant 0$ donc $-2u_n - 1 \leqslant 0$ et pour tout entier naturel n, $u_n \leqslant 1$ donc $u_n - 1 \leqslant 0$ donc pour tout entier naturel n, $(u_n - 1)(-2u_n - 1) \geqslant 0$ et donc $u_{n+1} - u_n \geqslant 0$. La suite est croissante, de plus on sait qu'elle est majorée par 1, elle est donc convergente.

3. Limite de la suite (u_n)

Méthode : la suite est définie par une relation du type $u_{n+1} = f(u_n)$. On utilise la continuité de f et on résout l'équation $f(x) = x$.

Soit f la fonction définie sur $\mathbb{R}^+$ par $f(x) = \frac{\sqrt{2}}{2}\sqrt{1+x}$. Pour tout x de $\mathbb{R}^+$, $1 + x > 0$ donc $x \mapsto \sqrt{1+x}$ est définie sur $\mathbb{R}^+$ ainsi que la fonction f.

La fonction f est continue sur $\mathbb{R}^+$ car produit de deux fonctions continues sur $\mathbb{R}^+$, la fonction constante égale à $\frac{\sqrt{2}}{2}$ et la fonction $x \mapsto \sqrt{1+x}$, composée de la fonction affine $x \mapsto 1 + x$ continue et strictement positive sur $\mathbb{R}^+$ et de la fonction racine carrée continue sur $\mathbb{R}^+$.

Les limites possibles de la suite (u_n) définie par $u_0 = 0$ et $u_{n+1} = f(u_n)$ sont les solutions de l'équation $f(x) = x$.

AMBITION PRÉPA

Pour tout x de $\mathbb{R}^+$,

$$f(x) = x \Leftrightarrow \frac{\sqrt{2}}{2}\sqrt{1+x} = x$$
$$\Leftrightarrow \frac{1}{\sqrt{2}}\sqrt{1+x} = x$$
$$\Leftrightarrow \sqrt{1+x} = \sqrt{2}x$$

Les deux membres de l'équation étant positifs, l'équation proposée est équivalente (c'est-à-dire a les mêmes solutions dans $\mathbb{R}^+$) que l'équation obtenue en élevant les deux membres au carré.

Pour tout x de $\mathbb{R}^+$,

$$f(x) = x \Leftrightarrow \left(\sqrt{1+x}\right)^2 = \left(\sqrt{2}x\right)^2$$
$$\Leftrightarrow 1 + x = 2x^2$$
$$\Leftrightarrow 2x^2 - x - 1 = 0$$

Le nombre 1 est racine de la dernière équation, l'autre racine est donc égale à $-\frac{1}{2}$ (produit des racines).

La fonction f est continue au point 1. Tous les termes de la suite sauf u_0 appartiennent à $\left[\frac{\sqrt{2}}{2} ; 1\right]$. Le nombre 1 est compatible avec la dernière remarque, c'est donc la limite de la suite.

2 Soit (u_n) la suite définie sur l'ensemble des entiers naturels $\mathbb{N}$ par $u_0 = 1$ et $u_{n+1} = u_n e^{-u_n}$ pour tout entier n de $\mathbb{N}$.

1. a) Pour tout entier naturel n, le réel u_n est positif.

La démonstration se fait par récurrence.

– On a $u_0 = 1 \geqslant 0$;

– Supposons que pour un certain entier naturel n, $u_n \geqslant 0$;

– Pour tout réel x, $e^x > 0$ donc le réel $u_{n+1} = u_n e^{-u_n}$ est le produit de deux réels positifs, il est donc positif.

D'après le principe de récurrence, pour tout entier naturel n, $u_n \geqslant 0$.

b) Étude du sens de variation de la suite (u_n)

Pour tout entier naturel n,

$$u_{n+1} - u_n = u_n e^{-u_n} - u_n = u_n\left(e^{-u_n} - 1\right)$$

On a, pour tout entier naturel n,

$u_n \geqslant 0 \Leftrightarrow -u_n \leqslant 0$

$\Leftrightarrow e^{-u_n} \leqslant e^0$ car la fonction exponentielle est une bijection strictement croissante de $\mathbb{R}$ sur $\mathbb{R}_+^*$.

$\Leftrightarrow e^{-u_n} \leqslant 1$

$\Leftrightarrow e^{-u_n} - 1 \leqslant 0$

Donc, pour tout entier naturel n, $u_{n+1} - u_n$, produit d'un nombre positif (u_n) et d'un nombre négatif ($e^{-u_n} - 1$) est négatif, la suite (u_n) est décroissante.

c) Convergence de la suite (u_n)

La suite (u_n) est décroissante et positive (minorée par 0), elle est donc convergente et a une limite $\ell \geqslant 0$.

Soit f la fonction définie sur $\mathbb{R}^+$ par $f(x) = xe^{-x}$, on a pour tout entier naturel n, $u_{n+1} = f(u_n)$. La fonction f est continue sur $\mathbb{R}^+$ comme produit de deux fonctions continues sur $\mathbb{R}^+$ (la fonction identité $x \mapsto x$ et la fonction $x \mapsto e^{-x}$ composée de la fonction affine $x \mapsto -x$ continue sur $\mathbb{R}^+$ et de la fonction exponentielle continue sur $\mathbb{R}$).

La suite (u_n) définie par $u_0 = 1$ et pour tout entier naturel n par $u_{n+1} = f(u_n)$ est convergente. La fonction f est continue sur $\mathbb{R}^+$, la limite de la suite (u_n) se trouve parmi les solutions sur $\mathbb{R}^+$ de l'équation $f(x) = x$.

Pour tout x de $\mathbb{R}^+$,

$f(x) = x \Leftrightarrow xe^{-x} = x$

$\Leftrightarrow x\left(e^{-x} - 1\right) = 0$

$\Leftrightarrow x = 0$ ou $e^{-x} - 1 = 0$

$\Leftrightarrow x = 0$ ou $e^{-x} = 1$

$\Leftrightarrow x = 0$ ou $-x = 0$ car la fonction exponentielle prend une seule fois la valeur 1 en 0.

$\Leftrightarrow x = 0$ ou $x = 0$.

L'équation admet une seule solution 0. La fonction f est continue en 0, tous les termes de la suite sont positifs. La limite de la suite est 0.

2. Pour tout entier naturel n, $u_{n+1} = \mathrm{e}^{-S_n}$.

Montrons cette propriété par récurrence.

– On a $u_0 = 1$ et $u_1 = u_0\mathrm{e}^{-u_0} = 1 \times \mathrm{e}^{-1} = \mathrm{e}^{-1}$ et $S_0 = u_0 = 1$ donc $\mathrm{e}^{-S_0} = \mathrm{e}^{-1}$.
On a donc $u_1 = \mathrm{e}^{-S_0}$.

– Supposons que pour un certain entier naturel n, $u_{n+1} = \mathrm{e}^{-S_n}$.

– On a alors :

$$\begin{aligned} u_{n+2} &= u_{n+1}\mathrm{e}^{-u_{n+1}} \\ &= \mathrm{e}^{-S_n}\mathrm{e}^{-u_{n+1}} \text{ par hypothèse de récurrence} \\ &= \mathrm{e}^{-S_n - u_{n+1}} \\ &= \mathrm{e}^{-S_{n+1}} \end{aligned}$$

D'après le principe de récurrence, pour tout entier naturel n, $u_{n+1} = \mathrm{e}^{-S_n}$.

Pour tout entier naturel n, u_n et e^{-S_n} sont deux réels strictement positifs, les logarithmes de ces deux nombres existent et l'on a, pour tout entier naturel n :

$$\begin{aligned} u_{n+1} = \mathrm{e}^{-S_n} &\Leftrightarrow \ln u_{n+1} = \ln \mathrm{e}^{-S_n} \\ &\Leftrightarrow \ln u_{n+1} = -S_n \\ &\Leftrightarrow S_n = -\ln u_{n+1} \end{aligned}$$

La suite (u_n) est strictement positive et converge vers 0, on a $\lim\limits_{x \to 0} \ln x = -\infty$ donc par composition on a $\lim\limits_{n \to +\infty} \ln u_{n+1} = -\infty$ donc $\lim\limits_{n \to +\infty} S_n = +\infty$. La suite (S_n) diverge vers $+\infty$.

3 **1.** Pour tout entier naturel n, 10^{-n} existe donc les deux suites (u_n) et (v_n) sont définies sur $\mathbb{N}$.

Méthode : on vérifie rapidement que les termes des suites existent à partir d'un certain rang et on calcule leur limite. On utilise la définition des suites adjacentes.

On a, pour tout entier naturel n :

$$10^{-n} = \frac{1}{10^n} = \left(\frac{1}{10}\right)^n$$

On a $-1 < \frac{1}{10} < 1$ donc $\lim\limits_{n \to +\infty} \left(\frac{1}{10}\right)^n = 0$.

On a $-\left(\frac{1}{10}\right)^n = (-1) \times \left(\frac{1}{10}\right)^n$. La suite $\left(-\left(\frac{1}{10}\right)^n\right)$ est le produit de deux suites convergentes, la suite constante égale à -1 et la suite $\left(\left(\frac{1}{10}\right)^n\right)$ de limite 0, elle a donc pour limite le produit des limites, donc 0.

La suite (u_n) est la somme de la suite constante égale à 1 donc convergente et de limite 1 et de la suite (-10^{-n}) convergente et de limite 0, la limite d'une suite somme de deux suites convergentes est une suite convergente ayant pour limite la somme des limites, donc 1.

De même, la suite (v_n) a pour limite 1, les deux suites ont la même limite, on peut donc se poser la question de savoir si elles sont adjacentes.

Pour déterminer le sens de variation de la suite (u_n), on détermine, pour tout entier naturel n, le signe de :

$$\begin{aligned} u_{n+1} - u_n &= 1 - 10^{-(n+1)} - \left(1 - 10^{-n}\right) \\ &= 10^{-n} - 10^{-(n+1)} \\ &= 10^{-n}\left(1 - 10^{-1}\right) = 10^{-n}\left(1 - \frac{1}{10}\right) \\ &= \frac{9}{10}10^{-n} \end{aligned}$$

Pour tout entier naturel n, $10^{-n} > 0$ donc :

$$\forall n \in \mathbb{N}, u_{n+1} - u_n > 0$$

La suite (u_n) est strictement croissante donc croissante.

Pour tout entier naturel n,

$$\begin{aligned} v_{n+1} - v_n &= 1 + 10^{-(n+1)} - \left(1 + 10^{-n}\right) \\ &= 10^{-(n+1)} - 10^{-n} = 10^{-n}\left(10^{-1} - 1\right) \\ &= -\frac{9}{10}10^{-n} \end{aligned}$$

Donc $\forall n \in \mathbb{N}, v_{n+1} - v_n < 0$

La suite (v_n) est strictement décroissante donc décroissante.

Étude de la convergence vers 0 de la suite $\left(v_n - u_n\right)$. Deux démonstrations possibles

– Pour tout entier naturel n,

$$\begin{aligned} v_n - u_n &= 1 + 10^{-n} - \left(1 - 10^{-n}\right) \\ &= 2 \times 10^{-n} \end{aligned}$$

$\lim\limits_{n \to +\infty} \left(v_n - u_n\right) = \lim\limits_{n \to +\infty} 2 \times 10^{-n} = 0.$

– Les deux suites $\left(u_n\right)$ et $\left(v_n\right)$ sont convergentes et ont la même limite 1, la suite différence $\left(v_n - u_n\right)$ est donc convergente et a pour limite la différence des limites donc 0.

En résumé, l'une des suites est croissante, l'autre est décroissante et la suite différence des deux suites tend vers 0 donc les deux suites sont adjacentes.

2. La suite $\left(u_n\right)$ est définie pour tout entier naturel n car, pour tout entier naturel n, on a $n + 1 \geqslant 1 > 0$ et le logarithme d'un réel strictement positif est toujours calculable.

On a $\lim\limits_{n \to +\infty} \left(n + 1\right) = +\infty$ et $\lim\limits_{n \to +\infty} \ln n = +\infty$ donc par composition des limites $\lim\limits_{n \to +\infty} u_n = \lim\limits_{n \to +\infty} \ln\left(n + 1\right) = +\infty$. La suite $\left(u_n\right)$ diverge vers $+\infty$.

La suite $\left(v_n\right)$ est définie pour tout entier naturel non nul n, car la fonction $n \mapsto \dfrac{1}{n}$ est définie pour tout entier naturel non nul. On a $\lim\limits_{n \to +\infty} \ln\left(n + 1\right) = +\infty$ et $\lim\limits_{n \to +\infty} \dfrac{1}{n} = 0$ d'après les théorèmes du cours sur la limite de la somme de deux suites, $\lim\limits_{n \to +\infty} v_n = +\infty$. La suite $\left(v_n\right)$ diverge vers $+\infty$.

Les deux suites $\left(u_n\right)$ et $\left(v_n\right)$ ne peuvent être adjacentes car, si elles l'étaient, elles seraient toutes deux convergentes.

3. Les deux suites $\left(u_n\right)$ et $\left(v_n\right)$ sont définies pour tout entier naturel n, non nul par $u_n = 1 - \dfrac{1}{n}$ et $v_n = 1 + \dfrac{(-1)^n}{n}$.

On a $\lim\limits_{n \to +\infty} \dfrac{1}{n} = 0$, la suite $\left(u_n\right)$ est la somme d'une suite constante égale à 1 et d'une suite convergeant vers 0, donc d'après le théorème sur la somme de suites convergentes, on a $\lim\limits_{n \to +\infty} u_n = 1$.

Trois démonstrations possibles pour étudier la limite de la suite (v_n).

– Cette suite est la somme de la suite constante égale à 1 et de la suite (w_n) définie pour tout entier naturel non nul n par $w_n = \dfrac{(-1)^n}{n}$. La suite (w_n) est le produit de la suite $\left((-1)^n\right)$ et de la suite $\left(\dfrac{1}{n}\right)$ qui a pour limite 0. Selon la parité de n, $(-1)^n$ est égal à -1 (si n impair) ou à 1 (si n est pair) donc pour tout entier n non nul :

$$-1 \leqslant (-1)^n \leqslant 1$$

La suite $\left((-1)^n\right)$ est une suite bornée, d'après le cours le produit d'une suite bornée par une suite ayant pour limite 0 a pour limite 0. La suite (w_n) est convergente et a pour limite 0. La suite (v_n) est convergente et a pour limite 1.

– D'après la question précédente, pour tout entier naturel n non nul :

$$-1 \leqslant (-1)^n \leqslant 1$$

En multipliant les trois membres de cette double inégalité par le réel strictement positif $\dfrac{1}{n}$, on a :

$$\frac{-1}{n} \leqslant \frac{(-1)^n}{n} \leqslant \frac{1}{n}$$

On a $\lim\limits_{n \to +\infty} \dfrac{1}{n} = \lim\limits_{n \to +\infty} \dfrac{-1}{n} = 0$, donc d'après le théorème d'encadrement $\lim\limits_{n \to +\infty} \dfrac{(-1)^n}{n} = 0$ donc $\lim\limits_{n \to +\infty} v_n = 1$.

– On a, pour tout entier naturel n non nul :

$$\left|\frac{(-1)^n}{n}\right| = \frac{1}{n}$$

On utilise un théorème important du cours : une suite (x_n) a pour limite 0 si et seulement si la suite $(|x_n|)$ a pour limite 0. **Attention, ce théorème n'existe que pour les suites de limite nulle.**

Par application du théorème précédent, $\lim\limits_{n \to +\infty} \dfrac{1}{n} = 0$ donc $\lim\limits_{n \to +\infty} \dfrac{(-1)^n}{n} = 0$ et donc $\lim\limits_{n \to +\infty} v_n = 1$.

Les deux suites (u_n) et (v_n) sont convergentes et ont la même limite, elles sont peut-être adjacentes.

Pour tout entier naturel non nul n,

$$u_{n+1} - u_n = 1 - \frac{1}{n+1} - \left(1 - \frac{1}{n}\right) = \frac{1}{n} - \frac{1}{n+1}$$
$$= \frac{n+1-n}{n(n+1)} = \frac{1}{n(n+1)}$$

Donc $\forall n \in \mathbb{N}^*, \frac{1}{n(n+1)} > 0$ donc $\forall n \in \mathbb{N}^*, u_{n+1} - u_n > 0$.

La suite (u_n) est strictement croissante donc croissante.

Pour tout entier naturel non nul n,

$$v_{n+1} - v_n = 1 + \frac{(-1)^{n+1}}{n+1} - \left(1 + \frac{(-1)^n}{n}\right) = \frac{(-1)^{n+1}}{n+1} - \frac{(-1)^n}{n}$$
$$= \frac{(-1)^{n+1}}{n+1} + \frac{(-1)^{n+1}}{n}$$
$$= (-1)^{n+1}\left(\frac{1}{n+1} + \frac{1}{n}\right)$$
$$= (-1)^{n+1}\frac{2n+1}{n(n+1)}$$

Pour tout entier naturel non nul n, le signe de la différence $v_{n+1} - v_n$ est le signe de $(-1)^{n+1}$ car le réel $\frac{2n+1}{n(n+1)}$ est strictement positif, donc le signe de $v_{n+1} - v_n$ change selon la parité de n, la suite (v_n) n'est ni croissante, ni décroissante. Les deux suites (u_n) et (v_n) ne sont pas adjacentes.

AMBITION PRÉPA

CHAPITRE 2

Limites – Continuité

DE QUOI S'AGIT-IL ?

Dans ce chapitre, il s'agit d'exposer le comportement d'une fonction sur son ensemble de définition.

1 Limite d'une fonction

1 Définitions

- Soit ℓ un nombre réel, on dit que $f(x)$ tend vers ℓ, quand x tend vers $+\infty$ (resp. $-\infty$) quand tout intervalle ouvert contenant ℓ contient toutes les valeurs de $f(x)$ pour x assez grand (resp. pour x négatif assez grand en valeur absolue), on note :

$$\lim_{x \to +\infty} f(x) = \ell \text{ (resp. } \lim_{x \to -\infty} f(x) = \ell\text{).}$$

- On dit que $f(x)$ tend vers $+\infty$ quand x tend vers $+\infty$ (resp. $-\infty$) quand tout intervalle du type $[A\,;+\infty[$ contient toutes les valeurs de $f(x)$ pour x assez grand (resp. pour x négatif assez grand en valeur absolue), on note :

$$\lim_{x \to +\infty} f(x) = +\infty \text{ (resp. } \lim_{x \to -\infty} f(x) = +\infty\text{).}$$

- On dit que $f(x)$ tend vers $-\infty$ quand x tend vers $+\infty$ (resp. $-\infty$) si $-f(x)$ tend vers $+\infty$ (resp. $-\infty$).
- Soit f une fonction définie sur $\mathcal{D}_f$ et x_0 un élément de $\mathcal{D}_f$ tel qu'il existe un intervalle $]x_0 - h\,; x_0[$ avec $h > 0$ inclus dans $\mathcal{D}_f$. On dit que $f(x)$ tend vers le réel ℓ (resp. $+\infty$, $-\infty$) quand x tend vers x_0^-, si la restriction de f à $]x_0 - h\,; x_0[$ tend vers ℓ (resp. $+\infty$, $-\infty$) quand x tend vers x_0 ; on note :

> **Rappel**
> La restriction d'une fonction à un intervalle I est la création d'un nouvelle fonction g de I dans $\mathbb{R}$, tel que pour tout x de I, $f(x) = g(x)$.

$$\lim_{x \to x_0^-} f(x) = \ell \text{ (resp. } +\infty, -\infty\text{).}$$

> **Remarque**
> On note aussi : $\lim\limits_{\substack{x \to x_0 \\ x < x_0}} f(x) = \ell$

- Soit f une fonction définie sur $\mathcal{D}_f$, x_0 un élément de $\mathcal{D}_f$ tel qu'il existe un intervalle $]x_0\,; x_0 + h[$ avec $h > 0$ inclus dans $\mathcal{D}_f$. On dit que $f(x)$ tend vers le réel ℓ (resp. $+\infty$, $-\infty$) quand x tend vers x_0^+, si la restriction de f à $]x_0\,; x_0 + h[$ tend vers ℓ (resp. $+\infty$, $-\infty$) quand x tend vers x_0 ; on note :

$$\lim_{x \to x_0^+} f(x) = \ell \text{ (resp. } +\infty, -\infty\text{).}$$

> **Remarque**
> On note aussi : $\lim\limits_{\substack{x \to x_0 \\ x > x_0}} f(x) = \ell$

2 Majoration ou minoration d'une fonction par une autre

L'expression « au voisinage de x_0 » signifie qu'il existe un intervalle contenant x_0 si x_0 est fini (x_0 éventuellement exclu) ou de la forme $[a\,;+\infty[$ ou $]-\infty\,;a]$ si x_0 est $+\infty$ ou $-\infty$.

On démontre que si, au voisinage de x_0 :

- $f(x) \geqslant g(x)$ et si $\lim\limits_{x_0} g = +\infty$, alors $\lim\limits_{x_0} f = +\infty$;
- $f(x) \leqslant g(x)$ et si $\lim\limits_{x_0} g = -\infty$, alors $\lim\limits_{x_0} f = -\infty$;
- $h(x) \leqslant f(x) \leqslant g(x)$ et si $\lim\limits_{x_0} g = \lim\limits_{x_0} h = \ell$, alors $\lim\limits_{x_0} f = \ell$.

3 Compatibilité avec l'ordre

Si, au voisinage de x_0, $f(x) \leqslant g(x)$ et si $\lim\limits_{x_0} f = \ell$ et $\lim\limits_{x_0} g = \ell'$, alors $\ell \leqslant \ell'$.

4 Opérations

Soit f et g deux fonctions, dont on a étudié les limites en x_0 (resp. x_0^+, x_0^-, $+\infty$, $-\infty$).

> **Remarque**
> La notation « F.I. » signifie « forme indéterminée » et ne veut pas dire qu'il n'y a pas de conclusion, mais qu'il faut faire une étude supplémentaire.

- **Limite d'une somme**

Si f tend vers	ℓ	ℓ	ℓ	$+\infty$	$-\infty$	$+\infty$
et si g tend vers	ℓ'	$+\infty$	$-\infty$	$+\infty$	$-\infty$	$-\infty$
alors $f+g$ tend vers	$\ell+\ell'$	$+\infty$	$-\infty$	$+\infty$	$-\infty$	F.I.

- **Limite d'un produit**

Si f tend vers	ℓ	$\ell>0$	$\ell>0$	$\ell<0$	$\ell<0$	$+\infty$	$+\infty$	$-\infty$	0
et si g tend vers	ℓ'	$+\infty$	$-\infty$	$+\infty$	$-\infty$	$+\infty$	$-\infty$	$-\infty$	$\pm\infty$
alors fg tend vers	$\ell\ell'$	$+\infty$	$-\infty$	$-\infty$	$+\infty$	$+\infty$	$-\infty$	$+\infty$	F.I.

- **Limite d'un quotient**

Si f tend vers	ℓ	ℓ	$+\infty$	$+\infty$	$-\infty$	$-\infty$	$\pm\infty$
et si g tend vers	$\ell'\neq 0$	$\pm\infty$	$\ell'>0$	$\ell'<0$	$\ell'>0$	$\ell'<0$	$\pm\infty$
alors $\frac{f}{g}$ tend vers	$\frac{\ell}{\ell'}$	0	$+\infty$	$-\infty$	$-\infty$	$+\infty$	F.I.

Si f tend vers	$\ell > 0$ ou $+\infty$	$\ell < 0$ ou $-\infty$	$\ell > 0$ ou $+\infty$	$\ell < 0$ ou $-\infty$	0
et si g tend vers	0 en restant positive		0 en restant négative		0
alors $\frac{f}{g}$ tend vers	$+\infty$	$-\infty$	$-\infty$	$+\infty$	F.I.

5 Applications

- Quand x tend vers $+\infty$ ou $-\infty$, toute fonction polynôme de la variable réelle x a même limite que son terme de plus haut degré.
- Quand x tend vers $+\infty$ ou $-\infty$, toute fonction rationnelle de la variable réelle x a même limite que le quotient des termes de plus haut degré du numérateur et du dénominateur.

6 Composition

Soit x_0, ℓ, ℓ' des réels, finis ou non, et les applications : $E \xrightarrow{f} F \xrightarrow{g} \mathbb{R}$ où E est un intervalle contenant x_0, x_0 éventuellement exclu, et F un intervalle contenant ℓ, ℓ éventuellement exclu.

Si $\lim\limits_{x_0} f = \ell$ et $\lim\limits_{\ell} g = \ell'$, alors $\lim\limits_{x_0} g \circ f = \ell'$.

7 Rappel de quelques limites

- $\lim\limits_{x \to 0} \dfrac{\sin x}{x} = 1$.
- Si $\alpha \in \mathbb{N}^*$, $\lim\limits_{x \to 0} x^{\alpha} = \lim\limits_{x \to 0} \sqrt{x} = 0$; $\lim\limits_{x \to +\infty} x^{\alpha} = \lim\limits_{x \to +\infty} \sqrt{x} = +\infty$.

$\lim\limits_{x \to 0} \left|\dfrac{1}{x^{\alpha}}\right| = \lim\limits_{x \to 0} \dfrac{1}{\sqrt{x}} = +\infty$; $\lim\limits_{x \to +\infty} \dfrac{1}{x^{\alpha}} = \lim\limits_{x \to +\infty} \dfrac{1}{\sqrt{x}} = 0$.

2 Fonction continue

1 Définitions

- **Continuité en un point x_0 de $\mathbb{R}$**

Soit une fonction f définie sur un intervalle I contenant x_0. On dit que f est continue en x_0 si la limite f en x_0 existe. Cette dernière limite lorsqu'elle existe ne peut être que $f(x_0)$.

Bien retenir
On n'étudie jamais la continuité en un point où la fonction n'est pas définie.

- **Continuité sur un intervalle**

On dit que f est continue sur un intervalle si la restriction de f à cet intervalle est continue en tout point de cet intervalle.

Bien retenir
Pour démontrer la continuité sur un intervalle, on utilise les théorèmes précédents, sauf peut-être en quelques points.

COURS

2 Opérations

- Soit deux fonctions f et g continues en x_0 et un nombre réel λ.

Alors les fonctions $f+g$, λf, fg sont continues en x_0 ;

et si, de plus, $g(x_0) \neq 0$, alors $\frac{1}{g}$ et $\frac{f}{g}$ sont continues en x_0.

- Si f est une fonction continue en x_0 et si g est une fonction continue en $f(x_0)$, alors la fonction $g \circ f$ est continue en x_0.
- Toute fonction polynôme est continue en tout point de $\mathbb{R}$.

Toute fonction rationnelle est continue sur tout intervalle non vide inclus dans son ensemble de définition.

La fonction racine carrée est continue sur $\mathbb{R}^+$.

Les fonctions cosinus et sinus sont continues sur $\mathbb{R}$.

3 Propriétés des fonctions continues sur un intervalle

- Si f est continue sur $[a ; b]$, alors pour tout y compris entre $f(a)$ et $f(b)$, il existe au moins un réel c de $[a ; b]$ tel que $f(c) = y$.
- Si f est continue sur un segment, l'image par f de ce segment est un segment.
- Si f est continue et strictement monotone sur un intervalle I, pour tout λ appartenant à $f(\mathrm{I})$, l'équation $f(x) = \lambda$ admet une solution unique sur I.

4 Image d'une suite par une fonction

- Soit une suite (u_n) et f une fonction numérique de la variable réelle x.

Si $\lim\limits_{n \to +\infty} (u_n) = \ell$ (finie ou non) et si $\lim\limits_{x \to \ell} f(x) = \ell'$ (finie ou non),

alors $\lim\limits_{n \to +\infty} f(u_n) = \ell'$.

- Soit une suite (u_n) définie par une relation de récurrence $u_{n+1} = f(u_n)$.

Si $\lim\limits_{n \to +\infty} (u_n) = \ell$ (finie) et si f est continue en ℓ, alors $\ell = f(\ell)$.

Questions courtes

1 Limites

Corrigé p. 93

Calculer les limites suivantes :

a) $\lim\limits_{x \to +\infty} (-2x^3 + 5x + 4)$; **b)** $\lim\limits_{x \to +\infty} \dfrac{1}{x^2+1}$; **c)** $\lim\limits_{x \to -\infty} \dfrac{1-3x^4}{2x+5}$;

d) $\lim\limits_{x \to 1} \dfrac{x^2+3}{x-1}$; **e)** $\lim\limits_{x \to 0} \dfrac{\sin x}{x}$; **f)** $\lim\limits_{x \to 4} \dfrac{\sqrt{x}-2}{x-4}$;

g) $\lim\limits_{x \to -\infty} \left(\dfrac{1}{x} - \dfrac{1}{x^2}\right)$.

2 Continuité

Corrigé p. 94

Soit f la fonction définie sur $[-5 ; 5]$ par :

$$\begin{cases} \text{si } x \in [-5 ; -3], f(x) = -2 \\ \text{si } x \in \,]-3 ; 2], f(x) = x + 1 \\ \text{si } x \in \,]2 ; 5], f(x) = 3. \end{cases}$$

f est-elle continue sur $[-5 ; 5]$?

3 Continuité

Corrigé p. 94

Soit f la fonction définie sur $\mathbb{R}$ par :

$$\begin{cases} \text{si } x < 1, f(x) = x^2 \\ \text{si } x \geqslant 1, f(x) = \dfrac{1}{x}. \end{cases}$$

f est-elle continue sur $\mathbb{R}$?

4 Asymptotes

Corrigé p. 94

Soit f la fonction définie sur $\mathbb{R}$ par :

$$f(x) = \frac{1}{(x-2)^2} + \frac{1}{(x-1)^2} + \frac{1}{x^2}.$$

La courbe représentative de f dans un plan muni d'un repère $(\mathrm{O} ; \vec{i}, \vec{j})$ admet-elle des asymptotes ?

5 Asymptote

➔ Corrigé p. 96

Soit $\mathscr{C}$ la représentation graphique de la fonction f définie sur $\mathbb{R}$ par :

$$f(x) = 5 + \frac{x}{x^2 + 1}.$$

$\mathscr{C}$ admet-elle une asymptote ?

6 Image d'un intervalle

➔ Corrigé p. 96

Déterminer l'image de l'intervalle $[2\ ;\ 10]$ par la fonction f définie sur $\mathbb{R}^*$ par :

$$f(x) = \frac{1}{x}.$$

7 Image d'un intervalle

➔ Corrigé p. 97

L'image de l'intervalle $[1\ ;\ 5]$ par f est l'intervalle $[2\ ;\ 3]$.

Que peut-on dire de l'image de l'intervalle $[1\ ;\ 5]$ par la fonction f^2 ?

Même question pour la fonction $f \circ f$.

8 Image d'un intervalle

➔ Corrigé p. 97

L'image de l'intervalle $[-4\ ;\ 3]$ par la fonction f continue est l'intervalle $[0\ ;\ 5]$.
Quelle est l'image de l'intervalle $[-4\ ;\ 3]$ par la fonction $g : x \mapsto 1 - f(x)$?

9 Équation

➔ Corrigé p. 98

f est une fonction continue strictement croissante sur $I = [3\ ;\ 10]$.

On donne $f(3) = -1$ et $f(10) = 8$.

Quelle est l'image par f de l'intervalle $[3\ ;\ 10]$?

Les équations $2f(x) = 15$ et $3 + f(x) = 0$, ont-elles des solutions dans I ?

10 Lecture d'un tableau

➔ Corrigé p. 98

On donne le tableau de variation d'une fonction définie et continue sur $\mathbb{R}$.

x	$-\infty$		1		4		$+\infty$
f	$+\infty$	↘	-3	↗	2	↘	0

Indiquer le nombre de solutions des équations :

a) $f(x) = 3$; **b)** $f(x) = 2$; **c)** $f(x) = 1$; **d)** $f(x) = -4$.

Exercices d'entraînement

11 Limites de fonctions rationnelles

➔ Corrigé p. 99

1. Soit f la fonction définie par :

$$f(x) = \frac{x^3 + x^2 - 2}{x^2 + x - 2}.$$

Déterminer les limites de f en $+\infty$, $-\infty$, 1 et -2.

2. Soit f la fonction définie par :

$$f(x) = \frac{x^2 + 1}{(x-1)^2}.$$

Déterminer les limites de f en $+\infty$, $-\infty$ et 1.

12 Limites d'une fonction contenant un radical

➔ Corrigé p. 101

Soit f la fonction définie par :

$$f(x) = \frac{\sqrt{x+1} - 1}{x^3}.$$

Déterminer les limites de f en $+\infty$, en 0.

13 Limites d'une fonction contenant un radical

➔ Corrigé p. 102

Soit f la fonction définie par :

$$f(x) = \sqrt{x^2 + 2x + 3} - (x+1).$$

Déterminer les limites de f en $-\infty$, en $+\infty$.

14 Limites d'une fonction contenant un radical

➔ Corrigé p. 103

Soit f la fonction définie par :

$$f(x) = \sqrt{x^2 - 1} + 3x.$$

Déterminer, si elles existent, les limites de f en $+\infty$ et en $-\infty$.

15 Limites d'une fonction contenant des radicaux

➔ Corrigé p. 104

Soit f la fonction définie par :

$$f(x) = \frac{\sqrt{x+3} - 2}{\sqrt{x} - 1}.$$

Déterminer la limite de f en 1.

16 Limite d'une fonction contenant des fonctions trigonométriques

➲ Corrigé p. 106

Soit f la fonction définie par :

$$f(x) = \frac{\sin x - \sin x \cos x}{x^3 \cos x}.$$

Déterminer, si elle existe, la limite de f en 0.

17 Limite d'une fonction contenant des fonctions trigonométriques

➲ Corrigé p. 106

Soit f la fonction définie par :

$$f(x) = \frac{x \sin x}{1 - \cos x}.$$

Déterminer, si elle existe, la limite de f en 0.

18 Continuité

➲ Corrigé p. 107

Soit f la fonction définie sur $\mathbb{R}$ par :

$$\begin{cases} \text{si } x \geqslant 1, f(x) = x^2 + 1 \\ \text{si } x < 1, f(x) = 3 - x. \end{cases}$$

Démontrer que la fonction f est continue en tout point de $\mathbb{R}$.

19 Existence de solutions

➲ Corrigé p. 108

Démontrer que, pour tout m de $[2\,;+\infty[$, l'équation :

$$x^4 + 2x^2 + 2 = m$$

admet une solution et une seule appartenant à $[0\,;+\infty[$.

20 Existence de solutions

➲ Corrigé p. 108

f est une fonction continue strictement croissante sur $\mathrm{I} = [-10\,;2]$ telle que :

$$f(-10) = -3 \text{ et } f(2) = 7.$$

g est une fonction continue strictement décroissante sur I telle que :

$$g(-10) = 5 \text{ et } g(2) = -1.$$

L'équation $f(x) = g(x)$ a-t-elle une solution dans I ?

21 Existence de solutions

➔ Corrigé p. 109

Démontrer que l'équation :

$$x^6 + 3x^2 - 3 = 0$$

a une solution et une seule α appartenant à $]0\,;1[$.

Donner, par la méthode du balayage, une valeur approchée de α à 10^{-2} près par défaut.

22 Suite et continuité

➔ Corrigé p. 110

Soit (u_n) la suite numérique définie sur $\mathbb{N}$ par :

$$\begin{cases} u_0 = 0 \\ u_{n+1} = \sqrt{3u_n + 4}. \end{cases}$$

1. a) Démontrer que (u_n) est majorée par 4.

b) Démontrer que (u_n) est strictement croissante.

c) En déduire que (u_n) converge et déterminer sa limite.

2. a) Démontrer que, pour tout entier naturel n :

$$4 - u_{n+1} \leqslant \frac{1}{2}(4 - u_n).$$

b) Retrouver le résultat du **1. c)**.

Questions courtes

1 a) $\lim\limits_{x \to +\infty} (-2x^3 + 5x + 4) = \lim\limits_{x \to +\infty} (-2x^3)$ d'où :

$$\boxed{\lim_{x \to +\infty} (-2x^3 + 5x + 4) = -\infty.}$$

b) $\lim\limits_{x \to +\infty} \dfrac{1}{x^2+1} = \lim\limits_{x \to +\infty} \dfrac{1}{x^2} = 0$, donc : $\boxed{\lim\limits_{x \to +\infty} \dfrac{1}{x^2+1} = 0.}$

c) $\lim\limits_{x \to -\infty} \dfrac{1-3x^4}{2x+5} = \lim\limits_{x \to -\infty} \dfrac{-3x^4}{2x} = \lim\limits_{x \to -\infty} \dfrac{-3x^3}{2}$ donc : $\boxed{\lim\limits_{x \to -\infty} \dfrac{1-3x^4}{2x+5} = +\infty.}$

d) Pour étudier $\lim\limits_{x \to 1} \dfrac{x^2+3}{x-1}$, deux cas sont à envisager :

- $\begin{cases} \lim\limits_{x \to 1} (x^2+3) = 4 \\ \lim\limits_{x \to 1} (x-1) = 0 \\ x - 1 > 0 \text{ si } x > 1 \end{cases}$ donc : $\boxed{\lim\limits_{\substack{x \to 1 \\ x > 1}} \dfrac{x^2+3}{x-1} = +\infty.}$

- $\begin{cases} \lim\limits_{x \to 1} (x^2+3) = 4 \\ \lim\limits_{x \to 1} (x-1) = 0 \\ x - 1 < 0 \text{ si } x < 1 \end{cases}$ donc : $\boxed{\lim\limits_{\substack{x \to 1 \\ x < 1}} \dfrac{x^2+3}{x-1} = -\infty.}$

> **Remarque**
> On écrit aussi $\lim\limits_{x \to 1^+}$ ou $\lim\limits_{x \to 1^-}$.

e) $\boxed{\lim\limits_{x \to 0} \dfrac{\sin x}{x} = 1.}$

f) $\lim\limits_{x \to 4} \dfrac{\sqrt{x}-2}{x-4} = \lim\limits_{x \to 4} \dfrac{(\sqrt{x}-2)(\sqrt{x}+2)}{(x-4)(\sqrt{x}+2)}$ car $\sqrt{x} + 2 > 0$

$$= \lim_{x \to 4} \frac{x-4}{(x-4)(\sqrt{x}+2)}$$

$$= \lim_{x \to 4} \frac{1}{\sqrt{x}+2} \text{ car } x \neq 4.$$

Donc : $\boxed{\lim\limits_{x \to 4} \dfrac{\sqrt{x}-2}{x-4} = \dfrac{1}{4}.}$

> **Remarque**
> Attention, $x \mapsto \dfrac{\sqrt{x}-2}{x-4}$ n'est pas une fonction rationnelle. On peut aussi utiliser la dérivabilité de la fonction $x \mapsto \sqrt{x}$ au point 4.

g) $\lim\limits_{x \to -\infty} \dfrac{1}{x} = 0$ et $\lim\limits_{x \to -\infty} \dfrac{1}{x^2} = 0$ donc :

$$\boxed{\lim_{x \to -\infty} \left(\frac{1}{x} - \frac{1}{x^2}\right) = 0.}$$

2 Sur l'intervalle $[-5\,;-3]$, f est constante ; elle est donc continue sur $[-5\,;-3]$.
Sur $]-3\,;\,2]$, f est une fonction affine, elle est donc continue sur $]-3\,;\,2]$.
$\lim\limits_{\substack{x \to -3 \\ x > -3}} f(x) = \lim\limits_{x \to -3} (x+1) = -2 = f(-3)$. f est donc continue en -3.
De même, sur $]2\,;\,5]$, f est constante, elle est donc continue sur $]2\,;\,5]$.
$\lim\limits_{\substack{x \to 2 \\ x > 2}} f(x) = \lim\limits_{x \to 2} 3 = 3 = f(2)$. Donc f est continue en 2.

***f* est donc continue en tout point de $[-5\,;5]$.**

3 Sur $]-\infty\,;1[$, $f(x) = x^2$, la fonction $x \mapsto x^2$ est continue sur $\mathbb{R}$, donc f est continue sur $]-\infty\,;1[$.
Sur $]1\,;\,+\infty[$, $f(x) = \dfrac{1}{x}$, la fonction $x \mapsto \dfrac{1}{x}$ est continue sur $\mathbb{R}^*$, donc f est continue sur $]1\,;\,+\infty[$.
On étudie la continuité en 1 :
$\lim\limits_{\substack{x \to 1 \\ x < 1}} f(x) = \lim\limits_{\substack{x \to 1 \\ x < 1}} x^2 = 1 = f(1)$. $\lim\limits_{\substack{x \to 1 \\ x > 1}} f(x) = \lim\limits_{\substack{x \to 1 \\ x > 1}} \dfrac{1}{x} = 1 = f(1)$.
f est donc continue en 1. ***f* est donc continue sur $\mathbb{R}$.**

4 Soit f la fonction définie sur $\mathbb{R}$ par :

$$f(x) = \frac{1}{(x-2)^2} + \frac{1}{(x-1)^2} + \frac{1}{x^2}.$$

f est définie pour $x - 2 \neq 0$ et $x - 1 \neq 0$ et $x \neq 0$.
L'ensemble de définition de f est :
$\mathscr{D} =]-\infty\,;0[\cup]0\,;1[\cup]1\,;2[\cup]2\,;+\infty[$.

Remarque
La fonction f est positive (somme de carrés), donc $\mathscr{C}$ est au-dessus de la droite d'équation $y = 0$.

Étudions les limites de f aux bornes de l'ensemble $\mathscr{D}$.

- $\lim\limits_{x \to -\infty} f(x) = 0$, car $\lim\limits_{x \to -\infty} \dfrac{1}{(x-2)^2} = 0$,

$\lim\limits_{x \to -\infty} \dfrac{1}{(x-1)^2} = 0$ et $\lim\limits_{x \to -\infty} \dfrac{1}{x^2} = 0$.

Donc la courbe $\mathscr{C}$ représentative de f admet la droite d'équation $y = 0$ comme asymptote au voisinage de $-\infty$.

- $\lim\limits_{x \to 2} f(x) = \lim\limits_{x \to 2} \left[\dfrac{1}{(x-2)^2} + \dfrac{1}{(x-1)^2} + \dfrac{1}{x^2}\right] = +\infty,$

car $\lim\limits_{x \to 2} \dfrac{1}{(x-2)^2} = +\infty$, $\lim\limits_{x \to 2} \dfrac{1}{(x-1)^2} = 1$ et $\lim\limits_{x \to 2} \dfrac{1}{x^2} = \dfrac{1}{4}$.

Donc la courbe $\mathscr{C}$ admet la droite d'équation $x = 2$ comme asymptote.

- $\lim\limits_{x \to 1} f(x) = \lim\limits_{x \to 1} \left[\dfrac{1}{(x-2)^2} + \dfrac{1}{(x-1)^2} + \dfrac{1}{x^2}\right] = +\infty,$

car $\lim\limits_{x \to 1} \dfrac{1}{(x-2)^2} = 1$, $\lim\limits_{x \to 1} \dfrac{1}{(x-1)^2} = +\infty$ et $\lim\limits_{x \to 1} \dfrac{1}{x^2} = 1$.

$\mathscr{C}$ admet la droite d'équation $x = 1$ comme asymptote.

- $\lim\limits_{x \to 0} f(x) = \lim\limits_{x \to 0} \left[\dfrac{1}{(x-2)^2} + \dfrac{1}{(x-1)^2} + \dfrac{1}{x^2}\right] = +\infty,$

car $\lim\limits_{x \to 0} \dfrac{1}{(x-2)^2} = \dfrac{1}{4}$, $\lim\limits_{x \to 0} \dfrac{1}{(x-1)^2} = 1$ et $\lim\limits_{x \to 0} \dfrac{1}{x^2} = +\infty$.

$\mathscr{C}$ admet la droite d'équation $x = 0$ comme asymptote.

- $\lim\limits_{x \to +\infty} f(x) = \lim\limits_{x \to +\infty} \left[\dfrac{1}{(x-2)^2} + \dfrac{1}{(x-1)^2} + \dfrac{1}{x^2}\right] = 0,$

car $\lim\limits_{x \to +\infty} \dfrac{1}{(x-2)^2} = 0$, $\lim\limits_{x \to +\infty} \dfrac{1}{(x-1)^2} = 0$ et $\lim\limits_{x \to +\infty} \dfrac{1}{x^2} = 0$.

$\mathscr{C}$ admet la droite d'équation $y = 0$ comme asymptote au voisinage de $+\infty$.

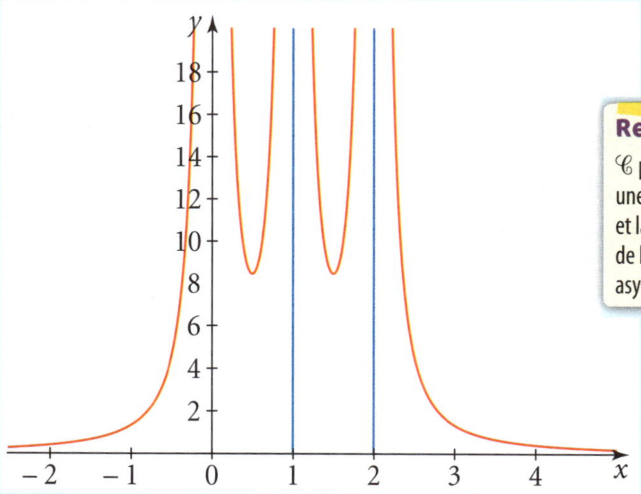

Remarque

$\mathscr{C}$ possède donc quatre asymptotes, une horizontale et trois verticales et la figure indique le comportement de la courbe « par rapport » aux asymptotes.

5 La fonction f est définie sur $\mathbb{R}$ par $f(x) = 5 + \dfrac{x}{x^2+1}$.

L'ensemble de définition de f étant $\mathbb{R} =]-\infty\,;+\infty[$, calculons les limites de f en $-\infty$ et $+\infty$.

- $\lim\limits_{x \to +\infty} f(x) = \lim\limits_{x \to +\infty} \left(5 + \dfrac{x}{x^2+1}\right) = 5,$

car $\lim\limits_{x \to +\infty} \dfrac{x}{x^2+1} = \lim\limits_{x \to +\infty} \dfrac{x}{x^2} = \lim\limits_{x \to +\infty} \dfrac{1}{x} = 0.$

- De même $\lim\limits_{x \to -\infty} f(x) = \lim\limits_{x \to -\infty} \left(5 + \dfrac{x}{x^2+1}\right) = 5,$

car $\lim\limits_{x \to -\infty} \dfrac{x}{x^2+1} = \lim\limits_{x \to -\infty} \dfrac{x}{x^2} = \lim\limits_{x \to -\infty} \dfrac{1}{x} = 0.$

La courbe $\mathscr{C}$ représentative de f admet donc la droite $\mathscr{D}$ d'équation $y = 5$ comme asymptote au voisinage de $-\infty$ et $+\infty$.

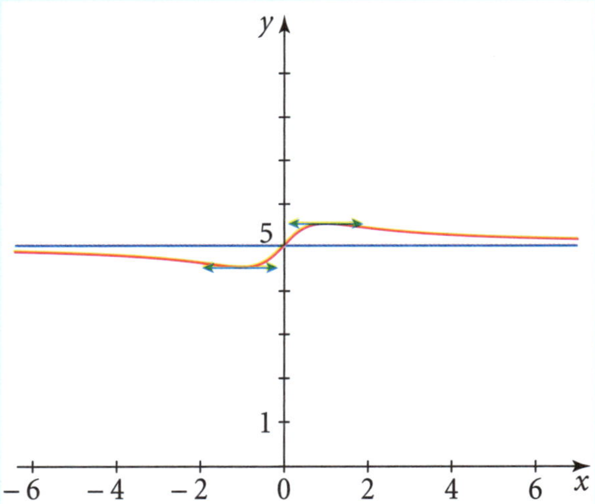

En étudiant le signe de $f(x) - 5 = \dfrac{x}{x^2+1}$, on peut connaître la position de la courbe représentative de f et de la droite d'équation $y = 5$. **Si $x \in \mathbf{R}^+$, la courbe est au-dessus de l'asymptote, si $x \in \mathbf{R}^-$, la courbe est au-dessous de l'asymptote.**

6 La fonction $f : x \mapsto f(x) = \dfrac{1}{x}$ est définie et continue sur $]0\,;+\infty[$, donc l'image par f de l'intervalle $[2\,;10]$ est l'intervalle $f([2\,;10]) = [f(10)\,;f(2)]$ (car f est strictement décroissante sur $\mathbb{R}^{+*}$).

L'image par f de $[2\,;10]$ est donc $\left[\dfrac{1}{10}\,;\dfrac{1}{2}\right]$.

7 Pour tout réel x de $[1\,;5]$, l'image $f(x)$ appartient à $[2\,;3]$, donc pour tout $x \in [1\,;5]$:

$$2 \leqslant f(x) \leqslant 3.$$

Les trois membres des inégalités précédentes sont positifs, la fonction carrée est strictement croissante sur $\mathbb{R}^+$, donc :

$$2^2 \leqslant [f(x)]^2 \leqslant 3^2\text{, soit } 4 \leqslant [f(x)]^2 \leqslant 9.$$

Il existe un réel a de $[1\;;5]$ qui a pour image 2 par f et donc 4 par f^2 et il existe un réel b de $[1\;;5]$ qui a pour image 3 par f, donc 9 par f^2, **donc l'image de l'intervalle $[1\,;5]$ par f^2 est l'intervalle $[4\,;9]$.**

• Par hypothèse, l'image par f de l'intervalle $[1\;;5]$ est l'intervalle $[2\;;3]$.
Comme $[2\;;3]$ est inclus dans $[1\;;5]$, les images par f des réels de l'intervalle $[1\;;5]$ appartiennent à $[1\;;5]$.
Donc l'image par $f \circ f$ de $[1\;;5]$ est inclus dans $[2\;;3]$.
Mais le graphique ci-dessous montre que l'inclusion peut être stricte.

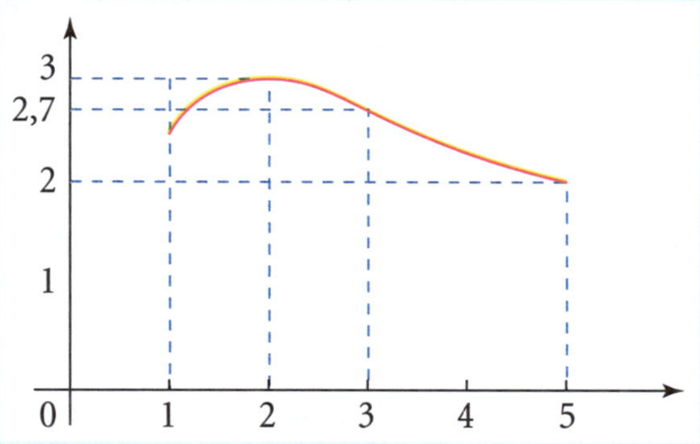

$f([1\,;5]) = [2\,;3]$ et $f([2\,;3]) = [2{,}7\,;3] \subsetneq [2\,;3]$.

8 Tout réel x de $[-4\,;3]$ a une image $f(x)$ telle que $0 \leqslant f(x) \leqslant 5$. D'où :

$$0 \geqslant -f(x) \geqslant -5$$
$$1 \geqslant 1 - f(x) \geqslant -4$$
$$1 \geqslant g(x) \geqslant -4.$$

Donc les images par g des réels x de $[-4\,;3]$ sont dans l'intervalle $[-4\,;1]$ et $g([-4\,;3])$ est un intervalle car, f étant continue, g l'est aussi. Par hypothèse, $f([-4\,;3]) = [0\,;5]$;

donc il existe un réel a de $[-4\,;3]$ ayant par f une image égale à 0 et donc $g(a) = 1 - f(a) = 1 - 0 = 1$.

De même, il existe un réel b de $[-4\,;3]$ qui a, par f, une image égale à 5 et donc $g(b) = 1 - f(b) = 1 - 5 = -4$.

$$\boxed{g([-4\,;3]) = [-4\,;1].}$$

CORRIGÉS

9 f est continue, donc l'image par f de l'intervalle $[3\,;10]$ est un intervalle.

Comme f est strictement croissante sur $[3\,;10]$, l'image par f de l'intervalle $[3\,;10]$ est $[f(3)\,;f(10)] = [-1\,;8]$.

Pour tout réel x de $[3\,;10]$, l'équation $2f(x) = 15$ est équivalente à $f(x) = \frac{15}{2}$.

Comme $\frac{15}{2} \in [-1\,;\,8]$, d'après le théorème des valeurs intermédiaires, il existe au moins un réel x_0 dans $[3\,;10]$ tel que $f(x_0) = \frac{15}{2}$.

Et puisque f est strictement croissante sur $[3\,;10]$, ce réel x_0 est unique.

L'équation $2f(x) = 15$ admet donc une solution unique.

Pour tout réel x de $[3\,;\,10]$, $3 + f(x) = 0 \Leftrightarrow f(x) = -3$.

Or $-3 \notin [-1\,;8]$, donc l'équation $f(x) = -3$ n'a pas de solution dans $[3\,;\,10]$ et **donc l'équation $3 + f(x) = 0$ n'admet pas de solution dans $[3\,;10]$.**

10 **a)** Soit l'équation $f(x) = 3$.

$3 \in [-3\,;\,+\infty[$, donc en appliquant le corollaire du théorème des valeurs intermédiaires à l'intervalle $[-3\,;+\infty[$, on peut affirmer que l'équation $f(x) = 3$ a une solution dans $]-\infty\,;\,1]$.

$3 \notin [-3\,;\,2]$ et $3 \notin]0\,;\,2]$, donc l'équation $f(x) = 3$ n'a pas d'autre solution.

L'équation $f(x) = 3$ admet donc une solution unique.

b) Soit l'équation $f(x) = 2$.

$2 \in [-3\,;\,+\infty[$, comme précédemment, on en conclut que l'équation $f(x) = 2$ a une solution et une seule dans $]-\infty\,;\,1]$.

$f(4) = 2$, donc 4 est une autre solution et c'est la seule solution sur $[1\,;\,+\infty[$, car si $x \in [1\,;+\infty[\setminus\{4\}$, alors $f(x) < 2$.

L'équation $f(x) = 2$ admet donc deux solutions.

c) Soit l'équation $f(x) = 1$.

$1 \in [-3\,;+\infty[$, $1 \in [-3\,;2]$, $1 \in]0\,;2]$.

Donc l'équation $f(x) = 1$, admet une solution et une seule dans chacun des intervalles $]-\infty\,;\,1]$, $[1\,;\,4]$ et $[4\,;\,+\infty[$.

d) Soit l'équation $f(x) = -4$.

La fonction f est minorée par -3 sur $\mathbb{R}$, **donc l'équation $f(x) = -4$ n'a pas de solution dans $\mathbb{R}$.**

CORRIGÉS

Exercices d'entraînement

11 **1.** Soit f la fonction définie sur $\mathbb{R}$ par $f(x) = \dfrac{x^3 + x^2 - 2}{x^2 + x - 2}$.

Pour tout réel x, $x^3 + x^2 - 2$ et $x^2 + x - 2$ existent.
$f(x)$ existe si le dénominateur $x^2 + x - 2$ est non nul.

Or, dans $\mathbb{R}$, l'équation $x^2 + x - 2 = 0$ admet une racine évidente $x = 1$; l'autre racine est alors égale au produit des racines, soit $\dfrac{-2}{1} = -2$.

Remarque
La fonction f est une fonction rationnelle.

Le quotient $\dfrac{x^3 + x^2 - 2}{x^2 + x - 2}$ existe si $x \neq 1$ et $x \neq -2$.
L'ensemble de définition de f est :

$$\mathscr{D} =]-\infty\,;-2[\cup]-2\,;1[\cup]1\,;+\infty[.$$

• **Limite de f en $+\infty$ et en $-\infty$**

En $+\infty$ et en $-\infty$, le numérateur et le dénominateur de f ont pour limite l'infini.

Pour lever l'indétermination, on utilise les propriétés des fonctions rationnelles ou on transforme l'écriture de $f(x)$. Pour tout réel x non nul de $\mathscr{D}$:

$$f(x) = \frac{x^3\left(1 + \frac{1}{x} - \frac{2}{x^3}\right)}{x^2\left(1 + \frac{1}{x} - \frac{2}{x^2}\right)} = \frac{x\left(1 + \frac{1}{x} - \frac{2}{x^3}\right)}{1 + \frac{1}{x} - \frac{2}{x^2}}. \qquad \textbf{(1)}$$

$\lim\limits_{x \to +\infty} \dfrac{1}{x} = 0$ et $\lim\limits_{x \to +\infty} \dfrac{2}{x^3} = 0$, d'où :

$$\lim_{x \to +\infty} \left(1 + \frac{1}{x} - \frac{2}{x^3}\right) = 1 \quad \text{et} \quad \lim_{x \to +\infty} x\left(1 + \frac{1}{x} - \frac{2}{x^3}\right) = \lim_{x \to +\infty} x \times 1 = +\infty.$$

De même : $\lim\limits_{x \to +\infty} \left(1 + \dfrac{1}{x} - \dfrac{2}{x^2}\right) = 1.$

Le numérateur a pour limite $+\infty$ et le dénominateur a pour limite 1 donc :

$$\boxed{\lim_{x \to +\infty} f(x) = +\infty.}$$

De même, $\lim\limits_{x \to -\infty} \dfrac{1}{x} = 0$ et $\lim\limits_{x \to -\infty} \dfrac{2}{x^3} = 0$, d'où :

$$\lim_{x \to -\infty} \left(1 + \frac{1}{x} - \frac{2}{x^3}\right) = 1 \quad \text{et} \quad \lim_{x \to -\infty} x\left(1 + \frac{1}{x} - \frac{2}{x^3}\right) = -\infty.$$

De même $\lim_{x \to -\infty} \left(1 + \frac{1}{x} - \frac{2}{x^2}\right) = 1.$

Le numérateur de $f(x)$ a pour limite $-\infty$ et le dénominateur a pour limite 1, donc, d'après les théorèmes sur les limites de quotients :

$$\lim_{x \to -\infty} f(x) = -\infty.$$

• **Limite de *f* en 1**

$\lim_{x \to 1} (x^3 + x^2 - 2) = 0$ et $\lim_{x \to 1} (x^2 + x - 2) = 0$. La limite de *f* en 1 présente une forme indéterminée : le numérateur et le dénominateur ont pour limite zéro.

On remarque que le polynôme $x \mapsto x^3 + x^2 - 2$ s'annule pour $x = 1$.

On peut donc le factoriser par $x - 1$ et, en faisant une identification, on obtient pour tout réel x : $x^3 + x^2 - 2 = (x-1)(x^2 + 2x + 2)$.

Le dénominateur $x^2 + x - 2$ a pour racines $x = 1$ et $x = -2$, d'où pour tout réel x, la factorisation : $x^2 + x - 2 = (x-1)(x+2)$.

Pour tout réel x de $\mathscr{D}$, le réel $x - 1$ est non nul et on peut donc simplifier par $x - 1$:

$$f(x) = \frac{x^2 + 2x + 2}{x + 2} \quad \text{et} \quad \lim_{x \to 1} f(x) = \lim_{x \to 1} \frac{x^2 + 2x + 2}{x + 2} = \frac{5}{3}.$$

$$\lim_{x \to 1} f(x) = \frac{5}{3}.$$

Bien retenir

Si x_0 est une racine d'un polynome P, il existe un polynome Q tel que pour tout x de $\mathbb{R}$, $P(x) = (x - x_0)Q(x)$, on détermine le degré de Q ($d°Q = d°P - 1$) puis on utilise une identification.

• **Limite de *f* en –2**

Pour tout réel x de $\mathscr{D}$, $f(x) = \dfrac{x^2 + 2x + 2}{x + 2}$.

$\lim_{x \to -2} (x^2 + 2x + 2) = 2$, $\lim_{x \to -2} (x + 2) = 0$ et $x + 2 \geqslant 0$ d'où :

$$\lim_{\substack{x \to -2 \\ x > -2}} f(x) = +\infty.$$

De même $\lim_{x \to -2} (x^2 + 2x + 2) = 2$, $\lim_{x \to -2} (x + 2) = 0$ et $x + 2 \leqslant 0$ d'où :

$$\lim_{\substack{x \to -2 \\ x < -2}} f(x) = -\infty.$$

2. Soit f la fonction définie dans $\mathbb{R}$ par :

$$f(x) = \frac{x^2+1}{(x-1)^2}.$$

Remarque
La fonction f est une fonction rationnelle.

$f(x)$ existe si $(x-1)^2 \neq 0$, donc si $x \neq 1$.

L'ensemble de définition de f est $\mathcal{D} = \mathbb{R} - \{1\} = \,]-\infty\,;1[\, \cup \,]1\,;+\infty[$.

- **Limite de f en $+\infty$ et en $-\infty$**

$f(x)$ est le quotient de deux polynômes. Lorsque x tend vers $+\infty$ ou $-\infty$, la limite de $f(x)$ présente une forme indéterminée. Pour lever l'indétermination on écrit $f(x)$, pour tout réel x non nul de $\mathcal{D}$, sous la forme :

$$f(x) = \frac{x^2\left(1+\frac{1}{x^2}\right)}{x^2\left(1-\frac{1}{x}\right)^2} = \frac{1+\frac{1}{x^2}}{\left(1-\frac{1}{x}\right)^2}.$$

$$\lim_{x\to+\infty}\left(1+\frac{1}{x^2}\right) = 1, \quad \text{car} \lim_{x\to+\infty}\frac{1}{x^2} = 0\,;$$

$$\lim_{x\to+\infty}\left(1-\frac{1}{x}\right)^2 = 1, \quad \text{car} \lim_{x\to+\infty}\frac{1}{x} = 0 \text{ et } \lim_{x\to+\infty}\left(1-\frac{1}{x}\right) = 1.$$

D'où, en appliquant les théorèmes sur les limites de quotients :

$$\boxed{\lim_{x\to+\infty} f(x) = 1.}$$

En reprenant les mêmes calculs, on obtient la limite en $-\infty$:

$$\boxed{\lim_{x\to-\infty} f(x) = 1.}$$

- **Limite de f en 1**

$\lim\limits_{x\to1}(x^2+1) = 2$, $\lim\limits_{x\to1}(x-1)^2 = 0$ et $(x-1)^2 \geqslant 0$ donc :

$$\boxed{\lim_{x\to1} f(x) = \lim_{x\to1}\frac{x^2+1}{(x-1)^2} = +\infty.}$$

12 Soit la fonction f définie par $f(x) = \dfrac{\sqrt{x+1}-1}{x^3}$.

$f(x)$ existe si $\begin{cases} x+1 \geqslant 0 \\ x^3 \neq 0 \end{cases}$, c'est-à-dire $\begin{cases} x \geqslant -1 \\ x \neq 0 \end{cases}$.

L'ensemble de définition de f est $\mathcal{D} = [-1\,;\,0[\, \cup \,]0\,;\,+\infty[$.

• **Limite de f en $+\infty$**

En $+\infty$, la limite de f présente une forme indéterminée. Pour lever l'indétermination, on écrit pour tout réel x de $\mathcal{D}$:

$$f(x) = \frac{(\sqrt{x+1}-1)(\sqrt{x+1}+1)}{x^3(\sqrt{x+1}+1)} = \frac{x}{x^3(\sqrt{x+1}+1)}.$$

Pour tout réel x de $\mathcal{D}$, le nombre $\sqrt{x+1}+1$ est strictement positif, donc non nul car c'est la somme d'un réel positif $\sqrt{x+1}$ et du réel 1 qui est strictement positif. Donc, pour tout réel x de $\mathcal{D}$, $f(x) = \dfrac{1}{x^2(\sqrt{x+1}+1)}$.

$\lim\limits_{x \to +\infty} \sqrt{x+1} = +\infty$ et $\lim\limits_{x \to +\infty} x^2 = +\infty$, d'où $\lim\limits_{x \to +\infty} x^2(\sqrt{x+1}+1) = +\infty$.

Donc :
$$\lim_{x \to +\infty} f(x) = \lim_{x \to +\infty} \frac{1}{x^2(\sqrt{x+1}+1)} = 0.$$

• **Limite de f en 0**

La limite du quotient $\dfrac{\sqrt{x+1}-1}{x^2}$ présente une forme indéterminée. Reprenons la seconde expression de f.

$\lim\limits_{x \to 0} (\sqrt{x+1}+1) = 2$, d'où $\lim\limits_{x \to 0} x^2(\sqrt{x+1}+1) = 0$.

Pour tout x de $\mathcal{D}$, $x^2(\sqrt{x+1}+1) > 0$, donc :

$$\lim_{x \to 0} f(x) = +\infty.$$

13 Soit f définie dans $\mathbb{R}$ par :

$$f(x) = \sqrt{x^2+2x+3} - (x+1).$$

$f(x)$ existe si et seulement si $x^2 + 2x + 3 \geqslant 0$.

Ce trinôme en x a pour discriminant $\Delta = 4 - 4 \times 3 = -8 < 0$. Il est donc strictement positif pour tout réel x.

L'ensemble de définition de f est $\mathcal{D} = \mathbb{R}$.

• **Limite de f en $-\infty$**

$\lim\limits_{x \to -\infty} (x^2+2x+3) = \lim\limits_{x \to -\infty} x^2 = +\infty$, car la limite en $-\infty$ d'un polynôme est la même que la limite de son terme de plus haut degré.

En utilisant le théorème sur la limite d'une fonction composée :

$\lim\limits_{x \to -\infty} \sqrt{x^2 + 2x + 3} = +\infty$;

$\lim\limits_{x \to -\infty} (x+1) = -\infty$ et $\lim\limits_{x \to -\infty} [-(x+1)] = +\infty$.

D'où, d'après la limite d'une somme de fonctions :

$$\lim_{x \to -\infty} [\sqrt{x^2 + 2x + 3} - (x+1)] = +\infty.$$

• **Limite en** $+\infty$

Comme précédemment, $\lim\limits_{x \to +\infty} \sqrt{x^2 + 2x + 3} = +\infty$ et $\lim\limits_{x \to +\infty} (x+1) = +\infty$.

La limite de f en $+\infty$ présente une forme indéterminée. Pour lever l'indétermination, on transforme l'expression de $f(x)$.

Pour tout réel x, $f(x) = \sqrt{x^2 + 2x + 3} - (x+1)$.

Pour tout réel x positif, $\sqrt{x^2 + 2x + 3} + x + 1 > 1$, donc $\sqrt{x^2 + 2x + 3} + x + 1 \neq 0$.

$$f(x) = \frac{[\sqrt{x^2 + 2x + 3} - (x+1)][\sqrt{x^2 + 2x + 3} + (x+1)]}{\sqrt{x^2 + 2x + 3} + (x+1)}$$

$$f(x) = \frac{x^2 + 2x + 3 - (x+1)^2}{\sqrt{x^2 + 2x + 3} + x + 1} = \frac{2}{\sqrt{x^2 + 2x + 3} + x + 1}.$$

$\lim\limits_{x \to +\infty} \sqrt{x^2 + 2x + 3} = +\infty$ et $\lim\limits_{x \to +\infty} (x+1) = +\infty$,

donc $\lim\limits_{x \to +\infty} \sqrt{x^2 + 2x + 3} + x + 1 = +\infty$ et :

$$\lim_{x \to +\infty} f(x) = \lim_{x \to +\infty} \frac{2}{\sqrt{x^2 + 2x + 3} + x + 1} = 0.$$

14 Soit f la fonction définie par :

$$f(x) = \sqrt{x^2 - 1} + 3x.$$

La fonction trinôme : $x \mapsto (x^2 - 1)$ admet comme racine les réels –1 et 1.

Cette fonction est donc positive sur l'ensemble $]-\infty\,; -1] \cup [1\,; +\infty[$, car le coefficient de x^2 est positif.

La fonction $x \mapsto \sqrt{x^2 - 1}$ est donc définie sur $]-\infty\,; -1] \cup [1\,; +\infty[$ et la fonction $x \mapsto 3x$ est définie sur $\mathbb{R}$, donc sur $]-\infty\,; -1] \cup [1\,; +\infty[$;

la fonction f, somme des deux fonctions précédentes, est définie sur :

$$]-\infty\,;-1]\cup[1\,;+\infty[.$$

$\lim\limits_{x\to+\infty} x^2-1=\lim\limits_{x\to+\infty} x^2=+\infty$, donc en utilisant le théorème sur la composition des limites :

Méthode
Une fonction polynôme se comporte comme son terme de plus haut degré.

$$\lim_{x\to+\infty}\sqrt{x^2-1}=+\infty.$$

$\lim\limits_{x\to+\infty} 3x=+\infty$, donc d'après le théorème sur la somme des limites :

$$\lim_{x\to+\infty}\sqrt{x^2-1}+3x=+\infty.$$

De même $\lim\limits_{x\to-\infty}\sqrt{x^2-1}=+\infty$ et $\lim\limits_{x\to-\infty} 3x=-\infty$: on est donc face à une forme indéterminée et, pour trouver la limite, il faut transformer l'expression.
Pour tout x de $]-\infty\,;-1]$, le réel x est non nul, on peut donc écrire :

$$\sqrt{x^2-1}+3x=\sqrt{x^2\left(1-\frac{1}{x^2}\right)}+3x=\sqrt{x^2}\sqrt{1-\frac{1}{x^2}}+3x,$$

car si $x\in\,]-\infty\,;-1]$, les réels x^2 et $1-\dfrac{1}{x^2}$ sont positifs.
D'où pour tout x de $]-\infty\,;-1]$:

$$\sqrt{x^2-1}+3x=|x|\sqrt{1-\frac{1}{x^2}}+3x=-x\sqrt{1-\frac{1}{x^2}}+3x=x\left(3-\sqrt{1-\frac{1}{x^2}}\right).$$

$\lim\limits_{x\to-\infty}\left(1-\dfrac{1}{x^2}\right)=1$, donc, par composition des limites :

$$\lim_{x\to-\infty}\sqrt{1-\frac{1}{x^2}}=1 \quad\text{et}\quad \lim_{x\to-\infty} 3-\sqrt{1-\frac{1}{x^2}}=2.$$

En utilisant le théorème sur le produit des limites :

$$\boxed{\lim_{x\to-\infty}\sqrt{x^2-1}+3x=\lim_{x\to-\infty} x\left(3-\sqrt{1-\frac{1}{x^2}}\right)=-\infty.}$$

15 Soit f la fonction définie par :

$$f(x)=\frac{\sqrt{x+3}-2}{\sqrt{x}-1}.$$

• La fonction f est le quotient de la fonction $x\mapsto(\sqrt{x+3}-2)$ et de $x\mapsto\sqrt{x}-1$.

La fonction $x \mapsto (x+3)$ est positive ou nulle si et seulement si $x \in [-3\ ;+\infty[$.

La fonction $x \mapsto (\sqrt{x+3}-2)$ existe donc sur $[-3\ ;+\infty[$.

La fonction $x \mapsto (\sqrt{x}-1)$ existe si $x \in [0\ ;+\infty[$ et est non nulle si $x \neq 1$.

La fonction *f* existe si le numérateur existe, le dénominateur existe et si le dénominateur est non nul, donc si *x* appartient à $[0\ ;1[\ \cup\ ]1\ ;+\infty[$.

• L'ensemble de définition étant $[0\ ;1[\ \cup\ ]1\ ;+\infty[$, on peut chercher la limite en 1.

$\lim\limits_{x \to 1} x+3 = 4$, donc $\lim\limits_{x \to 1} \sqrt{x+3} = 2$ et $\lim\limits_{x \to 1} \sqrt{x+3}-2 = 0$.

$\lim\limits_{x \to 1} \sqrt{x}-1 = 0$.

On aboutit à une forme indéterminée et on utilise la méthode de la quantité conjuguée.

Pour tout *x* de $[0\ ;1\ [\ \cup\ ]1\ ;+\infty[$, le réel $\sqrt{x+3}+2$ est non nul et donc :

$$\sqrt{x+3}-2 = \frac{(\sqrt{x+3}-2)(\sqrt{x+3}+2)}{\sqrt{x+3}+2} = \frac{(\sqrt{x+3})^2-4}{\sqrt{x+3}+2}$$

$$= \frac{x+3-4}{\sqrt{x+3}+2} = \frac{x-1}{\sqrt{x+3}+2}.$$

Pour tout *x* de $[0\ ;1\ [\ \cup\ ]1\ ;+\infty[$, le réel $\sqrt{x}+1$ est non nul et :

$$\sqrt{x}-1 = \frac{(\sqrt{x}-1)(\sqrt{x}+1)}{\sqrt{x}+1} = \frac{x-1}{\sqrt{x}+1}.$$

D'où pour tout *x* de $[0\ ;1\ [\ \cup\ ]1\ ;+\infty[$:

$$f(x) = \frac{\dfrac{x-1}{\sqrt{x+3}+2}}{\dfrac{x-1}{\sqrt{x}+1}} = \frac{\sqrt{x}+1}{\sqrt{x+3}+2} \times \frac{x-1}{x-1}.$$

Le réel *x* est différent de 1, on peut donc simplifier par la quantité non nulle $x-1$, d'où pour tout *x* de $[0\ ;1\ [\ \cup\ ]1\ ;+\infty[$:

$$f(x) = \frac{\sqrt{x}+1}{\sqrt{x+3}+2}.$$

$\lim\limits_{x \to 1} \sqrt{x}+1 = 2$ et $\lim\limits_{x \to 1} \sqrt{x+3}+2 = 4$ par composition des limites.

Donc, en utilisant le théorème sur la limite d'un quotient :

$$\lim_{x \to 1} f(x) = \frac{2}{4} = \frac{1}{2}.$$

16 Soit f la fonction définie dans $\mathbb{R}$ par :

$$f(x) = \frac{\sin x - \sin x \cos x}{x^3}.$$

• $f(x)$ existe si $x^3 \neq 0$.

Donc l'ensemble de définition de f est $\mathcal{D} = \mathbb{R}^*$.

• La limite de f en zéro présente une forme indéterminée car le numérateur et le dénominateur ont pour limite zéro en zéro.

Pour tout réel non nul x :

$$f(x) = \frac{(\sin x)\,(1 - \cos x)}{x^3} = \frac{\sin x}{x} \times \frac{1 - \cos x}{x^2}.$$

$\lim\limits_{x \to 0} \dfrac{\sin x}{x} = 1$; et pour tout réel x, $1 - \cos x = 2\sin^2 \dfrac{x}{2}$, d'où pour tout réel x non nul :

$$\frac{1 - \cos x}{x^2} = \frac{2\sin^2 \frac{x}{2}}{x^2} = \frac{1}{2}\frac{\sin^2 \frac{x}{2}}{\frac{x^2}{4}} = \frac{1}{2}\left(\frac{\sin \frac{x}{2}}{\frac{x}{2}}\right)^2.$$

Bien retenir

$$\lim_{x \to 0} \frac{1 - \cos x}{x^2} = \frac{1}{2}.$$

$\lim\limits_{x \to 0} \dfrac{\sin \frac{x}{2}}{\frac{x}{2}} = 1$, d'où $\lim\limits_{x \to 0} \dfrac{1 - \cos x}{x^2} = \dfrac{1}{2}$ donc :

$$\lim_{x \to 0} f(x) = \frac{1}{2}.$$

17 Soit f la fonction définie par $f(x) = \dfrac{x \sin x}{1 - \cos x}$.

• $f(x)$ existe si $1 - \cos x \neq 0$ car $x \sin x$ existe pour tout réel x et $1 - \cos x$ aussi.

Cherchons les réels x solutions de $1 - \cos x = 0$. Dans $\mathbb{R}$, cette équation est équivalente à $\cos x = 1$, d'où $x = 2k\pi$ où $k \in \mathbb{Z}$.

L'ensemble de définition de f est donc l'ensemble $\mathcal{D} = \mathbb{R} - \{\,2k\pi,\ k \in \mathbb{Z}\}$.

• Lorsque x tend vers zéro, le numérateur et le dénominateur tendent vers zéro et la limite présente une forme indéterminée.

Pour lever l'indétermination, on transforme l'expression de $f(x)$.

$\sin x = 2\sin\frac{x}{2}\cos\frac{x}{2}$, puis $1-\cos x = 2\sin^2\frac{x}{2}$, donc, pour tout réel x de $\mathcal{D}$:

$f(x) = \dfrac{2x\sin\frac{x}{2}\cos\frac{x}{2}}{2\sin^2\frac{x}{2}} = \dfrac{x\cos\frac{x}{2}}{\sin\frac{x}{2}}$, car, pour tout x de $\mathcal{D}$, $\frac{x}{2} \notin \{k\pi \mid k \in \mathbb{Z}\}$,

donc $\sin\frac{x}{2} \neq 0$.

Nous avons encore une forme indéterminée. Faisons apparaître le quotient $\dfrac{\sin\frac{x}{2}}{\frac{x}{2}}$ qui a une limite égale à 1 en zéro.

Pour tout réel x de $\mathcal{D}$, le réel x est non nul et :

$$f(x) = \frac{\cos\frac{x}{2}}{\dfrac{\sin\frac{x}{2}}{\frac{x}{2}} \times \dfrac{1}{2}} = \frac{2\cos\frac{x}{2}}{\dfrac{\sin\frac{x}{2}}{\frac{x}{2}}}.$$

Alors $\lim\limits_{x\to 0} \cos\frac{x}{2} = 1$ et $\lim\limits_{x\to 0} \dfrac{\sin\frac{x}{2}}{\frac{x}{2}} = 1$, d'où :

$$\boxed{\lim_{x\to 0} f(x) = 2.}$$

18 Soit f la fonction définie sur $\mathbb{R}$ par :

$$\begin{cases} f(x) = x^2 + 1, \text{ si } x \geqslant 1 \\ f(x) = 3 - x, \text{ si } x < 1 \end{cases}.$$

La fonction f est continue sur $[1\ ;+\infty[$, car, sur $[1\ ;+\infty[$, la fonction f est une fonction polynôme, de même la fonction f est continue sur $]-\infty\ ;\ 1[$.

Attention, cela ne veut pas dire que f est continue sur :

$$]-\infty\,;1[\,\cup\,[1\,;+\infty[\,=\,]-\infty\,;+\infty[;$$

il faut démontrer que $\lim\limits_{x\to 1^+} f(x) = \lim\limits_{x\to 1^-} f(x) = f(1)$.

- $\lim\limits_{x\to 1^+} f(x) = \lim\limits_{x\to 1^+} x^2+1 = 2$;
- $\lim\limits_{x\to 1^-} f(x) = \lim\limits_{x\to 1^-} 3-x = 2$;
- $f(1) = 1^2+1 = 2$.

La fonction f est continue en 1. **La fonction f est donc continue sur $\mathbb{R}$.**

19 Soit f la fonction définie sur $[0\,;+\infty[$ par $f(x) = x^4+2x^2+2$.

La fonction f est une fonction polynôme, elle est donc dérivable sur $[0\,;+\infty[$ et pour tout x de $[0\,;+\infty[$:

$$f'(x) = 4x^3+4x = 4x(x^2+1).$$

Donc pour tout x de $]0\,;+\infty[$, $f'(x) > 0$; d'où le tableau de variation :

x	0	$+\infty$
$f'(x)$	0 +	
f	2 ↗	$+\infty$

Rappel
Dans un tableau de variation, les flèches indiquent la continuité et la stricte monotonie.

$f(0) = 0$ et $\lim\limits_{x\to+\infty} f(x) = \lim\limits_{x\to+\infty} x^4 = +\infty$.

La fonction f est donc continue, strictement croissante sur $[0\,;+\infty[$, $f(0) = 2$ et $\lim\limits_{+\infty} f = +\infty$.

Tout réel de $[2\,;+\infty[$ admet alors un unique antécédent appartenant à $[0\,;+\infty[$, c'est-à-dire que, **pour tout m de $[2\,;+\infty[$, l'équation $f(x) = m$ a une solution et une seule appartenant à $[0\,;+\infty[$.**

20 Considérons la fonction $f-g$ définie sur $[-10\,;\,2]$ par :

$$(f-g)(x) = f(x)-g(x).$$

Démontrons que $f-g$ est croissante sur $[-10\,;\,2]$.

Soit deux réels a et b distincts quelconques dans $[-10\ ;\ 2]$.

Supposons $a < b$ et étudions le signe de $(f-g)(a)-(f-g)(b)$.

$$(f-g)(a)-(f-g)(b) = f(a)-g(a)-f(b)+g(b)$$
$$= f(a)-f(b)-[g(a)-g(b)].$$

f étant strictement croissante sur $[-10\,;2]$, si $a < b$ alors $f(a)-f(b) < 0$.

g étant strictement décroissante sur $[-10\ ;2]$, si $a < b$ alors $g(a)-g(b) > 0$.

On en déduit que $(f-g)(a)-(f-g)(b) < 0$,

donc $f-g$ est strictement croissante sur $[-10\ ;\ 2]$.

D'autre part, f et g étant continues sur $[-10\ ;\ 2]$,
$(f-g)$ est continue sur $[-10\ ;\ 2]$ et :

$(f-g)(-10) = f(-10)-g(-10) = -3-5 = -8$;

$(f-g)(2) = f(2)-g(2) = 7-(-1) = 8$.

Remarque

On aurait pu aussi écrire : $f-g = f+(-g)$.
Comme $(-g)$ est croissante, alors la somme $f+(-g)$ est croissante, d'où le résultat.

La fonction $f-g$ prend une fois et une seule toutes les valeurs de l'intervalle $[-8\,;8]$ et donc s'annule une fois et une seule.

L'équation $f(x) = g(x)$ étant équivalente pour tout x de $[-10\ ;\ 2]$ à $f(x)-g(x) = 0$ et à $(f-g)(x) = 0$, on peut conclure que **l'équation $f(x) = g(x)$ a une solution et une seule dans I**.

21 Soit f la fonction définie sur $]0\ ;\ 1[$ par :

$$f(x) = x^6 + 3x^2 - 3.$$

f est une fonction polynôme; elle est donc dérivable et pour tout x de l'intervalle $]0\ ;\ 1[$:

$$f'(x) = 6x^5 + 6x = 6x(x^4+1).$$

Pour tout x de $]0\ ;\ 1[$, $f'(x) > 0$: la fonction f est donc strictement croissante sur $]0\ ;\ 1[$.

$\lim\limits_{x\to 0} f(x) = -3$ et $\lim\limits_{x\to 1} f(x) = 1$; d'où le tableau de variation :

x	0		1
$f'(x)$	‖	+	‖
f	‖ -3	↗	1 ‖

CORRIGÉS

En résumé, la fonction f est continue et strictement croissante sur $]0\,;1[$; $\lim\limits_{x\to 0} f(x) = -3$ et $\lim\limits_{x\to 1} f(x) = 1$; donc tout élément de $]-3\,;1[$ admet un antécédent et un seul par f.
Le réel 0 appartient à $]-3\,;1[$: il existe donc un unique réel α appartenant à $]0\,;1[$ tel que $f(\alpha) = 0$. À l'aide d'une calculatrice, on trouve :

$$f(0{,}89) \approx -0{,}126\,; \quad f(0{,}90) \approx -0{,}039 \text{ et } f(0{,}91) \approx 0{,}052\,.$$

$$\boxed{0{,}90 < \alpha < 0{,}91.}$$

Une valeur de α à 10^{-2} près par défaut est 0,90.

22 Soit la suite (u_n) définie sur $\mathbb{N}$ par $\begin{cases} u_0 = 0 \\ u_{n+1} = \sqrt{3u_n + 4} \end{cases}$.

1. a) Démontrons par récurrence que pour tout entier naturel n, non nul ;

$$0 < u_n < 4 \qquad \textbf{(E)}$$

- Si $n = 1$, la relation (E) est vraie car $u_1 = 2$ et $0 < u_1 < 4$.
- Supposons qu'il existe un entier naturel n non nul tel que (E) soit vérifiée :

$$0 < u_n < 4.$$

On en déduit $0 < 3u_n < 12$, puis $4 < 3u_n + 4 < 16$.
Les trois membres étant positifs et la fonction racine carrée étant strictement croissante sur $[0\,;+\infty[$, $\sqrt{4} \leqslant \sqrt{3u_n+4} < \sqrt{16}$.
D'où $0 < u_{n+1} < 4$.

- D'après le principe de récurrence, pour tout entier naturel n non nul, $0 < u_n < 4$ et $u_0 = 0$.

La suite (u_n) est donc majorée par 4, et pour tout n, $u_n < 4$.

b) Démontrons que la suite (u_n) est strictement croissante.
Pour tout entier naturel :

$$u_{n+1} - u_n = \sqrt{3u_n+4} - u_n = \frac{(\sqrt{3u_n+4} - u_n)(\sqrt{3u_n+4} + u_n)}{\sqrt{3u_n+4} + u_n}.$$

Pour tout entier n de $\mathbb{N}$, $\sqrt{3u_n+4} + u_n = u_{n+1} + u_n > 0$ car seul le terme u_0 est nul, tous les autres sont strictement positifs.
On obtient donc, pour tout entier naturel n ;

$$u_{n+1} - u_n = \frac{3u_n + 4 - u_n^2}{\sqrt{3u_n + 4} + u_n} = \frac{(u_n + 1)(4 - u_n)}{\sqrt{3u_n + 4} + u_n}.$$

La suite (u_n) est strictement majorée par 4 et tous les termes sont positifs ou nuls, donc, pour tout entier naturel n, $u_n + 1 > 0$ et $4 - u_n > 0$, donc $u_{n+1} - u_n > 0$. **La suite (u_n) est donc strictement croissante.**

c) La suite (u_n) est strictement croissante et majorée par 4, elle est donc convergente. Soit ℓ la limite de la suite (u_n).

La fonction $x \mapsto \sqrt{3x + 4}$ est continue sur son ensemble de définition $\mathcal{D} = \left]-\frac{4}{3} ; +\infty\right[$, donc sur $[0 ; 4]$; et, puisque la suite (u_n) converge vers ℓ :

$$\lim_{n \to +\infty} (u_{n+1}) = \ell = \lim_{n \to +\infty} \sqrt{3u_n + 4} = \sqrt{3\ell + 4}.$$

Le nombre ℓ cherché est solution de $\ell = \sqrt{3\ell + 4}$.

Les termes de la suite (u_n) étant positifs, ℓ est positif et l'équation précédente est équivalente à l'équation $\ell^2 = 3\ell + 4$, c'est-à-dire $\ell^2 - 3\ell - 4 = 0$, soit $(\ell + 1)(\ell - 4) = 0$.

On obtient, soit $\ell = -1$ ce qui ne convient pas, soit $\ell = 4$ qui est positif.

La limite de la suite (u_n) est donc 4 : $\boxed{\ell = 4.}$

2. a) Pour tout entier naturel n, $4 - u_{n+1} = 4 - \sqrt{3u_n + 4}$.

Comme pour tout entier n naturel, $4 + \sqrt{3u_n + 4} > 0$:

$$4 - u_{n+1} = \frac{(4 - \sqrt{3u_n + 4})(4 + \sqrt{3u_n + 4})}{4 + \sqrt{3u_n + 4}}$$

$$= \frac{16 - (3u_n + 4)}{4 + \sqrt{3u_n + 4}} = \frac{12 - 3u_n}{4 + \sqrt{3u_n + 4}} = \frac{3}{4 + \sqrt{3u_n + 4}} \times (4 - u_n).$$

Posons pour tout x réel de $[0 ; 4]$, $\varphi(x) = \dfrac{3}{4 + \sqrt{3x + 4}}$.

φ est dérivable sur $[0 ; 4]$, car $3x + 4 > 0$ pour tout réel x de $[0 ; 4]$.

Pour tout x de $[0 ; 4]$:

$$\varphi'(x) = 3 \times \frac{-\dfrac{3}{2\sqrt{3x + 4}}}{(4 + \sqrt{3x + 4})^2} = -\frac{9}{2} \times \frac{1}{\sqrt{3x + 4}(4 + \sqrt{3x + 4})^2} < 0.$$

La fonction φ est strictement décroissante sur $[0 ; 4]$.

CORRIGÉS

$\varphi(0) = \frac{1}{2}$ et donc pour tout réel x de $[0\ ;\ 4]$, $\varphi(x) \leqslant \frac{1}{2}$.

On en déduit que, pour tout entier naturel n, $(u_n) \in [0\ ;\ 4]$ donc :

$$\frac{3}{4+\sqrt{3u_n+4}} \leqslant \frac{1}{2}.$$

Donc pour entier naturel n :

$$\frac{3}{4+\sqrt{3u_n+4}}\,(4-u_n) \leqslant \frac{1}{2}\,(4-u_n)\text{, car } 4-u_n \geqslant 0$$

d'où :

$$\boxed{4-u_{n+1} \leqslant \frac{1}{2}(4-u_n).}$$

b) Démontrons, par récurrence que, pour tout entier naturel n ;

$$(4-u_n) \leqslant \left(\frac{1}{2}\right)^n (4-u_0)\text{, soit } (4-u_n) \leqslant \left(\frac{1}{2}\right)^n \times 4. \qquad \textbf{(F)}$$

• La relation **(F)** est vraie pour l'entier $n=0$. En effet $4-u_0=4$ et $\left(\frac{1}{2}\right)^0 \times 4=4$.

• Supposons qu'il existe un entier naturel n tel que **(F)** soit vraie :

$$4-u_n \leqslant \left(\frac{1}{2}\right)^n \times 4.$$

Démontrons que la relation **(F)** est vraie pour l'entier $n+1$:

$$4-u_{n+1} \leqslant \frac{1}{2}\,(4-u_n) \qquad \text{d'après } \textbf{a)}.$$

Par hypothèse $4-u_n \leqslant \left(\frac{1}{2}\right)^n \times 4$ d'où :

$$\frac{1}{2}\,(4-u_n) \leqslant \frac{1}{2} \times \left(\frac{1}{2}\right)^n \times 4$$

$$4-u_{n+1} \leqslant \frac{1}{2}\,(4-u_n) \leqslant \left(\frac{1}{2}\right)^{n+1} \times 4.$$

La relation **(F)** est donc vraie pour l'entier $n+1$.

• D'après le principe de récurrence, la relation **(F)** est vraie pour tout entier naturel n. D'où le calcul de la limite en $+\infty$ de $4-u_n$.

Pour tout n de $\mathbb{N}$, $0 \leqslant 4-u_n \leqslant \left(\frac{1}{2}\right)^n \times 4$,

avec $\lim\limits_{n\to+\infty} \left(\frac{1}{2}\right)^n \times 4 = 0$, car $-1 < \frac{1}{2} < 1$. Donc d'après le théorème sur les limites et les encadrements $\lim\limits_{n\to+\infty} (4-u_n) = 0$, d'où : $\boxed{\lim\limits_{n\to+\infty} u_n = 4.}$

On retrouve le résultat du **1. c)**.

La Prépa attitude

Voici **quatre propriétés** sur les fonctions continues sur un intervalle :

1. Si f est une fonction continue sur le segment $[a\,;b]$ alors pour tout réel y compris entre $f(a)$ et $f(b)$, il existe au moins un réel c de $[a\,;b]$ tel que $f(c)=y$ (théorème des valeurs intermédiaires).

2. Si f est une fonction continue sur un intervalle I, alors l'ensemble $f(I)=\{f(x)\,/\,x\in I\}$ est un intervalle.

3. Si f est une fonction continue sur un intervalle fermé borné (segment) I, l'image $f(I)$ par f de ce segment est un segment. Dans le cas où I n'est pas un intervalle fermé, on ne peut pas prévoir ce que sera l'intervalle $f(I)$, par exemple I peut être un intervalle ouvert et $f(I)$ un intervalle fermé.

4. Si f est une fonction continue et strictement monotone sur un intervalle I, pour tout λ de l'intervalle $f(I)$, l'équation $f(x)=\lambda$ admet une solution unique sur I.

Prolongement au cours de Term S

Définition d'une bijection

Soit f une fonction d'un intervalle I vers un ensemble B telle que pour tout y de B il existe un unique élément x de I tel que $f(x)=y$. On dit alors que f réalise une bijection de I vers B.

Exemple : Soit f la fonction de $\mathbb{R}$ dans $\mathbb{R}$ définie pour tout x de $\mathbb{R}$ par $f(x)=3x+5$. L'ensemble de définition de f est $\mathbb{R}$, car pour tout réel x on peut calculer $f(x)$. Pour tout y de $\mathbb{R}$

$$f(x)=y \Leftrightarrow 3x+5=y$$
$$\Leftrightarrow x=\frac{1}{3}(y-5)$$

Donc pour tout y de $\mathbb{R}$, il existe un unique antécédent $x=\frac{1}{3}(y-5)$ de $\mathbb{R}$ tel que $f(x)=y$. La fonction f réalise une bijection de $\mathbb{R}$ dans $\mathbb{R}$.

AMBITION PRÉPA

Définition d'une fonction réciproque

Si f réalise une bijection d'un intervalle I vers un ensemble B, alors il existe une fonction définie sur B à valeurs dans I notée f^{-1} appelée fonction réciproque de f telle que

$$\forall x \in I, \forall y \in B, \quad f(x) = y \Leftrightarrow x = f^{-1}(y)$$

La fonction f^{-1} ainsi construite réalise aussi une bijection de B vers I.

Exemple : Dans l'exemple précédent, la fonction de $\mathbb{R}$ dans $\mathbb{R}$ qui à tout x de $\mathbb{R}$ associe $\frac{1}{3}(x-5)$ est la fonction réciproque de f, elle réalise une bijection de $\mathbb{R}$ dans $\mathbb{R}$.

Propriétés

Soit f une fonction continue et strictement monotone sur un intervalle I, l'application f réalise une bijection de I sur $f(I)$. Il existe une fonction appelée fonction réciproque notée f^{-1} qui réalise une bijection de $f(I)$ sur I. L'application f^{-1} est **continue** sur $f(I)$ et **varie dans le même sens que** f. Les représentations graphiques de f et de f^{-1} dans un même repère orthonormé sont symétriques par rapport à la première bissectrice (la droite d'équation $y = x$).

Exemple : Soit f la fonction de $[0\,;+\infty[$ dans $\mathbb{R}$ définie pour tout x de $\mathbb{R}^+$ par $f(x) = x^2$. La fonction f est dérivable sur $\mathbb{R}^+$ donc continue sur $\mathbb{R}^+$. Pour tout x de $]0\,;+\infty[$, on a $f'(x) = 2x > 0$, la fonction f est donc strictement croissante sur $]0\,;+\infty[$, la fonction f étant continue en 0, elle est strictement croissante sur $[0\,;+\infty[$. On a $f(0) = 0$ et $\lim\limits_{x \to +\infty} f(x) = +\infty$ donc f réalise une bijection de $[0\,;+\infty[$ sur $\left[f(0)\,;\lim\limits_{+\infty} f\right[= [0\,;+\infty[$, elle admet donc une fonction réciproque notée f^{-1} définie sur $[0\,;+\infty[$ continue et strictement croissante sur $\mathbb{R}^+$. On a

x	0	$+\infty$
$f'(x)$	$+$	
f	$0 \nearrow$	$+\infty$

et

x	0	$+\infty$
f^{-1}	$0 \nearrow$	$+\infty$

$$\forall x \in [0\,;+\infty[, \forall y \in [0\,;+\infty[, \quad y = x^2 \Leftrightarrow x = \sqrt{y}$$

AMBITION PRÉPA

La fonction réciproque de la fonction carré de $\mathbb{R}^+$ dans $\mathbb{R}^+$ est la fonction racine carrée.

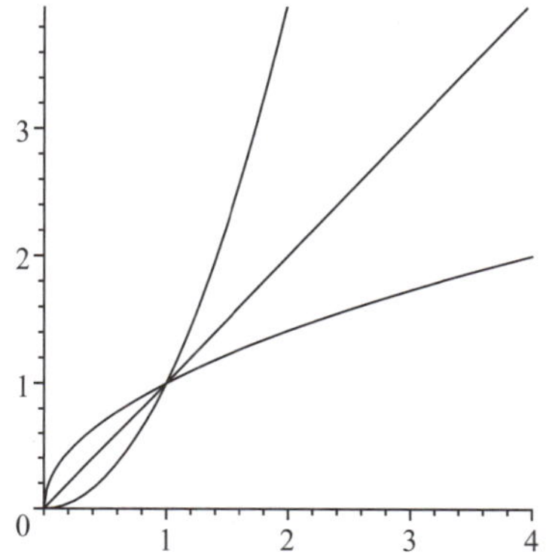

EXERCICES

➔ Corrigés p. 116

1 Pour tout élément n de $\mathbb{N}^*$, on définit sur l'intervalle $I = [0\,;+\infty[$, la fonction f_n par $f_n(x) = x^n$.

a) Montrer que pour tout entier naturel non nul n, la fonction f_n réalise une bijection de I sur un intervalle J que vous déterminerez.

b) Pour tout n entier naturel strictement supérieur à 1, on désigne par racine $n^{\text{ième}}$ et on note f_n^{-1} la fonction réciproque de f_n.

- Pour tout n entier naturel strictement supérieur à 1, construire le tableau de variation de f_n^{-1}. Donner une expression de $f_n^{-1}(y)$ en fonction de n et y pour tout y de J.
- Pour tout n entier naturel strictement supérieur à 1, construire dans un même repère orthonormé les représentations graphiques de f_n et de f_n^{-1}.

2 Soit f la fonction définie sur $I = \left[-\dfrac{1}{2}\,;+\infty\right[$ par $f(x) = 4x^2 + 4x + 2$.

a) Montrer que f réalise une bijection de I sur un intervalle J que l'on déterminera.

b) Construire le tableau de variation de l'application réciproque f^{-1}. Donner une expression de $f^{-1}(y)$ en fonction de y pour tout y de J.

c) Dans un même repère orthonormé, dessiner les représentations graphiques des fonctions f et f^{-1}.

3 Soit f la fonction définie sur $\left[0\,;1\right]$ par $f(x) = x - 2\sqrt{x} + 1$.

a) Étudier les variations de f.

b) Montrer que f est une bijection de $\left[0\,;1\right]$ sur un intervalle que vous déterminerez.

c) Construire le tableau de variation de la fonction f^{-1}.

d) Montrer que pour tout x de $\left[0\,;1\right]$, $f \circ f(x) = x$. Que peut-on en déduire?

e) Construire dans un même repère orthonormé les courbes représentatives $\mathscr{C}_f$ et $\mathscr{C}_{f^{-1}}$ de f et de f^{-1}.

4 Déterminer toutes les fonctions f continues sur $\mathbb{R}$ telles que pour tout x de $\mathbb{R}$,

$$\left(f(x)\right)^2 = f(x).$$

5 Soit f une fonction continue sur l'intervalle $\left[0\,;1\right]$ telle que $f\left(\left[0\,;1\right]\right) \subseteq \left[0\,;1\right]$. Montrer qu'il existe c appartenant à $\left[0\,;1\right]$ tel que $f(c) = c$.

Ind. Il sera possible d'utiliser la fonction g définie sur $\left[0;1\right]$ par $g(x) = f(x) - x$.

6 **a)** Montrer que pour tout entier naturel n, l'équation

$$x^4 + x^3 = n$$

d'inconnue x admet dans $\mathbb{R}^+$ une solution et une seule notée u_n.

b) Déterminer, si elle existe, la limite de la suite (u_n).

CORRIGÉS

1 **a)** • Si $n = 1$, la fonction f_1 est définie sur $I = \left[0\,;+\infty\right[$ par $f_1(x) = x$, la fonction f_1 est continue et strictement croissante sur $\left[0\,;+\infty\right[$, on a $f_1(0) = 0$ et $\lim\limits_{x\to+\infty} f_1(x) = \lim\limits_{x\to+\infty} x = +\infty$, la fonction f_1 réalise une bijection de $\left[0\,;+\infty\right[$ sur $J = \left[f_1(0); \lim\limits_{+\infty} f_1\right[= \left[0\,;+\infty\right[$.

AMBITION PRÉPA

• Si $n > 1$, la fonction polynôme $x \mapsto x^n$ est dérivable donc continue sur $\left[0\,;+\infty\right[$, et pour tout x de $\left[0\,;+\infty\right[$, $f_n'(x) = nx^{n-1}$. Donc pour tout x de $\left]0\,;+\infty\right[$, $f_n'(x) > 0$, la fonction f_n est strictement croissante sur $\left]0\,;+\infty\right[$, la fonction f_n étant continue en 0 la fonction f_n est strictement croissante sur $\left[0\,;+\infty\right[$.

De plus $f_n(0) = 0$ et $\lim\limits_{x\to+\infty} f_n(x) = \lim\limits_{x\to+\infty} x^n = +\infty$ donc f_n réalise une bijection de $\left[0\,;+\infty\right[$ sur $J = \left[f_n(0)\,;\lim\limits_{+\infty} f_n\right[= \left[0\,;+\infty\right[$.

b) • Si $n = 1$, l'application réciproque de f_1 est la fonction f_1 elle même, $f_1 = f_1^{-1}$.

• Si $n > 1$, la fonction f_n réalise une bijection de $\left[0\,;+\infty\right[$ sur $J = \left[0\,;+\infty\right[$, elle admet donc une fonction réciproque définie sur $\left[0\,;+\infty\right[$ continue et strictement croissante sur $\left[0\,;+\infty\right[$.

x	0	$+\infty$
$f_n'(x)$	$+$	
f_n	0 ↗	$+\infty$

et

x	0	$+\infty$
f_n^{-1}	0 ↗	$+\infty$

La représentation graphique est donnée pour $n = 5$.

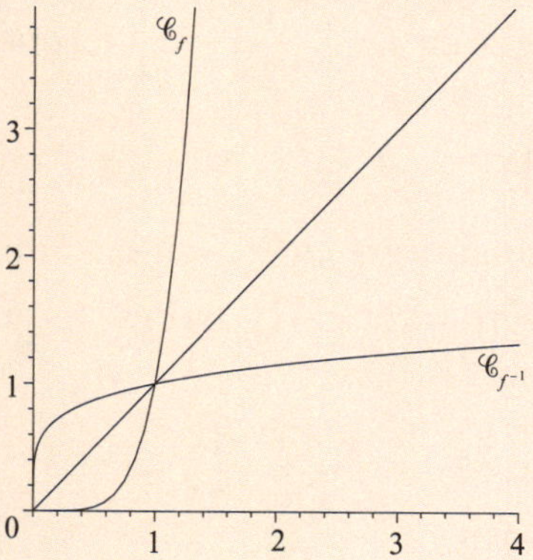

Remarque

Les deux courbes $\mathscr{C}_f$ et $\mathscr{C}_{f^{-1}}$ se coupent sur l'axe de symétrie.

Pour $x \in [0\,;1]$ $\mathscr{C}_f$ est en dessous de $\mathscr{C}_{f^{-1}}$.

Pour $x \in [1\,;+\infty]$ $\mathscr{C}_f$ est au-dessus de $\mathscr{C}_{f^{-1}}$.

2 **a)** La fonction f est une fonction polynôme, elle est définie sur $\left[-\dfrac{1}{2}\,;+\infty\right[$, dérivable et donc continue sur cet intervalle.

Pour tout x de $\left[-\frac{1}{2}\,;+\infty\right[$, $f'(x) = 8x + 4 = 8\left(x + \frac{1}{2}\right)$. On a pour tout x de $\left]-\frac{1}{2}\,;+\infty\right[$, $f'(x) > 0$, la fonction f est donc strictement croissante sur $\left]-\frac{1}{2}\,;+\infty\right[$, étant continue en $-\frac{1}{2}$ elle est strictement croissante sur $\left[-\frac{1}{2}\,;+\infty\right[$.

On a $f\left(-\frac{1}{2}\right) = 4\left(-\frac{1}{2}\right)^2 + 4\left(-\frac{1}{2}\right) + 2 = 1$ et $\lim\limits_{x\to+\infty} f(x) = \lim\limits_{x\to+\infty} 4x^2 = +\infty$.

x	$-\frac{1}{2}$		$+\infty$
$f'(x)$		$+$	
f	1	$\nearrow$	$+\infty$

La fonction f réalise une bijection de $\left[-\frac{1}{2}\,;+\infty\right[$ sur $\left[f\left(-\frac{1}{2}\right); \lim\limits_{+\infty} f\right[= [1\,;+\infty[$.

b) Il existe donc une fonction réciproque définie sur $[1\,;+\infty[$ à valeurs sur $\left[-\frac{1}{2}\,;+\infty\right[$ continue et variant dans le même sens que f donc strictement croissante.

x	1		$+\infty$
f^{-1}	$-\frac{1}{2}$	$\nearrow$	$+\infty$

Pour tout y de $J = [1\,;+\infty[$, il existe un réel x unique de $I = \left[-\frac{1}{2}\,;+\infty\right[$ tel que

$$y = 4x^2 + 4x + 2 \Leftrightarrow 4x^2 + 4x + 2 - y = 0.$$

La dernière équation est une équation du second degré en x, son discriminant est égal à $\Delta = 4^2 - 4\times 4(2-y) = 16y - 16 = 16(y-1)$ qui est positif car $y \geqslant 1$. Deux cas :

- si $y = 1$, l'équation admet une racine double $x = -\frac{4}{2\times 4} = -\frac{1}{2}$.
- si $y > 1$, l'équation admet deux racines distinctes

$$x = \frac{-4+\sqrt{16(y-1)}}{8} = \frac{-1+\sqrt{y-1}}{2} \text{ ou } x = \frac{-4-\sqrt{16(y-1)}}{8} = \frac{-1-\sqrt{y-1}}{2}.$$

La deuxième est strictement inférieure à $-\frac{1}{2}$ car $\sqrt{y-1} > 0$ donc ne convient pas. Étant donnée que l'on sait que l'équation a toujours une solution et une seule, on a $x = \frac{-1+\sqrt{(y-1)}}{2}$, on peut remarquer que si l'on remplace y par 1 on trouve $x = -\frac{1}{2}$.

L'application f^{-1} est l'application de $\left[1 ; +\infty\right[$ sur $\left[-\frac{1}{2} ; +\infty\right[$ qui, à tout y de $\left[1 ; +\infty\right[$ associe $x = \frac{-1+\sqrt{(y-1)}}{2}$.

c) Représentation graphique :

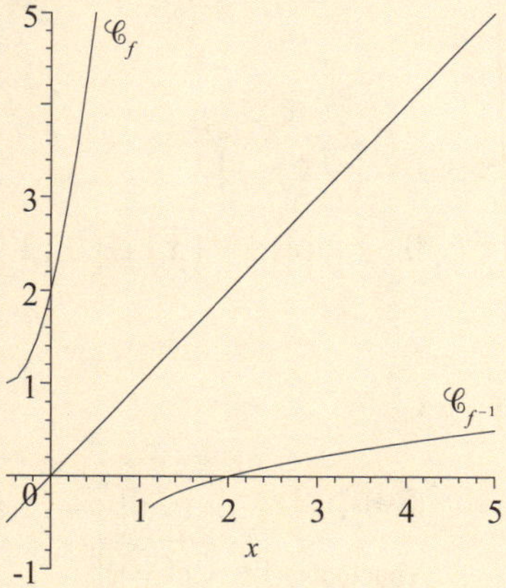

> **Remarque**
> Les deux représentations graphiques sont symétriques par rapport à la droite d'équation $y = x$.

3 **a)** La fonction f est la somme d'une fonction affine $x \mapsto x+1$ et de la fonction $x \mapsto -2\sqrt{x}$. Ces deux fonctions sont continues sur $\left[0 ; 1\right]$ et toutes deux dérivables sur $\left]0 ; 1\right]$.
Pour tout x de $\left]0 ; 1\right]$,

$$f'(x) = 1 - 2\frac{1}{2\sqrt{x}} = \frac{\sqrt{x}-1}{\sqrt{x}}$$

> **Remarque**
> La fonction $x \mapsto \sqrt{x}$ définie sur $\left[0 ; +\infty\right[$ n'est pas dérivable en 0.

Pour tout x de $\left]0 ; 1\right[$ on a $\sqrt{x} - 1 < 0$ donc pour tout x de $\left]0 ; 1\right[$, on a $f'(x) < 0$, la fonction f est donc strictement décroissante sur $\left]0 ; 1\right[$, étant continue en 0 et en 1 elle est strictement décroissante sur $\left[0 ; 1\right]$.

AMBITION PRÉPA

x	0	1
f	1 ↘	0

La fonction f est continue et strictement décroissante sur $\left[0\,;1\right]$, $f(0)=1$ et $f(1)=0$.

Remarque
Pour tout x de $[0\,;1]$
$\sqrt{x}-1\leqslant 0$

b) La fonction f réalise donc une bijection de $\left[0\,;1\right]$ sur $\left[f(1);f(0)\right]=\left[0\,;1\right]$.

c) Il existe donc une fonction réciproque définie sur $\left[0\,;1\right]$ à valeurs sur $\left[0\,;1\right]$ continue et variant dans le même sens que f donc strictement décroissante.

x	0	1
f^{-1}	1 ↘	0

d) Pour tout x de $\left[0\,;1\right]$, on a $\left(\sqrt{x}\right)^2=x$ d'où

$$f(x)=x-2\sqrt{x}+1=\left(\sqrt{x}\right)^2-2\sqrt{x}+1=\left(\sqrt{x}-1\right)^2$$

D'après l'étude des variations de f, pour tout x de $\left[0\,;1\right]$, on a $f(x)\in\left[0\,;1\right]$, on peut donc calculer

$$\begin{aligned}f\circ f(x)=f\left(f(x)\right)&=\left(\sqrt{x}-1\right)^2-2\sqrt{\left(\sqrt{x}-1\right)^2}+1\\&=x-2\sqrt{x}+1-2\left|\sqrt{x}-1\right|+1\\&=x-2\sqrt{x}+1-2\left(1-\sqrt{x}\right)+1\\&=x\end{aligned}$$

Rappel
Pour tout réel a, $\sqrt{a^2}=|a|$.

Pour tout réel x de $\left[0\,;1\right]$, soit $M(x\,;y)$ un point de la courbe représentative de f, on a donc $y=f(x)$ et le réel y appartient à $\left[0\,;1\right]$ d'après le tableau de variation de f. Soit M' le symétrique de M par rapport à la première bissectrice des axes. Le point M' a pour coordonnées $(y\,;x)$, le point M' appartient à la courbe représentative de f car $y\in\left[0\,;1\right]$ et $f(y)=f\left(f(x)\right)=x$.
On a $f=f^{-1}$. Ceci montre que $\mathscr{C}_f$ est symétrique par rapport à la première bissectrice des axes.

D'autre part $x=f^{-1}(y)$ donc le point M' appartient à la courbe représentative de f^{-1}. Les courbes représentatives de f et de f^{-1} sont confondues, elles admettent toutes les deux la droite d'équation $y=x$ comme axe de symétrie.

AMBITION PRÉPA

e) Représentation graphique :

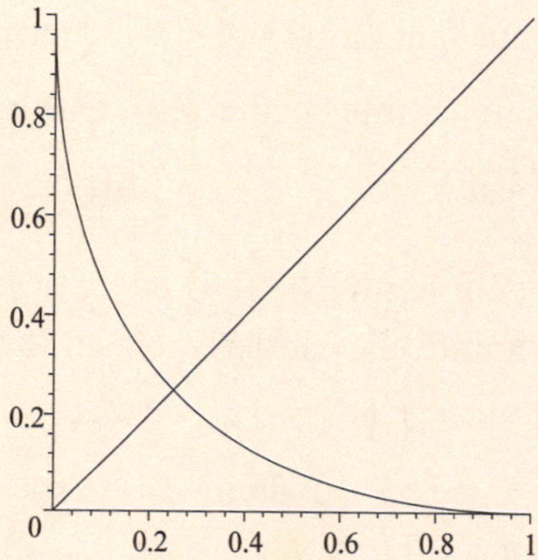

4 Pour tout x de $\mathbb{R}$

$$\begin{aligned}(f(x))^2 = f(x) &\Leftrightarrow (f(x))^2 - f(x) = 0\\ &\Leftrightarrow f(x)(f(x)-1) = 0\\ &\Leftrightarrow f(x) = 0 \text{ ou } f(x) = 1\end{aligned}$$

donc pour tout x de $\mathbb{R}$, $f(x) \in \{0;1\}$, ce que l'on peut écrire $f(\mathbb{R}) \subseteq \{0;1\}$. L'ensemble $\mathbb{R}$ est un intervalle (on écrit $\mathbb{R} =$ ù− ¥ ; + ¥ é), la fonction f étant continue sur l'intervalle $\mathbb{R}$, d'après le théorème des valeurs intermédiaires, l'ensemble $f(\mathbb{R})$ est un intervalle inclus dans $\{0;1\}$ donc $f(\mathbb{R}) = [0;0]$ ou $f(\mathbb{R}) = [1;1]$; c'est à dire pour tout x de $\mathbb{R}$, $f(x) = 0$ ou pour tout x de $\mathbb{R}$, $f(x) = 1$. La fonction f est donc la fonction constante égale à 0 ou la fonction constante égale à 1.

Réciproquement les deux fonctions constantes égales à 0 ou à 1 vérifient la relation demandée.

5 Soit g la fonction définie sur $[0;1]$ par $g(x) = f(x) - x$. La fonction g est la somme de la fonction f et de la fonction u définie pour tout x de $[0;1]$ par $u(x) = -x$. La fonction f est par hypothèse continue sur $[0;1]$ et la fonction u est la restriction de la fonction $-\mathrm{id}_{\mathbb{R}}$ à $[0;1]$ où $\mathrm{id}_{\mathbb{R}}$ désigne la fonction identité de $\mathbb{R}$, la fonction u est donc continue sur $[0;1]$.

La fonction g somme de deux fonctions continues sur $[0;1]$ est continue sur $[0;1]$. On a

$$g(0) = f(0) - 0 \geqslant 0 \text{ car } f(0) \in [0;1] \text{ et } g(1) = f(1) - 1 \leqslant 0 \text{ car } f(1) \in [0;1]$$

La fonction g est continue sur l'intervalle $[0;1]$ et vérifie $g(1) \leqslant 0 \leqslant g(0)$, d'après le théorème des valeurs intermédiaires il existe un réel c de $[0;1]$ tel que $g(c) = 0$ vérifiant $f(c) = c$.

6 **a)** Soit f la fonction définie sur $[0;+\infty[$ par $f(x) = x^4 + x^3$. La fonction f est une fonction polynôme, elle est dérivable en tout point de $[0;+\infty[$ et pour tout x de $[0;+\infty[$, on a $f'(x) = 4x^3 + 3x^2$.

Pour tout x de $]0;+\infty[$, $f'(x) > 0$ donc f est strictement croissante sur $]0;+\infty[$, de plus f étant dérivable en 0 est continue en 0 et donc f est strictement croissante sur $[0;+\infty[$. On a $f(0) = 0$ et $\lim\limits_{x \to +\infty} f(x) = \lim\limits_{x \to +\infty} x^4 = +\infty$, d'où le tableau de variation de f.

x	0		$+\infty$
$f'(x)$	0	$+$	
f	0	↗	$+\infty$

La fonction f est une fonction continue strictement croissante sur $[0;+\infty[$ donc d'après le théorème des fonctions continues strictement croissantes sur un intervalle, la fonction f définit une bijection de $[0;+\infty[$ sur $\left[f(0); \lim\limits_{x \to +\infty} f(x)\right[= [0;+\infty[$. Pour tout n de $\mathbb{N}$, l'entier n appartient à $\left[f(0); \lim\limits_{x \to +\infty} f(x)\right[$ donc il existe un unique antécédent à n par f, on le désigne par u_n.

$$\forall n \in \mathbb{N}, f(u_n) = n$$

b) Si f^{-1} désigne la bijection réciproque de f définie sur $[0;+\infty[$ à valeurs sur $[0;+\infty[$, la fonction f^{-1} est continue strictement croissante sur $[0;+\infty[$.

$$\forall n \in \mathbb{N}, u_n = f^{-1}(n)$$

Le tableau de variation de f^{-1} est

y	0	$+\infty$
f^{-1}	0 ↗	$+\infty$

On a $\lim\limits_{y \to +\infty} f^{-1}(y) = +\infty$ et donc $\lim\limits_{n \to +\infty} u_n = \lim\limits_{n \to +\infty} f^{-1}(n) = +\infty$.

CHAPITRE 3

Dérivation

DE QUOI S'AGIT-IL ?

Dans ce chapitre, il s'agit d'utiliser l'outil de la dérivation pour déterminer le sens de variation de fonctions.

COURS

1 Nombre dérivé. Fonction dérivée

1 Nombre dérivé ; fonction dérivable en x_0

• Soit une fonction f définie sur un intervalle contenant x_0 et A un nombre réel. On dit que A est le nombre dérivé de f en x_0 si :

$$\lim_{h \to 0} \frac{f(x_0+h)-f(x_0)}{h} = A \quad \text{ou} \quad \lim_{x \to x_0} \frac{f(x)-f(x_0)}{x-x_0} = A.$$

On dit alors que f **est dérivable en** x_0.

On définit de même les dérivées à droite (resp. à gauche) en x_0 :

$$\lim_{\substack{h \to 0 \\ h>0}} \frac{f(x_0+h)-f(x_0)}{h}) \text{ (resp. } \lim_{\substack{h \to 0 \\ h<0}} \frac{f(x_0+h)-f(x_0)}{h}).$$

• Si f est dérivable en x_0, alors f est continue en x_0.

Remarque

Attention, la réciproque est fausse : la fonction $x \mapsto |x|$ est continue en 0 et n'est pas dérivable en 0.

2 Fonction dérivée

Soit une fonction f définie sur un intervalle et admettant un nombre dérivé en tout point.

L'application qui, à tout x_0 de cet intervalle, associe le nombre dérivé de f en x_0 est appelée **fonction dérivée** ou plus simplement dérivée de f. Elle est définie sur cet intervalle. On la note f'.

3 Interprétation graphique du nombre dérivé

Soit $\mathscr{C}$ la courbe représentant f dans un plan rapporté à un repère $(O ; \vec{i}, \vec{j})$. Si f est dérivable en x_0, $\mathscr{C}$ admet une **tangente** en $M_0(x_0 ; f(x_0))$ non parallèle à la droite $(O, \vec{j})$, de coefficient directeur $f'(x_0)$.

Une équation de cette tangente est :

$$y = f(x_0) + (x-x_0)f'(x_0).$$

Si la limite de $h \mapsto \dfrac{f(x_0+h)-f(x_0)}{h}$ en 0 (ou à droite ou à gauche de 0) est $+\infty$ ou $-\infty$, la courbe $\mathscr{C}$ représentative de f admet une tangente (ou une demi-tangente) en $M_0(x_0 ; f(x_0))$ parallèle à la droite $(O, \vec{j})$.

2 Approximation affine d'une fonction

Soit A un nombre réel. On démontre que A est le nombre dérivé de f en x_0 si et seulement s'il existe un intervalle I contenant zéro et une fonction ε définie sur I tels que pour tout h de I :

$$f(x_0 + h) = f(x_0) + Ah + h\varepsilon(h) \text{ avec } \lim_{0} \varepsilon = 0.$$

Pour les « petites valeurs » de h, $f(x_0) + hf'(x_0)$ est une **approximation affine** de $f(x_0 + h)$ au voisinage de $h = 0$.

3 Formules sur les dérivées

Ensembles de définition	$f(x)$	$f'(x)$
$D_f = D_{f'} = \mathbb{R}$	a	0
	$ax + b$	a
	$ax^2 + bx + c$	$2ax + b$
	$x^n \ (n \in \mathbb{N}^*)$	nx^{n-1}
$D_f = D_{f'} = \mathbb{R}^*$	$\frac{1}{x}$	$-\frac{1}{x^2}$
$D_f = [0, +\infty[$ et $D_{f'} =]0, +\infty[$	$\sqrt{x}$	$\frac{1}{2\sqrt{x}}$
$D_f = D_{f'} = \mathbb{R}$	$\cos x$	$-\sin x$
	$\sin x$	$\cos x$
$D_f = D_{f'} = \mathbb{R} - \left\{\frac{\pi}{2} + k\pi, (k \in \mathbb{Z})\right\}$	$\tan x$	$1 + \tan^2 x = \frac{1}{\cos^2 x}$
$D_f = D_{f'} = \mathbb{R}_+^*$	$\ln x$	$\frac{1}{x}$
$D_f = D_{f'} = \mathbb{R}$	e^x	e^x

Conditions	Fonctions	Fonction dérivée définie sur I
u et v dérivables sur un intervalle I et λ constante	$u+v$	$u'+v'$
	uv	$u'v+uv'$
	λu	$\lambda u'$
u et v dérivables sur I $v \neq 0$ sur I	$\frac{1}{v}$	$-\frac{v'}{v^2}$
	$\frac{u}{v}$	$\frac{u'v-uv'}{v^2}$
u dérivable sur I v dérivable sur J avec $u(\mathrm{I}) \subset \mathrm{J}$	$v \circ u$	$(v' \circ u) \times u'$
u dérivable sur I $u > 0$ sur I	$\sqrt{u}$	$\frac{u'}{2\sqrt{u}}$
n entier > 0 $\left(\text{ou } n = \frac{1}{2}\right)$ u dérivable sur I. $u \neq 0$ sur I si n négatif.	$u^n\ (n \in \mathbb{Z}^*)$	$nu^{n-1}u'$
u dérivable sur I $u > 0$ sur I	$\ln u$	$\frac{u'}{u}$
u dérivable sur I	e^u	$\mathrm{e}^u u'$

Bien comprendre

- On ne peut étudier la dérivabilité qu'en un point où la fonction est, non seulement définie, mais aussi définie sur un intervalle non vide contenant ce point.
- Les théorème globaux (opérations) peuvent ne pas permettre de conclure à la dérivabilité en un point, mais cela ne signifie pas que la fonction n'est pas dérivable (le vérifier à l'aide de la définition).
- La formule $(u^n)' = nu'u^{n-1}$ est également vérifiée pour $n = \frac{1}{2}$.

Questions courtes

1 Exemples et contre-exemples

➔ Corrigé p. 134

1. Soit f une fonction définie sur un intervalle non vide $]a\,;b[$ de $\mathbb{R}$.
Qu'appelle-t-on dérivée de f au point x_0 de $]a\,;b[$?

2. Soit f une fonction continue sur $\mathbb{R}^+$.
Est-elle dérivable sur $\mathbb{R}^+$?
Si non, donner un contre-exemple.

3. Si une fonction est dérivable sur $[a\ ;\ b]$, la fonction f est-elle continue sur $[a\ ;\ b]$?

2 Calcul et existence de la dérivée

➔ Corrigé p. 134

1. Si f est une fonction rationnelle, préciser sur quel ensemble la fonction f est dérivable.

2. Sur quel ensemble la fonction tangente est-elle dérivable ?

3. Calculer la dérivée $(n+1)$-ième d'un polynôme de degré n.

4. Calculer la dérivée de la fonction $x \mapsto (x-3)^2$ au point 0.

5. Calculer la dérivée seconde de la fonction $x \mapsto \dfrac{1}{1+x^2}$ au point 0.

3 Équation d'une tangente

➔ Corrigé p. 135

1. Écrire une équation de la tangente à la représentation graphique de la fonction :

a) $x \mapsto x-1$ au point d'abscisse 5 ;

b) $x \mapsto \dfrac{1}{x} - 1$ au point d'abscisse 1 ;

c) $x \mapsto \sqrt{x}$ au point d'abscisse 0.

2. Soit f une fonction dérivable sur son ensemble de définition $\mathcal{D}$, et x_0 un réel de $\mathcal{D}$ tel que :

$$f'(x_0) = 0\,.$$

Écrire une équation de la tangente à la représentation graphique de la fonction f au point d'abscisse x_0.

4 Ensemble de points

➔ Corrigé p. 136

1. Soit f une fonction paire dérivable sur $\mathbb{R}$.

Démontrer que sa fonction dérivée est impaire.

2. Déterminer le plus grand ensemble sur lequel la fonction $x \mapsto x^2\sqrt{x}$ est dérivable.

3. Déterminer les points de la représentation graphique de la fonction :

$$x \mapsto (x^2 + 1)$$

où la tangente est parallèle à la droite d'équation $y = 3x + 1$.

4. Déterminer les points de la représentation graphique de la fonction :

$$x \mapsto (x^3 + 1)$$

où la tangente est parallèle à la droite d'équation $y = -x + 1$.

5. Comment déterminer les positions relatives d'une courbe et d'une tangente à cette courbe ?

6. Soit $\mathscr{C}$ la représentation d'une fonction f dans un repère $(O ; \vec{i}, \vec{j})$, $\mathscr{T}$ la tangente à $\mathscr{C}$ en un point M de $\mathscr{C}$.

La droite $\mathscr{T}$ peut-elle « traverser » la courbe $\mathscr{C}$ au point M ?

Exercices d'entraînement

5 Nombre dérivé

★ 10 min ➔ Corrigé p. 138

Soit f la fonction définie sur $[0; +\infty[$ par :

$$f(x) = 2x + 5 + x\sqrt{x}.$$

Démontrer que f est dérivable en 0 et calculer $f'(0)$.

Conseil
Commencer par vérifier que 0 appartient à l'ensemble de définition.

6 Nombre dérivé

★ 10 min ➔ Corrigé p. 139

Soit f la fonction définie sur $]-\infty ; -1[\cup]-1 ; +\infty[$ par :

$$f(x) = x(x+5)\left(\frac{x-1}{x+1}\right)^3.$$

Démontrer que f est dérivable en 0 et calculer $f'(0)$.

7 Approximation

★ 15 min ➲ Corrigé p. 140

Soit f la fonction définie sur $\mathbb{R}$, par $f(x) = x^5 + 2x^3 + 1$.

1. Mettre $f(1+h)$ sous la forme :

$f(1+h) = f(1) + Ah + h\varepsilon(h)$,

où A est une constante à déterminer et ε une fonction définie sur $\mathbb{R}$ ayant pour limite 0 en 0.

> **Remarque**
> À rapprocher du résumé de cours, « approximation affine ».

2. En déduire $f'(1)$.

3. À l'aide de la question **1.**, donner une valeur approchée de $f(1{,}02)$.

8 Calculs pratiques. Utilisation d'un formulaire

★ 15 min ➲ Corrigé p. 140

Calculer les fonctions dérivées des fonctions définies sur $\mathbb{R}$ par :

a) $f(x) = \cos^2 x$; **b)** $g(x) = \cos(x^2)$; **c)** $h(x) = \cos^2(x^2)$.

9 Utilisation d'un formulaire

★ 15 min ➲ Corrigé p. 141

Soit f la fonction définie sur $\mathbb{R}$, par $f(x) = x(x + \sqrt{1+x^2})$.

Démontrer que pour tout réel x :

$$f'(x) = \frac{(x + \sqrt{1+x^2})^2}{\sqrt{1+x^2}}$$

et que pour tout réel x, $f'(x) > 0$.

> **Conseil**
> Étudier la « forme » de $f(x)$: produit, somme, quotient… ?

10 Calculs de limites

★★ 20 min ➲ Corrigé p. 143

Déterminer les limites suivantes, si elles existent :

a) $\lim\limits_{x \to 1} \dfrac{\sqrt{1+x^2} - \sqrt{2}}{x-1}$; **b)** $\lim\limits_{x \to \frac{\pi}{4}} \dfrac{\sin x - \frac{\sqrt{2}}{2}}{x - \frac{\pi}{4}}$;

c) $\lim\limits_{x \to 1} \dfrac{\sin^2(\pi x)}{x-1}$.

11 Dérivées successives

★★ 20 min ➲ Corrigé p. 144

Calculer les dérivées successives de la fonction définie sur $\mathbb{R}$, par :

$$f(x) = (3x+4)^5.$$

12 Dérivées successives

★★ 30 min ➲ Corrigé p. 145

Soit a un réel et f la fonction définie sur $]-\infty\,;a[\,\cup\,]a\,;+\infty[$, par :

$$f(x)=\frac{1}{x-a}.$$

1. Démontrer par un raisonnement par récurrence que pour tout entier $n \geqslant 1$ et pour tout réel x différent de a :

$$f^{(n)}(x)=\frac{(-1)^n n!}{(x-a)^{n+1}},$$

où $n!$ désigne le nombre « factorielle n ».

> **Indication**
> $0!=1$; $1!=1$ et
> $n!=n(n-1)\ldots\times 2\times 1$ si $n\geqslant 2$.

2. Soit g la fonction définie sur $]-\infty\,;1[\,\cup\,]1\,;2[\,\cup\,]2\,;+\infty[$ par :

$$g(x)=\frac{2x-3}{(x-1)(x-2)}.$$

a) Démontrer que, pour tout réel x de $]-\infty\,;1[\,\cup\,]1\,;2[\,\cup\,]2\,;+\infty[$, on peut écrire $g(x)$ sous la forme :

$$g(x)=\frac{A}{(x-1)}+\frac{B}{(x-2)},$$

où A et B sont des constantes que l'on déterminera.

b) Soit n un entier naturel non nul, calculer pour tout réel x de l'intervalle $]-\infty\,;1[\,\cup\,]1\,;2[\,\cup\,]2\,;+\infty[$, l'expression $g^{(n)}(x)$.

13 Tangente

★★ 15 min ➲ Corrigé p. 147

Soit f la fonction définie sur $[0\,;+\infty[$, par :

$$f(x)=3+2x+5x\sqrt{x}.$$

1. La fonction f est-elle dérivable en 0 ?

> **Indication**
> Revenir à la définition de la dérivée.

2. Donner une équation de la tangente Δ à la courbe $\mathscr{C}$ représentant f, au point d'abscisse 0 de la courbe.

3. Étudier la position de Δ par rapport à la courbe $\mathscr{C}$.

14 Tangente

★★ 15 min ➲ Corrigé p. 148

Soit f la fonction définie sur $\mathbb{R}$, par $f(x)=x^3+3x^2-x+1$.

1. Donner une équation de la tangente Δ à la courbe $\mathscr{C}$ représentant f, au point d'abscisse -1 de la courbe.

2. Étudier la position de Δ par rapport à la courbe $\mathscr{C}$.

15 Généralisation

★★ 15 min ➔ Corrigé p. 149

Soit n un entier naturel non nul, et f_n la fonction définie sur l'intervalle $]-\infty\,;1]$, par :

$$f_n(x) = x^n\sqrt{1-x}.$$

Étudier la dérivabilité de f_n en 1, puis interpréter géométriquement le résultat.

16 Fonction partie entière

★★★ 20 min ➔ Corrigé p. 150

On appelle partie entière du réel x, l'entier relatif n tel que :

$$n \leqslant x < n+1.$$

On note $\mathrm{E}(x)$ la partie entière du réel x.

Soit f la fonction définie sur $[-1\,;2]$, par :

$$f(x) = \mathrm{E}(x)\sin(\pi x).$$

Conseil
Écrire la définition de la fonction partie entière et faire sa représentation graphique.

1. Écrire $f(x)$ plus simplement pour x appartenant à chacun des intervalles $[-1\,;0]$, $[0\,;1]$ et $[1\,;2]$.

2. Étudier la dérivabilité de f en 0 et en 1. Interpréter graphiquement les résultats.

17 Fonction valeur absolue

★★ 20 min ➔ Corrigé p. 151

Soit f la fonction définie sur $\mathbb{R}$ par :

$$f(x) = \frac{1}{1+|x|}.$$

Étudier la dérivabilité de f et calculer la dérivée éventuelle.

Préciser les demi-tangentes au point d'abscisse 0 de la courbe représentative de la fonction f.

18 Fonction racine carrée

★★ 20 min ➔ Corrigé p. 152

Soit f la fonction définie sur $]-\infty\,;-1] \cup [1\,;+\infty[$, par :

$$f(x) = x + \sqrt{x^2-1}.$$

Étudier la dérivabilité de f et calculer la dérivée éventuelle.

Préciser les tangentes aux points d'abscisses -1 et 1 de la courbe représentative de la fonction f.

Questions courtes

1 **1.** Soit f une fonction définie sur un intervalle non vide $]a\,;b[$ de $\mathbb{R}$, on dit que f est dérivable au point x_0 de $]a\,;b[$, si la fonction :

$$x \mapsto \frac{f(x)-f(x_0)}{x-x_0},$$

définie sur $]a\ ;\ b[\ -\{x_0\}$, admet une limite quand x tend vers x_0. Cette limite, quand elle existe, est appelée dérivée de f en x_0.

2. Soit f une fonction continue sur $\mathbb{R}^+$. En général, la fonction f n'est pas dérivable sur $\mathbb{R}^+$; c'est la réciproque qui est vraie.

Par exemple, la fonction $x \mapsto \sqrt{x}$ est continue sur $\mathbb{R}^+$ et n'est pas dérivable sur $\mathbb{R}^+$, car elle n'est pas dérivable en 0.

3. Si une fonction est dérivable sur $[a\ ;\ b]$, elle est continue sur $[a\ ;\ b]$.

2 **1.** Si f est une fonction rationnelle (fonction quotient de deux fonctions polynômes), la fonction f est dérivable sur son ensemble de définition, c'est-à-dire **l'ensemble des réels privés des racines du polynôme dénominateur**.

2. La fonction tangente est dérivable sur son ensemble de définition, c'est-à-dire :

$$\boxed{\mathbb{R}-\left\{(2k+1)\frac{\pi}{2}\ ,\ k\in\mathbb{Z}\right\}.}$$

3. Lorsque l'on dérive successivement un polynôme, son degré diminue de 1 à chaque fois ; donc, lorsque l'on dérive n fois un polynôme de degré n, son degré est diminué de n. C'est donc un polynôme de degré 0 ou le polynôme nul, mais donc, dans tous les cas, un polynôme constant. La dérivée d'une fonction constante est la fonction nulle.

La dérivée $(n+1)$-ième d'un polynôme de degré n est donc la fonction nulle.

4. La fonction f :

$$x \mapsto (x-3)^2$$

est une fonction polynôme, elle est dérivable en tout point de $\mathbb{R}$, donc en particulier au point 0.

Pour tout x de $\mathbb{R}$, $f'(x)=2(x-3)$ donc :

$$\boxed{f'(0)=-6.}$$

5. Soit f la fonction définie par $f\ x \mapsto \dfrac{1}{1+x^2}$.

La fonction f est une fonction rationnelle, dont le polynôme au dénominateur n'a pas de racine réelle, son ensemble de définition est $\mathbb{R}$. La fonction f est donc dérivable sur $\mathbb{R}$ et, pour tout x de $\mathbb{R}$:

$$f'(x) = -\frac{2x}{(1+x^2)^2}.$$

En appliquant un raisonnement identique, pour tout x de $\mathbb{R}$:

$$f''(x) = -\frac{2(1+x^2)^2 - (2x)\times 2\times(1+x^2)\times(2x)}{(1+x^2)^4}$$

$$= -\frac{2(1+x^2)[(1+x^2)-4x^2]}{(1+x^2)^4}$$

$$= -\frac{2(1+x^2)[1-3x^2]}{(1+x^2)^4} = \frac{2(3x^2-1)}{(1+x^2)^3}.$$

D'où : $\boxed{f''(0) = -2}$.

3 **1. a)** La représentation graphique de la fonction $x \mapsto (x-1)$ est une droite $\mathcal{D}$, **en tout point la tangente coïncide avec la droite** $\mathcal{D}$.

> **Remarque**
> Il faut mémoriser le résultat de la question **1.a)**

b) La fonction $x \mapsto \dfrac{1}{x} - 1$ est une fonction rationnelle, son ensemble de définition est $\mathbb{R}^*$.

Elle est dérivable sur son ensemble de définition, donc la représentation graphique de cette fonction admet, en tout point ayant une abscisse appartenant à $\mathbb{R}^*$, une tangente.

Une équation de la tangente à la représentation graphique de la fonction $x \mapsto \dfrac{1}{x} - 1$ au point d'abscisse 1 est :

$$y - f(1) = f'(1)(x-1).$$

Pour tout x de $\mathbb{R}^*$, $f'(x) = -\dfrac{1}{x^2}$, donc $f'(1) = -1$.

De plus $f(1) = 0$, donc une équation de la tangente demandée est :

$$y - 0 = (-1)(x - 1)$$

$$\boxed{y = -x + 1.}$$

c) La fonction $f : x \mapsto \sqrt{x}$ est définie sur $\mathbb{R}^+$, dérivable sur $\mathbb{R}^{*+}$, et :

$$\lim_{x \to 0} \frac{f(x) - f(0)}{x - 0} = \lim_{x \to 0} \frac{\sqrt{x} - 0}{x}$$
$$= \lim_{x \to 0} \frac{1}{\sqrt{x}}$$
$$= +\infty.$$

La fonction f n'est pas dérivable en 0, mais la limite du taux d'accroissement en 0 est $+\infty$ quand x tend vers 0, donc **sa représentation graphique admet au point d'abscisse 0, une tangente parallèle à l'axe des ordonnées d'équation $x = 0$.**

2. Soit f une fonction dérivable sur son ensemble de définition $\mathcal{D}$, et x_0 un réel de $\mathcal{D}$ tel que $f'(x_0) = 0$.

La tangente à la représentation graphique de la fonction f au point d'abscisse x_0 est parallèle à l'axe des abscisses, une équation est :

$$\boxed{y = f(x_0).}$$

4 **1.** Soit f une fonction paire dérivable sur $\mathbb{R}$, soit g la fonction définie sur $\mathbb{R}$, par $g(x) = f(-x)$, la fonction f étant paire, on a aussi pour tout x de $\mathbb{R}$:

$$g(x) = f(x).$$

> **Remarque**
> Soit f une fonction dérivable sur $\mathbb{R}$, si f est paire (resp. impaire), f' est impaire (resp. paire).

La fonction g est dérivable sur $\mathbb{R}$, en utilisant le théorème sur la dérivation des fonctions composées et l'on a pour tout x de $\mathbb{R}$:

$$g'(x) = -f'(-x),$$

mais aussi $g'(x) = f'(x)$, donc pour tout x de $\mathbb{R}$:

$$-f'(-x) = f'(x).$$

La fonction dérivée de f est donc impaire.

2. La fonction $x \mapsto \sqrt{x}$ est définie sur $\mathbb{R}^+$;

la fonction $x \mapsto x^2$ est définie sur $\mathbb{R}$;

donc la fonction $x \mapsto x^2\sqrt{x}$ est définie sur $\mathbb{R}^+$.

Le plus grand ensemble sur lequel la fonction $x \mapsto x^2\sqrt{x}$ est dérivable est nécessairement un sous-ensemble de son ensemble de définition.

La fonction $x \mapsto \sqrt{x}$ est dérivable sur $\mathbb{R}^{*+}$, la fonction $x \mapsto x^2$ est dérivable sur $\mathbb{R}$, donc sur $\mathbb{R}^{*+}$, donc la fonction $x \mapsto x^2\sqrt{x}$ est dérivable sur $\mathbb{R}^{*+}$ comme produit de fonctions dérivables sur $\mathbb{R}^{*+}$.

Remarque
Les théorèmes généraux sur les fonctions dérivables permettent de trouver un ensemble sur lequel la fonction est dérivable, mais cela ne veut pas dire qu'il n'y a pas d'autres points en lesquels la fonction est dérivable.

Les théorèmes sur les opérations sur les fonctions dérivables ne permettent pas de conclure sur la dérivabilité ou non de la fonction en 0. Pour cela il faut revenir à la définition et construire le taux d'accroissement de la fonction entre un réel x strictement positif et 0.

Pour tout x strictement positif, $\dfrac{x^2\sqrt{x}-0}{x-0} = x\sqrt{x}$, donc :

$$\lim_{x \to 0} \frac{x^2\sqrt{x}-0}{x-0} = 0.$$

La fonction $x \mapsto x^2\sqrt{x}$ est dérivable en 0 et sa dérivée est nulle en ce point.

La fonction $x \mapsto x^2\sqrt{x}$ est donc dérivable sur $\mathbb{R}^+$.

3. La fonction f: $x \mapsto (x^2+1)$ est une fonction polynôme, elle est dérivable en tout point de $\mathbb{R}$.

Sa représentation graphique admet en tout point d'abscisse x_0 une tangente dont une équation est :

Remarque
L'ensemble sur lequel la fonction est dérivable est inclus nécessairement dans l'ensemble de définition.

$$y - f(x_0) = f'(x_0)(x - x_0)$$

$$y - (x_0^2 + 1) = 2x_0(x - x_0)$$

$$y = 2x_0 x - x_0^2 + 1.$$

Cette droite sera parallèle à la droite d'équation $y = 3x + 1$, si et seulement si $2x_0 = 3$ (les coefficients directeurs sont égaux) soit :

$$x_0 = \frac{3}{2}.$$

Au point d'abscisse $\dfrac{3}{2}$, la courbe représentative de f admet une tangente parallèle à la droite d'équation $y = 3x + 1$.

4. La fonction $x \mapsto (x^3 + 1)$ est une fonction polynôme, elle est dérivable en tout point de $\mathbb{R}$, sa représentation graphique admet en tout point d'abscisse x_0 une tangente dont une équation est :

CORRIGÉS

$$y - f(x_0) = f'(x_0)(x - x_0)$$
$$y - (x_0^3 + 1) = 3x_0^2 (x - x_0)$$
$$y = 3x_0^2 x - 2x_0^3 + 1.$$

Cette droite sera parallèle à la droite d'équation $y = -x + 1$ si et seulement si $3x_0^2 = -1$ (les coefficients directeurs sont égaux).

Cette équation n'a pas de solution, il n'y a **donc pas de point où la tangente est parallèle à la droite d'équation $y = -x + 1$.**

5. Pour étudier les positions relatives des représentations graphiques d'une fonction *f* et d'une droite d'équation $y = ax + b$ dans un même repère, **on détermine le signe de $f(x) - (ax + b)$.**

> **Remarque**
> Plus généralement, pour étudier la position relative des représentations graphiques des fonctions *f* et *g*, on étudie le signe de $f(x) - g(x)$ selon les valeurs de *x*.

6. Soit $\mathscr{C}$ la représentation d'une fonction *f* dans un repère $(O ; \vec{i}, \vec{j})$, $\mathscr{T}$ la tangente à $\mathscr{C}$ en un point M de $\mathscr{C}$.

La droite $\mathscr{T}$ peut traverser la courbe $\mathscr{C}$ au point M. Par exemple, soit *f* la fonction $x \mapsto x^3$, la tangente $\mathscr{T}$ au point O a pour équation $y = 0$.

La position relative de $\mathscr{T}$ et de $\mathscr{C}$ est donnée par le signe de $x^3 - 0 = x^3$.

Si $x > 0$, la courbe $\mathscr{C}$ est **au-dessus** de $\mathscr{T}$ et si $x < 0$, la courbe est **au-dessous** de $\mathscr{T}$. La droite $\mathscr{T}$ traverse la courbe $\mathscr{C}$. On dit que la tangente $\mathscr{T}$ est une tangente d'inflexion.

Exercices d'entraînement

5 La fonction *f* définie sur $[0 ; +\infty[$, par $f(x) = 2x + 5 + x\sqrt{x}$ est la somme des fonctions :

$$u : x \mapsto 2x + 5 \quad \text{et} \quad v : x \mapsto x\sqrt{x}.$$

La fonction *u* est une fonction affine, elle est dérivable sur tout intervalle de $\mathbb{R}$.

La fonction *v* est le produit de la fonction $x \mapsto x$ dérivable sur tout intervalle de $\mathbb{R}$ et de la fonction $x \mapsto \sqrt{x}$ dérivable sur $]0 ; +\infty[$.

La fonction *v* est donc dérivable sur $]0 ; +\infty[$ (produit de fonctions dérivables sur $]0 ; +\infty[$).

La fonction *f*, somme des fonctions *u* et *v* dérivables sur $]0 ; +\infty[$, est dérivable sur $]0 ; +\infty[$.

Les théorèmes sur les opérations sur les fonctions dérivables ne permettent pas d'affirmer la dérivabilité ou la non dérivabilité de la fonction f en 0, il est nécessaire de revenir à la définition pour conclure.

Remarque

Les théorèmes généraux sur les fonctions dérivables permettent de trouver un ensemble sur lequel la fonction est dérivable, mais cela ne veut pas dire qu'il n'y a pas d'autres points en lesquels la fonction est dérivable.

Pour tout réel x de $]0\,;+\infty[$:

$$\frac{f(x)-f(0)}{x-0}=\frac{(2x+5+x\sqrt{x})-5}{x}$$

$$=\frac{2x+x\sqrt{x}}{x}$$

$$=2+\sqrt{x} \text{ (car le réel } x \text{ est non nul).}$$

D'où $\lim\limits_{x\to 0}\dfrac{f(x)-f(0)}{x-0}=\lim\limits_{x\to 0}(2+\sqrt{x})=2.$

La fonction f est dérivable en 0 et a pour nombre dérivé 2.

La fonction f est donc dérivable sur $[0\,;+\infty[$.

6 Soit f la fonction définie sur $]-\infty\,;-1[\,\cup\,]-1\,;+\infty[$ par :

$$f(x)=x(x+5)\left(\frac{x-1}{x+1}\right)^3.$$

La fonction f est le produit des deux fonctions :

$$u : x\mapsto x(x+5) \text{ et } v : x\mapsto\left(\frac{x-1}{x+1}\right)^3.$$

La fonction u est une fonction polynôme, elle est donc dérivable sur tout intervalle de $\mathbb{R}$.

La fonction v est une fonction rationnelle, elle est donc dérivable sur son ensemble de définition, $]-\infty\,;-1[\,\cup\,]-1\,;+\infty[$.

La fonction f est donc dérivable sur $]-\infty\,;-1[\,\cup\,]-1\,;+\infty[$, donc en particulier au point 0.

Point méthode

Pour calculer la dérivée de f au point 0, on peut calculer, en utilisant le formulaire, la fonction dérivée de f et calculer sa valeur au point 0, ou calculer la dérivée de f en utilisant la définition de la dérivée en un point. Dans l'exemple proposé, la deuxième méthode est la plus simple.

Pour tout réel x différent de -1 et de 0 (car le taux d'accroissement de f entre 0 et x n'est pas défini en 0) :

$$\frac{f(x)-f(0)}{x-0}=\frac{x(x+5)\left(\frac{x-1}{x+1}\right)^3-0}{x}=\frac{x(x+5)\left(\frac{x-1}{x+1}\right)^3}{x}$$

$$=(x+5)\left(\frac{x-1}{x+1}\right)^3 \text{ (car le réel } x \text{ est non nul).}$$

D'où $\lim\limits_{x\to 0}\dfrac{f(x)-f(0)}{x-0}=\lim\limits_{x\to 0}(x+5)\left(\dfrac{x-1}{x+1}\right)^3=-5.$

La dérivée de *f* en 0 est –5.

7 Soit *f* la fonction polynôme définie sur $\mathbb{R}$ par $f(x)=x^5+2x^3+1$.

1. Pour tout réel h :

$$f(1+h)=(1+h)^5+2(1+h)^3+1$$
$$=(1+5h+10h^2+10h^3+5h^4+h^5)+2(1+3h+3h^2+h^3)+1.$$

Pour obtenir le développement de $(1+h)^5$, on peut utiliser le produit $(1+h)^2\,(1+h)^3$:

$$f(1+h)=4+11h+16h^2+12h^3+5h^4+h^5$$

$$f(1+h)=4+11h+h(16h+12h^2+5h^3+h^4).$$

En posant $A=11$ et ε la fonction définie sur $\mathbb{R}$ par :

$$\varepsilon(h)=16h+12h^2+5h^3+h^4,$$

et en vérifiant que $f(1)=4$ et que $\lim\limits_{h\to 0}\varepsilon(h)=0$, on obtient :

$$\boxed{f(1+h)=f(1)+Ah+h\varepsilon(h).}$$

2. En utilisant une des définitions de la dérivée, on obtient :

$$\boxed{f'(1)=11.}$$

3. Une valeur approchée de $f(1{,}02)=f(1+0{,}02)$ est, en utilisant l'expression obtenue à la question **1.** :

$$\boxed{4+11\times 0{,}02=4{,}22.}$$

En calculant directement, on obtient 4,226.

8 **a)** La fonction *f* est le carré de la fonction cosinus qui est dérivable sur $\mathbb{R}$, la fonction *f* est donc dérivable sur $\mathbb{R}$. On a donc en utilisant le formulaire :

$$f = \cos^2, \text{ donc } f' = 2(\cos)\,(\cos)' = 2(\cos)\,(-\sin).$$

Donc pour tout réel x, $f'(x) = -2(\cos x)\,(\sin x) = -\sin 2x$.

$$\boxed{f'(x) = -\sin 2x.}$$

b) La fonction g est la composée de la fonction $u : x \mapsto x^2$ qui est une fonction polynôme, donc dérivable sur $\mathbb{R}$, et de la fonction cos qui est dérivable sur $\mathbb{R}$; la fonction g est donc dérivable sur $\mathbb{R}$.

$g = \cos \circ u$, donc en utilisant le formulaire :

$$g' = ((-\sin) \circ u) \times u'.$$

D'où pour tout réel x :

$$g'(x) = (-\sin x^2) \times (2x)$$

$$\boxed{g'(x) = -2x \sin(x^2).}$$

c) La fonction h est la composée de la fonction $u : x \mapsto x^2$, qui est une fonction polynôme, donc dérivable sur $\mathbb{R}$, et de la fonction $\cos^2$ qui est dérivable sur $\mathbb{R}$ (carré d'une fonction dérivable sur $\mathbb{R}$), la fonction h est donc dérivable sur $\mathbb{R}$.
Donc $h = (\cos^2) \circ u$, d'où en utilisant le formulaire :

$$h' = [(\cos^2)' \circ u] \times u' = [(2\cos \times (-\sin)) \circ u] \times u'.$$

D'où pour tout réel x :

$$h'(x) = 2(\cos x^2)(-\sin x^2) \times (2x)$$

$$= -4x(\sin x^2)(\cos x^2)$$

$$\boxed{h'(x) = -2x \sin 2x^2.}$$

9 Soit f la fonction définie sur $\mathbb{R}$, par :

$$f(x) = x(x + \sqrt{1 + x^2}).$$

f est le produit des fonctions $u : x \mapsto x$ et $v : x \mapsto x + \sqrt{1 + x^2}$.

La fonction u est la fonction identité, qui est définie et dérivable sur $\mathbb{R}$.

La fonction v est la somme des fonctions $v_1 : x \mapsto x$, qui est la fonction identité, donc définie et dérivable sur $\mathbb{R}$, et de la fonction $v_2 : x \mapsto \sqrt{1 + x^2}$.

v_2 est la composée de la fonction $x \mapsto (1 + x^2)$ qui est dérivable et strictement positive sur $\mathbb{R}$ et de la fonction racine carrée, qui est dérivable sur $\mathbb{R}_+^*$, la fonction v_2 est donc dérivable sur $\mathbb{R}$.

La fonction v est dérivable sur $\mathbb{R}$ et donc aussi la fonction f.

La dérivée sur $\mathbb{R}$ de la fonction $v_2 : x \mapsto \sqrt{1+x^2}$ est la fonction :

$$x \mapsto \frac{1}{2\sqrt{1+x^2}} \times (2x).$$

En utilisant la dérivée de la fonction $\sqrt{u}$, où u est une fonction dérivable sur un intervalle I et **strictement positive** sur I :

$$(\sqrt{u})' = \frac{1}{2\sqrt{u}} u'.$$

La dérivée sur $\mathbb{R}$ de la fonction $x \mapsto x + \sqrt{1+x^2}$ est donc :

$$x \mapsto 1 + \frac{x}{\sqrt{1+x^2}}.$$

D'où, en utilisant la formule de la dérivée du produit de deux fonctions dérivables sur un intervalle, pour tout réel x :

$$f'(x) = 1 \times (x + \sqrt{1+x^2}) + x \times \left(1 + \frac{x}{\sqrt{1+x^2}}\right)$$

$$= x + \sqrt{1+x^2} + x\left(\frac{\sqrt{1+x^2}+x}{\sqrt{1+x^2}}\right)$$

$$= (x + \sqrt{1+x^2})\left(1 + \frac{x}{\sqrt{1+x^2}}\right)$$

$$= (x + \sqrt{1+x^2})\left(\frac{\sqrt{1+x^2}+x}{\sqrt{1+x^2}}\right)$$

$$\boxed{f'(x) = \frac{(x+\sqrt{1+x^2})^2}{\sqrt{1+x^2}}.}$$

Pour tout réel x, le réel $\sqrt{1+x^2}$ est strictement positif. Montrons que le réel $x + \sqrt{1+x^2}$ est non nul pour tout réel x, ce qui permet d'en déduire que le réel $(x+\sqrt{1+x^2})^2$ est strictement positif et donc que pour tout réel x, $f'(x) > 0$.

Résolvons sur $\mathbb{R}$ l'équation $x + \sqrt{1+x^2} = 0$. Pour tout réel x :

$$x + \sqrt{1+x^2} = 0 \Leftrightarrow \sqrt{1+x^2} = -x.$$

Sur $\mathbb{R}^{*+}$, cette équation n'a pas de solution, car le premier membre est strictement positif et le second membre est strictement négatif.

Pour tout réel x de $\mathbb{R}^-$, les deux membres de l'équation sont positifs, on obtient donc une équation équivalente en élevant les deux membres au carré :

$$\sqrt{1+x^2} = -x \Leftrightarrow 1+x^2 = (-x)^2 \Leftrightarrow 1+x^2 = x^2 \Leftrightarrow 1 = 0\times x^2.$$

Cette dernière équation n'a pas de solution, donc l'équation proposée n'a pas de solution dans $\mathbb{R}^-$. N'en ayant pas dans $\mathbb{R}^{*+}$, elle n'en a pas dans $\mathbb{R}$.

Donc pour tout réel x, $x+\sqrt{1+x^2} \neq 0$ et donc $(x+\sqrt{1+x^2})^2 > 0$.

Donc pour tout réel x, $f'(x) > 0$.

10 Les limites proposées ont une « forme » qui ressemble à un taux d'accroissement ; la méthode à employer alors consiste à reconnaître les différents éléments de l'expression proposée.

a) Calculons $\lim\limits_{x\to 1} \dfrac{\sqrt{1+x^2}-\sqrt{2}}{x-1}$. Posons $f(x) = \sqrt{1+x^2}$.

La fonction f ainsi construite est définie sur $\mathbb{R}$; elle est la composée de la fonction $x \mapsto (1+x^2)$ qui est dérivable et **strictement positive** sur $\mathbb{R}$ et de la fonction racine carrée qui est dérivable sur $\mathbb{R}^{*+}$.

La fonction f est donc dérivable sur $\mathbb{R}$, donc en tout point de $\mathbb{R}$ et donc en particulier au point 1.

Pour tout réel x, $f'(x) = \dfrac{2x}{2\sqrt{1+x^2}} = \dfrac{x}{\sqrt{1+x^2}}$, donc $f'(1) = \dfrac{1}{\sqrt{2}} = \dfrac{\sqrt{2}}{2}$.

$f(1) = \sqrt{2}$, donc le taux d'accroissement de f entre 1 et x est, pour tout réel x différent de 1 :

$$\frac{f(x)-f(1)}{x-1} = \frac{\sqrt{1+x^2}-\sqrt{2}}{x-1}.$$

La limite demandée est donc la dérivée de la fonction f au point 1, soit :

$$\boxed{\lim_{x\to 1} \frac{\sqrt{1+x^2}-\sqrt{2}}{x-1} = \frac{\sqrt{2}}{2}.}$$

b) Calculons $\lim\limits_{x\to \frac{\pi}{4}} \dfrac{\sin x - \dfrac{\sqrt{2}}{2}}{x-\dfrac{\pi}{4}}$.

La méthode est la même qu'à la question précédente. Soit f la fonction sinus définie sur $\mathbb{R}$ et dérivable sur $\mathbb{R}$, donc en particulier au point $\frac{\pi}{4}$; $\sin \frac{\pi}{4} = \frac{\sqrt{2}}{2}$, donc :

$$\lim_{x \to \frac{\pi}{4}} \frac{\sin x - \frac{\sqrt{2}}{2}}{x - \frac{\pi}{4}} = \lim_{x \to \frac{\pi}{4}} \frac{\sin x - \sin \frac{\pi}{4}}{x - \frac{\pi}{4}} = \sin' \frac{\pi}{4} = \cos \frac{\pi}{4} = \frac{\sqrt{2}}{2}.$$

$$\boxed{\lim_{x \to \frac{\pi}{4}} \frac{\sin x - \frac{\sqrt{2}}{2}}{x - \frac{\pi}{4}} = \frac{\sqrt{2}}{2}.}$$

c) Calculons $\lim_{x \to 1} \frac{\sin^2 \pi x}{x-1}$. La méthode est la même qu'à la question précédente.

Soit f la fonction définie sur $\mathbb{R}$ par :

$$f(x) = \sin^2 \pi x.$$

Cette fonction est la composée de la fonction $x \mapsto \pi x$, qui est dérivable sur $\mathbb{R}$, et de la fonction $\sin^2$, qui est le carré d'une fonction dérivable sur $\mathbb{R}$ et est donc dérivable sur $\mathbb{R}$.

La fonction f est donc dérivable sur $\mathbb{R}$, donc en particulier au point 1.

$f(1) = \sin^2 \pi = 0$, et pour tout x de $\mathbb{R}$:

$$f'(x) = 2\sin(\pi x) \times (\cos \pi x) \times \pi,$$

$\sin \pi = 0$, donc $f'(1) = 0$, d'où :

$$\lim_{x \to 1} \frac{\sin^2 \pi x}{x-1} = \lim_{x \to 1} \frac{\sin^2 \pi x - \sin^2 \pi}{x-1} = f'(1) = 0.$$

11 La fonction f est une fonction polynôme de degré 5, elle est dérivable sur $\mathbb{R}$, sa fonction dérivée est un polynôme de degré 4, on peut, en faisant une récurrence, démontrer que la fonction f admet des dérivées de tout ordre et que la fonction obtenue est un polynôme.

Les degrés diminuant d'un à chaque étape, on peut affirmer que f' est de degré 4, que f'' est de degré 3, que $f^{(3)}$ est de degré 2, que $f^{(4)}$ est de degré 1, que $f^{(5)}$ est de degré 0, et est donc une fonction constante.

Toutes les dérivées suivantes sont donc la fonction nulle.

Pour tout x de $\mathbb{R}$:

$f'(x) = 5(3x+4)^4 \times 3$

$f''(x) = 5 \times 4 \times (3x+4)^3 \times 3 \times 3 = 20(3x+4)^3 \times 3^2$

$f^{(3)}(x) = 5 \times 4 \times 3 \times (3x+4)^2 \times 3 \times 3 \times 3 = 60(3x+4)^2 \times 3^3$

$f^{(4)}(x) = 5 \times 4 \times 3 \times 2 \times (3x+4)^1 \times 3 \times 3 \times 3 \times 3 = 120(3x+4) \times 3^4$

$f^{(5)}(x) = 5 \times 4 \times 3 \times 2 \times 1 \times 3 \times 3 \times 3 \times 3 \times 3 = 5! \times 3^5$

$f^{(n)}(x) = 0$ si $n > 5$.

À chaque étape, si l'on pose pour tout x de $\mathbb{R}$, $u(x) = (3x+4)^k$, où k est un entier naturel :

$$\boxed{u'(x) = k(3x+4)^{k-1} \times 3}$$

car la dérivée de la fonction affine $x \mapsto (3x+4)$ est la fonction $x \mapsto 3$.

> **Méthode**
> Si a et b sont deux réels, la dérivée de la fonction $g : x \mapsto f(ax+b)$ est telle que pour tout x de $\mathbb{R}$:
> $g'(x) = af'(ax+b)$.

12 Soit a un nombre réel et f la fonction définie sur $]-\infty\,;a[\,\cup\,]a\,;+\infty[$, par :

$$f(x) = \frac{1}{x-a}.$$

La fonction f est une fonction rationnelle, elle est donc dérivable sur son ensemble de définition.

1. Pour tout réel x différent de a :

$$f'(x) = -\frac{1}{(x-a)^2},$$

L'expression est identique à celle proposée en prenant $n = 1$, car $1! = 1$.

> **Méthode**
> On utlise la formule du cours page 90
> $$\left(\frac{1}{u}\right)' = -\frac{u'}{u^2}$$
> avec $u(x) = x - a$ pour $x \neq a$.

Supposons que pour un entier n non nul, on ait pour tout x différent de a :

$$f^{(n)}(x) = \frac{(-1)^n n!}{(x-a)^{n+1}}.$$

La fonction $f^{(n)}$, ainsi définie sur $]-\infty\,;a[\,\cup\,]a\,;+\infty[$, est rationnelle, elle est donc dérivable sur son ensemble de définition, et l'on peut écrire pour tout réel x différent de a :

$$f^{(n)}(x) = (-1)^n\, n! \times (x-a)^{-(n+1)}.$$

La fonction dérivée de la fonction $x \mapsto (x-a)$ étant $x \mapsto 1$, pour tout x différent de a :

> **Méthode**
> On utilise la formule du cours page 90 :
> $(u^n)' = nu^{n-1}u'$ $(n \in \mathbb{N}^*)$
> avec $u(x) = (x-a)$ pour $x \in \mathbb{R}$.

$$f^{(n+1)}(x) = (f^{(n)})'(x) = (-1)^n n! \times [-(n+1)](x-a)^{-(n+1)-1}$$
$$= (-1)^n \times (-1) \times n! \times (n+1) \times (x-a)^{-n-2}$$
$$= (-1)^{n+1} \times (n+1)! \times \frac{1}{(x-a)^{n+2}}.$$

La dernière expression a la forme voulue, on peut donc en déduire en utilisant le principe de récurrence que pour tout entier $n \geqslant 1$ et pour tout réel x différent de a :

$$\boxed{f^{(n)}(x) = \frac{(-1)^n n!}{(x-a)^{n+1}}}$$

Rappel
$0! = 1! = 1$.

où $n!$ désigne le nombre factorielle (n).

2. Soit g la fonction définie sur $]-\infty\,;1[\,\cup\,]1\,;2[\,\cup\,]2\,;+\infty[$ par :

$$g(x) = \frac{2x-3}{(x-1)(x-2)}.$$

a) Pour tout réel x de $]-\infty\,;1[\,\cup\,]1\,;2[\,\cup\,]2\,;+\infty[$:

$$\frac{A}{(x-1)} + \frac{B}{(x-2)} = \frac{A(x-2)+(x-1)B}{(x-1)(x-2)} = \frac{(A+B)x-2A-B}{(x-1)(x-2)}.$$

L'expression précédente est égale à $g(x)$ pour tout réel x de l'intervalle $]-\infty\,;1[\,\cup\,]1\,;2[\,\cup\,]2\,;+\infty[$, si et seulement si :

$$\begin{cases} A+B=2 \\ -2A-B=-3. \end{cases}$$

Remarque
On dit que l'on procède par identification.

Le système précédent admet pour unique solution $A=1$ et $B=1$.
Donc pour tout réel x différent de 1 et de 2 :

$$g(x) = \frac{2x-3}{(x-1)(x-2)}$$

$$g(x) = \frac{1}{(x-1)} + \frac{1}{(x-2)}.$$

$$\boxed{g(x) = \frac{1}{x-1} + \frac{1}{x-2}.}$$

b) On peut démontrer aisément par récurrence que la dérivée n-ième d'une somme est la somme des dérivées n-ième, dans la mesure où chacune d'entre elle existe.

D'où en utilisant le résultat de la question **1.**, pour tout réel x différent de 1 et de 2 et tout entier n non nul :

$$g^{(n)}(x) = \frac{(-1)^n n!}{(x-1)^{n+1}} + \frac{(-1)^n n!}{(x-2)^{n+1}}$$

$$g^{(n)}(x) = \frac{(-1)^n n!(x-2)^{n+1} + (-1)^n n!(x-1)^{n+1}}{(x-1)^{n+1}(x-2)^{n+1}}$$

$$\boxed{g^{(n)}(x) = \frac{(-1)^n n![(x-2)^{n+1} + (x-1)^{n+1}]}{(x-1)^{n+1}(x-2)^{n+1}}.}$$

13 Soit f la fonction définie sur $]0\,;+\infty[$, par :

$$f(x) = 3 + 2x + 5x\sqrt{x}.$$

1. La fonction f est la somme de la fonction affine $u : x \mapsto 3 + 2x$ qui est définie et dérivable sur $\mathbb{R}$ et de la fonction $u : x \mapsto 5x\sqrt{x}$ qui est définie sur $\mathbb{R}^+$ et dérivable sur $]0\,;+\infty[$ (produit de la fonction $x \mapsto 5x$ et de la fonction racine carrée, qui est dérivable sur $]0\,;+\infty[$).

> **Remarque**
> L'utilisation des théorèmes sur les fonctions dérivables ne préjuge en rien de la dérivabilité ou non de la fonction en d'autres points de l'ensemble de définition de la fonction.

La fonction f est donc dérivable sur $]0\,;+\infty[$.

La fonction f est définie en 0 et $f(0) = 3$. Étudions la dérivabilité de f en 0 ; pour cela formons le taux d'accroissement de la fonction f entre 0 et x.

Pour tout réel x de $]0\,;+\infty[$:

$$\frac{f(x)-f(0)}{x-0} = \frac{3+2x+5x\sqrt{3}-3}{x} = \frac{2x+5x\sqrt{x}}{x}$$

$$= \frac{x(2+5\sqrt{x})}{x} = 2 + 5\sqrt{x}$$

car le réel x est non nul.

Donc $\lim\limits_{x \to 0} \frac{f(x)-f(0)}{x-0} = \lim\limits_{x \to 0} (2 + 5\sqrt{x}) = 2.$

La fonction f est donc dérivable en 0, et le nombre dérivée en ce point est 2.

2. Une équation de la tangente Δ à la courbe $\mathscr{C}$ représentant f, au point d'abscisse 0 de la courbe, est :

$$y - f(0) = f'(0)(x - 0)$$
$$y - 3 = 2x$$
$$\boxed{y = 3 + 2x.}$$

3. Pour étudier la position relative de Δ et de $\mathscr{C}$, on étudie le signe de la différence :

$$f(x) - (3 + 2x) = 5x\sqrt{x}.$$

Donc pour tout x de $[0\,;+\infty[$, la différence précédente est positive et la **courbe $\mathscr{C}$ est au-dessus de la droite Δ.**

14 Soit f la fonction définie sur $\mathbb{R}$, par :

$$f(x) = x^3 + 3x^2 - x + 1.$$

1. La fonction f est une fonction polynôme, elle est dérivable sur $\mathbb{R}$.

$f(-1) = -1 + 3 + 1 + 1 = 4$, et pour tout réel x :

$$f'(x) = 3x^2 + 6x - 1$$

donc $f'(-1) = 3 - 6 - 1 = -4$.

Donc une équation de la tangente Δ à la courbe $\mathscr{C}$ représentant f, au point d'abscisse -1 de la courbe a pour équation :

$$y - f(-1) = f'(-1)(x - (-1))$$
$$y - 4 = -4(x + 1)$$
$$\boxed{y = -4x.}$$

2. Étudions le signe de la différence $f(x) - (-4x)$.

Pour tout réel x :

$f(x) - (-4x) = x^3 + 3x^2 - x + 1 + 4x = x^3 + 3x^2 + 3x + 1 = (x + 1)^3.$

L'expression $(x+1)^3$ a le signe de $x + 1$, donc si $x \leqslant -1$, $f(x) - (-4x) \leqslant 0$ et la courbe $\mathscr{C}$ est **au-dessous** de la droite Δ et si $x \geqslant -1$, $f(x) - (-4x) \geqslant 0$ et la courbe $\mathscr{C}$ est **au-dessus** de la droite Δ.

La courbe $\mathscr{C}$ « traverse » sa tangente au point d'abscisse -1.

Remarque
On dit que le point correspondant est un point d'inflexion à la courbe $\mathscr{C}$.

15 Soit n un entier naturel non nul, et f_n la fonction définie sur $]-\infty\ ;\ 1]$ par :

$$f_n(x) = x^n\sqrt{1-x}.$$

La fonction f_n est le produit de la fonction polynôme $u : x \mapsto x^n$ et de la fonction $v : x \mapsto \sqrt{1-x}$. La fonction u est dérivable sur $\mathbb{R}$, donc sur tout intervalle de $\mathbb{R}$. La fonction v est la composée de la fonction $x \mapsto (1-x)$ qui est dérivable sur $\mathbb{R}$, donc sur $]-\infty\ ;\ 1]$, et strictement positive sur $]-\infty\ ;\ 1[$, et de la fonction racine carrée qui est dérivable sur $\mathbb{R}_+^*$.

La fonction v est donc dérivable sur $]-\infty\ ;\ 1[$, et, en utilisant les théorèmes sur le produit, f_n est dérivable sur $]-\infty\ ;\ 1[$.

Remarque

Le fait que f soit dérivable sur $]-\infty\ ;1[$ ne préjuge en rien de la dérivabilité ou non de f au point 1.

On étudie le taux d'accroissement de f en 1.

Pour tout réel x de $]-\infty\ ;\ 1[$:

$$\frac{f_n(x)-f_n(1)}{x-1} = \frac{x^n\sqrt{1-x}-0}{x-1} = \frac{x^n\sqrt{1-x}}{x-1}.$$

Le réel x étant différent de 1, multiplions numérateur et dénominateur par le réel non nul $\sqrt{1-x}$, il vient :

$$\frac{f_n(x)-f_n(1)}{x-1} = \frac{x^n\left(\sqrt{1-x}\right)^2}{(x-1)\sqrt{1-x}} = \frac{x^n(1-x)}{(x-1)\sqrt{1-x}}.$$

Le réel x étant différent de 1, le réel $1-x$ est non nul et donc :

$$\frac{f_n(x)-f_n(1)}{x-1} = \frac{x^n}{(-1)\sqrt{1-x}} = \frac{-x^n}{\sqrt{1-x}}.$$

Mais $\lim\limits_{x \to 1}(-x^n) = -1$ et $\lim\limits_{x \to 1}\sqrt{1-x} = 0$, donc, sachant que pour tout réel x de $]-\infty\ ;1[$, $\sqrt{1-x} > 0$, $\lim\limits_{x \to 1}\dfrac{-x^n}{\sqrt{1-x}} = -\infty$ et donc :

$$\lim_{x \to 1}\frac{f_n(x)-f_n(1)}{x-1} = -\infty.$$

La fonction f_n n'est pas dérivable en 1, et la courbe représentative de f_n dans un repère $(O\ ;\ \vec{i},\ \vec{j})$ admet au point d'abscisse 1, une tangente parallèle à l'axe des ordonnées $(O\ ;\ \vec{j})$.

CORRIGÉS

16 On appelle partie entière du réel x, l'entier relatif n tel que $n \leqslant x < n+1$.

On note E (x) la partie entière du réel x.

Soit f la fonction définie sur $[-1 ; 2]$, par :

$$f(x) = \mathrm{E}(x) \sin(\pi x),$$

où E (x) désigne la partie entière du réel x.

1. En utilisant la définition de la partie entière d'un nombre réel :

- pour tout x de $[-1 ; 0[$, $\mathrm{E}(x) = -1$ et $f(x) = -\sin(\pi x)$;
- pour tout x de $[0; 1[$, $\mathrm{E}(x) = 0$ et $f(x) = 0$;
- pour tout x de $[1; 2[$, $\mathrm{E}(x) = 1$ et $f(x) = \sin(\pi x)$;
- si $x = 2$, $\mathrm{E}(x) = 2$ et $f(2) = 2\sin(2\pi) = 0$.

Mais on peut remarquer que $-\sin(\pi \times 0) = 0$, et donc sachant que $f(0) = 0$, on peut écrire pour tout x de $[-1 ; 0]$:

$$\boxed{f(x) = -\sin(\pi x).}$$

De même, $\sin(\pi \times 1) = 0$, donc pour tout x de $[0 ; 1]$: $\boxed{f(x) = 0.}$

De même, $\sin(\pi \times 2) = 0 = f(2)$, donc pour tout x de $[1 ; 2]$:

$$\boxed{f(x) = \sin(\pi x).}$$

2. La restriction de f à $[0 ; 1]$ est dérivable car la fonction f est constante, la dérivée de f sur cet intervalle est la fonction nulle.

La restriction de f à $[-1 ; 0]$ est dérivable, car la fonction $x \mapsto (-\sin(\pi x))$ est dérivable sur $\mathbb{R}$.

La dérivée de cette dernière fonction est $x \mapsto -\pi \cos(\pi x)$, donc la dérivée de la restriction de f à $[-1 ; 0]$ en 0 est $-\pi \cos(0) = -\pi$.

En conclusion, les dérivées à droite et à gauche de f en 0, ne sont pas égales ; la fonction f n'est donc pas dérivable en 0. La courbe représentative de f admet au point d'abscisse 0, deux demi tangentes de coefficients directeurs respectifs 0 et $-\pi$.

> **Remarque**
> On va utiliser une autre méthode, pour l'étude de la dérivabilité de la fonction f au point 1. On va étudier la limite du taux d'accroissement de f entre 1 et x, pour x appartenant respectivement à $[0 ; 1[$ et $[1 ; 2]$.

Pour tout x de $[0 ; 1[$, $\dfrac{f(x)-f(1)}{x-1} = \dfrac{0-0}{x-1} = 0$, donc :

$$\lim_{x \to 1} \frac{f(x)-f(1)}{x-1} = \lim_{x \to 1} 0 = 0.$$

Pour tout h de $]0\,;1]$:

$$\frac{f(1+h)-f(1)}{h}=\frac{\sin\,(\pi(1+h))-0}{h}=\frac{\sin\,(\pi+\pi h)}{h}=-\frac{\sin\,(\pi h)}{h}.$$

Donc : $\lim\limits_{h\to 0^+}\left[\left(-\dfrac{\sin\,(\pi h)}{h}\right)\right]=-\lim\limits_{h\to 0^+}\dfrac{\sin\,(\pi h)}{h}=-\pi\times\lim\limits_{h\to 0^+}\dfrac{\sin\,(\pi h)}{\pi h}.$

$$=-\pi\lim_{u\to 0^+}\frac{\sin\,(u)}{u},\text{ en posant }\pi h=u$$

$$=-\pi,\quad\text{car}\quad\lim_{u\to 0^+}\frac{\sin\,(u)}{u}=1.$$

La fonction f n'est pas dérivable en 1, car elle admet des dérivées à droite et à gauche distinctes.

La courbe représentative de f admet au point d'abscisse 1, deux demi-tangentes de coefficients directeurs respectifs, 0 et $-\pi$.

Rappel
On dit que la courbe représentative de f admet au point d'abscisse 1 un point anguleux.

17 Soit f la fonction définie sur $\mathbb{R}$ par $f(x)=\dfrac{1}{1+|x|}$.

La fonction f est l'inverse de la fonction $x\mapsto 1+|x|$ qui est non nulle pour tout réel x.

Pour tout réel x de $]-\infty\,;0]$, $f(x)=\dfrac{1}{1-x}$,

et pour tout réel x de $[0\,;+\infty[$, $f(x)=\dfrac{1}{1+x}$.

La fonction $x\mapsto\dfrac{1}{1-x}$ est une fonction rationnelle définie sur $]-\infty\,;0]$, elle est donc dérivable sur cet intervalle.

De même, la fonction $x\mapsto\dfrac{1}{1+x}$ est dérivable sur $[0\,;+\infty[$. La fonction f est donc dérivable sur $]-\infty\,;0]$ et sur $[0\,;+\infty[$.

- Pour tout x de $]-\infty\,;0]$, $f'(x)=-\dfrac{-1}{(1-x)^2}=\dfrac{1}{(1-x)^2}$.
- Pour tout x de $[0\,;+\infty[$, $f'(x)=-\dfrac{1}{(1+x)^2}$.

La dérivée à gauche de 0 est donc $\dfrac{1}{(1-0)^2}=1$; la dérivée à droite de 0 est donc

$-\dfrac{1}{(1+0)^2} = -1$; la fonction f n'est donc pas dérivable en 0.

Une autre méthode est d'étudier le comportement du taux d'accroissement de f entre 0 et un réel x. Pour tout réel x de $]-\infty\,;0[$:

$$\frac{f(x)-f(0)}{x-0} = \frac{\dfrac{1}{1-x}-1}{x}, \text{ car sur cet intervalle, } f(x) = \frac{1}{1-x}\,;$$

$$= \frac{\dfrac{1-(1-x)}{1-x}}{x} = \frac{x}{x(1-x)}$$

$$= \frac{1}{1-x}, \text{ car sur cet intervalle, } x \neq 0.$$

Donc :

$$\lim_{x\to 0^-} \frac{f(x)-f(0)}{x-0} = \lim_{x\to 0^-} \frac{1}{1-x} = 1.$$

La fonction f est dérivable à gauche de 0 et a pour dérivée à gauche le réel 1.

Pour tout réel x de $]0\,;+\infty[$:

$$\frac{f(x)-f(0)}{x-0} = \frac{\dfrac{1}{1+x}-1}{x}, \text{ car, sur cet intervalle, } f(x) = \frac{1}{1+x}\,;$$

$$= \frac{\dfrac{1-(1+x)}{1+x}}{x} = \frac{-x}{x(1+x)} = \frac{-1}{1+x}, \text{ car sur cet intervalle } x \neq 0.$$

Donc $\displaystyle\lim_{x\to 0^+} \frac{f(x)-f(0)}{x-0} = \lim_{x\to 0^+} \frac{-1}{1+x} = -1.$

La fonction f est dérivable à droite de 0 et a pour dérivée à droite le réel -1.

La fonction f n'est pas dérivable en 0, elle admet une dérivée à droite et une dérivée à gauche différentes.

La courbe représentative de f dans un repère $(O\,;\vec{i},\vec{j})$ admet au point d'abscisse 0, deux demi-tangentes de coefficients directeurs -1 et 1.

18 Soit f la fonction définie sur $]-\infty\,;-1] \cup [1\,;+\infty[$, par :

$$f(x) = x+\sqrt{x^2-1}.$$

La fonction f est la somme de la fonction identité $x \mapsto x$, qui est dérivable sur $\mathbb{R}$, donc sur $]-\infty\,;-1] \cup [1\,;+\infty[$ et de la fonction $v : x \mapsto \sqrt{x^2-1}$.

La fonction v est de la forme $\sqrt{v_1}$, où $v_1 : x \mapsto x^2 - 1$. La fonction v_1 est une fonction polynôme, elle est dérivable sur $\mathbb{R}$, donc sur $]-\infty\,;-1] \cup [1\,;+\infty[$, le réel x^2-1 est strictement positif sur $]-\infty\,;-1[\cup]1\,;+\infty[$, donc la fonction v est dérivable sur $]-\infty\,;-1[\cup]1\,;+\infty[$.
La fonction f est donc dérivable sur $]-\infty\,;-1[\cup]1\,;+\infty[$, et pour tout réel x de $]-\infty\,;-1[\cup]1\,;+\infty[$:

$$f'(x) = 1 + \frac{2x}{2\sqrt{x^2-1}} = 1 + \frac{x}{\sqrt{x^2-1}}.$$

La démonstration précédente ne permet pas de conclure sur la dérivabilité ou la non dérivabilité de f en -1 et 1.

• Étudions la dérivabilité de la fonction f en 1, pour cela formons le taux d'accroissement de la fonction f entre 1 et x.
Pour tout x de $]1\,;+\infty[$ et sachant que $f(1) = 1$:

$$\frac{f(x)-f(1)}{x-1} = \frac{(x+\sqrt{x^2-1})-1}{x-1} = \frac{x-1+\sqrt{x^2-1}}{x-1} = 1 + \frac{\sqrt{x^2-1}}{x-1}, \text{ car } x \neq 1$$

$$\frac{f(x)-f(1)}{x-1} = 1 + \frac{(\sqrt{x^2-1})^2}{\sqrt{x^2-1}(x-1)},$$

en multipliant numérateur et dénominateur par le réel non nul $\sqrt{x^2-1}$.
D'où :

$$\frac{f(x)-f(1)}{x-1} = 1 + \frac{x^2-1}{\sqrt{x^2-1}(x-1)} = 1 + \frac{(x-1)(x+1)}{\sqrt{x^2-1}(x-1)} = 1 + \frac{(x+1)}{\sqrt{x^2-1}}.$$

$\lim\limits_{x \to 1} \sqrt{x^2-1} = 0$ et pour tout x de $]1\,;+\infty[$, $\sqrt{x^2-1} > 0$.

$\lim\limits_{x \to 1} (x+1) = 2$, d'où $\lim\limits_{x \to 1} \dfrac{x+1}{\sqrt{x^2-1}} = +\infty$, donc :

$$\lim_{x \to 1} \frac{f(x)-f(1)}{x-1} = +\infty.$$

La fonction f n'est pas dérivable en +1 et la courbe représentative de f admet au point d'abscisse 1 une tangente parallèle à l'axe des ordonnées.

• De même pour tout x de $]-\infty\,;-1[$ et sachant que $f(-1)=-1$:

$$\frac{f(x)-f(-1)}{x-(-1)}=\frac{x+\sqrt{x^2-1}-(-1)}{x+1}$$

$$=\frac{x+1+\sqrt{x^2-1}}{x+1}$$

$$=1+\frac{\sqrt{x^2-1}}{x+1}\ \text{car } x\neq -1$$

$$=1+\frac{(\sqrt{x^2-1})^2}{\sqrt{x^2-1}\,(x+1)}$$

en multipliant numérateur et dénominateur par le réel non nul $\sqrt{x^2-1}$.
D'où pour tout x de $]-\infty\,;-1[$:

$$\frac{f(x)-f(-1)}{x-(-1)}=1+\frac{x^2-1}{\sqrt{x^2-1}(x+1)}$$

$$=1+\frac{(x-1)(x+1)}{\sqrt{x^2-1}(x+1)}$$

$$=1+\frac{x-1}{\sqrt{x^2-1}}\ \text{car } x+1\neq 0.$$

$\lim\limits_{x\to -1}\sqrt{x^2-1}=0$ et pour tout x de $]-\infty\,;-1]$, $\sqrt{x^2-1}>0$.

$\lim\limits_{x\to -1}(x-1)=-2$, d'où $\lim\limits_{x\to -1}\dfrac{x-1}{\sqrt{x^2-1}}=-\infty$, donc :

$$\lim_{x\to -1}\frac{f(x)-f(-1)}{x-(-1)}=-\infty.$$

La fonction f n'est pas dérivable en -1 et la courbe représentative de f admet, au point d'abscisse -1, une tangente parallèle à l'axe des ordonnées.

La fonction f est dérivable en tout point de $]-\infty\,;-1[\,\cup\,]1\,;+\infty[$.

La Prépa attitude

Dans le chapitre précédent, on a vu que lorsque la fonction f est continue et strictement monotone d'un intervalle I sur un intervalle $J = f(I)$, alors la fonction réciproque $f^{-1} : J \to I$ est également continue.

En supposant que f soit dérivable sur I, il s'agit à présent de savoir à quelle(s) condition(s) f^{-1} le sera sur J et de calculer sa dérivée.

Prolongement au cours de Term S

Théorème

Soit f une fonction continue et strictement monotone de l'intervalle I sur l'intervalle $J = f(I)$.

❶ Soit $b \in J$ et $a = f^{-1}(b)$. Si f est dérivable en a, alors :

- si $f'(a) \neq 0$, f^{-1} est dérivable en b et $\left(f^{-1}\right)'(b) = \dfrac{1}{f'(a)}$;
- si $f'(a) = 0$, f^{-1} n'est pas dérivable en b.

❷ Si f est dérivable sur I et si f' ne s'annule pas sur I alors f^{-1} est dérivable sur J et :

$$\forall x \in J, \quad \left(f^{-1}\right)'(x) = \frac{1}{f'\left(f^{-1}(x)\right)}$$

Démonstration :

❶ On sait déjà que f^{-1} est continue sur J. Pour $t \in J$, posons $x = f^{-1}(t)$. On a donc $f(x) = t$, et, avec les notations posées :

$$\frac{f^{-1}(t) - f^{-1}(b)}{t - b} = \frac{x - a}{f(x) - f(a)} = \frac{1}{\dfrac{f(x) - f(a)}{x - a}}$$

f^{-1} est continue en b, donc $\lim\limits_{t \to b} f^{-1}(t) = f^{-1}(b)$, c'est-à-dire $\lim\limits_{t \to b} x = a$.

AMBITION PRÉPA

Comme f est dérivable en a, $\lim\limits_{x \to a} \dfrac{f(x) - f(a)}{x - a} = f'(a) = f'\left(f^{-1}(b)\right)$.

Donc si $f'(a) \neq 0$, $\lim\limits_{t \to b} \dfrac{f^{-1}(t) - f^{-1}(b)}{t - b} = \dfrac{1}{f'(a)} = \dfrac{1}{f'\left(f^{-1}(b)\right)}$.

Et si $f'(a) = 0$, f^{-1} n'est pas dérivable en b.

❷ est la conséquence directe de ❶ quand on fait varier b dans J.

Une application : la fonction Arctangente

Nécessite la lecture de la partie Ambition prépa du chapitre 4.

Soit f la restriction à l'intervalle $\left]-\dfrac{\pi}{2} ; \dfrac{\pi}{2}\right[$ de la fonction tangente :

$$\begin{cases} \bullet\, f \text{ est continue sur } \left]-\dfrac{\pi}{2} ; \dfrac{\pi}{2}\right[; \\ \bullet\, f \text{ est strictement croissante sur } \left]-\dfrac{\pi}{2} ; \dfrac{\pi}{2}\right[; \\ \bullet \lim\limits_{x \to -\frac{\pi}{2}} f(x) = -\infty, \quad \lim\limits_{x \to \frac{\pi}{2}} f(x) = +\infty. \end{cases}$$

x	$-\pi / 2$		$\pi / 2$
f	$-\infty$	↗	$+\infty$

Donc f réalise une bijection de $\left]-\dfrac{\pi}{2} ; \dfrac{\pi}{2}\right[$ sur $\left]-\infty . + \infty\right[$. La fonction f admet donc une fonction réciproque définie sur $\mathbb{R}$.

x	$-\infty$		$+\infty$
Arctan	$-\pi / 2$	↗	$\pi / 2$

La fonction f^{-1} est appelée « Arctangente » et est notée Arctan.

Soit $x \in \mathbb{R}$, alors :

$$y = \text{Arctan}(x) \Leftrightarrow y \in \left]-\frac{\pi}{2} ; \frac{\pi}{2}\right[\text{ et } \tan(y) = x$$

$\text{Arctan}(x)$ est l'unique élément de $\left]-\frac{\pi}{2}\ ;\ \frac{\pi}{2}\right[$ dont la tangente est x.

Valeurs remarquables :

$\text{Arctan}\ 0 = 0$; $\text{Arctan}\ 1 = \frac{\pi}{4}$; $\text{Arctan}\ \sqrt{3} = \frac{\pi}{3}$;

$\text{Arctan}\ \frac{1}{\sqrt{3}} = \frac{\pi}{6}$;

$\forall x \in \left]-\frac{\pi}{2}\ ;\ \frac{\pi}{2}\right[$, $\text{Arctan}(\tan x) = x$;

$\lim\limits_{x\to-\infty} \text{Arctan}\ x = -\frac{\pi}{2}$, $\lim\limits_{x\to+\infty} \text{Arctan}\ x = \frac{\pi}{2}$.

Remarque

$\forall x \in \mathbb{R}$, $\tan(\text{Arctan}\ x) = x$.

Mais $\text{Arctan}(\tan x)$ ne vaut pas toujours x !

Théorème

Arctan est dérivable sur $\mathbb{R}$ et :

$$\forall x \in \mathbb{R},\quad (\text{Arctan})'(x) = \frac{1}{1+x^2}$$

Démonstration : Comme restriction de la fonction tangente, f est dérivable sur $\left]-\frac{\pi}{2}\ ;\ \frac{\pi}{2}\right[$ et : $\forall x \in \left]-\frac{\pi}{2}\ ;\ \frac{\pi}{2}\right[$, $f'(x) = 1 + \tan^2 x \neq 0$. Donc $\text{Arctan} = f^{-1}$ est dérivable sur $\mathbb{R}$, et :

$$(\text{Arctan})'(x) = \frac{1}{1+\tan^2(\text{Arctan}\ x)} = \frac{1}{1+x^2}$$

Représentation graphique

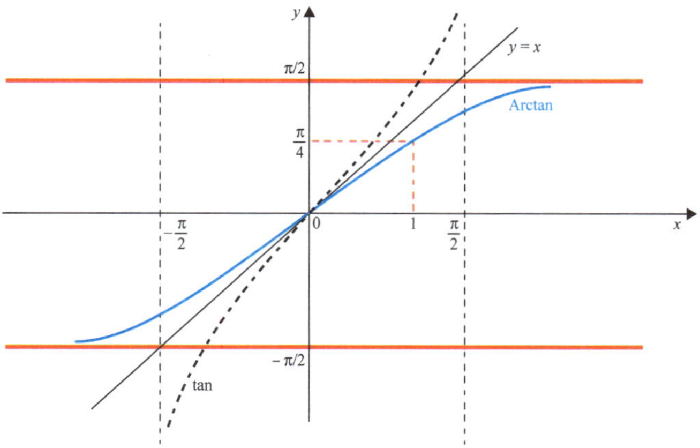

EXERCICES

➔ Corrigés p. 159

1 Soit la fonction $f : x \mapsto x^4 - 4x^2 + 1$ définie sur $\mathbb{R}$.

1. Étudier le sens de variation de f.

Montrer que la fonction $f_1 : x \mapsto x^4 - 4x^2 + 1$ de $\left[0 ; \sqrt{2}\right]$ dans $\left[-3 ; 1\right]$ est bijective.

2. Calculer f_1^{-1}. Représenter graphiquement, dans un même repère orthonormé, les applications f_1 et f_1^{-1}.

3. Calculer $\left(f_1^{-1}\right)'(-2)$.

2 On veut montrer les égalités suivantes :

$$\forall x > 0, \quad \text{Arctan}\, x + \text{Arctan}\frac{1}{x} = \frac{\pi}{2}$$
$$\forall x < 0, \quad \text{Arctan}\, x + \text{Arctan}\frac{1}{x} = -\frac{\pi}{2}$$

Méthode 1 : pour $x > 0$, on posera $a = \text{Arctan}\, x$ et $b = \text{Arctan}\,\dfrac{1}{x}$ et on commencera par comparer $\tan b$ et $\tan\left(\dfrac{\pi}{2} - a\right)$.

Méthode 2 : calculer la dérivée de la fonction $f : \mathbb{R} \to \mathbb{R}$ définie par :

$$f(x) = \text{Arctan}\, x + \text{Arctan}\frac{1}{x}.$$

Les deux méthodes sont à savoir par cœur.

3 On veut simplifier l'expression : $f(t) = \text{Arctan}\dfrac{2t}{1-t^2}$, définie pour tout $t \in \mathbb{R} \setminus \{-1 ; 1\}$.

Méthode : dériver la fonction f.

4 Vérifier les égalités suivantes :

a) $\dfrac{\pi}{4} = \text{Arctan}\dfrac{1}{2} + \text{Arctan}\dfrac{1}{5} + \text{Arctan}\dfrac{1}{8}$.

b) $2\,\text{Arctan}\dfrac{1}{2} = \text{Arctan}\dfrac{4}{3}$.

Indication : pour chaque égalité, on pourra commencer par comparer les tangentes des deux membres.

5 Simplifier : $\cos(4\arctan x)$

CORRIGÉS

1 **1.** La fonction f est une fonction polynôme, elle est donc dérivable sur $\mathbb{R}$ et pour tout x de $\mathbb{R}$,

$$f'(x) = 4x^3 - 8x = 4x\left(x^2 - 2\right) = 4x\left(x - \sqrt{2}\right)\left(x + \sqrt{2}\right)$$

La fonction f étant une fonction polynôme, son comportement en $-\infty$ et en $+\infty$ est le comportement de son terme de plus haut degré, d'où

$$\lim_{x \to -\infty} f(x) = \lim_{x \to +\infty} f(x) = +\infty$$

D'où le tableau de variation de f.

x	$-\infty$		$-\sqrt{2}$		0		$\sqrt{2}$		$+\infty$
x		$-$		$-$	0	$+$		$+$	
$\left(x-\sqrt{2}\right)\left(x+\sqrt{2}\right)$		$+$	0	$-$		$-$	0	$+$	
$f'(x)$		$-$	0	$+$	0	$-$	0	$+$	
f	$+\infty$	↘	-3	↗	1	↘	-3	↗	$+\infty$

L'application f_1 est la restriction de f à $\left[0 ; \sqrt{2}\right]$ son tableau de variation est :

x	0		$\sqrt{2}$
f_1	1	↘	-3

La fonction f_1 est continue et strictement décroissante sur $\left[0 ; \sqrt{2}\right]$, on a $f_1(0) = 1$ et $f_1\left(\sqrt{2}\right) = -3$, la fonction f_1 est donc une bijection de $\left[0 ; \sqrt{2}\right]$ sur $\left[-3 ; 1\right]$.

2. D'après la question précédente, la fonction f_1 admet une fonction réciproque définie sur $\left[-3 ; 1\right]$ à valeurs sur $\left[0 ; \sqrt{2}\right]$ continue strictement décroissante. On a le tableau de variation suivant :

x	-3		1
f_1^{-1}	$\sqrt{2}$	↘	0

Les représentations graphiques $\mathscr{C}_{f_1}$ et $\mathscr{C}_{f_1^{-1}}$ de f_1 et de f_1^{-1} dans un même repère orthonormé sont symétriques par rapport à la première bissectrice des axes.

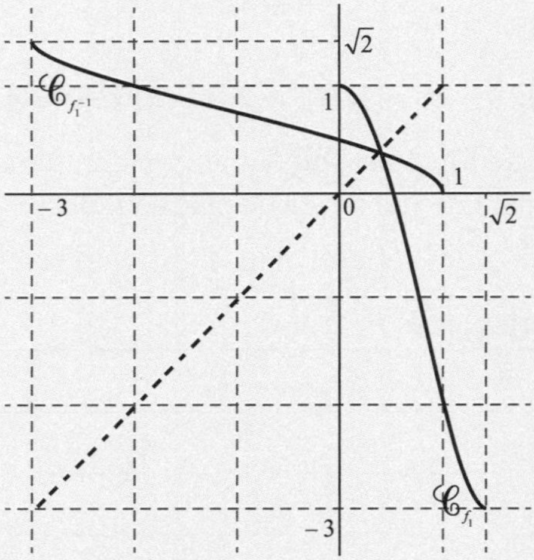

Pour tout x de $\left[0 ; \sqrt{2}\right]$ et tout y de $\left[-3 ; 1\right]$, on a

$$y = x^4 - 4x^2 + 1 \Leftrightarrow x^4 - 4x^2 + 1 - y = 0$$

$$\Leftrightarrow \begin{cases} X = x^2 \\ X^2 - 4X + 1 - y = 0 \end{cases}$$

Le discriminant de la deuxième équation est :

$$\Delta = 16 - 4(1 - y) = 12 + 4y = 4(3 + y)$$

qui est positif car y appartient à $\left[-3 ; 1\right]$. La deuxième équation a donc deux solutions :

$$X = \frac{4 + \sqrt{4(3 + y)}}{2} = 2 + \sqrt{3 + y} \quad \text{ou} \quad X = 2 - \sqrt{3 + y}$$

Quand y décrit $\left[-3 ; 1\right]$, x décrit $\left[0 ; \sqrt{2}\right]$ et donc $X = x^2$ décrit $\left[0 ; 2\right]$ donc $X = 2 - \sqrt{3 + y}$ et $x^2 = 2 - \sqrt{3 + y}$ donc $x = \sqrt{2 - \sqrt{3 + y}}$ ou $x = -\sqrt{2 - \sqrt{3 + y}}$. Le réel x est positif donc $f_1^{-1}(y) = \sqrt{2 - \sqrt{3 + y}}$. La fonction f_1^{-1} est donc la fonction définie sur $\left[-3 ; 1\right]$ à valeurs sur $\left[0 ; \sqrt{2}\right]$ qui à x associe $f_1^{-1}(x) = \sqrt{2 - \sqrt{3 + x}}$.

3. Pour calculer la dérivée au point – 2, on peut dériver la fonction f_1^{-1} sur $\left]-3\,;1\right[$ à l'aide des formules classiques du cours car la fonction f_1^{-1} n'est pas dérivable en – 3 et en 1.

Autre méthode : pour tout $(x\,;y)$ de $[-3\,;1]\times[0\,;\sqrt{2}]$

$$y=\sqrt{2-\sqrt{3+x}} \Leftrightarrow x=y^4-4y^2+1$$

Pour tout y de $\left]0\,;\sqrt{2}\right[$, $f_1'(y)=4y^3-8y$, pour $x=-2$ la valeur correspondante de y est 1 et $f_1'(1)=-4$ d'où

$$\left(f_1^{-1}\right)'(-2)=\frac{1}{f'(1)}=-\frac{1}{4}$$

2 Méthode 1. Soit $x>0$. Avec les notations proposées, il s'agit de montrer : $a+b=\frac{\pi}{2}$, ou encore : $b=\frac{\pi}{2}-a$.

- $\tan b=\tan\left(\text{Arctan}\frac{1}{x}\right)=\frac{1}{x}$.
- $\tan\left(\frac{\pi}{2}-a\right)=\frac{1}{\tan a}=\frac{1}{\tan(\text{Arctan}\,x)}=\frac{1}{x}$.

D'où l'égalité $\tan b=\tan\left(\frac{\pi}{2}-a\right)$.

Or, ici on a $x>0$, donc $\frac{1}{x}>0$ et donc $b=\text{Arctan}\,\frac{1}{x}\in\left]0\,;\frac{\pi}{2}\right[\subset\left]-\frac{\pi}{2}\,;\frac{\pi}{2}\right[$.

De même, $a=\text{Arctan}\,x\in\left]0\,;\frac{\pi}{2}\right[$, donc $\frac{\pi}{2}-a\in\left]0\,;\frac{\pi}{2}\right[\subset\left]-\frac{\pi}{2}\,;\frac{\pi}{2}\right[$.

Dans $\left]-\frac{\pi}{2}\,;\frac{\pi}{2}\right[$ deux réels qui ont la même tangente ne peuvent être qu'égaux car la fonction tangente est une bijection de $\left]-\frac{\pi}{2}\,;\frac{\pi}{2}\right[$ sur $\mathbb{R}$, donc $b=\frac{\pi}{2}-a$.

On en conclut :

$$\forall x>0,\quad \text{Arctan}\,x+\text{Arctan}\frac{1}{x}=\frac{\pi}{2}$$

Pour $x<0$, on a $-x>0$ donc, d'après ce qui précède,

$$\text{Arctan}(-x)+\text{Arctan}\left(\frac{1}{-x}\right)=\frac{\pi}{2}.$$

Mais, comme la fonction tangente, la fonction Arctangente est impaire et donc :

$$\operatorname{Arctan}(-x) = -\operatorname{Arctan} x \text{ et } \operatorname{Arctan}\left(\frac{1}{-x}\right) = \operatorname{Arctan}\left(-\frac{1}{x}\right) = -\operatorname{Arctan}\frac{1}{x}.$$

On en conclut :

$$\forall x < 0, \quad \operatorname{Arctan} x + \operatorname{Arctan}\frac{1}{x} = -\frac{\pi}{2}$$

Méthode 2. La fonction $f : \mathbb{R} \to \mathbb{R}$ définie par $f(x) = \operatorname{Arctan} x + \operatorname{Arctan}\frac{1}{x}$ est définie, continue et dérivable sur $\mathbb{R}^*$ et :

$$\forall x \in \mathbb{R}^*, \quad f'(x) = \frac{1}{1+x^2} + \left(-\frac{1}{x^2}\right)\frac{1}{1+\left(\frac{1}{x^2}\right)},$$

en vertu de la formule de composition : $(\operatorname{Arctan} u)' = \frac{u'}{1+u^2}$. Et donc :

$$\forall x \in \mathbb{R}^*, \quad f'(x) = \frac{1}{1+x^2} - \frac{1}{x^2\left(1+\frac{1}{x^2}\right)} = \frac{1}{1+x^2} - \frac{1}{1+x^2} = 0.$$

ATTENTION : en conclure ici que f est constante serait une grossière erreur. En effet, le théorème qui affirme : « Si $f' = 0$, alors f est constante » n'est valable que sur un intervalle. Or, ici, $\mathbb{R}^*$ n'est pas un intervalle. Il faut donc distinguer deux cas :

Sur $]0 ; +\infty[$: $f'(x) = 0$. Donc sur l'intervalle $]0 ; +\infty[$ f est constante :

$$\exists C \in \mathbb{R}, \ \forall x \in]0 ; +\infty[, \ f(x) = C.$$

Pour déterminer la constante C évaluons f en un point de $]0 ; +\infty[$, par exemple $x = 1$: $f(1) = \operatorname{Arctan}1 + \operatorname{Arctan}\frac{1}{1} = 2\operatorname{Arctan}1 = 2\frac{\pi}{4} = \frac{\pi}{2}$. Donc $C = \frac{\pi}{2}$.

Sur $]-\infty ; 0[$ on a de même $f'(x) = 0$; donc :

$$\exists C' \in \mathbb{R}, \ \forall x \in]-\infty ; 0[, \ f(x) = C'.$$

On peut de même évaluer f en -1 pour déterminer C' :

$$f(-1) = \operatorname{Arctan}(-1) + \operatorname{Arctan}\left(\frac{1}{-1}\right) = 2\operatorname{Arctan}(-1) = -\frac{\pi}{2}. \text{ Donc } C' = -\frac{\pi}{2}.$$

Conclusion :

$$\forall x \in \mathbb{R}^*, \quad \operatorname{Arctan} x + \operatorname{Arctan}\frac{1}{x} = f(x) = \varepsilon_x \frac{\pi}{2} \quad \text{avec } \varepsilon_x = \begin{cases} -1 & \text{si } x < 0 \\ 1 & \text{si } x > 0 \end{cases}$$

3 On a $f = \text{Arctan} \circ u$ avec $u(t) = \dfrac{2t}{1-t^2}$. En vertu du théorème de dérivation d'une fonction composée, la fonction f est donc dérivable en tout point de $\mathbb{R} \setminus \{-1\,;1\}$ et l'on a : $f'(t) = \dfrac{u'(t)}{1+u^2(t)}$.

Or :

• $u'(t) = 2\dfrac{1.(1-t^2) - t(-2t)}{(1-t^2)^2} = 2\dfrac{1+t^2}{(1-t^2)^2}$

• et $1 + u^2(t) = 1 + \left(\dfrac{2t}{1-t^2}\right)^2 = \dfrac{(1-t^2)^2 + 4t^2}{(1-t^2)^2} = \dfrac{1+2t^2+t^4}{(1-t^2)^2} = \dfrac{(1+t^2)^2}{(1-t^2)^2}$

Et donc $f'(t) = \dfrac{u'(t)}{1+u^2(t)} = \dfrac{2}{1+t^2}$.

Mais $\dfrac{2}{1+t^2}$ est aussi la dérivée de $2\text{Arctan}t$ donc sur tout intervalle $I \subset \mathbb{R} \setminus \{-1\,;1\}$, la fonction f et la fonction 2Arctan diffèrent d'une constante réelle.

Or $\mathbb{R} \setminus \{-1\,;1\} =]-\infty\,;-1[\cup]-1\,;1[\cup]1\,;+\infty[$, il y a donc trois constantes à déterminer :

• Sur $]-\infty\,;-1[$: $f(t) = 2\text{Arctan}t + C$.

Pour déterminer C, on peut par exemple faire tendre t vers $-\infty$:

$\lim\limits_{t\to-\infty} \dfrac{2t}{1-t^2} = 0$ donc $\lim\limits_{t\to-\infty} f(t) = \lim\limits_{t\to-\infty} \text{Arctan}\dfrac{2t}{1-t^2} = \text{Arctan}0 = 0$.

$\lim\limits_{t\to-\infty} (2\text{Arctan}t + C) = 2\left(-\dfrac{\pi}{2}\right) + C = -\pi + C$.

Par identification, on déduit $0 = -\pi + C$, donc $C = \pi$:

$$\forall t \in]-\infty\,;-1[,\quad f(t) = 2\text{Arctan}t + \pi.$$

AMBITION PRÉPA

• Sur $]-1\,;1[$: $f(t) = 2\text{Arctan}t + C$.

Pour déterminer C, on peut prendre par exemple la valeur en 0 :

$f(0) = 2\text{Arctan}0 + C$, et $f(0) = 0$ donc $C = 0$.

$$\forall t \in]-1\,;1[, \quad f(t) = 2\,\text{Arctan}t.$$

• Sur $]1\,;+\infty[$: $f(t) = 2\text{Arctan}t + C$.

Pour déterminer C, on peut faire tendre t vers $+\infty$:

$$\lim_{t\to+\infty} \frac{2t}{1-t^2} = 0 \text{ donc } \lim_{t\to+\infty} f(t) = \lim_{t\to+\infty} \text{Arctan}\frac{2t}{1-t^2} = \text{Arctan}0 = 0.$$

$$\lim_{t\to+\infty} (2\text{Arctan}t + \text{C}) = 2\left(\frac{\pi}{2}\right) + C = \pi + C.$$

Donc ici $C = -\pi$: $\forall t \in]1, +\infty[, \quad f(t) = 2\text{Arctan}t - \pi$.

4 **a)** Posons $a = \text{Arctan}\frac{1}{2}$, $b = \text{Arctan}\frac{1}{5}$, $c = \text{Arctan}\frac{1}{8}$. On veut prouver $a + b + c = \frac{\pi}{4}$. Pour cela, calculons d'abord $\tan(a+b+c)$:

$$\tan(a+b+c) = \tan((a+b)+c) = \frac{\tan(a+b)+\tan c}{1-\tan(a+b)\tan c} = \frac{\tan(a+b)+\frac{1}{8}}{1-\tan(a+b)\frac{1}{8}}$$

$$= \frac{8.\tan(a+b)+1}{8-\tan(a+b)}.$$

Mais $\tan(a+b) = \dfrac{\tan a + \tan b}{1 - \tan a \tan b} = \dfrac{\frac{1}{2}+\frac{1}{5}}{1-\frac{1}{2}.\frac{1}{5}} = \dfrac{7/10}{9/10} = \dfrac{7}{9}$.

On remplace $\tan(a+b)$ par $\frac{7}{9}$ dans l'expression précédente, et donc :

$$\tan(a+b+c) = \frac{8.\frac{7}{9}+1}{8-\frac{7}{9}} = \frac{56+9}{72-7} = \frac{65}{65} = 1$$

AMBITION PRÉPA

À ce stade, on en déduit seulement $a+b+c=\frac{\pi}{4}+k\pi,\ k\in\mathbb{Z}$. Pour déterminer précisément la valeur de k, il faut localiser $a+b+c$ dans un intervalle d'amplitude inférieure à π.

Or, la fonction Arctan est strictement croissante sur $\mathbb{R}$ et $\begin{cases}\text{Arctan}0=0\\ \text{Arctan}1=\frac{\pi}{4}\end{cases}$.

Comme $\frac{1}{2}$, $\frac{1}{5}$ et $\frac{1}{8}$ sont tous les trois dans $[0\,;1]$ on en déduit que a, b et c sont tous les trois dans $\left[0\,;\frac{\pi}{4}\right]$. Donc $a+b+c\in\left[0\,;\frac{3\pi}{4}\right]$. Mais l'unique réel x de $\left[0\,;\frac{3\pi}{4}\right]$ vérifiant $\tan x=1$ est $\frac{\pi}{4}$ et donc $a+b+c=\frac{\pi}{4}$:

$$\text{Arctan}\frac{1}{2}+\text{Arctan}\frac{1}{5}+\text{Arctan}\frac{1}{8}=\frac{\pi}{4}$$

b) Posons $a=\text{Arctan}\frac{1}{2}$ et $b=\text{Arctan}\frac{4}{3}$. Alors :

$\tan 2a=\frac{2\tan a}{1-\tan^2 a}=\frac{2.\frac{1}{2}}{1-\frac{1}{4}}=\frac{1}{3/4}=\frac{4}{3}$. Par ailleurs $\tan b=\frac{4}{3}$. $2a$ et b ont donc la même tangente. Pour conclure $2a=b$, il faut localiser $2a$ et b dans un même intervalle d'amplitude inférieure à π. Or :

- $\frac{1}{2}\in[0\,;1[$ donc $a=\text{Arctan}\frac{1}{2}\in\left[0\,;\frac{\pi}{4}\right[$ et $2a\in\left[0\,;\frac{\pi}{2}\right[$.
- $\frac{4}{3}\in\mathbb{R}^+$ donc $b=\text{Arctan}\frac{4}{3}\in\left[0\,;\frac{\pi}{2}\right[$

Dans l'intervalle $\left[0\,;\frac{\pi}{2}\right[$ l'équation $\tan x=\frac{4}{3}$ a une solution unique, donc $2a=b$:

$$2\text{Arctan}\frac{1}{2}=\text{Arctan}\frac{4}{3}$$

5 Pour simplifier $\cos(4\operatorname{Arctan}x)$, il faut exprimer $\cos 4a$ en fonction de $\tan a$. En effet, lorsqu'on pose $a = \operatorname{Arctan}x$, ce que l'on sait essentiellement de a c'est que $\tan a = x$.

Or, $\cos 2a = 2\cos^2 a - 1$ avec $\cos^2 a = \dfrac{1}{1+\tan^2 a} = \dfrac{1}{1+x^2}$.

Donc $\cos 2a = 2\dfrac{1}{1+x^2} - 1 = \dfrac{2-\left(1+x^2\right)}{1+x^2} = \dfrac{1-x^2}{1+x^2}$.
Puis

$$\cos 4a = 2\cos^2 2a - 1 = 2\left(\frac{1-x^2}{1+x^2}\right)^2 - 1 = \frac{2\left(1-x^2\right)^2 - \left(1+x^2\right)^2}{\left(1+x^2\right)^2}$$

$$= \frac{1-6x^2+x^4}{\left(1+x^2\right)^2}.$$

Donc :

$$\cos(4\operatorname{Arctan}x) = \frac{1-6x^2+x^4}{\left(1+x^2\right)^2}$$

CHAPITRE 4

Étude de fonctions. Fonctions cosinus et sinus

DE QUOI S'AGIT-IL ?

Dans ce chapitre, il s'agit de présenter sous forme graphique le comportement de certaines fonctions.

COURS

1 Étude des variations

1 Définition

Soit une fonction f définie sur un intervalle I non vide et non réduit à un point.

Si, quels que soient x_1 et x_2 de I tels que $x_1 < x_2$:

- $f(x_1) \leqslant f(x_2)$, on dit que f est **croissante** sur I.
- $f(x_1) < f(x_2)$, on dit que f est **strictement croissante** sur I.
- $f(x_1) \geqslant f(x_2)$, on dit que f est **décroissante** sur I.
- $f(x_1) > f(x_2)$, on dit que f est **strictement décroissante** sur I.
- $f(x_1) = f(x_2)$, on dit que f est **constante** sur I.

Lorsque f est croissante sur I ou décroissante sur I, on dit que f est **monotone** sur I.

Lorsque f est strictement croissante sur I ou strictement décroissante sur I, on dit que f est **strictement monotone** sur I.

2 Théorème

- Si f et g varient dans le même sens sur I (c'est-à-dire qu'elles sont simultanément croissantes ou décroissantes), leur somme $f+g$ varie sur I dans le même sens que f et g.
- Si f et g sont toutes deux strictement croissantes ou toutes deux strictement décroissantes respectivement sur les intervalles I et J (l'ensemble $f(\text{I})$ des images des éléments de I étant inclus dans J), la fonction composée $g \circ f$ est strictement croissante sur I.

Remarque
Ces théorèmes sont très efficaces, mais d'un emploi délicat.

Si l'une des fonctions f ou g est strictement croissante et l'autre strictement décroissante sur les intervalles correspondants I ou J, la fonction composée $g \circ f$ est strictement décroissante sur I.

3 Applications

Si l'on connaît les variations de f, on déduira facilement les variations de $g \circ f$ lorsque g est l'une des fonctions connues :

$$x \mapsto ax+b\,; \quad x \mapsto x^2\,; \quad x \mapsto \frac{1}{x}\,; \quad x \mapsto \sqrt{x}.$$

4 Dérivée et sens de variation

- f est constante sur l'intervalle I si et seulement si elle admet une dérivée nulle sur I.
- Soit une fonction f dérivable sur I.

f est strictement croissante sur I si et seulement si $f'(x) \geqslant 0$ pour tout x de I ($f'(x)$ n'étant nul que pour des valeurs isolées de x).

f est strictement décroissante sur I si et seulement si $f'(x) \leqslant 0$ pour tout x de I ($f'(x)$ n'étant nul que pour des valeurs isolées de x).

> **Remarque**
> Une flèche sur un tableau de variation indique la stricte monotonie et la continuité.

2 Extremum local

1 Définition

Soit f une fonction dérivable sur un intervalle I non vide, non réduit à un point, c un point de I.

On dit que $f(c)$ est un maximum (resp. minimum) local s'il existe un intervalle ouvert J inclus dans I et contenant c tel que pour tout x de J, $f(x) \leqslant f(c)$ (resp. $f(x) \geqslant f(c)$).

2 Théorème

Soit f une fonction dérivable sur un intervalle ouvert I non vide, c un point de I.

- Si $f(c)$ est un extremum local, alors $f'(c) = 0$.
- Si f' s'annule en c en changeant de signe, alors $f(c)$ est un extremum local.

> **Remarque**
> Toujours vérifier le changement de signe.

3 Branches infinies

Soit Γ la représentation graphique de f dans un plan rapporté à un repère $(O\,;\vec{i}, \vec{j})$.

1 Asymptotes parallèles aux axes de coordonnées

- On dit que la droite $\mathscr{D}$ d'équation $y = b$ est une **asymptote** à Γ si :

$$\lim_{+\infty} f = b \quad \text{ou} \quad \lim_{-\infty} f = b.$$

COURS

- On dit que la droite $\mathscr{D}$ d'équation $x = x_0$ est une **asymptote** à Γ si :

$$\lim_{x_0^+} f = +\infty \quad \text{ou} \quad \lim_{x_0^+} f = -\infty \quad \text{ou} \quad \lim_{x_0^-} f = +\infty \quad \text{ou} \quad \lim_{x_0^-} f = -\infty.$$

2 Asymptotes d'équation $y = ax + b$. Courbes asymptotes

- On dit que la droite $\mathscr{D}$ d'équation $y = ax + b$ est une asymptote à Γ si et seulement si :

$$\lim_{x \to +\infty} (f(x) - ax - b) = 0 \quad \text{ou} \quad \lim_{x \to -\infty} (f(x) - ax - b) = 0.$$

- On dit que les représentations graphiques Γ et Γ' de f et g sont deux courbes asymptotes, l'une à l'autre, si et seulement si :

Remarque
Ces notions ne sont pas explicitement au programme.

$$\lim_{x \to +\infty} (f(x) - g(x)) = 0 \quad \text{ou} \quad \lim_{x \to -\infty} (f(x) - g(x)) = 0.$$

Le signe de $f(x) - g(x)$ permet de « placer » l'une des courbes par rapport à l'autre.

4 Plan d'étude d'une fonction

- On voit si l'on peut simplifier $f(x)$ [éventuellement par un changement de repère].
- On détermine l'ensemble de définition $\mathscr{D}$ de f et on étudie éventuellement la continuité. On réduira l'ensemble d'étude de f en examinant :

• si f est **paire**, c'est-à-dire si pour tout x de $\mathscr{D}$:

$$-x \in \mathscr{D} \quad \text{et} \quad f(-x) = f(x),$$

• si f est **impaire**, c'est-à-dire si pour tout x de $\mathscr{D}$:

$$-x \in \mathscr{D} \quad \text{et} \quad f(-x) = -f(x),$$

• si f a pour **période** P $(P > 0)$, c'est-à-dire si pour tout x de $\mathscr{D}$:

$$x + P \in \mathscr{D} \quad \text{et} \quad f(x + P) = f(x).$$

- On étudie le **sens de variation** de f avec ou sans l'aide de la dérivée.

Si l'on utilise la dérivée, il faudra montrer son existence, à l'aide des théorèmes du cours, et de la définition de la dérivée d'une fonction en un point.

- On indique le sens de variation de f dans un **tableau de variation** que l'on complète en indiquant les limites ou les valeurs prises, si elles existent, par f aux bornes des intervalles figurant dans le tableau de variation.
- On construit la **représentation graphique** de f en indiquant les points et tangentes remarquables, les asymptotes, les éléments de symétrie.

5 Étude de la fonction cosinus

- La fonction cosinus : $x \mapsto \cos x$ définie sur $\mathbb{R}$ est une fonction **paire**.

Une période de cette fonction est 2π.

Toutes les périodes sont $k \times 2\pi$ $(k \in \mathbb{Z}^*)$.

- Le tableau de variation de la fonction cos sur $[0\ ;\ \pi]$ est :

x	0	π
$\cos x$	1 ↘	-1

- Courbe représentative :

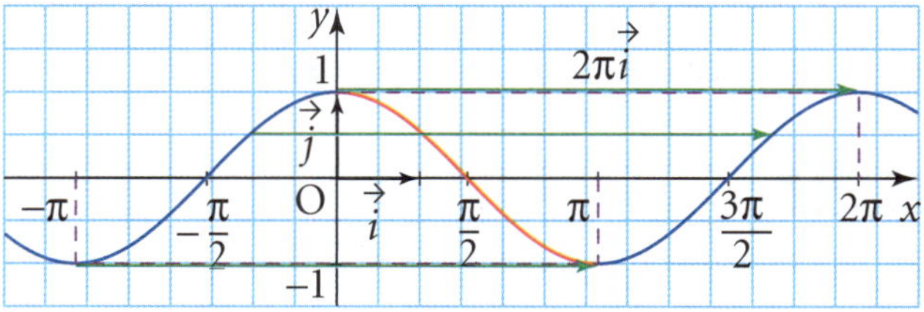

On construit la partie de la courbe sur $[0\ ;\ \pi]$ (en rouge), on complète par symétrie par rapport à (Oy), puis par translations de vecteur $k \times 2\pi \vec{i}$ $(k \in \mathbb{Z}^*)$.

6 Étude de la fonction sinus

- La fonction sinus : $x \mapsto \sin x$ définie sur $\mathbb{R}$ est une fonction **impaire**.

Une période de cette fonction est 2π.

Toutes les périodes sont $k \times 2\pi$ ($k \in \mathbb{Z}^*$).

- Tableau de variation

x	0	$\frac{\pi}{2}$	π
$\sin x$	0 ↗	1	↘ 0

Remarque

On appelle fonction tangente notée tan la fonction définie sur $\mathbb{R}\backslash\left\{(2k+1)\frac{\pi}{2} \,/\, k \in \mathbb{Z}\right\}$ par :

$$\tan x = \frac{\sin x}{\cos x}.$$

Une période est π.

- Courbe représentative :

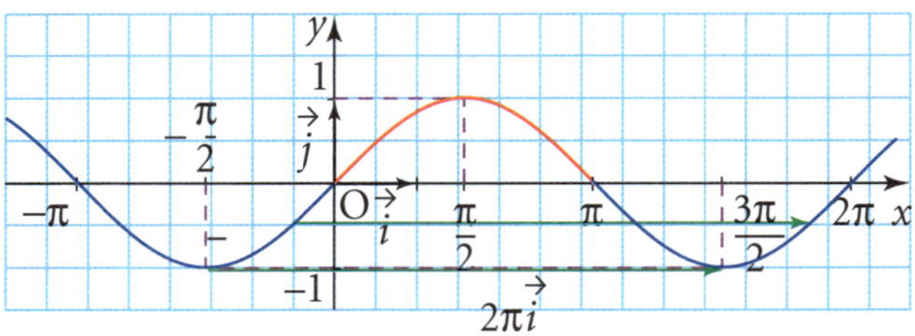

On construit la partie de la courbe sur $[0 ; \pi]$ (en rouge), on complète par symétrie par rapport à O, puis par translations de vecteur $k \times 2\pi\vec{i}$ ($k \in \mathbb{Z}^*$).

Bien retenir

Quelques formules trigonométriques très souvent utilisées :

$\cos^2 a + \sin^2 a = 1$

$\cos(a+b) = \cos a \cos b - \sin a \sin b$

$\sin(a+b) = \sin a \cos b + \sin b \cos a$

$\cos 2a = 1 - 2\sin^2 a = 2\cos^2 a - 1$

$\sin 2a = 2\sin a \cos a.$

Questions courtes

1 Représentation graphique

➔ Corrigé p. 181

1. Soit $\mathscr{C}$ la représentation graphique d'une fonction f dans le plan muni d'un repère $(O\,;\vec{i},\vec{j})$.
Peut-il y avoir deux points distincts de $\mathscr{C}$ ayant la même abscisse ?

2. Même question qu'en **1.** en ce qui concerne l'ordonnée.

3. La courbe $\mathscr{C}$ représentative d'une fonction f dans un repère $(O\,;\vec{i},\vec{j})$ peut-elle couper son asymptote ?

4. Que peut-on dire des courbes $\mathscr{C}_f$ et $\mathscr{C}_g$ représentatives des fonctions f et g, définies sur $\mathbb{R}^+$, lorsque $\lim\limits_{x \to +\infty} (f(x) - g(x)) = 0$?

> **Indication**
> Voir résumé de cours **3** **2**.

5. Soit f une fonction dérivable sur son ensemble de définition $\mathscr{D}_f$ et de dérivée strictement positive sur $\mathscr{D}_f$.
Est-il possible que la courbe $\mathscr{C}$ représentative de f coupe l'axe des abscisses en deux points ?

2 Transformation et représentation graphique

➔ Corrigé p. 181

Soit $\mathscr{C}_f$ la représentation graphique de la fonction f dans le plan muni d'un repère $(O\,;\vec{i},\vec{j})$. Par quelle transformation obtient-on la courbe $\mathscr{C}_g$ de la fonction g lorsque, pour tout réel x :

1. $g(x) = -f(x)$?

2. $g(x) = kf(x),\ k \in \mathbb{R}^*$?

3. $g(x) = f(x+3)$?

3 Parité

➔ Corrigé p. 181

Une fonction f peut-elle être à la fois paire et impaire ?

> **Remarque**
> Une fonction peut être ni paire, ni impaire.

4 Asymptotes

➔ Corrigé p. 181

La représentation graphique d'une fonction f peut-elle avoir une infinité d'asymptotes ?

> **Indication**
> Voir exercice n° 20.

5 Équations

➲ Corrigé p. 182

1. Soit f une fonction définie dans $\mathbb{R}$ et telle que $f'(x_0) = 0$, f admet-elle un extremum en x_0 ?

2. f est continue et strictement croissante sur $[-4\,;2]$.

L'équation $f(x) = 0$ admet-elle une solution dans $[-4\,;2]$?

Cette solution est-elle unique ?

3. Soit f une fonction définie sur $[-4\,;-1]$ telle que $f(-4) \times f(-1) < 0$.

L'équation $f(x) = 0$ admet-elle une solution dans $[-4\,;-1]$?

6 Courbes asymptotes

➲ Corrigé p. 182

1. Soit f et g deux fonctions définies sur $\mathbb{R}$ telles que pour tout réel x :

$$f(x) = 3x + 1 + g(x) \quad \text{et} \quad \lim_{x \to +\infty} g(x) = 0.$$

Indication
Voir résumé de cours 3 ❷.

La courbe $\mathscr{C}_f$ représentative de f dans un plan muni d'un repère admet-elle une asymptote ?

2. Soit f et g deux fonctions définies sur l'intervalle $[0\,;+\infty[$ telles que, pour tout réel x de $[0\,;+\infty[$, $g(x) \neq 0$ et :

$$\lim_{x \to +\infty} \frac{f(x)}{g(x)} = 1.$$

Indication
Voir résumé de cours 3 ❷.

Les courbes $\mathscr{C}_f$ et $\mathscr{C}_g$ représentatives de f et de g sont-elles asymptotes au voisinage de $+\infty$?

7 Carré

➲ Corrigé p. 182

f est une fonction strictement croissante et strictement négative sur l'intervalle $]-\infty\,;0]$.

Quel est le sens de variation de la fonction f^2 sur $]-\infty\,;0]$?

8 Fonction majorée

➲ Corrigé p. 183

La courbe $\mathscr{C}_f$ représentative d'une fonction f définie sur $\mathbb{R}$ admet une asymptote horizontale au voisinage de $+\infty$.

f est elle majorée sur $\mathbb{R}$?

9 Centre de symétrie

➲ Corrigé p. 188

f est une fonction impaire et définie sur $\mathbb{R}$.

Sa représentation graphique $\mathscr{C}_f$ peut-elle admettre un centre de symétrie distinct de O ?

10 Encadrement et sens de variation

➲ Corrigé p. 183

Soit f, g et h trois fonctions définies et continues sur $[0\,;+\infty[$ telles que, pour tout x réel positif, $f(x) < g(x) < h(x)$.
Si f et h sont strictement croissantes sur $[0\,;+\infty[$, g est elle aussi strictement croissante sur $[0\,;+\infty[$?

11 Tangente et sens de variation

➲ Corrigé p. 184

1. Soit $\mathscr{H}$ la représentation graphique de la fonction $h : x \mapsto \frac{1}{x}$.

À tout point M d'abscisse x_0 de $\mathscr{H}$, on associe le coefficient directeur $\alpha(x_0)$ de la tangente à $\mathscr{H}$ en M.
Quel est le sens de variation de α ?

2. Même question pour la fonction $g : x \mapsto x^3$.

Exercices d'entraînement

12 Fonction rationnelle

★ 20 min ➲ Corrigé p. 184

Soit f la fonction définie par :

$$f(x) = \frac{1}{1 + x + x^2}.$$

1. Étudier f et tracer sa courbe représentative Γ dans le plan muni d'un repère orthonormé (on choisira pour unité de longueur au moins 5 cm). On note A et B les points de Γ d'abscisses respectives 0 et 1.

2. Tracer la droite (AB) et les deux tangentes en A et B à la courbe Γ après avoir déterminé leurs équations.

3. Étudier la position de Γ par rapport à la droite (AB) et à ces deux tangentes.

13 Fonction irrationnelle

★★ 20 min ➲ Corrigé p. 187

Le plan $\mathscr{P}$ est muni d'un repère orthonormé $(O\,;\vec{i},\vec{j})$.

Soit f la fonction définie sur $[0\,;+\infty[$ par :

$$f(x) = x - 2\sqrt{x} + 1$$

et $\mathscr{C}$ sa courbe représentative dans le repère $(O ; \vec{i}, \vec{j})$.

Indication
Attention à la dérivabilité.

1. Étudier les variations de la fonction f.

2. Démontrer que, pour tout x appartenant à l'intervalle $[0 ; 1]$:

$$(f \circ f)(x) = x.$$

Que peut-on en déduire pour la courbe $\mathscr{C}$?

3. Construire la courbe $\mathscr{C}$.

14 Fonction rationnelle

★ 20 min ➲ Corrigé p. 187

Soit f la fonction de $\mathbb{R} - \{-2\}$ vers $\mathbb{R}$ définie par :

$$f(x) = \frac{1 - x^2}{2 + x}.$$

1. Pour tout x réel différent de -2, vérifier l'égalité :

$$f(x) = -x + 2 - \frac{3}{x + 2}.$$

2. Étudier les variations de f et tracer sa courbe représentative $\mathscr{C}$ dans le plan rapporté à un repère orthonormé (l'unité de longueur choisie étant 1 cm).

Représenter la droite d'équation $\mathscr{D}$ d'équation $y = -x + 2$. Préciser les positions relatives de $\mathscr{D}$ et $\mathscr{C}$.

3. Démontrer que la courbe $\mathscr{C}$ admet le point de coordonnées $(-2 ; 4)$ pour centre de symétrie.

15 Étude de fonctions et équation

★★ 30 min ➲ Corrigé p. 191

Soit les fonctions numériques d'une variable réelle f et g définies par :

$$x \mapsto f(x) = \frac{1}{3}\left(x^2 + x + \frac{1}{x}\right) \text{ et } x \mapsto g(x) = 2x^3 + x^2 - 1.$$

1. Démontrer que pour tout $x \neq 0$, les nombres $f'(x)$ et $g(x)$ ont le même signe.

2. Étudier les variations de la fonction g sur $\mathbb{R}$. En déduire que l'équation $g(x) = 0$ admet dans $\mathbb{R}$ une solution unique α, avec $0 < \alpha < 1$.

(On ne cherchera pas à calculer α.)

3. Dresser le tableau des variations de la fonction f.

On désigne par $\mathscr{C}$ la représentation graphique de la fonction f dans un repère orthonormé (unité 3 cm), par I le point de $\mathscr{C}$ d'abscisse -1 et par J le point de $\mathscr{C}$ d'abscisse $+1$.

4. a) Vérifier que la droite (IJ) est la tangente en J à $\mathscr{C}$.

b) Déterminer une équation de la tangente $\mathscr{T}$ en I à $\mathscr{C}$.

5. Étudier la position de $\mathscr{C}$ par rapport à $\mathscr{T}$.

6. Utiliser les résultats précédents pour construire la courbe $\mathscr{C}$.

(On prendra $\frac{2}{3}$ comme valeur approchée de α.)

16 Fonction trigonométrique

★★ 20 min ➲ Corrigé p. 194

Étudier les variations et représenter graphiquement dans un repère orthogonal la fonction numérique de variable réelle définie par $f(x) = 2\sin x + 1$.

17 Fonction trigonométrique

★ 20 min ➲ Corrigé p. 195

Même exercice que le précédent avec :

$$f(x) = \sin 2x.$$

18 Fonction trigonométrique

★★ 20 min ➲ Corrigé p. 196

Même exercice que le précédent avec :

$$f(x) = \frac{\cos x}{\cos x + 1}.$$

Sujets de type bac

19 Étude de fonction et applications géométriques

★★★ 40 min ➲ Corrigé p. 197

On considère dans le plan $\mathscr{P}$, rapporté à un repère orthonormal $(\mathrm{O}\,;\,\vec{i},\,\vec{j})$, le cercle Γ de centre O et de rayon 1. Soit A le point de coordonnées $(1\,;\,0)$ et A′ le point de coordonnées $(-1\,;\,0)$.

1. Par tout point H du segment $[\mathrm{AA'}]$, distinct de A et de A′, on mène la perpendiculaire Δ à la droite $(\mathrm{AA'})$. La droite Δ coupe le cercle Γ en M et M′. Soit x l'abscisse du point H.

Calculer en fonction de x l'aire du triangle AMM′.

2. Soit f la fonction numérique définie sur $[-1\,;+1]$ par :

$$f(x) = (1-x)\sqrt{1-x^2},$$

et soit $\mathscr{C}$ sa courbe représentative dans un plan rapporté à un repère orthonormal où l'unité de longueur est 4 cm.

a) Étudier la dérivabilité de f en -1 et $+1$.

En déduire les tangentes à la courbe $\mathscr{C}$, aux points d'abscisses -1 et $+1$.

b) Dresser le tableau de variation de f ; on y précisera $f(0)$.

c) Tracer la courbe $\mathscr{C}$.

3. Démontrer que le triangle AMM′ d'aire maximale est équilatéral.

4. Justifier que l'équation $f(x) = 1$ admet exactement deux solutions α et β $(\alpha < \beta)$.

Déterminer β et donner, en justifiant, une valeur décimale approchée par défaut à 10^{-3} près de α.

20 Suites de fonctions

★★★ 40 min ➲ Corrigé p. 201

Soit n un entier naturel et f_n la fonction définie sur $[0\,;1]$ par :

$$f_n(x) = x^{n+\frac{1}{2}}(1-x)^{\frac{1}{2}}.$$

Pour tout x de $[0\,;1]$, $x^{n+\frac{1}{2}} = x^n x^{\frac{1}{2}} = x^n\sqrt{x}$.

Le plan est rapporté à un repère orthonormal $(O\,;\vec{i},\vec{j})$ (unité graphique : 10 cm). On note $\mathscr{C}_n$ la courbe représentative de f_n.

1. Démontrer que $\mathscr{C}_0$ est un demi-cercle, de rayon $\frac{1}{2}$, dont on précisera le centre.

2. Soit $n \geqslant 1$.

a) Calculer $f_n'(x)$ pour $0 < x < 1$ et montrer que les expressions $f_n'(x)$ et $\left(n+\frac{1}{2}\right)-(n+1)x$ ont le même signe.

b) Étudier la dérivabilité de f_n en 0 et 1.

c) Donner le tableau de variation de f_n.

(On ne demande pas le calcul du maximum de f_n).

3. a) Soit $x \in [0\,;1]$ et $n \geqslant 0$.

Étudier le signe de $f_{n+1}(x) - f_n(x)$.

b) En déduire les positions relatives des courbes $\mathscr{C}_n$ et $\mathscr{C}_{n+1}$.

c) Tracer $\mathscr{C}_1$ et $\mathscr{C}_2$ dans le même repère.

21 Valeur approchée d'une racine d'une équation

★★★ 40 min ➲ Corrigé p. 206

On se propose d'effectuer le calcul numérique approché de la racine de l'équation du troisième degré :

$$x^3 + x^2 - 4 = 0 \qquad \textbf{(E)}$$

1. Soit f la fonction définie sur $\mathbb{R}$ par $f(x) = x^3 + x^2 - 4$.

a) Calculer la dérivée, étudier son signe et, en utilisant le tableau des variations de f, montrer qu'il existe une seule valeur de x que l'on note a telle que :

$$f(a) = 0.$$

Démontrer également, après avoir calculé $f(1)$ et $f(2)$, que $1 < a < 2$.

b) Écrire l'équation de la tangente à la courbe représentative Γ de f en son point d'abscisse $x_1 = 2$ et déterminer l'abscisse u_1 du point d'intersection de cette tangente et de l'axe des abscisses.

Trouver ensuite l'équation de la tangente à la courbe Γ en son point d'abscisse u_1 et déterminer l'abscisse u_2 du point d'intersection de cette tangente et de l'axe des abscisses en fonction de u_1 (on fera des figures).

c) On pose $u_0 = 2$.

Vérifier que u_1 et u_2 donnent des meilleures approximations que u_0 de la racine a.

Expliquer graphiquement cette propriété en effectuant un dessin de Γ sur l'intervalle $[1\,;2]$.

d) De façon générale, montrer que l'abscisse u_{n+1} du point d'intersection de la tangente à la courbe Γ et son point d'abscisse u_n s'exprime à l'aide de cette abscisse u_n par la relation :

$$u_{n+1} = u_n - \frac{f(u_n)}{f'(u_n)} = \frac{2(u_n)^3 + (u_n)^2 + 4}{3(u_n)^2 + 2u_n}.$$

À l'aide d'une calculatrice, donner des valeurs approchées de u_n pour n allant de 1 à 5.

2. On pose $\varphi(x) = \dfrac{2}{\sqrt{x+1}}$ pour $x \geqslant 0$.

a) En dessinant la courbe représentative $\mathscr{C}$ de la fonction φ et la première bissectrice des axes Δ, que peut-on dire de l'équation $\varphi(x) = x$?
Confirmer ce résultat par une étude de fonction et démontrer que cette solution n'est autre que la racine a de la fonction f.

b) On considère la suite (v_n) telle que $v_0 = 1$ et $v_{n+1} = \varphi(v_n)$.
Démontrer que tous les termes de cette suite vérifient $1 \leqslant v_n \leqslant 2$.

c) En utilisant $\varphi(a) = a$, montrer que :

$$|v_{n+1} - a| = \frac{2}{(\sqrt{a+1}\sqrt{v_n+1})(\sqrt{a+1} + \sqrt{v_n+1})}|v_n - a|.$$

En déduire que pour tout entier n :

$$|v_{n+1} - a| < \frac{1}{2\sqrt{2}}|v_n - a|.$$

d) Démontrer que $|v_n - a| < k^{n-1}$ avec $k = 2^{-\frac{3}{2}}$. En déduire les valeurs de n à partir desquelles l'approximation obtenue est inférieure à 10^{-3} ou encore à 10^{-4}.

Questions courtes

1 **1.** Par définition d'une fonction, **il est impossible que $\mathscr{C}$ ait deux points distincts de même abscisse.**

> **Indication**
> Un même réel ne peut avoir deux images.

2. Par exemple, les représentations graphiques de $x \mapsto x^2$ ou $x \mapsto \cos x$ admettent des points de même ordonnée.

Une courbe $\mathscr{C}$ peut avoir deux (ou plusieurs) points de même ordonnée.

3. Soit la fonction $f : x \mapsto \dfrac{\sin x}{x^2}$. $\lim\limits_{x \to +\infty} \dfrac{\sin x}{x^2} = 0$

car pour tout réel x de $\mathbb{R}_+^*$ $\dfrac{\sin x}{x^2} = \dfrac{1}{x^2} \times \sin x$,

$\lim\limits_{x \to +\infty} \dfrac{1}{x^2} = 0$ et la fonction sinus est bornée.

> **Remarque**
> La droite d'équation $y = 0$, coïncide avec son asymptote, il peut donc y avoir une infinité de points communs.

L'axe des abscisses est asymptote à la courbe représentative et $f(k2\pi) = 0$ pour tout entier k non nul.

Une courbe peut donc couper son asymptote.

4. Les courbes $\mathscr{C}_f$ et $\mathscr{C}_g$ sont **asymptotes** au voisinage de $+\infty$.

5. Soit la fonction f définie sur $\mathbb{R}^*$ par $f(x) = x - \dfrac{1}{x}$.

f est dérivable sur $\mathbb{R}^*$ et pour tout réel x de $\mathbb{R}^*$, $f'(x) = 1 + \dfrac{1}{x^2} > 0$.

Les abscisses des points d'intersection de $\mathscr{C}$ avec l'axe $(O\,;\,\vec{i})$ sont les solutions de l'équation $f(x) = 0$ équivalente, pour tout réel x de $\mathbb{R}^*$ à :

$$\frac{x^2 - 1}{x} = 0, \text{ soit } x^2 - 1 = 0, \text{ d'où } x = 1 \text{ ou } x = -1.$$

$\mathscr{C}_f$ coupe $(O\,;\,\vec{i})$ en deux points d'abscisse 1 et –1.

2 **1.** $\mathscr{C}_g$ se déduit de $\mathscr{C}_f$ par la **symétrie d'axe $(O\,;\,\vec{i})$**.

2. Le point M de $\mathscr{C}_g$ d'abscisse x se déduit du point P de $\mathscr{C}_f$ de même abscisse x **en multipliant l'ordonnée de P par k.**

3. $\mathscr{C}_g$ se déduit de $\mathscr{C}_f$ par la **translation** de vecteur $-3\vec{i}$.

3 Oui, la fonction nulle sur $\mathbb{R}$ est **à la fois paire et impaire**.

4 Oui, **la représentation graphique de la fonction tangente admet une asymptote verticale en tout point d'abscisse $x = \dfrac{\pi}{2} + k\pi$, où $k \in \mathbb{Z}$.**

5 **1.** La fonction $f : x \mapsto x^2$ admet un minimum en $x_0 = 0$ et $f'(x) = 2x$; d'où $f'(0) = 0$.

La fonction $g : x \mapsto x^3$ n'admet pas d'extremum en 0 et pourtant $g'(0) = 0$.

On ne peut pas répondre.

2. Si le nombre zéro appartient à l'intervalle $f([-4, 2]) = [f(-4) ; f(2)]$, alors l'équation $f(x) = 0$ admet une solution unique dans $[-4 ; 2]$.

Si le nombre zéro n'appartient pas à $[f(-4) ; f(2)]$, alors l'équation $f(x) = 0$ n'a pas de solution dans $[-4 ; 2]$.

> **Remarque**
> Les nombres $f(-4)$ et $f(2)$ doivent être de signes contraires.

On ne peut donc pas répondre.

3. Par exemple :

$$\begin{cases} \text{si } x \in [-4 ; -2], & f(x) = -1 \\ \text{si } x \in]-2 ; -1], & f(x) = 1 \end{cases}.$$

f est définie sur $[-4 ; -1]$ et $f(-4) \times f(-1) = (-1) \times (1) < 0$, mais f n'est pas continue sur $[-4 ; -1]$.
Cette fonction f ne s'annule pas sur $[-4 ; -1]$.
L'équation $f(x) = 0$ n'a pas de solution.

6 **1.** $\lim\limits_{x \to +\infty} [f(x) - (3x + 1)] = \lim\limits_{x \to +\infty} g(x) = 0$,

donc la courbe $\mathscr{C}_f$ admet pour asymptote la droite d'équation $y = 3x + 1$.

2. Si on pose $\varepsilon(x) = \dfrac{f(x)}{g(x)} - 1$, alors $\lim\limits_{x \to +\infty} \varepsilon(x) = 0$.

Pour tout $x \in [0 ; +\infty[$, $f(x) - g(x) = \varepsilon(x)g(x)$.

Si $\lim\limits_{x \to +\infty} \varepsilon(x)g(x) = 0$, alors $\mathscr{C}_f$ et $\mathscr{C}_g$ sont asymptotes au voisinage de $+\infty$, sinon on ne peut rien conclure.

7 Pour tous réels x_1 et x_2, quelconques et distincts, de $]-\infty ; 0]$:

$$x_1 < x_2 \Leftrightarrow f(x_1) < f(x_2),$$

car f est strictement croissante sur $]-\infty ; 0]$.
Comme $f(x_1)$ et $f(x_2)$ sont des nombres strictement négatifs :

$$x_1 < x_2 \leqslant 0 \Leftrightarrow [f(x_1)]^2 > [f(x_2)]^2,$$

car sur $]-\infty ; 0]$, la fonction $x \mapsto x^2$ est strictement décroissante.

Donc f^2 est strictement décroissante sur $]-\infty ; 0]$.

8 • f définie sur $\mathbb{R}$ par $f(x) = \dfrac{1}{1+x^2}$ admet pour asymptote horizontale la droite d'équation $y = 0$ aux voisinages de $+\infty$ et de $-\infty$ et pour tout réel x, $f(x) \leqslant 1$; f est donc majorée sur $\mathbb{R}$.

• Soit g définie sur $\mathbb{R}$ par $g(x) = \sqrt{x^2+1} - x$.

Pour tout réel x positif ou nul :

$$g(x) = \frac{\left(\sqrt{x^2+1} - x\right)\left(\sqrt{x^2+1} + x\right)}{\sqrt{x^2+1} + x} = \frac{1}{\sqrt{x^2+1} + x}.$$

(Lorsque $x \geqslant 0$, $\sqrt{x^2+1} + x \neq 0$.)

$\lim\limits_{x \to +\infty} g(x) = \lim\limits_{x \to +\infty} \dfrac{1}{\sqrt{x^2+1} + x} = 0$. La courbe représentative de g admet l'axe $(\mathrm{O} ; \vec{i})$ pour asymptote au voisinage de $+\infty$.

• Pour tout réel $x < 0$, $\sqrt{x^2+1} - x$ est la somme de deux réels strictement positifs, $g(x) > 0$ et $\lim\limits_{x \to -\infty} g(x) = \lim\limits_{x \to -\infty} \left(\sqrt{x^2+1} - x\right) = +\infty$.

g n'est pas majorée sur $\mathbb{R}$.

On ne peut donc pas répondre.

9 Tout point de coordonnées $(k\pi ; 0)$ de la courbe représentative de la fonction sinus est un centre de symétrie de sa représentation graphique.

10 Par exemple :

soit f définie sur $[0 ; +\infty[$ par $f(x) = 1 - \dfrac{1}{1+x}$,

f est strictement croissante sur $[0 ; +\infty[$.

soit h définie sur $[0 ; +\infty[$ par $h(x) = 2 + x^2$,

h est strictement croissante sur $[0 ; +\infty[$.

soit g définie sur $[0 ; +\infty[$ par $g(x) = 1 + \dfrac{1}{1+x}$,

g est strictement décroissante sur $[0 ; +\infty[$.

Pour tout réel $x \geqslant 0$, $f(x) \leqslant 1 \leqslant g(x)$, car $\dfrac{1}{1+x}$ est un réel strictement positif. Pour tout réel x de $[0 ; +\infty[$:

$$\varphi(x) = h(x) - g(x) = x^2 - \frac{1}{1+x} + 1 \text{ et } \varphi'(x) = 2x + \frac{1}{(1+x)^2} > 0.$$

Remarque
Un autre exemple est la fonction identité $x \mapsto x$.

Donc φ est croissante sur $[0\,;+\infty[$ et $\varphi(0)=0$ donc, pour tout $x \geqslant 0$:

$$\varphi(x) = h(x) - g(x) \geqslant 0.$$

Donc, pour tout x de $\mathbb{R}^+$, $f(x) \leqslant g(x) \leqslant h(x)$.

Il est donc possible que g ne soit pas strictement croissante.

11 **1.** La courbe $\mathcal{H}$ est l'hyperbole dont les deux branches sont situées dans les premier et troisième quadrants. Géométriquement, lorsque x décrit $\mathbb{R}^*$ de $-\infty$ à $+\infty$, le coefficient directeur de la tangente au point d'abscisse x décroît de 0 à $-\infty$ lorsque x varie dans $]-\infty\,;0[$ et croît de $-\infty$ à 0 lorsque x varie dans $]0\,;+\infty[$.

On peut obtenir le résultat en écrivant que, pour tout réel x non nul :

$$\alpha(x) = -\frac{1}{x^2}.$$

La fonction α est dérivable sur $\mathbb{R}^*$ et pour tout x de $\mathbb{R}^*$ $\alpha'(x) = \frac{2}{x^3}$.

Si $x < 0$, $\alpha'(x) < 0$, donc **α décroît sur $]-\infty\,;0[$.**

Si $x > 0$, $\alpha'(x) > 0$, donc **α croît sur $]0\,;+\infty[$.**

2. Soit $\mathcal{C}$ la représentation graphique de $x \mapsto x^3$. Géométriquement, lorsque x varie de $-\infty$ à $+\infty$, le coefficient directeur de la tangente décroît de $+\infty$ à 0 lorsque l'abscisse x varie dans $]-\infty\,;0]$ et croît de 0 à $+\infty$ lorsque l'abscisse x varie dans $[0\,;+\infty[$.

La fonction α est définie dans $\mathbb{R}$ par $\alpha(x) = 3x^2$.

On connait les variations de $x \mapsto x^2$.

α est donc strictement décroissante sur $]-\infty\,;0]$ et strictement croissante sur $[0\,;+\infty[$.

Exercices d'entraînement

12 **1.** La fonction f est une fonction rationnelle ; son dénominateur est un trinôme du second degré, dont le discriminant est $\Delta = 1 - 4 = -3 < 0$.
Le dénominateur est donc un trinôme sans racine réelle, la fonction f est donc définie sur $\mathbb{R} = \,]-\infty\,;+\infty[$.

La fonction f est dérivable et continue sur $]-\infty\,;+\infty[$;

$\lim\limits_{x \to +\infty} x^2 + x + 1 = +\infty$ et $\lim\limits_{x \to -\infty} x^2 + x + 1 = +\infty$ donc $\lim\limits_{+\infty} f = \lim\limits_{-\infty} f = 0$.

La droite d'équation $y = 0$ est asymptote à Γ.

Pour tout x de $\mathbb{R}$, $f'(x) = -\dfrac{2x+1}{(x^2+x+1)^2}$; d'où le tableau de variation de f :

x	$-\infty$		$-\frac{1}{2}$		$+\infty$
$f'(x)$		$+$	0	$-$	
f	0	$\nearrow$	$\frac{4}{3}$	$\searrow$	0

2.

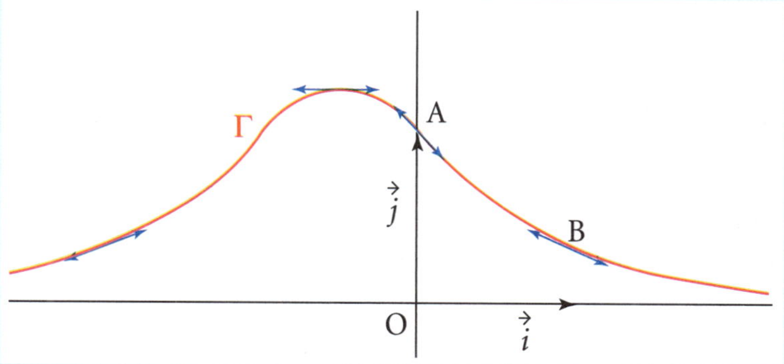

Les points A et B ont respectivement pour coordonnées :

$$A(0\ ;\ 1) \text{ et } B\left(1\ ;\ \frac{1}{3}\right).$$

(AB) n'étant pas parallèle à (Oy), une équation de (AB) s'écrit :

$$y - 1 = \frac{\frac{1}{3} - 1}{1 - 0}(x - 0), \quad \text{soit } y = -\frac{2}{3}x + 1.$$

$f'(0) = -1$ et $f'(1) = -\frac{1}{3}$.

D'où une équation de la tangente en A à Γ est $y - 1 = (-1)(x - 0)$, soit :

$$\boxed{y = -x + 1.}$$

Une équation de la tangente en B à Γ est $y - \frac{1}{3} = -\frac{1}{3}(x - 1)$, soit :

$$\boxed{y = -\frac{1}{3}x + \frac{2}{3}.}$$

Le tracé de la droite (AB) et des tangentes à Γ en A et B est immédiat.

3. Pour étudier la position de la courbe Γ et de la droite (AB), on étudie le signe de la différence :

$$f(x)-\left(-\frac{2}{3}x+1\right)=\frac{1}{x^2+x+1}-\left(-\frac{2}{3}x+1\right)=\frac{1}{3}\,\frac{2x^3-x^2-x}{x^2+x+1}$$

$$f(x)-\left(-\frac{2}{3}x+1\right)=\frac{x}{3}\,\frac{2x^2-x-1}{x^2+x+1}=\frac{x}{3}\,\frac{(2x+1)(x-1)}{x^2+x+1}.$$

D'où le tableau de signes, pour tout x de $\mathbb{R}$:

x	$-\infty$		$-\frac{1}{2}$		0		1		$+\infty$
x		$-$		$-$	0	$+$		$+$	
$(2x+1)(x-1)$		$+$	0	$-$		$-$	0	$+$	
$f(x)-\left(-\frac{2}{3}x+1\right)$		$-$	0	$+$	0	$-$	0	$+$	

La courbe Γ est donc :

- au-dessus de la droite (AB) si x appartient à $\left[-\frac{1}{2}\,;0\right]\cup[1\,;+\infty[$;
- au-dessous de (AB) si x appartient à $\left]-\infty\,;-\frac{1}{2}\right]\cup[0\,;1]$.

De même, pour tout x de $\mathbb{R}$:

$$f(x)-(-x+1)=\frac{1}{x^2+x+1}-(-x+1)=\frac{1+(x-1)(x^2+x+1)}{x^2+x+1}=\frac{x^3}{x^2+x+1}.$$

La courbe Γ est donc au-dessus de la tangente en A si $x\in[0\,;+\infty[$ et est au-dessous de la tangente en A si $x\in\,]-\infty\,;0]$. On dit que la courbe traverse la tangente. Pour tout x de $\mathbb{R}$:

$$f(x)-\left(-\frac{1}{3}x+\frac{2}{3}\right)=\frac{1}{x^2+x+1}+\left(\frac{1}{3}x-\frac{2}{3}\right)=\frac{1+\frac{1}{3}(x-2)(x^2+x+1)}{x^2+x+1}$$

$$=\frac{\frac{1}{3}\,(x^3-x^2-x-2)+1}{x^2+x+1}=\frac{1}{3}\,\frac{x^3-x^2-x+1}{x^2+x+1}$$

$$=\frac{1}{3}\frac{x^2(x-1)-(x-1)}{x^2+x+1}=\frac{1}{3}\,\frac{(x-1)(x^2-1)}{x^2+x+1}$$

$$=\frac{1}{3}\,\frac{(x-1)(x-1)(x+1)}{x^2+x+1}=\frac{1}{3}\frac{(x-1)^2(x+1)}{x^2+x+1}.$$

Pour tout x de $]-\infty\ ;\ -1]$, la courbe Γ est au-dessous de la tangente en B et, pour tout x de $[-1\ ;+\infty[$, la courbe Γ est au-dessus de la tangente en B.

13 **1.** La fonction $f : x \mapsto x - 2\sqrt{x} + 1$ est la somme des fonctions :

$$u_1 : x \mapsto x + 1 \text{ et } u_2 : x \mapsto -2\sqrt{x}.$$

La fonction u_1 est affine et donc définie sur $\mathbb{R}$, la fonction u_2 est définie sur $\mathbb{R}^+$.
Donc l'ensemble de définition de f est $[0\ ;+\infty[$.
La fonction u_1 est continue sur $\mathbb{R}^+$, ainsi que la fonction u_2, la fonction f est donc continue sur $\mathbb{R}^+$.
La fonction u_1 est dérivable sur $\mathbb{R}^+$, la fonction u_2 est dérivable sur $]0\ ;+\infty[$, la fonction f est donc dérivable sur $]0\ ;+\infty[$.
Il reste à étudier la dérivabilité de f en 0.
Pour cela, il faut revenir à la définition, et étudier la limite du taux d'accroissement.
Pour tout réel x de $]0\ ;+\infty[$:

$$\frac{f(x)-f(0)}{x-0} = \frac{x-2\sqrt{x}+1-1}{x-0} = \frac{x-2\sqrt{x}}{x} = 1-2\frac{\sqrt{x}}{x}.$$

Le réel x étant strictement positif :

$$\frac{\sqrt{x}}{x} = \frac{\sqrt{x}}{\sqrt{x}\sqrt{x}} = \frac{1}{\sqrt{x}}.$$

> **Remarque**
> Les théorèmes globaux ne permettent pas de conclure en 0, mais cela ne préjuge en rien du résultat en 0.

D'où pour tout x de $]0\ ;+\infty[$:

$$\frac{f(x)-f(0)}{x-0} = 1-\frac{2}{\sqrt{x}} \text{ et } \lim_{x\to 0}\frac{f(x)-f(0)}{x-0} = \lim_{x\to 0}\left(1-\frac{2}{\sqrt{x}}\right) = -\infty.$$

La fonction f n'est pas dérivable en 0 et la courbe représentative de f admet au point d'abscisse 0 une tangente parallèle à $(\mathrm{O}y)$.
Pour tout x de $]0\ ;+\infty[$:

$$f'(x) = 1-2\frac{1}{2\sqrt{x}} = 1-\frac{1}{\sqrt{x}} = \frac{\sqrt{x}-1}{\sqrt{x}} = \frac{(\sqrt{x}-1)(\sqrt{x}+1)}{(\sqrt{x})(\sqrt{x}+1)} = \frac{x-1}{(\sqrt{x})(\sqrt{x}+1)}.$$

On peut multiplier le numérateur et le dénominateur par $\sqrt{x}+1$ car ce réel est non nul pour tout x de $]0\ ;+\infty[$.
Pour tout x de $]0\ ;1[$, $f'(x) < 0$ et pour tout x de $]1\ ;+\infty[$, $f'(x) > 0$.
$f(0) = 1$.
Pour tout x de $]0\ ;+\infty[$:

$$f(x) = x\left(1-2\frac{\sqrt{x}}{x}+\frac{1}{x}\right) = x\left(1-2\frac{\sqrt{x}}{\sqrt{x}\sqrt{x}}+\frac{1}{x}\right) = x\left(1-\frac{2}{\sqrt{x}}+\frac{1}{x}\right).$$

$$\lim_{x\to+\infty} 1-\frac{2}{\sqrt{x}}+\frac{1}{x} = 1, \text{ car } \lim_{x\to+\infty} -\frac{2}{\sqrt{x}} = \lim_{x\to+\infty}\frac{1}{x} = 0.$$

D'où :

$$\lim_{x \to +\infty} f(x) = +\infty.$$

D'où le tableau de variation de f :

x	0		1		$+\infty$
$f'(x)$	‖	$-$	0	$+$	
f	1	↘	0	↗	$+\infty$

2. Pour tout x de $[0\,;1]$, $f(x) \in [0\,;1]$, d'après le tableau de variation ; on peut donc calculer $f[f(x)]$. Pour tout x de $[0\,;1]$:

$$\begin{aligned} f \circ f(x) &= f[f(x)] \\ &= f(x) - 2\sqrt{f(x)} + 1 = x - 2\sqrt{x} + 1 - 2\sqrt{x - 2\sqrt{x} + 1} + 1. \end{aligned}$$

Pour tout réel x positif :

$$x - 2\sqrt{x} + 1 = (\sqrt{x})^2 - 2\sqrt{x} + 1 = (\sqrt{x} - 1)^2.$$

D'où pour tout x de $[0\,;1]$:

$$f \circ f(x) = (\sqrt{x} - 1)^2 - 2\sqrt{(\sqrt{x} - 1)^2} + 1.$$

Si $x \in [0\,;1]$, alors $\sqrt{x} \in [0\,;1]$ et donc $\sqrt{x} - 1 \leqslant 0$ d'où :

$$\sqrt{(\sqrt{x} - 1)^2} = |\sqrt{x} - 1| = 1 - \sqrt{x}.$$

D'où $f \circ f(x) = x - 2\sqrt{x} + 1 - 2(1 - \sqrt{x}) + 1$ soit :

$$f \circ f(x) = x.$$

La courbe représentative de la restriction de f à $[0\,;1]$ est symétrique par rapport à la droite $y = x$.

3. Construction de $\mathscr{C}$

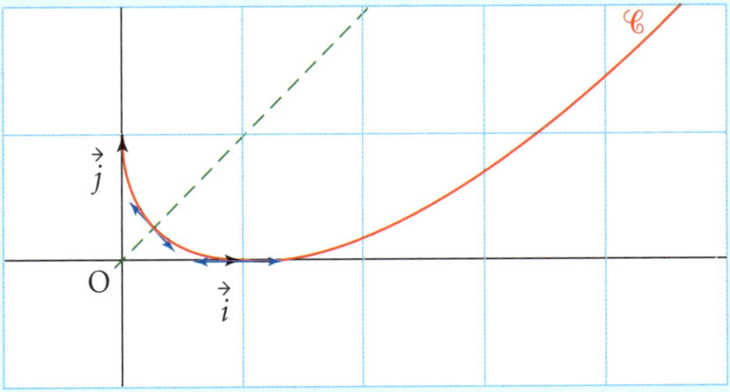

14 **1.** Soit f la fonction définie sur $\mathbb{R} - \{-2\}$ par $f(x) = \dfrac{1 - x^2}{2 + x}$.

• La fonction f est une fonction rationnelle, le dénominateur étant non nul sur $]-\infty\,;-2[\,\cup\,]-2\,;+\infty[$, elle est donc dérivable et donc continue sur $\mathbb{R} - \{-2\}$.

Pour tout x de $\mathbb{R} - \{-2\}$:

$-x + 2 - \dfrac{3}{x+2} = \dfrac{(-x+2)(x+2) - 3}{x+2} = \dfrac{4 - x^2 - 3}{x+2} = \dfrac{1 - x^2}{x+2}$ d'où :

$$f(x) = -x + 2 - \frac{3}{x+2}.$$

2. Pour tout x de $\mathbb{R} - \{-2\}$, la dérivée de $x \mapsto \dfrac{1}{x+2}$ est $x \mapsto -\dfrac{1}{(x+2)^2}$ donc :

$$f'(x) = -1 + \frac{3}{(x+2)^2} = \frac{3 - (x+2)^2}{(x+2)^2},$$

Méthode
On utilise les identités remarquables.

$$f'(x) = \frac{[\sqrt{3} - (x+2)][\sqrt{3} + (x+2)]}{(x+2)^2} = \frac{(\sqrt{3} - 2 - x)(x + 2 + \sqrt{3})}{(x+2)^2}.$$

Le numérateur est un trinôme du second degré dont les racines sont $\sqrt{3} - 2$ et $-2 - \sqrt{3}$, le coefficient dominant (coefficient de x^2) étant négatif.

• $\lim\limits_{x \to +\infty} -\dfrac{3}{x+2} = 0$ et $\lim\limits_{x \to -\infty} -\dfrac{3}{x+2} = 0$; donc

$\lim\limits_{x \to +\infty} f(x) - (-x+2) = 0$ et $\lim\limits_{x \to -\infty} f(x) - (-x+2) = 0$. La droite $\mathcal{D}$ est asymptote à $\mathcal{C}$.

• $\lim\limits_{x \to -2} (-x+2) = 4$.

Le réel $x + 2$ changeant de signe en -2, il faut étudier $\lim\limits_{x \to -2^-} \dfrac{1}{x+2}$ et $\lim\limits_{x \to -2^+} \dfrac{1}{x+2}$.

$\lim\limits_{x \to -2^-} \left(-\dfrac{3}{x+2}\right) = +\infty$, donc $\lim\limits_{x \to -2^-} f(x) = +\infty$.

$\lim\limits_{x \to -2^+} \left(-\dfrac{3}{x+2}\right) = -\infty$, donc $\lim\limits_{x \to -2^+} f(x) = -\infty$.

La droite d'équation $x = -2$ est asymptote à la courbe représentative $\mathcal{C}$.

• Pour étudier la position de la droite $\mathcal{D}$ et de $\mathcal{C}$, étudions le signe de la différence :

$$f(x) - (-x+2) = -\frac{3}{x+2}.$$

Si $x > -2$, la courbe $\mathcal{C}$ est au-dessous de $\mathcal{D}$.
Si $x < -2$, la courbe $\mathcal{C}$ est au-dessus de $\mathcal{D}$.

D'où le tableau de variation et la courbe représentative de f :

x	$-\infty$		$-2-\sqrt{3}$		-2		$-2+\sqrt{3}$		$+\infty$
$f'(x)$		$-$	0	$+$	‖	$+$	0	$-$	
f	$+\infty$	↘	$4+2\sqrt{3}$	↗	$+\infty$ ‖ $-\infty$	↗	$4-2\sqrt{3}$	↘	$-\infty$

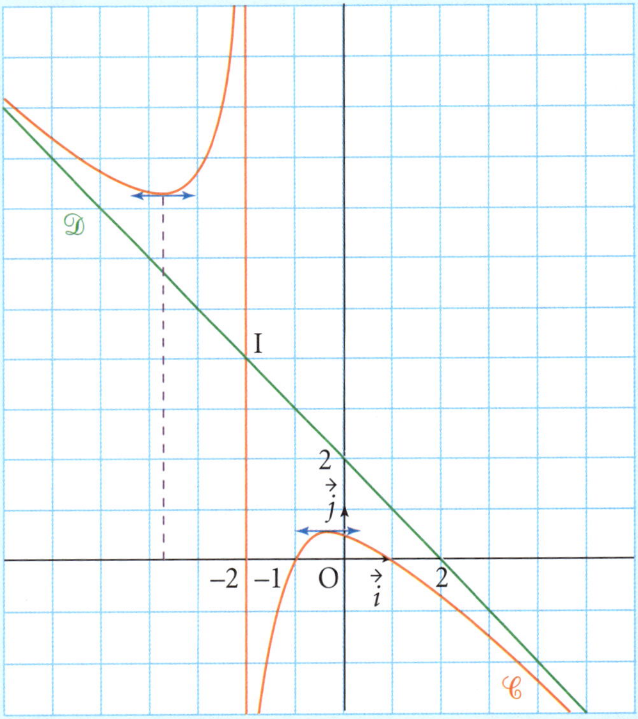

3. Le point de coordonnées I(–2 ; 4) semble être un centre de symétrie de la courbe. Pour le démontrer, effectuons un changement de repère.

Soit $(O ; \vec{i}, \vec{j})$ l'ancien repère et $(I ; \vec{i}, \vec{j})$ le nouveau repère. Si M est un point du plan de coordonnées $(x ; y)$ dans l'ancien repère et de coordonnées $(X ; Y)$ dans le nouveau, alors :

$$\overrightarrow{OM} = x\vec{i} + y\vec{j} = \overrightarrow{OI} + \overrightarrow{IM} = -2\vec{i} + 4\vec{j} + X\vec{i} + Y\vec{j} = (-2+X)\vec{i} + (4+Y)\vec{j}.$$

Par unicité des coordonnées :

$$\begin{cases} x = -2 + X \\ y = 4 + Y \end{cases}$$

Méthode
Cette méthode est utilisée fréquemment en physique.

M de coordonnées $(x\,;y)$ dans $(\mathrm{O}\,;\vec{i},\vec{j})$ et de coordonnées $(X\,;Y)$ dans $(\mathrm{I}\,;\vec{i},\vec{j})$ appartient à $\mathscr{C}$ si et seulement si $y=-x+2-\dfrac{3}{x+2}$ soit :

$$4+Y=(2-X)+2-\frac{3}{X}=4-X-\frac{3}{X}.$$

Donc M$(X\,;Y)$ dans le repère $(\mathrm{I}\,;\vec{i},\vec{j})$ appartient à $\mathscr{C}$ si et seulement si :

$$Y=-X-\frac{3}{X}.$$

$\mathscr{C}$ est la représentation graphique de $g : X \mapsto -X-\dfrac{3}{X}$ dans le repère $(\mathrm{I}\,;\vec{i},\vec{j})$.

La fonction g est impaire, donc $\mathscr{C}$ est symétrique par rapport à l'origine I du repère, ce qu'il fallait démontrer.

15 **1.** La fonction f est la somme de la fonction polynôme $x \mapsto \dfrac{1}{3}(x^2+x)$ et de la fonction rationnelle $x \mapsto \dfrac{1}{3x}$, la fonction f est donc dérivable et donc continue sur $\mathbb{R}^*$.

Pour tout réel x non nul, $f'(x)=\dfrac{2}{3}x+\dfrac{1}{3}-\dfrac{1}{3x^2}=\dfrac{2x^3+x^2-1}{3x^2}=\dfrac{g(x)}{3x^2}$.

Donc, pour tout réel x non nul, $f'(x)$ a le signe de $g(x)$.

2. La fonction g est une fonction polynôme, elle est donc dérivable sur $\mathbb{R}$ et pour tout x de $\mathbb{R}$:

$$g'(x)=6x^2+2x=2x(3x+1).$$

g' est un trinôme du second degré dont les racines sont $-\dfrac{1}{3}$ et 0, le coefficient dominant 6 (coefficient de x^2) est strictement positif, $\lim\limits_{+\infty} g=\lim\limits_{x\to+\infty} 2x^3=+\infty$ et $\lim\limits_{-\infty} g=\lim\limits_{x\to-\infty} 2x^3=-\infty$.

D'où le tableau de variation de g :

x	$-\infty$		$-\dfrac{1}{3}$		0		$+\infty$
$g'(x)$		$+$	0	$-$	0	$+$	
g	$-\infty$	↗	$-\dfrac{26}{27}$	↘	-1	↗	$+\infty$

$g(0)=2\times 0^3+0^2-1=-1$;

$$g\left(-\frac{1}{3}\right) = 2\left(-\frac{1}{27}\right) + \frac{1}{9} - 1 = \frac{-2+3-27}{27} = -\frac{26}{27}.$$

Pour tout x de $]-\infty\,;0]$, $g(x) < -\dfrac{26}{27}$; donc $g(x)$ est strictement négatif.

La fonction g est continue, strictement croissante sur $[0\,;+\infty[$, $g(0) = -1$ et $\lim\limits_{+\infty} g = +\infty$, donc tout réel de $[-1\,;+\infty[$ admet un antécédent et un seul appartenant à $[0\,;+\infty[$; en particulier 0, donc l'équation $g(x) = 0$ admet une solution et une seule α appartenant à $[0\,;+\infty[$.

L'équation $g(x) = 0$ n'admettant pas de solution sur $\mathbb{R}^-$, **α est l'unique solution dans $\mathbb{R}$ de l'équation $g(x) = 0$.**

$g(0) = -1$ et $g(1) = 2$, donc $g(0) < g(\alpha) < g(1)$.

La fonction g étant croissante sur $\mathbb{R}^+$, $0 < \alpha < 1$.

3. • $\lim\limits_{x \to +\infty} \dfrac{1}{3x} = 0$, donc $\lim\limits_{x \to +\infty} f(x) = \lim\limits_{x \to +\infty} \dfrac{1}{3}(x^2 + x) = +\infty$.

• $\lim\limits_{x \to -\infty} \dfrac{1}{3x} = 0$, donc $\lim\limits_{x \to -\infty} f(x) = \lim\limits_{x \to -\infty} \dfrac{1}{3}(x^2 + x) = +\infty$.

• $\lim\limits_{x \to 0} \dfrac{1}{3}(x^2 + x) = 0$; le réel $3x$ changeant de signe en 0, il faut étudier la limite de f en 0^+ et en 0^- :

$$\lim_{x \to 0^+} f(x) = \lim_{x \to 0^+} \frac{1}{3x} = +\infty \text{ et } \lim_{x \to 0^-} f(x) = \lim_{x \to 0^-} \frac{1}{3x} = -\infty.$$

D'où le tableau de variation de f :

x	$-\infty$	0	α	$+\infty$
$f'(x)$	$-$	‖ $-$	0	$+$
f	$+\infty$ ↘ $-\infty$	‖ $+\infty$ ↘	$f(\alpha)$	↗ $+\infty$

$g(\alpha) = 2\alpha^3 + \alpha^2 - 1 = 0$, d'où $2\alpha^3 = 1 - \alpha^2$.

$$f(\alpha) = \frac{\alpha^3 + \alpha^2 + 1}{3\alpha} = \frac{2\alpha^3 + 2\alpha^2 + 2}{6\alpha} = \frac{1 - \alpha^2 + 2\alpha^2 + 2}{6\alpha} = \frac{\alpha^2 + 3}{6\alpha} = \frac{\alpha}{6} + \frac{1}{2\alpha}.$$

Si l'on prend $\dfrac{2}{3}$ comme valeur approchée de α, on obtient :

$$f(\alpha) \approx \frac{2}{18} + \frac{3}{4} = \frac{31}{36} \approx 0{,}86.$$

Les points I et J ont pour coordonnées $\mathrm{I}\left(-1\,;-\dfrac{1}{3}\right)$ et $\mathrm{J}(1\,;1)$.

4. a) Une équation de la droite (IJ) est :

$$y + \frac{1}{3} = \frac{1 + \frac{1}{3}}{1 - (-1)}(x + 1)$$

$$y = \frac{2}{3}x + \frac{2}{3} - \frac{1}{3} = \frac{2}{3}x + \frac{1}{3}.$$

> **Remarque**
> Avant d'utiliser cette expression, il faut contrôler que la droite (IJ) n'est pas parallèle à l'axe des ordonnées : les points I et J n'ont pas la même abscisse.

Le coefficient directeur de la tangente au point J est $f'(1) = \frac{2}{3}\cdot$ La droite (IJ) passe par J et a comme coefficient directeur $\frac{2}{3}\cdot$ **La droite (IJ) est donc la tangente en J à $\mathscr{C}$.**

b) Une équation de $\mathscr{T}$, est :

$$y - \left(-\frac{1}{3}\right) = f'(-1)(x + 1)$$

$$y = -\frac{2}{3}(x+1) - \frac{1}{3}$$

$$\boxed{y = -\frac{2}{3}x - 1.}$$

5. Pour étudier les positions relatives de $\mathscr{C}$ et de $\mathscr{T}$, étudions, pour tout x non nul, le signe de $f(x) - \left(-\frac{2}{3}x - 1\right)$:

$$f(x) - \left(-\frac{2}{3}x - 1\right) = \frac{x^2}{3} + \frac{x}{3} + \frac{1}{3x} + \frac{2}{3}x + 1 = \frac{x^2}{3} + \frac{1}{3x} + x + 1$$

$$= \frac{x^3 + 1 + 3x^2 + 3x}{3x} = \frac{(x+1)^3}{3x}.$$

Le signe de $f(x) - \left(-\frac{2}{3}x - 1\right)$ sur $\mathbb{R}^*$ est le signe de $\frac{(x+1)^3}{3x}$, donc le signe de $\frac{x+1}{3x}$, donc le signe de $3x\,(x+1)$, qui est un trinôme du second degré :

x	$-\infty$		-1		0		$+\infty$
$f(x) - \left(-\frac{2}{3}x - 1\right)$		+	0	−	‖	+	

Si $x < -1$, **$\mathscr{C}$ est au-dessus de $\mathscr{T}$.**
Si $-1 < x < 0$, **$\mathscr{C}$ est au-dessous de $\mathscr{T}$.**
Si $x > 0$, **$\mathscr{C}$ est au-dessus de $\mathscr{T}$.**

> **Remarque**
> La tangente $\mathscr{T}$ à $\mathscr{C}$ en I « traverse » la courbe $\mathscr{C}$ au point I, on dit que le point I est un point d'inflexion de $\mathscr{C}$.

6. **Tracé de $\mathscr{C}$**

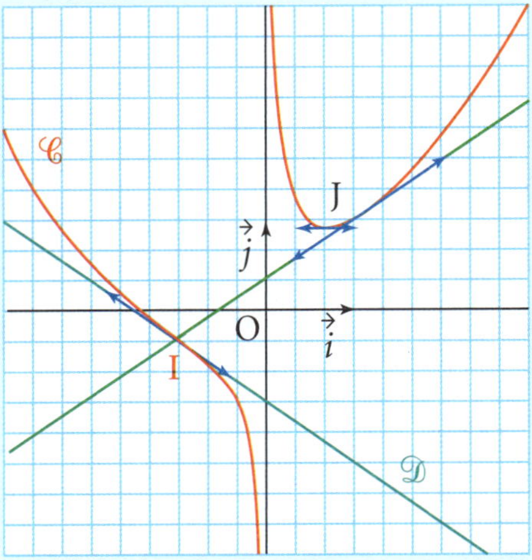

16 La fonction f est définie en tout point de $\mathbb{R}$. Elle est continue et dérivable en tout point de $\mathbb{R}$ et, pour tout réel x :
$f(x+2\pi) = 2\sin(x+2\pi)+1 = 2\sin x + 1$.
La fonction f est périodique, 2π est une période.
On étudiera f sur l'ensemble $E_f = [0\ ;2\pi]$ (E_f s'appelle l'ensemble d'étude de f).
Pour tout réel x, $f'(x) = 2\cos x$, d'où :

x	0		$\frac{\pi}{2}$		$\frac{3\pi}{2}$		2π
$f'(x)$		$+$	0	$-$	0	$+$	
f	1	↗	3	↘	-1	↗	1

Cherchons les points d'intersection de la courbe avec l'axe des abscisses :

$$f(x) = 0 \Leftrightarrow 2\sin x + 1 = 0$$

$$\Leftrightarrow \sin x = -\frac{1}{2} = \sin\left(-\frac{\pi}{6}\right)$$

$$\Leftrightarrow \begin{cases} x = -\frac{\pi}{6} + k2\pi \\ \text{ou} \\ x = \pi + \frac{\pi}{6} + k2\pi \quad (k \in \mathbb{Z}). \end{cases}$$

Remarques
- Pour tout x de $\mathbb{R}$, l'équation $\sin x = \sin a$ est équivalente à $x = a + k2\pi$ ou $x = \pi - a + k2\pi$ avec $k \in \mathbb{Z}$.
- Pour tout x de $\mathbb{R}$, l'équation $\cos x = \cos a$ est équivalente à $x = a + k2\pi$ ou $x = -a + k2\pi$ avec $k \in \mathbb{Z}$.

Les réels de E_f annulant f sont $\dfrac{7\pi}{6}$ et $\dfrac{11\pi}{6}$.

Si $\mathscr{C}_f$ désigne la courbe représentative de f sur E_f, on obtiendra la courbe représentative de f sur $\mathbb{R}$ en cherchant les images de $\mathscr{C}_1$ par les translations de vecteurs $\overrightarrow{v_k}(k2\pi\,;0)$ (où $k \in \mathbb{Z}$).

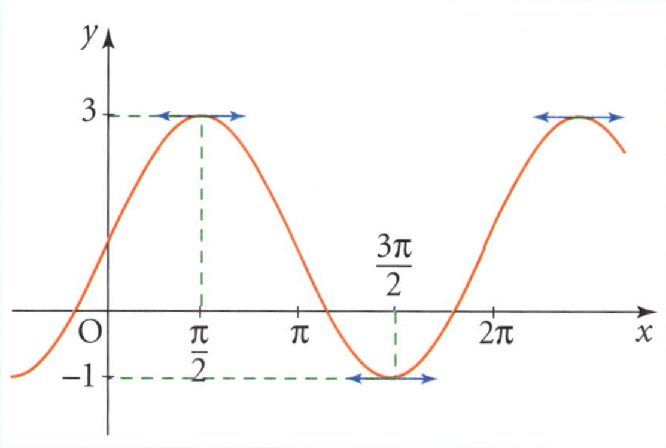

17 La fonction f est définie en tout point de $\mathbb{R}$. Elle est continue et dérivable en tout point de $\mathbb{R}$ et, pour tout réel x, $f(x+\pi) = \sin(2x+2\pi) = \sin 2x = f(x)$.
f est une fonction périodique dont une période est π.

La fonction f étant impaire, on étudiera f sur $E_f = \left[0\,;\dfrac{\pi}{2}\right]$. $f(0) = f\left(\dfrac{\pi}{2}\right) = 0$.

Pour tout réel x, $f'(x) = 2\cos 2x$

• Si $x \in E_f$, $f'(x) = 0$ équivaut à $2x = \dfrac{\pi}{2}$ soit $x = \dfrac{\pi}{4}$.

D'où le tableau de variation :

x	0		$\frac{\pi}{4}$		$\frac{\pi}{2}$
$f'(x)$	2	$+$	0	$-$	-2
f	0	↗	1	↘	0

Soit $\mathscr{C}_1$ la courbe représentative de f sur $\left[0\,;\dfrac{\pi}{2}\right]$, $\mathscr{C}_2$ la courbe symétrique de $\mathscr{C}_1$ par rapport à 0 ; $\mathscr{C}_1 \cup \mathscr{C}_2$ est la courbe représentative de f sur $\left[-\dfrac{\pi}{2}\,;\dfrac{\pi}{2}\right]$, c'est-à-dire sur un intervalle de diamètre π. La courbe représentative de f est la réunion des images de $\mathscr{C}_1 \cup \mathscr{C}_2$ par les translations de vecteurs $\overrightarrow{v_k}(k\pi, 0)$, $k \in \mathbb{Z}$.

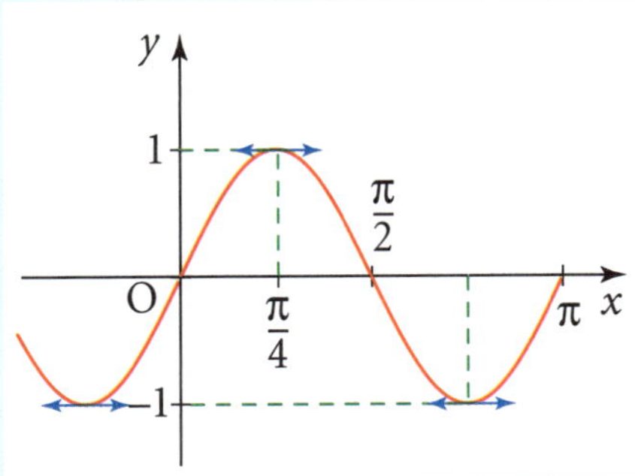

18 La fonction f est définie en tout point de $\mathbb{R}$ tel que $\cos x + 1 \neq 0$.
Pour tout réel x, $\cos x = -1$ équivaut à $x = (2k+1)\pi$ où $k \in \mathbb{Z}$.

L'ensemble de définition de f est $D_f = \mathbb{R} - \{(2k+1)\pi,\ k \in \mathbb{Z}\}$.

La fonction f est continue et dérivable en tout point D_f (quotient de deux fonctions dérivables, le dénominateur étant non nul) et, pour tout point de D_f :

$$f(x+2\pi) = \frac{\cos(x+2\pi)}{\cos(x+2\pi)+1} = f(x).$$

2π est une période de la fonction f.

La fonction f est paire (quotient de deux fonctions paires).

Remarque

On peut aussi écrire que pour tout x de $\mathbb{R}$, $\cos x = -1 = \cos\pi$, ce qui est équivalent à $x = \pi + k2\pi$ ou $x = -\pi + k2\pi$ $(k \in \mathbb{Z})$, ce qui est équivalent à $x = (2k+1)\pi$, $k \in \mathbb{Z}$.

On étudiera donc les variations de f sur l'intervalle $E_f = [0\,;\pi[$, $f(0) = \frac{1}{2}$.

Pour tout réel x, $1 + \cos x \geqslant 0$ et $\lim\limits_{x \to \pi} (1+\cos x) = 0$, $\lim\limits_{x \to \pi} \cos x = -1$.

Donc $\lim\limits_{x \to \pi^-} f(x) = -\infty$ et la droite d'équation $x = \pi$ est asymptote à la courbe.

Pour tout réel x de D_f :

$$f'(x) = \frac{-\sin x(\cos x + 1) - \cos x\,(-\sin x)}{(\cos x + 1)^2} = \frac{-\sin x}{(1+\cos x)^2}.$$

x	0		π
$f'(x)$	0	$-$	‖
f	$\frac{1}{2}$	↘	$-\infty$ ‖

Pour tout x de D_f, $f(x) = 0$ si et seulement si $\cos x = 0$,

soit $x = \frac{\pi}{2} + k\pi,\ k \in \mathbb{Z}$.

Soit $\mathscr{C}_1$ la courbe représentative, dans un repère orthogonal, de f sur l'intervalle $[0\,;\pi[$, $\mathscr{C}_2$ la courbe symétrique de $\mathscr{C}_1$ par rapport à l'axe des ordonnées. $\mathscr{C}_1 \cup \mathscr{C}_2$ est la courbe représentative de f sur l'intervalle $]-\pi\,;\pi[$ de diamètre 2π. La courbe représentative de f sur D_f sera la réunion des images de $\mathscr{C}_1 \cup \mathscr{C}_2$ par les translations de vecteurs $\vec{v_k}(k2\pi\ ;\ 0)$, $(k \in \mathbb{Z})$.

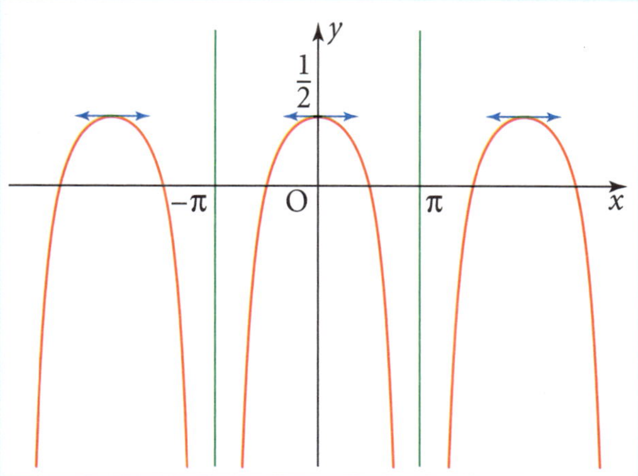

Remarque
Toutes les droites d'équation $x = (2k + 1)\pi$ sont asymptotes à la courbe représentative de f (voir ex **4**).

Sujets de type BAC

19 **1.** Dans le triangle (AMM'), la hauteur relative au sommet A est la droite (AH). En effet $(MM') = \Delta$; $(AH) = (AA')$; (AA') étant orthogonale à Δ, (AH) est orthogonale à (MM')

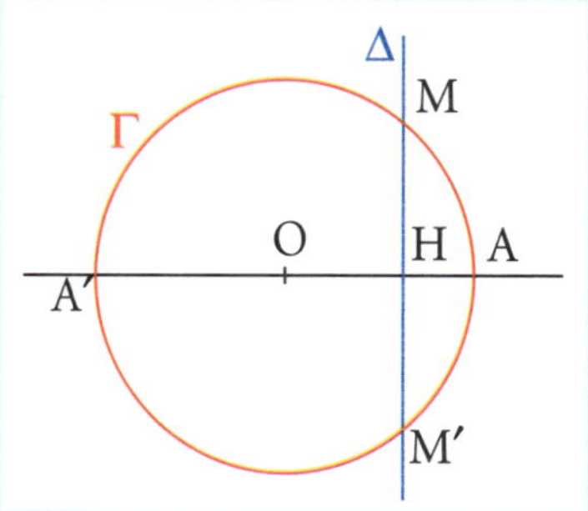

Donc l'aire S du triangle $(\mathrm{AMM'})$ est égale à $\frac{1}{2}\,\mathrm{AH} \times \mathrm{MM'}$.

• A et H sont deux points de l'axe des abscisses ; $\mathrm{AH} = |x-1| = 1-x$ car $x \in [-1\,;\,1]$.

• Les points M et M′ ont même abscisse x ; ils appartiennent au cercle de centre O et de rayon 1, dont une équation est $x^2 + y^2 = 1$.

$x^2 + y^2 = 1$ équivaut à $y = \sqrt{1-x^2}$ ou $-\sqrt{1-x^2}$. Les ordonnées de M et M′ sont donc $\sqrt{1-x^2}$ et $-\sqrt{1-x^2}$. La distance MM′ est donc égale à $2\sqrt{1-x^2}$.

$S = \frac{1}{2}(1-x) \times 2\sqrt{1-x^2}$, soit :

$$\boxed{S = (1-x)\sqrt{1-x^2}\,.}$$

2. Soit f définie par $f(x) = (1-x)\sqrt{1-x^2}$.

a) Les fonctions $x \mapsto 1-x$ et $x \mapsto 1-x^2$ sont dérivables sur $\mathbb{R}$ (fonctions polynômes) ; la fonction $x \mapsto \sqrt{x}$ n'est dérivable que sur $\mathbb{R}_+^*$.

La fonction $x \mapsto \sqrt{1-x^2}$ est donc dérivable sur $]-1\,;\,1[$ comme composée de fonctions dérivables, car $1-x^2$ est strictement positif sur $]-1\,;\,1[$. Donc f est dérivable sur le même intervalle comme produit de fonctions dérivables. Pour étudier la dérivabilité de f en 1 et -1, on étudie la limite du taux d'accroissement de f en -1 et $+1$.

En 1, $m(x) = \dfrac{f(x)-f(1)}{x-1} = \dfrac{(1-x)\sqrt{1-x^2}}{x-1}$.

$\lim\limits_{x \to 1} m(x) = \lim\limits_{x \to 1} -\sqrt{1-x^2} = 0$.

Donc f est dérivable en 1 et $f'(1) = 0$.

Remarque
Les théorèmes globaux ne permettent pas de conclure en -1 et en 1, mais cela ne préjuge en rien de la réponse en -1 et en 1, il faut faire une étude spécifique.

La courbe $\mathscr{C}$ possède donc au point d'abscisse 1 une tangente parallèle à l'axe des abscisses.

Pour tout x de $]-1\,;\,1[$ $x+1 > 0$ et $x-1 > 0$. D'où, en -1 :

$$m(x) = \frac{f(x)-f(-1)}{x+1} = \frac{(1-x)\sqrt{1-x^2}}{x+1} = \frac{(1-x)\sqrt{(1-x)(1+x)}}{x+1}$$

$$= \frac{(1-x)\sqrt{1-x}}{\sqrt{x+1}}.$$

$\lim\limits_{x \to -1} (1-x)\sqrt{1-x} = 2\sqrt{2}$;

$\lim\limits_{x \to -1} \sqrt{x+1} = 0$ et $\sqrt{x+1} > 0$,

donc $\lim\limits_{x \to -1} \dfrac{1}{\sqrt{x+1}} = +\infty$;

finalement $\lim\limits_{x \to -1} m(x) = +\infty$.

> **Remarque**
> Attention, le résultat est différent en −1 et en 1.

Donc f n'est pas dérivable en −1. La courbe $\mathscr{C}$ possède cependant au point d'abscisse −1 une tangente parallèle à l'axe des ordonnées.

b) Pour tout x dans l'intervalle $]-1\ ;1[$:

$$f'(x) = -\sqrt{1-x^2} + (1-x) \times \frac{-2x}{2\sqrt{1-x^2}}$$

$$= \frac{-1+x^2-x+x^2}{\sqrt{1-x^2}} = \frac{2x^2-x-1}{\sqrt{1-x^2}}.$$

$f'(x)$ a le signe du trinôme $2x^2-x-1$:

$2x^2-x-1=0 \Leftrightarrow x = 1$ ou $x = -\dfrac{1}{2}$;

$2x^2-x-1>0 \Leftrightarrow x \in \left]-\infty\ ;-\dfrac{1}{2}\right[\cup \left]1\ ;+\infty\right[$;

$2x^2-x-1>0 \Leftrightarrow x \in \left]-\dfrac{1}{2}\ ;1\right[$.

D'où l'on déduit les variations de f sur $[-1\ ;1]$:

x	-1		$-\frac{1}{2}$		1
$f'(x)$	‖	$+$	0	$-$	0
f	0	↗	$\frac{3\sqrt{3}}{4}$	↘	0

$f(0)=1$ et $f\left(-\dfrac{1}{2}\right) = \dfrac{3}{2}\sqrt{\dfrac{3}{4}} = \dfrac{3\sqrt{3}}{4}$.

c) Tracé de la courbe $\mathscr{C}$

x	−1	−0,75	−0,5	−0,25	0	0,25	0,50	0,75	1
$f(x)$	0	1,16	1,30	1,21	1	0,73	0,43	0,17	0

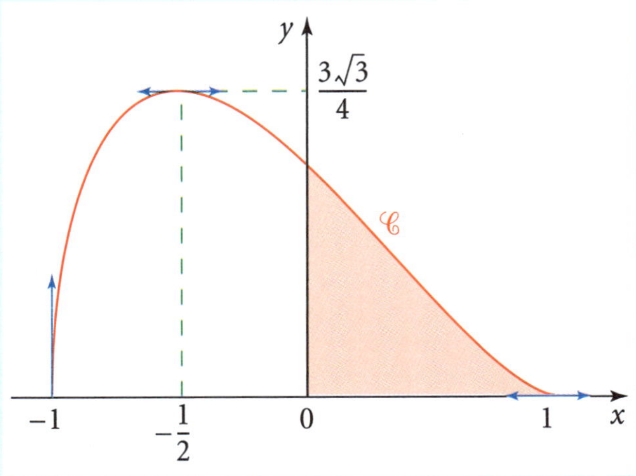

3. On a démontré dans la question **1.** que l'aire du triangle AMM′ est égale à $f(x)$, avec x abscisse de H. Cette aire est donc maximale quand $f(x)$ est maximal, c'est-à-dire pour $x = -\frac{1}{2}$.

Démontrons que pour $x = -\frac{1}{2}$, le triangle AMM′ est équilatéral.

• $MM' = 2\sqrt{1-x^2}$ (*cf.* **1.**). Pour $x = -\frac{1}{2}$, $MM' = 2\sqrt{\frac{3}{4}} = \sqrt{3}$.

• La droite (AA′) est la médiatrice du segment [MM′] ; en effet $(AA') \perp (MM')$ et le point O appartient à la médiatrice de [MM′] car $OM = OM' = 1$.

Donc AM = AM′. Calculons cette longueur.

$AM^2 = AH^2 + HM^2$; or $AH = 1 - x$ et $HM = \sqrt{1-x^2}$, donc :

$$AM^2 = (1-x)^2 + (1-x^2) = 2 - 2x.$$

Pour $x = -\frac{1}{2}$, $AM^2 = 2 + 1 = 3$ et $AM = \sqrt{3}$.

Donc, pour $x = -\frac{1}{2}$, le triangle AMM′ est un triangle équilatéral de côté $\sqrt{3}$.

4. f est continue et strictement croissante de $\left[-1\,;-\frac{1}{2}\right]$ dans

$f\left(\left[-1\,;-\frac{1}{2}\right]\right) = \left[f(-1)\,;f\left(-\frac{1}{2}\right)\right] = \left[0\,;\frac{3\sqrt{3}}{4}\right]$. $1 \in \left]0\,;\frac{3\sqrt{3}}{4}\right[$, donc, d'après le corollaire du théorème des valeurs intermédiaires, f prend une fois la valeur 1 entre −1 et $-\frac{1}{2}$, pour une valeur de x notée α.

De même, f est continue et strictement décroissante de $\left[-\frac{1}{2}\,;+1\right]$ dans

$f\left(\left[-\frac{1}{2}\,;1\right]\right)=\left[f(1)\,;f\left(-\frac{1}{2}\right)\right]=\left[0\,;\frac{3\sqrt{3}}{4}\right]$.

f prend une fois la valeur 1 entre $-\frac{1}{2}$ et 1, pour une valeur de x notée β.

Finalement, l'équation $f(x)=1$ admet deux solutions α et β sur $[-1\,;1]$:

$$\alpha\in\left]-1\,;-\frac{1}{2}\right[\quad\text{et}\quad\beta\in\left]-\frac{1}{2}\,;1\right[.$$

Remarquons que $f(0)=1$, donc $\beta=0$.

On cherche, avec une calculatrice, une valeur approchée de α à 10^{-3} près :

$$f(-0{,}8)=1{,}08 \text{ et } f(-0{,}9)\approx 0{,}828\,19.$$

$f(-0{,}9)<f(\alpha)<f(-0{,}8)$ et f est croissante sur $\left]-1\,;-\frac{1}{2}\right[$, donc :

$$-0{,}9<\alpha<-0{,}8.$$

$f(-0{,}84)\approx 0{,}998\,36$ et $f(0{,}83)\approx 1{,}020\,71$.

$f(-0{,}84)<f(\alpha)<f(-0{,}83)$ et f est croissante sur $\left]-1\,;-\frac{1}{2}\right[$, donc :

$$-0{,}84<\alpha<-0{,}83.$$

$f(0{,}839)\approx 1{,}000\,66$.

$f(-0{,}84)<f(\alpha)<f(-0{,}839)$ et f est croissante sur $\left]-1\,;-\frac{1}{2}\right[$, donc :

$$-0{,}840<\alpha<-0{,}839.$$

Une valeur approchée de α à 10^{-3} près par défaut est $-0{,}840$.

20 Pour $n\in\mathbb{N}$, soit f_n la fonction définie sur $[0\,;1]$ par :

$$f_n(x)=x^{n+\frac{1}{2}}(1-x)^{\frac{1}{2}}$$

et $\mathscr{C}_n$ sa courbe représentative dans un repère orthonormal.

Partie A – Étude de la fonction f_n

1. La fonction f_0 est définie sur $[0\,;1]$ par $f_0(x)=x^{\frac{1}{2}}(1-x)^{\frac{1}{2}}$.

Le point M de coordonnées $(x\,;y)$ appartient à $\mathscr{C}_0$ si et seulement si $y=x^{\frac{1}{2}}(1-x)^{\frac{1}{2}}$, c'est-à-dire si et seulement si $y\geqslant 0$ et $y^2=x(1-x)$.

$$y^2 = x(1-x) = x - x^2 \Leftrightarrow x^2 - x + y^2 = 0 \Leftrightarrow \left(x - \frac{1}{2}\right)^2 + y^2 = \frac{1}{4}.$$

On reconnaît l'équation du cercle $\mathscr{C}$ de centre $\Omega\left(\frac{1}{2}\,;0\right)$ et de rayon $\frac{1}{2}$.

$\mathscr{C}_0$ est donc l'intersection de ce cercle $\mathscr{C}$ et du demi-plan $y \geqslant 0$.

Or, la droite d'équation $y = 0$, qui limite ce demi-plan, passe par le centre Ω du cercle $\mathscr{C}$.

$\mathscr{C}_0$ est donc un demi-cercle de centre $\Omega\left(\frac{1}{2}\,;0\right)$ et de rayon $\frac{1}{2}$.

2. a) Soit g_n la fonction définie sur $]0\,;1[$ par $g_n(x) = x^{n+\frac{1}{2}}$.

g_n est le produit d'une fonction monôme dérivable sur $]0\,;+\infty[$ et de la fonction racine carré, dérivable sur $]0\,;+\infty[$, donc g_n est dérivable sur $]0\,;+\infty[$.

Pour tout $x \in\ ]0\,;+\infty[$:

$$g_n'(x) = nx^{n-1}\sqrt{x} + x^n\frac{1}{2\sqrt{x}} = \frac{1}{\sqrt{x}}\left[nx^n + \frac{1}{2}x^n\right] = \left(n + \frac{1}{2}\right)x^n \times \frac{1}{\sqrt{x}} = \left(n + \frac{1}{2}\right)x^{n-\frac{1}{2}}.$$

D'autre part, la fonction h définie sur $]0\,;1[$ par $h(x) = (1-x)^{\frac{1}{2}}$ est la composée des fonctions i, application de $]0\,;1[$ dans $]0\,;1[$ définie par $i(x) = 1 - x$, et j définie sur $]0\,;1[$ par $j(x) = x^{\frac{1}{2}}$, i est dérivable sur $]0\,;1[$ (c'est une fonction affine), et j également (c'est la fonction $x \mapsto x^{\alpha}$ avec $\alpha = \frac{1}{2}$) ; h est donc dérivable comme composée de deux fonctions dérivables et, pour tout $x \in\ ]0\,;1[$:

$$h'(x) = j' \circ i(x) \times i'(x).$$

Or, pour tout $x \in\ ]0\,;1[$, $i'(x) = -1$ et $j'(x) = \frac{1}{2}x^{-\frac{1}{2}}$ donc :

$$h'(x) = \frac{1}{2}(1-x)^{-\frac{1}{2}} \times (-1) = -\frac{1}{2}(1-x)^{-\frac{1}{2}}.$$

Finalement, f_n est dérivable sur $]0\,;1[$, comme produit de deux fonctions dérivables, et pour tout $x \in\ ]0\,;1[$:

$$f_n'(x) = \left(n + \frac{1}{2}\right)x^{n-\frac{1}{2}} \times (1-x)^{\frac{1}{2}} + x^{n+\frac{1}{2}} \times \left(-\frac{1}{2}(1-x)^{-\frac{1}{2}}\right).$$

On transforme l'expression de $f_n'(x)$:

$$f_n'(x) = x^{n-\frac{1}{2}}\left[\left(n+\frac{1}{2}\right)\left((1-x)^{\frac{1}{2}} - \frac{1}{2}x(1-x)^{-\frac{1}{2}}\right)\right],$$

puisque $x^{n+\frac{1}{2}} = x^{n-\frac{1}{2}} \times x$.

$$f_n'(x) = x^{n-\frac{1}{2}}(1-x)^{-\frac{1}{2}}\left[\left(n+\frac{1}{2}\right)(1-x) - \frac{1}{2}x\right]$$

$(1-x)^{\frac{1}{2}} = (1-x)^{-\frac{1}{2}} \times (1-x)$, donc :

$$\boxed{f_n'(x) = x^{n-\frac{1}{2}}(1-x)^{-\frac{1}{2}}\left[\left(n+\frac{1}{2}\right) - (n+1)x\right].}$$

Pour tout $x \in \,]0\,;1[$, $x^{n-\frac{1}{2}} > 0$ et $(1-x)^{-\frac{1}{2}} = \dfrac{1}{\sqrt{1-x}} > 0$;

d'où $x^{n-\frac{1}{2}}(1-x)^{-\frac{1}{2}} > 0$ et :

$f'_n(x)$ et $\left(\left(n+\frac{1}{2}\right) - (n+1)x\right)$ ont le même signe.

b) • Pour étudier la dérivabilité de f_n en 0, formons $m(x) = \dfrac{f_n(x) - f_n(0)}{x - 0}$.

$f_n(0) = 0$ et donc $m(x) = \dfrac{f_n(x)}{x} = x^{n-\frac{1}{2}}(1-x)^{\frac{1}{2}}$.

Calculons la limite de m en 0.

n étant un entier non nul, $n - \dfrac{1}{2} > 0$ et donc $\lim\limits_{x\to 0} x^{n-\frac{1}{2}} = 0$.

$\lim\limits_{x\to 0} (1-x)^{\frac{1}{2}} = 1$, d'où $\lim\limits_{x\to 0} m(x) = 0$, soit :

$$\lim_{x\to 0} \frac{f_n(x) - f_n(0)}{x} = 0.$$

f_n est donc dérivable en 0 et $f_n'(0) = 0$.

$\mathscr{C}_n$ possède au point O une tangente de vecteur directeur $\vec{i}$.

• Pour étudier la dérivabilité de f_n en 1, formons $k_n(x) = \dfrac{f_n(x) - f_n(1)}{x - 1}$.

$f_n(1) = 0$, donc :

$$k_n(x) = \frac{x^{n+\frac{1}{2}}(1-x)^{\frac{1}{2}}}{x-1} = -\frac{x^{n+\frac{1}{2}}(1-x)^{\frac{1}{2}}}{1-x} = -\frac{x^{n+\frac{1}{2}}}{(1-x)^{\frac{1}{2}}} \text{ (car } x \in \,]0\,;1[\text{).}$$

$\lim_{x \to 1} x^{n+\frac{1}{2}} = 1$ et donc $\lim_{x \to 1} -x^{n+\frac{1}{2}} = -1$;

$\lim_{x \to 1} (1-x)^{\frac{1}{2}} = 0$ et $(1-x)^{\frac{1}{2}} \geqslant 0$.

D'où $\lim_{x \to 1} k_n(x) = -\infty$ et $\lim_{x \to 1} \dfrac{f_n(x) - f_n(1)}{x-1} = -\infty$.

f_n n'est pas dérivable en 1 ; néanmoins $\mathscr{C}_n$ possède une tangente au point (1 ; 0) de vecteur directeur $\vec{j}$.

c) Nous avons montré que pour $x \in]0\,;1[$, $f_n'(x)$ a le même signe que $\left(n+\frac{1}{2}\right) - (n+1)x$. Or $\left(n+\frac{1}{2}\right) - (n+1)x$ s'annule pour $x = \dfrac{n+\frac{1}{2}}{n+1}$; on remarque que $\dfrac{n+\frac{1}{2}}{n+1}$ appartient à $]0\,;1[$, donc f_n' s'annule pour $x = \dfrac{n+\frac{1}{2}}{n+1}$.

D'autre part $\left(n+\frac{1}{2}\right) - (n+1)x$ est strictement positif pour $x < \dfrac{n+\frac{1}{2}}{n+1}$ et strictement négatif pour $x > \dfrac{n+\frac{1}{2}}{n+1}$. On en déduit que f_n est strictement croissante sur $\left[0\,;\dfrac{n+\frac{1}{2}}{n+1}\right]$ et strictement décroissante sur $\left[\dfrac{n+\frac{1}{2}}{n+1}\,;1\right]$.

On peut maintenant dresser le tableau de variation de f_n pour $n \geqslant 1$:

x	0		$X = \dfrac{n+\frac{1}{2}}{n+1}$		1
$f_n'(x)$	0	$+$	0	$-$	‖
f_n	0	↗	$f_n(X)$	↘	0

En $X = \dfrac{n+\frac{1}{2}}{n+1}$, f_n possède un maximum et $\mathscr{C}_n$ une tangente de vecteur directeur $\vec{i}$.

3. a) $f_{n+1}(x) - f_n(x) = x^{n+\frac{3}{2}}(1-x)^{\frac{1}{2}} - x^{n+\frac{1}{2}}(1-x)^{\frac{1}{2}} = x^{n+\frac{1}{2}}(1-x)^{\frac{1}{2}}(x-1)$;

$f_{n+1}(x) - f_n(x)$ s'annule pour $x = 0$ et $x = 1$.

Pour $x \in \,]0\,;1[$, $x^{n+\frac{1}{2}} > 0$, $(1-x)^{\frac{1}{2}} > 0$ et $x - 1 < 0$, donc :

$$\boxed{f_{n+1}(x) - f_n(x) < 0.}$$

b) Le résultat de a) signifie que la courbe $\mathscr{C}_{n+1}$ est en dessous de la courbe $\mathscr{C}_n$ et que les courbes ont deux points communs, les points O(0 ; 0) et A(1 ; 0).

c) Pour tracer $\mathscr{C}_1$ et $\mathscr{C}_2$, on utilise le tableau de variation établi à la question **2.**.
Précisons le maximum de f_1 et celui de f_2.
Pour $n = 1$:

$$\frac{n+\frac{1}{2}}{n+1} = \frac{\frac{3}{2}}{2} = \frac{3}{4} \quad \text{et} \quad f_1\left(\frac{3}{4}\right) = \left(\frac{3}{4}\right)^{\frac{3}{2}}\left(\frac{1}{4}\right)^{\frac{1}{2}} = \frac{3}{4} \times \sqrt{\frac{3}{4}} \times \frac{1}{2} = \frac{3\sqrt{3}}{16} \approx 0{,}32.$$

Pour $n = 2$:

$$\frac{n+\frac{1}{2}}{n+1} = \frac{\frac{5}{2}}{3} = \frac{5}{6} \approx 0{,}83 \text{ et } f_2\left(\frac{5}{6}\right) = \left(\frac{5}{6}\right)^{\frac{5}{2}} \times \left(\frac{1}{6}\right)^{\frac{1}{2}} = \left(\frac{5}{6}\right)^2 \times \frac{\sqrt{5}}{\sqrt{6}} \times \frac{1}{\sqrt{6}} = \frac{5^2}{6^3}\sqrt{5} \approx 0{,}25.$$

Donc $\mathscr{C}_2$ est en dessous de $\mathscr{C}_1$.

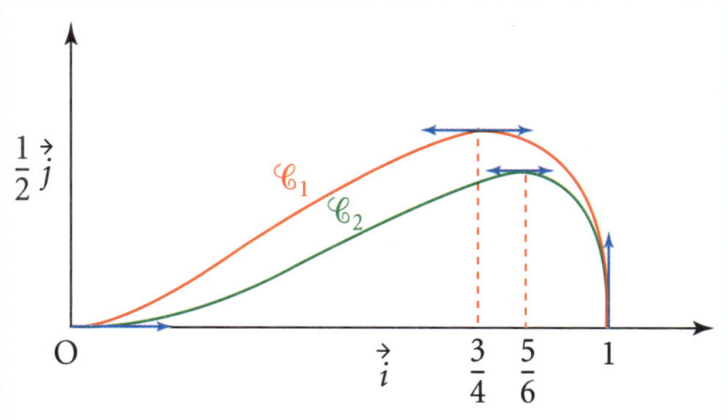

21 **1.** Soit f la fonction définie sur $\mathbb{R}$ par $f(x) = x^3 + x^2 - 4$.

a) f est une fonction polynôme, donc f est dérivable sur $\mathbb{R}$ et pour tout réel x :

$$f'(x) = 3x^2 + 2x = x(3x + 2).$$

Le signe de $f'(x)$ est celui du trinôme $x \mapsto x(3x + 2)$, qui admet pour racines 0 et $-\frac{2}{3}$. Il est strictement positif, c'est-à-dire du signe de 3 pour tous les réels de $\left]-\infty\,;-\frac{2}{3}\right[\cup \left]0\,;+\infty\right[$. Il est strictement négatif pour les réels x de $\left]-\frac{2}{3}\,;0\right[$.

f est donc strictement décroissante sur $\left]-\frac{2}{3}\,;0\right[$ et strictement croissante sur $\left]-\infty\,;-\frac{2}{3}\right[$ et sur $[0\,;+\infty[$.

Le tableau de variation de f est :

x	$-\infty$		$-\frac{2}{3}$		0		$+\infty$
$f'(x)$		$+$	0	$-$	0	$+$	
f	$-\infty$	↗	$-\frac{104}{27}$	↘	-4	↗	$+\infty$

• $\lim\limits_{x \to +\infty} f(x) = \lim\limits_{x \to +\infty} (x^3 + x^2 - 4) = +\infty$, car $\lim\limits_{x \to +\infty} x^3 = +\infty$ et $\lim\limits_{x \to +\infty} x^2 = +\infty$.

• $\lim\limits_{x \to -\infty} f(x) = \lim\limits_{x \to -\infty} x^3\left(1 + \frac{1}{x} - \frac{4}{x^3}\right) = -\infty$, car $\lim\limits_{x \to -\infty} x^3 = -\infty$ et $\lim\limits_{x \to -\infty} \frac{4}{x^3} = 0$, $\lim\limits_{x \to -\infty} \frac{1}{x} = 0$.

• D'après le tableau de variation de f, on constate que f admet sur $]-\infty\,;0]$ un maximum égal à $-\frac{104}{27} < 0$ c'est-à-dire que pour tout réel x de $]-\infty\,;0]$:

$$f(x) \leqslant -\frac{104}{27} < 0.$$

L'équation $f(x) = 0$ n'a donc pas de solution sur $]-\infty\,;0]$.

• Sur l'intervalle $[0\,;2]$, f est continue et strictement croissante.

$f([0\,;2]) = [f(0)\,;f(2)] = [-4\,;8]$.

Le nombre 0 appartient à $[-4\,;8]$, donc 0 admet un unique antécédent a dans $[0\,;2]$ d'après le corollaire du théorème des valeurs intermédiaires.

a est l'unique solution de l'équation $f(x) = 0$ dans [0 ; 2].

• Puisque f est strictement croissante sur $\mathbb{R}^+$, si $x > 2$ alors $f(x) > f(2) > 0$.

Donc l'équation $f(x) = 0$ n'a pas de solution dans $[2 ; +\infty[$.

L'équation $f(x) = 0$ admet dans $\mathbb{R}$ une unique solution a appartenant à [0 ; 2].

$f(1) = -2$ et $f(2) = 8$; donc $f(1) < 0 < f(2)$, soit :

$$f(1) < f(a) < f(2).$$

Comme f est croissante sur [0 ; 2], on en déduit :

$$\boxed{1 < a < 2.}$$

b) Soit M_0 le point de Γ d'abscisse $x_1 = 2$. M_0 a pour coordonnées (2 ; 8).
Le coefficient directeur de la tangente à Γ en M_0 est $f'(2) = 16$.

Une équation de la tangente T_0 à Γ en M_0 est :

$$y = f'(x_1)(x - x_1) + f(x_1)$$
$$y = 16(x - 2) + 8$$

$$\boxed{y = 16x - 24.}$$

• T_0 coupe l'axe des abscisses en un point A_1 d'abscisse u_1 solution de :

$$16x - 24 = 0, \text{ soit } x = \frac{24}{16} = \frac{3}{2} = u_1.$$

$$\boxed{u_1 = \frac{3}{2}.}$$

• Soit T_1 la tangente à Γ en M de coordonnées :

$$x = u_1 = \frac{3}{2} \text{ et } y = f(u_1) = f\left(\frac{3}{2}\right) = \frac{13}{8}.$$

Le coefficient directeur de T_1 est $f'\left(\frac{3}{2}\right) = \frac{39}{4}$. Une équation de T_1 est :

$$y = \frac{39}{4}\left(x - \frac{3}{2}\right) + \frac{13}{8},$$

$$\boxed{y = \frac{39}{4}x - 13.}$$

• T_1 coupe l'axe des abscisses en un point d'abscisse u_2 solution de :

$$\frac{39}{4}x - 13 = 0 \text{, c'est-à-dire } x = \frac{13 \times 4}{39} = \frac{4}{3} = u_2.$$

$$\boxed{u_2 = \frac{4}{3}.}$$

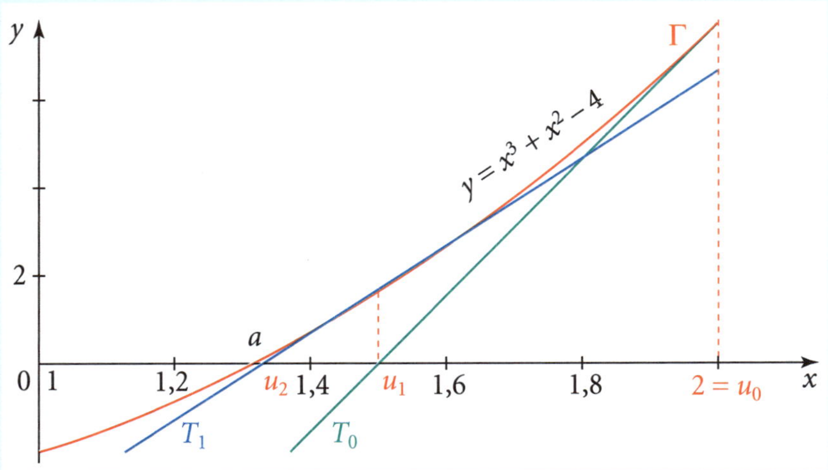

c) On pose $u_0 = 2$, $u_1 = \dfrac{3}{2}$ et $u_2 = \dfrac{4}{3}$. Calculons $f(u_1)$ et $f(u_2)$.

$f\left(\dfrac{3}{2}\right) = \dfrac{13}{8}$ et $f\left(\dfrac{4}{3}\right) = \dfrac{2}{27}$, donc $f(1) < 0 < f\left(\dfrac{4}{3}\right)$.

D'où $1 < a < \dfrac{4}{3}$ car f est croissante sur $[1\,;\,2]$.

Donc $1 < a < u_2 < u_1 < u_0$.

On « vérifie » sur le graphique que **u_2 est plus proche de a que u_1**.

d) Soit T_n la tangente à Γ au point M_n d'abscisse u_n.

Une équation de T_n, pour n entier naturel, est $y = f'(u_n)(x - u_n) + f(u_n)$.

Pour tout n de $\mathbb{N}$:

$$f'(u_n) = 3u_n^2 + 2u_n \text{ et } f(u_n) = u_n^3 + u_n^2 - 4 \qquad (1)$$

T_n coupe l'axe des abscisses en un point d'abscisse x solution de :

$$f'(u_n)(x - u_n) + f(u_n) = 0$$

$$xf'(u_n) = u_n f'(u_n) - f(u_n).$$

Si, $f'(u_n) \neq 0$, alors $x = u_n - \dfrac{f(u_n)}{f'(u_n)} = u_{n+1}$,

soit en tenant compte des égalités **(1)** :

$$x = u_{n+1} = u_n - \frac{u_n^3 + u_n^2 - 4}{3u_n^2 + 2u_n}$$

$$\boxed{x = \frac{2u_n^3 + u_n^2 + 4}{3u_n^2 + 2u_n}.}$$

Remarque
Tous les u_n sont strictement positifs, donc $f'(u_n)$ est non nul et donc u_{n+1} existe et est strictement positif.

Remarque
On peut montrer par récurrence que tous les u_n sont strictement positifs, donc que $f'(u_n)$ est non nul et donc u_{n+1} existe et est strictement positif.

Avec une calculatrice, on obtient les valeurs approchées suivantes :

$u_0 = 2$; $u_1 = 1{,}5$; $u_2 = \dfrac{4}{3} \approx 1{,}33$; $u_3 = \dfrac{71}{54} \approx 1{,}3148$;

$u_4 = \dfrac{808\,946}{615\,357} \approx 1{,}3146$; $u_5 \approx 1{,}3146$.

2. a) On pose pour tout réel $x \geqslant 0$, $\varphi(x) = \dfrac{2}{\sqrt{x+1}}$.

• Pour tout réel $x \geqslant 0$, φ est dérivable et :

$$\varphi'(x) = 2 \times \frac{-\dfrac{1}{2\sqrt{x+1}}}{x+1} = \frac{-1}{(x+1)\sqrt{x+1}}.$$

Pour tout réel $x \geqslant 0$, $\varphi'(x) < 0$; φ est donc strictement décroissante sur $\mathbb{R}^+$.

• $\lim\limits_{x \to +\infty} \varphi(x) = 0$, car $\lim\limits_{x \to +\infty} (x+1) = +\infty$.

Le tableau de variation de φ est donc :

x	0	$+\infty$
$\varphi'(x)$	−	
φ	2 ↘	0

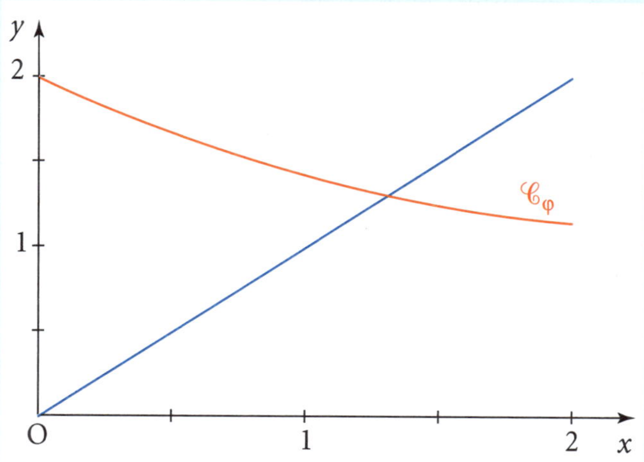

Il semble que l'équation $\varphi(x) = x$ a une solution et une seule sur $\mathbb{R}^+$. Cette solution est l'abscisse du point d'intersection de Δ et de la courbe représentative de φ.

• Démontrons que l'équation $\varphi(x) = x$ n'admet qu'une solution sur $\mathbb{R}^+$.

Pour tout réel $x \geqslant 0$, posons $g(x) = \varphi(x) - x$.

g est dérivable sur $\mathbb{R}^+$ et pour tout réel $x \geqslant 0$, $g'(x) = \varphi'(x) - 1$.

Comme on vient de voir que pour tout $x \geqslant 0$, $\varphi'(x) < 0$, on en déduit que $g'(x) < 0$ pour x réel de $\mathbb{R}^+$,

La fonction g est donc strictement décroissante sur $\mathbb{R}^+$ et $\lim\limits_{+\infty} g = -\infty$ car $\lim\limits_{+\infty} \varphi = 0$.

Sur $\mathbb{R}^+$, g est dérivable, strictement décroissante, $g([0\,;+\infty[) =]-\infty\,;\,2]$.

Le réel 0 appartient à $]-\infty\,;\,2]$, donc 0 admet un unique antécédent x_0 dans $\mathbb{R}^+$, x_0 est l'unique solution de $g(x) = 0$ dans $\mathbb{R}^+$.

Sur $\mathbb{R}^+$, l'équation $g(x) = 0$ équivalente à $\varphi(x) = x$ admet une unique solution x_0 dans $\mathbb{R}^+$.

• Démontrons que $x_0 = a$. Pour tout réel $x \geqslant 0$:

$$\begin{aligned}\varphi(x) = x &\Leftrightarrow \frac{2}{\sqrt{x+1}} = x \Leftrightarrow 2 = x\sqrt{x+1}\\ &\Leftrightarrow 2 = x\sqrt{x+1}\\ &\Leftrightarrow 4 = x^2(x+1) \text{ car } x \text{ et } \sqrt{x+1} \text{ sont positifs sur } \mathbb{R}^+\\ &\Leftrightarrow 4 = x^3 + x^2\\ &\Leftrightarrow x^3 + x^2 - 4 = 0.\end{aligned}$$

Donc l'équation $\varphi(x) = x$ est équivalente dans $\mathbb{R}^+$ à $f(x) = 0$.

Ces deux équations équivalentes ont donc le même ensemble de solutions dans $\mathbb{R}^+$ donc :

$$\boxed{a = x_0.}$$

b) Soit (v_n) la suite définie par $v_0 = 1$ et $v_{n+1} = \varphi(v_n)$.

• $v_0 = 1$, donc $v_0 \in [1\,;2]$.

Démontrons par récurrence que, pour tout n de $\mathbb{N}^*$, $v_n \in]1\,;2[$.

• $v_1 = \varphi(1) = \dfrac{2}{\sqrt{2}} = \sqrt{2}$, donc $1 < v_1 < 2$.

• Supposons que pour un entier n non nul, $v_n \in]1\,;2[$. Alors comme φ est strictement décroissante sur $[1\,;2]$:

$$\begin{aligned}1 < v_n < 2 &\Leftrightarrow \varphi(1) > \varphi(v_n) > \varphi(2)\\ &\Leftrightarrow \sqrt{2} > v_{n+1} > \frac{2}{\sqrt{3}} > 1.\end{aligned}$$

Donc v_{n+1} vérifie $1 < v_{n+1} < 2$ et pour tout n de $\mathbb{N}^*$:

$$\boxed{1 < v_n < 2.}$$

c) Pour tout entier naturel n :

$$v_{n+1} - a = \frac{2}{\sqrt{v_n + 1}} - \frac{2}{\sqrt{a+1}} \quad \text{car } \varphi(a) = a$$

$$= 2\frac{\sqrt{a+1} - \sqrt{v_n + 1}}{\sqrt{1+v_n}\,\sqrt{1+a}}$$

$$= 2\frac{a - v_n}{\sqrt{1+v_n}\,\sqrt{1+a}\,(\sqrt{1+a} + \sqrt{1+v_n})},$$

car pour tout entier n, $\sqrt{1+a} + \sqrt{1+v_n} \neq 0$.

Pour tout entier n, $\sqrt{1+a} + \sqrt{1+v_n} \geqslant 2\sqrt{2}$, car $a \geqslant 1$, et pour tout entier n, $v_n > 1$.

D'où pour tout entier n :

$$\boxed{|v_{n+1} - a| = 2|v_n - a| \times \frac{1}{\sqrt{1+v_n}\sqrt{1+a}(\sqrt{1+a} + \sqrt{1+v_n})}.}$$

D'où $|v_{n+1} - a| \leqslant 2|v_n - a|\dfrac{1}{\sqrt{2}\sqrt{2}(2\sqrt{2})}$ soit :

$$\boxed{|v_{n+1} - a| \leqslant \frac{2}{4\sqrt{2}}|v_n - a| = \frac{1}{2\sqrt{2}}|v_n - a|.}$$

d) On raisonne par récurrence

• Si $n = 0$, l'inégalité **(2)** s'écrit :

$$|v_0 - a| \leqslant \left(2^{-\frac{3}{2}}\right)^{-1}, \text{ soit } |v_0 - a| \leqslant 2^{\frac{3}{2}}.$$

Or v_0 et a appartiennent à [1 ; 2], donc :

$$|v_0 - a| \leqslant 1 \leqslant 2^{\frac{3}{2}}.$$

L'inégalité **(2)** est vraie pour l'entier $n = 0$.

• Supposons qu'il existe un entier n de $\mathbb{N}$ tel que l'inégalité **(2)** soit vérifiée, c'est-à-dire tel que :

$$|v_n - a| \leqslant k^{n-1}.$$

Alors, d'après l'inégalité obtenue en **c)** :

$$|v_{n+1} - a| \leqslant k|v_n - a|,\ \text{où } k = 2^{-\frac{3}{2}},$$

et en tenant compte de **(2)** :

$$|v_{n+1} - a| \leqslant k \times k^{n-1},\ \text{soit } |v_{n+1} - a| \leqslant k^n.$$

Donc si l'inégalité est vraie pour l'entier n, elle est vraie pour l'entier $n + 1$.

Donc puisqu'elle est vraie pour l'entier 0, elle est vraie pour tout entier n.

Donc, pour tout $n \in \mathbb{N}$, $|v_n - a| \leqslant k^{n-1}$.

• Déterminons les valeurs de n ($n \in \mathbb{N}$) pour lesquelles l'approximation obtenue est inférieure à 10^{-3} ou 10^{-4}.

v_n est une valeur approchée à 10^{-p} de a si :

$$|v_n - a| \leqslant 10^{-p}.$$

Cette inégalité est réalisée si $k^{n-1} \leqslant 10^{-p}$.

Résolvons dans $\mathbb{N}$ l'inéquation $k^{n-1} \leqslant 10^{-p}$ (p entier donné).

Pour tout entier n de $\mathbb{N}$ et tout p entier naturel :

$$\left(2^{-\frac{3}{2}}\right)^{n-1} \leqslant 10^{-p} \Leftrightarrow 2^{-\frac{3}{2}(n-1)} \leqslant 10^{-p}.$$

Les deux membres sont strictement positifs et la fonction ln est strictement croissante sur $]0\,;+\infty[$, d'où l'inéquation équivalente :

$$\left(-\frac{3}{2}(n-1)\ln 2\right) \leqslant -p\ln 10 \Leftrightarrow \frac{3}{2}(n-1)\ln 2 \geqslant p\ln 10$$

$$\Leftrightarrow n - 1 \geqslant \frac{2p\ln 10}{3\ln 2}\ \left(\frac{3}{2}\ln 2 > 0\right)$$

$$\Leftrightarrow n \geqslant 1 + \frac{2p\ln 10}{3\ln 2}.$$

Si $p = 3$, $|v_n - a| \leqslant 10^{-3}$ pour les entiers n supérieur à $1 + \dfrac{6\ln 10}{3\ln 2} \approx 7{,}6$.

Donc, $|v_n - a| \leqslant 10^{-3}$ pour les entiers $n \geqslant 8$.

Si $p = 4$, $|v_n - a| \leqslant 10^{-4}$ pour les entiers n supérieurs à $1 + \dfrac{8\ln 10}{3\ln 2} \approx 9{,}8$.

Donc, $|v_n - a| \leqslant 10^{-4}$ pour les entiers $n \geqslant 10$.

La Prépa attitude

Les **fonctions trigonométriques** ont de nombreuses applications en physique. Le programme étudie les **fonctions cosinus** et **sinus**. Dans le triangle rectangle, ont été définis dans les classes précédentes le cosinus, le sinus et la tangente d'un angle. Le complément de cours comporte des résultats sur la fonction tangente ainsi que des formules qui devront être mémorisées.

Prolongement au cours de Term S

Fonction tangente

La fonction tangente notée $\tan$ est définie sur tout intervalle de $\mathbb{R}$ qui ne contient pas un réel de la forme $\frac{\pi}{2} + k\pi$ avec $k \in \mathbb{Z}$ et l'on a pour tout x où elle est définie : $\tan x = \frac{\sin x}{\cos x}$.

La fonction tangente est impaire et sa plus petite période positive est π, toutes les périodes sont $k \times \pi$ $\left(k \in \mathbb{Z}^*\right)$.

La fonction tangente est dérivable donc continue sur tout intervalle de $\mathbb{R}$ où elle est définie et l'on a $\tan' = 1 + \tan^2 = \frac{1}{\cos^2}$.

On a $\tan 0 = 0$ et $\lim\limits_{x \to \frac{\pi}{2}^-} \tan x = +\infty$. Le point O est centre de symétrie de la courbe représentative, les droites d'équations $x = \frac{\pi}{2} + k\pi$ avec $k \in \mathbb{Z}$ sont des asymptotes verticales à la courbe représentative de la fonction tangente.

Le tableau de variation de la fonction $\tan$ sur $\left[0 ; \frac{\pi}{2}\right[$ est donné page suivante.

On construit la partie de la courbe sur $\left[0 ; \frac{\pi}{2}\right[$ (en rouge), on complète par symétrie par rapport au point O puis par translations de vecteur $k\pi\vec{i}$ $\left(k \in \mathbb{Z}^*\right)$.

AMBITION PRÉPA

x	0		$+\frac{\pi}{2}$
tan	0	↗	$+\infty$

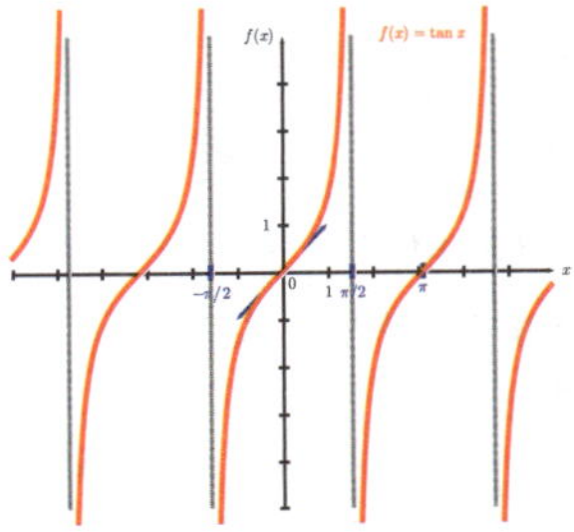

Formulaire

θ un nombre réel, $\cos^2\theta + \sin^2\theta = 1$.

θ un nombre réel différent de $\frac{\pi}{2} + k\pi \quad (k \in \mathbb{Z})$, on a $\tan\theta = \frac{\sin\theta}{\cos\theta}$.

θ un nombre réel différent de $\frac{\pi}{2} + k\pi \quad (k \in \mathbb{Z})$, on a $\cos^2\theta = \frac{1}{1+\tan^2\theta}$ et $\sin^2\theta = \frac{\tan^2\theta}{1+\tan^2\theta}$.

Valeurs remarquables

	0	$\frac{\pi}{6}$	$\frac{\pi}{4}$	$\frac{\pi}{3}$	$\frac{\pi}{2}$
cos	1	$\frac{\sqrt{3}}{2}$	$\frac{\sqrt{2}}{2}$	$\frac{1}{2}$	0
sin	0	$\frac{1}{2}$	$\frac{\sqrt{2}}{2}$	$\frac{\sqrt{3}}{2}$	1
tan	0	$\frac{\sqrt{3}}{3}$	1	$\sqrt{3}$	

Symétries. Soit x un nombre réel, on a, lorsque les expressions existent :

	$-x$	$\pi - x$	$\pi + x$	$\frac{\pi}{2} - x$	$\frac{\pi}{2} + x$
cos	$\cos x$	$-\cos x$	$-\cos x$	$\sin x$	$-\sin x$
sin	$-\sin x$	$\sin x$	$-\sin x$	$\cos x$	$\cos x$
tan	$-\tan x$	$-\tan x$	$\tan x$	$\frac{1}{\tan x}$	$-\frac{1}{\tan x}$

Formules d'addition. a et b deux nombres réels, on a, lorsque les expressions existent :

	$a+b$	$a-b$	$2a$
cos	$\cos a\cos b - \sin a\sin b$	$\cos a\cos b + \sin a\sin b$	$\cos^2 a - \sin^2 a = 2\cos^2 a - 1 = 1 - 2\sin^2 a$
sin	$\sin a\cos b + \cos a\sin b$	$\sin a\cos b - \cos a\sin b$	$2\sin a\cos a$
tan	$\dfrac{\tan a + \tan b}{1 - \tan a\tan b}$	$\dfrac{\tan a - \tan b}{1 + \tan a\tan b}$	$\dfrac{2\tan a}{1 - \tan^2 a}$

Formules de transformation. a et b deux nombres réels :

$\cos a\cos b = \frac{1}{2}\left[\cos(a+b) + \cos(a-b)\right]$	$\cos^2 a = \frac{1}{2}(1 + \cos 2a)$
$\sin a\sin b = \frac{1}{2}\left[\cos(a-b) - \cos(a+b)\right]$	$\sin^2 a = \frac{1}{2}(1 - \cos 2a)$
$\sin a\cos b = \frac{1}{2}\left[\sin(a+b) + \sin(a-b)\right]$	$\sin a\cos a = \frac{1}{2}\sin 2a$

p et q deux nombres réels :

$\cos p + \cos q = 2\cos\frac{p+q}{2}\cos\frac{p-q}{2}$	$\sin p + \sin q = 2\sin\frac{p+q}{2}\cos\frac{p-q}{2}$
$\cos p - \cos q = -2\sin\frac{p+q}{2}\sin\frac{p-q}{2}$	$\sin p - \sin q = 2\sin\frac{p-q}{2}\cos\frac{p+q}{2}$

AMBITION PRÉPA

AMBITION PRÉPA

EXERCICES

Corrigés p. 216

1 Soit f la fonction définie par $f(x)=\dfrac{\tan x-\sin x}{x^3}$. Déterminer, si elle existe, la limite de f en 0.

2 Soit f la fonction définie par $f(x)=\dfrac{x\sin x}{1-\cos x}$. Déterminer, si elle existe, la limite de f en 0.

3 **1. a)** Étudier les variations de la fonction numérique φ définie pour tout x de $\left[0\,;\,\dfrac{\pi}{2}\right[$ par :

$$\varphi(x)=\tan x-x$$

b) En déduire les variations de la fonction numérique f définie pour tout x de $\left[0\,;\,\dfrac{\pi}{2}\right[$ par :

$$f(x)=\tan x-x-\frac{x^3}{3}$$

2. a) Étudier les variations de la fonction numérique ψ définie pour tout x de $\left[0\,;\,\dfrac{\pi}{2}\right[$ par :

$$\psi(x)=\tan x-x\sqrt{2}$$

On désignera par α le réel unique de $\left]0\,;\,\dfrac{\pi}{2}\right[$ tel que $\tan\alpha=\sqrt{\sqrt{2}-1}$.

b) En déduire qu'il existe un réel unique β de l'intervalle $\left]\alpha\,;\,\dfrac{\pi}{2}\right[$ tel que $\psi(\beta)=0$.

CORRIGÉS

1 La fonction f quotient de deux fonctions est définie en tout point où numérateur et dénominateur sont définis, le dénominateur étant non nul. La fonction cube est définie sur $\mathbb{R}$ et non nulle pour tout réel non nul. La fonction sinus est définie pour tout réel, la fonction tangente est définie pour tout réel différent de $\dfrac{\pi}{2}+k\pi$ avec $k\in\mathbb{Z}$. L'ensemble de définition de f est donc $\mathbb{R}^*\setminus\left\{\dfrac{\pi}{2}+k\pi\ /\ k\in\mathbb{Z}\right\}$.

Le numérateur est défini sur l'intervalle $\left]-\dfrac{\pi}{2}\,;\,\dfrac{\pi}{2}\right[$ qui contient 0. La fonction f est donc définie sur $\left]-\dfrac{\pi}{2}\,;0\right[\cup\left]0\,;\dfrac{\pi}{2}\right[$, chercher la limite en 0 de f est possible, mais cela ne signifie pas que cette limite existe.

On a $\lim\limits_{x\to0}\tan x = \lim\limits_{x\to0}\sin x = 0$ donc $\lim\limits_{x\to0}(\tan x - \sin x) = 0$ de plus $\lim\limits_{x\to0} x^3 = 0$, l'étude proposée est celle d'une « forme indéterminée ».

Pour tout x de $\left]-\frac{\pi}{2}\,;0\right[\cup\left]0\,;\frac{\pi}{2}\right[$

$$\tan x - \sin x = \frac{\sin x}{\cos x} - \sin x = \frac{(\sin x)(1-\cos x)}{\cos x}$$

Conseil

Il faut modifier l'expression pour « lever l'indétermination ».

Pour tout x de $\mathbb{R}$, $\cos 2x = 1 - 2\sin^2 x$ donc $2\sin^2 x = 1 - \cos 2x$ soit en remplaçant x par $\frac{x}{2}$ la propriété étant vraie pour tout réel x, $2\sin^2\frac{x}{2} = 1 - \cos x$.

Pour tout réel x : $\tan x - \sin x = \frac{1}{\cos x}\left[\sin x\left(2\sin^2\frac{x}{2}\right)\right]$

Pour tout x de $\left]-\frac{\pi}{2}\,;0\right[\cup\left]0\,;\frac{\pi}{2}\right[$

$$f(x) = 2\frac{\frac{1}{\cos x}\sin x\sin^2\frac{x}{2}}{x^3}$$

$$= 2\frac{1}{\cos x}\frac{\sin x}{x}\frac{\sin^2\frac{x}{2}}{x^2}$$

$$= 2\frac{1}{\cos x}\frac{\sin x}{x}\frac{\sin^2\frac{x}{2}}{\frac{x^2}{4}\times 4}$$

$$= \frac{1}{2}\frac{1}{\cos x}\frac{\sin x}{x}\frac{\sin^2\frac{x}{2}}{\left(\frac{x}{2}\right)^2}$$

$$= \frac{1}{2}\frac{1}{\cos x}\frac{\sin x}{x}\left(\frac{\sin\frac{x}{2}}{\frac{x}{2}}\right)^2$$

AMBITION PRÉPA

On a $\lim_{x\to 0} \cos x = \cos 0 = 1$ (la fonction cosinus est continue en 0).

$\lim_{x\to 0} \frac{\sin x}{x} = 1$, de même $\lim_{x\to 0} \frac{x}{2} = 0$ donc par composition $\lim_{x\to 0} \frac{\sin \frac{x}{2}}{\frac{x}{2}} = 1$ et

donc $\lim_{x\to 0} \left(\frac{\sin \frac{x}{2}}{\frac{x}{2}} \right)^2 = 1$. Par produit de fonctions ayant une limite en 0, on a :

$$\lim_{x\to 0} \frac{\tan x - \sin x}{x^3} = \frac{1}{2}$$

2 La fonction f quotient de deux fonctions est définie en tout point où numérateur et dénominateur sont définis, le dénominateur étant non nul. Le numérateur produit de la fonction identité et de la fonction sinus est défini sur $\mathbb{R}$. La fonction $1 - \cos$ est définie sur $\mathbb{R}$ et non nulle pour tout réel x tel que $\cos x \neq 1$ c'est-à-dire pour tout réel différent de $k \times (2\pi)$ avec $k \in \mathbb{Z}$.

Le numérateur est défini sur l'intervalle $\left]-\frac{\pi}{2} ; \frac{\pi}{2}\right[$ qui contient 0. La fonction f est donc définie sur $\left]-\frac{\pi}{2} ; 0\right[\cup \left]0 ; \frac{\pi}{2}\right[$.

Remarque

Chercher la limite en 0 de *f* est possible, mais cela ne signifie pas que cette limite existe.

On a $\lim_{x\to 0} x = \lim_{x\to 0} \sin x = 0$ donc $\lim_{x\to 0} x \sin x = 0$ de plus $\lim_{x\to 0} \cos x = 1$ donc $\lim_{x\to 0} (1 - \cos x) = 0$, l'étude proposée est celle d'une « forme indéterminée ».

Conseil

Il faut modifier l'expression pour « lever l'indétermination ».

Pour tout x de $\left]-\frac{\pi}{2} ; 0\right[\cup \left]0 ; \frac{\pi}{2}\right[$

$$f(x) = \frac{x \sin x}{1 - \cos x}$$

$$= \frac{x^2 \frac{\sin x}{x}}{1 - \cos x}$$

$$= \frac{\frac{\sin x}{x}}{\frac{1 - \cos x}{x^2}}$$

$$f(x)=\frac{\dfrac{\sin x}{x}}{\dfrac{2\sin^2\frac{x}{2}}{x^2}}$$

$$=\frac{\dfrac{\sin x}{x}}{\dfrac{2\sin^2\frac{x}{2}}{x^2}}$$

$$=2\frac{\sin x}{x}\frac{1}{\dfrac{\sin^2\frac{x}{2}}{\frac{x^2}{4}}}$$

$$=2\frac{\sin x}{x}\frac{1}{\left(\dfrac{\sin\frac{x}{2}}{\frac{x}{2}}\right)^2}$$

En utilisant les mêmes remarques qu'à l'exercice précédent, $\lim\limits_{x\to 0}\dfrac{\sin x}{x}=1$ et $\lim\limits_{x\to 0}\dfrac{\sin\frac{x}{2}}{\frac{x}{2}}=1$ et donc :

$$\lim_{x\to 0}\left(\frac{\sin\frac{x}{2}}{\frac{x}{2}}\right)^2=1$$

$$\lim_{x\to 0}\frac{x\sin x}{1-\cos x}=2$$

3 **1. a)** La fonction tangente est dérivable sur $\left[0\,;\frac{\pi}{2}\right[$ donc la fonction φ, somme de fonctions dérivables sur $\left[0\,;\frac{\pi}{2}\right[$, est dérivable et donc continue sur $\left[0\,;\frac{\pi}{2}\right[$ et pour tout x de $\left[0\,;\frac{\pi}{2}\right[$:

$$\varphi'(x) = 1 + \tan^2 x - 1 = \tan^2 x$$

Donc pour tout x de $\left[0\,;\frac{\pi}{2}\right[$, $\varphi'(x) \geqslant 0$, plus précisement on a pour tout x de $\left]0\,;\frac{\pi}{2}\right[$, $\varphi'(x) > 0$, la fonction φ est donc strictement croissante sur $\left]0\,;\frac{\pi}{2}\right[$ et étant continue en 0 est strictement croissante sur $\left[0\,;\frac{\pi}{2}\right[$.

x	0 $\qquad\qquad$ $\frac{\pi}{2}$
$\varphi'(x)$	$+$ $\Vert$
φ	0 $\nearrow$ $+\infty$ $\Vert$

De plus $\varphi(0) = \tan 0 - 0 = 0$ et $\lim\limits_{x \to \frac{\pi}{2}^-} \tan x = +\infty$ donc $\lim\limits_{x \to \frac{\pi}{2}^-} \varphi(x) = +\infty$. D'où le tableau de variations de φ.

b) La fonction f somme de la fonction tangente et d'une fonction polynôme est dérivable et donc continue sur $\left[0\,;\frac{\pi}{2}\right[$ donc, pour tout x de $\left[0\,;\frac{\pi}{2}\right[$:

$$\begin{aligned} f'(x) &= 1 + \tan^2 x - 1 - x^2 = \tan^2 x - x^2 \\ &= (\tan x - x)(\tan x + x) \\ &= \varphi(x) \times (\tan x + x) \end{aligned}$$

Pour tout x de $\left]0\,;\frac{\pi}{2}\right[$, $\tan x > 0$ donc $\tan x + x > 0$, d'après la question précédente $\varphi(x) > 0$ donc d'après la règle des signes, $f'(x) > 0$. La fonction

f est strictement croissante sur $\left]0\,;\frac{\pi}{2}\right[$ et étant continue en 0 est strictement croissante sur $\left[0\,;\frac{\pi}{2}\right[$.

x	0	$\frac{\pi}{2}$
$f'(x)$	$+$	‖
f	$0 \nearrow +\infty$	‖

2. a) La fonction ψ, somme de la fonction tangente et d'une fonction linéaire $x \mapsto -x\sqrt{2}$, est dérivable et donc continue sur $\left[0\,;\frac{\pi}{2}\right[$ donc pour tout x de $\left[0\,;\frac{\pi}{2}\right[$:

$$\begin{aligned}\psi'(x) &= 1+\tan^2 x-\sqrt{2}\\ &= \tan^2 x-\left(\sqrt{2}-1\right)\end{aligned}$$

Le réel $\sqrt{2}-1 \approx 0{,}414$ est strictement positif, d'où pour tout réel x de $\left[0\,;\frac{\pi}{2}\right[$:

$$\psi'(x)=\left(\tan x-\sqrt{\sqrt{2}-1}\right)\left(\tan x+\sqrt{\sqrt{2}-1}\right)$$

Pour tout réel x de $\left[0\,;\frac{\pi}{2}\right[$, le réel $\tan x+\sqrt{\sqrt{2}-1}$ est strictement positif, car supérieur à $\sqrt{\sqrt{2}-1} \approx 0{,}65$.

Pour tout x de $\left[0\,;\frac{\pi}{2}\right[$, $\psi'(x)$ a le signe de $\tan x-\sqrt{\sqrt{2}-1}$. La fonction tangente est continue strictement croissante sur $\left[0\,;\frac{\pi}{2}\right[$, on a $\tan 0 = 0$ et $\lim\limits_{x\to\frac{\pi}{2}^-} \tan x = +\infty$ donc la fonction tangente prend une fois et une seule toutes les valeurs de $\left[0\,;+\infty\right[$, le réel $\sqrt{\sqrt{2}-1}$ appartient à $\left[0\,;+\infty\right[$, il existe donc

AMBITION PRÉPA

un unique réel α appartenant à $\left[0\,;\frac{\pi}{2}\right[$ tel que $\tan\alpha = \sqrt{\sqrt{2}-1}$. On sait que $\tan 0 = 0$ donc α appartient à $\left]0\,;\frac{\pi}{2}\right[$.

La fonction tangente est strictement croissante sur $\left[0\,;\frac{\pi}{2}\right[$ donc :

si $0 \leqslant x < \alpha$ $\quad 0 \leqslant \tan x < \tan\alpha$ donc $\tan x - \sqrt{\sqrt{2}-1} < 0$ donc $\psi'(x) < 0$

si $x = \alpha$ $\quad \tan x = \tan\alpha$ donc $\tan x - \sqrt{\sqrt{2}-1} = 0$ donc $\psi'(x) = 0$

si $\alpha < x < \frac{\pi}{2}$ $\quad \tan\alpha < \tan x$ donc $\tan x - \sqrt{\sqrt{2}-1} > 0$ donc $\psi'(x) > 0$

On a $\psi(0) = 0$ de plus $\lim\limits_{x \to \frac{\pi}{2}^-} \tan x = +\infty$ donc $\lim\limits_{x \to \frac{\pi}{2}} \psi(x) = +\infty$.

$\psi(\alpha) = \tan\alpha - \alpha\sqrt{2} = \sqrt{\sqrt{2}-1} - \alpha\sqrt{2}$

D'où le tableau de variation de ψ.

x	0		α		$\frac{\pi}{2}$
$\psi'(x)$		$-$	0	$+$	
ψ	0	↘	$\psi(\alpha)$	↗	$+\infty$

b) La fonction ψ est strictement décroissante sur $[0\,;\alpha]$, on a $\psi(0) = 0$ donc $\psi(\alpha) < 0$.

La fonction ψ est dérivable donc continue et strictement croissante sur $\left[\alpha\,;\frac{\pi}{2}\right[$, on a $\lim\limits_{x \to \frac{\pi}{2}} \psi(x) = +\infty$ donc la fonction ψ prend une fois et une seule toutes les valeurs de $[\psi(\alpha)\,;+\infty[$, le réel 0 appartient à $[\psi(\alpha)\,;+\infty[$ donc il existe un unique réel β appartenant à $\left[\alpha;\frac{\pi}{2}\right[$ tel que $\psi(\beta) = 0$ mais $\psi(\alpha) < 0$ donc le réel β appartient à l'intervalle $\left]\alpha\,;\frac{\pi}{2}\right[$.

CHAPITRE 5

Fonctions logarithme et exponentielle

DE QUOI S'AGIT-IL ?

Dans ce chapitre, il s'agit de définir deux fonctions que l'on retrouve en biologie, en physique et en chimie.

COURS

1 Fonction exponentielle

1 Définition

Il existe une unique fonction f, dérivable sur $\mathbb{R}$, telle que $f' = f$ et $f(0) = 1$. On la nomme fonction exponentielle, elle est notée exp.

Par convention, on note pour tout réel x, $\exp x = e^x$.

Remarque
On dit exponentielle de x et non e « puissance » x.

2 Propriétés

- $\exp(0) = 1$;
- exp est dérivable sur $\mathbb{R}$ et $(\exp)'(x) = (\exp)(x)$;
- pour tout réel x, $(\exp)(x) > 0$;
- la fonction exp est strictement croissante sur $\mathbb{R}$.

Remarque
Dans les problèmes, respecter les notations du texte : $\exp(x)$ ou e^x.

3 Généralisation

Quel que soit $a > 0$, quel que soit x réel :

$$a^x = e^{x \ln a}.$$

- **Formules**

Quels que soient $a > 0$, $b > 0$, α et β réels :

$$a^\alpha a^\beta = a^{\alpha+\beta}; \quad \frac{a^\alpha}{a^\beta} = a^{\alpha-\beta}; \quad \left(\frac{a}{b}\right)^\alpha = \frac{a^\alpha}{b^\alpha};$$

$$(a^\alpha)^\beta = a^{\alpha\beta}; \quad (ab)^\alpha = a^\alpha b^\alpha.$$

Remarque
On peut apprendre les formules en se limitant à $a = e > 1$.

- **Étude de la fonction : $x \mapsto a^x$**

	x	$-\infty$		$+\infty$
a^x	si $a > 1$	0	↗	$+\infty$
	si $0 < a < 1$	$+\infty$	↘	0
	si $a = 1$	1	$1^x = 1$	1

Représentation graphique de $x \mapsto a^x$

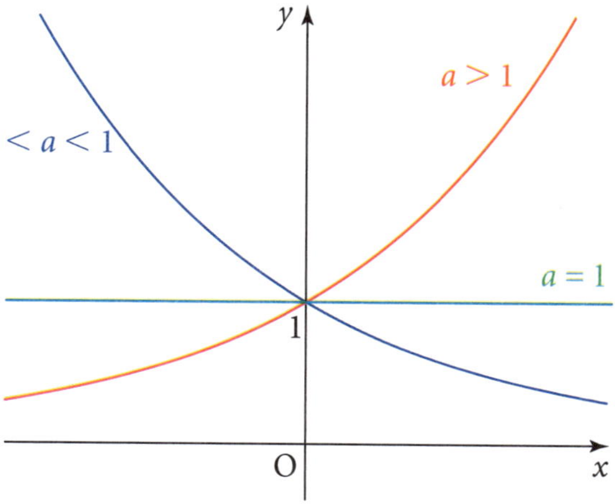

4 Fonction puissance : $x \mapsto x^a$

Quels que soient $x > 0$ et a réel, $x^a = e^{x \ln a}$.

x		0		$+\infty$
x^a	si $a > 0$	‖ 0	↗	$+\infty$
	si $a < 0$	‖ $+\infty$	↘	0
	si $a = 0$	1	$x^a = 1$	1

Remarque
$0^0 = 1$, mais on ne peut écrire cette égalité avec une exponentielle.

Représentation graphique de $x \mapsto x^a$

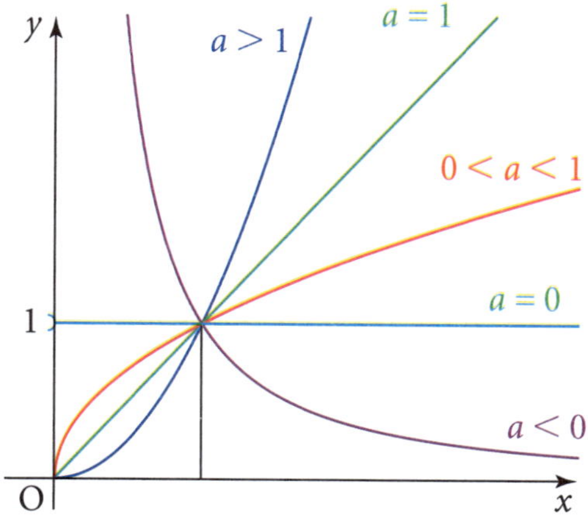

2 La fonction logarithme

1 Définition

Pour tout x de $]0\,;+\infty[$, l'équation $x = \mathrm{e}^y$ (dont l'inconnue est y), a une unique solution appelée **logarithme népérien de x.**

Remarque

On peut définir la fonction logarithme népérien, comme l'unique fonction f dérivable sur $\mathbb{R}_+^*$ telle que pour tout x de $\mathbb{R}_+^*$, $f'(x) = \dfrac{1}{x}$ et $f(1) = 0$.

2 Propriétés

Pour tout $x > 0$:

$$(\ln)'(x) = \frac{1}{x} \quad \text{et} \quad \ln 1 = 0.$$

- Pour tout $x > 0$, $\exp(\ln x) = x$.
- Pour tout x de $\mathbb{R}$, $\ln(\exp x) = x$.

Ou, avec l'autre notation de la fonction exponentielle :

- Pour tout $x > 0$, $\mathrm{e}^{\ln x} = x$.
- Pour tout x de $\mathbb{R}$, $\ln(\mathrm{e}^x) = x$.

- **Formules**

Quels que soient $a > 0$, $b > 0$, $\alpha = \dfrac{p}{q}$ $(p \in \mathbb{Z}, q \in \mathbb{N}^*)$ en posant $a^{\frac{p}{q}} = \sqrt[q]{a^p}$:

$$\ln ab = \ln a + \ln b\,; \quad \ln a^\alpha = \alpha \ln a\,; \quad \ln \frac{1}{b} = -\ln b\,; \quad \ln \frac{a}{b} = \ln a - \ln b.$$

- **Étude de la fonction ln**

x	0		1		$+\infty$
$\dfrac{1}{x}$	‖	$+$	1	$+$	
$\ln$	‖ $-\infty$	↗	0	↗	$+\infty$

Représentation graphique de la fonction ln

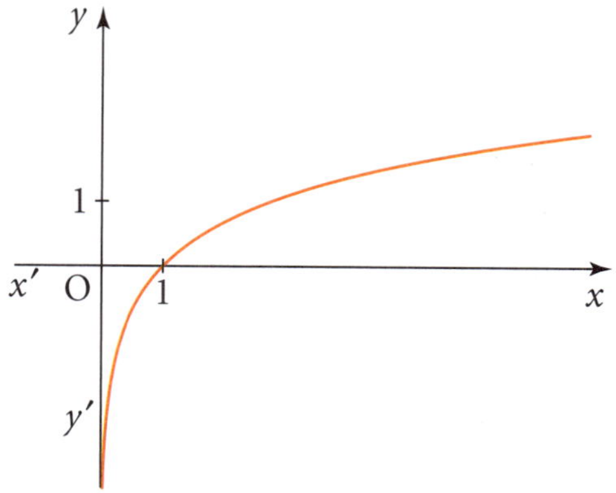

- **Nombre e**

C'est le nombre tel que $\ln e = 1$; $e \approx 2{,}718\,28$.

> **Bien retenir**
> Pour tout réel y, l'équation $\ln x = y$ a une solution et une seule x_0 ;
> si $y > 0$, alors $x_0 > 1$, si $y < 0$, alors $0 < x_0 < 1$, si $y = 0$, alors $x_0 = 1$.

3 Fonction logarithme décimal

- On appelle fonction logarithme décimal la fonction $x \mapsto \dfrac{\ln x}{\ln 10}$, définie sur $\mathbb{R}_+^*$.

On la note log. On obtient les mêmes formules que page précédente en remplaçant ln par log. Le tableau de variation et la représentation graphique sont analogues aux précédents.

- Pour tout a de $\mathbb{R}$ et tout x de $\mathbb{R}_+^*$:

$\log x = a \Leftrightarrow x = 10^a$.

> **Remarque**
> $\log 10 = 1$.

4 Limites remarquables

Si $\alpha \in \mathbb{N}^*$:

$$\lim_{x \to +\infty} \frac{\ln x}{x^\alpha} = 0 \; ; \qquad \lim_{x \to +\infty} \frac{x^\alpha}{e^x} = 0 \; ;$$

$$\lim_{x \to 1} \frac{\ln x}{x - 1} = \lim_{x \to 0} \frac{\ln(x+1)}{x} = 1 \; ; \qquad \lim_{x \to 0} \frac{e^x - 1}{x} = 1.$$

Questions courtes

1 Formule fondamentale

➔ Corrigé p. 236

1. A-t-on pour tout réel x non nul l'égalité $\ln x^2 = 2\ln x$?

2. Résoudre dans $\mathbb{R}$, l'équation :

$$\ln(1-x^2) = \ln(1-x) + \ln(1+x).$$

Indication
Attention à l'ensemble de définition des expressions.

2 Lien logarithme – exponentielle

➔ Corrigé p. 236

1. Soit n un entier relatif, l'équation $\ln x = n$ a-t-elle des solutions ? Si oui, quelles sont ces solutions ?

2. Simplifier $\ln(3\mathrm{e}^2)$.

Indication
Utiliser le point méthode p. 167 du résumé de cours.

3 Fonction logarithme

➔ Corrigé p. 237

1. Comment déduit-on la représentation graphique de $f : x \mapsto \ln 2x$ de celle de $g : x \mapsto \ln x$?

2. Quelle est la fonction dérivée de la fonction f définie sur $\mathbb{R}^{+*}$ par :

$$f(x) = \ln\frac{1}{x}\ ?$$

4 Limites

➔ Corrigé p. 237

1. Calculer $\lim\limits_{x \to 1} \dfrac{\ln x}{1-x}$, puis $\lim\limits_{x \to 0} x \ln x^2$.

2. Calculer $\lim\limits_{x \to +\infty} \dfrac{\ln x}{x^2}$, puis $\lim\limits_{x \to +\infty} \ln\left(\dfrac{x^2-1}{2x^2}\right)$.

Indication
$\lim\limits_{x \to 0} x \ln x = 0.$

5 Propriétés de la représentation graphique du logarithme

➔ Corrigé p. 238

1. Soit $\mathscr{C}$ la représentation graphique de la fonction logarithme népérien. Que représente pour $\mathscr{C}$ la droite $\mathscr{D}$ d'équation $y = x - 1$?

2. Existe-t-il des nombres réels x dont le logarithme népérien est strictement négatif ?

Indication
Il faut apprendre à lire les propriétés des fonctions exponentielle et logarithme népérien sur les courbes représentatives.

6 Fonction exponentielle

➲ Corrigé p. 238

1. Peut-on simplifier les expressions $\ln e^x$ et $e^{\ln x}$?

2. Quelle est la fonction dérivée de $x \mapsto e^x$?

7 Limites

➲ Corrigé p. 239

1. Calculer $\lim\limits_{x \to 0} \dfrac{1 - e^x}{x}$, puis $\lim\limits_{x \to 0} \dfrac{1}{x}\, e^{\frac{1}{x}}$.

2. Calculer $\lim\limits_{x \to +\infty} \dfrac{e^x + 2}{2e^x}$, puis $\lim\limits_{x \to -\infty} \dfrac{e^x + 2}{2e^x}$.

8 Lien exponentielle, logarithme

➲ Corrigé p. 240

1. Soit n un entier relatif ; l'équation $e^x = n$ a-t-elle des solutions dans $\mathbb{R}$?
Si oui, quelles sont ces solutions ?

2. Simplifier l'écriture de $e^{2\ln 3 + 1}$.

9 Propriétés de la représentation graphique de l'exponentielle

➲ Corrigé p. 240

1. Soit Γ la représentation graphique de la fonction exponentielle.
Que représente pour Γ la droite Δ d'équation $y = x + 1$?

2. La représentation graphique Γ de la fonction exponentielle admet-elle une tangente parallèle à l'axe des abscisses ?

10 Ensemble de définition

➲ Corrigé p. 240

Sur quel ensemble $\mathcal{D}$, la fonction f définie dans $\mathbb{R}$ par :

$$f(x) = \ln(1 - e^{2x}),$$

est elle définie ?

11 Suites

➲ Corrigé p. 241

La suite, définie pour tout entier naturel n par :

$$u_n = e^{2n+3},$$

est-elle géométrique ?

Indication
Il faut revenir à la définition ou démontrer que tous le termes sont non nuls et vérifier alors une propriété caractéristique.

Exercices d'entraînement

12 Simplifications

5 min ➲ Corrigé p. 241

Calculer les deux nombres réels :

$$A = \frac{\sqrt{2}\,\sqrt[3]{16}\,\sqrt[5]{8}}{\sqrt[30]{2^{13}}} \quad \text{et} \quad B = \frac{\sqrt[5]{2}\,\sqrt{8}}{\sqrt{\sqrt[5]{128}}}.$$

13 Inéquations

10 min ➲ Corrigé p. 241

Résoudre dans $\mathbb{R}$ l'inéquation : $\ln(3x^2 - x) \leqslant \ln(x+1)$.

Indication
Attention à l'ensemble de définition.

14 Équations

★ 15 min ➲ Corrigé p. 242

1. Soit P le polynôme défini sur $\mathbb{R}$ par :

$$P(x) = x^3 - x^2 - 14x + 24.$$

a) Montrer qu'il existe un polynôme Q tel que, pour tout x de $\mathbb{R}$:

$$P(x) = (x-2)Q(x).$$

b) Résoudre dans $\mathbb{R}$ l'équation $P(x) = 0$.

2. En déduire les solutions dans $\mathbb{R}$ des équations suivantes :

a) $2\ln x + \ln(x-1) = \ln(14x - 24)$.

b) $e^{2x} - e^x + 24e^{-x} - 14 = 0$.

15 Équations

★★ 10 min ➲ Corrigé p. 245

Résoudre dans $\mathbb{R}$ l'équation $2^{2x} - 5^x - 4^{x-1} + 25^{\frac{x}{2}-1} = 0$.

16 Limites

★★ 30 min ➲ Corrigé p. 245

Déterminer les limites suivantes :

a) $\lim\limits_{x \to +\infty} (x^2 + \ln x)$; **b)** $\lim\limits_{x \to +\infty} (x^2 - \ln x)$; **c)** $\lim\limits_{x \to 0} (x\ln x)$;

d) $\lim\limits_{x \to 0} \dfrac{\ln x}{x}$; **e)** $\lim\limits_{x \to +\infty} \dfrac{(\ln x)^3}{x^2}$; **f)** $\lim\limits_{x \to +\infty} (e^x - x + 1)$;

g) $\lim\limits_{x \to -\infty} \dfrac{e^x}{x^2}$; **h)** $\lim\limits_{x \to 0} x^{\frac{1}{x}}$; **i)** $\lim\limits_{x \to +\infty} x^{\frac{1}{x}}$.

> **Indication**
> Il faut se ramener aux limites du résumé de cours

Sujets de type bac

17 Fonction logarithme

★★ 45 min ➲ Corrigé p. 248

Le but de l'exercice est l'étude de la fonction *f* définie sur $[0 ; +\infty[$ par :

$$\begin{cases} f(x) = x\ln\left(\dfrac{x+2}{x}\right) + \dfrac{x}{4} + \dfrac{1}{2} & \text{pour } x > 0. \\ f(0) = \dfrac{1}{2}. \end{cases}$$

> **Indication**
> L'ensemble de définition de *f* est $[0 ; +\infty[$.

Le plan est rapporté au repère orthonormal $(O ; \vec{i}, \vec{j})$, unité graphique : 2 cm. On désigne par $\mathscr{C}$ la représentation graphique de *f*.

Partie A. Étude d'une fonction auxiliaire

Soit *g* la fonction définie sur $]0 ; +\infty[$ par :

$$g(x) = \ln(x+2) - \ln x - \frac{2}{x+2} + \frac{1}{4}.$$

1. Étudier le sens de variation de *g*.

2. Déterminer $\lim\limits_{+\infty} g$.

3. En déduire le signe de $g(x)$ pour tout x de $]0 ; +\infty[$.

Partie B. Étude de la fonction principale

1. a) Soit la fonction φ définie sur $]0 ; +\infty[$ par :

$$\varphi(x) = x\ln\left(\frac{x+2}{x}\right).$$

Déterminer $\lim\limits_{0} \varphi$.

> **Indication**
> On pourra poser $x = \dfrac{1}{t}$.

b) En déduire $\lim_{0} f$.

2. La fonction f est-elle dérivable en 0 ?
Donner une interprétation graphique du résultat.

3. Étudier le sens de variation de f.

4. a) Démontrer que $\lim_{x \to +\infty} x\ln\left(\frac{x+2}{x}\right) = 2$.

b) En déduire $\lim_{+\infty} f$.

c) Soit $\mathscr{D}$ la droite d'équation $y = \frac{x}{4} + \frac{5}{2}$.

i) Montrer que $\lim_{x \to +\infty} f(x) - \left(\frac{x}{4} + \frac{5}{2}\right) = 0$.

ii) Interpréter géométriquement le résultat.

5. Tracer dans le repère $(O ; \vec{i}, \vec{j})$ la droite $\mathscr{D}$ et la courbe $\mathscr{C}$.

Indication
On vérifiera que $f'(x) = g(x)$.

Indication
On pourra utiliser le résultat $\lim_{h \to 0} \frac{\ln(1+h)}{h} = 1$.

18 Fonction logarithme et équation

★★ 45 min ➲ Corrigé p. 252

Soit f la fonction numérique définie sur l'intervalle $]0 ; +\infty[$ par :

$$f(x) = x + \frac{1}{8}\ln x - x\ln x.$$

On note $\mathscr{C}$ la courbe représentative de f dans le plan muni d'un repère orthonormal $(O ; \vec{i}, \vec{j})$ en prenant 2 cm comme unité graphique.

Partie A – Signe de la dérivée f'

1. Calculer $f'(x)$ et $f''(x)$.

2. Prouver que l'équation $f'(x) = 0$ admet une solution unique. On note α cette solution.

Justifier que $1 < \alpha < 1{,}2$.

3. Déterminer le signe de $f'(x)$ suivant les valeurs de x.

Partie B – Construction de $\mathscr{C}$

1. Calculer les limites de f en 0 et en $+\infty$.
Donner le tableau de variation de f.

2. Tracer la courbe $\mathscr{C}$.

Indication
$\lim_{x \to 0} x\ln x = 0$.
Voir exercice 16 c).

19 Fonction logarithme et suite

★★★ 45 min ➲ Corrigé p. 254

Partie A – Étude d'une fonction

Dans cette partie, on étudie une fonction et on calcule une aire.

Soit f la fonction numérique définie sur $]-1\,;+\infty[$ par $f(x) = x - \ln(x+1)$.

On note $\mathscr{C}$ la courbe représentative de f dans un repère orthonormé $(O\,;\vec{i},\vec{j})$ (unité graphique : 2 cm).

1. Étudier les variations de la fonction f sur $]-1\,;+\infty[$.

Calculer les limites de f aux bornes de l'ensemble de définition.

Former le tableau de variation.

Préciser le signe de $f(x)$ lorsque x appartient à l'intervalle $]-1\,;+\infty[$.

2. On veut étudier la position relative de $\mathscr{C}$ et de la courbe $\mathscr{P}$ d'équation :

$$y = \frac{1}{2}x^2.$$

Pour cela on introduit la fonction g définie sur $]-1\,;+\infty[$ par :

$$g(x) = f(x) - \frac{x^2}{2}.$$

Étudier les variations de la fonction g et en déduire le signe de $g(x)$ lorsque x appartient à l'intervalle $]-1\,;+\infty[$.

Discuter la position relative de $\mathscr{C}$ et $\mathscr{P}$.

3. Tracer les courbes $\mathscr{C}$ et $\mathscr{P}$ dans le repère $(O\,;\vec{i},\vec{j})$.

Partie B – Étude d'une suite

Dans cette partie, on étudie la suite (u_n) définie pour tout entier naturel n supérieur ou égal à 1 par :

$$u_n = f\left(\frac{1}{n}\right) = \frac{1}{n} - \ln\left(1 + \frac{1}{n}\right).$$

1. a) Déterminer la limite de la suite (u_n).

b) On souhaite préciser la rapidité de convergence de la suite (u_n).

En utilisant la **partie A.**, démontrer que pour tout entier $n > 1$:

$$0 \leqslant u_n \leqslant \frac{1}{2n^2}.$$

En déduire un entier n_0 tel que pour tout $n \geqslant n_0$, $u_n \leqslant 10^{-10}$.

2. On va préciser davantage le rapport qui existe entre la suite (u_n) et la suite de référence $\left(\frac{1}{2n^2}\right)$.

a) Soit h la fonction numérique définie sur $[0\,;+\infty[$ par :

$$h(x)=f(x)-\frac{x^2}{2}+\frac{x^3}{3}.$$

Étudier les variations de la fonction h et en déduire le signe de $h(x)$ lorsque x appartient à l'intervalle $[0\,;+\infty[$.

b) En déduire que pour tout entier $n \geqslant 1$:

$$\frac{1}{2n^2}-\frac{1}{3n^3}\leqslant u_n\leqslant\frac{1}{2n^2}.$$

c) Déterminer la limite de la suite $(2n^2\times u_n)$ lorsque n tend vers $+\infty$.

20 Fonction exponentielle

★★★ 45 min ➲ Corrigé p. 259

Partie A – Préliminaires

1. Étudier le sens de variation de la fonction g définie sur $\mathbb{R}$ par :

$$g(t)=\mathrm{e}^t-t-1.$$

Quel est le minimum de la fonction g sur l'intervalle $]-\infty\,;+\infty[$?

2. En déduire les inégalités suivantes :

a) pour tout réel t, $\mathrm{e}^t\geqslant t+1$, $\mathrm{e}^t>t$ et $-t\mathrm{e}^{-t}>-1$;

b) pour tout réel t tel que $t>-1$, $\ln(1+t)\leqslant t$.

3. En déduire que, pour tout réel x, $\ln(1-x\mathrm{e}^{-x})\leqslant -x\mathrm{e}^{-x}$.

Partie B – Étude d'une fonction

On considère la fonction f définie sur $\mathbb{R}$ par :

$$f(x)=x^2-2\ln\,(\mathrm{e}^x-x).$$

1. Démontrer que $f(x)=x^2-2x-2\ln\,(1-x\mathrm{e}^{-x})$.

Quelle est la limite de f en $+\infty$? On admettra que la limite de la fonction f en $-\infty$ est $+\infty$.

2. Calculer $f'(x)$ et démontrer que :

$$f'(x)=\frac{2(x-1)(\mathrm{e}^x-x-1)}{\mathrm{e}^x-x}.$$

Dresser le tableau de variation de la fonction f.

3. Dans un repère orthonormal (unité 3 cm), on considère la parabole $\mathcal{P}$ d'équation $y = x^2 - 2x$ et $\mathcal{C}$ la courbe représentative de f.

Démontrer que $\mathcal{P}$ et $\mathcal{C}$ sont asymptotes en $+\infty$.

Étudier les positions relatives des courbes $\mathcal{P}$ et $\mathcal{C}$.

Indication
Il faut montrer que :
$\lim\limits_{x \to +\infty} f(x) - (x^2 - 2x) = 0.$

4. Donner une équation de chacune des tangentes $\mathcal{D}$ et $\mathcal{D}'$ respectivement aux courbes $\mathcal{P}$ et $\mathcal{C}$ au point d'abscisse 0.

5. Tracer, dans un même repère, les courbes $\mathcal{P}$ et $\mathcal{C}$ et leurs tangentes $\mathcal{D}$ et $\mathcal{D}'$.

Questions courtes

1 **1.** Soit l'égalité $\ln x^2 = 2\ln x$ où x est un réel non nul.

Le premier membre de cette égalité existe si x est non nul et le second membre existe si x est strictement positif.

L'égalité n'a lieu que si x est strictement positif.

Pour tout réel x strictement positif : $\boxed{\ln x^2 = 2\ln x.}$

Rappel
Toujours commencer par chercher les ensembles de définition des différentes expressions.

2. Soit l'équation $\ln(1-x^2)=\ln(1-x)+\ln(1+x)$.

Le premier membre existe si $1-x^2>0$ soit $-1<x<1$.

Le second membre existe si :

$$\begin{cases}1-x>0\\1+x>0\end{cases} \Leftrightarrow -1<x<1.$$

Les deux membres sont définis pour tout réel x de l'intervalle $]-1\,;1[$.

On remarque que pour tout réel $x \in\,]-1\,;1[$, $1-x^2=(1-x)(1+x)$, et $1-x^2>0$; $1-x>0$ et $1+x>0$.

Donc, pour tout réel x de $]-1\,;1[$:

$$\ln(1-x^2)=\ln(1-x)+\ln(1+x).$$

L'ensemble des solutions de l'équation est :

$$\boxed{\mathcal{S}=]-1\,;1[.}$$

2 **1.** Pour tout réel x de $\mathbb{R}^{+*}$:

$$\ln x = n \Leftrightarrow \ln x = n\ln e \text{ car } \ln e = 1$$
$$\Leftrightarrow \ln x = \ln e^n \Leftrightarrow x = e^n.$$

Pour tout entier relatif n, l'équation $\ln x = n$ admet une solution dans $\mathbb{R}^{+*}$:

$$\boxed{x = e^n.}$$

Indication
On applique les propriétés de la fonction logarithme :
- pour tous réels a et b de $\mathbb{R}^{+*}$, $\ln ab = \ln a + \ln b$;
- pour tout réel a de $\mathbb{R}^{+*}$ et tout entier relatif n, $\ln a^n = n\ln a$.

2. $\ln(3e^2) = \ln 3 + \ln e^2 = \ln 3 + 2\ln e = \ln 3 + 2.$

3 **1.** La fonction f est définie pour tout réel x strictement positif, et pour tout réel $x > 0$:

$$f(x) = \ln 2x = \ln x + \ln 2.$$

Donc la représentation graphique de f se déduit de la représentation graphique de g par une translation de vecteur $\vec{u} = (\ln 2)\vec{j}$, $(O ; \vec{i}, \vec{j})$ étant un repère du plan.

2. Pour tout réel x de $\mathbb{R}^{+*}$, $f(x) = \ln \dfrac{1}{x} = -\ln x$.

Donc f est dérivable sur $\mathbb{R}^{+*}$ et pour tout réel $x > 0$:

$$\boxed{f'(x) = -\frac{1}{x}.}$$

4 **1.** Pour tout réel $x > 0$, $\dfrac{\ln x}{1-x} = \dfrac{\ln x - \ln 1}{-(x-1)} = -\dfrac{\ln x - \ln 1}{x-1}$.

On reconnaît le taux d'accroissement de la fonction ln entre les réels 1 et x. La limite du rapport $\dfrac{\ln x - \ln 1}{x-1}$ lorsque x tend vers 1 est égal au nombre dérivé de la fonction ln au point 1 soit $(\ln)'(1) = 1$. D'où :

$$\lim_{x \to 1} \frac{\ln x}{1-x} = -1.$$

La fonction $x \mapsto x \ln x^2$ est définie sur $\mathbb{R}^*$.

Rappel
Si $x < 0$, $\ln x^2 = 2\ln(-x)$.

1er cas : $\lim\limits_{\substack{x \to 0 \\ x > 0}} x \ln x^2 = \lim\limits_{\substack{x \to 0 \\ x > 0}} 2x \ln x = 0$ car $\lim\limits_{\substack{x \to 0 \\ x > 0}} x \ln x = 0$.

2e cas : $\lim\limits_{\substack{x \to 0 \\ x < 0}} x \ln x^2 = \lim\limits_{\substack{x \to 0 \\ x < 0}} x \ln(-x)^2 = \lim\limits_{\substack{x \to 0 \\ x < 0}} 2x \ln(-x) = \lim\limits_{\substack{x \to 0 \\ x < 0}} -2(-x)\ln(-x) = 0$,

car lorsque x est strictement négatif, $-x$ est strictement positif et $(-x)\ln(-x)$ a pour limite 0 lorsque $-x$ tend vers 0.

La limite à droite et la limite à gauche en zéro étant égales :

$$\boxed{\lim_{x \to 0} (x \ln x^2) = 0.}$$

2. Lorsque x tend vers $+\infty$, x est strictement positif, donc $\frac{\ln x}{x^2}$ existe et :

$\lim\limits_{x \to +\infty} \frac{\ln x}{x^2} = \lim\limits_{x \to +\infty} \frac{\ln x}{x} \times \frac{1}{x} = 0$ car $\lim\limits_{x \to +\infty} \frac{\ln x}{x} = 0$ et $\lim\limits_{x \to +\infty} \frac{1}{x} = 0.$

$\ln\left(\frac{x^2-1}{2x^2}\right)$ existe si $\frac{x^2-1}{2x^2}$ existe et est strictement positif, c'est-à-dire :

$\begin{cases} x^2 \neq 0 \\ x^2 - 1 > 0 \end{cases} \Leftrightarrow \begin{cases} x \neq 0 \\ x < -1 \text{ ou } x > 1 \end{cases} \Leftrightarrow x \in]-\infty ; -1[\cup]1 ; +\infty[.$

$$\lim_{x \to +\infty} \ln \frac{x^2-1}{2x^2} = \lim_{x \to +\infty} \ln \frac{1 - \frac{1}{x^2}}{2};$$

$\lim\limits_{x \to +\infty} \left(1 - \frac{1}{x^2}\right) = 1$ et $\lim\limits_{x \to +\infty} \frac{1 - \frac{1}{x^2}}{2} = \frac{1}{2}$ donc :

$$\boxed{\lim_{x \to +\infty} \ln \frac{x^2-1}{2x^2} = \ln \frac{1}{2}\cdot}$$

5 **1.** En posant pour $x > 0$, $f(x) = \ln x$ et $x_0 = 1$, l'équation de la tangente à $\mathscr{C}$ est :

$$y = f'(x_0)(x - x_0) + f(x_0);$$

$f(x_0) = \ln 1 = 0$ et $f'(x_0) = \frac{1}{1} = 1$, donc l'équation est la tangente à $\mathscr{C}$ au point d'abscisse 1 est :

$$y = 1(x-1) + 0.$$

$$\boxed{y = x - 1.}$$

2. Tous les réels de l'intervalle $]0 ; 1[$ ont un logarithme népérien strictement négatif :

$$\boxed{0 < x < 1 \quad \Leftrightarrow \quad \ln x < 0.}$$

6 **1.** Pour tout réel x,

$$\boxed{\ln \mathrm{e}^x = x.}$$

Pour tout réel x de $\mathbb{R}^{+*}$,

$$\boxed{\mathrm{e}^{\ln x} = x.}$$

Rappel
Bien retenir les domaines de validité des deux égalités.

2. La fonction exponentielle de base e est égale à sa fonction dérivée.

Si, pour tout réel x, $f(x) = \mathrm{e}^x$ alors, pour tout réel x :

$$\boxed{f'(x) = \mathrm{e}^x.}$$

CORRIGÉS

7 **1.** $\lim\limits_{x \to 0} \dfrac{1 - \mathrm{e}^x}{x} = \lim\limits_{x \to 0} \left(-\dfrac{\mathrm{e}^x - \mathrm{e}^0}{x - 0}\right).$

On reconnaît le taux d'accroissement de la fonction exponentielle entre les réels 0 et x. La fonction exponentielle étant dérivable sur $\mathbb{R}$ de fonction dérivée $x \mapsto \mathrm{e}^x$:

$$\lim_{x \to 0} \frac{1 - \mathrm{e}^x}{x} = -\mathrm{e}^0 = -1.$$

La fonction $x \mapsto \dfrac{1}{x}\mathrm{e}^{\frac{1}{x}}$ est définie sur $\mathbb{R}^*$.

1er cas : $\lim\limits_{\substack{x \to 0 \\ x > 0}} \dfrac{1}{x}\mathrm{e}^{\frac{1}{x}} = \lim\limits_{u \to +\infty} u\mathrm{e}^u$ en posant $u = \dfrac{1}{x}$, $\lim\limits_{u \to +\infty} \mathrm{e}^u = +\infty$ donc :

$$\boxed{\lim_{\substack{x \to 0 \\ x > 0}} \frac{1}{x}\mathrm{e}^{\frac{1}{x}} = +\infty.}$$

2e cas : $\lim\limits_{\substack{x \to 0 \\ x < 0}} \dfrac{1}{x}\mathrm{e}^{\frac{1}{x}} = \lim\limits_{u \to -\infty} u\mathrm{e}^u$, en posant $u = \dfrac{1}{x}$; $\lim\limits_{u \to -\infty} u\mathrm{e}^u = 0$ (d'après cours)

donc :

$$\boxed{\lim_{\substack{x \to 0 \\ x < 0}} \frac{1}{x}\mathrm{e}^{\frac{1}{x}} = 0.}$$

2. La fonction $x \mapsto \dfrac{\mathrm{e}^x + 2}{2\mathrm{e}^x}$ est définie sur $\mathbb{R}$ car le numérateur existe pour tout réel x, le dénominateur existe pour tout réel x et il est non nul (strictement positif) pour tout réel x. On peut donc étudier la limite de cette fonction lorsque x tend vers $+\infty$ et vers $-\infty$:

- $\lim\limits_{x \to +\infty} \dfrac{\mathrm{e}^x + 2}{2\mathrm{e}^x} = \lim\limits_{x \to +\infty} \dfrac{\mathrm{e}^x\left(1 + \dfrac{2}{\mathrm{e}^x}\right)}{2\mathrm{e}^x} = \lim\limits_{x \to +\infty} \dfrac{1 + 2\mathrm{e}^{-x}}{2}$;

$\lim\limits_{x \to +\infty} e^{-x} = 0$, d'où $\lim\limits_{x \to +\infty} (1 + 2e^{-x}) = 1$ d'où :

$$\lim_{x \to +\infty} \frac{e^x + 2}{2e^x} = \frac{1}{2}.$$

• $\lim\limits_{x \to -\infty} e^x = 0$, d'où $\lim\limits_{x \to -\infty} (e^x + 2) = 2$ et $\lim\limits_{x \to -\infty} (2e^x) = 0$ avec $2e^x > 0$, d'où :

$$\lim_{x \to -\infty} \frac{e^x + 2}{2e^x} = +\infty.$$

8 **1.** Pour tout réel x, e^x est un réel strictement positif.

• Si n est un entier négatif ou nul, l'équation $e^x = n$ n'a pas de solution dans $\mathbb{R}$.

• Si n est un entier strictement positif, les deux membres de l'équation $e^x = n$ sont strictement positifs, d'où $\ln e^x = \ln n$, soit :

$$x = \ln n.$$

L'équation $e^x = n$ où n est élément de $\mathbb{Z}$, admet une solution si n est strictement positif. Cette solution est $\ln n$.

2. $e^{2\ln 3 + 1} = e^{2\ln 3} \times e = e^{\ln 3^2} \times e = 3^2 \times e = \mathbf{9e}$.

9 **1. La droite Δ est la tangente à la courbe Γ au point d'abscisse 0.**

2. Il n'existe pas de réel x_0 tel que $e^{x_0} = 0$ donc **la courbe Γ n'admet pas de tangente parallèle à l'axe des abscisses.**

> **Rappel**
> Le coefficient directeur d'une droite parallèle à l'axe des abscisses est nul et le coefficient directeur de la tangente à la courbe représentative de la fonction f au point d'abscisse x_0 est $f'(x_0)$.

10 Soit, pour x réel, $f(x) = \ln(1 - e^{2x})$.

f est définie si et seulement si $1 - e^{2x} > 0$.

Pour tout réel x, l'inéquation précédente est équivalente à $e^{2x} < 1$, soit $e^{2x} < e^0$.

Comme la fonction exponentielle est strictement croissante sur $\mathbb{R}$, on a l'inéquation équivalente suivante $2x < 0$, soit $x < 0$.

L'ensemble de définition de f est :

$$\mathcal{D} =]-\infty ; 0[.$$

11 Pour tout entier naturel n,
$u_{n+1} = e^{2(n+1)+3} = e^{2n+3+2}$.
D'où $u_{n+1} = e^{2n+3}e^2 = e^2\, u_n$.

La suite $(u_n)_{n \in \mathbb{N}}$ est une suite géométrique de raison e^2 et de premier terme $u_0 = e^3$.

Remarque
On peut aussi démontrer que tous les éléments sont non nuls, puis montrer que pour tout entier n, $\dfrac{u_{n+1}}{u_n}$ est un réel constant.

Exercices d'entraînement

12 Soit le réel A défini par $A = \dfrac{\sqrt{2}\,\sqrt[3]{16}\,\sqrt[5]{8}}{\sqrt[30]{2^{13}}}$.

$\sqrt{2} = 2^{\frac{1}{2}}$; $\sqrt[3]{16} = (2^4)^{\frac{1}{3}} = 2^{\frac{4}{3}}$; $\sqrt[5]{8} = (2^3)^{\frac{1}{5}} = 2^{\frac{3}{5}}$; $\sqrt[30]{2^{13}} = 2^{\frac{13}{30}}$.

D'où $A = \dfrac{2^{\frac{1}{2}}\,2^{\frac{4}{3}}\,2^{\frac{3}{5}}}{2^{\frac{13}{30}}} = 2^{\frac{1}{2}+\frac{4}{3}+\frac{3}{5}}\,2^{-\frac{13}{30}} = 2^{\frac{73}{30}-\frac{13}{30}} = 2^{\frac{60}{30}} = 2^2 = 4.$

$$\boxed{A = 4.}$$

De même : $B = \dfrac{\sqrt[5]{2}\,\sqrt{8}}{\sqrt{\sqrt[5]{128}}} = \dfrac{2^{\frac{1}{5}}\,2^{\frac{3}{2}}}{\left((2^7)^{\frac{1}{5}}\right)^{\frac{1}{2}}} = \dfrac{2^{\frac{1}{5}}\,2^{\frac{3}{2}}}{2^{7\times\frac{1}{5}\times\frac{1}{2}}} = \dfrac{2^{\frac{17}{10}}}{2^{\frac{7}{10}}} = 2^{\frac{17}{10}-\frac{7}{10}} = 2^1 = 2.$

$$\boxed{B = 2.}$$

13 Soit l'inéquation $\ln(3x^2 - x) \leqslant \ln(x+1)$. **(1)**
Cette inéquation existe si et seulement si les deux membres de l'inéquation existent, c'est-à-dire si et seulement si :

$$\begin{cases} 3x^2 - x > 0 \\ x + 1 > 0 \end{cases}, \text{ c'est-à-dire } \begin{cases} x(3x-1) > 0 \\ x > -1. \end{cases}$$

L'ensemble des solutions est donc l'intersection des ensembles solution des deux inéquations :

$$\left( ]-\infty\,;0[\ \cup \left]\frac{1}{3}\,;+\infty\right[\right) \cap ( ]-1\,;+\infty[ )$$

(la première inéquation est un trinôme du second degré dont les racines sont 0 et $\frac{1}{3}$ et dont le coefficient dominant est positif égal à 3).

L'ensemble de définition de l'inéquation est donc :

$$D =]-1\,;0[\ \cup \left]\frac{1}{3}\,;+\infty\right[.$$

La fonction logarithme étant strictement croissante sur $\mathbb{R}^{+*}$, pour tout x de D, l'inéquation $\ln(3x^2 - x) \leqslant \ln(x+1)$ est équivalente à :

$$3x^2 - x \leqslant x + 1$$
$$3x^2 - 2x - 1 \leqslant 0.$$

Remarque

Ne jamais oublier de rechercher les solutions appartenant à l'ensemble de définition.

Les réels 1 et $-\frac{1}{3}$ sont racines du trinôme $3x^2 - 2x - 1$; l'inéquation **(1)** est donc équivalente, pour tout x de D, à :

$$3\left(x + \frac{1}{3}\right)(x-1) \leqslant 0.$$

Sur $\mathbb{R}$, l'inéquation $3\left(x + \frac{1}{3}\right)(x-1) \leqslant 0$ a comme ensemble de solution :

$$S = \left[-\frac{1}{3}\,;1\right],$$

l'ensemble des solutions de l'inéquation **(1)** est donc :

$$S \cap D = \left[-\frac{1}{3}\,;0\right[\ \cup \left]\frac{1}{3}\,;1\right].$$

14 **1. a)** Soit P le polynôme défini sur $\mathbb{R}$ par $P(x) = x^3 - x^2 - 14x + 24$.

Le polynôme P est de degré 3, donc le polynôme Q, s'il existe, est de degré 2.

Le polynôme Q étant de degré 2, il existe trois réels a, b et c tels que pour tout x de $\mathbb{R}$, $Q(x) = ax^2 + bx + c$.

On détermine les réels a, b et c par identification. Pour tout réel x :

$$\begin{aligned} P(x) &= (x-2)Q(x) \\ &\Leftrightarrow x^3 - x^2 - 14x + 24 = (x-2)(ax^2 + bx + c) \\ &\qquad = ax^3 + (-2a + b)x^2 + (c - 2b)x - 2c. \end{aligned}$$

Pour tout réel x :

$$P(x) = (x-2)Q(x) \iff \begin{cases} a = 1 \\ -2a + b = -1 \\ c - 2b = -14 \\ -2c = 24 \end{cases}$$

> **Rappel**
> Si le réel x_0 est racine d'un polynôme P, alors il existe un polynôme Q tel que pour tout réel x, $P(x) = (x - x_0)Q(x)$. On détermine Q par identification.

$$\iff \begin{cases} a = 1 \\ b = -1 + 2a = 1 \\ c = -14 + 2b = -12. \end{cases}$$

Donc pour tout réel x :

$$\boxed{P(x) = (x-2)(x^2 + x - 12).}$$

b) Pour tout réel x :

$$P(x) = 0 \iff (x-2)(x^2 + x - 12) = 0$$
$$\iff x - 2 = 0 \text{ ou } x^2 + x - 12 = 0.$$

Le discriminant de l'équation du second degré $x^2 + x - 12 = 0$ est :

$$\Delta = 1 - 4(-12) = 49 = 7^2,$$

ce discriminant étant strictement positif, l'équation admet deux racines distinctes :

$$x_1 = \frac{-1+7}{2} = 3 \text{ et } x_2 = \frac{-1-7}{2} = -4.$$

Donc l'ensemble des racines de P est :

$$\boxed{\{-4\,;\,2\,;\,3\}.}$$

2. a) Résolvons dans $\mathbb{R}$, l'équation suivante :

$$2\ln x + \ln(x-1) = \ln(14x - 24). \quad (1)$$

L'équation précédente est définie pour tout x de $\mathbb{R}$ tel que :

$$\begin{cases} x > 0 \\ x - 1 > 0 \\ 14x - 24 > 0 \end{cases} \text{ c'est-à-dire } \begin{cases} x > 0 \\ x > 1 \\ x > \dfrac{24}{14} \end{cases}.$$

Ces trois équations sont vérifiées simultanément si et seulement si $x > \dfrac{24}{14}$.

L'ensemble de définition est $\left]\frac{12}{7}\,;+\infty\right[$.

Pour tout $x > \frac{12}{7}$, l'équation **(1)** est équivalente successivement à :

$$\ln x^2 + \ln(x-1) = \ln(14x-24)$$
$$\ln x^2(x-1) = \ln(14x-24).$$

Les deux réels $x^2(x-1)$ et $(14x-24)$ étant strictement positifs, la dernière équation est équivalente successivement à :

$$x^2(x-1) = (14x-24) \Leftrightarrow x^3 - x^2 - 14x + 24 = 0 \Leftrightarrow P(x) = 0.$$

L'ensemble des solutions de (1) est l'ensemble des racines de $P(x) = 0$ appartenant à $\left]\frac{12}{7}\,;+\infty\right[$, soit l'ensemble $\{2\,;3\}$.

b) Soit l'équation $e^{2x} - e^x + 24e^{-x} - 14 = 0$. **(2)**
Elle est définie pour tout réel x ; elle est équivalente successivement à :

Indication
$e^x \times e^{-x} = e^{x+(-x)} = e^0 = 1.$

$$e^{2x} - e^x + 24e^{-x} - 14 = 0 \Leftrightarrow e^{2x} - e^x + 24\frac{1}{e^x} - 14 = 0$$
$$\Leftrightarrow \frac{e^x(e^{2x} - e^x - 14) + 24}{e^x} = 0$$
$$\Leftrightarrow e^x(e^{2x} - e^x - 14) + 24 = 0$$
$$\Leftrightarrow e^{3x} - e^{2x} - 14e^x + 24 = 0.$$

Posons pour tout réel x, $X = e^x$.
En remarquant que $e^{3x} = (e^x)^3$ et $e^{2x} = (e^x)^2$, l'équation **(2)** s'écrit :

$$X^3 - X^2 - 14X + 24 = 0.$$

Les racines de cette équation sont -4, 2 et 3.

Si $X = -4$, alors $e^x = -4$ ce qui est impossible car $e^x > 0$ pour tout réel x.

Si $X = 2$, alors $e^x = 2$ donc $x = \ln 2$.

Si $X = 3$, alors $e^x = 3$ donc $x = \ln 3$.

L'ensemble des solutions de l'équation **(2)** est :

$$\boxed{\{\ln 2\,;\ln 3\}.}$$

CORRIGÉS

15 Soit (**1**) l'équation $2^{2x} - 5^{x} - 4^{x-1} + 25^{\frac{x}{2}-1} = 0$. L'équation précédente est définie sur $\mathbb{R}$ et est équivalente, en utilisant les propriétés des fonctions exponentielles, successivement à :

$$2^{2x} - (2^2)^{x-1} - 5^x + (5^2)^{\frac{x}{2}-1} = 0 \Leftrightarrow 2^{2x} - 2^{2x-2} - 5^x + 5^{2\left(\frac{x}{2}-1\right)} = 0$$

$$\Leftrightarrow 2^{2x} - 2^{2x-2} - 5^x + 5^{x-2} = 0$$

$$\Leftrightarrow 2^{2x} - 2^{-2}2^{2x} - 5^x + 5^{-2}5^x = 0$$

$$\Leftrightarrow 2^{2x} - \frac{1}{4}2^{2x} - 5^x + \frac{1}{5^2}5^x = 0.$$

Ceci équivaut pour tout x de $\mathbb{R}$ à :

$$\frac{3}{4}2^{2x} = \frac{24}{25}5^x \Leftrightarrow \frac{2^{2x}}{5^x} = \frac{24}{25} \times \frac{4}{3} \Leftrightarrow \frac{(2^2)^x}{5^x} = \frac{32}{25} \Leftrightarrow \frac{4^x}{5^x} = \frac{32}{25} \Leftrightarrow \left(\frac{4}{5}\right)^x = \frac{32}{25}.$$

Les deux membres étant strictement positifs, l'équation précédente est équivalente à celle obtenue en prenant les logarithmes des deux membres, soit :

$$x \ln\left(\frac{4}{5}\right) = \ln\left(\frac{32}{25}\right) = \ln 32 - \ln 25$$

$$x = \frac{\ln 32 - \ln 25}{\ln 4 - \ln 5} = \frac{5\ln 2 - 2\ln 5}{2\ln 2 - \ln 5} \approx -1{,}106$$

$$\boxed{x \approx -1{,}106.}$$

16 **a)** La fonction $x \mapsto x^2 + \ln x$ est définie sur $]0\ ;+\infty[$, on peut donc chercher la limite de cette fonction en $+\infty$:

$\lim\limits_{x \to +\infty} x^2 = +\infty$ et $\lim\limits_{x \to +\infty} \ln x = +\infty$, donc (limite d'une somme) :

$$\boxed{\lim_{x \to +\infty} (x^2 + \ln x) = +\infty.}$$

b) La fonction $x \mapsto x^2 - \ln x$ est définie sur $]0\ ;+\infty[$, on peut donc chercher la limite de cette fonction en $+\infty$:

$$\lim_{x \to +\infty} x^2 = +\infty \text{ et } \lim_{x \to +\infty} \ln x = +\infty\,;$$

on ne peut conclure à l'aide des théorèmes sur les opérations sur les limites, c'est une forme indéterminée.

Pour tout x de $]0\ ;+\infty[$:

$$x^2 - \ln x = x\left(x - \frac{\ln x}{x}\right).$$

$\lim\limits_{x \to +\infty} \dfrac{\ln x}{x} = 0$ et donc $\lim\limits_{x \to +\infty} \left(x - \dfrac{\ln x}{x}\right) = +\infty$,

d'où $\lim\limits_{x \to +\infty} (x^2 - \ln x) = \lim\limits_{x \to +\infty} x\left(x - \dfrac{\ln x}{x}\right)$

$$\lim_{x \to +\infty} (x^2 - \ln x) = +\infty.$$

Rappel
Il faut choisir un ensemble sur lequel x est non nul, lorsque l'on met x en facteur.

c) La fonction $f : x \mapsto x \ln x$ est définie sur $]0\ ;+\infty[$, on peut donc chercher la limite de cette fonction en 0.

$\lim\limits_{x \to 0} x = 0$ et $\lim\limits_{x \to 0} \ln x = -\infty$, donc on ne peut conclure à l'aide des théorèmes sur les opérations sur les limites, c'est une forme indéterminée.

Posons pour tout x de $]0\ ;+\infty[$, $X = \dfrac{1}{x}$ ou $x = \dfrac{1}{X}$.

Le réel X est strictement positif, et, pour tout $x \in]0;+\infty[$:

$$x \ln x = \frac{1}{X} \ln \frac{1}{X} = -\frac{\ln X}{X}, \text{ car } \ln \frac{1}{X} = -\ln X.$$

La fonction f est donc la composée de la fonction $x \mapsto \dfrac{1}{x} = X$ et de la fonction $X \mapsto -\dfrac{\ln X}{X}$,

$\lim\limits_{X \to 0} X = +\infty$ et $\lim\limits_{X \to +\infty} -\dfrac{\ln X}{X} = 0.$

D'où en utilisant le théorème sur la limite d'une fonction composée :

$$\lim_{x \to 0} x \ln x = 0.$$

Remarque
Le résultat et la démonstration sont à connaître.

d) La fonction $f : x \mapsto \dfrac{\ln x}{x}$ est définie sur $]0;+\infty[$, on peut donc chercher la limite de cette fonction en 0. $\lim\limits_{x \to 0} x = 0$ et $\lim\limits_{x \to 0} \ln x = -\infty$;

le réel x étant strictement positif, $\lim\limits_{x \to 0} \dfrac{1}{x} = +\infty$ et donc :

$$\lim_{x \to 0} \frac{\ln x}{x} = \lim_{x \to 0} (\ln x) \frac{1}{x} = -\infty.$$

Indication
On utilise le théorème sur la limite d'un produit.

e) La fonction $f : x \mapsto \dfrac{(\ln x)^3}{x^2}$ est définie sur $]0;+\infty[$, on peut donc chercher la limite de cette fonction en $+\infty$.

$\lim\limits_{x \to +\infty} x^2 = +\infty$ et $\lim\limits_{x \to +\infty} (\ln x)^3 = +\infty$, donc on ne peut conclure à l'aide des théorèmes sur les opérations sur les limites, c'est une forme indéterminée.

Posons $t = x^{\frac{1}{3}}$, c'est-à-dire $x = t^3$ avec $t > 0$; d'où $x^2 = t^6$.

Pour tout $x > 0$:

$$f(x) = \frac{(\ln t^3)^3}{t^6} = \frac{(3\ln t)^3}{t^6} = 27\frac{(\ln t)^3}{t^6} = 27\left(\frac{\ln t}{t^2}\right)^3.$$

D'après les théorèmes sur les croissances comparées, $\lim\limits_{t \to +\infty} \dfrac{\ln t}{t^2} = 0$, d'où :

$$\boxed{\lim_{x \to +\infty} \frac{(\ln x)^3}{x^2} = 0.}$$

f) La fonction $f : x \mapsto e^x - x + 1$ est définie sur $\mathbb{R}$, on peut donc chercher la limite de cette fonction en $+\infty$.

$\lim\limits_{x \to +\infty} e^x = +\infty$ et $\lim\limits_{x \to +\infty} -x + 1 = -\infty$, donc on ne peut conclure à l'aide des théorèmes sur les opérations sur les limites, c'est une forme indéterminée.

Pour tout x de $]0;+\infty[$; $e^x - x + 1 = x\left(\dfrac{e^x}{x} - 1 + \dfrac{1}{x}\right)$ et $\lim\limits_{x \to +\infty} \dfrac{e^x}{x} = +\infty$

(d'après le cours) et $\lim\limits_{x \to +\infty} \left(-1 + \dfrac{1}{x}\right) = -1$. Donc, d'après les théorèmes sur

l'addition des fonctions, $\lim\limits_{x \to +\infty} \left(\dfrac{e^x}{x} - 1 + \dfrac{1}{x}\right) = +\infty$; d'où :

$$\lim_{x \to +\infty} (e^x - x + 1) = \lim_{x \to +\infty} x\left(\frac{e^x}{x} - 1 + \frac{1}{x}\right)$$

$$\boxed{\lim_{x \to +\infty} (e^x - x + 1) = +\infty.}$$

g) La fonction $x \mapsto \dfrac{e^x}{x^2}$ est définie sur $]-\infty\,;0[\,\cup\,]0\,;+\infty[$, on peut donc chercher la limite de cette fonction en $-\infty$.

$\lim\limits_{x \to -\infty} e^x = 0$ et $\lim\limits_{x \to -\infty} x^2 = +\infty$, donc d'après les théorèmes sur les quotients de limites :

$$\boxed{\lim_{x \to -\infty} \frac{e^x}{x^2} = 0.}$$

h) La fonction $f : x \mapsto x^{\frac{1}{x}} = e^{\frac{1}{x}\ln x}$ est définie sur $]0; +\infty[$, on peut donc chercher la limite en 0.

La fonction f est la composée de la fonction $x \mapsto \dfrac{\ln x}{x}$ et de la fonction exponentielle et :

$$\lim_{x \to 0} \frac{\ln x}{x} = -\infty \text{ et } \lim_{t \to -\infty} e^t = 0.$$

Donc d'après les théorèmes sur la composition des limites :

$$\boxed{\lim_{x \to 0} x^{\frac{1}{x}} = \lim_{x \to 0} e^{\frac{1}{x}\ln x} = 0.}$$

i) La fonction $f : x \mapsto x^{\frac{1}{x}} = e^{\frac{1}{x}\ln x}$ est définie sur $]0; +\infty[$, on peut donc chercher la limite en $+\infty$.

La fonction f est la composée de la fonction $x \mapsto \dfrac{\ln x}{x}$ et de la fonction exponentielle :

$$\lim_{x \to +\infty} \frac{\ln x}{x} = 0 \text{ et } \lim_{t \to 0} e^t = 1.$$

Donc d'après les théorèmes sur la composition des limites :

$$\boxed{\lim_{x \to +\infty} x^{\frac{1}{x}} = \lim_{x \to +\infty} e^{\frac{1}{x}\ln x} = 1.}$$

Sujets de type bac

17 Partie A

Soit g la fonction définie sur $\mathbb{R}_+^*$ par :

$$g(x) = \ln(x+2) - \ln x - \frac{2}{x+2} + \frac{1}{4}.$$

1. La fonction g est dérivable sur $]0\ ;+\infty[$ car elle est la somme de quatre fonctions dérivables sur $]0\ ;+\infty[$ et, pour tout x de $]0\ ;+\infty[$:

$$g'(x)=\frac{1}{x+2}-\frac{1}{x}+\frac{2}{(x+2)^2}=\frac{x(x+2)-(x+2)^2+2x}{x(x+2)^2}=\frac{-4}{x(x+2)^2}.$$

Pour tout réel x de $]0\ ;+\infty[$, $g'(x)<0$, et donc **la fonction g est strictement décroissante sur $\mathbb{R}_+^*$.**

2. Pour tout $x>0$, $g(x)=\ln\frac{x+2}{x}-\frac{2}{x+2}+\frac{1}{4}$.

$\lim\limits_{x\to+\infty}-\frac{2}{x+2}=0$ et $\lim\limits_{x\to+\infty}\frac{x+2}{x}=1$.

Donc $\lim\limits_{x\to+\infty}\ln\frac{x+2}{x}=0$, d'après le théorème sur la composition des limites sachant que $\ln 1=0$. Donc :

$$\boxed{\lim_{x\to+\infty}g(x)=\frac{1}{4}.}$$

3. La fonction g étant décroissante sur $]0\ ;+\infty[$, et ayant pour limite $\frac{1}{4}$ en $+\infty$, pour tout x de $]0\ ;+\infty[$, $g(x)>\frac{1}{4}$.

Donc pour tout x de $\mathbb{R}_+^*$,

$$\boxed{g(x)>0.}$$

Partie B – Soit f la fonction définie sur $\mathbb{R}^+$ par :

$$\begin{cases} f(x)=x\ln\left(\dfrac{x+2}{x}\right)+\dfrac{x}{4}+\dfrac{1}{2}, \text{ pour } x>0 \\ f(0)=\dfrac{1}{2}. \end{cases}$$

1. a) Soit φ la fonction définie sur $]0\ ;+\infty[$ par $\varphi(x)=x\ln\left(\frac{x+2}{x}\right)$.

Pour tout x de $]0\ ;+\infty[$, $\varphi(x)=x\ln\left(1+\frac{2}{x}\right)=\frac{\ln(1+2t)}{t}$ en posant $t=\frac{1}{x}$.

Pour tout $t>0$:

$$\frac{\ln(1+2t)}{t}=\frac{\ln(1+2t)}{1+2t}\times\frac{1+2t}{t}.$$

Comme $\lim\limits_{x \to 0} t = +\infty$ (car $x > 0$), $\lim\limits_{t \to +\infty} (1+2t) = +\infty$ et $\lim\limits_{X \to +\infty} \dfrac{\ln X}{X} = 0$,

les théorèmes sur la composition des limites permettent d'écrire :

$$\lim_{x \to +\infty} \frac{\ln(1+2t)}{1+2t} = 0.$$

$\lim\limits_{x \to +\infty} \dfrac{(1+2t)}{t} = 2$ donc :

$$\lim_{x \to 0} \varphi(x) = \lim_{x \to +\infty} \frac{\ln(1+2t)}{1+2t} \times \frac{1+2t}{t} = 0 \times 2 = 0.$$

$$\boxed{\lim_{x \to 0} \varphi(x) = 0.}$$

b) Pour tout $x > 0$, $f(x) = \varphi(x) + \dfrac{x}{4} + \dfrac{1}{2}$ et :

$\lim\limits_{x \to 0} \varphi(x) = 0$ et $\lim\limits_{x \to 0} \dfrac{x}{4} + \dfrac{1}{2} = \dfrac{1}{2}$, donc $\lim\limits_{x \to 0} \left(\varphi(x) + \dfrac{x}{4} + \dfrac{1}{2}\right) = \dfrac{1}{2}$.

Donc $\lim\limits_{x \to 0+} f(x) = \dfrac{1}{2} = f(0)$.

La fonction f est donc continue en 0.

Indication
Pour démontrer la dérivabilité d'une fonction en un point, il faut utiliser la définition.

2. Pour démontrer la dérivabilité de f en 0, calculons la limite en 0 du taux d'accroissement défini pour tout réel x de $]0;+\infty[$ par :

$$\frac{f(x)-f(0)}{x-0} = \frac{x\ln\left(\dfrac{x+2}{x}\right) + \dfrac{x}{4} + \dfrac{1}{2} - \dfrac{1}{2}}{x} = \frac{x\ln\left(\dfrac{x+2}{x}\right) + \dfrac{x}{4}}{x}.$$

$\dfrac{f(x)-f(0)}{x-0} = \ln\left(\dfrac{x+2}{x}\right) + \dfrac{1}{4}$ en simplifiant par x, le réel x étant non nul.

Pour tout réel x de $]0\,;+\infty[$, $\ln\left(\dfrac{x+2}{x}\right) = \ln\left(1 + \dfrac{2}{x}\right)$.

Le réel x étant strictement positif, $\lim\limits_{x \to 0} \dfrac{2}{x} = +\infty$ et donc :

$$\lim_{x \to 0} \ln\left(1 + \frac{2}{x}\right) = +\infty, \text{ donc } \lim_{x \to 0} \frac{f(x)-f(0)}{x-0} = +\infty.$$

La fonction f n'est pas dérivable en 0, la courbe représentative de f admet au point d'abscisse 0 une tangente parallèle à l'axe des ordonnées.

3. Pour tout réel x de $]0\ ;+\infty[$:

$$f(x) = x\ln\left(\frac{x+2}{x}\right) + \frac{x}{4} + \frac{1}{2} = x\ln(x+2) - x\ln x + \frac{x}{4} + \frac{1}{2},$$

la fonction f somme de fonctions dérivables sur $]0\ ;+\infty[$ est donc dérivable sur $]0\ ;+\infty[$ et pour tout x de $]0\ ;+\infty[$:

$$f'(x) = \ln(x+2) + x\frac{1}{x+2} - \ln x + \left(-x\frac{1}{x}\right) + \frac{1}{4}$$

$$= \ln(x+2) - \ln x + \frac{x}{x+2} - 1 + \frac{1}{4} = \ln\left(\frac{x+2}{x}\right) + \frac{x+2-2}{x+2} - \frac{3}{4}$$

$$= \ln\left(\frac{x+2}{x}\right) + 1 - \frac{2}{x+2} - \frac{3}{4} = \ln\left(\frac{x+2}{x}\right) - \frac{2}{x+2} + \frac{1}{4} = g(x).$$

Donc pour tout x de $]0\ ;+\infty[$, $f'(x) > 0$ et **la fonction f est strictement croissante sur $]0\ ;+\infty[$.**

4. a) Pour tout x de $]0;+\infty[$, $\varphi(x) = x\ln\left(\frac{x+2}{x}\right) = x\ln\left(1+\frac{2}{x}\right)$.

Posons $h = \frac{2}{x}$, il vient pour tout $x > 0$, $\varphi(x) = \frac{2}{h}\ln(1+h) = 2\,\frac{\ln(1+h)}{h}$.

$\lim\limits_{x\to+\infty} \frac{2}{x} = 0$ et $\lim\limits_{h\to 0} \frac{\ln(1+h)}{h} = 1$, donc d'après le théorème sur la composition des limites :

$$\boxed{\lim_{x\to+\infty} x\ln\left(1+\frac{2}{x}\right) = 2.}$$

b) $\lim\limits_{x\to+\infty} \frac{x}{4} + \frac{1}{2} = +\infty$, donc en utilisant la question précédente et le théorème sur la limite de la somme de deux fonctions :

$$\boxed{\lim_{x\to+\infty} f(x) = +\infty.}$$

c) i) Pour tout x de $\mathbb{R}_+^*$:

$$f(x) - \left(\frac{x}{4}+\frac{5}{2}\right) = x\ln\left(\frac{x+2}{x}\right) + \frac{x}{4} + \frac{1}{2} - \left(\frac{x}{4}+\frac{5}{2}\right) = x\ln\left(\frac{x+2}{x}\right) - 2 = \varphi(x) - 2.$$

D'après la question **4.a)**, de la **partie B**, $\lim\limits_{x\to+\infty} \varphi(x) = 2$, donc :

$$\boxed{\lim_{x\to+\infty} \left[f(x) - \left(\frac{x}{4}+\frac{5}{2}\right)\right] = 0.}$$

ii) Si M et M′ sont deux points de $\mathscr{C}$ et de $\mathscr{D}$ de même abscisse $x > 0$, la différence des ordonnées des points M et M′ tend vers 0.

Remarque
On dit que la droite $\mathscr{D}$ est asymptote à la courbe $\mathscr{C}$ au voisinage de $+\infty$.

5. Représentation graphique

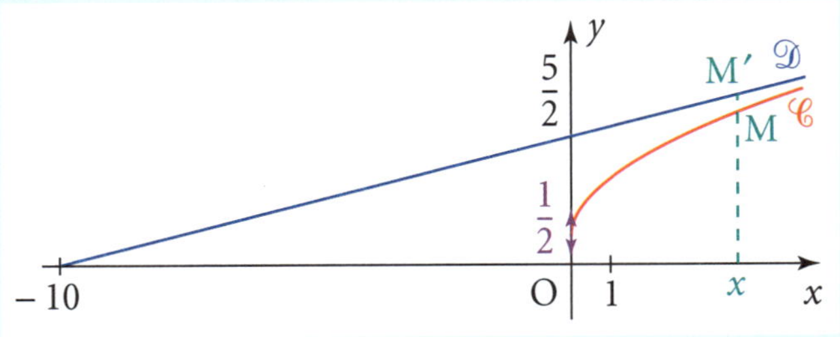

18 Soit f la fonction définie sur $]0\ ;\ +\infty[$ par $f(x) = x + \frac{1}{8}\ln x - x\ln x$.

Partie A

1. La fonction f est la somme des fonctions $x \mapsto x$, $x \mapsto \frac{1}{8}\ln x$ et $x \mapsto -x\ln x$, les deux premières sont dérivables car fonction affine et fonction logarithme, la troisième est le produit de deux fonctions dérivables sur $\mathbb{R}_+^*$.

La fonction f est donc dérivable sur $\mathbb{R}_+^*$ et pour tout x de $]0\ ;\ +\infty[$:

$$f'(x) = 1 + \frac{1}{8} \times \frac{1}{x} - \ln x - x \times \frac{1}{x} = 1 + \frac{1}{8x} - \ln x - 1 = \frac{1}{8x} - \ln x.$$

La fonction f' définie sur $]0\ ;\ +\infty[$ est la somme des fonctions $x \mapsto \frac{1}{8x}$ et $x \mapsto -\ln x$ qui sont toutes deux dérivables sur $]0\ ;\ +\infty[$.

Donc f' est dérivable sur $\mathbb{R}_+^*$ et pour tout x de $]0\ ;\ +\infty[$, $f''(x) = -\frac{1}{8x^2} - \frac{1}{x}$.

La fonction f'' est donc strictement négative sur $\mathbb{R}_+^*$, donc la fonction f' est strictement décroissante sur $]0\ ;\ +\infty[$.

$\lim\limits_{x \to +\infty} f'(x) = \lim\limits_{x \to +\infty} \left(\frac{1}{8x} - \ln x\right) = -\infty$;

$\lim\limits_{x \to 0^+} \frac{1}{8x} = +\infty$ et $\lim\limits_{x \to 0} -\ln x = +\infty$, donc :

$$\lim_{x \to 0} f'(x) = \lim_{x \to 0} \left(\frac{1}{8x} - \ln x\right) = +\infty,$$

D'où le tableau de variation de f' :

x	0	$+\infty$
f'	$+\infty$ ↘	$-\infty$

2. La fonction f' est continue sur $]0\ ;+\infty[$ car elle est dérivable ; elle est strictement décroissante ; de plus $\lim\limits_{0} f' = +\infty$ et $\lim\limits_{+\infty} f' = -\infty$.

Donc tout réel possède un antécédent et un seul par f', il existe donc un unique α de $]0\ ;+\infty[$ tel que $f'(\alpha) = 0$.

> **Remarque**
> On peut aussi utiliser le tableau de variation de f'.

$$f'(1) = \frac{1}{8} \text{ et } f'(1{,}2) \approx -0{,}078\,.$$

Donc $f'(1{,}2) < f'(\alpha) < f'(1)$.

La fonction f' étant décroissante sur $]0\ ;+\infty[$, $1 < \alpha < 1{,}2$.

3. La fonction f' étant strictement décroissante sur $]0\ ;+\infty[$ et ayant $f'(\alpha) = 0$:

> si $0 < x < \alpha$, $f'(x) > 0$;
> si $\alpha < x$, $f'(x) < 0$;
> si $x = \alpha$, $f'(x) = 0$.

Partie B

1. $\lim\limits_{x \to 0} x\ln x = 0$ et $\lim\limits_{x \to 0} \ln x = -\infty$, donc $\lim\limits_{x \to 0} f(x) = -\infty$.

La droite d'équation $x = 0$ est asymptote à $\mathscr{C}$.

Pour tout réel x de $]0\ ;+\infty[$ différent de 1 :

$$f(x) = x\ln x\left(\frac{1}{\ln x} + \frac{1}{8x} - 1\right).$$

$\lim\limits_{x \to +\infty} \dfrac{1}{\ln x} = 0$ et $\lim\limits_{x \to +\infty} \dfrac{1}{8x} = 0$, donc $\lim\limits_{x \to +\infty} \dfrac{1}{\ln x} + \dfrac{1}{8x} - 1 = -1$.

$\lim\limits_{x \to +\infty} x\ln x = +\infty$, d'où $\lim\limits_{x \to +\infty} f(x) = -\infty$.

Le tableau de variation de f est :

x	0		α		$+\infty$
$f'(x)$	‖	$+$	0	$-$	
f	‖ $-\infty$	↗	$f(\alpha)$	↘	$-\infty$

$$f(\alpha) = \alpha + \frac{1}{8}\ln\alpha - \alpha\ln\alpha\,.$$

En prenant pour α la valeur approchée 1,1 on obtient $f(\alpha) \approx 1{,}01$.

2. D'où la représentation graphique :

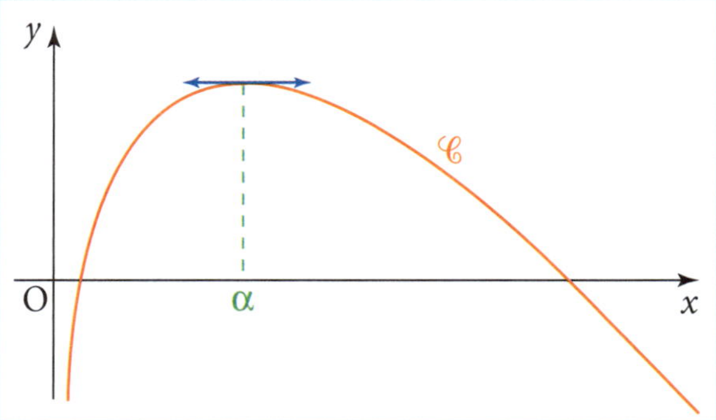

19 **Partie A**

Soit f la fonction définie sur $]-1\,;+\infty[$ par $f(x) = x - \ln(1+x)$.

1. f est la différence des fonctions $x \mapsto x$ et $x \mapsto \ln(1+x)$, toutes deux définies sur $]-1\,;+\infty[$.

La première est affine, donc dérivable sur $]-1\,;+\infty[$, la deuxième est la composée de la fonction affine $x \mapsto 1+x$ qui est dérivable et strictement positive sur $]-1\,;+\infty[$ et de la fonction logarithme qui est dérivable sur $\mathbb{R}_+^*$.

La fonction f est donc dérivable sur $]-1\,;+\infty[$ et, pour tout x de $]-1\,;+\infty[$:

$$f'(x) = 1 - \frac{1}{1+x} = \frac{x}{1+x}.$$

Le réel $1+x$ est strictement positif sur $]-1\,;+\infty[$, donc $f'(x)$ est du signe de x. La fonction f est donc strictement décroissante sur $]-1\,;0]$ et strictement croissante sur $]0\,;+\infty[$.

Calculons les limites de f en -1 et en $+\infty$. Pour tout x non nul :

$$f(x) = x\left(1 - \frac{\ln(1+x)}{x}\right) = x\left(1 - \frac{\ln x\left(\frac{1}{x}+1\right)}{x}\right).$$

Pour tout x de $]0\,;+\infty[$, les deux réels x et $\frac{1}{x}+1$ sont strictement positifs, donc $\ln x\left(\frac{1}{x}+1\right) = \ln x + \ln\left(\frac{1}{x}+1\right)$, donc pour tout x de $]0\,;+\infty[$:

$$f(x) = x\left(1 - \frac{\ln x + \ln\left(\frac{1}{x} + 1\right)}{x}\right) = x\left(1 - \frac{\ln x}{x} - \frac{\ln\left(\frac{1}{x} + 1\right)}{x}\right).$$

- $\lim\limits_{x \to +\infty} \frac{\ln x}{x} = 0$ et $\lim\limits_{x \to +\infty} \ln\left(\frac{1}{x} + 1\right) = 0$ car $\lim\limits_{x \to +\infty}\left(\frac{1}{x} + 1\right) = 1$;

et donc $\lim\limits_{x \to +\infty} \frac{\ln\left(\frac{1}{x} + 1\right)}{x} = 0$, donc $\lim\limits_{x \to +\infty}\left(1 - \frac{\ln x}{x} - \frac{\ln\left(\frac{1}{x} + 1\right)}{x}\right) = 1$, d'où :

$$\boxed{\lim_{x \to +\infty} f(x) = +\infty.}$$

- $\lim\limits_{x \to -1} x = -1$ et $\lim\limits_{x \to -1} \ln(1 + x) = -\infty$ car $\lim\limits_{x \to -1} (1 + x) = 0$;

et donc $\lim\limits_{x \to -1} f(x) = +\infty$.

La courbe $\mathscr{C}$ admet une asymptote verticale d'équation $x = -1$.

D'où le tableau de variation de f :

x	-1			0		$+\infty$
$f'(x)$	‖		$-$	0	$+$	
f	‖	$+\infty$	↘	0	↗	$+\infty$

La fonction f admet un minimum absolu en 0 et $f(0) = 0$.

Donc pour tout x de $]-1\,;+\infty[$: $\boxed{f(x) \geqslant 0.}$

2. Pour étudier la position relative de $\mathscr{C}$ et $\mathscr{P}$, on détermine le signe de la fonction g sur $]-1\,;+\infty[$, et, pour cela, une méthode est de construire le tableau de variation de g.

Pour tout x de $]-1\,;+\infty[$, $g(x) = f(x) - \frac{x^2}{2}$.

La fonction g est la somme de deux fonctions dérivables sur $]-1\,;+\infty[$, la fonction f et la fonction $x \mapsto \left(-\frac{x^2}{2}\right)$.

La fonction g est donc dérivable sur $]-1\ ;+\infty[$, et pour tout x de $]-1\ ;+\infty[$:

$$g'(x)=f'(x)-x=\frac{x}{1+x}-x=\frac{-x^2}{1+x}.$$

Pour tout x non nul de $]-1\ ;+\infty[$, $g'(x)$ est strictement négatif et la fonction g est donc strictement décroissante sur $]-1\ ;+\infty[$; $g(0)=0$.

D'où le tableau de variation de g :

x	-1		0		$+\infty$
$g'(x)$	‖	$-$	0	$-$	
g	‖	↘	0	↘	

La fonction g étant strictement décroissante sur $]-1\ ;+\infty[$ et $g(0)=0$, on peut en déduire que :

- **$g(x)>0$ si et seulement si $x\in\ ]-1\ ;0[$ et dans ce cas $\mathscr{C}$ est au-dessus de $\mathscr{P}$;**
- **$g(x)<0$ si et seulement si $x\in\ ]0\ ;+\infty[$ et dans ce cas $\mathscr{C}$ est au-dessous de $\mathscr{P}$.**

3. Traçons $\mathscr{C}$ et $\mathscr{P}$ dans un même repère $(O\ ;\vec{i},\vec{j})$.

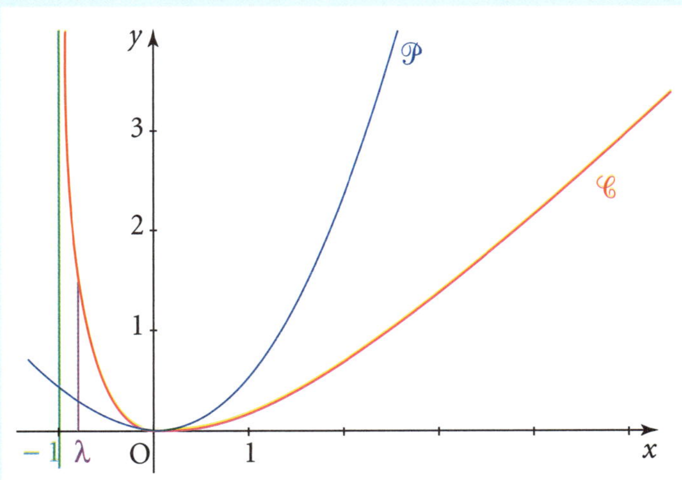

Partie B

1. Soit (u_n) la suite définie pour tout entier non nul par $u_n = f\left(\frac{1}{n}\right)$.

a) $\lim\limits_{n \to +\infty} u_n = \lim\limits_{n \to +\infty} f\left(\frac{1}{n}\right) = \lim\limits_{x \to 0} f(x) = f(0) = 0.$

b) Pour tout $x \geqslant 0$, $f(x) \geqslant 0$ et $g(x) \leqslant 0$,

soit $f(x) - \frac{x^2}{2} \leqslant 0$, donc $f(x) \leqslant \frac{x^2}{2}$.

Donc pour tout $x \geqslant 0$:

$$0 \leqslant f(x) \leqslant \frac{x^2}{2}.$$

Pour tout entier naturel n non nul, le réel $\frac{1}{n}$ est strictement positif, l'inégalité précédente est donc vérifiée en remplaçant x par $\frac{1}{n}$.

Donc pour tout entier naturel n non nul :

$$0 \leqslant f\left(\frac{1}{n}\right) \leqslant \frac{1}{2n^2} \text{ soit } 0 \leqslant u_n \leqslant \frac{1}{2n^2}.$$

Pour réaliser $u_n \leqslant 10^{-10}$ il suffit de réaliser $\frac{1}{2n^2} \leqslant 10^{-10}$, c'est-à-dire, les deux membres étant strictement positifs :

$$2n^2 \geqslant 10^{10},$$

Remarque
Les inverses de deux réels strictement positifs sont dans l'ordre inverse des deux réels.

(« passage aux inverses » dans une inégalité entre deux réels strictement positifs).

L'inégalité $2n^2 \geqslant 10^{10}$ est équivalente successivement à :

$$n^2 \geqslant \frac{100}{2}10^8 = 50 \times 10^8, \text{ soit } n \geqslant \sqrt{50} \times 10^4 = 5\sqrt{2} \times 10^4.$$

La calculatrice donne $5\sqrt{2} \times 10^4 \approx 70\,710,68$. Il suffit de choisir $n_0 = 70\,711$.

Pour tout $n \geqslant 70\,711$, $u_n \leqslant 10^{-10}$.

2. a) Soit h la fonction définie sur $[0\ ;\ +\infty[$ par :

$$h(x) = f(x) - \frac{x^2}{2} + \frac{x^3}{3}.$$

La fonction h est la somme de la fonction f et de la fonction polynôme $x \mapsto -\frac{x^2}{2} + \frac{x^3}{3}$, toutes deux dérivables sur $[0\ ;\ +\infty[$.

Donc pour tout x de $[0\ ;\ +\infty[$:

$$h'(x) = f'(x) - x + x^2 = \frac{x}{1+x} - x + x^2$$

$$= \frac{x - x - x^2 + x^2 + x^3}{1+x} = \frac{x^3}{1+x}.$$

Pour tout réel x de $]0\ ;\ +\infty[$, $\frac{x^3}{1+x} > 0$ et donc la fonction h est strictement croissante sur $[0\ ;\ +\infty[$, $h(0) = 0$ donc, sur $\mathbb{R}^+$:

$$\boxed{h(x) \geqslant 0.}$$

b) Pour tout entier n non nul, le réel $\frac{1}{n}$ est strictement positif et donc $h\left(\frac{1}{n}\right) \geqslant 0$, c'est-à-dire pour tout entier n non nul :

$$f\left(\frac{1}{n}\right) - \frac{1}{2n^2} + \frac{1}{3n^3} \geqslant 0, \text{ soit } u_n - \frac{1}{2n^2} + \frac{1}{3n^3} \geqslant 0.$$

Ainsi $u_n \geqslant \frac{1}{2n^2} - \frac{1}{3n^3}$.

On a démontré à la question **1.b)** de la **partie B** que pour tout entier n non nul $u_n \leqslant \frac{1}{2n^2}$, donc pour tout entier n non nul :

$$\boxed{\frac{1}{2n^2} - \frac{1}{3n^3} \leqslant u_n \leqslant \frac{1}{2n^2}.}$$

c) Pour tout entier n non nul, le réel $2n^2$ est strictement positif, on peut donc multiplier les trois membres de l'inégalité précédente par $2n^2$, sans changer le sens de l'inégalité :

$$2n^2\left(\frac{1}{2n^2} - \frac{1}{3n^3}\right) \leqslant 2n^2 u_n \leqslant 2n^2 \frac{1}{2n^2}, \text{ soit } 1 - \frac{2}{3n} \leqslant 2n^2 u_n \leqslant 1.$$

Donc $\lim\limits_{x \to +\infty} 2n^2 u_n = 1$ car $\lim\limits_{n \to +\infty} 1 - \frac{2}{3n} = 1$.

On peut écrire pour tout entier n non nul, $2n^2\, u_n = \dfrac{u_n}{\frac{1}{2n^2}}$.

Le rapport de ces deux suites ayant pour limite 1, **les deux suites définies sur $\mathbb{N}^*$, (u_n) et $\left(\frac{1}{2n^2}\right)$ converge à la « même vitesse » vers 0.**

20 Partie A – Préliminaires

1. Soit g la fonction définie sur $\mathbb{R}$ par $g(t) = e^t - t + 1$.

La fonction g est dérivable sur $\mathbb{R}$ et pour tout réel t :

$$g'(t) = e^t - 1.$$

Pour tout réel t :

- $g'(t) = 0 \Leftrightarrow e^t = 1 \Leftrightarrow t = 0$;
- $g'(t) > 0 \Leftrightarrow e^t > 1 \Leftrightarrow t > 0$;
- $g'(t) < 0 \Leftrightarrow e^t < 1 \Leftrightarrow t < 0$.

La fonction g est donc strictement décroissante sur $]-\infty\ ;\ 0]$ et strictement croissante sur $[0\ ;\ +\infty[$.

La fonction g possède donc un minimum absolu en 0 qui vaut $g(0) = e^0 - 1 = 0$.

Il en résulte que la fonction g est positive sur $\mathbb{R}$.

2. a) De la question précédente, il résulte, pour tout réel t, $e^t - t - 1 \geqslant 0$ et donc :

$$\boxed{e^t \geqslant t + 1.}$$

Puisque $t + 1 > t$, on a *a fortiori*, pour tout réel t : $\boxed{e^t > t.}$

En multipliant cette inégalité par $-e^{-t}$ (qui est strictement négatif), on obtient, pour tout réel t, $-e^t \times e^{-t} < -te^{-t}$, soit : $\boxed{-1 < -te^{-t}.}$

b) Pour tout réel $t > -1$, $e^t \geqslant t + 1 > 0$.

On en déduit, puisque la fonction ln est croissante que $\ln(e^t) \geqslant \ln(t + 1)$, c'est-à-dire que :

$$\boxed{t \geqslant \ln(t + 1).}$$

> **Remarque**
> Le résultat pour tout réel $t > -1$ $\ln(1 + t) \leqslant t$ est à connaître ainsi que la démonstration.

3. Soit x un réel quelconque. On sait d'après **2.a)** que $-xe^{-x} > -1$.

On peut donc appliquer l'inégalité de **2.b)** en prenant $t = -xe^{-x}$. On obtient :

$$\boxed{\ln(1 - xe^{-x}) \leqslant -xe^{-x}.}$$

Partie B – Étude d'une fonction

On considère la fonction f définie sur $\mathbb{R}$ par :

$$f(x) = x^2 - 2\ln(e^x - x).$$

Il résulte de la question **2.** de la **partie A** que, pour tout réel, $e^x - x > 0$.

Donc f est définie sur $\mathbb{R}$.

1. Limite de f en $+\infty$

$e^x - x = e^x(1 - xe^{-x})$ avec $e^x > 0$, donc pour tout réel x :

$f(x) = x^2 - 2\ln(e^x(1 - xe^{-x})) = x^2 - 2\ln e^x - 2\ln(1 - xe^{-x})$,

$$f(x) = x^2 - 2x - 2\ln(1 - xe^{-x}).$$

$$\lim_{x \to +\infty} xe^{-x} = \lim_{x \to +\infty} \frac{x}{e^x} = 0, \text{ donc } \lim_{x \to +\infty} \ln(1 - xe^{-x}) = \ln 1 = 0.$$

Sachant que $\lim\limits_{x \to +\infty} x^2 - 2x = \lim\limits_{x \to +\infty} x(x-2) = +\infty$, on en conclut que :

$$\boxed{\lim_{x \to +\infty} f = +\infty.}$$

On admet que $\lim\limits_{x \to -\infty} f(x) = +\infty$.

Point méthode

Pour démontrer le résultat admis, on écrit pour tout réel $x < 0$, $e^x - x = (-x)\left(1 - \frac{e^x}{-x}\right)$ et on utilise la propriété : si a et b sont deux réels strictement positifs, alors $\ln(ab) = \ln a + \ln b$.

2. La fonction f est dérivable sur $\mathbb{R}$ comme somme et composée de fonctions dérivables. Pour tout réel x :

$$f'(x) = 2x - 2\frac{e^x - 1}{e^x - x} = \frac{2(x(e^x - x) - (e^x - 1))}{(e^x - x)} = \frac{2((x-1)e^x - x^2 + 1)}{(e^x - x)},$$

$$= \frac{2((x-1)e^x - (x-1)(x+1))}{(e^x - x)}$$

$$= \frac{2(x-1)(e^x - x - 1)}{e^x - x}.$$

Il résulte de la question **2.** de la **partie A** que pour tout réel x, $e^x - x > 0$ et $e^x - x - 1 \geqslant 0$ (l'inégalité étant stricte si $x \neq 0$).

On en déduit que $f'(x)$ a le signe de $x - 1$.

On conclut :

- f' s'annule en 0 et en 1 ;
- $f'(x) < 0$ si $x < 1$ et $x \neq 0$;
- $f'(x) > 0$ si $x > 1$.

f est décroissante sur $]-\infty\ ;\ 1]$ et croissante sur $[1\ ;\ +\infty[$.

On calcule $f(0) = 0 - 2\ln 1 = 0$ et $f(1) = 1 - 2\ln(e - 1) \approx -0{,}08$.

On résume l'étude dans un tableau :

x	$-\infty$		0		1		$+\infty$
$f'(x)$		$-$	0	$-$	0	$+$	
f	$+\infty$	↘	0	↘	$1 - 2\ln(e-1)$	↗	$+\infty$

3. Soit $\mathscr{C}$ la courbe représentative de f dans un repère orthonormal et $\mathscr{P}$ la parabole d'équation $y = x^2 - 2x$. D'après **1.**, pour tout réel x :

$$f(x) - (x^2 - 2x) = -2\ln(1 - xe^{-x}).$$

Il a été vu dans la même question que $\lim\limits_{x \to +\infty} \ln(1 - xe^{-x}) = 0$.

On en déduit que $\lim\limits_{x \to +\infty} [f(x) - (x^2 - 2x)] = 0$.

On en déduit que les courbes $\mathscr{C}$ et $\mathscr{P}$ sont asymptotes en $+\infty$.

Pour étudier les positions relatives de $\mathscr{C}$ et $\mathscr{P}$, on regarde le signe de :

$$f(x) - (x^2 - 2x) = -2\ln(1 - xe^{-x}).$$

On obtient, pour tout réel x :

$-2\ln(1 - xe^{-x}) = 0 \Leftrightarrow 1 - xe^{-x} = 1 \Leftrightarrow xe^{-x} = 0 \Leftrightarrow x = 0.$

$-2\ln(1 - xe^{-x}) < 0 \Leftrightarrow \ln(1 - xe^{-x}) > 0 \Leftrightarrow 1 - xe^{-x} > 1 \Leftrightarrow x < 0,$

car $e^{-x} > 0$ pour tout réel x.

$-2\ln(1 - xe^{-x}) > 0 \Leftrightarrow x > 0.$

La courbe $\mathscr{C}$ est donc au-dessous de la parabole $\mathscr{P}$ sur $]-\infty\ ;\ 0[$ et au-dessus sur $]0\ ;\ +\infty[$. Les courbes se croisent au point O.

4. La tangente $\mathcal{D}'$ à $\mathcal{C}$ au point d'abscisse 0 a pour équation $y = xf'(0) + f(0)$, soit $y = 0$, c'est donc $(O\,;\,\vec{i})$, le point O étant un point d'inflexion.

Si on note g la fonction $x \to x^2 - 2x$, la tangente $\mathcal{D}$ à $\mathcal{P}$ au point d'abscisse 0 a pour équation $y = xg'(0) + g(0)$.

On obtient $g(0) = 0$ et $g'(0) = -2$, l'équation de $\mathcal{D}$ est :

$$\boxed{y = -2x.}$$

5. On trace $\mathcal{C}$, $\mathcal{P}$, $\mathcal{D}'$ et $\mathcal{D}$ dans un même repère $(O\,;\,\vec{i}, \vec{j})$.

Pour tracer $\mathcal{P}$, on écrit $y = x^2 - 2x = (x-1)^2 - 1$ soit $y + 1 = (x-1)^2$.

$\mathcal{P}$ est une parabole de sommet $S(1\,;\,-1)$ et d'équation $Y = X^2$ dans le repère $(S\,;\,\vec{i}, \vec{j})$.

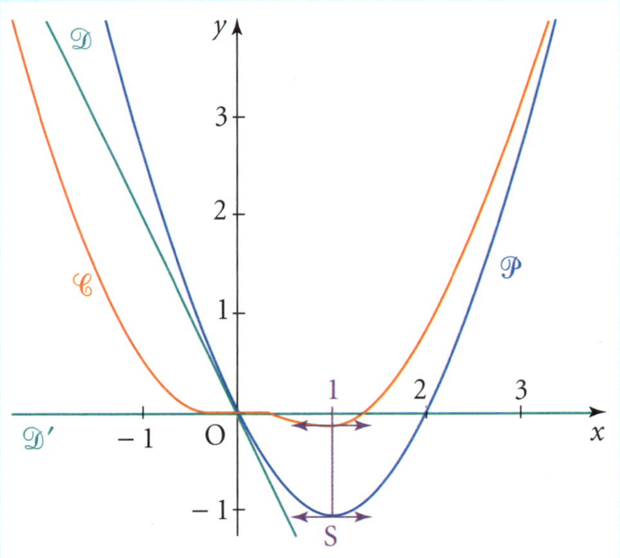

CHAPITRE 6

Intégration

DE QUOI S'AGIT-IL ?

Dans ce chapitre, il s'agit de définir l'outil réciproque de la dérivation et de mettre en place une méthode permettant de calculer des aires.

COURS

1 Intégrale d'une fonction continue

Le plan est rapporté à un repère othogonal $(O, \vec{i}, \vec{j})$.

- Si f est une fonction continue, positive sur $[a, b]$, $a < b$, l'aire exprimée en unité d'aire du domaine défini par :

$$\begin{cases} a \leqslant x \leqslant b \\ 0 \leqslant y \leqslant f(x) \end{cases}$$

est appelée l'**aire sous la courbe entre *a* et *b*** et se note $\int_a^b f(x)\mathrm{d}x$.

On lit « intégrale de a et b de $f(x)\mathrm{d}x$ ».

- Si f est continue et négative sur $[a, b]$, $(a < b)$, on se ramène au cas précédent en considérant la fonction $-f$;

$$\int_a^b f(x)\mathrm{d}x = -\int_a^b -f(x)\mathrm{d}x.$$

- Si f est une fonction continue sur $[a, b]$, $a < b$, alors :

$$\int_b^a f(x)\mathrm{d}x = -\int_a^b f(x)\mathrm{d}x.$$

2 Primitives et intégrales

- On démontre qu'une fonction f continue sur un intervalle I admet une infinité de **primitives**, c'est-à-dire des fonctions admettant pour dérivée f sur I.

> **Remarque**
> On doit toujours dire « une » primitive.

- Si l'une des primitives est F, toutes les primitives de f sur I sont les fonctions $F + C$, où C est une constante réelle arbitraire.

> **Remarque**
> L'intégrale $\int_a^b f(t)\mathrm{d}t$ ne dépend pas du choix de F.

Il en existe une seule qui prend une valeur arbitraire donnée en un point donné de I.

- Le nombre $F(b) - F(a)$, a et b étant des éléments quelconques de I, se note $[F(t)]_a^b$, il s'appelle **accroissement de *F* entre *a* et *b*** et :

$$\boxed{\int_a^b f(t)\mathrm{d}t = [F(t)]_a^b = F(b) - F(a).}$$

- Si f est une fonction continue sur I et si $a \in$ I, la fonction F définie sur I par :

$$F(x) = \int_a^x f(t)\mathrm{d}t$$

est dérivable sur I et a pour dérivée f sur I.

La fonction F ainsi construite est la primitive de f sur I qui s'annule en a.

Bien comprendre

Lorsque l'on veut déterminer une seule primitive sur un intervalle I, on choisit une primitive prenant une valeur donnée en un point donné de I.

COURS

3 Propriétés des intégrales

Toutes les fonctions considérées dans ce paragraphe sont continues sur I et a, b, c sont des points de I.

1 Relation de Chasles

$$\int_a^b f(t)\mathrm{d}t = \int_a^c f(t)\mathrm{d}t + \int_c^b f(t)\mathrm{d}t.$$

Remarque
Les réels a, b, c peuvent être dans n'importe quel ordre.

2 Linéarité

Quel que soit λ réel :

$$\int_a^b [f(t) + g(t)]\mathrm{d}t = \int_a^b f(t)\mathrm{d}t + \int_a^b g(t)\mathrm{d}t;$$

$$\int_a^b [\lambda f(t)]\mathrm{d}t = \lambda\int_a^b f(t)\mathrm{d}t.$$

3 Inégalités

- Si $f \geqslant 0$ et $a \leqslant b$, alors $\int_a^b f(t)\,\mathrm{d}t \geqslant 0$;
- Si $f \leqslant g$ et $a \leqslant b$, alors $\int_a^b f(t)\,\mathrm{d}t \leqslant \int_a^b g(t)\,\mathrm{d}t$.

Remarque
Lorsque l'on veut utiliser les inégalités, on doit toujours vérifier que la borne inférieure de l'intégrale est inférieure à la borne supérieure.

4 Inégalités de la moyenne

Soit f une fonction continue sur un intervalle I et a et b deux éléments de I.

- Si $m \leqslant f \leqslant M$ sur I et si $a \leqslant b$, alors :

$$m(b-a) \leqslant \int_a^b f(t)\,\mathrm{d}t \leqslant M(b-a).$$

- Si $|f| \leqslant M$ sur I, alors :

$$\left|\int_a^b f(t)\,\mathrm{d}t\right| \leqslant M|b-a|.$$

Remarque
Cette inégalité est valable sans condition sur a et b.

Le nombre $\dfrac{1}{b-a}\displaystyle\int_a^b f(t)\,\mathrm{d}t$ (lorsque $a \neq b$) est appelé **la valeur moyenne** de f sur $[a\,;b]$ et si $a < b$, la moyenne de f sur le segment $[a\,;b]$.

5 Intégrales de fonctions continues paires, impaires ou périodiques

- Si f est continue et paire sur $[-a\,;a]$, $\displaystyle\int_{-a}^{a} f(t)\,\mathrm{d}t = 2\int_0^a f(t)\,\mathrm{d}t$.
- Si f est continue et impaire sur $[-a\,;a]$, $\displaystyle\int_{-a}^{a} f(t)\,\mathrm{d}t = 0$.
- Si f est continue sur $\mathbb{R}$ et de période P, a étant un réel quelconque :

$$\int_0^P f(t)\,\mathrm{d}t = \int_a^{a+P} f(t)\,\mathrm{d}t.$$

Bien comprendre

Si $f \geqslant 0$ et $a < b$, $\displaystyle\int_a^b f(x)\,\mathrm{d}x$ représente l'aire sous la courbe de f entre a et b exprimée en unités d'aire.

Si f change de signe, on parle alors d'aire algébrique ; les zones situés au-dessus de l'axe des abscisses sont comptées positivement et les zones situées au-dessous de l'axe des abscisses sont comptées négativement ; la somme algébrique est égale à $\displaystyle\int_a^b f(x)\,\mathrm{d}x$.

4 Primitives usuelles

I désigne un intervalle de $\mathbb{R}$.

Domaine	Fonction	Primitives
sur $\mathbb{R}$	0	C
sur $\mathbb{R}$	a (constante)	$ax + C$
sur $\mathbb{R}$, si $\alpha \in \mathbb{N}$ sur I intervalle inclus dans $\mathbb{R}^*$ si α entier < -1	x^{α}	$\dfrac{x^{\alpha+1}}{\alpha+1} + C$
sur I, intervalle inclus dans $\mathbb{R}^*$	$\dfrac{1}{x}$	$\ln\lvert x\rvert + C$
sur $\mathbb{R}$ si $a \neq 0$	$\cos(ax+b)$	$\dfrac{1}{a}\sin(ax+b) + C$
sur $\mathbb{R}$ si $a \neq 0$	$\sin(ax+b)$	$-\dfrac{1}{a}\cos(ax+b) + C$
sur $\left]-\dfrac{\pi}{2} + k\pi, \dfrac{\pi}{2} + k\pi\right[$	$\dfrac{1}{\cos^2 x} = 1 + \tan^2 x$	$\tan x + C$
f et g ont pour primitives F et G sur un intervalle I	$f + g$	$F + G + C$
λ réel donné, f a pour primitive F sur I	λf	$\lambda F + C$
f et g ont pour dérivées f' et g' sur I	$f'g + fg'$	$fg + C$
f et g ont pour dérivées f' et g' sur I et g ne s'annule pas sur I	$\dfrac{f'g - fg'}{g^2}$	$\dfrac{f}{g} + C$
f a pour dérivée f' et f^{α} est définie sur I et $\alpha \neq -1$	$f^{\alpha} f'$	$\dfrac{f^{\alpha+1}}{\alpha+1} + C$
f a pour dérivée f' sur I et f ne s'annule pas sur I	$\dfrac{f'}{f}$	$\ln\lvert f\rvert + C$
f a pour dérivée f' sur I	$\exp f \times f'$	$\exp(f) + C$

Questions courtes

1 Signe d'une intégrale

➲ Corrigé p. 278

Donner les signes des nombres :

$$I = \int_{-2}^{1} \frac{-1}{x^4+1}\,\mathrm{d}x \quad \text{et} \quad J = \int_{3}^{1} (x^4+1)\,\mathrm{d}x.$$

2 Primitives

➲ Corrigé p. 278

1. Soit φ une fonction continue sur $\mathbb{R}$.

Que représente pour φ, la fonction g définie sur $\mathbb{R}$ par :

$$g(x) = \int_{0}^{x} \varphi(t)\,\mathrm{d}t\,?$$

2. La fonction f est définie, continue sur $\mathbb{R}$ et strictement positive sur $\mathbb{R}$.

Quel est le sens de variation de la fonction h définie sur $\mathbb{R}$ par :

$$\int_{x}^{1} f(t)\,\mathrm{d}t = h(x)\,?$$

Indication
Attention à l'écriture de la fonction h.

3 Encadrement

➲ Corrigé p. 278

Si, sur un intervalle I non vide de $\mathbb{R}$:

$$f \leqslant m \leqslant g,$$

où f et g sont deux fonctions définies et continues sur I, m un réel, a-t-on pour deux réels a et b quelconques de I :

$$\int_{a}^{b} f(t)\,\mathrm{d}t \leqslant m(b-a) \leqslant \int_{a}^{b} g(t)\,\mathrm{d}t\ ?$$

Indication
Revoir la remarque sur l'utilisation des inégalités.

4 Valeur moyenne

➲ Corrigé p. 279

1. Soit a, b et c trois réels tels que $a < b < c$. Si m_1 est la valeur moyenne de f sur $[a\,;\,b]$ et si m_2 est la valeur moyenne de f sur $[b\,;\,c]$, quelle est, en fonction de m_1 et m_2, la valeur moyenne de f sur $[a\,;\,c]$?

2. Si m est la valeur moyenne de f sur $[a\,;\,b]$ (a et b réels tels que $a < b$) et si μ est la valeur moyenne de g sur $[a\,;\,b]$, quelle est la valeur moyenne de $f+g$ sur $[a\,;\,b]$?

5 Inégalité

➲ Corrigé p. 279

Si pour tout réel x de $[a\,;b]$ $(a < b)$, $f(x) = 2g(x)$, a-t-on :

$$\int_a^b f(t)\,\mathrm{d}t > \int_a^b g(t)\,\mathrm{d}t\ ?$$

6 Primitives et intervalles

➲ Corrigé p. 279

Si F est une primitive de f sur la réunion de deux intervalles et si G est une primitive de f sur la même réunion des deux mêmes intervalles, existe-t-il un réel k tel que $G = F + k$?

7 Comparaison d'intégrales

➲ Corrigé p. 280

1. Soit f la fonction définie sur $\mathbb{R}$ par :

$$f(x) = x^5 - (\sin x)^3.$$

Comparer les nombres $\int_{-\pi}^{0} f(x)\,\mathrm{d}x$ et $\int_0^{\pi} f(x)\mathrm{d}x$.

2. Soit f la fonction définie sur $\mathbb{R}$ par $f(x) = \dfrac{1}{x^4+1}$.

Comparer les nombres $\int_{-\pi}^{0} f(x)\mathrm{d}x$ et $\int_0^{\pi} f(x)\,\mathrm{d}x$.

Indication
Utiliser la parité de la fonction f.

8 Étude de signes

➲ Corrigé p. 280

Sans calculer les intégrales, donner le signe de :

a) $I = \int_\alpha^\beta (x - x^2)\,\mathrm{d}x$, lorsque α et β sont deux réels tels que $0 < \alpha < \beta < 1$;

b) $J = \int_\alpha^\beta (x - x^2)\,\mathrm{d}x$, lorsque α et β sont deux réels tels que $1 < \alpha < \beta$.

9 Équation

➲ Corrigé p. 280

1. Peut-on trouver un réel α tel que $\int_0^\alpha \mathrm{e}^t\mathrm{d}t$ soit un entier naturel ?

2. L'égalité $\int_1^2 f(t)\mathrm{d}t = \int_1^2 g(t)\mathrm{d}t$ implique-t-elle l'égalité $f(t) = g(t)$ pour tout t de $[1\,;2]$?

Indication
Revenir à la définition de l'intégrale.

10 Domaine non borné

➔ Corrigé p. 281

Si $\mathcal{D}$ est une partie illimitée du plan, $\mathcal{D}$ peut-elle avoir une aire égale à un nombre réel ?

Exercices d'entraînement

11 Calculs d'intégrales

★ 20 min ➔ Corrigé p. 281

1. Soit la fonction f définie sur $\mathbb{R}$ par $f(x) = \dfrac{x}{1+x^2}$;

soit la fonction g définie sur $\mathbb{R}$ par $g(x) = \dfrac{x^3}{1+x^2}$.

a) Calculer $I_1 = \int_0^1 f(x)\mathrm{d}x$.

b) Soit $I_2 = \int_0^1 g(x)\mathrm{d}x$. Calculer $I_1 + I_2$ et en déduire la valeur de I_2.

2. a) Déterminer trois réels a, b, c tels que, pour tout u différent de $\dfrac{1}{2}$:

$$\frac{u^2-1}{2u-1} = au + b + \frac{c}{2u-1}.$$

b) Calculer $\int_{-1}^{0} \dfrac{x^2-1}{2x-1}\mathrm{d}x$.

12 Intégrale et fonctions trigonométriques

★★ 15 min ➔ Corrigé p. 283

Soit la fonction f définie par $f(x) = \sin^4 x$, $x \in \mathbb{R}$.

1. Exprimer $\sin^2 x$ en fonction de $\cos 2x$, puis $\sin^4 x$ en fonction de $\cos 2x$ et de $\cos 4x$.

2. Quelle est la forme générale des primitives de f sur $\mathbb{R}$?

3. Calculer $\int_0^{\frac{\pi}{8}} f(x)\ \mathrm{d}x$.

> **Rappel**
> $\cos 2x = \cos^2 x - \sin^2 x$;
> $\cos^2 x + \sin^2 x = 1$.

13 Intégrales et système d'équations

★★ 30 min ➔ Corrigé p. 284

L'objectif est de calculer les intégrales suivantes :

$$I = \int_0^1 \frac{\mathrm{d}x}{\sqrt{x^2+2}}\ ; \quad J = \int_0^1 \frac{x^2}{\sqrt{x^2+2}}\mathrm{d}x\ ; \quad K = \int_0^1 \sqrt{x^2+2}\,\mathrm{d}x.$$

1. Calcul de I

Soit la fonction f définie sur $[0\,;1]$ par $f(x) = \ln\left(x + \sqrt{x^2+2}\right)$.

a) Calculer la dérivée de la fonction $x \mapsto \sqrt{x^2+2}$.

b) En déduire la dérivée f' de f.

c) Calculer la valeur de I.

2. Calcul de J et de K

a) Sans calculer explicitement J et K, vérifier que $J + 2I = K$.

b) Soit h la fonction définie sur $[0\,;1]$ par :

$$h(x) = x\sqrt{x^2+2}.$$

(i) Montrer que pour tout x de $[0\,;1]$:

$$h'(x) = \sqrt{x^2+2} + \frac{x^2}{\sqrt{x^2+2}}.$$

(ii) En déduire que $K = \sqrt{3} - J$.

c) En déduire les valeurs de J et de K.

Remarque
Trouver des relations entre des intégrales que l'on ne sait pas calculer est parfois efficace.

14 Intégrales et suites

★★ 30 min ➔ Corrigé p. 287

1. Soit p un entier naturel non nul.

À l'aide d'un encadrement de $\frac{1}{t}$ sur $[p\,;p+1]$, déduire les inégalités :

$$\frac{1}{p+1} \leqslant \int_p^{p+1} \frac{1}{t}\mathrm{d}t \leqslant \frac{1}{p} \quad \textbf{(1)} \quad \text{et} \quad \frac{1}{p+1} \leqslant \ln(p+1) - \ln p \leqslant \frac{1}{p} \quad \textbf{(2)}.$$

2. On pose, pour tout entier naturel n non nul, $u_n = \sum_{p=n}^{2n} \frac{1}{p}$.

Démontrer les inégalités :

$$u_n - \frac{1}{n} \leqslant \ln 2 \leqslant u_n - \frac{1}{2n} \quad \text{et} \quad \ln 2 + \frac{1}{2n} \leqslant u_n \leqslant \ln 2 + \frac{1}{n}.$$

3. En déduire $\lim\limits_{n \to +\infty} u_n$.

Sujets de type BAC

15 Méthodes de calculs d'intégrales

★★★ 30 min ➲ Corrigé p. 288

On se propose de calculer l'intégrale $J = \int_0^1 \frac{xe^x}{(1+e^x)^3}dx$.

1. Calculer les deux intégrales :

$$A = \int_0^1 \frac{e^x}{1+e^x}dx \quad \text{et} \quad B = \int_0^1 \frac{e^x}{(1+e^x)^2}dx.$$

2. Déterminer trois nombres réels a, b et c tels que, pour tout nombre réel t positif ou nul :

$$\frac{1}{(1+t)^2} = a + \frac{bt}{1+t} + \frac{ct}{(1+t)^2}. \quad \textbf{(1)}$$

3. En posant $t = e^x$ dans l'égalité **(1)**, calculer l'intégrale :

$$I = \int_0^1 \frac{1}{(1+e^x)^2}dx.$$

4. a) Soit h la fonction définie sur $[0\,;1]$ par :

$$h(x) = \frac{x}{2(1+e^x)^2}.$$

(i) Montrer que pour tout x de $[0\,;1]$:

$$h'(x) = \frac{1}{2(1+e^x)^2} - \frac{xe^x}{(1+e^x)^3}.$$

(ii) En déduire que :

$$J = -[h(x)]_0^1 + \frac{1}{2}I.$$

b) En déduire la valeur de J. À l'aide de la calculatrice, donner une valeur approchée de J à 10^{-2} près.

16 Suite d'intégrales

★★★ 40 min ➲ Corrigé p. 291

Les questions **1** et **2** sont indépendantes.

$\mathbb{N}^*$ est l'ensemble des entiers strictement positifs.

Pour tout entier n de $\mathbb{N}^*$, on considère l'intégrale $I_n = \int_1^e (\ln x)^n \mathrm{d}x$.

1. a) Démontrer que pour tout x dans l'intervalle $]1\ ;\ e[$, et pour tout n entier naturel non nul :

$$(\ln x)^n - (\ln x)^{n+1} \geqslant 0.$$

b) En déduire que la suite (I_n) est décroissante.

2. a) Calculer sur $[1\ ;\ e]$ la dérivée de la fonction :

$$x \mapsto x\ln x - x.$$

En déduire I_1.

b) Soit h_n la fonction définie sur $[1\ ;\ e]$ pour tout n de $\mathbb{N}^*$ par :

$$h_n(x) = x(\ln x)^{n+1}.$$

(i) Montrer que pour tout n de $\mathbb{N}^*$ et tout x de $[1\ ;\ e]$:

$$h'_n(x) = (\ln x)^{n+1} + (n+1)(\ln x)^n.$$

(ii) En déduire que pour tout n de $\mathbb{N}^*$:

$$I_{n+1} = e - (n+1)I_n.$$

c) En déduire I_2, I_3 et I_4. Donner les valeurs exactes, exprimées en fonction de e, et les valeurs approchées à 10^{-3} près par défaut.

3. a) Démontrer que, pour tout $n \in \mathbb{N}^*$:

$$I_n \geqslant 0.$$

b) Démontrer que, pour tout $n \in \mathbb{N}^*$:

$$(n+1)I_n \leqslant e.$$

c) En déduire la limite de I_n.

d) Déterminer la valeur de $nI_n + (I_n + I_{n+1})$ et en déduire la limite de nI_n.

> **Remarque**
> Il faut retenir qu'une primitive sur $\mathbb{R}_+^*$ de la fonction ln est la fonction $x \mapsto x\ln x - x$.

> **Remarque**
> La méthode proposée s'appelle une intégration par parties.

17 Suites d'intégrales, série

★★★ 40 min ➔ Corrigé p. 293

On considère la suite I définie par $I_0 = \int_0^1 e^x \mathrm{d}x$ et pour tout entier $n \geqslant 1$:

$$I_n = \frac{1}{n!} \int_0^1 (1-x)^n e^x \mathrm{d}x.$$

1. a) Calculer $\int_0^1 (1-x)^n \mathrm{d}x$ pour $n \in \mathbb{N}^*$.

b) À l'aide de l'encadrement $1 \leqslant e^x \leqslant e$, valable sur l'intervalle $[0\ ;1]$, démontrer que, pour tout entier $n \geqslant 1$:

$$\frac{1}{(n+1)!} \leqslant I_n \leqslant \frac{e}{(n+1)!}.$$

c) Démontrer que la suite (I_n) est convergente et déterminer sa limite.

2. a) Calculer I_0.

b) Soit h_n la fonction définie pour tout n de $\mathbb{N}^*$ et tout x de $[0\,;\,1]$ par :

$$h_n(x) = (1-x)^n e^x.$$

(i) Calculer, pour tout n de $\mathbb{N}^*$ et tout x de $[0\,;\,1]$, $h'_n(x)$.

(ii) En déduire que pour tout n de $\mathbb{N}^*$:

$$I_{n-1} - I_n = \frac{1}{n!}.$$

3. On pose, pour tout entier $n \geqslant 1$:

$$J_n = 1 + \frac{1}{1!} + \dots + \frac{1}{n!}.$$

a) En utilisant les relations **(1)**, exprimer J_n à l'aide de I_0 et I_n.

b) En déduire la limite J de la suite (J_n).

c) Justifier l'encadrement :

$$\frac{1}{(n+1)!} \leqslant J - J_n \leqslant \frac{e}{(n+1)!}.$$

Remarque
J est appelée la somme de la série de terme général $\frac{1}{n!}$.

18 Irrationalité du nombre e

★★★ 40 min Corrigé p. 296

Partie A

Soit f la fonction numérique de variable réelle définie par :

$$f(x) = xe^{1-x}.$$

On désigne par $\mathscr{C}$ la courbe représentative de f dans un plan $\mathscr{P}$ rapporté à un repère orthonormé $(O\,;\,\vec{i}, \vec{j})$, d'unité graphique 4 cm.

1. Étudier les variations de f ; on précisera les limites de f en $-\infty$ et en $+\infty$.

2. Construire la courbe $\mathscr{C}$ dans le plan $\mathscr{P}$.

3. En utilisant la dérivée de la fonction f sur $[0\,;\,1]$, montrer que :

$$I_1 = \int_0^1 f(x)\,dx = e - 2.$$

Quelle est l'interprétation géométrique de I_1 ?

Partie B

Pour tout entier $n \geqslant 1$ on pose :

$$I_n = \int_0^1 x^n e^{1-x} dx.$$

1. a) Démontrer que, pour tout $x \in [0\,;1]$, $x^n \leqslant x^n e^{1-x} \leqslant e x^n$.

b) Exprimer en fonction de l'entier n :

$$J_n = \int_0^1 x^n dx.$$

c) Déduire de **a)** et de **b)** que pour tout n :

$$\frac{1}{n+1} \leqslant I_n \leqslant \frac{e}{n+1}.$$

2. Soit h_n la fonction définie pour $n \in \mathbb{N}^*$ et tout x de $[0\,;1]$ par :

$$h_n(x) = x^n e^{1-x}.$$

a) Calculer pour tout n de $\mathbb{N}^*$ et tout x de $[0\,;1]$, $h'_{n+1}(x)$.

b) En déduire que :

$$I_{n+1} = -\left[h'_{n+1}(x)\right]_0^1 + (n+1)I_n.$$

c) Montrer que pour tout n de $\mathbb{N}^*$:

$$I_{n+1} = (n+1)I_n - 1.$$

3. Pour tout entier $n \geqslant 1$ on pose :

$$K_n = n!\,e - I_n,$$

où $n! = 1 \times 2 \times 3 \times \ldots \times n$ est le produit des n premiers nombres entiers non nuls).

a) Exprimer K_{n+1} à l'aide de K_n.

b) Calculer K_1 (on pourra utiliser la question **3.** de la **partie A**).

En déduire, en procédant par récurrence sur n, que K_n est un nombre entier pour tout $n \geqslant 1$.

c) Utiliser **b)** et **1. c)** pour démontrer que, quel que soit l'entier $n \geqslant 2$, le nombre :

$$n!\,e = K_n + I_n,$$

n'est pas un nombre entier.

4. a) Soit p et q deux nombres entiers strictement positifs.

Démontrer que, pour $n \geqslant q$, le nombre $\dfrac{n!p}{q}$ est un nombre entier.

b) En déduire, à l'aide de **3. b)** et **c)**, que e n'est pas un nombre rationnel.

Exercice d'approfondissement

19 Méthode d'Euler

★★★ 40 min ➔ Corrigé p. 300

Le plan est muni d'un repère orthogonal $(\text{O} ; \vec{i}, \vec{j})$.
On s'intéresse aux fonctions f dérivables sur $[0 ; +\infty[$ vérifiant les conditions :

Remarque
La relation (1) est appelée une équation différentielle.

$$\begin{cases} \text{pour tout réel } x \text{ appartenant à } [0 ; +\infty[, f'(x) = 4 - (f(x))^2 & \textbf{(1)} \\ f(0) = 0 & \textbf{(2)} \end{cases}$$

On admet qu'il existe une unique fonction f vérifiant simultanément **(1)** et **(2)**.

Les deux parties peuvent être traitées de manière indépendante.

Partie A – Étude d'une suite

Afin d'obtenir une approximation de la courbe représentative de la fonction f, on utilise la méthode itérative d'Euler avec un pas égal à 0,2.

On obtient ainsi une suite de points notés (M_n), d'abscisse x_n et d'ordonné y_n telles que :

$$\begin{cases} x_0 = 0 \quad \text{et, pour tout entier naturel } n, \quad x_{n+1} = x_n + 0{,}2 \, ; & \textbf{(1)} \\ y_0 = 0 \quad \text{et, pour tout entier naturel } n, \quad y_{n+1} = -0{,}2y_n^2 + y_n + 0{,}8 & \textbf{(2)} \end{cases}$$

1. a) Les coordonnées des premiers points sont consignées dans le tableau ci-dessous. Compléter ce tableau. On donnera les résultats à 10^{-4} près.

n	0	1	2	3	4	5	6	7
x_n	0	0,2	0,4					
y_n	0	0,8000	1,4720					

b) Placer, sur un graphique, les points M_n pour n entier naturel inférieur ou égal à 7.

c) D'après ce graphique, que peut-on conjecturer sur le sens de variation de la suite (y_n) et sur sa convergence ?

2. a) Pour x réel, on pose $p(x) = -0{,}2x^2 + x + 0{,}8$.

Montrer que si $x \in [0 ; 2]$, alors $p(x) \in [0 ; 2]$.

b) Montrer que pour tout entier naturel n, $0 \leqslant y_n \leqslant 2$.

c) Étudier le sens de variation de la suite (y_n).

d) La suite (y_n) est-elle convergente ?

Partie B – Étude d'une fonction

Soit g la fonction définie sur $[0 ; +\infty[$ par $g(x) = 2\,\dfrac{e^{4x} - 1}{e^{4x} + 1}$,

et $\mathscr{C}_g$ sa courbe représentative.

1. Montrer que la fonction g vérifie les conditions (**1**) et (**2**).

2. a) Montrer que $\mathscr{C}_g$ admet une asymptote Δ dont on donnera une équation.

b) Étudier les variations de g sur $[0 ; +\infty[$.

3. Déterminer l'abscisse α du point d'intersection de Δ et de la tangente à $\mathscr{C}_g$ à l'origine.

4. Tracer, dans le repère précédent, la courbe $\mathscr{C}_g$ et les éléments mis en évidence dans les questions précédentes de cette **partie B**.

Questions courtes

1 • La borne inférieure -2 est inférieure à la borne supérieure 1 et la fonction $x \mapsto \dfrac{-1}{x^4+1}$ est strictement négative sur $[-2\,;1]$, **l'intégrale I est donc strictement négative.**

• La borne inférieure de J est supérieure à la borne supérieure, la fonction $x \mapsto x^4+1$ est strictement positive sur $[1\,;3]$. Donc, d'après les propriétés des intégrales :

$$\int_1^3 (x^4+1)\mathrm{d}x > 0, \text{ d'où } \int_3^1 (x^4+1)\mathrm{d}x = -\int_1^3 (x^4+1)\mathrm{d}x < 0.$$

L'intégrale J est strictement négative.

Méthode
Il faut étudier le signe de la fonction et la position relative des bornes.

2 **1. g est la primitive de φ sur $\mathbb{R}$ qui s'annule en 0.**

2. Pour tout réel x, $h(x) = -\int_1^x f(t)\,\mathrm{d}t = \int_1^x -f(t)\mathrm{d}t$.

f est continue sur $\mathbb{R}$, donc $-f$ aussi et $\mathbb{R}$ est un intervalle de $\mathbb{R}$, donc $-f$ admet des primitives sur $\mathbb{R}$. Soit F l'une d'elles. Pour tout réel x :

$$h(x) = F(x) - F(1) \quad \text{et} \quad h'(x) = F'(x) = -f(x).$$

Comme f est strictement positive sur $\mathbb{R}$, $-f$ est strictement négative sur $\mathbb{R}$.

Donc h est strictement décroissante sur $\mathbb{R}$.

3 Pour tout réel t de I, $f(t) \leqslant m \leqslant g(t)$.

• Si $a < b$, alors $\int_a^b f(t)\,\mathrm{d}t \leqslant \int_a^b m\,\mathrm{d}t \leqslant \int_a^b g(t)\,\mathrm{d}t$.

$$\int_a^b f(t)\,\mathrm{d}t \leqslant m(b-a) \leqslant \int_a^b g(t)\mathrm{d}t.$$

• Si $b < a$, alors $\int_b^a f(t)\,\mathrm{d}t \leqslant \int_b^a m\,\mathrm{d}t \leqslant \int_b^a g(t)\,\mathrm{d}t$

d'où :
$$-\int_a^b f(t)\,\mathrm{d}t \leqslant m(a-b) \leqslant -\int_a^b g(t)\,\mathrm{d}t$$

et :
$$\boxed{\int_a^b f(t)\,\mathrm{d}t \geqslant m\,(a-b) \geqslant \int_a^b g(t)\,\mathrm{d}t.}$$

La réponse à la question posée est « non ».

4 **1.** Si m_1 est la valeur moyenne de f sur $[a\ ;\ b]$:

$$m_1 = \frac{1}{b-a}\int_a^b f(t)\,dt \text{ et } \int_a^b f(t)\,dt = m_1(b-a).$$

Remarque
Pour écrire la définition de la valeur moyenne sur $[a\ ;b]$, il faut préciser $a \neq b$.

De même pour m_2 :

$$m_2 = \frac{1}{c-b}\int_b^c f(t)\,dt, \quad \text{d'où} \quad \int_b^c f(t)\,dt = m_2(c-b).$$

La valeur moyenne μ de f sur $[a\ ;\ c]$ est $\mu = \frac{1}{c-a}\int_a^c f(t)\,dt.$

Or $\int_a^c f(t)\,dt = \int_a^b f(t)\,dt + \int_b^c f(t)\,dt = m_1(b-a) + m_2(c-b)$, d'où :

$$\boxed{\mu = \frac{1}{c-a}\int_a^c f(t)\,dt = \frac{m_1(b-a)+m_2(c-b)}{c-a}.}$$

2. La valeur moyenne de $f+g$ est le nombre M tel que :

$$M = \frac{1}{b-a}\int_a^b (f(t)+g(t))\,dt = \frac{1}{b-a}\int_a^b f(t)\,dt + \frac{1}{b-a}\int_a^b g(t)\,dt$$

$$\boxed{M = m + \mu.}$$

5 Déterminons le signe de :

Méthode
Pour comparer deux membres, on étudie le signe de leur différence.

$$\int_a^b f(t)dt - \int_a^b g(t)dt = \int_a^b (f(t)-g(t))dt$$

$$= \int_a^b (2g(t)-g(t))dt = \int_a^b g(t)dt.$$

Puisque $a < b$, le signe $\int_a^b g(t)dt$ dépend de la fonction g.

Cette intégrale peut être positive, négative ou nulle. **On ne peut donc pas répondre à la question posée.**

6 Soit F définie :

$$\begin{cases} \text{sur }]-\infty\ ;\ 0[\quad \text{par} \quad F(x) = -\dfrac{1}{x^2} + 2\ ; \\ \text{sur }]0\ ;\ +\infty[\quad \text{par} \quad F(x) = -\dfrac{1}{x^2} + 1, \end{cases}$$

Remarque
Le contre-exemple est à retenir.

et soit G définie $\begin{cases} \text{sur }]-\infty\,;0[\text{ par } G(x) = -\dfrac{1}{x^2} - 1\,; \\ \text{sur }]0\,;+\infty[\text{ par } G(x) = -\dfrac{1}{x^2} + 3. \end{cases}$

Il n'existe pas de constante k telle que, pour tout réel x de $\mathbf{R}^*$, $F = G + k$ et pourtant, pour tout réel x de $\mathbf{R}^*$, $F'(x) = G'(x) = \dfrac{2}{x^3} = f(x)$.

7 **1.** La fonction f est impaire, car pour tout réel x :

$$f(-x) = (-x)^5 - [\sin(-x)]^3 = -x^5 + (\sin x)^3 = -f(x).$$

f étant impaire, les nombres $\int_{-\pi}^{0} f(x)\mathrm{d}x$ et $\int_{0}^{\pi} f(x)\mathrm{d}x$ sont opposés :

$$\boxed{\int_{-\pi}^{0} f(x)\mathrm{d}x = -\int_{0}^{\pi} f(x)\mathrm{d}x.}$$

2. La fonction f est paire.

En effet, pour tout réel x, $-x$ appartient à l'ensemble de définition de f et :

$$f(-x) = \frac{1}{(-x)^4 + 1} = \frac{1}{x^4 + 1} = f(x).$$

Les nombres $\int_{-3}^{0} f(x)\mathrm{d}x$ et $\int_{0}^{3} f(x)\mathrm{d}x$ sont égaux :

$$\boxed{\int_{-3}^{0} f(x)\mathrm{d}x = \int_{0}^{3} f(x)\mathrm{d}x.}$$

Remarque
Ne jamais oublier de vérifier, pour la parité ou l'imparité, que pour tout réel de l'ensemble de définition, l'opposé appartient aussi à l'ensemble de définition.

8 **a)** Sur l'intervalle $]0\,;1[$, $x > x^2$, donc $x - x^2 > 0$.

Si $\mathbf{0 < \alpha < \beta < 1}$**, alors** $\int_{\alpha}^{\beta} (x - x^2)\,\mathrm{d}x > 0$**.**

Indication
$x - x^2 = x(1-x)$, trinôme du second degré.

b) De même, pour tout réel $x > 1$, $x < x^2$, donc $x - x^2 < 0$.

Si $\mathbf{1 < \alpha < \beta}$**, alors** $\int_{\alpha}^{\beta} (x - x^2)\,\mathrm{d}x < 0$**.**

9 **1.** Calculons $\int_{0}^{\alpha} \mathrm{e}^t\mathrm{d}t = [\mathrm{e}^t]_0^{\alpha} = \mathrm{e}^{\alpha} - 1$.

$\mathrm{e}^{\alpha} - 1$ est un entier naturel si e^{α} est un entier naturel supérieur ou égal à 1. Cherchons α tel que $\mathrm{e}^{\alpha} = n$, $n \in \mathbb{N}^*$.

Cette égalité est équivalente à $\alpha = \ln n$.

Il suffit de choisir $\alpha = \ln n$, où $n \in \mathbb{N}^*$, pour que $\int_0^{\alpha} e^t dt$ soit un entier naturel.

2. Soit f définie sur $[1 ; 2]$ par $f(x) = 2 - x$ et g définie sur $[1 ; 2]$ par $g(x) = x - 1$.

Indication
Il faut essayer de retenir les contre-exemples.

Alors $\int_1^2 (2-x)dx = \left[2x - \frac{x^2}{2}\right]_1^2 = \frac{1}{2}$,

et $\int_1^2 (x-1)dx = \left[\frac{x^2}{2} - x\right]_1^2 = \frac{1}{2}$.

Donc $\int_1^2 f(x)dx = \int_1^2 g(x)dx$ et $f \neq g$.

La réponse à question posée est donc non.

10 On considère la partie $\Delta(a)$ du plan limitée par la courbe représentative $\mathscr{C}$ de la fonction exponentielle, l'axe des abscisses et les droites d'équations $x = a$ et $x = 0$ où $a \in \mathbb{R}^{*-}$. L'aire $\mathscr{A}(a)$ de $\Delta(a)$ exprimée en unités d'aire est :

$$\mathscr{A}(a) = \int_a^0 e^x \, dx = \left[e^x\right]_a^0 = e^0 - e^a = 1 - e^a.$$

Lorsque a tend vers $-\infty$, la partie Δ est illimitée et l'aire $\mathscr{A}$ de Δ a pour limite 1.
Δ est donc une partie illimitée du plan dont l'aire est un nombre réel.

Exercices d'entraînement

11 **1. a)** La fonction f est continue sur $\mathbb{R}$, car f est une fonction rationnelle dont le dénominateur est toujours non nul, elle admet donc des primitives sur $[0 ; 1]$; l'intégrale I_1 existe et :

$$I_1 = \int_0^1 \frac{x}{1+x^2}dx = \int_0^1 \frac{1}{2}\frac{2x}{1+x^2}dx = \frac{1}{2}\int_0^1 \frac{2x}{1+x^2}dx.$$

Posons $u : \begin{cases} [0 ; 1] \to \mathbb{R} \\ x \mapsto 1 + x^2. \end{cases}$

Pour tout x de $[0 ; 1]$, $\frac{2x}{1+x^2} = \frac{u'(x)}{u(x)}$, d'où une primitive de $x \mapsto \frac{2x}{1+x^2}$ sur $[0 ; 1]$ est $x \mapsto \ln(1 + x^2)$, car pour tout réel x, $1 + x^2 > 0$.

CORRIGÉS

D'où $I_1 = \frac{1}{2}\left[\ln(1+x^2)\right]_0^1 = \frac{1}{2}(\ln 2 - \ln 1) = \frac{1}{2}\ln 2$

$$\boxed{I_1 = \frac{1}{2}\ln 2.}$$

b) La fonction g est une fonction rationnelle définie sur $\mathbb{R}$, donc continue sur $\mathbb{R}$, l'intégrale I_2 existe.

$$\begin{aligned} I_1 + I_2 &= \int_0^1 \frac{x}{1+x^2}\mathrm{d}x + \int_0^1 \frac{x^3}{1+x^2}\mathrm{d}x \\ &= \int_0^1 \frac{x+x^3}{1+x^2}\mathrm{d}x = \int_0^1 \frac{x(1+x^2)}{1+x^2}\mathrm{d}x = \int_0^1 x\mathrm{d}x \qquad \text{car } 1+x^2 \neq 0 \\ &= \left[\frac{x^2}{2}\right]_0^1 = \frac{1}{2}. \end{aligned}$$

Remarque
La méthode est souvent proposée dans les exercices.

D'où $I_2 = \frac{1}{2} - I_1$ soit :

$$\boxed{I_2 = \frac{1}{2} - \frac{1}{2}\ln 2.}$$

2. a) Pour tout u différent de $\frac{1}{2}$:

$$au + b + \frac{c}{2u-1} = \frac{(au+b)(2u-1)+c}{2u-1} = \frac{2au^2 + u(2b-a) - b + c}{2u-1}.$$

Par identification, pour tout $u \neq \frac{1}{2}$, $au + b + \frac{c}{2u-1} = \frac{u^2-1}{2u-1}$

si et seulement si $\begin{cases} 2a = 1 \\ 2b - a = 0 \\ -b + c = -1 \end{cases}$, c'est à dire $\begin{cases} a = \frac{1}{2} \\ b = \frac{1}{4} \\ c = -\frac{3}{4} \end{cases}$.

D'où pour tout $u \neq \frac{1}{2}$:

$$\boxed{\frac{u^2-1}{2u-1} = \frac{1}{2}u + \frac{1}{4} + \frac{-\frac{3}{4}}{2u-1}.}$$

b) La fonction $x \mapsto \dfrac{x^2-1}{2x-1}$ est une fonction rationnelle définie sur $\left]-\infty\,;\,\frac{1}{2}\right[\cup \left]\frac{1}{2}\,;+\infty\right[$. Cette fonction est continue sur tout intervalle inclus dans son ensemble de définition, donc sur $[-1\,;\,0]$, l'intégrale proposée existe :

Remarque
Une fonction rationnelle est le quotient de deux fonctions polynômes.

$$\int_{-1}^{0}\frac{x^2-1}{2x-1}\,\mathrm{d}x=\int_{-1}^{0}\left(\frac{1}{2}x+\frac{1}{4}-\frac{3}{4}\,\frac{1}{2x-1}\right)\mathrm{d}x$$

$$=\int_{-1}^{0}\left(\frac{1}{2}x+\frac{1}{4}\right)\mathrm{d}x-\frac{3}{4}\int_{-1}^{0}\frac{\mathrm{d}x}{2x-1}=\left[\frac{x^2}{4}+\frac{1}{4}x\right]_{-1}^{0}-\frac{3}{4}\int_{-1}^{0}\frac{1}{2}\times\frac{2}{2x-1}\,\mathrm{d}x$$

$$=-\left(\frac{1}{4}-\frac{1}{4}\right)-\frac{3}{8}\int_{-1}^{0}\frac{2}{2x-1}\,\mathrm{d}x.$$

Soit $h:\begin{cases}[-1\,;\,0]\to\mathbb{R}\\ \quad x\mapsto 2x-1\end{cases}$.

Pour tout x de $[-1\,;\,0]$, $2x-1\neq 0$ et $\dfrac{2}{2x-1}=\dfrac{h'(x)}{h(x)}$.

Donc une primitive de $x\mapsto\dfrac{2}{2x-1}$ sur $[-1\,;\,0]$ est $x\mapsto\ln(|2x-1|)$.

D'où $\displaystyle\int_{-1}^{0}\frac{2}{2x-1}\,\mathrm{d}x=[\ln(|2x-1|)]_{-1}^{0}=\ln 1-\ln 3=-\ln 3$. D'où :

$$\boxed{\int_{-1}^{0}\frac{x^2-1}{2x-1}\,\mathrm{d}x=-\frac{3}{8}(-\ln 3)=\frac{3}{8}\ln 3.}$$

12 **1.** Pour tout réel x :

$\cos 2x=\cos^2 x-\sin^2 x$ soit $\cos 2x=2\cos^2 x-1=1-2\sin^2 x$.

D'où $2\sin^2 x=1-\cos 2x$ et donc :

$$\boxed{\sin^2 x=\frac{1}{2}(1-\cos 2x).}$$

$\sin^4 x=(\sin^2 x)^2=\dfrac{1}{4}(1-\cos 2x)^2=\dfrac{1}{4}(1-2\cos 2x+\cos^2 2x)$.

$\cos 2a = 2\cos^2 a - 1$,

soit, pour $a = 2x$, $\cos\ 4x = 2\cos^2 2x - 1$.

D'où $\cos^2 2x = \frac{1}{2}(\cos 4x + 1)$ et :

$$\sin^4 x = \frac{1}{4}\left(1 - 2\cos 2x + \frac{1}{2}\cos 4x + \frac{1}{2}\right) = \frac{1}{4}\left(\frac{3}{2} - 2\cos 2x + \frac{1}{2}\cos 4x\right),$$

$$\boxed{\sin^4 x = \frac{3}{8} - \frac{1}{2}\cos 2x + \frac{1}{8}\cos 4x.}$$

Rappel

$\sin^2 x = \frac{1 - \cos 2x}{2}$;

$\cos^2 x = \frac{1 + \cos 2x}{2}$.

Remarque

La méthode proposée s'appelle une linéarisation.

On pose $f(x) = \sin^4 x$.

2. On sait que, si u est définie sur $\mathbb{R}$ par $u(x) = \cos(ax + b)$, une primitive de u sur $\mathbb{R}$ est U définie par :

$$U(x) = \frac{1}{a}\sin(ax + b).$$

De plus, une primitive sur un intervalle d'une somme de fonctions est obtenue en faisant la somme des primitives des fonctions sur le même intervalle, donc f a pour primitives sur $\mathbb{R}$ les fonctions F définies par :

$$F(x) = \frac{3}{8}x - \frac{1}{2}\frac{\sin 2x}{2} + \frac{1}{8}\frac{\sin 4x}{4} + k,\ k \in \mathbb{R}.$$

$$\boxed{F(x) = \frac{3}{8}x - \frac{1}{4}\sin 2x + \frac{1}{32}\sin 4x + k,\ k \in \mathbb{R}.}$$

3. F étant une primitive quelconque de f, $\int_0^{\frac{\pi}{8}} f(x)\,\mathrm{d}x = F\left(\frac{\pi}{8}\right) - F(0)$.

Choisissons $k = 0$.

$$F\left(\frac{\pi}{8}\right) = \frac{3}{8} \times \frac{\pi}{8} - \frac{1}{4}\sin\frac{\pi}{4} + \frac{1}{32}\sin\frac{\pi}{2} = \frac{3}{8} \times \frac{\pi}{8} - \frac{1}{4}\frac{\sqrt{2}}{2} + \frac{1}{32} \times 1 = \frac{3\pi}{64} - \frac{\sqrt{2}}{8} + \frac{1}{32}.$$

$F(0) = 0$, car $\sin 0 = 0$ d'où :

$$\boxed{\int_0^{\frac{\pi}{8}} f(x)\,\mathrm{d}x = \frac{3\pi}{64} - \frac{\sqrt{2}}{8} + \frac{1}{32}.}$$

13 **1. a)** Notons u la fonction $x \mapsto \sqrt{x^2 + 2}$ et u_1 la fonction définie sur $\mathbb{R}$ par $u_1(x) = x^2 + 2$.

u_1 est dérivable sur $\mathbb{R}$ car c'est une fonction polynôme et u_1 est strictement positive sur $\mathbb{R}$. $u = \sqrt{u_1}$ est donc dérivable sur $\mathbb{R}$ et :

$$(\sqrt{u_1})' = \frac{u_1'}{2\sqrt{u_1}}.$$

Pour tout réel x, $u'(x) = \dfrac{u_1'(x)}{2\sqrt{u_1(x)}} = \dfrac{2x}{2\sqrt{x^2+2}}$ soit :

$$u'(x) = \frac{x}{\sqrt{x^2+2}}.$$

b) Pour tout x de $[0\ ;\ 1]$, $x + \sqrt{(x^2+2)} > 0$, donc $\ln\,(x + \sqrt{x^2+2})$ existe.

Posons $v(x) = x + \sqrt{x^2+2} = x + u(x)$.

v est dérivable sur $[0\ ;\ 1]$, car somme de deux fonctions dérivables sur $[0\ ;\ 1]$ et v est strictement positive sur $[0\ ;\ 1]$.

Donc $f = \ln v$ est dérivable sur $[0\ ;\ 1]$ et $f' = \dfrac{v'}{v}$.

Pour tout réel x de $[0\ ;\ 1]$:

$$f'(x) = \frac{v'(x)}{v(x)} = \frac{1+u'(x)}{x+\sqrt{x^2+2}} = \frac{1+\dfrac{x}{\sqrt{x^2+2}}}{x+\sqrt{x^2+2}} = \frac{\sqrt{x^2+2}+x}{\sqrt{x^2+2}} \times \frac{1}{x+\sqrt{x^2+2}}$$

$$= \frac{1}{\sqrt{x^2+2}} \text{ car } x + \sqrt{x^2+2} \neq 0.$$

Pour tout réel x de $[0\ ;\ 1]$:

$$f'(x) = \frac{1}{\sqrt{x^2+2}}.$$

c) L'égalité précédente prouve que, sur l'intervalle $[0\ ;\ 1]$, f est une primitive de la fonction $x \mapsto \dfrac{1}{\sqrt{x^2+2}}$; et par conséquent :

$$I = \int_0^1 \frac{\mathrm{d}x}{\sqrt{x^2+2}} = f(1) - f(0) = \ln\,(1+\sqrt{1+2}) - \ln\,(\sqrt{2}).$$

Pour tous réels strictement positifs a et b, $\ln(a) - \ln(b) = \ln\left(\dfrac{a}{b}\right)$, donc :

CORRIGÉS

$$I = \ln\left(\frac{1+\sqrt{3}}{\sqrt{2}}\right).$$

2. a) $J + 2I = \int_0^1 \frac{x^2}{\sqrt{x^2+2}}\,\mathrm{d}x + 2\int_0^1 \frac{\mathrm{d}x}{\sqrt{x^2+2}}.$

En utilisant la linéarité de l'intégration :

$$J + 2I = \int_0^1 \frac{x^2+2}{\sqrt{x^2+2}}\,\mathrm{d}x = \int_0^1 \sqrt{x^2+2}\,\mathrm{d}x = K,$$

après simplification par $(\sqrt{x^2+2})$ non nul. D'où :

$$J + 2I = K.$$

b) (i) La fonction h est le produit des deux fonctions $x \mapsto x$ (identité sur [0 ; 1]) et $x \mapsto \sqrt{x^2+2}$.

Ces deux fonctions sont dérivables sur [0 ; 1] et :

$$h'(x) = \sqrt{x^2+2} + x\frac{2x}{2\sqrt{x^2+2}} = \sqrt{x^2+2} + \frac{x^2}{\sqrt{x^2+2}}.$$

(ii) $\int_0^1 h'(x)\mathrm{d}x = \int_0^1 \sqrt{x^2+2}\,\mathrm{d}x + \int_0^1 \frac{x^2}{\sqrt{x^2+2}}\,\mathrm{d}x$

$$[h(x)]_0^1 = K + J.$$

D'où $K = [x\sqrt{x^2+2}]_0^1 - J$

$$K = \sqrt{3} - J.$$

Remarque

Les trois fonctions $x \mapsto h'(x)$, $x \mapsto \sqrt{x^2+2}$, $x \mapsto \frac{x^2}{\sqrt{x^2+2}}$ sont continues sur [0 ; 1].

c) $J + 2I = K$ et $K = \sqrt{3} - J$, donc $J + 2I = \sqrt{3} - J$.

D'où $2J = \sqrt{3} - 2I = \sqrt{3} - 2\ln\left(\frac{1+\sqrt{3}}{\sqrt{2}}\right)$ et :

$$J = \frac{\sqrt{3}}{2} - \ln\left(\frac{1+\sqrt{3}}{\sqrt{2}}\right) \text{ et } K = \sqrt{3} - J = \ln\left(\frac{1+\sqrt{3}}{\sqrt{2}}\right) + \frac{\sqrt{3}}{2}.$$

En conclusion :

$$J = \frac{\sqrt{3}}{2} - \ln\left(\frac{1+\sqrt{3}}{\sqrt{2}}\right) \quad \text{et} \quad K = \frac{\sqrt{3}}{2} + \ln\left(\frac{1+\sqrt{3}}{\sqrt{2}}\right).$$

14 **1.** Pour tout t de $[p\,;p+1]$, $p \leqslant t \leqslant p+1$, l'entier p étant non nul, les trois réels p, t, et $p+1$ sont strictement positifs et les inverses de ces trois réels sont dans l'ordre inverse d'où :

$$\frac{1}{p+1} \leqslant \frac{1}{t} \leqslant \frac{1}{p}.$$

Les trois fonctions $t \mapsto \dfrac{1}{p+1}$, $t \mapsto \dfrac{1}{t}$, $t \mapsto \dfrac{1}{p}$ sont continues sur $[p\,;p+1]$ $(p < p+1)$, les intégrales sont donc dans le même ordre que les fonctions :

$$\int_p^{p+1} \frac{1}{p+1}\,\mathrm{d}t \leqslant \int_p^{p+1} \frac{\mathrm{d}t}{t} < \int_p^{p+1} \frac{1}{p}\,\mathrm{d}t$$

$$\left[\frac{1}{p+1}t\right]_p^{p+1} \leqslant \int_p^{p+1} \frac{\mathrm{d}t}{t} < \left[\frac{1}{p}t\right]_p^{p+1}$$

$$\frac{1}{p+1} \leqslant \int_p^{p+1} \frac{\mathrm{d}t}{t} < \frac{1}{p}.$$

Mais $\displaystyle\int_p^{p+1} \frac{\mathrm{d}t}{t} = [\ln t]_p^{p+1} = \ln(p+1) - \ln p$, d'où :

$$\boxed{\frac{1}{p+1} \leqslant \ln(p+1) - \ln p \leqslant \frac{1}{p}.}$$

2. On pose, pour tout entier n non nul, $u_n = \displaystyle\sum_{p=n}^{2n} \frac{1}{p}$.

Écrivons la double inégalité (2) pour $p = n \ldots 2n-1$:

$$\frac{1}{n+1} \leqslant \ln(n+1) - \ln n \leqslant \frac{1}{n}$$

$$\frac{1}{n+2} \leqslant \ln(n+2) - \ln(n+1) \leqslant \frac{1}{n+1}$$

- - - - - - - - - - - - - - - -

$$\frac{1}{2n} \leqslant \ln 2n - \ln(2n-1) \leqslant \frac{1}{2n-1}.$$

Remarque
On obtient ce que l'on appelle parfois une somme télescopique.

D'où en sommant toutes ces inégalités de même sens :

$$u_n - \frac{1}{n} \leqslant \ln 2n - \ln n \leqslant u_n - \frac{1}{2n}.$$

D'où $u_n - \dfrac{1}{n} \leqslant \ln\dfrac{2n}{n} \leqslant u_n - \dfrac{1}{2n}$.

À partir de l'inégalité de gauche : $u_n \leqslant \ln 2 + \frac{1}{n}$;

et à partir de l'inégalité de droite : $\ln 2 + \frac{1}{2n} \leqslant u_n$.

D'où pour tout entier n non nul :

$$\ln 2 + \frac{1}{2n} \leqslant u_n \leqslant \ln 2 + \frac{1}{n}.$$

3. Les deux suites $n \mapsto \ln 2 + \frac{1}{2n}$ et $n \mapsto \ln 2 + \frac{1}{n}$ ont pour limite ln2, donc d'après le théorème d'encadrement :

$$\lim_{n \to +\infty} u_n = \ln 2.$$

Sujets de type bac

15 **1.** Calcul de $A = \int_0^1 \frac{e^x}{1+e^x}dx$ et $B = \int_0^1 \frac{e^x}{(1+e^x)^2}dx$

• Les fonctions $x \mapsto \frac{e^x}{1+e^x}$ et $x \mapsto \frac{e^x}{(1+e^x)^2}$ sont définies sur $\mathbb{R}$, car pour tout réel x, $1 + e^x > 1$ (car $e^x > 0$) ; elles sont continues sur $\mathbb{R}$ comme quotients de fonctions continues, le dénominateur étant non nul sur $\mathbb{R}$.
Donc les intégrales A et B sont définies.

• On remarque que la fonction $u : x \mapsto (1 + e^x)$ a pour dérivée $u' : x \mapsto e^x$.

La fonction $x \mapsto \frac{e^x}{1+e^x}$ est donc égale à $\frac{u'}{u}$; elle a donc pour primitive $\ln \circ u$ (car u est strictement positive) sur $\mathbb{R}$. D'où :

$$A = [\ln \circ u(x)]_0^1 = \ln(u(1)) - \ln(u(0)) = (\ln(1+e) - \ln(1+1)) = \ln \frac{1+e}{2}.$$

$$A = \ln \frac{1+e}{2}.$$

• On reconnaît de même dans la fonction $x \mapsto \frac{e^x}{(1+e^x)^2}$, la fonction $\frac{u'}{u^2}$, c'est-à-dire la dérivée de $-\frac{1}{u}$.

D'où :

$$B = \left[-\frac{1}{u(x)}\right]_0^1 = -\frac{1}{u(1)} + \frac{1}{u(0)} = -\frac{1}{1+\mathrm{e}} + \frac{1}{2} = \frac{\mathrm{e}-1}{2(1+\mathrm{e})}.$$

$$\boxed{B = \frac{\mathrm{e}-1}{2(1+\mathrm{e})}.}$$

2. Déterminons a, b, c tels que pour tout t de $[0\,;+\infty[$:

$$\frac{1}{(1+t)^2} = a + \frac{bt}{1+t} + \frac{ct}{(1+t)^2}.$$

Méthode

On utilise ici la méthode d'identification.

Cette égalité équivaut pour $t \geqslant 0$, à :
$1 = a(1+t)^2 + bt(1+t) + ct$, c'est-à-dire $1 = a + 2at + at^2 + bt + bt^2 + ct$,
pour $t \geqslant 0$, $(a+b)t^2 + (2a+b+c)t + a - 1 = 0$.
Cette égalité est vérifiée pour tout $t \geqslant 0$ si :

$$\begin{cases} a+b = 0 \\ 2a+b+c = 0 \\ a-1 = 0 \end{cases} \Leftrightarrow \begin{cases} a = 1 \\ b = -a = -1 \\ c = -2a-b = -1. \end{cases}$$

Donc, pour tout t de $[0\,;+\infty[$:

$$\boxed{\frac{1}{(1+t)^2} = 1 - \frac{t}{1+t} - \frac{t}{(1+t)^2}.} \qquad (1)$$

3. Pour tout x de $\mathbb{R}$, $\mathrm{e}^x > 0$, donc on peut prendre $t = \mathrm{e}^x$ dans l'égalité (1).
D'où, pour tout x de $\mathbb{R}$:

$$\frac{1}{(1+\mathrm{e}^x)^2} = 1 - \frac{\mathrm{e}^x}{\mathrm{e}^x+1} - \frac{\mathrm{e}^x}{(1+\mathrm{e}^x)^2}.$$

La fonction $x \mapsto \dfrac{1}{(1+\mathrm{e}^x)^2}$ est définie et continue sur $\mathbb{R}$, d'où :

$$I = \int_0^1 \frac{1}{(1+\mathrm{e}^x)^2}\mathrm{d}x = \int_0^1 \left[1 - \frac{\mathrm{e}^x}{\mathrm{e}^x+1} - \frac{\mathrm{e}^x}{(1+\mathrm{e}^x)^2}\right]\mathrm{d}x.$$

CORRIGÉS

Par linéarité de l'intégrale :

$$I=\int_0^1 \mathrm{d}x-\int_0^1 \frac{\mathrm{e}^x}{\mathrm{e}^x+1}\mathrm{d}x-\int_0^1 \frac{\mathrm{e}^x}{(\mathrm{e}^x+1)^2}\mathrm{d}x.$$

On connaît les valeurs de ces trois intégrales :

$$\int_0^1 \mathrm{d}x=1\,;\quad \int_0^1 \frac{\mathrm{e}^x}{\mathrm{e}^x+1}\mathrm{d}x=A=\ln\frac{1+\mathrm{e}}{2}\,;\quad \int_0^1 \frac{\mathrm{e}^x}{(\mathrm{e}^x+1)^2}\mathrm{d}x=B=\frac{\mathrm{e}-1}{2(\mathrm{e}+1)}.$$

D'où : $I=1-\ln\frac{1+\mathrm{e}}{2}-\frac{\mathrm{e}-1}{2(\mathrm{e}+1)}=-\ln\left(\frac{1+\mathrm{e}}{2}\right)+\frac{\mathrm{e}+3}{2(\mathrm{e}+1)}.$

$$\boxed{I=-\ln\left(\frac{1+\mathrm{e}}{2}\right)+\frac{\mathrm{e}+3}{2(\mathrm{e}+1)}.}$$

4. a) Soit h la fonction définie sur $[0\,;1]$ par :

$$h(x)=\frac{x}{2(1+\mathrm{e}^x)^2}.$$

(i) La fonction h est le produit de deux fonctions dérivables sur $[0\,;1]$, le dénominateur étant non nul sur $[0\,;1]$:

$$h'(x)=\frac{1}{2(1+\mathrm{e}^x)^2}+\frac{1}{2}x\left(-\frac{2(1+\mathrm{e}^x)\mathrm{e}^x}{(1+\mathrm{e}^x)^4}\right)$$

$$=\frac{1}{2(1+\mathrm{e}^x)^2}-\frac{x\mathrm{e}^x}{(1+\mathrm{e}^x)^3}.$$

Indication

Si u est non nulle et dérivable sur $[0\,;1]$:

$$\left(\frac{1}{u}\right)'=-\frac{u'}{u^2}.$$

Remarque

On simplifie par $1+\mathrm{e}^x$, car sur $\mathbb{R}$, $1+\mathrm{e}^x\neq 0$.

(ii) Les fonctions h', $x\mapsto\frac{1}{2(1+\mathrm{e}^x)^2}$ et $x\mapsto\frac{x\mathrm{e}^x}{(1+\mathrm{e}^x)^3}$ sont continues sur $[0\,;1]$ d'où :

$$\int_0^1 h'(x)\mathrm{d}x=\int_0^1 \frac{1}{2(1+\mathrm{e}^x)^2}\mathrm{d}x+\int_0^1\left(-\frac{x\mathrm{e}^x}{(1+\mathrm{e}^x)^3}\right)\mathrm{d}x$$

$$[h(x)]_0^1=\frac{1}{2}\int_0^1 \frac{1}{1+\mathrm{e}^x}\mathrm{d}x-\frac{x\mathrm{e}^x}{(1+\mathrm{e}^x)^3}\mathrm{d}x$$

$$J=-[h(x)]_0^1+\frac{1}{2}I=-\left[\frac{x}{2(1+\mathrm{e}^x)^2}\right]_0^1+\frac{1}{2}I$$

$$\boxed{J=-\left(\frac{1}{2(1+\mathrm{e})^2}\right)+\frac{1}{2}I.}$$

b) On remplace I par la valeur trouvée dans **3.** :

$$J = \frac{-1}{2(1+\text{e})^2} - \frac{1}{2}\ln\left(\frac{1+\text{e}}{2}\right) + \frac{\text{e}+3}{4(\text{e}+1)} = \frac{-2+(\text{e}+1)(\text{e}+3)}{4(1+\text{e})^2} - \frac{1}{2}\ln\left(\frac{1+\text{e}}{2}\right)$$

$$\boxed{J = \frac{\text{e}^2+4\text{e}+1}{4(1+\text{e})^2} - \frac{1}{2}\ln\left(\frac{1+\text{e}}{2}\right).}$$

À l'aide de la calculatrice, on trouve $J \approx 0,04$.

16 Pour tout n dans $\mathbb{N}^*$, on pose $I_n = \int_1^{\text{e}} (\ln x)^n \mathrm{d}x$.

I_n existe car la fonction $x \mapsto (\ln x)^n$ est définie et dérivable sur l'intervalle $[1\ ;\ \text{e}]$.

1. a) Pour tout $n \in \mathbb{N}^*$ et x dans $]1\ ;\ \text{e}[$:

$$(\ln x)^n - (\ln x)^{n+1} = (\ln x)^n(1-(\ln x)).$$

- x appartient à $]1\ ;\ +\infty[$, donc $\ln x > 0$ et $(\ln x)^n > 0$;
- x est inférieur à e, donc $\ln x < \ln \text{e}$, soit $\ln x < 1$, et donc $1 - \ln x > 0$.

On en déduit que pour tout x de $]1\ ;\ \text{e}[$:

$$\boxed{(\ln x)^n - (\ln x)^{n+1} \geqslant 0.}$$

b) De plus, pour $x = 1$, $(\ln x)^n - (\ln x)^{n+1} = 0 - 0 = 0$,
et pour $x = \text{e}$, $(\ln x)^n - (\ln x)^{n+1} = 1 - 1 = 0$.

Donc, pour tout n de $\mathbb{N}^*$ et tout x de $[1\ ;\ \text{e}]$:

$$(\ln x)^n - (\ln x)^{n+1} \geqslant 0.$$

D'après la propriété de positivité de l'intégrale $(1 < \text{e})$, on en déduit que :

$$\int_1^{\text{e}} ((\ln x)^n - (\ln x)^{n+1})\mathrm{d}x \geqslant 0,$$

puis par linéarité que :

$$\int_1^{\text{e}} (\ln x)^n \mathrm{d}x - \int_1^{\text{e}} (\ln x)^{n+1}\mathrm{d}x \geqslant 0, \text{ c'est-à-dire } I_n - I_{n+1} \geqslant 0.$$

Donc, pour tout n de $\mathbf{N}^*$, $I_n \geqslant I_{n+1}$; la suite (I_n) est décroissante.

En fait, (I_n) est strictement décroissante.

> **Remarque**
> Sachant que pour tout x dans $]1\ ;\ \text{e}[$, $(\ln x)^n - (\ln x)^{n+1} > 0$, on peut en déduire que $I_n > I_{n+1}$.

2. a) La fonction h : $x \mapsto x\ln x - x$ est dérivable sur $\mathbb{R}_+^*$, donc sur $[1\ ;\ \text{e}]$ et :

$$h'(x) = \ln x + x \times \frac{1}{x} - 1 = \ln x.$$

La fonction h est une primitive de la fonction ln sur $[1\ ;\ \mathrm{e}]$ donc :

$$I_1 = \int_1^{\mathrm{e}} \ln x \mathrm{d}x = [x\ln x - x]_1^{\mathrm{e}} = \mathrm{e}\ln \mathrm{e} - \mathrm{e} - (-1)$$

$$\boxed{I_1 = 1.}$$

b) Posons pour tout n de $\mathbb{N}^*$ et tout x de $[1\ ;\ \mathrm{e}]$:

$$h_n(x) = x(\ln x)^{n+1}.$$

(i) La fonction h_n est le produit de fonctions dérivables sur $[1\ ;\ \mathrm{e}]$ et :

$$h_n'(x) = (\ln x)^{n+1} + x \times \left((n+1)(\ln x)^n \times \frac{1}{x}\right)$$

$$\boxed{h_n'(x) = (\ln x)^{n+1} + (n+1)(\ln x)^n.}$$

(ii) Les trois fonction h_n', $x \mapsto (\ln x)^n$ et $x \mapsto (n+1)(\ln x)^n$ sont continues sur $[1\ ;\ \mathrm{e}]$, d'où :

$$\int_1^{\mathrm{e}} h_n'(x)\mathrm{d}x = \int_1^{\mathrm{e}} (\ln x)^{n+1}\,\mathrm{d}x + \int_1^{\mathrm{e}} (n+1)(\ln x)^n\,\mathrm{d}x.$$

$[h_n(x)]_1^{\mathrm{e}} = I_{n+1} + (n+1)I_n$, d'où :

$$I_{n+1} = [h_n(x)]_1^{\mathrm{e}} - (n+1)I_n$$

$$= [x(\ln x)^{n+1}]_1^{\mathrm{e}} - (n+1)I_n$$

$$= \mathrm{e} \times 1^{n+1} - 0 - (n+1)I_n.$$

Remarque
Si $x = 1$, $\ln 1 = 0$, $(\ln 1)^{n+1} = 0$ car $n + 1 \neq 0$; attention $0^0 = 1$.

$$\boxed{I_{n+1} = \mathrm{e} - (n+1)I_n.}$$

c) On en déduit :

$I_2 = \mathrm{e} - 2I_1 = \mathrm{e} - 2$;

$I_3 = \mathrm{e} - 3I_2 = \mathrm{e} - 3\mathrm{e} + 6 = -2\mathrm{e} + 6$;

$I_4 = \mathrm{e} - 4I_3 = \mathrm{e} + 8\mathrm{e} - 24 = 9\mathrm{e} - 24$.

D'où, grâce à la calculatrice, des valeurs approchées à 10^{-3} près par défaut :

$$\boxed{I_2 \approx 0,718\ ;\ I_3 \approx 0,563\ ;\ I_4 \approx 0,464.}$$

3. a) Pour tout n de $\mathbb{N}^*$ et tout x de $[1\ ;\ \mathrm{e}]$, $\ln x \geqslant 0$ et donc $(\ln x)^n \geqslant 0$.
Par positivité de l'intégrale, $I_n \geqslant 0$.

b) D'après **2. b)**, pour tout n de $\mathbb{N}^*$, $I_{n+1} = \mathrm{e} - (n+1)I_n$.
D'après **a)** pour tout n de $\mathbb{N}^*$, $I_n \geqslant 0$, et donc, pour tout n de $\mathbb{N}^*$:

$$I_{n+1} \geqslant 0.$$

Donc, pour tout n de $\mathbb{N}^*$, $\mathrm{e} - (n+1)I_n \geqslant 0$ c'est-à-dire :

$$\boxed{I_n \leqslant \frac{\mathrm{e}}{n+1}.}$$

c) On déduit des questions **a)** et **b)** que pour tout n de $\mathbb{N}^*$, $0 \leqslant I_n \leqslant \dfrac{\mathrm{e}}{n+1}$.
$\lim\limits_{n \to +\infty} \dfrac{\mathrm{e}}{n+1} = 0$. donc, d'après le théorème sur les encadrements :

$$\boxed{\lim_{n \to +\infty} I_n = 0.}$$

d) Pour tout n de $\mathbb{N}^*$, $I_{n+1} = \mathrm{e} - (n+1)I_n$.
On en déduit que pour tout n de $\mathbb{N}^*$, $nI_n = \mathrm{e} - I_n - I_{n+1}$.
La suite (I_n) converge vers 0.
$\lim\limits_{n \to +\infty} I_n = \lim\limits_{n \to +\infty} I_{n+1} = 0$ donc :

$$\boxed{\lim_{n \to +\infty} nI_n = \mathrm{e}.}$$

17 Soit I la suite définie par $I_0 = \int_0^1 \mathrm{e}^x \mathrm{d}x$ et pour $n \in \mathbb{N}^*$:

$$I_n = \frac{1}{n!}\int_0^1 (1-x)^n \mathrm{e}^x \mathrm{d}x.$$

1. a) La dérivée de la fonction $x \mapsto (1-x)^{n+1}$ est la fonction :

$$x \mapsto -(n+1)(1-x)^n.$$

Une primitive de la fonction $x \mapsto (1-x)^n$ est donc la fonction :

$$x \mapsto -\frac{1}{n+1}(1-x)^{n+1}.$$

D'où $\displaystyle\int_0^1 (1-x)^n \mathrm{d}x = \left[-\frac{1}{n+1}(1-x)^{n+1}\right]_0^1$

$$\boxed{\int_0^1 (1-x)^n \mathrm{d}x = \frac{1}{n+1}.}$$

b) • La fonction $x \mapsto \mathrm{e}^x$ est croissante sur $\mathbb{R}$.
Donc, pour x dans $[0\,;1]$, $\mathrm{e}^0 \leqslant \mathrm{e}^x \leqslant \mathrm{e}^1$, c'est-à-dire $1 \leqslant \mathrm{e}^x \leqslant \mathrm{e}$.

• Pour x dans $[0\,;1]$, $(1-x)^n$ est positif. On en déduit pour $x \in [0\,;1]$ que :

$$(1-x)^n \leqslant e^x(1-x)^n \leqslant e(1-x)^n.$$

Les fonctions $x \mapsto (1-x)^n$ et $x \mapsto e^x(1-x)^n$ étant continues sur $[0\,;1]$ et $0 \leqslant 1$, on peut intégrer ces inégalités sur $[0\,;1]$. On obtient :

$$\int_0^1 (1-x)^n \,dx \leqslant \int_0^1 e^x(1-x)^n \,dx \leqslant \int_0^1 e(1-x)^n \,dx.$$

Il a été démontré précédemment que $\int_0^1 (1-x)^n \,dx = \frac{1}{n+1}\cdot$

On en déduit que $\int_0^1 e(1-x)^n \,dx = \frac{e}{n+1}\cdot$

D'où l'encadrement $\frac{1}{n+1} \leqslant \int_0^1 e^x(1-x)^n \,dx \leqslant \frac{e}{n+1}.$

En divisant par $n!$, on obtient un encadrement de I_n :

$$\frac{1}{(n+1)n!} \leqslant I_n \leqslant \frac{e}{(n+1)n!}.$$

Sachant que $(n+1)n! = (n+1)!$, on en déduit, pour $n \geqslant 1$:

$$\boxed{\frac{1}{(n+1)!} \leqslant I_n \leqslant \frac{e}{(n+1)!}.}$$

c) La suite de terme général $\frac{1}{(n+1)!}$ converge vers 0.

En effet, pour tout $n \in \mathbb{N}$, $0 \leqslant \frac{1}{(n+1)!} \leqslant \frac{1}{n+1}\cdot$

La suite $\frac{1}{(n+1)}$ convergeant vers 0, on en déduit que $\frac{1}{(n+1)!}$ converge vers 0.

Donc $\lim\limits_{n \to +\infty} \frac{1}{(n+1)!} = 0$ et $\lim\limits_{n \to +\infty} \frac{e}{(n+1)!} = 0.$

La suite I qui est encadrée par deux suites convergeant vers 0, converge elle aussi vers 0 :

$$\boxed{\lim_{n \to +\infty} I_n = 0.}$$

2. a) La fonction exponentielle étant sa propre dérivée :

$$I_0 = \int_0^1 e^x \,dx = [e^x]_0^1 = e-1.$$

b) Soit h_n la fonction définie pour tout n de $\mathbb{N}^*$ et tout n de $[0\,;\,1]$ par :

$$h_n(x) = (1-x)^n e^x.$$

(i) Pour tout n de $\mathbb{N}^*$, la fonction h_n est le produit d'une fonction polynôme $x \mapsto (1-x)^n$ et de la fonction exponentielle, toutes deux dérivables sur $[0\,;\,1]$.

Pour tout n de $\mathbb{N}^*$:

$$h_n'(x) = n(1-x)^{n-1}(-1)e^x + (1-x)^n e^x$$

$$\boxed{h_n'(x) = -n(1-x)^{n-1}e^x + (1-x)^n e^x.}$$

Remarque
Si u est une fonction dérivable sur un intervalle I et n un entier non nul : $(u^n)' = nu^{n-1}u'$.

(ii) Les fonctions h_n', $x \mapsto (1-x)^{n-1}e^x$ et $x \mapsto (1-x)^n e^x$ sont continues sur $[0\,;\,1]$, d'où :

$$\int_0^1 h_n'(x)\,dx = \int_0^1 -n(1-x)^{n-1}e^x dx + \int_0^1 (1-x)^n e^x\,dx$$

$$[h_n(x)]_0^1 = -n\int_0^1 (1-x)^{n-1}e^x\,dx + n!I_n$$

$$[(1-x)^n e^x]_0^1 = -n[(n-1)!\,I_{n-1}] + n!I_n$$

$$0^n e - 1^n e^0 = -n!I_{n-1} + n!I_n$$

$$-1 = -n!I_{n-1} + n!I_n.$$

Remarque
Utiliser la linéarité de l'intégrale.

Remarque
n étant un entier non nul, $0^n = 0$.

Pour tout n de $\mathbb{N}^*$:

$$n!(I_n - I_{n-1}) = -1$$

$$I_n - I_{n-1} = -\frac{1}{n!}$$

$$\boxed{I_{n-1} - I_n = \frac{1}{n!}.}$$

Remarque
Pour tout entier naturel n, $n! \neq 0$.

3. Pour n appartenant à $\mathbb{N}^*$, on pose $J_n = 1 + \frac{1}{1!} + \frac{1}{2!} + \dots + \frac{1}{n!}$.

a) Remplaçons dans l'expression de J_n chaque terme de la forme $\frac{1}{k!}$ (où k est un entier entre 1 et n) par l'expression trouvée en fonction des termes de la suite I (relation (1)) :

$$\frac{1}{1!} = I_0 - I_1\ ;\ \frac{1}{2!} = I_1 - I_2\ ;\ \dots\ ;\ \frac{1}{n!} = I_{n-1} - I_n.$$

On additionne ces n égalités. Dans le membre de droite, les termes s'éliminent deux à deux sauf le premier et le dernier. D'où, pour $n \in \mathbb{N}^*$:

$$\frac{1}{1!} + \frac{1}{2!} + \dots + \frac{1}{n!} = I_0 - I_n$$

$$J_n = 1 + I_0 - I_n.$$

b) Dans **1.**, nous avons démontré que la suite (I_n) converge vers 0 ; $1 + I_0$ étant une constante, nous pouvons en déduire que (J_n) converge vers $1 + I_0$.

Remarque

$$\lim_{n \to +\infty} \left(1 + \frac{1}{1!} + \dots + \frac{1}{n!}\right) = \mathrm{e}.$$

Dans **2.**, nous avons calculé $I_0 = \mathrm{e} - 1$, c'est-à-dire $I_0 + 1 = \mathrm{e}$.

La suite (J_n) converge donc vers e.

c) La relation démontrée dans **a)** peut s'écrire, pour $n \in \mathbb{N}^*$, $J_n = \mathrm{e} - I_n$, ce qui équivaut à $I_n = \mathrm{e} - J_n$, pour $n \in \mathbb{N}^*$.

Dans **1. b)**, il a été établi que, pour $n \in \mathbb{N}^*$, $\dfrac{1}{(n+1)!} \leqslant I_n \leqslant \dfrac{\mathrm{e}}{(n+1)!}$.

Nous en déduisons, pour tout $n \in \mathbb{N}^*$:

$$\frac{1}{(n+1)!} \leqslant \mathrm{e} - J_n \leqslant \frac{\mathrm{e}}{(n+1)!}.$$

où e est la limite de la suite J_n.

18 Partie A

1. L'ensemble de définition de la fonction f définie par $f(x) = x\mathrm{e}^{1-x}$ est $\mathbb{R}$.
Calculons les limites de f aux bornes de $\mathbb{R}$.

$\lim\limits_{x \to -\infty} f(x) = -\infty$ car $\lim\limits_{x \to -\infty} x = -\infty$ et $\lim\limits_{x \to -\infty} \mathrm{e}^{1-x} = +\infty$.

$\lim\limits_{x \to +\infty} f(x) = \lim\limits_{x \to +\infty} x\mathrm{e}^1\mathrm{e}^{-x} = \lim\limits_{x \to +\infty} \mathrm{e}(x\mathrm{e}^{-x}) = \lim\limits_{X \to -\infty} (-\mathrm{e})(X\mathrm{e}^X) = 0,$

en posant $X = -x$.

Les fonctions $x \mapsto 1 - x$ et $x \mapsto \mathrm{e}^x$ sont dérivables sur $\mathbb{R}$. Donc la composée $x \mapsto \mathrm{e}^{1-x}$ est dérivable sur $\mathbb{R}$ et le produit des fonctions dérivables $x \mapsto x$ et $x \mapsto \mathrm{e}^{1-x}$ est dérivable sur $\mathbb{R}$.

Donc pour tout x de $\mathbb{R}$:

$$f'(x) = \mathrm{e} - x\mathrm{e}^{1-x} = (1-x)\mathrm{e}^{1-x}.$$

$f'(x)$ a le signe de $1 - x$ car, pour tout réel x, $\mathrm{e}^{1-x} > 0$, d'où le tableau de variation de f :

x	$-\infty$		1		$+\infty$
$f'(x)$		$+$	0	$-$	
f	$-\infty$	↗	1	↘	$-\infty$

2. Calcul de quelques valeurs approchées

x	−0,5	−0,2	0	0,5	1,5	2	2,5	3	3,5
$f(x)$	−2,24	−0,66	0	0,82	0,91	0,74	0,56	0,41	0,29

Construction de la courbe $\mathscr{C}$

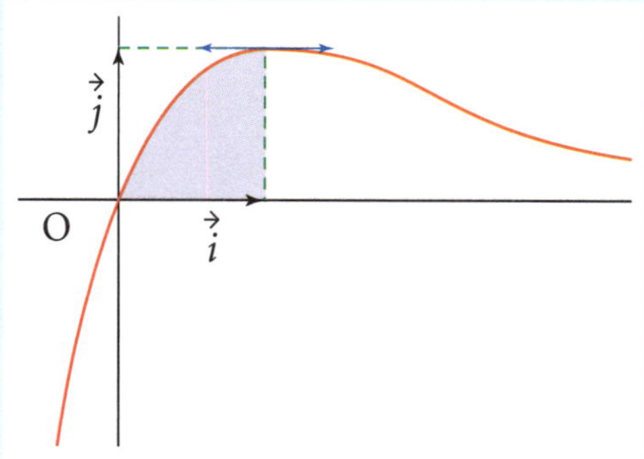

3. Calcul d'aire

Pour tout $x \in [0\,;1]$, $f'(x) = e^{1-x} - xe^{1-x}$.

D'où :

$$\int_0^1 f'(x)\,dx = \int_0^1 (e^{1-x} - xe^{1-x})\,dx = \int_0^1 e^{1-x}\,dx - \int_0^1 xe^{1-x}\,dx\,;$$

$$[f(x)]_0^1 = -\int_0^1 e^{1-x}(-1)\,dx - I_1 = -\,[e^{1-x}]_0^1 - I_1,$$

d'où :

$$I_1 = -\,[e^{1-x}]_0^1 - f(1) + f(0) = -\,e^0 + e^1 - 1 + 0 = -\,1 + e - 1$$

$$\boxed{I_1 = e - 2.}$$

Rappel
Si u est dérivable sur un intervalle I, e^u est dérivable sur I et $(e^u)' = e^u u'$.

I_1 est en unités d'aire, l'aire de l'ensemble des points M(x ; y) tels que :

$$\mathbf{0 \leqslant x \leqslant 1 \text{ et } 0 \leqslant y \leqslant f(x).}$$

Rappel
I_1 est l'aire sous la courbe entre 0 et 1. Il faut toujours vérifier que la fonction f est positive sur $[0\,;1]$.

Si l'on voulait l'aire géométrique $\mathscr{A}$ ainsi définie, exprimée en cm², on aurait :

$$\mathscr{A} = 16\, I_1 \text{ cm}^2.$$

Partie B

1. a) Soit, pour tout réel x, $g(x) = \mathrm{e}^{1-x}$, alors $g'(x) = -\mathrm{e}^{1-x}$ qui est négatif, donc g est une fonction décroissante sur $\mathbb{R}$. Si x est élément de $[0 ; 1]$:

$$g(1) \leqslant g(x) \leqslant g(0), \text{ soit } 1 \leqslant \mathrm{e}^{1-x} \leqslant \mathrm{e}.$$

Comme $x^n \geqslant 0$ sur $[0 ; 1]$, on obtient :

$$x^n \leqslant x^n\mathrm{e}^{1-x} \leqslant \mathrm{e}x^n.$$

b) Pour tout n de $\mathbb{N}^*$:

$J_n = \int_0^1 x^n \,\mathrm{d}x = \left[\frac{x^{n+1}}{n+1}\right]_0^1$ soit :

$$J_n = \frac{1}{n+1}.$$

c) À la question **B.1. a)** on a vu que $x^n \leqslant x^n\mathrm{e}^{1-x} \leqslant \mathrm{e}x^n$ et $0 < 1$, donc :

$$\int_0^1 x^n \,\mathrm{d}x \leqslant \int_0^1 (x^n\mathrm{e}^{1-x})\mathrm{d}x \leqslant \int_0^1 \mathrm{e}x^n \mathrm{d}x,$$

soit, pour tout n de $\mathbb{N}^*$, $J_n \leqslant I_n \leqslant \mathrm{e}J_n$ c'est-à-dire :

$$\frac{1}{n+1} \leqslant I_n \leqslant \frac{\mathrm{e}}{n+1}.$$

2. $I_{n+1} = \int_0^1 x^{n+1}\mathrm{e}^{1-x}\,\mathrm{d}x.$

a) La fonction h_{n+1} est le produit d'une fonction monôme : $x \mapsto x^{n+1}$ et de la fonction $x \mapsto \mathrm{e}^{1-x}$, toutes deux dérivables sur $[0 ; 1]$, donc pour tout entier n de $\mathbb{N}^*$:

$$h'_{n+1}(x) = (n+1)x^n\mathrm{e}^{1-x} + x^{n+1}(\mathrm{e}^{1-x})(-1).$$

Pour tout x de $[0 ; 1]$, et tout n de $\mathbb{N}^*$:

$$h'_{n+1}(x) = (n+1)h_n(x) - h_{n+1}(x).$$

b) Les fonctions h_n, h_{n+1} et h'_{n+1} sont continues sur $[0\,;1]$ d'où :

$$\int_0^1 h'_{n+1}(x)\mathrm{d}x = \int_0^1 ((n+1)h_n(x) - h_{n+1}(x))\,\mathrm{d}x$$

$$[h_{n+1}(x)]_0^1 = (n+1)\int_0^1 h_n(x)\,\mathrm{d}x - \int_0^1 h_{n+1}(x)\mathrm{d}x$$

$$= (n+1)I_n - I_{n+1}.$$

D'où pour tout n de $\mathbb{N}^*$:

$$\boxed{I_{n+1} = (n+1)I_n - h_{n+1}(1) + h_{n+1}(0).}$$

c) Pour tout n de $\mathbb{N}^*$:

$$I_{n+1} = (n+1)I_n - 1 + 0^n\mathrm{e}$$

$$\boxed{I_{n+1} = (n+1)I_n - 1.}$$

Rappel

$n \in \mathbb{N}^*$, donc $0^n = 0$.

3. a) Pour tout n de $\mathbb{N}^*$, $K_n = n!\mathrm{e} - I_n$, donc :

$K_{n+1} = (n+1)!\mathrm{e} - I_{n+1} = (n+1)n!\mathrm{e} + 1 - (n+1)I_n = 1 + (n+1)(n!\mathrm{e} - I_n)$,

$$\boxed{K_{n+1} = 1 + (n+1)K_n.}$$

b) $K_1 = \mathrm{e} - I_1 = \mathrm{e} - (\mathrm{e} - 2) = 2.$
K_1 est un nombre entier.

Si on suppose que K_n est un entier, alors $1 + (n+1)K_n = K_{n+1}$ est aussi un entier. **D'après le principe de récurrence, pour tout $n \geqslant 1$, K_n est un entier.**

c) Donc, pour $n \geqslant 2$, $n+1 \geqslant 3$:

$$0 < \frac{1}{n+1} \leqslant I_n \leqslant \frac{\mathrm{e}}{n+1}.$$

I_n est élément de $]0\,;1[$, il ne peut pas être un entier. Comme K_n est un entier, si on suppose $I_n + K_n$ entier, alors $(I_n + K_n) - K_n = I_n$ est un entier, ce qui est en contradiction avec ce que l'on vient de démontrer.

Donc $n!\mathrm{e} = \mathrm{I}_n + K_n$ n'est pas un nombre entier.

4. a) Si $n > q$, $n\,!$ est le produit de tous les entiers naturels compris entre 1 et n, et q est l'un d'entre eux, donc $n\,!$ est divisible par q, donc $\dfrac{n!p}{q}$ est un entier.

b) Si e était un nombre rationnel, on pourrait le mettre sous la forme $\dfrac{p}{q}$ et en choisissant un entier n supérieur à q, on aurait $n!\dfrac{p}{q} = n!\mathrm{e}$, qui serait un entier, ce qui est en contradiction avec la question **3. c)**, **donc e n'est pas un nombre rationnel.**

Rappel
On dit que e est un irrationnel.

Exercices d'approfondissement

19 **Partie A**

1. a) Tableau complété

x	0	1	2	3	4	5	6	7
x^n	0	0,2	0,4	0,6	0,8	1	1,2	1,4
y^n	0	0,8000	1,4720	1,8386	1,9625	1,9922	1,9984	1,9997

b) On place les points M_n sur un graphique.

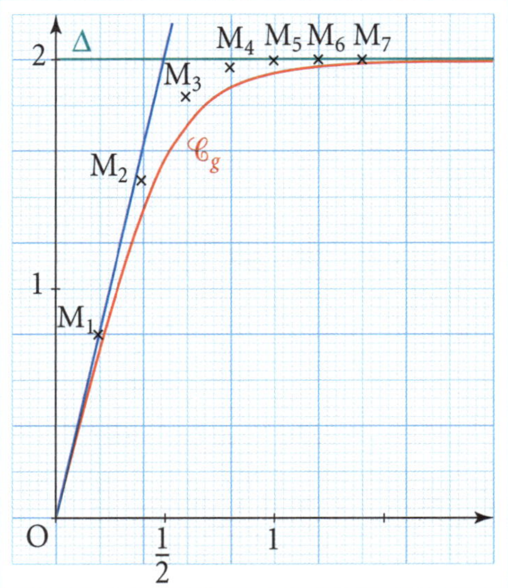

c) D'après le graphique, **la suite (y_n) semble être croissante et converger vers 2.**

2. a) Si $x \in [0\,;2]$, alors $p(x) \in [0\,;2]$.

La fonction p est dérivable sur $[0\,;2]$ et pour tout $x \in [0\,;2]$:

$$p'(x) = -0{,}4x + 1.$$

Si $x \in [0\,;2]$, $0{,}4x \leqslant 0{,}8$, donc $p'(x) > 0$.

La fonction p est strictement croissante sur $[0\,;2]$.

Donc, pour tout $x \in [0\,;2]$, $p(x) \in [p(0)\,;p(2)]$.

Comme $p(0) = 0{,}8$ et $p(2) = 2$, $[p(0)\,;p(2)] \subset [0\,;2]$, donc, pour tout $x \in [0\,;2]$:

$$\boxed{p(x) \in [0\,;2].}$$

b) Pour tout $n \in \mathbb{N}$, $y_{n+1} = p(y_n)$.
On montre par récurrence sur n que $y_n \in [0\,;2]$ pour tout $n \in \mathbb{N}$.

Par hypothèse $y_0 = 0 \in [0\,;2]$.

Si $y_n \in [0\,;2]$, alors $y_{n+1} = p(y_n) \in [0\,;2]$ d'après **a)**. Cela termine la démonstration par récurrence.

Pour tout entier naturel n :

$$\boxed{0 \leqslant y_n \leqslant 2.}$$

c) Pour tout $n \in \mathbb{N}$:

$$y_{n+1} - y_n = -0{,}2y_n^2 + 0{,}8 = 0{,}2(-y_n^2 + 4).$$

Si $y_n \in [0\,;2]$, alors $y_n^2 \leqslant 4$ et $4 - y_n^2 \geqslant 0$.

Ainsi, pour tout $n \in \mathbb{N}$, $y_{n+1} - y_n \geqslant 0$.

La suite (y_n) est croissante.

d) La suite (y_n) est croissante et majorée par 2, donc elle converge.

Soit $\ell = \lim\limits_{n \to +\infty} y_n$. D'après les théorèmes sur les limites :

$$\lim_{n \to +\infty} y_{n+1} = \lim_{n \to +\infty} (-0{,}2y_n^2 + y_n + 0{,}8) = 0{,}2\ell^2 + \ell + 0{,}8.$$

$$\lim_{n \to +\infty} y_{n+1} = \ell, \text{ d'où } \ell = -0{,}2\ell^2 + \ell + 0{,}8 \text{ soit } \ell^2 = 4.$$

La suite est à valeurs dans $[0\,;2]$, donc $\ell \geqslant 0$ et $\ell = 2$.

La suite (y_n) converge vers 2.

Partie B

1. La fonction g est dérivable sur $[0\,;+\infty[$ et pour $x \geqslant 0$:

$$g'(x) = 2\frac{4e^{4x}(e^{4x}+1) - 4e^{4x}(e^{4x}-1)}{(e^{4x}+1)^2}$$

$$g'(x) = \frac{16e^{4x}}{(e^{4x}+1)^2}.$$

Or :

$$4 - (g(x))^2 = 4 - 4\frac{(e^{4x}-1)^2}{(e^{4x}+1)^2} = \frac{4((e^{4x}+1)^2 - (e^{4x}-1)^2)}{(e^{4x}+1)^2}$$

$$4-(g(x))^2 = \frac{4((e^{4x})^2+1+2e^{4x}-(e^{4x})^2-1+2e^{4x})}{(e^{4x}+1)^2} = \frac{16e^{4x}}{(e^{4x}+1)^2}.$$

Donc, pour tout $x \in \mathbb{R}$:

$$\boxed{g'(x) = 4-(g(x))^2\,.}$$

De plus $g(0) = 2\dfrac{e^0-1}{e^0+1} = 0$.

La fonction g vérifie les conditions **(1)** et **(2)**.

2. a) Pour tout x de $\mathbb{R}$, e^{4x} est non nul, d'où :

$$g(x) = \frac{2e^{4x}(1-e^{-4x})}{e^{4x}(1+e^{-4x})} = 2\times\frac{1-e^{-4x}}{1+e^{-4x}}.$$

Comme $\lim\limits_{x\to+\infty} -4x = -\infty$, on en déduit $\lim\limits_{x\to+\infty} e^{-4x} = 0$ et :

$$\boxed{\lim_{x\to+\infty} g(x) = 2.}$$

La droite Δ d'équation $y = 2$ est asymptote à $\mathscr{C}_g$.

b) On a vu précédemment que, pour tout réel x de $[0\,;+\infty[$, $g'(x) = \dfrac{16e^{4x}}{(e^{4x}+1)^2}$, donc :

$$g'(x) > 0.$$

La fonction g est strictement croissante sur $\mathbf{R}_+$.

3. La tangente à l'origine a pour équation $y = g(0) + xg'(0)$.

$g(0) = 0$ et $g'(0) = \dfrac{16}{2^2} = 4$, donc cette équation est :

$$y = 4x.$$

L'abscisse α du point d'intersection de Δ et de la tangente à l'origine vérifie $2 = 4\alpha$ soit :

$$\boxed{\alpha = \frac{1}{2}.}$$

4. On trace la courbe représentative de g, la droite Δ et la tangente à l'origine sur la figure précédente.

La Prépa attitude

Sans méthode particulière ni modification de l'expression, il est difficile de déterminer des primitives d'un produit de fonctions. Le complément de cours propose une méthode lorsque la fonction à intégrer peut être écrite sous une forme particulière.

Peu d'intégrales sont calculables à l'aide de primitives, mais on peut souvent construire une suite dont la limite est l'intégrale à calculer. Le complément de cours propose de telles suites.

Prolongement au cours de Term S

Intégration par parties

❶ Théorème

Si deux fonctions f et g admettent des dérivées continues sur un segment $[a\,;b]$ alors :

$$\int_a^b f(t)g'(t)\mathrm{d}t = \left[f(t)g(t)\right]_a^b - \int_a^b f'(t)g(t)\mathrm{d}t$$

Cette formule qui permet de modifier l'expression à intégrer (1er membre fg' et 2e membre $f'g$) est à employer dans des cas particuliers mais n'est pas une méthode universelle.

❷ Cas classiques d'utilisation de l'intégration par parties

- Construction d'une formule de récurrence vérifiée par une suite d'intégrales.
- La fonction à intégrer est de la forme $P(t)\cos t$, où P est une fonction polynôme on pose alors $f(t) = P(t)$ et $g'(t) = \cos t$ et on renouvelle l'opération si nécessaire. De même pour une expression de la forme $P(t)\sin t$ ou $P(t)\mathrm{e}^t$.
- La fonction à intégrer est de la forme $P(t)\ln t$, où P est une fonction polynôme, on pose alors $f(t) = \ln t$ et $g'(t) = P(t)$.

❸ Exemple : calcul de $\int_1^2 t \ln t \,\mathrm{d}t$

La fonction à intégrer se présente sous la forme du produit d'une fonction polynôme et de la fonction logarithme, on est dans l'un des cas d'utilisation de la formule d'intégration par parties.

AMBITION PRÉPA

on pose $f: \begin{array}{ccc} [1;2] & \to & \mathbb{R} \\ t & \mapsto & \ln t \end{array}$ on a $f': \begin{array}{ccc} [1;2] & \to & \mathbb{R} \\ t & \mapsto & \dfrac{1}{t} \end{array}$

on pose $g': \begin{array}{ccc} t & \mapsto & t \end{array}$ on choisit $g: \begin{array}{ccc} t & \mapsto & \dfrac{1}{2}t^2 \end{array}$

Les fonctions f, g, f' et g' sont continues sur le segment $[1;2]$, on peut donc utiliser la méthode d'intégration par parties.

$$\int_1^2 t\ln t\,\mathrm{d}t = \left[\frac{1}{2}t^2\ln t\right]_1^2 - \int_1^2 \frac{1}{2}t^2 \times \frac{1}{t}\mathrm{d}t$$

$$= \left(\frac{4}{2}\right)\ln 2 - 0 - \int_1^2 \frac{1}{2}t\,\mathrm{d}t = \left(\frac{4}{2}\right)\ln 2 - \frac{1}{2}\int_1^2 t\,\mathrm{d}t$$

$$= 2\ln 2 - \frac{1}{2}\left[\frac{t^2}{2}\right]_1^2 = 2\ln 2 - \frac{1}{2}\left(\frac{4}{2} - \frac{1}{2}\right)$$

$$\int_1^2 t\ln t\,\mathrm{d}t = 2\ln 2 - \frac{3}{4}$$

Sommes de Riemann

❶ Théorème

Soit f une fonction continue sur le segment $[a;b]$, pour tout n non nul, on note S_n et S'_n les deux nombres.

$$S_n = \frac{b-a}{n}\sum_{k=0}^{n-1} f\left(a + k\frac{b-a}{n}\right) \quad \text{et} \quad S'_n = \frac{b-a}{n}\sum_{k=1}^{n} f\left(a + k\frac{b-a}{n}\right)$$

Les deux suites (S_n) et (S'_n) ainsi définies sur $\mathbb{N}^*$, appelées sommes de Riemann, convergent et ont pour limite lorsque n tend vers $+\infty$ le réel $\int_a^b f(t)\mathrm{d}t$.

❷ Cas particulier où $a=0$ et $b=1$

On a alors pour tout entier naturel non nul n :

$$S_n = \frac{1}{n}\left(f(0) + f\left(\frac{1}{n}\right) + \cdots + f\left(\frac{n-1}{n}\right)\right) \text{ et } S'_n = \frac{1}{n}\left(f\left(\frac{1}{n}\right) + f\left(\frac{2}{n}\right) + \cdots + f(1)\right)$$

$$S_n = \frac{1}{n}\sum_{k=0}^{n-1} f\left(\frac{k}{n}\right) \quad \text{et} \quad S'_n = \frac{1}{n}\sum_{k=1}^{n} f\left(\frac{k}{n}\right)$$

❸ Utilisation des sommes de Riemann

- Lorsque l'on connaît l'intervalle $[a;b]$ et la fonction f, les sommes S_n et S'_n sont des valeurs approchées de $\int_a^b f(t)\mathrm{d}t$.

Exemple : En partageant $[0\,;1]$ en cinq segments de même longueur $\frac{1}{5} = 0{,}2$, déterminer une valeur approchée de $I = \int_0^1 \frac{1}{\sqrt{1+t^4}}\mathrm{d}t$.

La fonction $t \mapsto \frac{1}{\sqrt{1+t^4}}$ de $[0\,;1]$ dans $\mathbb{R}$ est continue et strictement décroissante sur $[0\,;1]$, on note C sa courbe représentative.

On pose :

$$S_5' = 0{,}2\left[f(0{,}2) + f(0{,}4) + f(0{,}6) + f(0{,}8) + f(1)\right] \approx 0{,}895$$

$$S_5 = 0{,}2\left[f(0) + f(0{,}2) + f(0{,}4) + f(0{,}6) + f(0{,}8)\right] \approx 0{,}953$$

Les deux sommes S_5 et S_5' peuvent s'interpréter comme la somme des aires de rectangles.

En lisant le graphique de gauche, on remarque que $0{,}2f(0{,}2)$ est l'aire du premier rectangle (à gauche sous la courbe), $0{,}2f(0{,}4)$ est l'aire du deuxième, $0{,}2f(0{,}6)$, $0{,}2f(0{,}8)$ et $0{,}2f(1)$ sont les aires des trois autres rectangles, ainsi la somme S_5 est la somme des aires des rectangles situés sous la courbe. Si $\mathscr{A}$ est l'aire en unité d'aire du domaine limité par la courbe $\mathscr{C}$ et les droites d'équation $x = 0$ et $x = 1$, on a par lecture graphique $S_5' \leqslant \mathscr{A}$.

De même la somme S_5' est la somme des aires des rectangles de la figure de droite donc par lecture graphique $\mathscr{A} \leqslant S_5$.

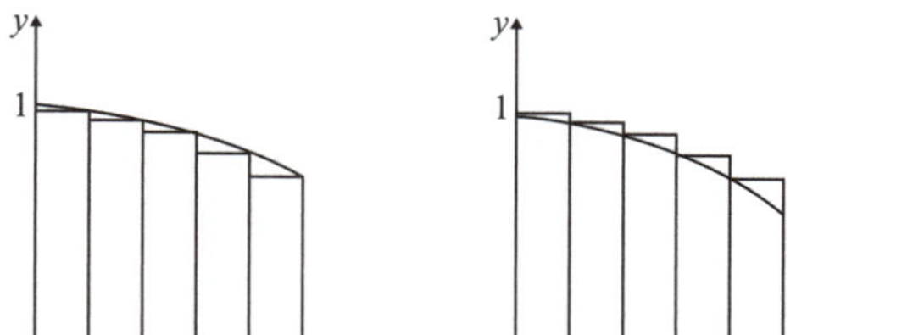

Donc $0{,}89 < I < 0{,}96$.

- Pour déterminer la limite d'une suite de « type » (S_n) lorsque n tend vers $+\infty$, on peut essayer de trouver le « bon » segment $[a\,;b]$ et la « bonne » fonction f continue sur $[a\,;b]$ pour que S_n soit une somme de Riemann.

> **Remarque**
> Un cas souvent rencontré est $a = 0$, $b = 1$.

❹ Exemple

Déterminer la limite de la suite (u_n) définie pour tout entier naturel n non nul par :

$$u_n = \frac{\sqrt{1} + \sqrt{2} + \cdots + \sqrt{n}}{n\sqrt{n}}$$

Pour tout entier naturel n non nul :

$$u_n = \frac{\sqrt{1}+\sqrt{2}+\cdots+\sqrt{n}}{n\sqrt{n}} = \frac{1}{n}\left(\sqrt{\frac{1}{n}}+\sqrt{\frac{2}{n}}+\cdots+\sqrt{\frac{n}{n}}\right) = \frac{1}{n}\sum_{k=1}^{n}\sqrt{\frac{k}{n}}$$

En posant $a = 0$, $b = 1$ et en choisissant pour f la fonction racine carrée qui est continue sur $[0;1]$, on a $u_n = S'_n$.

$$\lim_{n\to+\infty}\frac{1}{n}\sum_{k=1}^{n}\sqrt{\frac{k}{n}} = \int_0^1\sqrt{x}\,\mathrm{d}x = \int_0^1 x^{\frac{1}{2}}\,\mathrm{d}x$$

$$= \left[\frac{x^{\frac{3}{2}}}{\frac{3}{2}}\right]_0^1$$

$$\lim_{n\to+\infty}\frac{1}{n}\sum_{k=1}^{n}\sqrt{\frac{k}{n}} = \frac{2}{3}$$

EXERCICES

➔ Corrigés p. 307

1 Calculer $\int_1^2 (t^2+1)\ln t\,\mathrm{d}t$.

2 Calculer $\int_0^1 (3t+5)\mathrm{e}^t\,\mathrm{d}t$.

3 Calculer $\lim\limits_{n\to+\infty}\left(\frac{1}{n}+\frac{1}{n+1}+\cdots+\frac{1}{2n}\right)$

4 Soit (x_n) la suite définie pour tout entier naturel non nul n par $x_n = \sum\limits_{k=1}^{n}\frac{n+k^2}{n^3+k^3}$.

1. Montrer que pour tout entier naturel non nul n,

$$x_n = \frac{1}{n}\sum_{k=1}^{n}\frac{\left(\frac{k}{n}\right)^2}{1+\left(\frac{k}{n}\right)^3} + \frac{1}{n^2}\sum_{k=1}^{n}\frac{1}{1+\left(\frac{k}{n}\right)^3}.$$

2. On pose pour tout entier naturel non nul n, $y_n = \frac{1}{n}\sum\limits_{k=1}^{n}\frac{\left(\frac{k}{n}\right)^2}{1+\left(\frac{k}{n}\right)^3}$. Déterminer $\lim\limits_{n\to+\infty} y_n$.

3. Montrer que pour tout entier naturel non nul n, $|x_n - y_n| \leqslant \frac{1}{n}$. En déduire la limite de la suite (x_n).

CORRIGÉS

1 La fonction à intégrer se présente sous la forme du produit d'une fonction polynôme et de la fonction logarithme, on est dans l'un des cas d'utilisation de la formule d'intégration par parties.

on pose $f:\begin{array}{ccc}[1;2] & \to & \mathbb{R} \\ t & \mapsto & \ln t\end{array}$ on a $f':\begin{array}{ccc}[1;2] & \to & \mathbb{R} \\ t & \mapsto & \dfrac{1}{t}\end{array}$

on pose $g':\begin{array}{ccc} t & \mapsto & t^2+1\end{array}$ on choisit $g:\begin{array}{ccc} t & \mapsto & \dfrac{1}{3}t^3+t\end{array}$

Les fonctions f, g, f' et g' sont continues sur le segment $[1;2]$, on peut donc utiliser la méthode d'intégration par parties.

$$\begin{aligned}\int_1^2 (t^2+1)\ln t\,\mathrm{d}t &= \left[\left(\frac{1}{3}t^3+t\right)\ln t\right]_1^2 - \int_1^2\left(\frac{1}{3}t^3+t\right)\frac{1}{t}\mathrm{d}t \\ &= \left(\frac{8}{3}+2\right)\ln 2 - 0 - \int_1^2\left(\frac{1}{3}t^2+1\right)\mathrm{d}t \\ &= \frac{14}{3}\ln 2 - \left[\frac{t^3}{9}+t\right]_1^2 = \frac{14}{3}\ln 2 - \frac{8}{9} - 2 + \frac{1}{9} + 1 \\ &= \frac{14}{3}\ln 2 - \frac{7}{9} - 1\end{aligned}$$

$$\int_1^2 (t^2+1)\ln t\,\mathrm{d}t = \frac{14}{3}\ln 2 - \frac{16}{9}$$

2 La fonction à intégrer se présente sous la forme du produit d'une fonction polynôme et de la fonction exponentielle, on est dans l'un des cas d'utilisation de la formule d'intégration par parties.

on pose $f:\begin{array}{ccc}[0;1] & \to & \mathbb{R} \\ t & \mapsto & 3t+5\end{array}$ on a $f':\begin{array}{ccc}[0;1] & \to & \mathbb{R} \\ t & \mapsto & 3\end{array}$

on pose $g':\begin{array}{ccc} t & \mapsto & \mathrm{e}^t\end{array}$ on choisit $g:\begin{array}{ccc} t & \mapsto & \mathrm{e}^t\end{array}$

Les fonctions f, g, f' et g' sont continues sur le segment $[0;1]$, on peut donc utiliser la méthode d'intégration par parties.

$$\begin{aligned}\int_0^1 (3t+5)\mathrm{e}^t\,\mathrm{d}t &= \left[(3t+5)\mathrm{e}^t\right]_0^1 - \int_0^1 (3)\mathrm{e}^t\,\mathrm{d}t \\ &= (8)\mathrm{e}^1 - 5\mathrm{e}^0 - 3\int_0^1 \mathrm{e}^t\,\mathrm{d}t \\ &= 8\mathrm{e} - 5 - 3\left[\mathrm{e}^t\right]_0^1 = 8\mathrm{e} - 5 - 3(\mathrm{e}-1)\end{aligned}$$

$$\int_0^1 (3t+5)\mathrm{e}^t\,\mathrm{d}t = 5\mathrm{e} - 2$$

3 Posons pour tout entier naturel n non nul, $u_n = \frac{1}{n} + \frac{1}{n+1} + \frac{1}{n+2} + \cdots + \frac{1}{2n}$.

$$u_n = \frac{1}{n} + \left(\frac{1}{n+1} + \frac{1}{n+2} + \cdots + \frac{1}{2n}\right)$$
$$= \frac{1}{n} + \left(\frac{1}{n\left(1+\frac{1}{n}\right)} + \frac{1}{n\left(1+\frac{2}{n}\right)} + \cdots + \frac{1}{n\left(1+\frac{n}{n}\right)}\right)$$
$$= \frac{1}{n} + \frac{1}{n}\left(\frac{1}{1+\frac{1}{n}} + \frac{1}{1+\frac{2}{n}} + \cdots + \frac{1}{1+\frac{n}{n}}\right) = \frac{1}{n} + \frac{1}{n}\sum_{k=1}^{n}\frac{1}{1+\frac{k}{n}}$$

Posons pour tout entier naturel non nul n, $v_n = \frac{1}{n}\sum_{k=1}^{n}\frac{1}{1+\frac{k}{n}}$, on peut reconnaître une expression de S'_n dans le cas où $a = 0$, $b = 1$ en choisissant la fonction définie sur $[0;1]$ par $f(x) = \frac{1}{1+x}$. La fonction f est continue sur $[0;1]$ car c'est une fonction rationnelle, le dénominateur étant non nul sur $[0;1]$ car supérieur ou égal à 1 sur $[0;1]$. Donc :

$$\lim_{n\to+\infty} v_n = \lim_{n\to+\infty}\frac{1}{n}\sum_{k=1}^{n}\frac{1}{1+\frac{k}{n}} = \int_0^1 f(x)\mathrm{d}x = \int_0^1 \frac{1}{1+x}\mathrm{d}x$$

La fonction f définie sur $[0;1]$ par $f(x) = \frac{1}{1+x}$ est continue sur l'intervalle $[0;1]$, elle y admet donc des primitives dont $x \mapsto \ln(1+x)$.

$$\lim_{n\to+\infty} v_n = \left[\ln(1+x)\right]_0^1$$
$$= \ln 2$$

On a pour tout entier n non nul, $u_n = \frac{1}{n} + v_n$. On a $\lim_{n\to+\infty}\frac{1}{n} = 0$ et $\lim_{n\to+\infty} v_n = \ln 2$. La suite (u_n) est la somme de deux suites convergentes, elle est donc convergente et a pour limite la somme des limites.

$$\lim_{n\to+\infty} u_n = \ln 2$$

4 **1.** Pour tout entier naturel n non nul :

$$x_n = \sum_{k=1}^{n}\frac{n+k^2}{n^3+k^3} = \sum_{k=1}^{n}\frac{n^2\left(\frac{1}{n}+\frac{k^2}{n^2}\right)}{n^3\left(1+\frac{k^3}{n^3}\right)} = \sum_{k=1}^{n}\frac{1}{n}\frac{\frac{1}{n}+\frac{k^2}{n^2}}{1+\frac{k^3}{n^3}} = \frac{1}{n}\sum_{k=1}^{n}\frac{\frac{1}{n}}{1+\frac{k^3}{n^3}} + \frac{1}{n}\sum_{k=1}^{n}\frac{\frac{k^2}{n^2}}{1+\frac{k^3}{n^3}}$$

$$x_n = \frac{1}{n}\sum_{k=1}^{n}\frac{\left(\frac{k}{n}\right)^2}{1+\left(\frac{k}{n}\right)^3} + \left(\frac{1}{n}\right)^2\sum_{k=1}^{n}\frac{1}{1+\frac{k^3}{n^3}}$$

2. Pour tout entier naturel n non nul, on a $y_n = \frac{1}{n}\sum_{k=1}^{n}\frac{\left(\frac{k}{n}\right)^2}{1+\left(\frac{k}{n}\right)^3}$.

On peut reconnaître une expression de S'_n dans le cas où $a = 0$, $b = 1$ en choisissant la fonction définie sur $[0;1]$ par $f(x) = \frac{x^2}{1+x^3}$. La fonction f est continue sur $[0;1]$ car c'est une fonction rationnelle, le dénominateur étant non nul sur $[0;1]$ car supérieur ou égal à 1 sur $[0;1]$. Donc :

$$\lim_{n\to+\infty} y_n = \lim_{n\to+\infty}\frac{1}{n}\sum_{k=1}^{n}\frac{\left(\frac{k}{n}\right)^2}{1+\left(\frac{k}{n}\right)^3} = \int_0^1 f(x)\mathrm{d}x = \int_0^1\frac{x^2}{1+x^3}\mathrm{d}x = \frac{1}{3}\int_0^1\frac{3x^2}{1+x^3}\mathrm{d}x$$

La fonction $x \mapsto \frac{3x^2}{1+x^3}$ est continue sur $[0;1]$, elle y admet donc des primitives. On a pour tout x de $[0;1]$ $\frac{3x^2}{1+x^3} = \frac{u'(x)}{u(x)}$ si l'on pose $u(x) = 1+x^3$.
Une primitive de $x \mapsto \frac{3x^2}{1+x^3}$ sur $[0;1]$ est $x \mapsto \ln\left(1+x^3\right)$ car le réel $1+x^3$ est strictement positif sur $[0;1]$. D'où :

$$\int_0^1\frac{x^2}{1+x^3}\mathrm{d}x = \frac{1}{3}\left[\ln\left(1+x^3\right)\right]_0^1 = \frac{1}{3}\ln 2$$

$$\lim_{n\to+\infty} y_n = \frac{1}{3}\ln 2$$

3. On a, pour tout entier naturel non nul n :

$$x_n = \frac{1}{n}\sum_{k=1}^{n}\frac{\left(\frac{k}{n}\right)^2}{1+\left(\frac{k}{n}\right)^3} + \left(\frac{1}{n}\right)^2\sum_{k=1}^{n}\frac{1}{1+\frac{k^3}{n^3}} = y_n + \left(\frac{1}{n}\right)^2\sum_{k=1}^{n}\frac{1}{1+\frac{k^3}{n^3}}$$

Donc pour tout entier naturel non nul n,

$$x_n - y_n = \left(\frac{1}{n}\right)^2 \sum_{k=1}^{n} \frac{1}{1+\dfrac{k^3}{n^3}}$$

$$|x_n - y_n| = \left|\left(\frac{1}{n}\right)^2 \sum_{k=1}^{n} \frac{1}{1+\dfrac{k^3}{n^3}}\right| = \left(\frac{1}{n}\right)^2 \sum_{k=1}^{n} \frac{1}{1+\dfrac{k^3}{n^3}}$$

Pour tout entier naturel non nul n et tout entier naturel k compris entre 1 et n, $1+\dfrac{k^3}{n^3} \geqslant 1$ donc $\dfrac{1}{1+\dfrac{k^3}{n^3}} \leqslant 1$ et donc :

$$\sum_{k=1}^{n} \frac{1}{1+\dfrac{k^3}{n^3}} \leqslant \sum_{k=1}^{n} 1 \leqslant n$$

Donc en multipliant les deux membres de l'inégalité précédente par le réel positif $\left(\dfrac{1}{n}\right)^2$, on obtient :

$$\left(\frac{1}{n}\right)^2 \sum_{k=1}^{n} \frac{1}{1+\dfrac{k^3}{n^3}} \leqslant \left(\frac{1}{n}\right)^2 n$$

$$\leqslant \frac{1}{n}$$

Donc pour tout entier naturel n non nul :

$$|x_n - y_n| \leqslant \frac{1}{n} \text{ et donc } 0 \leqslant |x_n - y_n| \leqslant \frac{1}{n}$$

En utilisant le théorème d'encadrement, sachant que $\lim\limits_{n\to+\infty} \dfrac{1}{n} = 0$, on a :

$$\lim_{n\to+\infty} |x_n - y_n| = 0$$

La suite (y_n) étant convergente et de limite $\dfrac{1}{3}\ln 2$, la suite (x_n) est convergente et de même limite que (y_n) soit $\dfrac{1}{3}\ln 2$.

CHAPITRE 7

Les nombres complexes

DE QUOI S'AGIT-IL ?

Ce chapitre traite de nombres appelés complexes et parfois imaginaires, qui ne sont ni plus complexes, ni plus imaginaires que les autres ! Ces nombres constituent un outil très puissant en géométrie.

1 Ensemble des nombres complexes

1 Définition

L'ensemble des nombres complexes, noté $\mathbb{C}$, est l'ensemble des éléments notés $z = x + \mathrm{i}z$, où x et y sont des réels quelconques et i un nombre vérifiant $\mathrm{i}^2 = -1$.

Notation
$\mathbb{C}^* = \mathbb{C}\backslash\{0\}$.

- Les règles de calcul dans $\mathbb{R}$ s'appliquent dans $\mathbb{C}$. En particulier :

$$(x+\mathrm{i}y)+(x'+\mathrm{i}y') = x+x'+\mathrm{i}(y+y')$$
$$(x+\mathrm{i}y)\times(x'+\mathrm{i}y') = xx'-yy'+\mathrm{i}(xy'+yx').$$

- L'écriture $z = x + \mathrm{i}y$ est la **forme algébrique** ou **cartésienne** du nombre complexe z.

$x = \mathrm{Re}(z)$ est la **partie réelle** de z.

$y = \mathrm{Im}(z)$ est la **partie imaginaire** de z.

Si $y = 0$, z est **réel**.

Si $x = 0$, z est **imaginaire pur**.

Quels que soient les réels x, y, x', y' :

$$x+\mathrm{i}y = x'+\mathrm{i}y' \Leftrightarrow \begin{cases} x = x' \\ y = y' \end{cases}.$$

Remarque
La partie imaginaire d'un nombre complexe est un nombre réel.

Remarque
$\mathbb{R} \subset \mathbb{C}$ et, pour tout $z \in \mathbb{C}$:
$z \in \mathbb{R}$ si et seulement si $\mathrm{Im}z = 0$.

- Dans un plan rapporté à un repère orthonormal $(\mathrm{O}\,;\vec{u},\vec{v})$, $z = x + \mathrm{i}y$ a pour image le point $\mathrm{M}(x\,;y)$ ou le vecteur $\overrightarrow{\mathrm{OM}}$.

On dit aussi que z est **l'affixe** de M ou de $\overrightarrow{\mathrm{OM}}$.

Remarque
Affixe est un nom féminin.

2 Nombres conjugués

Les nombres complexes $z = x + \mathrm{i}y$ et $\bar{z} = x - \mathrm{i}y$ sont dits **conjugués**.

Quels que soient les nombres z et z' :

$$\overline{z+z'} = \bar{z}+\bar{z}'\,;\ \overline{zz'} = \bar{z}\,\bar{z}'\,;\ \text{si } z' \neq 0,\ \overline{\left(\frac{z}{z'}\right)} = \frac{\bar{z}}{\bar{z}'}.$$
$$\mathrm{Re}z = \frac{z+\bar{z}}{2}\,;\ \mathrm{Im}z = \frac{z-\bar{z}}{2\mathrm{i}}\,;$$

z réel si et seulement si $z = \bar{z}$;

z imaginaire pur si et seulement si $z = -\bar{z}$.

3 Module d'un nombre complexe

Le module de $z = x + \mathrm{i}y$ est $|z| = \sqrt{z\bar{z}} = \sqrt{x^2 + y^2} = \|\overrightarrow{\mathrm{OM}}\|$.

Quels que soient les nombres complexes z et z' :

$$|z| = 0 \Leftrightarrow z = 0\,; \qquad |z + z'| \leqslant |z| + |z'|\,;$$

$$|zz'| = |z| \times |z'|\,; \qquad \text{si } z' \neq 0,\ \left|\frac{z}{z'}\right| = \frac{|z|}{|z'|}.$$

Remarque
Le module d'un nombre complexe est un nombre réel positif.

COURS

4 Argument d'un nombre complexe non nul

- Soit un plan orienté rapporté à un repère orthonormal direct $(\mathrm{O}\,; \vec{u}, \vec{v})$. Si z est non nul, un argument de $z = x + \mathrm{i}y$ est $\arg z = (\vec{u}, \overrightarrow{\mathrm{OM}})$.

Appelons θ cet argument :

$$\begin{cases} \cos\theta = \dfrac{x}{\sqrt{x^2 + y^2}} \\ \sin\theta = \dfrac{y}{\sqrt{x^2 + y^2}}. \end{cases}$$

Remarque
Le nombre complexe (réel) 0 a un module égal à 0, mais n'a pas d'argument.

Posons $\sqrt{x^2 + y^2} = r$, alors :

$$\left(\frac{x}{\sqrt{x^2 + y^2}} + \mathrm{i}\frac{y}{\sqrt{x^2 + y^2}}\right) = r(\cos\theta + \mathrm{i}\sin\theta),$$

noté $r\mathrm{e}^{\mathrm{i}\theta}$.

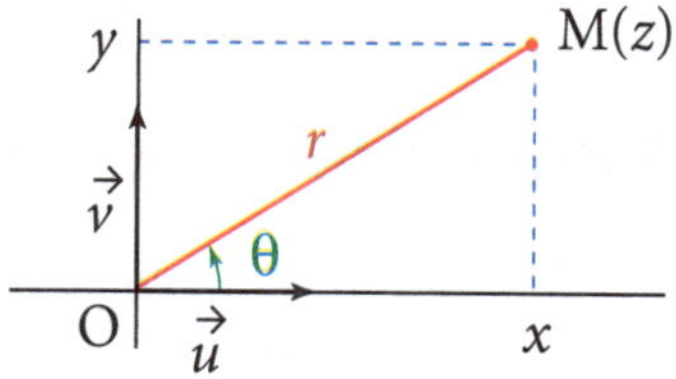

L'écriture $r(\cos\theta + \mathrm{i}\sin\theta)$ est la **forme trigonométrique et** $r\mathrm{e}^{\mathrm{i}\theta}$ **est la forme exponentielle** du nombre complexe non nul z.

Bien comprendre
Avant de déterminer un argument d'un nombre complexe, il faut montrer que ce nombre est non nul.

- Quels que soient les réels θ et θ′ et les réels $r > 0$ et $r' > 0$:

$$r\mathrm{e}^{\mathrm{i}\theta} = r'\mathrm{e}^{\mathrm{i}\theta'} \Leftrightarrow \begin{cases} r = r' \\ \theta = \theta' \quad [2\pi] \end{cases}$$

COURS

Quels que soient les nombres complexes non nuls z et z' et les réels θ et θ' :

$$\arg(zz') = \arg z + \arg z' \quad [2\pi]\,; \quad \arg\left(\frac{z}{z'}\right) = \arg z - \arg z' \quad [2\pi]\,;$$

$$e^{i\theta}e^{i\theta'} = e^{i(\theta+\theta')}\,; \quad \frac{e^{i\theta}}{e^{i\theta'}} = e^{i(\theta-\theta')}.$$

5 Formule de Moivre

Quels que soient le réel θ et l'entier relatif n :

$$(\cos\theta + i\sin\theta)^n = \cos n\theta + i\sin n\theta$$

qui s'écrit aussi :

$$(e^{i\theta})^n = e^{in\theta}.$$

Remarque
Cette formule permet de calculer $\cos n\theta$ et $\sin n\theta$ en fonction de puissances de $\cos\theta$ et $\sin\theta$, par exemple $\cos 2\theta$ et $\sin 2\theta$.

6 Formules d'Euler

Quel que soit le réel θ :

$$\cos\theta = \frac{e^{i\theta} + e^{-i\theta}}{2} \quad \text{et} \quad \sin\theta = \frac{e^{i\theta} - e^{-i\theta}}{2i}.$$

7 Équation du second degré

Soit l'équation $az^2 + bz + c = 0$ (1) où a, b, c sont des réels $(a \neq 0)$ et z est l'inconnue complexe. Soit $\Delta = b^2 - 4ac$.

Si $\Delta > 0$, l'équation (1) a deux racines réelles :

$$z' = \frac{-b + \sqrt{\Delta}}{2a}, \quad z'' = \frac{-b - \sqrt{\Delta}}{2a}.$$

Si $\Delta = 0$, l'équation (1) a une racine double réelle :

$$z = -\frac{b}{2a}.$$

Si $\Delta < 0$, l'équation (1) a deux racines non réelles, complexes conjuguées :

$$z' = \frac{-b + i\sqrt{-\Delta}}{2a}, \quad z'' = \frac{-b - i\sqrt{-\Delta}}{2a}.$$

Questions courtes

Dans toutes ces questions, on considère un plan $\mathcal{P}$ orienté rapporté à un repère orthonormé direct $(O\,;\vec{u},\vec{v})$. Les points du plan sont définis par leurs affixes.

1 Propriété du module

➔ Corrigé p. 323

Quels sont les nombres complexes $z = a + \mathrm{i}b$ (a et b réels) tels que :

a) $|z| = |a|$? **b)** $|z| = a$? **c)** $|z| = |a| + |b|$?

2 Ensemble de points

➔ Corrigé p. 323

1. Déterminer, sans calcul, l'ensemble des complexes z tels que :

a) $|z - \mathrm{i}| = |z + \mathrm{i}|$? **b)** $|z - \mathrm{i}| = |\bar{z} + \mathrm{i}|$.

Indication
Utiliser une interprétation géométrique du module.

2. On donne trois complexes a, b et c, deux à deux distincts.

Existe-t-il un complexe z tel que :

$$|z - a| = |z - b| = |z - c|\ ?$$

3 Inégalité triangulaire

➔ Corrigé p. 323

Montrer que, pour tous complexes z et z' :

$$\big||z| - |z'|\big| \leqslant |z + z'|.$$

4 Module et argument

➔ Corrigé p. 324

1. Soit z et z' deux complexes non nuls. Démontrer que :

$$|z + z'| = |z| + |z'| \Leftrightarrow \mathrm{Re}(z'\bar{z}) = |z'z|$$
$$\Leftrightarrow \arg z = \arg z' \quad [2\pi].$$

Indication
• Deux réels positifs sont égaux si et seulement si leurs carrés le sont.
• $|z|^2 = z\bar{z}$.

2. Soit $z \in \mathbb{C}$, $z \neq 0$. A-t-on $\arg(-z) = -\arg z \quad [2\pi]$?

Indication
$-z = (-1)z$.

3. Quels sont les nombres complexes $z \neq 0$ tels que

$$\bar{z} = \frac{1}{z}\ ?$$

4. Soit $z \in \mathbb{C}$, $z \neq 0$, et $z' = \dfrac{1}{z}\cdot$ Est-il vrai que :

$$|z'| = \frac{1}{|z|} \text{ et } \arg z' = \arg z \quad [2\pi]$$

5. Quels sont les nombres complexes non nuls z tels que :

$$\arg\frac{1}{z} = \arg z \quad [2\pi]\ ?$$

5 Calcul dans $\mathbb{C}$

➔ Corrigé p. 324

1. Un nombre réel strictement négatif a-t-il des racines carrées dans $\mathbb{C}$?

2. Simplifier $(1 + i)^{2\,016}$.

6 Nombre complexe et produit scalaire

➔ Corrigé p. 324

Soit $\vec{w}$ et $\vec{w}'$ deux vecteurs d'affixes respectives z et z'.

a) Démontrer que :

$$\vec{w} \cdot \vec{w}' = \mathrm{Re}(\bar{z}z').$$

b) On suppose $z \neq 0$.

Démontrer que $\vec{w}$ et $\vec{w}'$ sont orthogonaux si et seulement si $\frac{z'}{z}$ est imaginaire pur.

7 Ensemble de points

➔ Corrigé p. 325

Soit A et B deux points distincts d'affixes a et b. Soit M un point d'affixe z, avec $z \neq a$ et $z \neq b$.

Démontrer que M appartient au cercle de diamètre [AB] si et seulement si :

$$\frac{b-z}{a-z} \text{ est imaginaire pur.}$$

8 Limite

➔ Corrigé p. 325

Soit $z \in \mathbb{C}$. À quelle condition nécessaire et suffisante la suite $(|z^n|)$ a-t-elle une limite?

Quelle est alors cette limite ?

Exercices d'entraînement

9 Forme algébrique d'un nombre complexe

5 min ➔ Corrigé p. 325

Déterminer la forme algébrique des trois nombres complexes suivants :

$$Z_1 = i(3+2i)(2+i)^2\ ; \quad Z_2 = -\,i(3-2i)(2-i)^2\ ; \quad Z_3 = \frac{(3+2i)(2+i)}{2-i}.$$

10 Application d'une partie de $\mathbb{C}$ dans $\mathbb{C}$

10 min ➲ Corrigé p. 326

On considère l'application f de $\mathbb{C} - \{3\}$ dans $\mathbb{C}$:

$$z \mapsto \frac{1-3z}{3-z}.$$

On pose $z = x + \mathrm{i}y$ et $f(z) = X + \mathrm{i}Y$ avec x, y, X et Y réels.

1. Calculer X et Y en fonction de x et y.

2. À quelles conditions, nécessaires et suffisantes, le nombre $f(z)$ est-il : réel ? imaginaire pur ?

11 Équation

10 min ➲ Corrigé p. 326

Résoudre dans $\mathbb{C}$ l'équation :

$$2z - (1+\mathrm{i})\bar{z} = -1 + 5\mathrm{i}.$$

12 Calcul d'une somme

★ 15 min ➲ Corrigé p. 326

Démontrer par récurrence que, pour tout entier naturel n non nul :

$$1 + 2\mathrm{i} + 3\mathrm{i}^2 + \cdots + n\mathrm{i}^{n-1} = \frac{-(n+1)\mathrm{i}^{n+1} - n\mathrm{i}^n + \mathrm{i}}{2}.$$

En déduire, pour tout entier naturel k :

$1 - 3 + 5 - 7 + \cdots + (-1)^k(2k+1) = (-1)^k(k+1)$;

$$2 - 4 + 6 - \cdots + (-1)^{k-1}2k = \frac{1 + (-1)^{k+1}(2k+1)}{2}.$$

Indication
On donne à n la valeur $2k+1$ et on identifie parties réelles et imaginaires.

13 Ensembles de points

10 min ➲ Corrigé p. 327

Dans le plan rapporté à un repère orthonormé $(\mathrm{O} ; \vec{u}, \vec{v})$, déterminer l'ensemble des points M dont l'affixe z vérifie :

a) $|z - \mathrm{i}| = 5$; **b)** $|\bar{z} + \mathrm{i}| = 5$;

c) $|(1+\mathrm{i})z + 2\mathrm{i}| = 3$; **d)** $|z - \mathrm{i}| = |z - 1 + 2\mathrm{i}|$.

14 Équation

★ 10 min ➲ Corrigé p. 327

1. Dans un plan rapporté à un repère orthonormé, déterminer l'ensemble des points M d'affixe z telle que $|z - 1| = |\bar{z} + 1|$.

2. Soit $n \in \mathbb{N}^*$. Résoudre dans $\mathbb{C}$ l'équation $(z-1)^n = (\bar{z}+1)^n$.

15 Égalité et ensemble de points

★ 10 min ➔ Corrigé p. 328

1. Soit z et z' deux nombres complexes. Démontrer que :

$$|z + z'|^2 + |z - z'|^2 = 2|z|^2 + 2|z'|^2.$$

2. Démontrer que $|z + 1|^2 = 2|z|^2 \Leftrightarrow |z - 1|^2 = 2$.

Indication
Pour tout complexe Z :

$$|Z|^2 = Z\bar{Z}.$$

3. Le plan complexe est rapporté au repère orthonormé $(\mathrm{O}\,;\vec{u}, \vec{v})$. Soit A et B les deux points d'affixes respectives -1 et 1.

Quel est l'ensemble des points M du plan tels que $\mathrm{AM} = \sqrt{2}\mathrm{OM}$?

16 Calcul pratique

10 min ➔ Corrigé p. 328

Calculer $A = \left(\dfrac{1 + \mathrm{i}\sqrt{3}}{1 + \mathrm{i}}\right)^{30}$.

Indication
Utiliser la forme trigonométrique ou exponentielle.

17 Remarques sur les puissances d'un nombre

★ 10 min ➔ Corrigé p. 328

Comment faut-il choisir l'entier relatif n pour que $(\sqrt{3} + \mathrm{i})^n$ soit :

a) réel ? **b)** réel positif ? **c)** imaginaire pur ?

Indication
Utiliser la forme trigonométrique.

18 Module et argument

15 min ➔ Corrigé p. 329

Soit $\theta \in [0, 2\pi[$. Déterminer modules et arguments des nombres :

$$z_1 = \mathrm{e}^{\mathrm{i}\theta} - 1\,; \quad z_2 = \mathrm{e}^{\mathrm{i}\theta} + 1.$$

Indication

$$\mathrm{e}^{\mathrm{i}\theta} - 1 = \mathrm{e}^{\mathrm{i}\frac{\theta}{2}}\left(\mathrm{e}^{\mathrm{i}\frac{\theta}{2}} - \mathrm{e}^{-\mathrm{i}\frac{\theta}{2}}\right).$$

19 Application trigonométrique

10 min ➔ Corrigé p. 330

On donne le nombre complexe u :

$$u = \sqrt{2 - \sqrt{2}} - \mathrm{i}\sqrt{2 + \sqrt{2}}.$$

1. Calculer u^2 et u^4.

Calculer le module et un argument de u^4.

En déduire le module et un argument de u.

2. En déduire les valeurs de $\cos\dfrac{3\pi}{8}$ et $\sin\dfrac{3\pi}{8}$, puis de $\cos\dfrac{\pi}{8}$ et $\sin\dfrac{\pi}{8}$.

20 Application trigonométrique

★ 10 min ➔ Corrigé p. 331

Soit les nombres complexes $z_1 = \dfrac{\sqrt{6} - \mathrm{i}\sqrt{2}}{2}$ et $z_2 = 1 - \mathrm{i}$.

1. Mettre sous forme trigonométrique z_1, z_2 et $Z = \dfrac{z_1}{z_2}$.

2. En déduire que $\cos\dfrac{\pi}{12} = \dfrac{\sqrt{6}+\sqrt{2}}{4}$ et $\sin\dfrac{\pi}{12} = \dfrac{\sqrt{6}-\sqrt{2}}{4}$.

3. Résoudre l'équation d'inconnue réelle x :

$$(\sqrt{6}+\sqrt{2})\cos x + (\sqrt{6}-\sqrt{2})\sin x = 2.$$

21 Expression de $\cos^4 x$ en fonction de $\cos 4x$ et de $\cos 2x$

★ 10 min ➔ Corrigé p. 332

Linéariser $\cos^4 x$.

➔ Indications

- Exprimer $\cos^4 x$ en fonction de $\cos 4x$ et $\cos 2x$ s'appelle linéariser $\cos^4 x$.
- Utiliser la formule :

$(a+b)^4 = a^4 + 4a^3b + 6a^2b^2 + 4ab^3 + b^4$ (a et b nombres complexes quelconques)

et utiliser la formule d'Euler.

22 Formule de Moivre

★★ 10 min ➔ Corrigé p. 332

Calculer $\cos 5\varphi$ en fonction de $\cos\varphi$.

En déduire la valeur de $\cos\dfrac{\pi}{10}$.

➔ Méthode

Si a et b dont deux nombres complexes : $(a+b)^5 = a^5 + 5a^4b + 10a^3b^2 + 10a^2b^3 + 5ab^4 + b^5$.

23 Calcul de sommes

★★ 10 min ➔ Corrigé p. 333

1. Calculer les sommes :

$$S = \cos\frac{2\pi}{7} + \cos\frac{4\pi}{7} + \cos\frac{6\pi}{7} + \cos\frac{8\pi}{7} + \cos\frac{10\pi}{7} + \cos\frac{12\pi}{7}\ ;$$

$$S' = \sin\frac{2\pi}{7} + \sin\frac{4\pi}{7} + \sin\frac{6\pi}{7} + \sin\frac{8\pi}{7} + \sin\frac{10\pi}{7} + \sin\frac{12\pi}{7}.$$

2. En déduire $\Sigma = \cos\dfrac{2\pi}{7} + \cos\dfrac{4\pi}{7} + \cos\dfrac{6\pi}{7}$.

24 Calcul de sommes

★★ 10 min ➲ Corrigé p. 333

Soit n un entier strictement positif, θ un réel appartenant à $]0\,;\pi[$.
On considère les sommes :

$S_n = \cos^2\theta + \cos^2\theta\cos 2\theta + \cdots + \cos^p\theta\cos p\theta + \cdots + \cos^n\theta\cos n\theta\,;$

$S'_n = \cos\theta\sin\theta + \cos^2\theta\sin 2\theta + \cdots + \cos^p\theta\sin p\theta + \cdots + \cos^n\theta\sin n\theta\,;$

$\Sigma_n = S_n + \mathrm{i}S'_n.$

1. Démontrer que Σ_n est la somme des premiers termes d'une suite géométrique complexe dont on donnera le premier terme et la raison.

2. En déduire la valeur de Σ_n, puis celles de S_n et de S'_n en fonction de n et de θ.

25 Équation

★ 10 min ➲ Corrigé p. 334

On pose $z_0 = e^{\mathrm{i}\frac{2\pi}{5}}$.

1. Démontrer que $1 + z_0 + z_0^2 + z_0^3 + z_0^4 = 0$.

2. On pose $\alpha = z_0 + z_0^4$ et $\beta = z_0^2 + z_0^3$. Calculer $\alpha + \beta$ et $\alpha\beta$.
En déduire que α et β sont les racines du trinôme $X^2 + X - 1$.

3. Exprimer α en fonction de $\cos\frac{2\pi}{5}$. En déduire la valeur de $\cos\frac{2\pi}{5}$.

26 Équation

★★ 15 min ➲ Corrigé p. 335

On se propose de déterminer les nombres complexes u tels que :

$$u^2 = 21 - 20\mathrm{i}.$$

1. Soit u un tel nombre.
Montrer que u est solution de l'équation bicarrée à coefficients réels :

$$z^4 - 42z^2 + 841 = 0.$$

2. En écrivant :

$$z^4 - 42z^2 + 841 = (z^2 + 29)^2 - 100z^2,$$

résoudre, dans $\mathbb{C}$, l'équation :

$$z^4 - 42z^2 + 841 = 0.$$

3. Déterminer les nombres complexes u.

27 Calculs sur les nombres complexes

★★ 10 min ➲ Corrigé p. 335

On considère dans $\mathbb{C}$ les complexes z_1 et z_2 de module 1 et d'arguments respectifs α et β.

Démontrer que $\dfrac{(z_1 + z_2)^2}{z_1 z_2}$ est un réel positif ou nul.

Sujets de type bac

28 Équations et ensemble de points

★★ 60 min ➲ Corrigé p. 336

Le plan complexe est rapporté à un repère orthonormal direct $(O\,;\vec{u},\vec{v})$ (unité graphique 1 cm).

On considère dans l'ensemble des nombres complexes, l'équation (E) d'inconnue z suivante :

$$z^3+(-8+i)z^2+(17-8i)z+17i=0.$$

Partie A – Résolution de l'équation (E)

1. Montrer que $-i$ est solution de (E).

2. Déterminer les nombres réels a, b, c tels que :

$$z^3+(-8+i)z^2+(17-8i)z+17i=(z+i)(az^2+bz+c).$$

3. Résoudre l'équation (E) dans l'ensemble des nombres complexes.

Partie B

On appelle A, B et C les points d'affixes respectives $4+i$, $4-i$, $-i$,

1. Placer les points sur une figure que l'on complètera dans la suite de l'exercice.

2. Soit r l'application du plan dans lui-même qui, à tout point M d'affixe z, associe le point M′ d'affixe z' telle que $z'=iz-2i+2$.

Le point Ω est le point d'affixe 2. On appelle S l'image de A par r.

Calculer l'affixe s de S.

3. Démontrer que les points B, A, S, C appartiennent à un même cercle $\mathscr{C}$ dont on déterminera le centre et le rayon. Tracer $\mathscr{C}$.

4. À tout point M d'affixe $z\neq 2$, on associe le point M′ d'affixe :

$$z'=\frac{iz+10-2i}{z-2}.$$

a) Déterminer les affixes des points A′, B′, C′ associés respectivement aux points A, B et C.

b) Vérifier que A′, B′, C′ appartiennent à un cercle $\mathscr{C}'$ de centre P, d'affixe i. Déterminer son rayon et tracer $\mathscr{C}'$.

c) Pour tout nombre complexe $z\neq 2$, exprimer $|z'-i|$ en fonction de z.

d) Soit M un point d'affixe z appartenant au cercle $\mathscr{C}$.

Démontrer que $|z'-i|=2\sqrt{5}$.

e) En déduire à quel ensemble appartiennent les points M′ associés aux points M du cercle $\mathscr{C}$.

29 Application géométrique

★★★ 40 min ➲ Corrigé p. 339

On considère le plan complexe $\mathscr{P}$ rapporté à un repère orthonormal direct $(\mathrm{O}\,;\vec{u},\vec{v})$. $\mathscr{P}\backslash\{\mathrm{O}\}$ désigne le plan $\mathscr{P}$ privé du point origine O.

1. Question de cours

On prend comme prérequis les résultats suivants :

- Si z et z' sont deux nombres complexes non nuls, alors :

$$\arg(zz') = \arg(z) + \arg(z') \text{ à } 2k\pi \text{ près, } k \in \mathbb{Z}.$$

- Pour tout vecteur $\vec{w}$ non nul d'affixe z :

$$\arg(z) = (\vec{u}\,;\vec{w}) \text{ à } 2k\pi \text{ près, } k \in \mathbb{Z}.$$

a) Soit z et z' des nombres complexes non nuls, démontrer que :

$$\arg\left(\frac{z}{z'}\right) = \arg(z) - \arg(z') \text{ à } 2k\pi \text{ près, } k \in \mathbb{Z}.$$

b) Démontrer que si A, B, C sont trois points du plan, deux à deux distincts, d'affixes respectives a, b, c, $\arg\left(\frac{c-a}{b-a}\right) = (\overrightarrow{\mathrm{AB}}, \overrightarrow{\mathrm{AC}})$ à $2k\pi$ près, avec k entier relatif.

2. On considère l'application f de $\mathscr{P}\backslash\{\mathrm{O}\}$ dans $\mathscr{P}\backslash\{\mathrm{O}\}$ qui, au point M du plan d'affixe z, associe le point M′ l'affixe z' définie par $z' = \frac{1}{\bar{z}}$.

On appelle U et V les points du plan d'affixes respectives 1 et i.

a) Démontrer que pour $z \neq 0$, $\arg(z') = \arg(z)$ à $2k\pi$ près, $k \in \mathbb{Z}$.

En déduire que, pour tout point M de $\mathscr{P}\backslash\{\mathrm{O}\}$, les points M et $\mathrm{M}' = f(\mathrm{M})$ appartiennent à une même demi-droite d'origine O.

b) Déterminer l'ensemble des points M de $\mathscr{P}\backslash\{\mathrm{O}\}$ tels que $f(\mathrm{M}) = \mathrm{M}$.

c) M est un point du plan $\mathscr{P}$ distinct de O, U et V, on admet que M′ est aussi distinct de O, U et V. Établir l'égalité $\frac{z'-1}{z'-\mathrm{i}} = \frac{1}{\mathrm{i}}\left(\frac{\bar{z}-1}{\bar{z}+\mathrm{i}}\right) = -\mathrm{i}\overline{\left(\frac{z-1}{z-\mathrm{i}}\right)}$.

En déduire une relation entre $\arg\left(\frac{z'-1}{z'-\mathrm{i}}\right)$ et $\arg\left(\frac{z-1}{z-\mathrm{i}}\right)$.

3. a) Soit z un nombre complexe tel que $z \neq 1$ et $z \neq \mathrm{i}$ et soit M le point d'affixe z. Démontrer que M est sur la droite (UV) privée de U et de V si, et seulement si, $\frac{z-1}{z-\mathrm{i}}$ est un nombre réel non nul.

b) Déterminer l'image par f de la droite (UV) privée de U et de V.

CORRIGÉS

Questions courtes

1 **a)** $|z| = |a| \Leftrightarrow |z|^2 = a^2 \Leftrightarrow a^2 + b^2 = a^2$
$|z| = |a| \Leftrightarrow b = 0$
$|z| = |a| \Leftrightarrow z$ **est réel.**
b) $|z| = a \Leftrightarrow |z| = |a|$ et $a \geqslant 0$
$|z| = a \Leftrightarrow z$ **est réel positif ou nul.**
c) $|z| = |a| + |b| \Leftrightarrow |z|^2 = a^2 + b^2 + 2|ab|$ $\quad (|z| \geqslant 0$ et $|a| + |b| \geqslant 0)$
$|z| = |a| + |b| \Leftrightarrow |ab| = 0 \Leftrightarrow ab = 0$
$|z| = |a| + |b| \Leftrightarrow z$ **est réel ou imaginaire pur.**

> **Remarque**
> Deux nombres réels positifs sont égaux si et seulement si leurs carrés sont égaux.

2 **1. a)** Soit M, I et I′ les points d'affixes respectives z, i et – i.
$|z - \text{i}| = |z + \text{i}| \Leftrightarrow \text{IM} = \text{I'M}$
$\Leftrightarrow$ M appartient à la médiatrice de [II′] (axe des abscisses).
Par suite, $|z - \text{i}| = |z + \text{i}| \Leftrightarrow z$ **est réel.**

> **Remarque**
> Si a et b sont les affixes respectives des points A et B :
> $d(\text{A}, \text{B}) = \|\overrightarrow{\text{AB}}\| = |b - a|$.

b) Comme $\overline{(z - \text{i})} = \bar{z} + \text{i}$, tous les nombres complexes z sont tels que $|z - c| = |\bar{z} + c|$, donc :

$$|z - \text{i}| = |\bar{z} + \text{i}| \Leftrightarrow z \in \mathbb{C}.$$

2. Soit A, B et C les points d'affixes respectives a, b et c. Soit M un point d'affixe z.

$|z - a| = |z - b| = |z - c| \Leftrightarrow \text{MA} = \text{MB} = \text{MC}.$

Si les trois points A, B et C ne sont pas alignés, il y a un seul point qui vérifie ces conditions : le centre du cercle circonscrit au triangle ABC, point de concours des trois médiatrices.
Si A, B et C sont alignés, toutes les médiatrices sont parallèles, donc **il n'y a pas de solution**.

> **Rappel**
> La médiatrice d'un segment est l'ensemble des points équidistants des extrémités du segment.

3 Pour tous z et z' complexes :

$$|z| = |z + z' - z'| \leqslant |z + z'| + |z'|$$
$$|z| - |z'| \leqslant |z + z'|.$$

De la même façon $|z'| - |z| \leqslant |z + z'|$, d'où finalement :

$$\boxed{||z| - |z'|| \leqslant |z + z'|.}$$

> **Remarque**
> $||z| - |z'|| \leqslant |z - z'|$ car $|z - z'| = |z + (-z')|$ et $|-z'| = |z'|$.

Bien retenir

Pour tous z et z' complexes $||z| - |z'|| \leqslant |z + z'| \leqslant |z| + |z'|$.

4 **1.** $|z+z'| = |z| + |z'| \Leftrightarrow |z+z'|^2 = (|z| + |z'|)^2$

$$\Leftrightarrow (z+z')(\bar{z}+\bar{z}') = |z|^2 + |z'|^2 + 2|z||z'|$$
$$\Leftrightarrow z'\bar{z} + z\bar{z}' = 2|z||z'|$$
$$\Leftrightarrow z'\bar{z} + \overline{z'\bar{z}} = 2|z'||\bar{z}|$$
$$\Leftrightarrow \mathrm{Re}(z'\bar{z}) = |z'\bar{z}|$$

ce qui fait que $z'\bar{z}$ est réel positif (*cf.* exercice **1**).
Enfin, $z'\bar{z}$ est réel positif équivaut à :

$$\boxed{\arg(z') - \arg(z) = 0 \ [2\pi]}$$

z' et z étant non nuls.

Bien retenir
On ne peut parler d'argument que pour des nombres complexes non nuls.

2. $\arg(-z) = \arg z + \arg(-1) = \arg z + \pi \ [2\pi]$, donc **la réponse est non**.

3. $\bar{z} = \dfrac{1}{z} \Leftrightarrow z\bar{z} = 1 \Leftrightarrow |z|^2 = 1 \Leftrightarrow$ ***z* est de module 1**.

4. $|z'| = \left|\dfrac{1}{z}\right| = \dfrac{1}{|z|}$, mais $\arg z' = \arg\left(\dfrac{1}{z}\right) = -\arg z \ [2\pi]$.

5. D'après la question précédente :

$$\arg\left(\frac{1}{z}\right) = \arg z \ [2\pi] \Leftrightarrow -\arg z = \arg z + 2k\pi,\ k \in \mathbb{Z}$$

$$\Leftrightarrow \boxed{\arg z = k\pi,\ k \in \mathbb{Z}.}$$

Remarque
$\arg z = k\pi, k \in \mathbb{Z}$ équivaut à dire que z est réel non nul.

5 **1.** Bien sûr ! Si α est réel strictement négatif, ses deux racines carrées dans $\mathbb{C}$ sont :

$$\boxed{\mathrm{i}\sqrt{-\alpha} \text{ et } -\mathrm{i}\sqrt{-\alpha}.}$$

2. $(1+\mathrm{i})$ a pour module $\sqrt{2}$ et pour argument $\dfrac{\pi}{4}$, donc $1+\mathrm{i} = \sqrt{2}\mathrm{e}^{\mathrm{i}\frac{\pi}{4}}$ et :

$$(1+\mathrm{i})^{2\,016} = (\sqrt{2})^{2\,016}\left(\mathrm{e}^{\mathrm{i}\frac{\pi}{4}}\right)^{2\,016} = 2^{1\,008} \times \mathrm{e}^{504\mathrm{i}\pi}.$$

Donc :

$$\boxed{(1+\mathrm{i})^{2\,016} = 2^{1\,008}(\mathrm{e}^{2\mathrm{i}\pi})^{252} = 2^{1\,008}.}$$

6 **a)** On pose $z = x + \mathrm{i}y$ et $z' = x' + \mathrm{i}y'$ (avec x, y, x', y' réels).
Alors $\mathrm{Re}(\bar{z}z') = \mathrm{Re}((x - \mathrm{i}y)(x' + \mathrm{i}y')) = xx' + yy'$ soit :

$$\boxed{\mathrm{Re}(\bar{z}z') = \vec{w} \cdot \vec{w}'.}$$

À retenir
$\vec{w} \cdot \vec{w}' = \mathrm{Re}(\bar{z}z') = \mathrm{Re}(z\bar{z}')$ car $\bar{z}z'$ et $z\bar{z}'$ sont conjugués.

CORRIGÉS

b) En particulier :

$\vec{w} \cdot \vec{w}' = 0 \Leftrightarrow \bar{z}z'$ est imaginaire pur

$\Leftrightarrow \dfrac{\bar{z}z'}{\bar{z}z}$ est imaginaire pur ($z\bar{z}$ est un réel non nul car $z \neq 0$).

Donc $\vec{w} \cdot \vec{w}' = 0$ si et seulement si $\dfrac{z'}{z}$ est imaginaire pur.

7 C'est essentiellement la même propriété que précédemment :

> **Rappel**
> Les complexes $z - a$ et $z - b$ sont non nuls, on peut donc calculer leurs arguments.

$\dfrac{b-z}{a-z}$ imaginaire pur

$\Leftrightarrow \arg(b-z) - \arg(a-z) = \dfrac{\pi}{2} + k\pi,\ k \in \mathbb{Z}.$

Donc $\dfrac{b-z}{a-z}$ est imaginaire pur si et seulement si $(\overrightarrow{MA}\ ;\ \overrightarrow{MB}) = \dfrac{\pi}{2}$.

8 Comme $|z^n| = |z|^n$, la suite donnée est géométrique. Le réel $|z|$ est positif.

- Si $|z| < 1$, la suite tend vers 0.
- Si $|z| = 1$, la suite est constante. En particulier, elle tend vers 1.
- Si $|z| > 1$, la suite tend vers $+\infty$.

Donc la suite $|z^n|$ a une limite si et seulement si $|z| \leqslant 1$.

Exercices d'entraînement

9 $Z_1 = (3i + 2i^2)(4 + 4i + i^2) = (3i - 2)(3 + 4i) = 9i + 12i^2 - 6 - 8i = -18 + i.$

$$\boxed{Z_1 = -18 + i.}$$

$\overline{Z_1} = i\overline{(3 + 2i)}\,\overline{(2 + i)^2} = -i(3 - 2i)(2 - i)^2 = Z_2$, d'où :

$$\boxed{Z_2 = -18 - i.}$$

$Z_3 = \dfrac{(3 + 2i)(2 + i)^2}{(2 - i)(2 + i)} = -i\dfrac{Z_1}{5}$ d'où :

$$\boxed{Z_3 = \dfrac{1 + 18i}{5}.}$$

10 **1.** Pour $z \neq 3$:

$$f(z) = \frac{1-3x-3iy}{3-x-iy} = \frac{(1-3x-3iy)(3-x+iy)}{(3-x-iy)(3-x+iy)} = \frac{3x^2+3y^2-10x+3-8iy}{(3-x)^2+y^2}.$$

Donc :

$$X = \frac{3x^2+3y^2-10x+3}{(3-x)^2+y^2} \text{ et } Y = \frac{-8y}{(3-x)^2+y^2}.$$

Rappel
L'ensemble des points $M(z=x+iy)$ tels que $3x^2+3y^2-10x+b=0$ est le cercle de centre $\left(\frac{5}{3}\,;0\right)$ de rayon $\frac{4}{3}$.

2. $f(z)$ est réel si, seulement si, $z \neq 3$ et $Y=0$ donc :

$f(z)$ est réel si et seulement si $z \neq 3$ et $y = 0$.

$f(z)$ est imaginaire pur si, et seulement si, $z \neq 3$ et $3x^2+3y^2-10x+3=0$.

11 Posons $z = x + iy$ avec x et y réels. L'équation s'écrit successivement :

$$2(x+iy)-(1+i)(x-iy) = -1+5i$$
$$2x+2iy-x+iy-ix-y = -1+5i$$
$$x-y+i(-x+3y) = -1+5i.$$

Ce qui équivaut à $\begin{cases} x-y=-1 \\ -x+3y=5 \end{cases}$ soit encore $\begin{cases} x=1 \\ y=2. \end{cases}$

L'équation possède donc l'unique solution :

$$z = 1+2i.$$

12 • Pour $n=1$: $\dfrac{-2i^2-i+i}{2} = 1$.

• Supposons la formule vraie pour un rang $n \geqslant 1$. Alors :

$$1+2i+\cdots+ni^{n-1}+(n+1)i^n$$
$$= \left(\frac{-(n+1)i^{n+1}-ni^n+i}{2}+(n+1)i^n\right)$$
$$= \frac{-(n+1)i^{n+1}+(n+2)i^n+i}{2}$$

Remarque
$i^{n+2} = i^n \times i^2 = -i^n$.

$$1+2i+\cdots+ni^{n-1}+(n+1)^n = \frac{-(n+2)i^{n+2}-(n+1)i^{n+1}+i}{2}.$$

La formule est donc vraie au rang $n+1$ et, d'après le principe de récurrence, elle est vraie pour tout n non nul.
En donnant à n la valeur $2k+1$ dans la formule précédente :

$$1+2i-3+\cdots+(-1)^k(2k+1) = \frac{(-1)^k(2k+2)+i(1-(-1)^k(2k+1))}{2}.$$

En identifiant les parties réelles et imaginaires des deux membres, on trouve :

$$1-3+5-7+\cdots+(-1)^k(2k+1)=(-1)^k(k+1)\ ;$$
$$2-4+6-\cdots+(-1)^{k-1}2k=\frac{1+(-1)^{k+1}(2k+1)}{2}.$$

13 **a)** Soit I le point d'affixe i. Le vecteur $\overrightarrow{\mathrm{IM}}$ a pour affixe $z-\mathrm{i}$. Par suite $|z-\mathrm{i}|=5 \Leftrightarrow \mathrm{IM}=5$.
L'ensemble cherché est donc le cercle centré en I et de rayon 5.

> **Bien retenir**
> Le cercle de centre $\Omega(z_0)$ et de rayon R est l'ensemble des points $\mathrm{M}(z)$ tels que $|z-z_0|=R$.

b) Puisque $\overline{z-\mathrm{i}}=\bar{z}+\mathrm{i}$ et $|\overline{z-\mathrm{i}}|=|z-\mathrm{i}|$, $|z-\mathrm{i}|=|\bar{z}+\mathrm{i}|$.
L'ensemble cherché est donc le même que celui du a).

c) On se ramène à la situation du **a)** en divisant par $|1+\mathrm{i}|=\sqrt{2}$:

$$|(1+\mathrm{i})z+2\mathrm{i}|=3 \Leftrightarrow \left|z+\frac{2\mathrm{i}}{1+\mathrm{i}}\right|=\frac{3}{|1+\mathrm{i}|} \Leftrightarrow |z+1+\mathrm{i}|=\frac{3}{\sqrt{2}}$$
$$\Leftrightarrow |z-(-1-\mathrm{i})|=\frac{3}{\sqrt{2}}.$$

L'ensemble cherché est donc le cercle centré au point d'affixe $-1-\mathrm{i}$ et de rayon $\frac{3}{\sqrt{2}}$.

d) Soit A le point d'affixe $1-2\mathrm{i}$: $|z-\mathrm{i}|=|z-1+2\mathrm{i}| \Leftrightarrow \mathrm{IM}=\mathrm{AM}$.
L'ensemble cherché est donc la médiatrice du segment [IA] qui existe car I ≠ A.

14 **1.** $|\bar{z}+1|=|\overline{z+1}|=|z+1|$ donc :

$$|z-1|=|\bar{z}+1| \Leftrightarrow |z-1|=|z+1|.$$

L'ensemble cherché est donc la médiatrice du segment dont les extrémités sont les points d'affixes 1 et –1, c'est-à-dire « l'axe des imaginaires purs ».

2. Une solution z de l'équation proposée vérifie $|z-1|^n=|\bar{z}+1|^n$ et, par conséquent, $|z-1|=|\bar{z}+1|$ car c'est une égalité entre nombres positifs. D'après la question précédente, z est imaginaire pur.
Posons donc maintenant $z=\mathrm{i}y$ avec $y\in\mathbb{R}$:

$$(z-1)^n=(\bar{z}+1)^n \Leftrightarrow (\mathrm{i}y-1)^n=(-\mathrm{i}y+1)^n=(-1)^n(\mathrm{i}y-1)^n.$$

Comme pour tout réel y, $\mathrm{i}y-1\neq 0$, ceci équivaut encore à $1=(-1)^n$.
Si n est pair, cette condition est toujours vérifiée, **donc, si n est pair, les solutions sont les nombres iy où y est un réel arbitraire**.
Si n est impair, cette condition n'est pas vérifiée, **donc, si n est impair, l'équation proposée n'a pas de solution.**

15 **1.** $|Z|^2 = Z\overline{Z}$, donc :

$$\begin{aligned}|z+z'|^2 + |z-z'|^2 &= (z+z')(\overline{z}+\overline{z}') + (z-z')(\overline{z}-\overline{z}')\\ &= (z\overline{z} + z\overline{z}' + z'\overline{z} + z'\overline{z}') + (z\overline{z} - z\overline{z}' - z'\overline{z} + z'\overline{z}')\\ &= 2z\overline{z} + 2z'\overline{z}'\\ &= 2|z|^2 + 2|z'|^2.\end{aligned}$$

2. En appliquant la formule précédente avec $z' = 1$:

$$\boxed{|z+1|^2 = 2|z|^2 \Leftrightarrow |z-1|^2 = 2.}$$

3. Les affixes des vecteurs $\overrightarrow{\mathrm{AM}}$ et $\overrightarrow{\mathrm{BM}}$ sont respectivement $z+1$ et $z-1$, d'où :

$$\begin{aligned}\mathrm{AM} = \sqrt{2}\mathrm{OM} &\Leftrightarrow \mathrm{AM}^2 = 2\mathrm{OM}^2\\ &\Leftrightarrow |z+1|^2 = 2|z|^2.\end{aligned}$$

D'après la question précédente, la condition $|z+1|^2 = 2|z|^2$, est équivalente à : $|z-1|^2 = 2$ ou encore à $\mathrm{BM} = \sqrt{2}$.

L'ensemble cherché est donc le cercle de centre B et de rayon $\sqrt{2}$.

16 Écrivons le nombre complexe $\dfrac{1+\mathrm{i}\sqrt{3}}{1+\mathrm{i}}$ sous forme trigonométrique :

- $1+\mathrm{i}\sqrt{3} = 2\left(\dfrac{1}{2} + \mathrm{i}\dfrac{\sqrt{3}}{2}\right) = 2\mathrm{e}^{\mathrm{i}\frac{\pi}{3}}$;
- $1+\mathrm{i} = \sqrt{2}\left(\dfrac{\sqrt{2}}{2} + \mathrm{i}\dfrac{\sqrt{2}}{2}\right) = \sqrt{2}\mathrm{e}^{\mathrm{i}\frac{\pi}{4}}$.

Ainsi $\dfrac{1+\mathrm{i}\sqrt{3}}{1+\mathrm{i}} = \sqrt{2}\mathrm{e}^{\mathrm{i}\left(\frac{\pi}{3} - \frac{\pi}{4}\right)} = \sqrt{2}\mathrm{e}^{\mathrm{i}\frac{\pi}{12}}$, et enfin :

$$\mathrm{A} = (\sqrt{2})^{30}\mathrm{e}^{\mathrm{i}\frac{30\pi}{12}} = 2^{15}\mathrm{e}^{\mathrm{i}\frac{6\pi}{12}} = 2^{15}\mathrm{e}^{\mathrm{i}\frac{\pi}{2}} = 2^{15}\mathrm{i}.$$

$$\boxed{\mathrm{A} = 2^{15}\mathrm{i}.}$$

Remarque

$$\begin{aligned}\frac{30\pi}{12} &= \frac{24\pi}{12} + \frac{6\pi}{12}\\ &= 2\pi + \frac{6\pi}{12} = 2\pi + \frac{\pi}{2};\end{aligned}$$

$$\begin{aligned}\mathrm{e}^{\mathrm{i}\frac{30\pi}{12}} &= \mathrm{e}^{2\mathrm{i}\pi + \frac{\pi}{2}}\\ &= \mathrm{e}^{2\mathrm{i}\pi}\mathrm{e}^{\mathrm{i}\frac{\pi}{2}} = \mathrm{e}^{\mathrm{i}\frac{\pi}{2}}.\end{aligned}$$

17 $\sqrt{3} + \mathrm{i} = 2\left(\dfrac{\sqrt{3}}{2} + \mathrm{i}\dfrac{1}{2}\right) = 2\mathrm{e}^{\mathrm{i}\frac{\pi}{6}}$. Par suite, un argument de $(\sqrt{3}+\mathrm{i})^n$ est $\dfrac{n\pi}{6}$.

D'où :

a)

$$\begin{aligned}(\sqrt{3}+\mathrm{i})^n \text{ réel} &\Leftrightarrow \arg(\sqrt{3}+\mathrm{i})^n = 0 + k\pi,\ k \in \mathbb{Z}\\ &\Leftrightarrow \text{il existe } k \in \mathbb{Z},\ \frac{n\pi}{6} = k\pi.\end{aligned}$$

$$\boxed{(\sqrt{3}+\mathrm{i})^n \text{ réel} \Leftrightarrow n \text{ est un multiple de } 6.}$$

b) $$(\sqrt{3}+\mathrm{i})^n \text{ est réel positif} \Leftrightarrow \arg(\sqrt{3}+\mathrm{i})^n = k2\pi,\ k\in\mathbb{Z}$$
$$\Leftrightarrow \text{il existe } k\in\mathbb{Z},\ \frac{n\pi}{6} = 2k\pi.$$

$$(\sqrt{3}+\mathrm{i})^n \text{ réel positif} \Leftrightarrow n \text{ est un multiple de 12.}$$

c) $$(\sqrt{3}+\mathrm{i})^n \text{ est imaginaire pur} \Leftrightarrow \arg(\sqrt{3}+\mathrm{i})^n = \frac{\pi}{2}+k\pi,\ k\in\mathbb{Z}$$
$$\Leftrightarrow \text{il existe } k\in\mathbb{Z},\ \frac{n\pi}{6} = \frac{\pi}{2}+k\pi.$$
$$\Leftrightarrow (n-3)\pi = 6k\pi,\ k\in\mathbb{Z}.$$

$$(\sqrt{3}+\mathrm{i})^n \text{ imaginaire pur} \Leftrightarrow n-3 \text{ est un multiple de 6.}$$

18 On utilise les formules d'Euler :

$$\cos\alpha = \frac{\mathrm{e}^{\mathrm{i}\alpha}+\mathrm{e}^{-\mathrm{i}\alpha}}{2} \quad \text{et} \quad \sin\alpha = \frac{\mathrm{e}^{\mathrm{i}\alpha}-\mathrm{e}^{-\mathrm{i}\alpha}}{2\mathrm{i}}.$$

$$z_1 = \mathrm{e}^{\mathrm{i}\theta}-1 = \left(\mathrm{e}^{\mathrm{i}\frac{\theta}{2}}-\mathrm{e}^{-\mathrm{i}\frac{\theta}{2}}\right)\mathrm{e}^{\mathrm{i}\frac{\theta}{2}} = 2\mathrm{i}\sin\frac{\theta}{2}\mathrm{e}^{\mathrm{i}\frac{\theta}{2}} = 2\sin\frac{\theta}{2}\mathrm{e}^{\mathrm{i}\left(\frac{\theta}{2}+\frac{\pi}{2}\right)}.$$

Comme $0\leqslant\frac{\theta}{2}<\pi$, $\sin\frac{\theta}{2}\geqslant 0$ et : $|z_1| = \left|2\sin\frac{\theta}{2}\right| = 2\sin\frac{\theta}{2}\cdot$

Si $\theta = 0$, $|z_1| = 0$ et z_1 n'a pas d'argument. Si $\theta\neq 0$:

$$\arg z_1 = \frac{\theta}{2}+\frac{\pi}{2}+k2\pi,\ k\in\mathbb{Z}.$$

$$z_2 = \mathrm{e}^{\mathrm{i}\theta}+1 = \left(\mathrm{e}^{\mathrm{i}\frac{\theta}{2}}+\mathrm{e}^{-\mathrm{i}\frac{\theta}{2}}\right)\mathrm{e}^{\mathrm{i}\frac{\theta}{2}} = 2\cos\frac{\theta}{2}\mathrm{e}^{\mathrm{i}\frac{\theta}{2}}.$$

Cette fois, $\cos\frac{\theta}{2}$ n'est pas toujours positif. Il faut donc faire une discussion.

> **Rappel**
> Si $\theta=\pi$, $\cos\frac{\theta}{2}=0$ et $z_2=0$, donc z_2 n'a pas d'argument.

- Si $0\leqslant\theta\leqslant\pi$, $|z_2| = 2\cos\frac{\theta}{2}$ et, si $\theta\neq\pi$,

$\arg z_2 = \frac{\theta}{2}+k2\pi,\ k\in\mathbb{Z}.$

- Si $\pi<\theta<2\pi$, $z_2 = -2\cos\frac{\theta}{2}\mathrm{e}^{\mathrm{i}\left(\frac{\theta}{2}+\pi\right)}$, d'où :

$$\boxed{|z_2| = -2\cos\frac{\theta}{2} \text{ et } \arg z_2 = \frac{\theta}{2} + \pi + k2\pi,\ k \in \mathbb{Z}.}$$

Bien comprendre

Ce n'est pas parce qu'un nombre complexe s'écrit $\alpha e^{i\theta}$ que son module est α et un argument θ, il faut discuter selon le signe de α ; si $\alpha > 0$, $|\alpha e^{i\theta}| = \alpha$ et $\arg(\alpha e^{i\theta}) = \theta + k2\pi$ ($k \in \mathbb{Z}$) ; si $\alpha < 0$ $\alpha e^{i\theta} = (-\alpha)(-e^{i\theta}) = (-\alpha)e^{i(\theta+\pi)}$ $|\alpha e^{i\theta}| = -\alpha$ et $\arg(\alpha e^{i\theta}) = \theta + \pi + k2\pi$ ($k \in \mathbb{Z}$). Enfin si $\alpha = 0$, $|\alpha e^{i\theta}| = 0$ et $\alpha e^{i\theta}$ n'a pas d'argument.

19 **1.** $u^2 = \left(\sqrt{2-\sqrt{2}} - i\sqrt{2+\sqrt{2}}\right)^2 = (2-\sqrt{2}) - (2+\sqrt{2}) - 2i\sqrt{4-2}$
$= -2\sqrt{2} - 2i\sqrt{2} = -2\sqrt{2}(1+i).$

$u^4 = (-2\sqrt{2})^2(1+i)^2 = 16i.$

$$\boxed{u^2 = -2\sqrt{2}(1+i) \text{ et } u^4 = 16i.}$$

D'où :

$$\boxed{|u^4| = 16 \text{ et } \arg u^4 = \frac{\pi}{2} + k2\pi.}$$

On en déduit :

$$\boxed{|u| = \sqrt[4]{16} = 2.}$$

Appelons φ un argument de u :

$$4\varphi \equiv \arg u^4 = \frac{\pi}{2} + k2\pi,\ k \in \mathbb{Z} \Leftrightarrow \text{il existe } k \in \mathbb{Z} \text{ tel que } \varphi = \frac{\pi}{8} + \frac{k\pi}{2}.$$

Cela nous donne quatre valeurs éventuelles (modulo 2π) de φ. Mais, comme on sait que $\cos\varphi > 0$ et $\sin\varphi < 0$, la valeur à retenir est :

$$\boxed{\varphi = -\frac{3\pi}{8} + k2\pi,\ k \in \mathbb{Z}.}$$

2. Donc :

$$\boxed{\cos\frac{3\pi}{8} = \frac{1}{2}\sqrt{2-\sqrt{2}} \text{ et } \sin\frac{3\pi}{8} = \frac{1}{2}\sqrt{2+\sqrt{2}},}$$

puis :

$$\begin{cases} \cos\frac{\pi}{8} = \cos\left(\frac{\pi}{2} - \frac{3\pi}{8}\right) = \sin\frac{3\pi}{8} = \frac{1}{2}\sqrt{2+\sqrt{2}} \\ \sin\frac{\pi}{8} = \sin\left(\frac{\pi}{2} - \frac{3\pi}{8}\right) = \cos\frac{3\pi}{8} = \frac{1}{2}\sqrt{2-\sqrt{2}}. \end{cases}$$

20 **1.** $|z_1| = \sqrt{2}$, donc :

$$z_1 = \sqrt{2}\left(\frac{\sqrt{3}}{2} - \mathrm{i}\frac{1}{2}\right) = \sqrt{2}\left(\cos\frac{\pi}{6} - \mathrm{i}\sin\frac{\pi}{6}\right)$$

$$\boxed{z_1 = \sqrt{2}\mathrm{e}^{-\mathrm{i}\frac{\pi}{6}}.}$$

$|z_2| = \sqrt{2}$, donc :

$$z_2 = \sqrt{2}\left(\frac{\sqrt{2}}{2} - \mathrm{i}\frac{\sqrt{2}}{2}\right) = \sqrt{2}\left(\cos\frac{\pi}{4} - \mathrm{i}\sin\frac{\pi}{4}\right)$$

$$\boxed{z_2 = \sqrt{2}\mathrm{e}^{-\mathrm{i}\frac{\pi}{4}}.}$$

$Z = \dfrac{z_1}{z_2} = \mathrm{e}^{-\mathrm{i}\left(\frac{\pi}{6} - \frac{\pi}{4}\right)}$, d'où :

$$\boxed{Z = \mathrm{e}^{\mathrm{i}\frac{\pi}{12}}.}$$

2. On peut également donner la forme algébrique de Z :

$$Z = \frac{(\sqrt{6} - \mathrm{i}\sqrt{2})(1+\mathrm{i})}{2(1-\mathrm{i})(1+\mathrm{i})}$$

$$= \left(\frac{\sqrt{6}+\sqrt{2}}{4} + \mathrm{i}\frac{\sqrt{6}-\sqrt{2}}{4}\right).$$

En comparant les deux expressions de Z trouvées, il vient :

$$\boxed{\cos\frac{\pi}{12} = \frac{\sqrt{6}+\sqrt{2}}{4} \quad \text{et} \quad \sin\frac{\pi}{12} = \frac{\sqrt{6}-\sqrt{2}}{4}.}$$

3. Compte tenu de ce qui précède, l'équation précédente se met sous la forme :

$$\cos\frac{\pi}{12}\cos x + \sin\frac{\pi}{12}\sin x = \frac{1}{2}, \text{ soit } \cos\left(x - \frac{\pi}{12}\right) = \cos\frac{\pi}{3}.$$

Les solutions sont donc les réels tels que :

$$x - \frac{\pi}{12} = \frac{\pi}{3} + k2\pi,\ k \in \mathbb{Z} \ \text{ ou } \ x - \frac{\pi}{12} = -\frac{\pi}{3} + k2\pi,\ k \in \mathbb{Z}$$

$$\boxed{x = \frac{5\pi}{12} + k2\pi,\ k \in \mathbb{Z} \ \text{ ou } \ x = -\frac{\pi}{4} + k2\pi,\ k \in \mathbb{Z}.}$$

CORRIGÉS

21 On utilise la formule d'Euler :

$$\cos^4 x = \left(\frac{e^{ix} + e^{-ix}}{2}\right)^4,$$

et on développe ensuite :

$$\cos^4 x = \frac{1}{2^4}(e^{4x} + 4e^{2ix} + 6 + 4e^{-2ix} + e^{-4ix})$$

$$= \frac{1}{2^3}\left(\frac{e^{4ix} + e^{-4ix}}{2} + 4\frac{e^{2ix} + e^{-2ix}}{2} + 3\right)$$

$$\boxed{\cos^4 x = \frac{1}{8}(\cos 4x + 4\cos 2x + 3).}$$

22 Appliquons la formule de Moivre et développons ensuite :

$$\cos 5\varphi + i\sin 5\varphi = (\cos\varphi + i\sin\varphi)^5$$
$$= \cos^5\varphi + 5i\cos^4\varphi\sin\varphi - 10\cos^3\varphi\sin^2\varphi - 10i\cos^2\varphi\sin^3\varphi + 5\cos\varphi\sin^4\varphi + i\sin^5\varphi.$$

Les parties réelles des deux membres étant égales :

$$\cos 5\varphi = \cos^5\varphi - 10\cos^3\varphi\sin^2\varphi + 5\cos\varphi\sin^4\varphi$$
$$= \cos^5\varphi - 10\cos^3\varphi(1 - \cos^2\varphi) + 5\cos\varphi(1 - \cos^2\varphi)^2$$
$$= 16\cos^5\varphi - 20\cos^3\varphi + 5\cos\varphi.$$

Calculons maintenant $\cos\frac{\pi}{10}$. Nous remarquons que :

$$\cos\left(5 \times \frac{\pi}{10}\right) = \cos\frac{\pi}{2} = 0.$$

Donc, d'après la formule précédente :

$$\cos\frac{5\pi}{10} = 0 = 16\cos^5\frac{\pi}{10} - 20\cos^3\frac{\pi}{10} + 5\cos\frac{\pi}{10}.$$

On simplifie par $\cos\frac{\pi}{10} \neq 0$ et on obtient :

$$16\cos^4\frac{\pi}{10} - 20\cos^2\frac{\pi}{10} + 5 = 0,$$

ce qui montre que $\cos^2\frac{\pi}{10}$ est une racine de l'équation :

$$16x^2 - 20x + 5 = 0.$$

Ces racines sont $\frac{5 - \sqrt{5}}{8}$ et $\frac{5 + \sqrt{5}}{8}$.

Comme $0 < \frac{\pi}{10} < \frac{\pi}{4}$, $\cos\frac{\pi}{10} > \cos\frac{\pi}{4} > 0$, d'où :

$$\cos^2\frac{\pi}{10} > \cos^2\frac{\pi}{4} = \frac{1}{2}.$$

Or, $\frac{5+\sqrt{5}}{8} > \frac{1}{2}$, alors que $\frac{5+\sqrt{5}}{8} < \frac{1}{2}$; donc $\cos^2\frac{\pi}{10} = \frac{5+\sqrt{5}}{8}$.

Et, $\cos\frac{\pi}{10}$ étant positif :

$$\boxed{\cos\frac{\pi}{10} = \sqrt{\frac{5+\sqrt{5}}{8}} = \frac{\sqrt{10+2\sqrt{5}}}{4}.}$$

23 **1.** Calculons $S + \mathrm{i}S'$:

$$S + \mathrm{i}S' = \mathrm{e}^{\mathrm{i}\frac{2\pi}{7}} + \mathrm{e}^{\mathrm{i}\frac{4\pi}{7}} + \mathrm{e}^{\mathrm{i}\frac{6\pi}{7}} + \mathrm{e}^{\mathrm{i}\frac{8\pi}{7}} + \mathrm{e}^{\mathrm{i}\frac{10\pi}{7}} + \mathrm{e}^{\mathrm{i}\frac{12\pi}{7}}.$$

On reconnaît une somme géométrique de raison $\mathrm{e}^{\mathrm{i}\frac{2\pi}{7}} \neq 1$ et de premier terme $\mathrm{e}^{\mathrm{i}\frac{2\pi}{7}}$, donc sachant que $\left(\mathrm{e}^{\mathrm{i}\frac{2\pi}{7}}\right)^7 = 1$:

$$S + \mathrm{i}S' = \frac{\mathrm{e}^{\mathrm{i}\frac{2\pi}{7}} - \left(\mathrm{e}^{\mathrm{i}\frac{2\pi}{7}}\right)^7}{1 - \mathrm{e}^{\mathrm{i}\frac{2\pi}{7}}} = -1.$$

Rappel

Deux nombres complexes sont égaux s'ils ont même partie réelle et même partie imaginaire.

D'où :

$$\boxed{S = -1 \text{ et } S' = 0.}$$

2. On remarque que $\cos\frac{2\pi}{7} = \cos\left(2\pi - \frac{2\pi}{7}\right) = \cos\frac{12\pi}{7}$, et, de façon analogue :

$$\cos\frac{4\pi}{7} = \cos\left(2\pi - \frac{4\pi}{7}\right) = \cos\frac{10\pi}{7}; \quad \cos\frac{6\pi}{7} = \cos\left(2\pi - \frac{6\pi}{7}\right) = \cos\frac{8\pi}{7}.$$

Donc $S = 2\Sigma$ et, par suite :

$$\boxed{\Sigma = -\frac{1}{2}.}$$

24 **1.** $\Sigma_n = \cos\theta\mathrm{e}^{\mathrm{i}\theta} + \cos^2\theta\mathrm{e}^{2\mathrm{i}\theta} + \cdots + \cos^p\theta\mathrm{e}^{\mathrm{i}p\theta} + \cdots + \cos^n\theta\mathrm{e}^{\mathrm{i}n\theta}$.

$\Sigma_n = \cos\theta\mathrm{e}^{\mathrm{i}\theta} + (\cos\theta\mathrm{e}^{\mathrm{i}\theta})^2 + \cdots + (\cos\theta\mathrm{e}^{\mathrm{i}\theta})^p + \cdots + (\cos\theta\mathrm{e}^{\mathrm{i}\theta})^n$.

Sous cette forme, **Σ_n apparaît comme la somme des n premiers termes de la suite géométrique de premier terme $\cos\theta\mathrm{e}^{\mathrm{i}\theta}$ et de raison $q = \cos\theta\mathrm{e}^{\mathrm{i}\theta}$.**

2. La raison q ne peut être égale à 1 ; en effet, $\theta \in]0\,;\pi[$ implique :

$$|q| = |\cos\theta e^{i\theta}| = |\cos\theta| < 1.$$

> **Rappel**
> Pour tout réel θ, $|e^{i\theta}| = 1$.

On a donc :

$$\Sigma_n = q + q^2 + \cdots + q^p + \cdots + q^n = q(1 + q + \cdots + q^{n-1})$$

$$= q \times \frac{1-q^n}{1-q} = \cos\theta e^{i\theta}\left(\frac{1-(\cos\theta e^{i\theta})^n}{1-\cos\theta e^{i\theta}}\right).$$

Or, $1 - \cos\theta e^{i\theta} = 1 - \cos^2\theta - i\sin\theta\cos\theta = \sin^2\theta - i\sin\theta\cos\theta = -i\sin\theta e^{i\theta}$; d'où finalement :

$$\boxed{\Sigma_n = \frac{i\cos\theta}{\sin\theta}(1 - \cos^n\theta e^{in\theta}).}$$

Les parties réelles et imaginaires des deux membres étant égales respectivement, on obtient :

$$\boxed{S_n = \frac{\cos^{n+1}\theta\sin n\theta}{\sin\theta} \quad \text{et} \quad S_n' = \frac{\cos\theta(1-\cos^n\theta\cos n\theta)}{\sin\theta}.}$$

25 **1.** On remarque que $z_0^5 = 1$. D'autre part, $1 + z_0 + z_0^2 + z_0^3 + z_0^4$ est une somme géométrique de raison $z_0 \neq 1$. Donc :

$$1 + z_0 + z_0^2 + z_0^3 + z_0^4 = \frac{1 - z_0^5}{1 - z_0}$$

$$\boxed{1 + z_0 + z_0^2 + z_0^3 + z_0^4 = 0.}$$

2. α et β sont les racines du trinôme :

$$(X-\alpha)(X-\beta) = X^2 - (\alpha+\beta)X + \alpha\beta.$$

Or, d'après ce qui précède, $\alpha + \beta = -1$ et :

$$\alpha\beta = (z_0 + z_0^4)(z_0^2 + z_0^3) = z_0^3 + z_0^4 + z_0^6 + z_0^7 = z_0^3 + z_0^4 + z_0 + z_0^2 = -1.$$

Donc α et β sont les racines du trinôme $X^2 + X - 1$.

3. $\alpha = e^{i\frac{2\pi}{5}} + e^{i\frac{8\pi}{5}} = e^{i\frac{2\pi}{5}} + e^{-i\frac{2\pi}{5}} = 2\cos\frac{2\pi}{5}.$

D'autre part, les solutions de l'équation $X^2 + X - 1 = 0$ sont :

$$\frac{-1+\sqrt{5}}{2} > 0 \quad \text{et} \quad \frac{-1-\sqrt{5}}{2} < 0.$$

Comme $2\cos\dfrac{2\pi}{5}$ est strictement positif, $2\cos\dfrac{2\pi}{5} = \dfrac{-1+\sqrt{5}}{2}$ et :

$$\boxed{\cos\frac{2\pi}{5} = \frac{-1+\sqrt{5}}{4}.}$$

26 **1.** u vérifie $u^2 - 21 = -20\text{i}$, d'où par élévation au carré :

$$(u^2 - 21)^2 = -400$$
$$u^4 - 42u^2 + 441 = -400$$
$$u^4 - 42u^2 + 841 = 0.$$

2. Effectivement, en développant, on trouve bien :

$$(z^2 + 29)^2 - 100z^2 = (z^4 + 841 + 58z^2) - 100z^2$$
$$= z^4 - 42z^2 + 841.$$

On peut donc factoriser :

$$z^4 - 42z^2 + 841 = (z^2 + 29 - 10z)(z^2 + 29 + 10z).$$

Les racines des deux trinômes $z^2 - 10z + 29$ et $z^2 + 10z + 29$ sont respectivement :

$$\boxed{5 + 2\text{i},\ 5 - 2\text{i} \text{ et } -5 + 2\text{i},\ -5 - 2\text{i}.}$$

3. Reste à vérifier réciproquement, parmi ces quatre nombres, quels sont ceux dont le carré vaut $21 - 20\text{i}$. On trouve ainsi :

$$\boxed{5 - 2\text{i} \text{ et } -5 + 2\text{i}.}$$

Remarque
Les deux autres nombres trouvés $5 + 2\text{i}$ et $-5 - 2\text{i}$ sont les deux racines carrées de $21 + 20\text{i}$.

27 $z_1 = \text{e}^{\text{i}\alpha}$ et $z_2 = \text{e}^{\text{i}\beta}$, d'où :

$$\frac{(z_1 + z_2)^2}{z_1 z_2} = \frac{z_1^2 + z_2^2 + 2z_1 z_2}{z_1 z_2}$$
$$= \frac{z_1}{z_2} + \frac{z_2}{z_1} + 2$$
$$= \text{e}^{\text{i}(\alpha-\beta)} + \text{e}^{\text{i}(\beta-\alpha)} + 2$$
$$= 2\cos(\alpha - \beta) + 2$$

La dernière forme trouvée montre bien que $\dfrac{(z_1 + z_2)^2}{z_1 z_2}$ **est un réel positif ou nul.**

Sujets de type bac

28 Partie A

1. Montrons que (–i) est solution de (E) :

$(-i)^3 + (-8 + i)(-i)^2 + (17 - 8i)(-i) + 17i = i + 8 - i - 17i - 8 + 17i = 0.$

Le nombre –i est bien solution de l'équation (E).

2. Pour tout nombre complexe z :

$(z + i)(az^2 + bz + c) = az^3 + (ai + b)z^2 + (bi + c)z + ic.$

L'égalité :

$z^3 + (-8 + i)z^2 + (17 - 8i)z + 17i = az^3 + (ai + b)z^2 + (bi + c)z + ic$

est vraie pour tout complexe z si et seulement si :

$$\begin{cases} a = 1 \\ ai + b = -8 + i \\ bi + c = 17 - 8i \\ ic = 17i \end{cases}.$$

On en déduit immédiatement $a = 1$ et $c = 17$, puis, en reportant ces valeurs dans les deuxième et troisième équations, on obtient $b = -8$.

Donc, pour tout complexe z :

$$z^3 + (-8 + i)z^2 + (17 - 8i)z + 17i = (z + i)(z^2 - 8z + 17).$$

3. Pour tout complexe z, l'équation (E) est équivalente à :

$$(z + i)(z^2 - 8z + 17) = 0$$

et à :

$$z + i = 0 \text{ ou } z^2 - 8z + 17 = 0.$$

L'équation $z + i = 0$ est équivalente à $z = -i$.

L'équation $z^2 - 8z + 17 = 0$ est une équation du second degré dont le discriminant est $\Delta = 8^2 - 4 \times 17 = -4$.

L'équation $z^2 - 8z + 17 = 0$ admet donc deux racines complexes conjuguées :

$$z_1 = \frac{8 + 2i}{2} = 4 + i\,; \quad z_2 = \frac{8 - 2i}{2} = 4 - i.$$

L'équation (E) admet donc trois solutions, les nombres 4 + i ; 4 – i ; –i.

Partie B

A, B, C sont les points d'affixes $4 + \mathrm{i}$; $4 - \mathrm{i}$; $-\mathrm{i}$.

1. Les points A, B, C ont respectivement pour coordonnées :

$$(4\,;1),\ (4\,;-1) \text{ et } (0\,;-1).$$

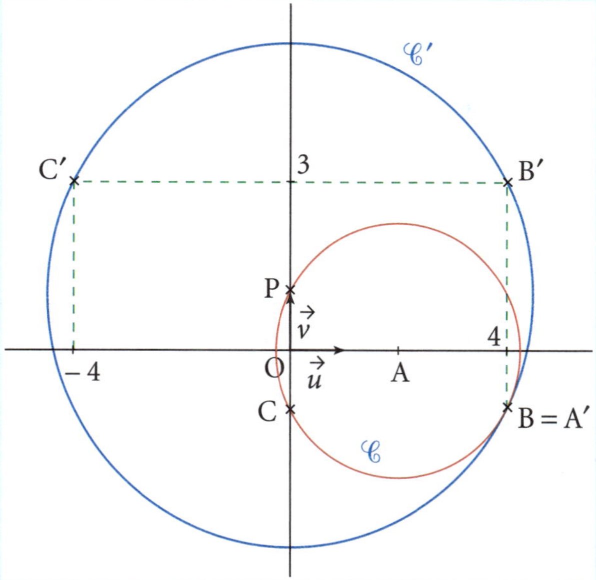

2. L'image S du point A par l'application r a pour affixe s telle que :

$$s = \mathrm{i}(4 + \mathrm{i}) - 2\mathrm{i} + 2 = 4\mathrm{i} - 1 - 2\mathrm{i} + 2$$

$$s = 1 + 2\mathrm{i}.$$

Le point S image de A par l'application r a pour affixe $s = 1 + 2\mathrm{i}$.

3. $\Omega A = |4 + \mathrm{i} - 2| = |2 + \mathrm{i}| = \sqrt{5}$;

$\Omega B = |4 - \mathrm{i} - 2| = |2 - \mathrm{i}| = \sqrt{5}$;

$\Omega C = |-\mathrm{i} - 2| = |2 + \mathrm{i}| = \sqrt{5}$;

$\Omega S = |1 + 2\mathrm{i} - 2| = |-1 + 2\mathrm{i}| = \sqrt{5}$.

$\Omega A = \Omega B = \Omega C = \Omega S$. **Donc, les quatre points A, B, C et S appartiennent au cercle $\mathscr{C}$ de centre Ω d'affixe 2 et de rayon $\sqrt{5}$.**

4. À tout point M d'affixe $z \neq 2$, on associe le point M′ d'affixe z'.

a) Le point A′ a pour affixe $z_{A'}$ telle que :

$$z_{A'} = \frac{i(4+i)+10-2i}{4+i-2} = \frac{9+2i}{2+i}$$

$$z_{A'} = \frac{(9+2i)(2-i)}{(2+i)(2-i)} = \frac{18+2-9i+4i}{5}$$

$$z_{A'} = \frac{20-5i}{5} = 4-i.$$

Le point B′ a pour affixe :

$$z_{B'} = \frac{i(4-i)+10-2i}{4-i-2} = \frac{11+2i}{2-i} = \frac{(11+2i)(2+i)}{(2-i)(2+i)}$$

$$z_{B'} = \frac{22-2+11i+4i}{5} = 4+3i.$$

Le point C′ a pour affixe :

$$z_{C'} = \frac{i(-i)+10-2i}{-i-2} = \frac{-11+2i}{2+i} = \frac{(-11+2i)(2-i)}{5}$$

$$z_{C'} = \frac{-20+15i}{5} = -4+3i.$$

Les points A′, B′ et C′ ont pour affixe :

$$\boxed{z_{A'} = 4-i\ ;\ z_{B'} = 4+3i\ ;\ z_{C'} = -4+3i.}$$

b) $PA' = |z_{A'} - z_P| = |4-i-i| = 2|2-i| = 2\sqrt{5}$;

$PB' = |z_{B'} - z_P| = |4+3i-i| = 2|2+i| = 2\sqrt{5}$;

$PC' = |z_{C'} - z_P| = |-4+3i-i| = 2|-2+i| = 2|2-i| = 2\sqrt{5}$.

Les trois points A′, B′ et C′ appartiennent donc au cercle $\mathscr{C}'$ de centre P et de rayon $2\sqrt{5}$.

c) Pour tout complexe $z \neq 2$:

$$|z'-i| = \left|\frac{iz+10-2i}{z-2} - i\right|$$

$$|z'-i| = \left|\frac{iz+10-2i-iz+2i}{z-2}\right|$$

$$|z'-i| = \left|\frac{10}{z-2}\right| = \frac{10}{|z-2|}.$$

$$\boxed{|z'-i| = \frac{10}{|z-2|}.}$$

d) Soit M un point d'affixe z appartenant au cercle $\mathscr{C}$ de centre Ω d'affixe $z_\Omega = 2$ et de rayon $\sqrt{5}$, donc $|z-2| = \sqrt{5}$.

Pour tout point M de $\mathscr{C}$, $z \neq 2$ (car $|z-2| \neq 0$) et :

$$|z' - \mathrm{i}| = \frac{10}{|z-2|} = \frac{10}{\sqrt{5}}$$

$$\boxed{|z' - \mathrm{i}| = 2\sqrt{5}.}$$

e) D'après **d)**, si M est un point du cercle $\mathscr{C}$, alors le point M′ d'affixe z', associé à M, est tel que $|z' - \mathrm{i}| = 2\sqrt{5}$, donc M′ appartient au cercle $\mathscr{C}'$ de centre P et de rayon $2\sqrt{5}$.

L'ensemble des points M′ associés aux points M de $\mathscr{C}$ est inclus dans le cercle $\mathscr{C}'$ de centre P et de rayon $2\sqrt{5}$.

29 **1. a)** z et z' sont deux nombres complexes non nuls et :

$$z = \frac{z}{z'} \times z'.$$

En utilisant le prérequis concernant l'argument d'un produit :

$$\arg(z) = \arg\left(\frac{z}{z'}\right) + \arg(z') \text{ à } 2k\pi \text{ près, } k \in \mathbb{Z}.$$

$$\boxed{\arg\left(\frac{z}{z'}\right) = \arg(z) - \arg(z') \text{ à } 2k\pi \text{ près, } k \in \mathbb{Z}.}$$

b) D'après le résultat précédent, les complexes $(c-a)$ et $(b-a)$ n'étant pas nuls :

$$\arg\left(\frac{c-a}{b-a}\right) = \arg(c-a) - \arg(b-a) \text{ à } 2k\pi \text{ près.}$$

Le nombre complexe $c-a$ est l'affixe du vecteur $\overrightarrow{AC}$ donc :

$$\arg(c-a) = (\vec{u}\,;\overrightarrow{AC}) \text{ à } 2k\pi \text{ près.}$$

De même :

$$\arg(b-a) = (\vec{u}\,;\overrightarrow{AB}) \text{ à } 2k\pi \text{ près.}$$

$$\arg\left(\frac{c-a}{b-a}\right) = (\vec{u}\,;\overrightarrow{AC}) - (\vec{u}\,;\overrightarrow{AB}) \text{ à } 2k\pi \text{ près.}$$

$$\arg\left(\frac{c-a}{b-a}\right) = (\vec{u}\,;\overrightarrow{AC}) + (\overrightarrow{AB}\,;\vec{u}) \text{ à } 2k\pi \text{ près.}$$

D'après la relation de Chasles :

$$\boxed{\arg\left(\frac{c-a}{b-a}\right) = (\overrightarrow{AB}\,;\overrightarrow{AC}) \text{ à } 2k\pi \text{ près, } k \in \mathbb{Z}.}$$

2. a) z n'est pas nul, notons r le module de z et α un argument de z :

$$z = r(\cos\alpha + \mathrm{i}\sin\alpha) = r\mathrm{e}^{\mathrm{i}\alpha}.$$

On sait qu'alors $\bar{z} = r\mathrm{e}^{-\mathrm{i}\alpha}$ et que, z étant non nul, $z' = \frac{1}{\bar{z}} = \frac{1}{r\mathrm{e}^{-\mathrm{i}\alpha}} = \frac{1}{r}\mathrm{e}^{\mathrm{i}\alpha}$.

z' a pour module $\frac{1}{r}$ et pour argument α.

On en déduit que z et z' ont même argument, à $2k\pi$ près, k entier relatif.

Pour $z \neq 0$, $\arg(z') = \arg(z)$ à $2k\pi$ près, $k \in \mathbb{Z}$.

- **Interprétation géométrique**

z est l'affixe du vecteur $\overrightarrow{\mathrm{OM}}$, donc $\arg(z) = (\vec{u}\ ;\ \overrightarrow{\mathrm{OM}})$.

z' est l'affixe du vecteur $\overrightarrow{\mathrm{OM}'}$, donc $\arg(z') = (\vec{u}\ ;\ \overrightarrow{\mathrm{OM}'})$.

$(\vec{u}\ ;\ \overrightarrow{\mathrm{OM}}) = (\vec{u}\ ;\ \overrightarrow{\mathrm{OM}'})$ à $2k\pi$ près, $k \in \mathbb{Z}$. **Donc, pour tout point M de $\mathscr{P}$, O, M et M′ sont alignés sur une demi-droite d'origine O.**

b) $f(\mathrm{M}) = \mathrm{M}$ équivaut à $z' = z$.

$\mathrm{M} \in \mathscr{P}\backslash\{\mathrm{O}\}$ équivaut à $z \neq 0$.

Avec les mêmes notations que dans la question **2.a)**, pour tout $z \neq 0$:

$$z' = z \text{ équivaut à } \frac{1}{r}\mathrm{e}^{\mathrm{i}\alpha} = r\mathrm{e}^{\mathrm{i}\alpha}.$$

En simplifiant par le nombre $\mathrm{e}^{\mathrm{i}\alpha}$ qui est non nul :

$$\frac{1}{r}\mathrm{e}^{\mathrm{i}\alpha} = r\mathrm{e}^{\mathrm{i}\alpha} \text{ équivaut à } \frac{1}{r} = r \text{ et à } r^2 = 1.$$

r est le module de z, c'est un réel strictement positif.

$r^2 = 1$ équivaut à $r = 1$.

z est l'affixe du point M et $r = \mathrm{OM}$.

L'ensemble cherché est l'ensemble des points M tels que $\mathrm{OM} = 1$, c'est-à-dire le cercle de centre O de rayon 1.

Donc l'ensemble des points invariants par f est le cercle de centre O de rayon 1.

c) z est distinct de 0, de i et de 1 ; z' aussi d'après l'énoncé.

$$z' - 1 = \frac{1}{\bar{z}} - 1 = \frac{1-\bar{z}}{\bar{z}} = -\frac{\bar{z}-1}{\bar{z}}$$

$$z' - \mathrm{i} = \frac{1}{\bar{z}} - \mathrm{i} = \frac{1-\mathrm{i}\bar{z}}{\bar{z}} = \frac{-\mathrm{i}^2-\mathrm{i}\bar{z}}{\bar{z}} = \frac{-\mathrm{i}(\bar{z}+\mathrm{i})}{\bar{z}}.$$

Par quotient, $z' - \mathrm{i}$ étant non nul :

$$\frac{z'-1}{z'-\mathrm{i}} = -\frac{\bar{z}-1}{\bar{z}} \times \frac{\bar{z}}{(-\mathrm{i})(\bar{z}+\mathrm{i})} = \frac{1}{\mathrm{i}}\left(\frac{\bar{z}-1}{\bar{z}+\mathrm{i}}\right).$$

$\mathrm{i}^2 = -1$, donc $-\mathrm{i}^2 = 1$ et $-\mathrm{i} = \frac{1}{\mathrm{i}}$.

D'autre part, si z est réel, $\bar{z} = z$ et si z est imaginaire pur, $\bar{z} = -z$ donc :

$$\bar{z} - 1 = \bar{z} - \bar{1} \text{ et } \bar{z} + \mathrm{i} = \bar{z} - \bar{\mathrm{i}}.$$

Enfin le conjugué d'une différence est la différence des conjugués et le conjugué d'un quotient est le quotient des conjugués :

$$\frac{\bar{z}-\bar{1}}{\bar{z}-\bar{\mathrm{i}}} = \frac{\overline{z-1}}{\overline{z+\mathrm{i}}} = \overline{\left(\frac{z-1}{z-\mathrm{i}}\right)}.$$

z et z' étant distincts de 0, 1 et i :

$$\boxed{\frac{z'-1}{z'-\mathrm{i}} = \frac{1}{\mathrm{i}}\left(\frac{\bar{z}-1}{\bar{z}+\mathrm{i}}\right) = (-\mathrm{i})\overline{\left(\frac{z-1}{z-\mathrm{i}}\right)}.}$$

• En utilisant le résultat $\arg(zz') = \arg(z) + \arg(z')$ à $2k\pi$ près, avec $z \neq 0$ et $z' \neq 0$:

$$\arg\left(\frac{z'-1}{z'-\mathrm{i}}\right) = \arg(-\mathrm{i}) + \arg\overline{\left(\frac{z-1}{z-\mathrm{i}}\right)} \text{ à } k\pi \text{ près.}$$

Un argument de $\bar{z}$ est $-\arg(z)$ et un argument de $(-\mathrm{i})$ est $\left(-\frac{\pi}{2}\right)$ donc :

$$\boxed{\arg\left(\frac{z'-1}{z'-\mathrm{i}}\right) = -\frac{\pi}{2} - \arg\left(\frac{z-1}{z-\mathrm{i}}\right) \text{ à } 2k\pi \text{ près, } k \in \mathbb{Z}.}$$

3. a) $\frac{z-1}{z-\mathrm{i}} \in \mathbb{R}^*$ équivaut à $\arg\left(\frac{z-1}{z-\mathrm{i}}\right) = 0$ à $k\pi$ près. Or :

$$\frac{z-1}{z-\mathrm{i}} = \frac{1-z}{\mathrm{i}-z} = \frac{z_{\mathrm{U}} - z_{\mathrm{M}}}{z_{\mathrm{V}} - z_{\mathrm{M}}}.$$

D'après la question **1.b)**, $\arg\left(\frac{z_{\mathrm{U}} - z_{\mathrm{M}}}{z_{\mathrm{V}} - z_{\mathrm{M}}}\right) = (\overrightarrow{\mathrm{MV}}\ ;\ \overrightarrow{\mathrm{MU}})$ à $2k\pi$ près ;

$\frac{z-1}{z-\mathrm{i}} \in \mathbb{R}^* \Leftrightarrow (\overrightarrow{\mathrm{MV}}, \overrightarrow{\mathrm{MU}}) = 0$ à $k\pi$ près,

$\Leftrightarrow \overrightarrow{\mathrm{MV}}$ et $\overrightarrow{\mathrm{MU}}$ sont colinéaires et non nuls.

Donc $\dfrac{z-1}{z-\mathrm{i}} \in \mathbb{R}^*$ si, et seulement si, M appartient à la droite (UV) privée de U et V.

b) M appartient à (UV) privée U et V si, et seulement, $\dfrac{z-1}{z-\mathrm{i}} \in \mathbb{R}^*$, c'est-à-dire $\arg\left(\dfrac{z-1}{z-\mathrm{i}}\right) = 0$ à $k\pi$ près. Or, d'après la question **2.c)** :

$$\arg\left(\frac{z'-1}{z'-\mathrm{i}}\right) = -\frac{\pi}{2} - \arg\left(\frac{z-1}{z-\mathrm{i}}\right) \text{ à } 2k\pi \text{ près, } k \in \mathbb{Z}.$$

M′ appartient à l'image par *f* de la droite (UV) privée de U et V si, et seulement si :

$$\arg\left(\frac{z'-1}{z'-\mathrm{i}}\right) = -\frac{\pi}{2} \text{ à } k\pi \text{ près, } k \in \mathbb{Z}.$$

Comme précédemment, $\arg\left(\dfrac{z'-1}{z'-\mathrm{i}}\right) = (\overrightarrow{\mathrm{M'V}}\ ;\ \overrightarrow{\mathrm{M'U}})$ à $2k\pi$ près, $k \in \mathbb{Z}$.

L'image par *f* de la droite (UV) privée de U et V est l'ensemble des points M′ tels que $(\overrightarrow{\mathrm{M'V}}\ ;\ \overrightarrow{\mathrm{M'U}})$ est un angle droit : c'est le cercle de diamètre [UV] privé de U et V.

Donc l'image par *f* de la droite (UV) privée de U et V est le cercle de diamètre [UV] privé de U et V.

La Prépa attitude

Historiquement, $\mathbb{C}$ a été introduit au XVIe siècle afin de trouver des racines carrées pour les nombres strictement négatifs. Ce faisant, nous allons voir que nous avons obtenu quelque chose de beaucoup plus agréable : tous les nombres complexes non nuls ont exactement deux racines carrées, trois racines cubiques et même n racines n-ièmes. Le but est ici de préciser tout cela et de progresser dans la résolution des équations à coefficients complexes.

Racines carrées d'un nombre complexe

Théorème

Soit A un nombre complexe quelconque non nul. Alors A possède exactement deux racines carrées, c'est-à-dire deux nombres complexes z' et z'' solutions de l'équation $z^2 = A$.

1re démonstration

Supposons A écrit sous forme algébrique : $A = a + ib$ et cherchons z également sous forme algébrique : $z = x + iy$. Alors $z^2 = x^2 - y^2 + 2ixy$, et donc :

$z^2 = A \Leftrightarrow \begin{cases} x^2 - y^2 = a \\ 2xy = b \end{cases}$. Pour faciliter la résolution ajoutons l'égalité des modules : $|z^2| = |A|$.

Remarque

On utilise le terme « racine carrée » pour parler d'une solution de l'équation $z^2 = A$ mais le symbole $\sqrt{A}$ n'a plus aucun sens ici.

Or $|z^2| = |z|^2 = x^2 + y^2$ et $|A| = \sqrt{a^2 + b^2}$. On a donc :

$$z^2 = A \Leftrightarrow \begin{cases} x^2 + y^2 = \sqrt{a^2 + b^2} \\ x^2 - y^2 = a \\ 2xy = b \end{cases}$$

Des deux premières équations, on tire : $x^2 = \dfrac{\sqrt{a^2 + b^2} + a}{2}$ et $y^2 = \dfrac{\sqrt{a^2 + b^2} - a}{2}$. On sait que $a^2 + b^2 \geqslant a^2$ donc $\sqrt{a^2 + b^2} \geqslant |a|$ et comme

AMBITION PRÉPA

$|a| \geqslant a$ et $|a| \geqslant -a$, les deux réels $\sqrt{a^2+b^2}+a$ et $\sqrt{a^2+b^2}-a$ sont positifs. On obtient donc deux valeurs possibles pour x et deux pour y.

Attention ! Cela ne conduit pas à obtenir quatre racines carrées pour A. En effet, il ne faut pas oublier la relation $2xy = b$ qui induit une connexion entre les signes de x et de y, et donc l'existence de deux racines carrées opposées.

2e démonstration

Supposons A écrit sous forme trigonométrique $A = re^{i\alpha}$ et cherchons z également sous forme trigonométrique : $z = \rho e^{i\theta}$. Alors $z^2 = \rho^2 e^{2i\theta}$, et donc :

$$z^2 = A \Leftrightarrow \begin{cases} \rho^2 = r \\ 2\theta = \alpha[2\pi] \end{cases} \Leftrightarrow \begin{cases} \rho = \sqrt{r} \\ \theta = \dfrac{\alpha}{2}[\pi] \end{cases} \text{(ne pas perdre de vue } \rho \geqslant 0\text{).}$$

Les deux racines sont donc :

$$z' = \sqrt{r}\,e^{i\frac{\alpha}{2}} \quad \text{et} \quad z'' = \sqrt{r}\,e^{i\left(\frac{\alpha}{2}+\pi\right)} = -\sqrt{r}\,e^{i\frac{\alpha}{2}} \text{ (car } e^{i\pi} = -1\text{).}$$

Équations du second degré dans $\mathbb{C}$

Corollaire

Soit $az^2 + bz + c = 0$, $a \uparrow 0$ une équation du second degré à coefficients dans $\mathbb{C}$. Alors :

Si $\Delta = b^2 - 4ac$ est non nul, cette équation admet deux racines distinctes.

Si $\Delta = 0$, elle admet une racine double.

Démonstration

$$az^2 + bz + c = 0 \Leftrightarrow a\left(z^2 + \frac{b}{a}z + \frac{c}{a}\right) = 0$$

$$\Leftrightarrow \left(z + \frac{b}{2a}\right)^2 - \frac{b^2}{4a^2} + \frac{c}{a} = 0 \Leftrightarrow \left(z + \frac{b}{2a}\right)^2 = \frac{b^2 - 4ac}{(2a)^2} = \frac{\Delta}{(2a)^2}$$

- Si $\Delta \uparrow 0$, Δ admet, d'après le théorème précédent, deux racines carrées opposées : δ et $-\delta$. On a donc :

$\left(z + \dfrac{b}{2a}\right)^2 = \left(\dfrac{\delta}{2a}\right)^2$ et l'on en déduit

$z + \dfrac{b}{2a} = \pm\dfrac{\delta}{2a}$, d'où les deux racines :

Remarque

Il s'agit, ni plus, ni moins, de la décomposition canonique du trinôme vue en seconde.

$$z' = \frac{-b+\delta}{2a} \text{ et } z'' = \frac{-b-\delta}{2a}.$$

• Si $\Delta = 0$, alors $\left(z + \frac{b}{2a}\right)^2 = 0$. Il existe donc une racine double : $z = -\frac{b}{2a}$.

Remarque

La résolution est donc formellement la même que dans le cas réel, à la recherche des racines carrées de Δ près.

Racines *n*-ièmes d'un complexe

Théorème

Soit $A \in \mathbb{C}^*$ et $n \in \mathbb{N}^*$. Alors A possède exactement n racines n-ièmes, c'est-à-dire que l'équation en z : $z^n = A$ possède n solutions distinctes.

Démonstration

Nous sommes obligés dans ce cas d'utiliser la forme trigonométrique des nombres complexes : $A = re^{i\alpha}$ et $z = \rho e^{i\theta}$. L'équation $z^n = A$ s'écrit alors : $\rho^n e^{ni\theta} = re^{i\alpha}$, soit :

$$\begin{cases} \rho^n = r \\ n\theta = \alpha[2\pi] \end{cases} \Leftrightarrow \begin{cases} \rho = \sqrt[n]{r} \\ \theta = \frac{\alpha}{n}\left[\frac{2\pi}{n}\right] \end{cases}.$$

Les solutions de l'équation $z^n = A$ sont donc les complexes de la forme $z_k = \sqrt[n]{r}\, e^{i\left(\frac{\alpha}{n}+\frac{2k\pi}{n}\right)}$, avec $k \in \mathbb{Z}$. Mais si l'on remarque que l'on a :

$$z_k = z_p \Leftrightarrow \frac{\alpha}{n} + \frac{2k\pi}{n} = \frac{\alpha}{n} + \frac{2p\pi}{n}[2\pi] \Leftrightarrow k \equiv p[n]$$

on en déduit que $z_0,\ z_1,\ \ldots,\ z_{n-1}$ sont les n racines distinctes de A.

Cas particulier : les racines *n*-ièmes de l'unité

Appliquons le résultat précédent au cas $A = 1$. Les racines n-ièmes du nombre 1 (de l'unité, donc) sont les complexes $\omega_k = e^{\frac{2ik\pi}{n}}$, pour $k \in [\![0, n-1]\!]$. On note $\mathbb{U}_n$ l'ensemble des racines n-ièmes de l'unité. On a donc :

$$\mathbb{U}_n = \left\{z \in \mathbb{C} \,/\, z^n = 1\right\} = \left\{1, \omega_1, \omega_2, \ldots, \omega_{n-1}\right\} = \left\{1, e^{\frac{2i\pi}{n}}, \ldots, e^{\frac{2ik\pi}{n}}, \ldots, e^{\frac{2i(n-1)\pi}{n}}\right\}.$$

AMBITION PRÉPA

On remarquera que $\omega_k = {\omega_1}^k$.

On a par exemple : $\mathbb{U}_2 = \{1, -1\}$, $\mathbb{U}_3 = \{1, j, j^2\}$ avec $j = e^{\frac{2i\pi}{3}}$,

$\mathbb{U}_4 = \{1, i, -1, -i\}$, $\mathbb{U}_5 = \left\{1, e^{\frac{2i\pi}{5}}, e^{\frac{4i\pi}{5}}, e^{-\frac{4i\pi}{5}} e^{-\frac{2i\pi}{5}}\right\}$.

Remarque

Soit a une racine n-ième particulière du nombre complexe A i.e $a^n = A$. L'équation $z^n = A$ peut alors s'écrire $z^n = a^n$ ou encore : $\left(\frac{z}{a}\right)^n = 1$. On obtient donc comme solutions $\frac{z}{a} = \omega_k$, i.e. $z = a.\omega_k$. D'où le critère pratique suivant : on obtient toutes les racines n-ièmes d'un nombre complexe en multipliant l'une d'elles par toutes les racines n-ièmes de l'unité.

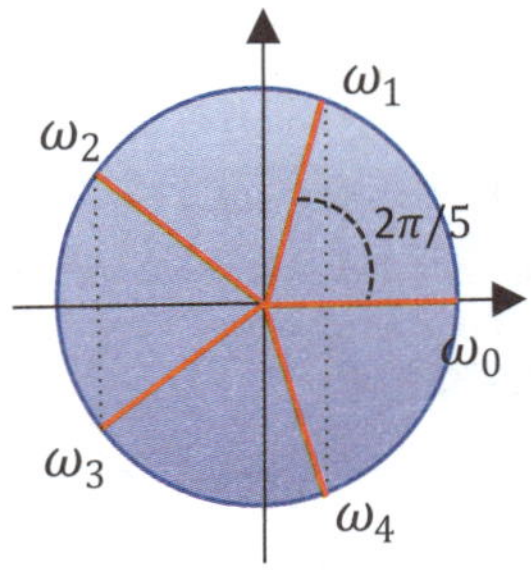

Représentation de $\mathbb{U}_5$

EXERCICES

➔ Corrigés p. 347

1 Résoudre dans $\mathbb{C}$ les équations suivantes :

i. $z^2 + z + 1 = 0$.

ii. $z^2 + (1 + i)z + i = 0$.

iii. $z^8 = \frac{1 + i}{\sqrt{3} - i}$.

iv. $z^4 - (5 - 14i)z^2 - 2(5i + 12) = 0$.

v. $z^3 - i = 6(z + i)$ (indication : on pourra remarquer que $-i = i^3$).

2 Calculer la somme des racines n-ièmes de l'unité.

3 Soit $j = e^{\frac{2i\pi}{3}} = \frac{-1 + i\sqrt{3}}{2}$ et n entier naturel quelconque.

1. a) Calculer $1 + j + j^2$. Calculer $j\overline{j}$. Exprimer $1 + j$ en fonction de $\overline{j}$.

b) Exprimer j^n en fonction du reste de la division de n par 3.

2. On pose : $r = \left[\frac{n}{3}\right]$, $s = \left[\frac{n-1}{3}\right]$, $t = \left[\frac{n-2}{3}\right]$, $[n]$ désignant la partie entière de n.

On pose : $A_n = \sum_{k=0}^{r} \binom{n}{3k}$, $B_n = \sum_{k=0}^{s} \binom{n}{3k+1}$, $C_n = \sum_{k=0}^{t} \binom{n}{3k+2}$.

a) Montrer que $A_n + B_n + C_n = (1+1)^n$.

b) Calculer de même $A_n + jB_n + j^2C_n$ puis $A_n + j^2B_n + jC_n$.

c) Résoudre le système en A_n, B_n, C_n ainsi obtenu et exprimer A_n, B_n et C_n le plus simplement possible.

CORRIGÉS

1 **i.** Résolvons $z^2 + z + 1 = 0$: $\Delta = 1^2 - 4 = -3 = \left(i\sqrt{3}\right)^2$. Les deux racines sont : $\frac{-1+i\sqrt{3}}{2}$ et $\frac{-1-i\sqrt{3}}{2}$. On reconnaît ici $j = \frac{-1+i\sqrt{3}}{2}$ et $\overline{j} = \frac{-1-i\sqrt{3}}{2}$.

On aurait d'ailleurs pu dire que $1 + j + j^2$ est la somme des racines cubiques de l'unité (en effet, $\mathbb{U}_3 = \left\{1, j, j^2\right\}$) et donc si l'on se réfère à l'exercice 3 la somme $1 + j + j^2$ est nulle. Donc j est une racine du trinôme $z^2 + z + 1$. Son conjugué $\overline{j}$ étant aussi racine, on confirme ainsi que les solutions de $z^2 + z + 1 = 0$ sont j et $\overline{j}$.

ii. Résolvons $z^2 + (1+i)z + i = 0$: -1 est racine évidente et le produit des racines est $\frac{c}{a} = i$. Donc l'autre racine est $-i$. Mais pour ceux qui préfèrent les calculs, on peut aussi tenir le raisonnement habituel :

$$\Delta = (1+i)^2 - 4i = 1^2 + 2i + i^2 - 4i = -2i = (1-i)^2.$$

Donc, les deux racines sont :

$$z_1 = \frac{-(1+i)-(1-i)}{2} = \frac{-2}{2} = -1 \quad \text{et} \quad z_2 = \frac{-(1+i)+(1-i)}{2} = \frac{-2i}{2} = -i$$

iii. Résolvons $z^8 = \frac{1+i}{\sqrt{3}-i}$ et pour cela commençons par écrire $A = \frac{1+i}{\sqrt{3}-i}$ sous forme trigonométrique :

Si C est le point d'affixe $1+i$, il est clair que $OC = \sqrt{2}$ (diagonale du carré unité) et que $\left(\widehat{Ox, \overrightarrow{OC}}\right) = \frac{\pi}{4}$, donc : $|1+i| = OC = \sqrt{2}$ et $\arg(1+i) = \frac{\pi}{4}$, ce qui donne : $1 + i = \sqrt{2}e^{i\frac{\pi}{4}}$.

AMBITION PRÉPA

Pour $\sqrt{3}-i : \left|\sqrt{3}-i\right| = \sqrt{3+1} = 2$ et $\begin{cases} \dfrac{\sqrt{3}}{2} = \cos\left(-\dfrac{\pi}{6}\right) \\ -\dfrac{1}{2} = \sin\left(-\dfrac{\pi}{6}\right) \end{cases}$.

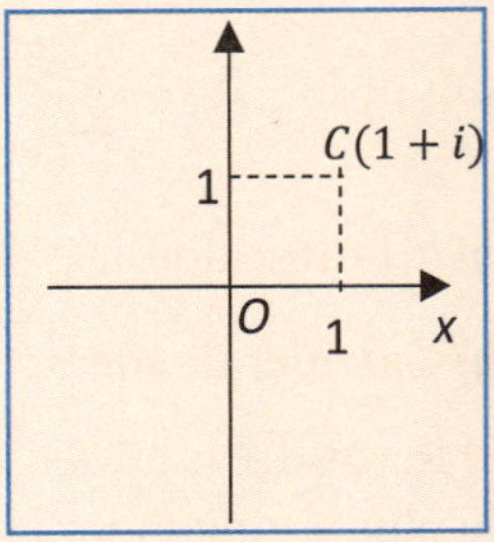

Donc $\sqrt{3}-i = 2e^{-i\frac{\pi}{6}}$, ce qui donne

$$A = \frac{\sqrt{2}e^{i\frac{\pi}{4}}}{2e^{-i\frac{\pi}{6}}} = \frac{1}{\sqrt{2}}e^{i\frac{5\pi}{12}}.$$

Les huit racines huitièmes de A sont donc :

les nombres $z_k = \dfrac{1}{2^{\frac{1}{16}}}e^{i\left(\frac{5\pi}{96}+\frac{2k\pi}{8}\right)} = \dfrac{1}{\sqrt[16]{2}}e^{i\pi\left(\frac{5+24k}{96}\right)}$ avec $k \in [\![0, 7]\!]$.

iv. Résolvons $z^4 - (5-14i)z^2 - 2(5i+12) = 0$. Une telle équation s'appelle une équation bi-carrée (z n'intervient que par son carré).

On commence par poser $Z = z^2$ pour se ramener à une équation du second degré : $Z^2 - (5-14i)Z - 2(5i+12) = 0$, ce qui donnera (en principe) deux solutions Z_1 et Z_2. Ensuite on résoudra $z^2 = Z_1$ puis $z^2 = Z_2$ ce qui devrait fournir en tout quatre solutions pour z :

$$z^4 - (5-14i)z^2 - 2(5i+12) = 0 \Leftrightarrow \begin{cases} Z = z^2 \text{ et} \\ Z^2 - (5-14i)Z - 2(5i+12) = 0 \end{cases}$$

• Résolution de $Z^2 - (5-14i)Z - 2(5i+12) = 0$:

$\Delta = (5-14i)^2 + 8(5i+12) = -75-100i = 25(-3-4i)$. Pour trouver une racine carrée de Δ, cherchons en une de ~~$-3-4i$. Soit u~~ $= x+iy$ une telle racine : $u^2 = x^2 - y^2 + 2ixy$ et $|-3-4i| = \sqrt{(-3)^2+(-4)^2} = 5$. Donc :

$$u^2 = -3-4i \Leftrightarrow \begin{cases} x^2 + y^2 = 5 \\ x^2 - y^2 = -3. \\ 2xy = -4 \end{cases}$$

Les deux premières équations fournissent $x^2 = 1$ et $y^2 = 4$. Mais, d'après la troisième équation, x et y doivent être de signes contraires, par exemple $x = 1$ et $y = -2$. Donc $u = 1-2i$ est une racine carrée de $-3-4i$ (ce qu'on vérifie aisément : $(1-2i)^2 = 1-4i-4 = -3-4i$). Ce qui permet d'écrire Δ sous forme d'un carré : $\Delta = \left(5(1-2i)\right)^2 = \delta^2$ en posant $\delta = 5-10i$.

Les racines de $Z^2 - (5-14i)Z - 2(5i+12) = 0$ sont donc :

$$Z_1 = \frac{5-14i+(5-10i)}{2} = \frac{10-24i}{2} = 5-12i$$

et $$Z_2 = \frac{5-14i-(5-10i)}{2} = \frac{4i}{2} = -2i\,.$$

● Résolution de $z^2 = Z_1$. Soit $z = x+iy$ une racine carrée de $Z_1 = 5-12i$.
$z^2 = x^2 - y^2 + 2ixy$ et $|5-12i| = \sqrt{5^2+12^2} = \sqrt{169} = 13$, donc :

$$z^2 = 5-12i \Leftrightarrow \begin{cases} x^2+y^2 = 13 \\ x^2-y^2 = 5 \\ 2xy = -12 \end{cases}.$$

Donc, d'après les deux premières équations : $x^2 = 9$ et $y^2 = 4$. Avec $xy < 0$, on a : $(x,y) = (-3,2)$ ou $(x,y) = (3,-2)$. Les racines carrées de Z_1 sont donc :

$$z_1' = 3-2i \text{ et } z_1'' = -3+2i = -z_1'.$$

● Résolution de $z^2 = Z_2$. Utilisons à présent la forme trigonométrique :
$Z_2 = -2i = 2e^{-i\frac{\pi}{2}}$. Les racines carrées de Z_2 sont donc :

$$z_2' = \sqrt{2}e^{-i\frac{\pi}{4}} = 1-i \text{ et } z_2'' = -z_2' = -1+i\,.$$

En résumé, les racines de l'équation $z^4 - (5-14i)z^2 - 2(5i+12) = 0$ sont :

$$z_1' = 3-2i\ ,\ z_1'' = -3+2i\ ,\ z_2' = 1-i \text{ et } z_2'' = -1+i\,.$$

v. Résolution de $z^3 - i = 6(z+i)$.
On constate que $i^3 = -i$, donc $z^3 - i = z^3 + i^3$. On connaît l'identité remarquable : $a^3 + b^3 = (a+b)(a^2 - ab + b^2)$. Elle donne ici :

$$z^3 - i = z^3 + i^3 = (z+i)(z^2 - iz - 1).$$

Il en résulte une factorisation par $z+i$:

$$\begin{aligned} z^3 - i = 6(z+i) &\Leftrightarrow (z+i)(z^2 - iz - 1) - 6(z+i) = 0 \\ &\Leftrightarrow (z+i)(z^2 - iz - 7) = 0 \\ &\Leftrightarrow z = -i \text{ ou } z^2 - iz - 7 = 0 \end{aligned}$$

Il reste à résoudre $z^2 - iz - 7 = 0$: $\Delta = (-i)^2 - 4\times(-7) = 27 = 9\times 3 = (3\sqrt{3})^2$.

Les racines sont donc : $\dfrac{i-3\sqrt{3}}{2} = \dfrac{-3\sqrt{3}+i}{2}$ et $\dfrac{i+3\sqrt{3}}{2} = \dfrac{3\sqrt{3}+i}{2}$.

Les solutions de l'équation $z^3 - i = 6(z+i)$ sont ainsi :

$$-i\ ,\ \frac{-3\sqrt{3}+i}{2} \text{ et } \frac{3\sqrt{3}+i}{2}.$$

AMBITION PRÉPA

2 Il s'agit ici de calculer $S_n = \sum_{z \in \mathbb{U}_n} z$. Or on sait que l'ensemble $\mathbb{U}_n$ possède n éléments qui s'écrivent $\omega_k = \mathrm{e}^{\frac{2ik\pi}{n}}$, pour $k \in 0,n-1$. Et l'on sait aussi que $\omega_k = (\omega_1)^k$ avec $\omega_1 = \mathrm{e}^{\frac{2i\pi}{n}}$. Donc $S_n = \sum_{k=0}^{n-1} \omega_k = \sum_{k=0}^{n-1} (\omega_1)^k$.

Lorsque $n = 1$, $\omega_1 = \mathrm{e}^{2i\pi} = 1$ et $S_1 = \sum_{k=0}^{0} (\omega_1)^k = 1$, ce qui est normal puisque $\mathbb{U}_1$, l'ensemble des solutions de l'équation $z = 1$, n'a ici qu'un seul élément : 1.

Pour $n \geq 2$, $\omega_1 = \mathrm{e}^{\frac{2i\pi}{n}} \neq 1$ et $S_n = \sum_{k=0}^{n-1} (\omega_1)^k = \dfrac{1-(\omega_1)^n}{1-\omega_1}$. Mais $\omega_1 \in \mathbb{U}_n$, donc ω_1 est une solution de l'équation $z^n = 1$. Bref $(\omega_1)^n = \mathrm{e}^{2i\pi} = 1$ et donc $S_n = 0$. Conclusion :

$$S_n = \begin{cases} 1 & \text{si} \quad n = 1 \\ 0 & \text{si} \quad n \geqslant 1 \end{cases}$$

3 **1. a.** $1 + j + j^2$ est la somme des racines cubiques de l'unité, donc $1 + j + j^2 = 0$.

Mais on peut aussi refaire le calcul : $1 + j + j^2 = \dfrac{1-j^3}{1-j} = 0$ car $j^3 = 1$ (j : racine cubique de l'unité).

$$j\overline{j} = |j|^2 = 1.$$

$j^2 = \mathrm{e}^{\frac{4i\pi}{3}} = \mathrm{e}^{-\frac{2i\pi}{3}}$ car $\dfrac{4\pi}{3} = -\dfrac{2\pi}{3}[2\pi]$, donc $j^2 = \overline{j}$. Or $1 + j + j^2 = 0$ donc $1 + j = -j^2 = -\overline{j}$.

b. En effectuant la division euclidienne de n par 3 on trouve un quotient $q \in \mathbb{N}$ et un reste $r \in \{0,1,2\}$: $n = 3q + r$. On écrit aussi : $n \equiv r[3]$.

Alors $j^n = j^{3q+r} = \left(j^3\right)^q j^r = j^r$ car $j^3 = 1$. Donc :

$$j^n = j^r = \begin{cases} 1 & \text{si } n \equiv 0[3] \\ j & \text{si} \quad n \equiv 1[3] \\ j^2 & \text{si} \quad n \equiv 2[3] \end{cases}$$

2. Selon la formule du binôme : $(1+1)^n = \sum_{p=0}^{n} \binom{n}{p}$. Séparons les termes de cette somme en fonction du reste de la division de p par 3. Posons à cet effet :

$$R_0 = \{p \in [\![0, n]\!] \,/\, p \equiv 0[3]\},$$
$$R_1 = \{p \in [\![0, n]\!] \,/\, p \equiv 1[3]\},$$
$$R_2 = \{p \in [\![0, n]\!] \,/\, p \equiv 2[3]\}.$$

On peut alors scinder la somme $\sum_{p=0}^{n} \binom{n}{p}$ en 3 :

$$2^n = \sum_{p=0}^{n} \binom{n}{p} = \sum_{p \in R_0} \binom{n}{p} + \sum_{p \in R_1} \binom{n}{p} + \sum_{p \in R_2} \binom{n}{p}.$$

Or les éléments de R_0 sont les entiers naturels p type $3k$ pour $3k \leqslant n$, soit $0 \leqslant k \leqslant \frac{n}{3}$. Le plus grand entier k vérifiant cette inégalité est $k = \left[\frac{n}{3}\right] = r$.
Le changement d'indice $p = 3k$ dans la première somme conduit à :

$$\sum_{p \in R_0} \binom{n}{p} = \sum_{k=0}^{r} \binom{n}{3k} = A_n.$$

De même les éléments p de R_1 s'écrivent $3k+1$ avec $3k+1 \leqslant n$, soit $k \leqslant \frac{n-1}{3}$. Le plus grand entier k vérifiant cette inégalité est $k = \left[\frac{n-1}{3}\right] = s$.
Le changement d'indice $p = 3k+1$ dans la deuxième somme conduit à :

$$\sum_{p \in R_1} \binom{n}{p} = \sum_{k=0}^{s} \binom{n}{3k+1} = B_n.$$

Enfin, les éléments p de R_2 s'écrivent $3k+2$ pour $3k+2 \leqslant n$, soit $k \leqslant \frac{n-2}{3}$. Le plus grand entier k vérifiant cette inégalité est $k = \left[\frac{n-2}{3}\right] = t$.
Le changement d'indice $p = 3k+2$ dans la troisième somme conduit à :

$$\sum_{p \in R_2} \binom{n}{p} = \sum_{k=0}^{t} \binom{n}{3k+2} = C_n.$$

AMBITION PRÉPA

Donc : $$A_n + B_n + C_n = 2^n.$$

De même la formule du binôme permet d'écrire :

$$\left(j+1\right)^n = \sum_{p=0}^{n} \binom{n}{p} j^p = \sum_{p \in R_0} \binom{n}{p} j^p + \sum_{p \in R_1} \binom{n}{p} j^p + \sum_{p \in R_2} \binom{n}{p} j^p .$$

Les changements de variables expliqués ci-dessus s'appliquent exactement de la même façon :

$$\left(j+1\right)^n = \sum_{k=0}^{r} \binom{n}{3k} j^{3k} + \sum_{k=0}^{s} \binom{n}{3k+1} j^{3k+1} + \sum_{k=0}^{t} \binom{n}{3k+2} j^{3k+2} .$$

Mais: $j^{3k} = 1$, donc $\displaystyle\sum_{k=0}^{r} \binom{n}{3k} j^{3k} = A_n$, $j^{3k+1} = j$ donc $\displaystyle\sum_{k=0}^{s} \binom{n}{3k+1} j^{3k+1} = jB_n$

et $j^{3k+2} = j^2$ donc $\displaystyle\sum_{k=0}^{t} \binom{n}{3k+2} j^{3k+2} = j^2 C_n$. Et donc :

$$A_n + jB_n + j^2 C_n = \left(j+1\right)^n .$$

En prenant le conjugué des deux membres on obtient une troisième relation :

$$A_n + j^2 B_n + jC_n = \left(j^2+1\right)^n .$$

En effet, A_n, B_n et C_n sont des réels et $\overline{j} = j^2$ et $\overline{j^2} = j$.

On est donc en présence d'un système à trois équations et trois inconnues :

$$(S) \quad \begin{cases} A_n + B_n + C_n = 2^n \\ A_n + jB_n + j^2 C_n = \left(j+1\right)^n \\ A_n + j^2 B_n + jC_n = \left(j^2+1\right)^n \end{cases}$$

En additionnant les trois relations et compte tenu de la relation $1 + j + j^2 = 0$, on obtient : $3A_n = 2^n + \left(j+1\right)^n + \left(j^2+1\right)^n$, soit $A_n = \dfrac{2^n + \left(j+1\right)^n + \left(j^2+1\right)^n}{3}$.

On observe que $\overline{\left(j+1\right)^n} = \left(j^2+1\right)^n = \left(-j\right)^n = \left(-1\right)^n j^n$ et donc :

$\left(j+1\right)^n + \left(j^2+1\right)^n = 2\mathcal{R}e\left(\left(-1\right)^n j^n\right.$. Or $j^n = e^{\frac{2ni\pi}{3}} = \cos\left(\dfrac{2n\pi}{3}\right) + i\cos\left(\dfrac{2n\pi}{3}\right)$,

donc : $\mathcal{R}e\left(\left(-1\right)^n j^n\right) = \left(-1\right)^n \cos\left(\dfrac{2n\pi}{3}\right)$ et :

$$A_n = \frac{2^n + 2\left(-1\right)^n \cos\left(\dfrac{2n\pi}{3}\right)}{3}$$

En multipliant la deuxième équation de (S) par j^2 et la troisième par j et en faisant la somme des trois équations, on obtient :

$$\left(1+j^2+j\right)A_n+3B_n+\left(1+j^4+j^2\right)C_n=2^n+j^2\left(j+1\right)^n+j\left(j^2+1\right)^n.$$

Or $1+j^2+j=1+j^4+j^2=0$. Donc $B_n=\dfrac{2^n+j^2\left(j+1\right)^n+j\left(j^2+1\right)^n}{3}$.

En observant que $\overline{j^2\left(j+1\right)^n}=j\left(j^2+1\right)^n=j\left(-j\right)^n=\left(-1\right)^n j^{n+1}$, on a :

$$B_n=\frac{2^n+2\mathcal{R}e\left(\left(-1\right)^n j^{n+1}\right)}{3},$$

soit :

$$B_n=\frac{2^n+2\left(-1\right)^n\cos\left(\dfrac{2\left(n+1\right)\pi}{3}\right)}{3}$$

En multipliant la deuxième relation par j et la troisième par j^2 et en faisant la somme on obtient cette fois :

> **Conseil**
> Ces démonstrations sont à savoir par cœur en prépa.

$$3C_n=2^n+j\left(j+1\right)^n+j^2\left(j^2+1\right)^n$$

On a à présent : $\overline{j\left(j+1\right)^n}=j^2\left(j^2+1\right)^n=j^2\left(-j\right)^n=\left(-1\right)^n j^{n+2}$, ce qui conduit à :

$$C_n=\frac{2^n+2\left(-1\right)^n\cos\left(\dfrac{2\left(n+2\right)\pi}{3}\right)}{3}$$

On peut calculer plus précisément $\cos\left(\dfrac{2n\pi}{3}\right)$, $\cos\left(\dfrac{2\left(n+1\right)\pi}{3}\right)$ et $\cos\left(\dfrac{2\left(n+2\right)\pi}{3}\right)$. Par exemple, si $n=3k$:

$\cos\left(\dfrac{2n\pi}{3}\right)=\cos\left(2k\pi\right)=1$, $\cos\left(\dfrac{2\left(n+1\right)\pi}{3}\right)=\cos\left(2k\pi+\dfrac{2\pi}{3}\right)=-\dfrac{1}{2}$ et $\cos\left(\dfrac{2\left(n+2\right)\pi}{3}\right)=\cos\left(2k\pi+\dfrac{4\pi}{3}\right)=-\dfrac{1}{2}$, et dans ce cas :

$$A_n=\frac{2^n+2\left(-1\right)^n}{3},\quad B_n=C_n=\frac{2^n-\left(-1\right)^n}{3}$$

Idem pour les deux autres cas :

Pour $n \equiv 1[3]$: $\cos\left(\frac{2n\pi}{3}\right) = \cos\left(\frac{2(n+1)\pi}{3}\right) = -\frac{1}{2}, \cos\left(\frac{2(n+2)\pi}{3}\right) = 1$, et dans ce cas :

$$A_n = B_n = \frac{2^n - (-1)^n}{3},\ C_n = \frac{2^n + 2(-1)^n}{3}$$

Pour $n \equiv 2[3]$: $\cos\left(\frac{2n\pi}{3}\right) = \cos\left(\frac{2(n+2)\pi}{3}\right) = -\frac{1}{2},\ \cos\left(\frac{2(n+1)\pi}{3}\right) = 1$, et dans ce cas :

$$A_n = C_n = \frac{2^n - (-1)^n}{3},\ B_n = \frac{2^n + 2(-1)^n}{3}$$

CHAPITRE 8

Géométrie dans l'espace

DE QUOI S'AGIT-IL ?

Dans ce chapitre, il s'agit d'étudier les positions relatives de droites et de plans et de définir des outils permettant d'y parvenir.

1 Repère cartésien

1 Définition

- Soient O, I, J, K quatre points de l'espace distincts deux à deux tels que les droites (OI), (OJ) et (OK) ne soient pas coplanaires. Le quadruplet $(O, \overrightarrow{OI}, \overrightarrow{OJ}, \overrightarrow{OK})$ est appelé un **repère cartésien** de l'espace.
- Soient $\vec{i}$, $\vec{j}$, $\vec{k}$ trois vecteurs non nuls et O, I, J, K quatre points verifiant $\vec{i} = \overrightarrow{OI}$, $\vec{j} = \overrightarrow{OJ}$ et $\vec{k} = \overrightarrow{OK}$.

Si les droites (OI), (OJ), et (OK) sont non coplanaires, les quadruplets $(O\,;\vec{i}, \vec{j}, \vec{k})$ et $(O, \overrightarrow{OI}, \overrightarrow{OJ}, \overrightarrow{OK})$ désignent un même repère cartésien de l'espace.

2 Coordonnées d'un point, d'un vecteur

- Soit $(O\,;\vec{i}, \vec{j}, \vec{k})$ un **repère cartésien** de E. Si M est un point quelconque de l'espace E, il existe un triplet unique (x, y, z) de nombres réels tels que :

$$\overrightarrow{OM} = x\vec{i} + y\vec{j} + z\vec{k}.$$

x, y, z sont les **coordonnées** de M dans le repère $(O\,;\vec{i}, \vec{j}, \vec{k})$ ou les coordonnées du vecteur $\vec{v} = \overrightarrow{OM}$ dans la base $(\vec{i}, \vec{j}, \vec{k})$.

Soit $A\begin{pmatrix} a \\ a' \\ a'' \end{pmatrix}$ et $B\begin{pmatrix} b \\ b' \\ b'' \end{pmatrix}$, alors $\overrightarrow{AB}\begin{pmatrix} b-a \\ b'-a' \\ b''-a'' \end{pmatrix}$,

et les coordonnées du **milieu** I du segment [AB] sont :

$$\begin{pmatrix} \dfrac{a+b}{2} \\ \dfrac{a'+b'}{2} \\ \dfrac{a''+b''}{2} \end{pmatrix}$$

- **Vecteurs colinéaires**

Deux vecteurs $\vec{u}$ et $\vec{v}$ sont dits **colinéaires** si et seulement si l'un des vecteurs est le produit de l'autre par un réel. On démontre que :

$$\vec{u}\begin{pmatrix}x\\y\\z\end{pmatrix} \text{ et } \vec{v}\begin{pmatrix}x\\y\\z\end{pmatrix} \text{ colinéaires} \Leftrightarrow \begin{cases} xy' - x'y = 0 \\ yz' - y'z = 0 \\ xz' - x'z = 0 \end{cases}$$

ce qui est équivalent à $\frac{x}{x'} = \frac{y}{y'} = \frac{z}{z'}$ lorsque x', y', z' sont non nuls.

Bien comprendre

Pour démontrer que trois points A, B, C sont alignés, on démontre que les vecteurs $\overrightarrow{AB}$ et $\overrightarrow{AC}$ sont colinéaires.

3 Droites et plans

- **Droite définie par un point et un vecteur**

Soit un point $A\begin{pmatrix}x_0\\y_0\\z_0\end{pmatrix}$ et un vecteur non nul $\vec{u}\begin{pmatrix}\alpha\\\beta\\\gamma\end{pmatrix}$. La droite $\mathcal{D}$ passant par A et de vecteur directeur $\vec{u}$, notée $\mathcal{D}(A, \vec{u})$, est l'ensemble des points M de E tels que :

$$\overrightarrow{AM} = \lambda\vec{u} \text{ où } \lambda \in \mathbb{R}.$$

Une représentation paramétrique de $\mathcal{D}$ est définie par :

$$\begin{cases} x = x_0 + \lambda\alpha \\ y = y_0 + \lambda\beta \\ z = z_0 + \lambda\gamma \end{cases}$$

le paramètre λ décrivant $\mathbb{R}$.

- **Plan défini par un point et deux vecteurs**

Soit un point $A\begin{pmatrix}x_0\\y_0\\z_0\end{pmatrix}$ et deux vecteurs non colinéaires $\vec{u}\begin{pmatrix}\alpha\\\beta\\\gamma\end{pmatrix}$ et $\vec{v}\begin{pmatrix}\alpha'\\\beta'\\\gamma'\end{pmatrix}$.

Le plan $\mathcal{P}$ passant par A et de vecteurs directeurs $\vec{u}$ et $\vec{v}$, que nous noterons $\mathcal{P}(A, \vec{u}, \vec{v})$ est l'ensemble des points M de E tels que :

$$\overrightarrow{AM} = \lambda\vec{u} + \lambda'\vec{v} \text{ où } (\lambda, \lambda') \in \mathbb{R}^2.$$

Une représentation paramétrique de $\mathcal{P}$ est définie par :

$$\begin{cases} x = x_0 + \lambda\alpha + \lambda'\alpha' \\ y = y_0 + \lambda\beta + \lambda'\beta' \\ z = z_0 + \lambda\gamma + \lambda'\gamma' \end{cases}$$

les paramètres λ et λ' décrivant $\mathbb{R}$.

- **Orthogonalité**

On dit que les droites $\mathcal{D}$ et $\mathcal{D}'$ de l'espace sont orthogonales si et seulement les parallèles à $\mathcal{D}$ et $\mathcal{D}'$ menées par un point de l'espace sont orthogonales dans le plan qu'elles déterminent.

Remarque

Au lieu de « orthogonal » on dit aussi « perpendiculaire ».

On dit qu'une droite $\mathcal{D}$ est orthogonale à un plan $\mathcal{P}$ si et seulement si elle est orthogonale à toute droite du plan $\mathcal{P}$.

On démontre qu'une droite $\mathcal{D}$ est orthogonale à un plan $\mathcal{P}$ si et seulement si elle est orthogonale à deux droites sécantes de $\mathcal{P}$.

On dit que deux plans sont orthogonaux si et seulement si l'un contient une droite orthogonale à l'autre.

Bien retenir

Etant donnée une droite $\mathcal{D}$ (resp. un plan $\mathcal{P}$) et un point A, il existe un plan (resp. une droite) et un seul passant par A orthogonale à $\mathcal{D}$ (resp. à $\mathcal{P}$).

2 Produit scalaire

1 Définitions

Soit $\vec{u}$ et $\vec{v}$ deux vecteurs et A un point de l'espace.

Soit B et C les points définis par $\vec{u} = \overrightarrow{AB}$ et $\vec{v} = \overrightarrow{AC}$.

- **Le produit scalaire des vecteurs $\vec{u}$ et $\vec{v}$** est le réel noté $\vec{u} \cdot \vec{v}$ défini par :

$$\begin{cases} \vec{u} \cdot \vec{v} = 0 \text{ si } \vec{u} = \vec{0} \text{ ou } \vec{v} = \vec{0} \\ \vec{u} \cdot \vec{v} = \overrightarrow{AB} \cdot \overrightarrow{AC} = AB \times AC \times \cos\widehat{BAC} \text{ si } \vec{u} \neq \vec{0} \text{ et } \vec{v} \neq \vec{0}. \end{cases}$$

- Si $\overrightarrow{AB} = \overrightarrow{AC}$, on note $\overrightarrow{AB} \cdot \overrightarrow{AC} = \overrightarrow{AB}^2$, et $\overrightarrow{AB}^2 = AB \times AB \times \cos 0 = AB^2$.

La **norme** du vecteur $\overrightarrow{AB}$ est $AB = \sqrt{\overrightarrow{AB}^2}$, que l'on note $\|\overrightarrow{AB}\|$.

- On dit que le vecteur $\vec{u}$ de l'espace est **unitaire** si $\|\vec{u}\| = 1$.

2 Propriétés

- Si A, B, C sont trois points ($A \neq B$) de l'espace, alors :

$$\overrightarrow{AB} \cdot \overrightarrow{AC} = \overrightarrow{AB} \cdot \overrightarrow{AH}$$

Remarque
On dit que H est le projeté orthogonal de C sur la droite (AB).

où H est l'intersection de la droite (AB) avec le plan orthogonal à la droite (AB) passant par C.

- Soit A, B, C trois points alignés distincts deux à deux.

Si les vecteurs $\overrightarrow{AB}$ et $\overrightarrow{AC}$ sont de même sens :

$$\overrightarrow{AB} \cdot \overrightarrow{AC} = AB \times AC.$$

Si les vecteurs $\overrightarrow{AB}$ et $\overrightarrow{AC}$ sont de sens contraire :

$$\overrightarrow{AB} \cdot \overrightarrow{AC} = -AB \times AC.$$

- **Linéarité**

Quels que soient les vecteurs $\vec{u}$, $\vec{v}$, $\vec{w}$ de l'espace et quel que soit le réel λ :

$$(\lambda\vec{u}) \cdot \vec{v} = \lambda(\vec{u} \cdot \vec{v}) \; ; \qquad \vec{u} \cdot (\lambda\vec{v}) = \lambda(\vec{u} \cdot \vec{v}) \; ;$$
$$(\vec{u} + \vec{v}) \cdot \vec{w} = \vec{u} \cdot \vec{w} + \vec{v} \cdot \vec{w} \; ; \qquad \vec{u} \cdot (\vec{v} + \vec{w}) = \vec{u} \cdot \vec{v} + \vec{u} \cdot \vec{w}.$$

- **Symétrie**

Quels que soient les vecteurs $\vec{u}$ et $\vec{v}$ de l'espace :

$$\vec{u} \cdot \vec{v} = \vec{v} \cdot \vec{u}.$$

Quels que soient les vecteurs $\vec{u}$ et $\vec{v}$ de l'espace :

$$(\vec{u}+\vec{v})^2=\vec{u}^2+2\vec{u}\cdot\vec{v}+\vec{v}^2\ ;$$
$$(\vec{u}-\vec{v})^2=\vec{u}^2-2\vec{u}\cdot\vec{v}+\vec{v}^2\ ;$$
$$(\vec{u}+\vec{v})\cdot(\vec{u}-\vec{v})=\vec{u}^2-\vec{v}^2.$$

3 Produit scalaire et orthogonalité

- Un vecteur $\overrightarrow{AB}$ est orthogonal à un vecteur $\overrightarrow{AC}$ si l'un au moins de ces deux vecteurs est nul ou si, dans le cas où aucun des deux vecteurs n'est nul, la droite (AB) est orthogonale à la droite (AC).
- Si $\vec{u}$ est orthogonal à $\vec{v}$, alors $\vec{v}$ est orthogonal à $\vec{u}$. On dit alors que $\vec{u}$ et $\vec{v}$ **sont orthogonaux**. On démontre que :

– $\vec{u}$ et $\vec{v}$ sont orthogonaux si et seulement si $\vec{u}\cdot\vec{v}=\vec{0}$;

– les droites $\mathscr{D}(A, \vec{u})$ et $\mathscr{D}'(A', \vec{u}')$ sont orthogonales si et seulement si :

$$\vec{u}\cdot\vec{u}'=0\ ;$$

– la droite $\mathscr{D}(A, \vec{u})$ est orthogonale au plan $\mathscr{P}(A', \vec{u}', \vec{v}')$ si et seulement si :

$$\vec{u}\cdot\vec{u}'=0 \quad \text{et} \quad \vec{u}\cdot\vec{v}'=0.$$

3 Calculs dans un repère orthonormal

1 Définitions

- On dit qu'un repère $(O\ ;\overrightarrow{OI}, \overrightarrow{OJ}, \overrightarrow{OK})$ est **orthogonal** si les vecteurs $\overrightarrow{OI}$, $\overrightarrow{OJ}$, et $\overrightarrow{OK}$ sont orthogonaux deux à deux.
- On dit qu'un repère $(O\ ;\overrightarrow{OI}, \overrightarrow{OJ}, \overrightarrow{OK})$ est **orthonormal** s'il est orthogonal et si OI = OJ = OK = 1.

Dans la suite, l'espace est rapporté à un repère orthonormal $(O\ ;\vec{i}, \vec{j}, \vec{k})$.

2 Produit scalaire, norme, distance

- Soit $\vec{u}(x\ ;y\ ;z)$ et $\vec{v}(x'\ ;y'\ ;z')$ deux vecteurs de l'espace, le produit scalaire de $\vec{u}$ et $\vec{v}$ est :

$$\vec{u}\cdot\vec{v}=xx'+yy'+zz'.$$

- Soit $\vec{u}(x\,;\,y\,;\,z)$ un vecteur de l'espace, la norme du vecteur $\vec{u}$ est :

$$\|\vec{u}\| = \sqrt{x^2 + y^2 + z^2}.$$

- Soit $A(a\,;\,a'\,;\,a'')$ et $B(b\,;\,b'\,;\,b'')$ deux points de l'espace, la distance des points A et B est :

$$AB = \sqrt{(b-a)^2 + (b'-a')^2 + (b''-a'')^2}.$$

3 Plan

- Il existe un unique plan de l'espace passant par le point $A(x_0\,;\,y_0\,;\,z_0)$ et orthogonal au vecteur non nul $\vec{n}(a\,;\,b\,;\,c)$; c'est l'ensemble des points $M(x\,;\,y\,;\,z)$ tels que $\vec{n} \cdot \overrightarrow{AM} = 0$.

Méthode
Cette propriété sera souvent utilisée dans les exercices ; il faudra toujours vérifier que $\vec{n}$ est non nul.

C'est encore l'ensemble des points $M(x\,;\,y\,;\,z)$ tels que :

$$a(x - x_0) + b(y - y_0) + c(z - z_0) = 0.$$

- Soit a, b, c trois réels non tous nuls ; l'ensemble des points $M(x\,;\,y\,;\,z)$ qui vérifient la relation $ax + by + cz + d = 0$ (1) est un plan $\mathcal{P}$ orthogonal au vecteur $\vec{n}(a\,;\,b\,;\,c)$.

On dit que (1) est une **équation du plan $\mathcal{P}$**.

On dit que $\vec{n}$ est un **vecteur normal** au plan.

- $\vec{n}$ étant un vecteur non nul normal au plan $\mathcal{P}$, $\vec{n'}$ étant un vecteur non nul normal au plan $\mathcal{P}'$:

– les plans $\mathcal{P}$ et $\mathcal{P}'$ sont orthogonaux si et seulement $\vec{n}$ et $\vec{n'}$ sont orthogonaux ;
– les plans $\mathcal{P}$ et $\mathcal{P}'$ sont parallèles si et seulement $\vec{n}$ et $\vec{n'}$ sont colinéaires.

→ Bien comprendre

Si les plans $\mathcal{P}$ et $\mathcal{P}'$ sont parallèles et si $ax + by + cz + d = 0$ est une équation de $\mathcal{P}$, une équation de $\mathcal{P}'$ est $ax + by + cz + d' = 0$.

4 Sphère

La sphère de centre $C(a\,;\,b\,;\,c)$ et de rayon $R \geqslant 0$ est l'ensemble des points $M(x\,;\,y\,;\,z)$ tels que $CM = R$. C'est aussi l'ensemble des points $M(x\,;\,y\,;\,z)$ tels que :

Remarque
Cette relation est l'équation de la sphère de centre $C(a\,;\,b\,;\,c)$ et de rayon R.

$$(x-a)^2 + (y-b)^2 + (z-c)^2 = R^2$$

5 Droites et plans

• Distance d'un point à une droite, à un plan

Dans un repère orthonormal du plan $\mathcal{P}$ (resp. espace $\mathcal{E}$), la distance du point A de coordonnées $(x_0\,;\,y_0)$ (resp. $(x_0\,;\,y_0\,;\,z_0)$) à la droite $\mathcal{D}$ d'équation $ax + by + c = 0$ (resp. au plan d'équation $ax + by + cz + d = 0$) est :

$$\frac{|ax_0 + by_0 + c|}{\sqrt{a^2 + b^2}} \left(\text{resp. } \frac{|ax_0 + by_0 + cz_0 + d|}{\sqrt{a^2 + b^2 + c^2}} \right).$$

• Positions relatives d'une droite et d'un plan, de deux plans, de trois plans

Δ contenue dans $\mathcal{P}$

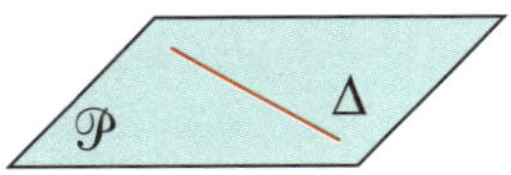

Δ et $\mathcal{P}$ disjoints (Δ // $\mathcal{P}$)

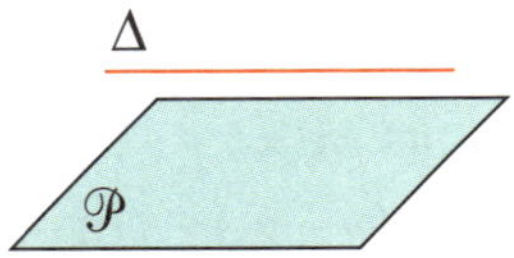

Δ et $\mathcal{P}$ sécants en I

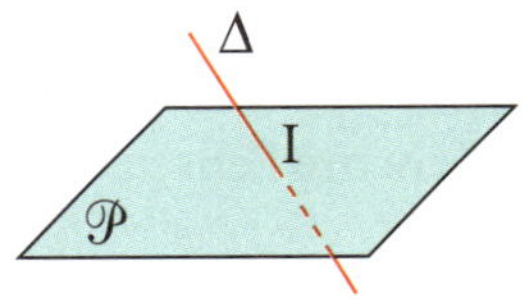

$\mathcal{P}_1$ et $\mathcal{P}_2$ confondus

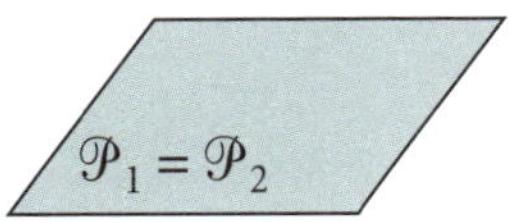

$\mathcal{P}_1$ et $\mathcal{P}_2$ disjoints ($\mathcal{P}_1$ // $\mathcal{P}_2$)

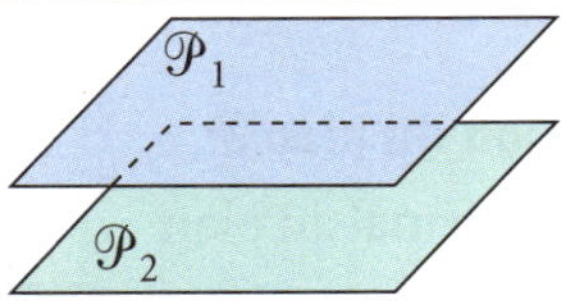

$\mathcal{P}_1$ et $\mathcal{P}_2$ sécants

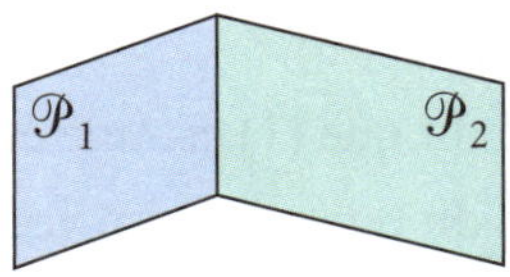

aucun point commun

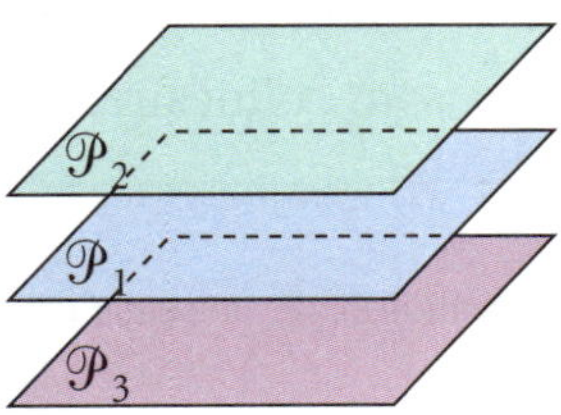

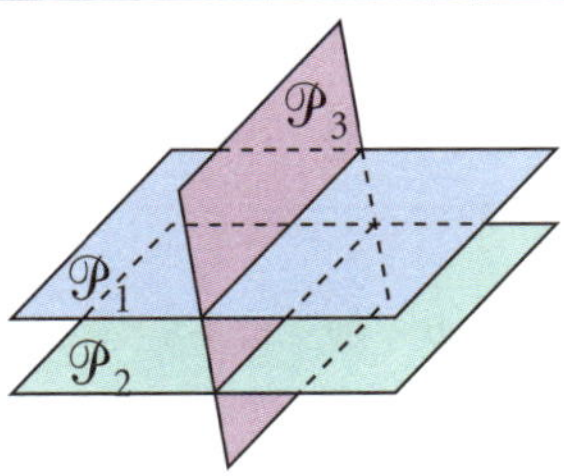

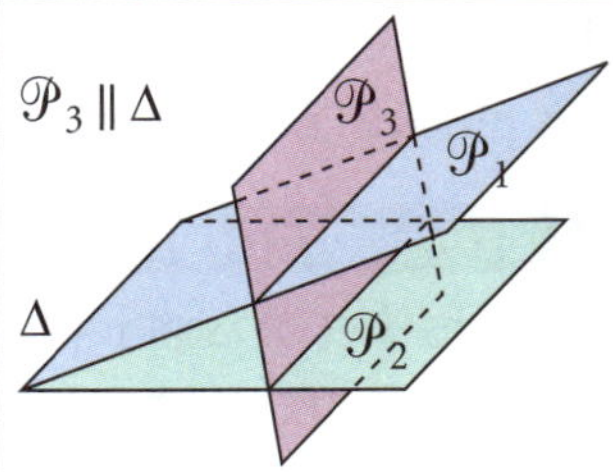

un seul point commun

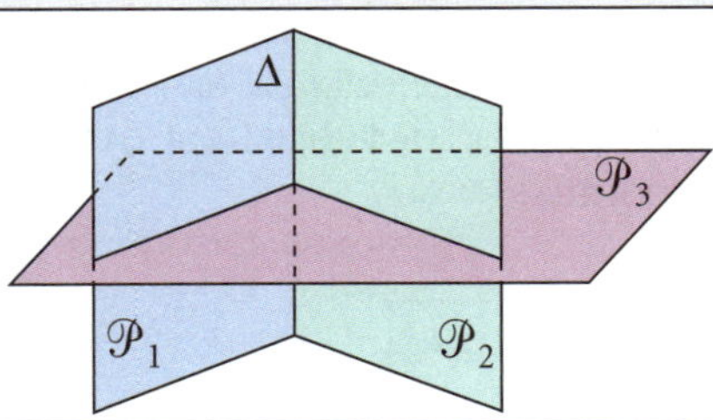

une droite commune

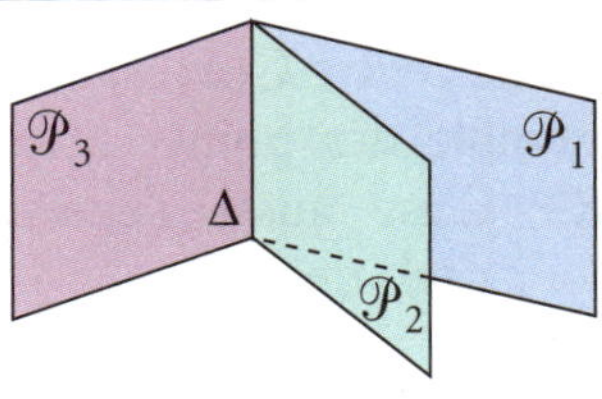

Questions courtes

1 Colinéarité de vecteurs

➲ Corrigé p. 370

Dans l'espace rapporté au repère $(O\,;\vec{i},\vec{j},\vec{k})$, étudier, suivant les valeurs de m, si les vecteurs sont colinéaires dans chacun des cas suivants :

1. $\vec{u}\begin{pmatrix} m^2 \\ m \\ 3 \end{pmatrix}$, $\vec{v}\begin{pmatrix} 1 \\ 1 \\ 1 \end{pmatrix}$ (m paramètre réel).

2. $\vec{u}\begin{pmatrix} m \\ 2m \\ 3m \end{pmatrix}$, $\vec{v}\begin{pmatrix} m+1 \\ m-1 \\ 1 \end{pmatrix}$.

2 Colinéarité de vecteurs

➲ Corrigé p. 370

Déterminer suivant les valeurs de m si les vecteurs suivants sont colinéaires. Dans l'affirmative, trouver la relation entre $\vec{u}$ et $\vec{v}$:

$\vec{u}\begin{pmatrix} 6m+3 \\ m+3 \\ m+8 \end{pmatrix}$, $\vec{v}\begin{pmatrix} m+1 \\ m-1 \\ m \end{pmatrix}$.

3 Propriétés de la norme

➲ Corrigé p. 371

Soit $\vec{u}$ et $\vec{v}$ deux vecteurs de l'espace.

a) Démontrer que :

$$\|\vec{u}+\vec{v}\|^2+\|\vec{u}-\vec{v}\|^2=2(\|\vec{u}\|^2+\|\vec{v}\|^2).$$

b) Démontrer que :

$$\|\vec{u}+\vec{v}\|^2\leqslant 2(\|\vec{u}\|^2+\|\vec{v}\|^2).$$

Dans quel cas a-t-on l'égalité ?

4 Condition sur les normes

➲ Corrigé p. 371

Soit $\vec{u}$ et $\vec{v}$ deux vecteurs de l'espace.

À quelle condition nécessaire et suffisante a-t-on l'égalité :

$$\|\vec{u}+\vec{v}\|=\|\vec{u}-\vec{v}\| \text{ ?}$$

5 Ensemble de points

➲ Corrigé p. 372

Soit A un point de l'espace et $\vec{u}$ un vecteur non nul. On appelle $\mathcal{D}$ la droite $(A ; \vec{u})$ passant par A et dirigée par $\vec{u}$.

Quel est l'ensemble Π_0 des points M de l'espace tels que :

$$\overrightarrow{AM} \cdot \vec{u} = 0 \,?$$

Montrer qu'il existe un unique point H de $\mathcal{D}$ tel que $\overrightarrow{AH} \cdot \vec{u} = k$ (k réel donné).

Quel est l'ensemble Π_k des points M de l'espace tels que :

$$\overrightarrow{AM} \cdot \vec{u} = k \quad (k \text{ réel donné}) \,?$$

Rappel

Un point H appartient à $\mathcal{D}(A ; \vec{u})$ s'il existe un réel λ tel que $\overrightarrow{AH} = \lambda\vec{u}$.

6 Plan médiateur

➲ Corrigé p. 372

Soit A et B deux points distincts de l'espace.

Montrer que l'ensemble des points M équidistants de A et B est le plan passant par le milieu I de [AB] et orthogonal à la droite (AB) (plan médiateur de [AB]).

Indication

Le plan médiateur d'un segment [AB] est l'ensemble des points M de l'espace tels que MA = MB.

7 Ensemble de points

➲ Corrigé p. 372

Soit A et B deux points distincts de l'espace.

Quel est l'ensemble des points M de l'espace tels que :

$$\overrightarrow{MA} \cdot \overrightarrow{MB} = 0 \,?$$

8 Positions relatives de deux plans

➲ Corrigé p. 372

Dans l'espace rapporté à un repère orthonormal, on considère les trois plans $\mathcal{P}$, $\mathcal{P}'$ et $\mathcal{P}''$ d'équations :

$\mathcal{P} : 2x - y - z + 2 = 0$; $\quad \mathcal{P}' : -4x + 2y + 2z + 3 = 0$;

$\mathcal{P}'' : x + 2z - 5 = 0$.

Les plans $\mathcal{P}$ et $\mathcal{P}'$ sont-ils parallèles ou orthogonaux ?

Les plans $\mathcal{P}$ et $\mathcal{P}''$ sont-ils parallèles ou orthogonaux ?

9 Droites et plan

➲ Corrigé p. 373

On se place dans l'espace rapporté à un repère orthonormal.

La droite (AB) joignant les deux points $A(1 ; 0 ; 2)$ et $B(-2 ; 1 ; 3)$ est-elle parallèle au plan $\mathcal{P}$ d'équation $x + 2y + z + 5 = 0$?

10 Distance d'un point à un plan

➲ Corrigé p. 373

Dans l'espace rapporté à un repère orthonormal, on considère le point A(3 ; –1 ; 2) et le plan $\mathcal{P}$ d'équation $2x + y - z + 3 = 0$.

Quelle est la distance du point A au plan $\mathcal{P}$?

Indication
Revoir le rappel de cours.

Exercices d'entraînement

11 Représentation paramétrique d'une droite

★ 10 min ➲ Corrigé p. 373

Soit $\mathcal{E}$ l'espace rapporté à un repère $(O\,;\vec{i},\vec{j},\vec{k})$.

Soit $\mathcal{P}$ le plan de $\mathcal{E}$ d'équation $x - y + 3z = 2$.

Soit A le point de coordonnées (1 ; 0 ; 1) et $\vec{u}$ le vecteur de coordonnées (–3 ; 1 ; 0).

1. Donner une représentation paramétrique de la droite $\mathcal{D}$ passant par A et dirigée par $\vec{u}$.

2. Calculer les coordonnées du point I d'intersection de $\mathcal{D}$ et de $\mathcal{P}$ ainsi que les coordonnées du point A′, symétrique de A par rapport à I.

Indication
Si A′ est le symétrique de A par rapport à I, le point I est le milieu de [AA′].

12 Intersection d'une droite et de plans

★ 10 min ➲ Corrigé p. 374

Soit $\mathcal{E}$ l'espace rapporté à un repère $(O\,;\vec{i},\vec{j},\vec{k})$. Soit A le point de coordonnées (1 ; 1 ; 2) et B le point de coordonnées (– 1 ; 2 ; 1).

1. Donner une représentation paramétrique de la droite $\mathcal{D}$ passant par A et B.

2. Déterminer les points d'intersection de $\mathcal{D}$ avec chacun des trois plans de coordonnées $(O\,;\vec{i},\vec{j})$, $(O\,;\vec{j},\vec{k})$ et $(O\,;\vec{i},\vec{k})$.

13 Droite intersection de deux plans

★★ 20 min ➲ Corrigé p. 374

On donne A(3 ; 3 ; 1), le plan $\mathcal{P}$ d'équation $x - 3y + 3z + 1 = 0$ et la droite $\mathcal{D}$ définie par :

$$\begin{cases} x + y - 10 = 0 \\ y + z - 6 = 0 \end{cases}$$

Indication
On pourra calculer *x* et *z* en fonction de *y*.

1. Donner une représentation paramétrique de $\mathcal{D}$.

2. Quelle est la réunion des droites passant par A et parallèles au plan $\mathcal{P}$?

3. Donner une construction géométrique de la droite Δ passant par A, parallèle à $\mathcal{P}$ et rencontrant $\mathcal{D}$.

4. Donner une représentation paramétrique de Δ.

14 Intersection d'une droite et d'un plan

★ 10 min ➔ Corrigé p. 376

On donne A(1 ; 1 ; 1), B(0 ; 2 ; 3) et le plan $\mathcal{P}$ d'équation :

$$2x + y - z + 4 = 0.$$

Calculer les coordonnées du point d'intersection de (AB) et de $\mathcal{P}$.

Indication
Écrire une représentation paramétrique de la droite (AB).

15 Équations d'un plan

★ 10 min ➔ Corrigé p. 376

On donne A(1 ; 0 ; 0), B(0 ; 1 ; –1), C(1 ; –1 ; 0).

1. Montrer que A, B, C ne sont pas alignés.

2. Donner une représentation paramétrique du plan (ABC).

3. Donner une équation cartésienne du plan (ABC).

16 Représentation paramétrique d'un plan

★★ 15 min ➔ Corrigé p. 377

On donne A(1 ; 0 ; 0), A′(0 ; 1 ; –2), B(2 ; –1 ; 3), $\vec{u}$ (1 ; 1 ; 1), $\vec{u}\,'$ (–1 ; 0 ; 5).

1. Donner une construction géométrique du plan $\mathcal{P}$ passant par B et parallèle aux droites $\mathcal{D}(\mathrm{A}, \vec{u})$ et $\mathcal{D}'(\mathrm{A}', \vec{u}\,')$.

2. Donner une représentation paramétrique de $\mathcal{P}$.

17 Famille de plans

★★ 20 min ➔ Corrigé p. 378

Soit $\mathcal{P}_m$ le plan d'équation :

$$mx - y + (2 - m)z + m + 4 = 0$$

(m paramètre réel). Quand m décrit $\mathbb{R}$, on obtient une famille de plans.

Remarque
Décrire les valeurs de m pour lesquelles l'équation proposée est l'équation d'un plan.

1. Montrer que $\mathcal{P}_m$ contient une droite fixe $\mathcal{D}$ dont on donnera une représentation paramétrique de paramètre z.

2. Montrer que la droite d'intersection Δ_m d'un plan $\mathcal{P}_m$ et du plan $\mathcal{P}'$ d'équation $x + y + z = 1$ passe par un point fixe dont on déterminera les coordonnées.

18 Utilisation du produit scalaire

★ 10 min ➔ Corrigé p. 379

Soit A et B deux points distincts de l'espace. Soit I le milieu de [AB]. On pose AB = $2a$. Soit k un nombre réel.

Déterminer l'ensemble S des points M de l'espace tels que $\overrightarrow{MA} \cdot \overrightarrow{MB} = k$.

Indication
Utiliser la relation de Chasles et introduire le point I.

19 Équations de plans

★ 15 min ➔ Corrigé p. 379

L'espace est muni d'un repère orthonormé $(O ; \vec{i}, \vec{j}, \vec{k})$. On demande de déterminer une équation cartésienne du plan $\mathcal{P}$ dans chacun des cas suivants.

a) $\mathcal{P}$ est le plan contenant la droite Δ définie par A(1 ; 1 ; 2) et le vecteur $\vec{u}(-1 ; 1 ; 1)$ et orthogonal au plan Π d'équation $x - y + z + 2 = 0$.

On pourra d'abord déterminer un vecteur $\vec{v}$ non nul orthogonal à $\vec{u}$ et à $\vec{n}(1 ; -1 ; 1)$.

b) $\mathcal{P}$ est le plan passant par le point A(– 1 ; 0 ; 2) et contenant la droite Δ de représentation paramétrique :

$$\begin{cases} x = 1 - 2t \\ y = t \\ z = 3 + t \end{cases}, \quad t \in \mathbb{R}.$$

20 Équation d'un plan

★★ 15 min ➔ Corrigé p. 380

L'espace est muni d'un repère orthonormé $(O ; \vec{i}, \vec{j}, \vec{k})$.

On demande de déterminer une équation cartésienne du plan $\mathcal{P}$ dans chacun des cas suivants.

1. $\mathcal{P}$ est le plan passant par A(1 ; 0 ; 2) et orthogonal à la droite passant par les deux points B(2 ; – 1 ; 0) et C(1 ; 1 ; 1).

2. a) $\mathcal{P}$ est le plan passant par A(1 ; – 1 ; 1) et orthogonal à la droite Δ intersection des deux plans Π et Π' d'équations :

$x + 2y + z - 1 = 0$ et $2x - y + z + 2 = 0$.

Indication
Le point H est l'intersection de la droite Δ et du plan perpendiculaire à Δ passant par A.

b) Déterminer les coordonnées du projeté orthogonal H de A sur la droite Δ. En déduire la distance du point A à la droite Δ.

21 Plans orthogonaux

★★ 15 min Corrigé p. 381

L'espace est muni d'un repère orthonormé $(O\,;\,\vec{i},\,\vec{j},\,\vec{k})$. Soit $\mathscr{P}$ et $\mathscr{P}'$ les plans d'équations respectives :

$$4x + 3y + 1 = 0 \quad \text{et} \quad 6x - 3y + 2z + 2 = 0.$$

Démontrer que l'ensemble des points de l'espace équidistants des deux plans précédents est la réunion de deux plans Π et Π'.

Démontrer que les deux plans Π et Π' sont orthogonaux.

Sujets de type bac

22 Points équidistants de deux droites

★★ 30 min Corrigé p. 381

On se propose dans ce problème d'étudier l'ensemble, noté Σ, des points de l'espace équidistants de deux droites $\mathscr{D}$ et $\mathscr{D}'$ non coplanaires et orthogonales.

L'espace est rapporté à un repère orthonormé $\mathscr{R} = (O\,;\,\vec{i},\,\vec{j},\,\vec{k})$.

La droite $\mathscr{D}$ passe par le point A de coordonnées $(0\,;\,0\,;\,1)$ et admet le vecteur $\vec{u} = \vec{i} + \vec{j}$ pour vecteur directeur.

La droite $\mathscr{D}'$ passe par le point A′ de coordonnées $(0\,;\,0\,;\,-1)$ et admet le vecteur $\vec{u}' = \vec{i} - \vec{j}$ pour vecteur directeur.

1. Vérifier que $\mathscr{D}$ et $\mathscr{D}'$ sont orthogonales et non coplanaires.

Démontrer que le point O appartient à Σ.

2. Démontrer qu'une représentation paramétrique de $\mathscr{D}$ est :

$$\begin{cases} x = t \\ y = t \\ z = 1 \end{cases}, \quad t \in \mathbb{R}.$$

Soit $M(x\,;\,y\,;\,z)$ un point quelconque de l'espace.

Calculer la distance de M à la droite $\mathscr{D}$ en fonction de x, y et z.

3. Calculer de même la distance de M à la droite $\mathscr{D}'$.

4. En déduire que M appartient à Σ si et seulement si $xy + 2z = 0$.

23 Distance minimale

★★ 30 min ➲ Corrigé p. 383

Dans l'espace muni d'un repère orthonormal, $(O\,;\,\vec{i},\,\vec{j},\,\vec{k})$, on considère les points A, B et C de coordonnées (0 ; 6 ; 0), (0 ; 0 ; 8) et (4 ; 0 ; 8).

1. a) Faire une figure que l'on complétera au fur et à mesure (unité graphique : 1 cm).

b) Démontrer que :

- les droites (BC) et (BA) sont orthogonales ;
- les droites (CO) et (OA) sont orthogonales ;
- la droite (BC) est orthogonale au plan (OAB).

> **Indication**
> Revoir la formule du volume d'un tétraèdre.

c) Déterminer, en cm^3, le volume du tétraèdre OABC.

d) Démontrer que les quatre points O, A, B et C se trouvent sur une sphère dont on déterminera le centre et le rayon.

2. À tout réel a de l'intervalle ouvert]0 ; 8[est associé le point M(0 ; 0 ; a). Le plan Π qui contient M et est orthogonal à la droite (OB) rencontre les droites (OC), (AC) et (AB) respectivement en N, P et Q.

a) Déterminer la nature du quadrilatère MNPQ.

b) La droite (PM) est-elle orthogonale à la droite (OB) ? Pour quelle valeur de a, la droite (MP) est-elle orthogonale à la droite (AC) ?

c) Déterminer MP^2 en fonction de a.

Pour quelle valeur de a, la distance MP est-elle minimale ?

CORRIGÉS

Questions courtes

1 **1.** Le vecteur $\vec{v}$ étant non nul, $\vec{u}\begin{pmatrix} m^2 \\ m \\ 3 \end{pmatrix}$ et $\vec{v}\begin{pmatrix} 1 \\ 1 \\ 1 \end{pmatrix}$ sont colinéaires si et seulement s'il existe un réel λ tel que $\vec{u} = \lambda\vec{v}$ c'est-à-dire $\begin{cases} m^2 = \lambda \ (1) \\ m = \lambda \quad (2) \\ 3 = \lambda \quad (3) \end{cases}$.

D'après (2) et (3), $m = \lambda = 3$, mais on ne peut avoir (1), **donc $\vec{u}$ et $\vec{v}$ ne sont pas colinéaires.**

Remarque

L'écriture $\vec{u} = \lambda\vec{v}$ n'est possible que parce que le vecteur $\vec{v}$ est non nul.

2. $\vec{u}\begin{pmatrix} m \\ 2m \\ 3m \end{pmatrix}$, $\vec{v}\begin{pmatrix} m+1 \\ m-1 \\ 1 \end{pmatrix}$. Utilisons la propriété rappelée dans le cours p. 277, $\vec{u}$ et $\vec{v}$ sont colinéaires si et seulement si :

$$\begin{cases} \Delta_1 = m(m-1) - 2m(m+1) = -m(m+3) = 0 \\ \Delta_2 = 2m - 3m(m-1) = m(-3m+5) = 0 \\ \Delta_3 = m - 3m(m+1) = -m(3m+2) = 0 \end{cases}.$$

Si $m = 0$, $\vec{u} = \vec{0}$, donc **$\vec{u}$ et $\vec{v}$ sont colinéaires** ($\vec{u} = 0 \cdot \vec{v}$).

Si $m \neq 0$, le système est équivalent à $\begin{cases} m+3=0 \\ -3m+5=0 \\ 3m+2=0 \end{cases}$.

Donc $\vec{u}$ et $\vec{v}$ ne sont pas colinéaires.

2 Les vecteurs $\vec{u}\begin{pmatrix} 6m+3 \\ m+3 \\ m+8 \end{pmatrix}$ et $\vec{v}\begin{pmatrix} m+1 \\ m-1 \\ 1 \end{pmatrix}$ sont colinéaires, si et seulement si,

$$\begin{cases} \Delta_1 = (6m+3)(m-1)-(m+3)(m+1) = 5m^2-7m-6 = 0 \\ \Delta_2 = (m+3)m-(m+8)(m-1) = -4m+8 = 0 \\ \Delta_3 = (6m+3)m-(m+8)(m+1) = 5m^2-6m-8 = 0 \end{cases}$$

$$\Leftrightarrow \begin{cases} (m-2)(5m+3) = 0 \\ m-2 = 0 \\ (m-2)(5m+4) = 0 \end{cases}.$$

Si $m = 2$, $\vec{u}$ **et** $\vec{v}$ **sont colinéaires** et $\vec{u}\begin{pmatrix}15\\5\\10\end{pmatrix}$ et $\vec{v}\begin{pmatrix}3\\1\\2\end{pmatrix}$, donc $\vec{u} = 5\vec{v}$.

Si $m \neq 2$, le système n'a pas de solution (2e équation), **les vecteurs $\vec{u}$ et $\vec{v}$ ne sont pas colinéaires.**

3 **a)** Il suffit de développer :

$$\|\vec{u}+\vec{v}\|^2 + \|\vec{u}-\vec{v}\|^2 = \left(\|\vec{u}\|^2 + 2\vec{u}\cdot\vec{v} + \|\vec{v}\|^2\right) + \left(\|\vec{u}\|^2 - 2\vec{u}\cdot\vec{v} + \|\vec{v}\|^2\right)$$
$$= 2\left(\|\vec{u}\|^2 + \|\vec{v}\|^2\right).$$

Rappel
$\|\vec{u}\|^2 = \vec{u}^2 = \vec{u}\cdot\vec{u}$. Si $\vec{u}$ et $\vec{v}$ sont deux vecteurs quelconques :
$(\vec{u}+\vec{v})^2 = \vec{u}^2 + 2\vec{u}\cdot\vec{v} + \vec{v}^2$.

b) En utilisant l'égalité précédente, on trouve :

$$\|\vec{u}+\vec{v}\|^2 \leqslant 2\left(\|\vec{u}\|^2 + \|\vec{v}\|^2\right).$$

Rappel
Pour tout vecteurs $\vec{u}$ et $\vec{v}$:
$$\|\vec{u}-\vec{v}\|^2 \geqslant 0.$$

Si $\vec{u} = \vec{v}$, $\vec{u} - \vec{v} = \vec{0}$ et alors $\|\vec{u}-\vec{v}\|^2 = 0$, **donc l'égalité est vérifiée si $\vec{u} = \vec{v}$.**

4 En élevant au carré et en développant :

$$\|\vec{u}+\vec{v}\| = \|\vec{u}-\vec{v}\| \Leftrightarrow \|\vec{u}+\vec{v}\|^2 = \|\vec{u}-\vec{v}\|^2$$
$$\Leftrightarrow \|\vec{u}\|^2 + \|\vec{v}\|^2 + 2\vec{u}\cdot\vec{v} = \|\vec{u}\|^2 + \|\vec{v}\|^2 - 2\vec{u}\cdot\vec{v}$$
$$\Leftrightarrow \vec{u}\cdot\vec{v} = 0.$$

Rappel
Deux réels positifs sont égaux si et seulement si leurs carrés le sont.

$\|\vec{u}+\vec{v}\| = \|\vec{u}-\vec{v}\|$ **si, et seulement si, les deux vecteurs sont orthogonaux.**

5 Π_0 est le plan passant par A et orthogonal à $\mathcal{D}$.
Il existe un unique point H de $\mathcal{D}$ tel que :

$$\overrightarrow{AH} \cdot \vec{u} = k.$$

En effet, si $\overrightarrow{AH} = \lambda\vec{u}$:

$$\overrightarrow{AH} \cdot \vec{u} = k \Leftrightarrow (\lambda\vec{u}) \cdot \vec{u} = k \Leftrightarrow \lambda(\vec{u} \cdot \vec{u}) = k \Leftrightarrow \lambda = \frac{k}{\|\vec{u}\|^2} \quad (\|\vec{u}\|^2 \neq 0).$$

Des équivalences :

$$\overrightarrow{AM} \cdot \vec{u} = k \Leftrightarrow \overrightarrow{AM} \cdot \vec{u} = \overrightarrow{AH} \cdot \vec{u} \Leftrightarrow \overrightarrow{HM} \cdot \vec{u} = 0.$$

L'ensemble Π_k est donc le plan passant par H et orthogonal à $\mathcal{D}$.

6 Pour tout point M de l'espace :

$$\begin{aligned} MA = MB &\Leftrightarrow MA^2 = MB^2 \\ &\Leftrightarrow \left(\overrightarrow{MI} + \overrightarrow{IA}\right)^2 = \left(\overrightarrow{MI} + \overrightarrow{IB}\right)^2 \\ &\Leftrightarrow MI^2 + IA^2 + 2\overrightarrow{MI} \cdot \overrightarrow{IA} = MI^2 + IB^2 + 2\overrightarrow{MI} \cdot \overrightarrow{IB} \\ &\Leftrightarrow \overrightarrow{MI} \cdot \overrightarrow{IA} = \overrightarrow{MI} \cdot \overrightarrow{IB} \\ &\Leftrightarrow \overrightarrow{MI} \cdot \overrightarrow{AB} = 0. \end{aligned}$$

L'ensemble des points M équidistants de A et B est donc le plan passant par le milieu I de [AB] et orthogonal à la droite (AB).

Remarque
La droite (AB) existe car $A \neq B$.

7 Soit I le milieu de [AB]. Pour tout point M de l'espace :

$$\begin{aligned} \overrightarrow{MA} \cdot \overrightarrow{MB} = 0 &\Leftrightarrow (\overrightarrow{MI} + \overrightarrow{IA}) \cdot (\overrightarrow{MI} + \overrightarrow{IB}) = 0 \\ &\Leftrightarrow (\overrightarrow{MI} + \overrightarrow{IA}) \cdot (\overrightarrow{MI} - \overrightarrow{IA}) = 0 \\ &\Leftrightarrow MI^2 = IA^2. \end{aligned}$$

L'ensemble cherché est donc la sphère centrée en I de diamètre [AB].

8 Les vecteurs $\vec{n}(2\,;-1\,;-1)$, $\vec{n}'(-4\,;2\,;2)$ et $\vec{n}''(1\,;0\,;2)$ sont respectivement orthogonaux aux plans $\mathcal{P}$, $\mathcal{P}'$ et $\mathcal{P}''$.

Comme $\vec{n}$ et $\vec{n}'$ sont colinéaires, **les plans $\mathcal{P}$ et $\mathcal{P}'$ sont parallèles.**

Comme $\vec{n} \cdot \vec{n}'' = 0$, **les plans $\mathcal{P}$ et $\mathcal{P}''$ sont orthogonaux.**

Remarque
$\vec{n}' = -2\vec{n}$.

9 La droite (AB) est dirigée par le vecteur $\overrightarrow{AB}(-3\,;1\,;1)$. Le vecteur $\vec{n}(1\,;2\,;1)$ est normal au plan $\mathcal{P}$.

Comme $\overrightarrow{AB}\cdot\vec{n}=0$, **la droite (AB) est parallèle au plan $\mathcal{P}$.**

10 La distance d du point A au plan $\mathcal{P}$ est donnée par la formule :

$$d=\frac{|2\times3+1\times(-1)+(-1)\times2+3|}{\sqrt{2^2+(-1)^2+1^2}}=\frac{6}{\sqrt{6}}$$

$$\boxed{d=\sqrt{6}.}$$

Exercices d'entraînement

11 **1.** Un point M de coordonnées $(x\,;y\,;z)$ de l'espace $\mathcal{E}$ appartient à la droite $\mathcal{D}$ si, et seulement si, les vecteurs $\overrightarrow{AM}$ et $\vec{u}$ sont colinéaires, ce qui s'écrit, le vecteur $\vec{u}$ étant non nul :

$$M\in\mathcal{D}\Leftrightarrow \text{il existe } t\in\mathbb{R}\ \begin{cases}x-1=-3t\\ y=t\\ z-1=0\end{cases}.$$

Une représentation paramétrique de $\mathcal{D}$ est donc :

$$\boxed{\begin{cases}x=1-3t\\ y=t\\ z=1\end{cases},\ t\in\mathbb{R}.}$$

2. Le point M de paramètre t de la droite $\mathcal{D}$ appartient à $\mathcal{P}$ si, et seulement si, ses coordonnées vérifient l'équation donnée de $\mathcal{P}$, soit :

$$1-3t-t+3=2\Leftrightarrow t=\frac{1}{2}.$$

Les coordonnées de I sont donc :

$$x=-\frac{1}{2};\quad y=\frac{1}{2};\quad z=1.$$

$\overrightarrow{OA'} = 2\overrightarrow{OI} - \overrightarrow{OA}$, d'où les coordonnées $(x' ; y' ; z')$ de A' :

$$\begin{cases} x' = -2 \\ y' = 1 \\ z' = 1. \end{cases}$$

Rappel

$\overrightarrow{IA} + \overrightarrow{IA'} = \vec{0}$, donc :
$\overrightarrow{IO} + \overrightarrow{OA} + \overrightarrow{IO} + \overrightarrow{OA'} = \vec{0}$.

12 **1.** Un point M de coordonnées $(x ; y ; z)$ de l'espace $\mathscr{E}$ appartient à la droite $\mathscr{D}$ si, et seulement si, les vecteurs $\overrightarrow{AM}$ et $\overrightarrow{AB}$ sont colinéaires, ce qui s'écrit :

$$M \in \mathscr{D} \Leftrightarrow \text{ il existe } t \in \mathbb{R} \begin{cases} x - 1 = -2t \\ y - 1 = t \\ z - 2 = -t. \end{cases}$$

Rappel

Le vecteur $\overrightarrow{AB}$ a pour coordonnées $(-2 ; 1 ; -1)$.

Une représentation paramétrique de $\mathscr{D}$ est donc :

$$\begin{cases} x = 1 - 2t \\ y = 1 + t \\ z = 2 - t \end{cases}, t \in \mathbb{R}.$$

2. Un point M de $\mathscr{D}$ appartient au plan $(O ; \vec{i}, \vec{j})$ si, et seulement si, sa cote z est nulle, ce qui se produit pour $t = 2$. **Les coordonnées du point d'intersection de $\mathscr{D}$ et du plan $(O ; \vec{i}, \vec{j})$ sont donc $(-3 ; 3 ; 0)$.**

En procédant de façon analogue, on voit que le paramètre du point d'intersection de $\mathscr{D}$ avec le plan $(O ; \vec{j}, \vec{k})$ est $t = \frac{1}{2}$.

Les coordonnées du point d'intersection de $\mathscr{D}$ avec le plan $(O ; \vec{j}, \vec{k})$ sont $\left(0 ; \frac{3}{2} ; \frac{3}{2}\right)$. De même, le paramètre du point d'intersection de $\mathscr{D}$ avec le plan $(O ; \vec{i}, \vec{k})$ est $t = -1$ et **les coordonnées du point d'intersection de $\mathscr{D}$ avec le plan $(O ; \vec{i}, \vec{k})$ sont $(3 ; 0 ; 3)$.**

13 **1.** $\begin{cases} x + y - 10 = 0 \\ y + z - 6 = 0 \end{cases} \Leftrightarrow \begin{cases} x = 10 - y \\ y = y \\ z = 6 - y \end{cases}$

Remarque

Bien retenir la méthode ci-contre pour écrire les équations paramétriques d'une droite.

de la forme $\begin{cases} x = x_0 + \lambda\alpha \\ y = y_0 + \lambda\beta \\ z = z_0 + \lambda\gamma \end{cases}$, le paramètre étant $\lambda = y$, avec :

$$(x_0 ; y_0 ; z_0) = (10 ; 0 ; 6) \text{ et } (\alpha ; \beta ; \gamma) = (-1 ; 1 ; -1).$$

$\mathcal{D}$ est la droite passant par B(10 ; 0 ; 6) et de vecteur directeur $\vec{u}(-1 ; 1 ; -1)$.

2. La réunion des droites passant par A et parallèles au plan $\mathcal{P}$ est le plan $\mathcal{P}'$ passant par A et parallèle à $\mathcal{P}$.

3. ***Analyse***

$\Delta \subset \mathcal{P}'$ et, comme Δ rencontre $\mathcal{D}$, le point d'intersection A′ de Δ et $\mathcal{D}$ appartient à $\mathcal{P}'$.

Synthèse

D'où les constructions :

– le plan $\mathcal{P}'$ mené par A et parallèle à $\mathcal{P}$,

– $\{A'\} = \mathcal{D} \cap \mathcal{P}'$,

– (AA′) est la droite Δ cherchée.

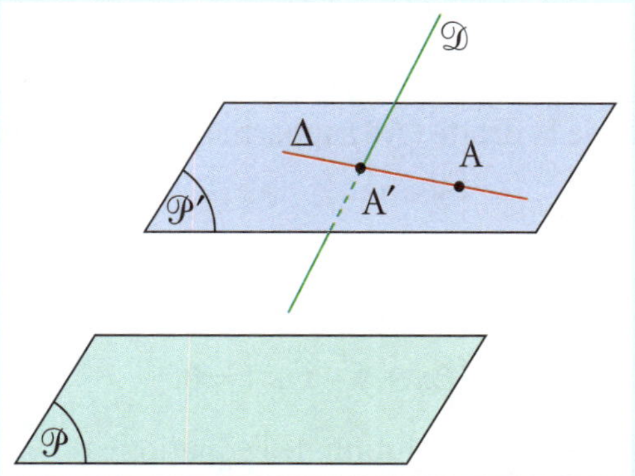

4. • Cherchons d'abord une équation cartésienne de $\mathcal{P}'$. Puisque $\mathcal{P}'$ est parallèle à $\mathcal{P}$, les vecteurs directeurs de ces deux plans sont les mêmes, donc le plan $\mathcal{P}$ a pour équation $x - 3y + 3z + 1 = 0$.

Le plan $\mathcal{P}'$ a une équation de la forme $x - 3y + 3z + d = 0$.

$\mathcal{P}'$ passe par A(3 ; 3 ; 1), donc $3 - 3 \times 3 + 3 \times 1 + d = 0$, d'où $d = 3$.

Une équation de $\mathcal{P}'$ est $x - 3y + 3z + 3 = 0$.

• A′(x ; y ; z) est un point d'intersection de $\mathcal{D}$ et $\mathcal{P}'$ si et seulement si :

$$\begin{cases} x = 10 - y \\ z = 6 - y \\ x - 3y + 3z + 3 = 0 \end{cases} \Leftrightarrow \begin{cases} x = 10 - y \\ z = 6 - y \\ (10 - y) - 3y + 3(6 - y) + 3 = 0 \end{cases}.$$

On trouve $A'\left(\frac{39}{7} ; \frac{31}{7} ; \frac{11}{7}\right)$.

• Δ est la droite (AA′). C'est l'ensemble des points M(x ; y ; z) tels que $\overrightarrow{AM} = \lambda\overrightarrow{AA'}$ (λ décrivant $\mathbb{R}$) :

$$\begin{pmatrix} x-3 \\ y-3 \\ z-1 \end{pmatrix} = \lambda\begin{pmatrix} \frac{39}{7}-3 \\ \frac{31}{7}-3 \\ \frac{11}{7}-1 \end{pmatrix} \Leftrightarrow \boxed{\begin{cases} x = 3 + \frac{18}{7}\lambda \\ y = 3 + \frac{10}{7}\lambda. \\ z = 1 + \frac{4}{7}\lambda \end{cases}}$$

14 La droite (AB) est l'ensemble des points M(x ; y ; z) tels que :

$$\overrightarrow{AM} = \lambda\overrightarrow{AB}$$

(λ décrivant $\mathbb{R}$) soit :

$$\begin{pmatrix} x-1 \\ y-1 \\ z-1 \end{pmatrix} = \lambda\begin{pmatrix} 0-1 \\ 2-1 \\ 3-1 \end{pmatrix} \Leftrightarrow \begin{cases} x = 1-\lambda \\ y = 1+\lambda \\ z = 1+2\lambda. \end{cases}$$

Un point C(x ; y ; z) de la droite (AB) appartient à $\mathcal{P}$ si et seulement si :

$$\begin{cases} x = 1-\lambda \\ y = 1+\lambda \\ z = 1+2\lambda \\ 2x+y-z+4 = 0. \end{cases}$$

Le paramètre λ associé à C est solution de l'équation :

$$2(1-\lambda)+(1+\lambda)-(1+2\lambda)+4 = 0.$$

D'où $\lambda = 2$ et $\boxed{C(-1 ; 3 ; 5).}$

Méthode

Pour déterminer les coordonnées du point d'intersection d'une droite et d'un plan, le plus efficace est d'écrire les équations paramétriques de la droite et une équation cartésienne du plan.

15 **1.** $\overrightarrow{AB}\begin{pmatrix} -1 \\ 1 \\ -1 \end{pmatrix}$, $\overrightarrow{AC}\begin{pmatrix} 0 \\ -1 \\ 0 \end{pmatrix}$,

Par exemple, $(-1)(-1)-(1)(0) = 1$, donc $\overrightarrow{AB}$ et $\overrightarrow{AC}$ ne sont pas colinéaires.

Les points A, B, C ne sont pas alignés.

2. $M(x\,;y\,;z)$ appartient au plan (ABC) si et seulement s'il existe $(\lambda\,;\lambda') \in \mathbb{R}^2$ tel que :

$$\overrightarrow{AM} = \lambda\overrightarrow{AB} + \lambda'\overrightarrow{AC},$$

$$\begin{pmatrix} x-1 \\ y \\ z \end{pmatrix} = \lambda\begin{pmatrix} -1 \\ 1 \\ -1 \end{pmatrix} + \lambda'\begin{pmatrix} 0 \\ -1 \\ 0 \end{pmatrix}$$

$$(1) \quad \begin{cases} x = 1-\lambda \\ y = \lambda - \lambda' \quad (\lambda\,;\lambda') \in \mathbb{R}^2. \\ z = -\lambda \end{cases}$$

Remarque
(1) est une représentation paramétrique du plan (ABC).

3. Une relation entre les coordonnées, indépendante de λ et λ', est :

$$x = 1 + z$$

c'est-à-dire :

(2) $$x - z - 1 = 0.$$

Réciproquement, soit un point $M(x\,;y\,;z)$ tel qu'on ait (2).

En prenant $\lambda = -z$ et $\lambda' = \lambda - y$, on a (1).

Une équation cartésienne du plan (ABC) est donc :

$$\boxed{x - z - 1 = 0.}$$

16 **1.** Les vecteurs $\vec{u}$ et $\vec{u}\,'$ ne sont pas colinéaires, donc $\mathcal{P}$ existe et est unique.

$\mathcal{P}$ est parallèle à $\mathcal{D}$ si et seulement s'il contient une parallèle à $\mathcal{D}$ et le plan $\mathcal{P}$ est parallèle à $\mathcal{D}'$ si et seulement s'il contient une parallèle à $\mathcal{D}'$.

Donc $\mathcal{P}$ est le plan contenant les deux droites Δ et Δ' passant par B et parallèles respectivement à $\mathcal{D}$ et $\mathcal{D}'$.

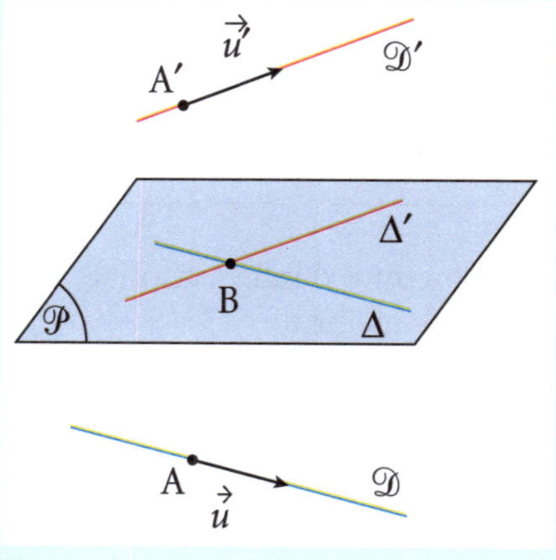

2. M$(x\,;y\,;z)$ appartient à $\mathcal{P}$ si et seulement si :

$$\overrightarrow{BM} = \lambda\vec{u} + \lambda'\vec{u'},\ (\lambda\,;\lambda') \in \mathbb{R}^2$$

$$\begin{pmatrix} x-2 \\ y+1 \\ 2-3 \end{pmatrix} = \lambda\begin{pmatrix} 1 \\ 1 \\ 1 \end{pmatrix} + \lambda'\begin{pmatrix} -1 \\ 0 \\ 5 \end{pmatrix},\ (\lambda\,;\lambda') \in \mathbb{R}^2$$

$$\begin{cases} x = 2 + \lambda - \lambda' \\ y = -1 + \lambda \\ z = 3 + \lambda + 5\lambda' \end{cases},\ (\lambda\,;\lambda') \in \mathbb{R}^2.$$

17 **1.** Pour tout m, $mx - y + (2-m)z + m + 4 = 0$ est une équation d'un plan car le coefficient de y est non nul.

Méthode
$ax + by + cz + d = 0$ est l'équation d'un plan si $(a\,;b\,;c) \neq (0\,;0\,;0)$, toujours le vérifier.

Pour tout m, $mx - y + (2-m)z + m + 4 = 0$ est équivalente à :

$$m(x - z + 1) - y + 2z + 4 = 0.$$

Cette équation est vérifiée quel que soit m si et seulement si :

$$\begin{cases} x - z + 1 = 0 \\ -y + 2z + 4 = 0 \end{cases} \text{ c'est-à-dire } \begin{cases} x = -1 + z \\ y = 4 + 2z \\ z = z \end{cases}.$$

On reconnaît, sous cette dernière forme, une représentation paramétrique de droite $\mathcal{D}$ passant par A$(-1\,;4\,;0)$ et de vecteur $\vec{u}\,(1\,;2\,;1)$, le paramètre étant z.

Les plans $\mathcal{P}_m$ contiennent donc tous cette droite $\mathcal{D}(\mathbf{A}\,;\vec{u})$.

Point méthode

Dire qu'une équation $Am + B = 0$ est vérifiée pour tout m, équivaut à dire que cette équation admet une infinité de solutions, ce qui est équivalent à écrire $A = B = 0$.

2. La droite Δ_m passe par le point B d'intersection de $\mathcal{D}$ et $\mathcal{P}'$. Les coordonnées x, y, z de B sont solutions du système :

$$\begin{cases} x = -1 + z \\ y = 4 + 2z \\ x + y + z = 1 \end{cases} \quad \text{soit :} \quad \boxed{B\left(-\frac{3}{2}\,;3\,;-\frac{1}{2}\right)}.$$

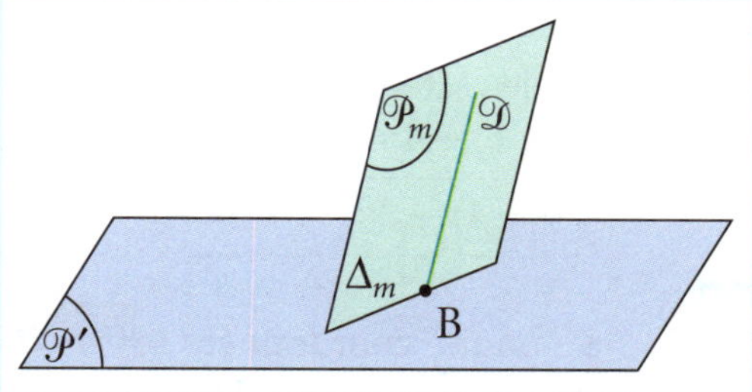

18 Transformons $\overrightarrow{MA} \cdot \overrightarrow{MB}$ en introduisant le point I :

$$\begin{aligned}\overrightarrow{MA} \cdot \overrightarrow{MB} &= (\overrightarrow{MI} + \overrightarrow{IA}) \cdot (\overrightarrow{MI} + \overrightarrow{IB}) \\ &= (\overrightarrow{MI} + \overrightarrow{IA}) \cdot (\overrightarrow{MI} - \overrightarrow{IA}) \\ &= MI^2 - IA^2.\end{aligned}$$

Par suite :

$$\overrightarrow{MA} \cdot \overrightarrow{MB} = k \Leftrightarrow MI^2 = k + a^2.$$

La discussion est donc la suivante :

Si $k + a^2 < 0$, S est vide.

Si $k + a^2 = 0$, $S = \{I\}$.

Si $k + a^2 > 0$, S est la sphère de centre I et de rayon $\sqrt{k + a^2}$.

19 **a)** Le vecteur $\vec{n}\,(1\,;-1\,;1)$ est orthogonal au plan Π. Le plan $\mathcal{P}$ cherché est donc le plan $(A\,;\vec{u}\,;\vec{n})$. Un vecteur $\vec{v}\,(\alpha\,;\beta\,;\gamma)$ est orthogonal à $\vec{u}$ et à $\vec{n}$ si et seulement si $\begin{cases}\vec{v} \cdot \vec{u} = 0 \\ \vec{v} \cdot \vec{n} = 0\end{cases}$ soit $\begin{cases}-\alpha + \beta + \gamma = 0 \\ \alpha - \beta + \gamma = 0\end{cases}$.

On peut prendre le vecteur $\vec{v}\,(1\,;1\,;0)$.

Le plan $\mathcal{P}$ est le plan passant par A et admettant $\vec{v}$ pour vecteur normal. Il admet donc pour équation cartésienne $(x-1) + (y-1) = 0$ soit :

$$\boxed{x + y - 2 = 0.}$$

b) La droite Δ passe par le point $B(1\,;0\,;3)$, elle est dirigée par le vecteur $\vec{u}\,(-2\,;1\,;1)$. Le plan $\mathcal{P}$ est donc le plan $(A\,;\overrightarrow{AB}, \vec{u})$. On cherche un vecteur $\vec{v}\,(\alpha\,;\beta\,;\gamma) \neq \vec{0}$ orthogonal aux deux vecteurs $\overrightarrow{AB}(2\,;0\,;1)$ et $\vec{u}$.

$$\begin{cases}\vec{v} \cdot \overrightarrow{AB} = 0 \\ \vec{v} \cdot \vec{u} = 0\end{cases} \Leftrightarrow \begin{cases}2\alpha + \gamma = 0 \\ -2\alpha + \beta + \gamma = 0\end{cases}.$$

On peut prendre le vecteur $\vec{v}(1\,;4\,;-2)$.

Le plan $\mathcal{P}$ passe par A et admet le vecteur $\vec{v}$ pour vecteur normal. Il admet donc pour équation cartésienne $(x+1)+4y-2(z-2)=0$ soit :

$$\boxed{x+4y-2x+5=0.}$$

20 **1.** Le vecteur $\overrightarrow{BC}$ a pour coordonnées $(-1\,;2\,;1)$. Le plan $\mathcal{P}$ est le plan passant par A et admettant pour vecteur normal $\overrightarrow{BC}$, il admet donc pour équation :

Remarque

Le vecteur $\overrightarrow{BC}$ est non nul.

$$-(x-1)+2y+(z-2)=0$$

$$\boxed{x-2y-z+1=0.}$$

2. a) Notons d'abord que les deux plans Π et Π' sont bien sécants puisque les vecteurs normaux à ces deux plans $\vec{n}(1\,;2\,;1)$ et $\vec{n}'(2\,;-1\,;1)$ ne sont pas colinéaires.

On cherche deux points distincts de la droite Δ. On peut choisir, par exemple, $B(-3\,;0\,;4)$ et $C(0\,;1\,;-1)$.

On est maintenant ramené au problème traité à la question précédente : déterminer une équation du plan passant par A et orthogonal à la droite (BC).

Le vecteur $\overrightarrow{BC}(3\,;1\,;-5)$ est normal au plan $\mathcal{P}$ qui admet donc pour équation :

$$3(x-1)+(y+1)-5(z-1)=0$$

$$\boxed{3x+y-5z+3=0.}$$

b) Le point H est l'intersection de la droite Δ et du plan $\mathcal{P}$. Ses coordonnées vérifient donc le système :

$$\begin{cases}x+2y+z-1=0\\2x-y+z+2=0\\3x+y-5z+3=0\end{cases}\Leftrightarrow\begin{cases}x+2y+z-1=0\\-5y-z+4=0\\-5y-8z+6=0\end{cases}\Leftrightarrow\begin{cases}x+2y+z-1=0\\-5y-z+4=0\\7z-2=0\end{cases}\Leftrightarrow\begin{cases}x=-\dfrac{27}{35}\\y=\dfrac{26}{35}\\z=\dfrac{2}{7}.\end{cases}$$

Le vecteur $\overrightarrow{AH}$ a pour coordonnées $\left(-\dfrac{62}{35}\,;\dfrac{61}{35}\,;-\dfrac{5}{7}\right)$. La distance de A à la droite Δ est donc $AH=\dfrac{1}{35}\sqrt{62^2+61^2+25^2}$ soit :

$$\boxed{AH=3\sqrt{\frac{26}{35}}.}$$

21 Rappelons que la distance du point $M_0(x_0 ; y_0 ; z_0)$ au plan d'équation :

$$ax + by + cz + d = 0,$$

est donnée par la formule :

$$\frac{|ax_0 + by_0 + cz_0 + d|}{a^2 + b^2 + c^2}.$$

Par conséquent, $M(x ; y ; z)$ est équidistant de $\mathcal{P}$ et $\mathcal{P}'$ si, et seulement si :

$$\frac{|4x + 3y + 1|}{5} = \frac{|6x - 3y + 2z + 2|}{7}.$$

$$\begin{cases} 7(4x + 3y + 1) = 5(6x - 3y + 2z + 2) \\ \text{ou} \\ 7(4x + 3y + 1) = -5(6x - 3y + 2z + 2). \end{cases}$$

Après simplification, on trouve donc que l'ensemble étudié est la réunion des deux plans Π et Π' d'équations respectives :

$$2x - 36y + 10z + 3 = 0 \text{ et } 58x + 6y + 10z + 17 = 0.$$

Un vecteur normal au plan Π est $\vec{n}(2 ; -36 ; 10)$.

Un vecteur normal au plan Π' est $\vec{n}'(58 ; 6 ; 10)$.

Or $\vec{n}$ et $\vec{n}'$ sont orthogonaux puisque :

$$\vec{n} \cdot \vec{n}' = 2 \times 58 + (-36) \times 6 + 10 \times 10 = 0.$$

Les deux plans Π et Π' sont donc bien orthogonaux.

Remarque
Les plans Π et Π' sont appelés plans bissecteurs des deux plans $\mathcal{P}$ et $\mathcal{P}'$. Ils sont orthogonaux et contiennent tous deux la droite Δ intersection de $\mathcal{P}$ et $\mathcal{P}'$.

Sujets de type BAC

22 **1.** Les vecteurs directeurs $\vec{u}$ et $\vec{u}'$ des deux droites $\mathcal{D}$ et $\mathcal{D}'$ sont orthogonaux puisque $\vec{u} \cdot \vec{u}' = 1 - 1 = 0$.

Les deux droites $\mathcal{D}$ et $\mathcal{D}'$ sont donc orthogonales.

Les droites $\mathcal{D}$ et $\mathcal{D}'$ n'ont pas de point commun puisqu'elles se trouvent dans les deux plans parallèles distincts d'équations :

$$z = 1 \text{ et } z = -1.$$

Ces droites ne peuvent donc être coplanaires (sinon, étant orthogonales, elles seraient sécantes).

Le vecteur $\overrightarrow{OA}$ est orthogonal au vecteur $\vec{u}$. Par suite, A est le projeté orthogonal de O sur $\mathcal{D}$. La distance de O à A est donc égale à 1.

De façon analogue, la distance de O à $\mathcal{D}'$ est égale à 1, **donc O appartient à Σ.**

2. Soit M un point quelconque de l'espace de coordonnées $(x\,;y\,;z)$. Pour que M appartienne à $\mathcal{D}$, il faut et il suffit qu'il existe $t \in \mathbb{R}$ tel que $\overrightarrow{AM} = t\vec{u}$, ce qui se traduit par : il existe $t \in \mathbb{R}$ tel que $\begin{cases} x = t \\ y = t \\ z = 1. \end{cases}$

Soit encore M un point quelconque de l'espace et H le point d'intersection de $\mathcal{D}$ et du plan perpendiculaire à $\mathcal{D}$ passant par M. Le paramètre t du point H sur la droite $\mathcal{D}$ est déterminé par la condition $\vec{u} \cdot \overrightarrow{HM} = 0$, qui se traduit par :

$$(x-t)+(y-t)=0 \Leftrightarrow t = \frac{x+y}{2}.$$

Les coordonnées de H sont donc $\left(\frac{x+y}{2}\,;\frac{x+y}{2}\,;1\right)$ et la distance de M à la droite $\mathcal{D}$ est la distance de H à M :

$$\boxed{\mathrm{HM} = \sqrt{2\left(\frac{x-y}{2}\right)^2 + (z-1)^2}\,.}$$

3. De façon analogue, une représentation paramétrique de $\mathcal{D}'$ est :

$$\begin{cases} x = t' \\ y = -t',\ t' \in \mathbb{R}. \\ z = -1 \end{cases}$$

Un point quelconque M de l'espace se projette orthogonalement en H′ sur $\mathcal{D}'$. Le paramètre t' de H′ sur $\mathcal{D}'$ est déterminé par la condition $\vec{u} \cdot \overrightarrow{H'M} = 0$, ce qui donne $t' = \frac{x-y}{2}$.

Enfin, la distance de M à $\mathcal{D}'$ est :

$$\boxed{\mathrm{H'M} = \sqrt{2\left(\frac{x+y}{2}\right)^2 + (z+1)^2}\,.}$$

4. Le point M est sur Σ si et seulement si $\mathrm{HM}^2 = \mathrm{H'M}^2$, ce qui se traduit par :

$$\frac{1}{2}(x-y)^2 + (z-1)^2 = \frac{1}{2}(x+y)^2 + (z+1)^2,$$

$$\frac{1}{2}(x^2+y^2) - xy + z^2 - 2z + 1 = \frac{1}{2}(x^2+y^2) + xy + z^2 + 1 + 2z,$$

$$\boxed{xy + 2z = 0.}$$

23 **1. a)**

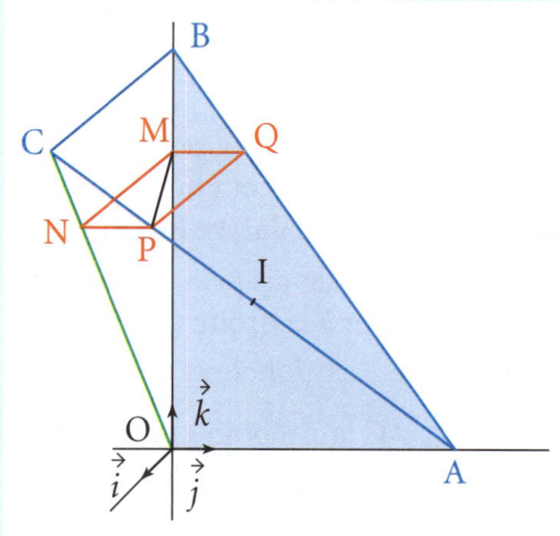

b) Puisque $\overrightarrow{BC} = 4\vec{i}$, la droite (BC) est orthogonale au plan $(O\,;\vec{j},\vec{k})$ et, en particulier, **la droite (BC) est orthogonale à la droite (BA).**

Puisque $\overrightarrow{OA} = 6\vec{j}$, la droite (OA) est orthogonale au plan $(O\,;\vec{i},\vec{k})$ et, en particulier, **la droite (OA) est orthogonale à la droite (OC).**

La droite (BC) est orthogonale au plan $(O\,;\vec{j},\vec{k})$ qui n'est autre que le plan (OAB), **donc (BC) est orthogonale à (OAB).**

c) Le triangle OAB est rectangle en O et OA = 6 cm, OB = 8 cm.

L'aire du triangle OAB est donc $\frac{1}{2} \times 6 \times 8\ \text{cm}^2 = 24\ \text{cm}^2$.

Comme la droite (BC) est orthogonale au plan (OAB) et que BC = 4 cm, le volume du tétraèdre OABC est :

$$V = \frac{1}{3} \times 24 \times 84\ \text{cm}^3 = 32\ \text{cm}^3.$$

d) Soit I le milieu de [AC]. Le triangle ABC étant rectangle en B :

$$IA = IB = IC.$$

De façon analogue, comme le triangle OAC est rectangle en O :

$$IO = IA = IC.$$

Les quatre points O, A, B et C sont donc sur la sphère de centre I(2 ; 3 ; 4) et de rayon $R = IO = \sqrt{4 + 9 + 16} = \sqrt{29}$.

2. a) La droite (OA) est parallèle au plan Π. Par suite, l'intersection du plan Π et d'un plan quelconque passant par (OA) est parallèle à (OA). Il en est ainsi pour la droite (MQ) (intersection de (OAB) et de Π) et pour la droite (NP) (intersection de (OAC) et de Π).

De même, la droite (BC) étant parallèle à Π, la droite (MN) (intersection de (OBC) et de Π) et la droite (PQ) (intersection de (ABC) et de Π) sont parallèles à (BC).

Le quadrilatère MNPQ ayant ses côtés opposés parallèles est un parallélogramme. Mais, comme les droites (OA) et (BC), donc aussi les droites (MQ) et (MN), sont orthogonales, **le quadrilatère MNPQ est un rectangle**.

b) La droite (OB) étant orthogonale au plan Π est orthogonale à toutes les droites de ce plan et, en particulier à la droite (MP).

Cherchons les coordonnées de P en fonction de *a*. La droite (AC) passe par A(0 ; 6 ; 0) et est dirigée par $\overrightarrow{AC}$ qui a pour coordonnées (4 ; –6 ; 8).

Une représentation paramétrique de la droite (AC) est donc :

$$\begin{cases} x = 4t \\ y = 6 - 6t, \quad t \in \mathbb{R}. \\ z = 8t \end{cases}$$

Comme la cote de P est *a*, le paramètre du point P est $t = \frac{a}{8}$ et ses coordonnées sont donc $\left(\frac{a}{2} ; 6 - \frac{3a}{4} ; a\right)$.

Les coordonnées du vecteur $\overrightarrow{MP}$ sont $\left(\frac{a}{2} ; 6 - \frac{3a}{4} ; 0\right)$, d'où :

$$\overrightarrow{MP} \cdot \overrightarrow{AC} = 4 \times \frac{a}{2} - 6 \times \left(6 - \frac{3a}{4}\right) = \frac{13a}{2} - 36.$$

Par suite, (MP) est orthogonale à (AC) si, et seulement si : $\boxed{a = \frac{72}{13}}$

On note que cette valeur est bien comprise entre 0 et 8.

c) $MP^2 = \frac{a^2}{4} + \left(6 - \frac{3a}{4}\right)^2 = \frac{13}{16}a^2 - 9a + 36.$

Appelons *f* l'application de]0 ; 8[dans $\mathbb{R}$ définie par $f(a) = \frac{13}{16}a^2 - 9a + 36.$

$f'(a) = \frac{13}{8}a - 9$. Cette dérivée est nulle pour $a = \frac{72}{13}$, négative sur $\left]0 ; \frac{72}{13}\right[$ et positive sur $\left]\frac{72}{13} ; 8\right[$ **Par suite, la valeur minimale de *f*, donc aussi de MP, est obtenue pour $a = \frac{72}{13}$.** Notons que, pour cette même valeur de *a*, la droite (MP) est orthogonale à la droite (AC).

CHAPITRE 9

Conditionnement et indépendance. Variables aléatoires discrètes

DE QUOI S'AGIT-IL ?

Après un bref rappel des probabilités vues en classe de première, nous compléterons cette notion par celle de probabilité conditionnelle. Enfin, cet outil nous permettra de définir la notion d'indépendance entre événements.

1 Probabilités

1 Vocabulaire

- Soit Ω un ensemble associé à une expérience aléatoire. Les éléments de Ω sont appelés les **issues** ou les **cas possibles**.
- Un **événement** est une partie de Ω.
- La partie pleine Ω est appelée **l'événement certain**.

La partie vide $\varnothing$ est appelée **l'événement impossible**.

Le complémentaire dans Ω de l'événement (partie) A est appelé **l'événement contraire** de A, on le note $\overline{A}$.

- $A \cap B$ est l'événement conjonction des événements A et B, on lit « A et B ». $A \cup B$ est l'événement disjonction inclusive des événements A et B, on lit « A ou B ».
- Si $A \cap B = \varnothing$, on dit que A et B sont deux événements **incompatibles**.

Remarque
Pour que $A \cup B$ soit réalisé, il faut que A soit réalisé, ou que B le soit ou éventuellement les deux (disjonction inclusive).

2 Probabilité

Une probabilité est une application définie sur l'ensemble de tous les événements, à valeurs dans $\mathbb{R}_+$ et vérifiant :

- $p(\Omega) = 1$.
- Pour tout couple (A, B) d'événements incompatibles ($A \cap B = \varnothing$) :

$$p(A \cup B) = p(A) + p(B).$$

3 Propriétés d'une probabilité

- Pour tout événement A : $p(A) \in [0, 1]$ et $p(\overline{A}) = 1 - p(A)$.
- Si $A_1, A_2, \ldots, A_p$ sont des événements incompatibles deux à deux :

$$p(A_1 \cup A_2 \cup \ldots \cup A_p) = \sum_{i=1}^{p} p(A_i).$$

- Quels que soient les événements A et B :

$$A \subset B \subset \Omega \Rightarrow p(A) \leqslant p(B),$$

$$p(A \cup B) = p(A) + p(B) - p(A \cap B).$$

4 Équiprobabilité

On dit qu'il y a équiprobabilité si tous les événements élémentaires ont la même probabilité. Lorsqu'il y a équiprobabilité :

$$p(\mathrm{A}) = \frac{\mathrm{card\,A}}{\mathrm{card}\,\Omega} = \frac{\text{nombre de cas favorables}}{\text{nombre de cas possibles}}.$$

Remarque
Un événement élémentaire est un événement qui ne contient qu'un cas possible.

2 Probabilité conditionnelle

Soit p une probabilité définie sur un univers Ω.

Remarque
Si on a à la fois $p(\mathrm{A}) \neq 0$ et $p(\mathrm{B}) \neq 0$, on peut écrire au choix :
$p(\mathrm{A} \cap \mathrm{B}) = p(\mathrm{A}) \times p_{\mathrm{A}}(\mathrm{B})$
$= p(\mathrm{B}) \times p_{\mathrm{B}}(\mathrm{A})$.

1 Définition

Soit A un événement de probabilité non nulle.

On appelle **probabilité conditionnelle sachant A** l'application, notée p_{A}, qui à tout événement B associe le réel :

$$p_{\mathrm{A}}(\mathrm{B}) = \frac{p(\mathrm{A} \cap \mathrm{B})}{p(\mathrm{A})}.$$

Remarque
On écrit $p_{\mathrm{A}}(\mathrm{B})$ ou encore $p(\mathrm{B} \mid \mathrm{A})$.

D'où : $p(\mathrm{A} \cap \mathrm{B}) = p(\mathrm{A}) \times p_{\mathrm{A}}(\mathrm{B})$.

2 Propriétés

Une probabilité conditionnelle p_{A} est une probabilité. Elle en a donc toutes les propriétés.
Par exemple :

$p_{\mathrm{A}}(\overline{\mathrm{B}}) = 1 - p_{\mathrm{A}}(\mathrm{B})$;

$p_{\mathrm{A}}(\mathrm{B}) \in [0, 1]$;

$\mathrm{B} \subset \mathrm{C} \Rightarrow p_{\mathrm{A}}(\mathrm{B}) \leqslant p_{\mathrm{A}}(\mathrm{C})$;

$p_{\mathrm{A}}(\mathrm{B} \cup \mathrm{C}) = p_{\mathrm{A}}(\mathrm{B}) + p_{\mathrm{A}}(\mathrm{C})$ dès que $\mathrm{B} \cap \mathrm{C} = \varnothing$.

Remarque
Considérer la probabilité conditionnelle p_{A} revient à restreindre l'univers à A.

Remarque
L'événement A sachant B n'a aucun sens ; il n'existe pas d'événement conditionnel ; c'est la probabilité qui est conditionnelle, pas l'événement.

3 Formule des probabilités totales

- Lorsque des événements $A_1, A_2, \dots, A_n$ constituent une partition de l'univers Ω (ils sont deux à deux incompatibles et leur réunion est égale à l'univers Ω), on dit que $(A_1, A_2, \dots, A_n)$ est un **système complet d'événements**.

> **Remarque**
> $(A, \overline{A})$ est un système complet à deux événements.

- Soit $(A_1, A_2, \dots, A_n)$ un système complet d'événements vérifiant $p(A_i) \neq 0$ pour tout $i \in \{1, 2, \dots, n\}$.

Alors, pour tout événement B :

$$p(B) = \sum_{i=1}^{n} p(A_i) p_{A_i}(B).$$

Par exemple, si $p(A) \in]0 ; 1[$:

$$p(B) = p(A) \times p_A(B) + p(\overline{A}) \times p_{\overline{A}}(B).$$

4 Indépendance

- **Définitions**

On dit que deux événements A et B sont **indépendants** si, et seulement si :

$$p(A \cap B) = p(A) \times p(B).$$

Lorsque $p(A) \neq 0$, A et B sont indépendants si et seulement si $p_A(B) = p(B)$.

> **Remarque**
> Il conviendrait de dire : l'indépendance pour la probabilité p car l'indépendance dépend de la probabilité considérée.

- **Propriété**

Lorsque deux événements A et B sont indépendants, alors $\overline{A}$ et B le sont aussi, de même que A et $\overline{B}$ et que $\overline{A}$ et $\overline{B}$.

Bien comprendre

L'indépendance est acquise dans le cas suivants : lancers successifs d'un dé, d'une pièce, tirages avec remise dans une urne, dans un jeu de cartes. Dans les autres cas, l'indépendance doit être démontrée grâce à la définition.

Questions courtes

1 Dénombrements

➲ Corrigé p. 398

On considère une urne contenant trois boules blanches et cinq boules noires.

1. Combien y a-t-il de tirages équiprobables distincts possibles d'une boule ?

2. Combien y a-t-il de tirages équiprobables distincts possibles de deux boules de couleurs différentes ?

3. Combien y a-t-il de tirages de deux boules, quand on les tire successivement avec remise ?

4. Combien y a-t-il de tirages de deux boules blanches quand on tire les deux boules successivement avec remise.

5. Même question que **4.** pour le tirage de deux boules de couleurs différentes.

Indication
Pour les questions **4.** et **5.**, on peut utiliser un arbre.

2 Probabilité (révision)

➲ Corrigé p. 398

1. En probabilité, que signifient les mots « on tire au hasard » et « le dé est équilibré » ?

2. On tire au hasard un domino dans un jeu de dominos. Quelle est la probabilité d'obtenir un double ?

3. Quelle est la probabilité d'obtenir un multiple de 3 en lançant un dé parfait ?

4. Combien y a-t-il de cas possibles lorsqu'on lance deux dés cubiques ?

Indications
2. Calculer le nombre de dominos dans un jeu.
3. Faire la liste des multiple de 3.
6. Utiliser les propriétés d'une probabilité.

5. Quelle est la probabilité d'obtenir « face » en lançant une pièce truquée de telle sorte que la probabilité d'obtenir face soit le double de celle d'obtenir pile ?

6. Comment calcule-t-on la probabilité de la réunion de deux événements ?

3 Probabilité conditionnelle, indépendance

➲ Corrigé p. 399

1. Comment calcule-t-on la probabilité de l'intersection de deux événements ?

2. À quelle condition, deux événements sont-ils indépendants ?

3. Deux événements peuvent-ils être à la fois indépendants et incompatibles ?

4. Si A et B sont deux événements indépendants, a-t-on A et $\overline{B}$ indépendants ? $\overline{A}$ et $\overline{B}$ indépendants ?

4 Variable aléatoire

➲ Corrigé p. 399

1. Quelle propriété possède la loi d'une variable aléatoire prenant un nombre fini de valeurs ?

Remarque
Cette propriété est utilisée dans de nombreux exercices.

2. On considère une variable aléatoire X dont on donne la loi sous forme d'un tableau :

x_i	-3	1	5
$p([X = x_i])$	$\frac{4}{7}$	$\frac{1}{5}$	a

a) Calculer $a = p([X = 5])$.

b) Calculer $p([X < 2])$ et $p([X \leqslant 0])$.

c) Calculer l'espérance mathématique de X.

d) Calculer la variance et l'écart type de X.

Indication
Utiliser la propriété précédente.

5 Loi binomiale

➲ Corrigé p. 401

1. La variable aléatoire X suit une loi binomiale de paramètre $n = 5$ et $p = \frac{1}{3}$.

Calculer l'espérance mathématique et la variance de X.

Rappel
On note $X \hookrightarrow \mathscr{B}\left(5, \frac{1}{3}\right)$

2. La variable aléatoire X suit une loi binomiale de paramètres $n = 50$ et $p = \frac{1}{4}$.

Calculer la probabilité $p([X \geqslant 1])$.

3. On tire successivement et sans remise les boules d'une urne qui en contient n, $(n \in \mathbb{N}^*)$.

Peut-on parler d'un schéma de Bernoulli ?

Indication
Revoir le cours sur le schéma de Bernoulli.

4. On lance trois fois de suite un dé. Soit X la variable aléatoire égale au nombre de six obtenus au cours des trois lancers.

Quelle est la loi de X ?

Indication
Il faut avoir un analyse "concrète" du lancer de dés.

Exercices d'entraînement

6 Lancers de dés

★★ 15 min ➔ Corrigé p. 401

On lance trois fois de suite un dé et on note les résultats dans l'ordre obtenu. Déterminer la probabilité d'obtenir :

1. trois fois de suite le même résultat ;

2. des nombres distincts dans l'ordre croissant ;

3. uniquement des nombres pairs ;

4. exactement deux fois un as.

> **Indication**
> Revoir le nombre de lancers possibles (ex. 2 question 2.).

7 Tirage dans une urne

★★ 20 min ➔ Corrigé p. 402

Soit n un nombre entier supérieur à 1.

On considère une urne dans laquelle se trouvent :

- une boule portant le numéro 1 ;
- deux boules portant le numéro 2 ;
- trois boules portant le numéro 3 ;
- .... ;
- n boules portant le numéro n.

1. Combien l'urne contient-elle de boules ?

> **Rappel**
> Pour tout $n \in \mathbb{N}^*$:
> $1 + 2 + \cdots + n = \dfrac{n(n+1)}{2}$.

2. On tire au hasard une boule dans l'urne, tous les tirages sont supposés équiprobables.

On suppose dans cette question que n est pair.

Exprimer en fonction de n la probabilité pour que la boule tirée porte :

a) un numéro pair ;

b) un numéro impair.

> **Indication**
> Il faut dénombrer le nombre de boules portant un numéro pair.

8 Conditionnement et indépendance

★ 5 min ➔ Corrigé p. 402

Marc lance un dé parfait à six faces. S'il obtient un nombre strictement supérieur à 4, il tire une carte d'un jeu de 32 cartes ; sinon il relance le dé une deuxième fois, s'il obtient alors un nombre supérieur à 4, il tire une carte, sinon le jeu s'arrête.

Quelle est la probabilité que Marc obtienne un as ?

> **Indication**
> Il faut construire un arbre.

9 Conditionnement, formule des probabilités totales

★ 5 min ➔ Corrigé p. 403

Monique hésite entre deux plateaux, A et B pour choisir au hasard un bonbon.

Indication
Utiliser un arbre.

Sur le plateau A, sont offerts en quantité égale des bonbons au chocolat noir et au chocolat au lait. Sur le plateau B, sont offerts en quantité égale des bonbons au chocolat noir, au chocolat au lait fourré à l'orange et au chocolat au lait fourré à l'abricot.

Pour se décider, elle lance une pièce de monnaie : si c'est face, elle choisit le plateau A, sinon elle choisit B.

Quelle est la probabilité, qu'en prenant un bonbon au hasard dans le plateau choisi, Monique ait un chocolat noir ?

10 Probabilités et suites

★★★ 25 min ➔ Corrigé p. 404

Une urne contient 5 boules noires et 5 boules blanches. On en prélève n successivement et avec remise, n étant un entier naturel supérieur ou égal à 2. On considère les deux événements suivants :

A « on obtient des boules des deux couleurs »,

B « on obtient au plus une blanche ».

1. a) Calculer la probabilité de l'événement « toutes les boules tirées sont de même couleur ».

b) Calculer la probabilité de l'événement « on obtient exactement une boule blanche ».

c) En déduire que les probabilités $p(A \cap B)$, $p(A)$, $p(B)$ sont :

$$p(A \cap B) = \frac{n}{2^n},\ p(A) = 1 - \frac{1}{2^{n-1}},\ p(B) = \frac{n+1}{2^n}.$$

2. Démontrer que $p(A \cap B) = p(A)p(B)$ si, et seulement si, $2^{n-1} = n + 1$.

3. Soit (u_n) la suite définie pour tout n entier naturel supérieur ou égal à deux par $u_n = 2^{n-1} - (n+1)$.

Calculer u_2, u_3 et u_4. Démontrer que (u_n) est strictement croissante.

4. En déduire la valeur de l'entier n tel que les événements A et B soient indépendants.

11 Probabilités et suites

★★★ 40 min ➔ Corrigé p. 405

1. Soit a un nombre réel. On considère la suite (u_n) de nombres réels définie pour tout entier naturel $n \geqslant 1$ par la relation de récurrence :

$$u_{n+1} = \frac{4}{10} - \frac{3}{10}u_n,$$

et par la condition initiale $u_1 = a$.

> **Remarque**
> Une telle suite est appelée arithmético-géométrique.

a) Soit (v_n) la suite de nombres réels définie pour tout entier naturel $n \geqslant 1$ par $v_n = 13u_n - 4$.

Démontrer que (v_n) est une suite géométrique et déterminer sa raison q. Exprimer (v_n) en fonction de n et a.

b) Prouver que pour tout entier naturel $n \geqslant 1$:

$$u_n = \frac{4}{13} + \left(a - \frac{4}{13}\right)\left(-\frac{3}{10}\right)^{n-1}.$$

c) Déterminer la limite de la suite (u_n).

2. Un professeur oublie fréquemment les clés de sa salle de classe. Pour tout entier naturel $n \geqslant 1$, on note E_n l'événement « le professeur oublie ses clés le jour n » et $\overline{E_n}$ l'événement contraire de E_n.

Soit p_n la probabilité de E_n et q_n celle de $\overline{E_n}$.

> **Rappel**
> Pour tout entier n non nul, E_n et $\overline{E_n}$ forment un système coupler d'événements, on utilisera la formule des probabilités totales.

On suppose que la probabilité p_1 qu'il oublie ses clés le premier jour est égale à a.
On suppose en outre que les deux conditions suivantes sont réalisées :

- Si le jour n, il oublie ses clés, la probabilité qu'i1 les oublie encore le jour suivant $n+1$ est $\frac{1}{10}$.
- Si le jour n, il n'oublie pas ses clés, la probabilité qu'il les oublie le jour suivant $n+1$ est $\frac{4}{10}$.

a) Démontrer que, pour tout $n \geqslant 1$, $p_{n+1} = \frac{1}{10}p_n + \frac{4}{10}q_n$.

Pour cela, on pourra d'abord calculer les probabilités conditionnelles :

$$p_{E_n}(E_{n+1}) \text{ et } p_{\overline{E_n}}(E_{n+1}).$$

En déduire l'expression de p_{n+1} en fonction de p_n.

b) À l'aide des résultats de la question **1.**, donner l'expression de p_n en fonction de a et n.

La limite p de p_n dépend-elle de la condition initiale $p_1 = a$?

12 Variables aléatoires

★★★ 40 min ➲ Corrigé p. 407

Soit A et B deux dés tétraédriques équilibrés, dont les faces sont numérotées 1, 2, 3, 4.

Soit X la variable aléatoire qui prend la valeur 0 si le numéro lu sur le dé A est pair et 1 si le numéro lu sur le dé A est impair.

Soit Y la variable aléatoire égale à la valeur absolue de la différence des nombres lus sur les dés A et B.

1. Déterminer la loi de X.

2. a) Déterminer l'ensemble des valeurs prises par Y.

b) Déterminer la loi de Y.

3. Déterminer les probabilités des événements $[X = x] \cap [Y = y]$, où x est une valeur prise par X et y une valeur prise par Y. On pourra construire un tableau à double entrée contenant toutes les probabilités précédentes.

4. Les événements $[X = x]$ et $[Y = y]$ sont-ils toujours indépendants ?

13 Variables aléatoires

★★★ 20 min ➲ Corrigé p. 409

Une urne contient deux boules rouges et m boules noires (m entier naturel non nul), indiscernables au toucher, et ayant chacune la même probabilité d'être tirée.

1. On tire trois boules successivement avec remise. On désigne par X la variable aléatoire égale au nombre de boules rouges tirées.

Donner la loi de X, puis calculer $E(X)$ et déterminer m pour que l'espérance de X soit 1,2.

2. Dans la suite de l'exercice, on prend $m = 3$. On tire maintenant les cinq boules de l'urne successivement sans remise. On désigne par Y la variable aléatoire égale au rang de la première boule noire tirée.

> **Remarque**
> Les tirages étant sans remise, il n'y a pas indépendance des résultats.

Par exemple, en désignant la couleur rouge par R, et la couleur noire par N, pour le tirage (R, N, N, R, N), Y prend la valeur 2.

a) Déterminer la loi de probabilité de Y.

b) Calculer l'espérance mathématique et la variance de Y.

Sujets de type bac

14 Service de maintenance

★★ 40 min ➔ Corrigé p. 411

Dans une entreprise, on fait appel à un technicien lors de ses passages hebdomadaires, pour l'entretien des machines.

Chaque semaine, on décide donc, pour chaque appareil, de faire appel ou non au technicien. Pour un certain type de machines, le technicien constate :

- qu'il doit intervenir la première semaine,
- que s'il est intervenu la n-ième semaine, la probabilité qu'il intervienne la $(n+1)$-ième semaine est égale à $\frac{3}{4}$,
- que s'il n'est pas intervenu la n-ième semaine, la probabilité qu'il intervienne la $(n+1)$-ième semaine est égale à $\frac{1}{10}$.

On désigne par E_n l'événement « le technicien intervient la n-ième semaine » et par p_n la probabilité de cet événement E_n.

1. Déterminer les nombres $p(E_n)$, $p_{E_n}(E_{n+1})$ et $p_{\overline{E_n}}(E_{n+1})$,

puis en fonction de p_n, $p(E_{n+1} \cap E_n)$ et $p(E_{n+1} \cap \overline{E_n})$.

2. En déduire que pour tout entier n non nul, $p_{n+1} = \frac{13}{20}p_n + \frac{1}{10}$.

3. On pose $q_n = p_n - \frac{2}{7}$.

Démontrer que la suite (q_n) est une suite géométrique.

> **Remarque**
> La suite (p_n) est arithmético-géométrique.

En déduire l'expression de p_n en fonction de n.

Pour quelles valeurs de l'entier n, la probabilité que le technicien intervienne la n-ième semaine, est-elle inférieure ou égale à $\frac{3}{10}$.

15 Un jeu de boules

★★ 30 min ➔ Corrigé p. 413

Au cours d'une fête, le jeu suivant est proposé au public.

Dans une urne, se trouvent placées 7 boules noires et 3 boules rouges, indiscernables au toucher.

Le joueur prend une boule au hasard ; si cette boule est noire, le jeu s'arrête ; si la boule est rouge, le joueur prend une deuxième boule (sans remettre la première boule tirée dans l'urne) et le jeu s'arrête.

Une boule noire tirée rapporte au joueur 1 € et chaque boule rouge 2 €.

Pour un jeu, le joueur paye 2 €. On désigne par X la variable aléatoire associée au gain algébrique du joueur (c'est-à-dire la différence entre la somme rapportée par les boules tirées et le prix du jeu).

1. a) Quelles sont les valeurs que X peut prendre ?

b) Déterminer la loi de probabilité de X, puis son espérance mathématique.

2. Un joueur fait trois jeux. Ceux-ci se déroulent dans des conditions identiques. (Après chaque jeu, les boules tirées sont remises dans l'urne).

Déterminer la probabilité des événements suivants :

A : le joueur perd 3 € ;
B : le joueur perd 1 € ;
C : le gain du joueur est nul.
(On donnera les résultats à 10^{-1} près.)

> **Remarque**
> Un jeu est dit équitable si son espérance est nulle.

En déduire la probabilité de l'événement D « le joueur a un gain strictement positif ».

16 Pannes et accidents

★★★ 40 min Corrigé p. 415

Une entreprise de location de voitures relève dans sa comptabilité les frais de réparation des pannes d'origine mécanique et ceux de remise en état de la carrosserie.

Elle a observé que pour une voiture louée une semaine :

- la probabilité de panne mécanique est 0,32,
- la probabilité de dégâts à la carrosserie est 0,54.

D'autre part, la probabilité qu'une voiture ayant une panne mécanique présente également des dégâts à la carrosserie est de 0,45.

1. Calculer la probabilité qu'une voiture :

a) ait une panne mécanique et présente des dégâts à la carrosserie ;

b) ait seulement une panne mécanique ;

c) présente seulement des dégâts à la carrosserie ;

d) n'ait ni panne mécanique, ni dégâts à la carrosserie.

2. Calculer la probabilité qu'une voiture louée pendant les cinquante-deux semaines d'une année n'ait ni panne mécanique, ni dégâts à la carrosserie pendant exactement vingt-six semaines. On donne $\binom{52}{26} \approx 5 \times 10^{14}$.

3. Pour une voiture louée une semaine, les frais s'élèvent en moyenne à 300 € en cas de panne mécanique et à 500 € en cas de dégâts à la carrosserie.

Soit X la variable aléatoire qui prend pour valeur le montant moyen en euros des frais hebdomadaires pour une voiture.

Calculer l'espérance mathématique de X.

17 Les fléchettes

★★★ 40 min ➔ Corrigé p. 418

On rapporte le plan à un repère orthonormal $(O ; \vec{i}, \vec{j})$ (unité graphique : 3 cm). On considère les points I(1 ; 0) et J(0 ; 1), puis on construit le carré OIKJ.

1. On considère les fonctions f et g définies sur $[0 ; 1]$ par :

$$f(x) = x^3 \quad \text{et} \quad g(x) = \sqrt{x}.$$

Construire les courbes représentatives $\mathscr{C}_f$ et $\mathscr{C}_g$ des fonctions f et g. On ne demande pas l'étude des fonctions.

Les courbes $\mathscr{C}_f$ et $\mathscr{C}_g$ déterminent dans le carré OIJK trois régions : la région délimitée par les segments [OI], [IK] et la courbe $\mathscr{C}_f$ notée $\mathscr{D}_1$, la région comprise entre les courbes $\mathscr{C}_f$ et $\mathscr{C}_g$ notée $\mathscr{D}_2$ et enfin $\mathscr{D}_3$, comprise entre les segments [OJ], [JK] et la courbe $\mathscr{C}_g$.

Calculer en unités d'aire les aires de ces trois régions.

2. Le carré OIJK sert de cible à un jeu de fléchettes. Pierre lance une fléchette. La probabilité qu'il atteigne la cible est 0,6.

On admet que les probabilités d'atteindre les régions $\mathscr{D}_1$, $\mathscr{D}_2$ et $\mathscr{D}_3$ sont proportionnelles aux aires, exprimées en unités d'aire, de ces trois domaines.

a) Calculer la probabilité que Pierre rate la cible.

b) Démontrer que les probabilités pour que Pierre atteigne $\mathscr{D}_1$, $\mathscr{D}_2$ et $\mathscr{D}_3$ sont respectivement $\frac{3}{20}$, $\frac{1}{4}$ et $\frac{1}{5}$.

> **Remarque**
> Si on simule le lancer de fléchettes, les statistiques sur les zones atteintes permettent d'évaluer les aires des différentes zones.

3. Pierre marque 1 point s'il atteint $\mathscr{D}_1$, 2 points s'il atteint $\mathscr{D}_2$, 3 points s'il atteint $\mathscr{D}_3$, 0 point s'il rate la cible.

Il lance deux fléchettes successivement et dans les mêmes conditions.

a) Quelle est la probabilité qu'il marque au moins 1 point ?

b) Quelle est la probabilité qu'il marque exactement 3 points ?

Questions courtes

1 **1.** Il y a huit boules dans l'urne, il y a donc **huit tirages possibles d'une boule**.

2. Il y a trois boules blanches et cinq boules noires. On associe l'une des trois boules blanches à l'une des cinq boules noires et on obtient $3 \times 5 = \mathbf{15}$ **tirages possibles de deux boules de couleurs distinctes**.

3. Avec remise, il y a $8 \times 8 = \mathbf{64}$ **tirages possibles.**

4. Il y a $3 \times 3 = \mathbf{9}$ **tirages de deux boules blanches.**

5. Il y a 3×5 tirages pour lesquels la première boule est blanche et la seconde est noire, et il y a aussi $5 \times 3 = 15$ tirages pour lesquels la première est noire et la seconde est blanche.
Soit au total $15 + 15 = \mathbf{30}$ **tirages de deux boules de couleurs distinctes.**

> **Remarque**
> On peut utiliser un arbre.

2 **1.** L'expression « on tire au hasard » signifie que les événements élémentaires sont **équiprobables**. De même, l'expression « le dé est équilibré » ou « parfait » signifie que **les entiers 1, 2, 3, 4, 5, 6 ont la même probabilité d'apparaître**.

> **Remarque**
> On dit aussi indiscernable au toucher, non biseauté…

2. Il y a 28 dominos dans un jeu de dominos. Il y a 7 doubles. Tous les tirages sont équiprobables puisqu'on tire au hasard.

Donc la probabilité d'obtenir un double est $\frac{7}{28} = \frac{1}{4}$.

3. Il y a six résultats possibles, tous équiprobables. Il y a deux résultats possibles multiples de 3 : 3 et 6, **donc la probabilité d'obtenir un multiple de 3 est** $\frac{2}{6} = \frac{1}{3}$.

4. Lorsqu'on lance deux dés cubiques, il y a trente-six cas possibles soit **36 événements élémentaires.**

> **Remarque**
> Cette réponse est très importante ; s'il y a trois dés : 6^3…

5. Quand on lance une pièce, il y a deux résultats qu'on peut noter P et F. Ces deux résultats ne sont pas équiprobables car, par hypothèse, $p(\mathrm{F}) = 2p(\mathrm{P})$.

Mais les événements P et F étant deux événements contraires, $p(\mathrm{F}) + p(\mathrm{P}) = 1$;

d'où $3p(\mathrm{P}) = 1$ soit $p(\mathrm{P}) = \frac{1}{3}$ et $p(\mathrm{F}) = \frac{2}{3}$.

La probabilité d'obtenir face est $\frac{2}{3}$.

6. Dans le cas général, la probabilité de la réunion de deux événements A et B est :

$$\boxed{p(\mathrm{A} \cup \mathrm{B}) = p(\mathrm{A}) + p(\mathrm{B}) - p(\mathrm{A} \cap \mathrm{B}).}$$

3 **1.** La probabilité $p(\mathrm{A} \cap \mathrm{B})$ peut être difficile à calculer, sauf si l'on sait que A et B sont indépendants ou incompatibles.

Si A et B sont indépendants, $p(\mathrm{A} \cap \mathrm{B}) = p(A) \times p(\mathrm{B})$.

Si A et B sont incompatibles, $p(\mathrm{A} \cap \mathrm{B}) = 0$.

2. Deux événements sont indépendants si :

$$\boxed{p(\mathrm{A} \cap \mathrm{B}) = p(\mathrm{A}) \times p(\mathrm{B}).}$$

> **Remarque**
> Si $p(\mathrm{A}) \neq 0$, A et B sont indépendants si et seulement si $p(\mathrm{B}) = p_{\mathrm{A}}(\mathrm{B})$.

3. Si deux événements A et B sont indépendants :

$$p(\mathrm{A} \cap \mathrm{B}) = p(\mathrm{A}) \times p(\mathrm{B})\,;$$

et s'ils sont incompatibles $p(\mathrm{A} \cap \mathrm{B}) = 0$.

Donc A et B sont à la fois incompatibles et indépendants si et seulement si $p(\mathrm{A}) \times p(\mathrm{B}) = 0$ ce qui équivaut à $p(\mathrm{A}) = 0$ ou $p(\mathrm{B}) = 0$.

A et B sont à la fois incompatibles et indépendants si et seulement si l'un des deux événements a une probabilité nulle.

4. A et B étant deux événements :

$$\mathrm{A} = (\mathrm{B} \cup \overline{\mathrm{B}}) \cap \mathrm{A} = (\mathrm{B} \cap \mathrm{A}) \cup (\overline{\mathrm{B}} \cap \mathrm{A}).$$

> **Remarque**
> Retenir la méthode.

D'où puisque $(\mathrm{B} \cap \mathrm{A})$ et $(\overline{\mathrm{B}} \cap \mathrm{A})$ sont incompatibles :

$$p(\mathrm{A}) = p(\mathrm{B} \cap \mathrm{A}) + p(\overline{\mathrm{B}} \cap \mathrm{A}). \qquad \textbf{(1)}$$

Par hypothèse $p(\mathrm{B} \cap \mathrm{A}) = p(\mathrm{B}) \times p(\mathrm{A})$ puisque A et B sont indépendants.

L'égalité **(1)** s'écrit alors :

$$p(\mathrm{A}) = p(\mathrm{A}) \times p(\mathrm{B}) + p(\overline{\mathrm{B}} \cap \mathrm{A}), \text{ soit } p(\mathrm{A}) - p(\mathrm{A}) \times p(\mathrm{B}) = p(\overline{\mathrm{B}} \cap \mathrm{A}),$$

d'où $p(\mathrm{A} \cap \overline{\mathrm{B}}) = p(\mathrm{A})(1 - p(\mathrm{B})) = p(\mathrm{A}) \times p(\overline{\mathrm{B}})$.

Les événements A et $\overline{\mathrm{B}}$ sont donc indépendants.

Appliquons ce résultat aux événements $\overline{\mathrm{B}}$ et A ; $\overline{\mathrm{B}}$ et A sont indépendants, donc $\overline{\mathrm{B}}$ et $\overline{\mathrm{A}}$ le sont aussi.

Donc si A et B sont indépendants, alors A et $\overline{\mathrm{B}}$ sont indépendants, ainsi que $\overline{\mathrm{A}}$ et $\overline{\mathrm{B}}$.

4 **1.** Soit $x_1, x_2, \ldots x_n$ les valeurs prises par la variable aléatoire X, les nombres réels $p_1 = p([X = x_1])$, $p_2 = p([X = x_2]), \ldots,$ $p_n = p([X = x_n])$ appartiennent à $[0\,;1]$ et vérifient :

$$\boldsymbol{p_1 + p_2 + \cdots + p_n = 1},$$

CORRIGÉS

2. a) On sait que $p([X=-3])+p([X=1])+p([X=5])=1$.

D'où $a=p([X=5])=1-p([X=-3])-p([X=1])=1-\frac{4}{7}-\frac{1}{5}$ soit :

$$a=\frac{8}{35}.$$

b) L'événement $[X<2]$ est l'événement $[X=-3]\cup[X=1]$, d'où, puisque ces deux événements sont incompatibles :

$$p([X<2])=p([X=-3]\cup[X=1])=p([X=-3])+p([X=1])=\frac{4}{7}+\frac{1}{5}=\frac{27}{35}.$$

$$p([X<2])=\frac{27}{35}.$$

L'événement $[X\leqslant 0]$ est l'événement $[X=-3]$. $p([X=-3])=\frac{4}{7}$ d'où :

$$p([X\leqslant 0])=\frac{4}{7}.$$

c) L'espérance mathématique de la variable aléatoire X est :

$$E(X)=-3\times\frac{4}{7}+\frac{1}{5}+5\times\frac{8}{35}=\frac{-12}{7}+\frac{1}{5}+\frac{40}{35}$$

$$E(X)=\frac{-13}{35}.$$

d) La variance $V(X)$ s'obtient en calculant $V(X)=E(X^2)-[E(X)]^2$ soit :

$$V(X)=9\times\frac{4}{7}+\frac{1}{5}+25\times\frac{8}{35}-\left(\frac{13}{35}\right)^2$$

$$V(X)=\frac{13\ 376}{35^2}\approx 10{,}92.$$

Rappel
Toujours contrôler que la variance est un réel positif.

L'écart type $\sigma(X)$ est :

$$\sigma(X)=\sqrt{V(X)}=\frac{\sqrt{13\ 376}}{35}\approx 3{,}30.$$

5 **1.** Si X suit une loi binomiale de paramètres $n = 5$ et $p = \frac{1}{3}$, l'espérance mathématique de X est :

$$E(X) = np = \frac{5}{3}$$

et la variance de X est :

$$V(X) = npq = 5 \times \frac{1}{3} \times \frac{2}{3} = \frac{10}{9}.$$

Remarque
Si $X \hookrightarrow \mathscr{B}(n, p)$, alors $E(X) = np$ et $V(X) = np(1-p) = npq$.

2. X suit une loi binomiale de paramètres $n = 50$ et $p = \frac{1}{4}$. L'événement $[X \geqslant 1]$ est l'événement contraire de $[X = 0]$, d'où :

$$p([X \geqslant 1]) = 1 - p([X = 0]),$$

$$p([X \geqslant 1]) = 1 - \left(\frac{3}{4}\right)^{50}.$$

Indication
Les valeurs prises par X sont tous les entiers naturels, donc l'événement contraire de $[X \geqslant 1]$ est $[X = 0]$.

3. Puisqu'il n'y a pas de remise, l'urne se modifie au cours des tirages successifs, donc les conditions des tirages ne restent pas identiques.

On ne peut donc pas parler d'un schéma de Bernoulli.

4. On répète 3 fois dans les mêmes conditions et de façon indépendantes les unes des autres, le lancer d'un dé. À chaque lancer, soit on obtient un six (succès), soit on ne l'obtient pas (échec). **Le nombre X de six obtenus suit donc une loi binomiale de paramètres $n = 3$ et $p = \frac{1}{6}$.**

Exercices d'entraînement

6 L'univers est l'ensemble $\Omega = \{1, 2, 3, 4, 5, 6\}^3$, ensemble des suites ordonnées de trois éléments pris dans $\{1, 2, 3, 4, 5, 6\}$, il y a « équiprobabilité » et $\text{card}\Omega = 6^3$.

1. Il y a six cas favorables, d'où : $p = \frac{6}{6^3} = \frac{1}{36}.$

2. Il y a vingt cas favorables, d'où : $p = \frac{20}{6^3} = \frac{5}{54}.$

3. Il y a 3 résultats pairs, donc 3^3 cas favorables, d'où : $\boxed{p = \dfrac{3^3}{6^3} = \dfrac{1}{8}.}$

4. Il y a 3 manières de placer deux as parmi les trois résultats et le dernier résultat doit être un nombre différent de 1 (il y en a cinq), d'où $5 \times 3 = 15$ cas favorables donc :

$$\boxed{p = \frac{15}{6^3} = \frac{5}{72}.}$$

7 **1.** Il y a donc dans l'urne $(1 + 2 + \cdots + n)$ boules $(n \in \mathbb{N}^*)$, soit :

$$1 + 2 + \cdots + n = \frac{n(n+1)}{2}.$$

> **Rappel**
> Les deux démonstrations de cette formule sont à connaître : par récurrence ou en utilisant la somme de termes consécutifs d'une suite arithmétique de raison 1.

2. a) n étant un entier naturel pair, il existe un entier $p (p \geqslant 1)$ tel que $n = 2p$.

L'univers associé à l'expérience est l'ensemble des $\dfrac{n(n+1)}{2}$ boules.

Le nombre de boules portant un numéro pair est :

$$2 + 4 + 6 + \cdots + 2p = 2(1 + 2 + \cdots + p) = 2\frac{p(p+1)}{2}$$
$$= p(p+1) = \frac{n}{2}\left(\frac{n}{2} + 1\right) = \frac{n(n+2)}{4}.$$

La probabilité p_1 de tirer une boule portant un numéro pair est, puisqu'il y a équiprobabilité des tirages :

$$p_1 = \frac{\dfrac{n(n+2)}{4}}{\dfrac{n(n+1)}{2}} \quad \text{soit :} \quad \boxed{p_1 = \frac{n+2}{2(n+1)}.}$$

b) L'événement « tirer une boule portant un numéro impair » est l'événement contraire du précédent, d'où :

$$p_2 = 1 - p_1 = \frac{2(n+1) - (n+2)}{2(n+1)}$$

$$\boxed{p_2 = \frac{n}{2(n+1)}.}$$

8 Soit D l'événement « le nombre obtenu est strictement supérieur à 4 », $\overline{\text{D}}$ l'événement « le nombre obtenu est inférieur ou égal à 4 », A l'événement

« Marc tire un as », $\overline{A}$ l'événement « Marc ne tire pas un as », E l'événement « un as a été tiré au cours du jeu ». Construisons un arbre qui décrit le déroulement du jeu :

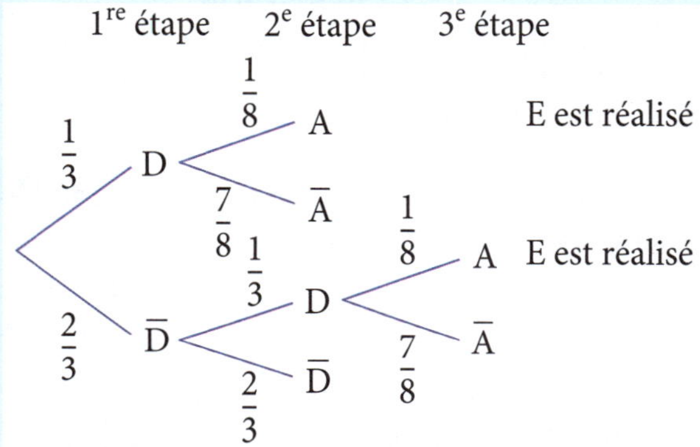

Remarque
On indique sur chaque branche la probabilité correspondante, par exemple $p_D(A) = \frac{1}{8}$, donc on écrit $\frac{1}{8}$ sur la branche D – A.

D'où $p(E) = \frac{1}{3} \times \frac{1}{8} + \frac{2}{3} \times \frac{1}{3} \times \frac{1}{8}$ soit :

$$\boxed{p(E) = \frac{5}{72}.}$$

9 Construisons un arbre qui décrit le déroulement du choix de Monique. Soit N l'événement « Monique tire un chocolat noir ».

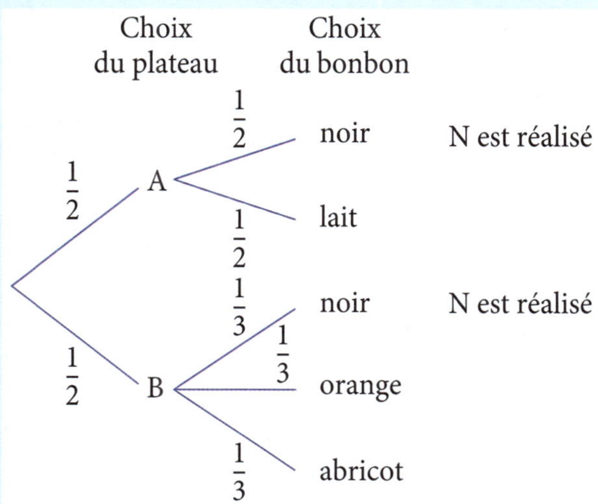

Indication
$p_B(\text{noir}) = \frac{1}{3}.$

D'où $p(N) = \frac{1}{2} \times \frac{1}{2} + \frac{1}{2} \times \frac{1}{3}$ soit :

$$\boxed{p(N) = \frac{5}{12}.}$$

CORRIGÉS

10 **1.** Le résultat d'un tirage est un n-uplet dont chaque élément appartient à l'ensemble des dix boules. **L'univers Ω est donc de cardinal 10^n.**

a) Soit C l'événement « toutes les boules tirées sont de même couleur ». C est la réunion des deux événements incompatibles C_1 « toutes les boules tirées sont noires » et C_2 « toutes les boules tirées sont blanches ».

> **Remarque**
> On retrouve cet exercice avec de nombreuses "histoires" différentes.

$\text{Card}\,C_1 = \text{Card}\,C_2 = 5^n$ (il s'agit de n-uplets d'éléments pris dans l'ensemble des 5 boules noires ou dans l'ensemble des 5 boules blanches).

D'où $p(C_1) = p(C_2) = \dfrac{5^n}{10^n} = \dfrac{1}{2^n}$, puis $p(C) = 2 \times \dfrac{1}{2^n}$ soit : $\boxed{p(C) = \dfrac{1}{2^{n-1}}}$.

b) Soit D l'événement « on obtient exactement une boule blanche ».
D est l'ensemble des n-uplets comportant une boule blanche et $n-1$ boules noires.

Il y a n places possibles pour le tirage blanc.

Donc $\text{Card}(D) = n5^{n-1} \times 5$, car il y a encore 5^{n-1} choix pour les boules noires et 5 choix pour la boule blanche d'où :

$$\boxed{p(D) = \frac{n \times 5^n}{10^n} = \frac{n}{2^n}}.$$

c) L'événement $A \cap B$ est D car on doit avoir au moins une boule blanche et au plus une boule blanche, donc exactement une boule blanche, donc $p(A \cap B) = \dfrac{n}{2^n}$.

A est l'événement contraire de C, donc $p(A) = 1 - p(C) = 1 - \dfrac{1}{2^{n-1}}$ avec $n \geqslant 2$.

B est la réunion des événements incompatibles C_1 (« il n'y a pas de boules blanches ») et D (« il y a une boule blanche exactement »). D'où :

$$p(B) = p(C_1) + p(D) = \frac{1}{2^n} + \frac{n}{2^n}$$

$$\boxed{p(B) = \frac{n+1}{2^n}}.$$

2. On déduit de la question précédente les équivalences suivantes :

$$p(A \cap B) = p(A) \times p(B) \Leftrightarrow \frac{n}{2^n} = \left(1 - \frac{1}{2^{n-1}}\right)\left(\frac{n+1}{2^n}\right)$$

$$\Leftrightarrow n2^{n-1} = (2^{n-1} - 1)(n+1).$$

En développant :

$$n2^{n-1} = (2^{n-1} - 1)(n+1) \Leftrightarrow n2^{n-1} = (n+1)2^{n-1} - (n+1)$$

$$\Leftrightarrow 2^{n-1} = n + 1.$$

D'où :

$$p(A \cap B) = p(A)p(B) \Leftrightarrow 2^{n-1} = n + 1.$$

3. Pour $n \geqslant 2$, $u_n = 2^{n-1} - (n+1)$ et donc en particulier :

$$u_2 = 2^1 - 3 = -1, \; u_3 = 2^2 - 4 = 0 \text{ et } u_4 = 2^3 - 5 = 3.$$

Démontrons que (u_n) est strictement croissante. Pour $n \geqslant 2$:

$$u_{n+1} - u_n = 2^n - (n+2) - 2^{n-1} + n + 1 = 2^{n-1} - 1.$$

Sachant que $n \geqslant 2$, on obtient $2^{n-1} \geqslant 2^1$ et donc $u_{n+1} - u_n \geqslant 1 > 0$.

La suite (u_n) est donc strictement croissante.

4. Les événements A et B sont indépendants si $p(\mathrm{A} \cap \mathrm{B}) = p(\mathrm{A})p(\mathrm{B})$.

D'après ce qui précède, cela équivaut à $2^{n-1} = n + 1$, c'est-à-dire $u_n = 0$.

D'après la question **3.**, $u_2 \neq 0$, $u_3 = 0$ et $u_4 \neq 0$.

La suite (u_n) étant croissante, pour $n \geqslant 4$, $u_n \geqslant u_4 > 0$.

Finalement u_n n'est nul que pour $n = 3$.

Les événements A et B sont donc indépendants pour $n = 3$.

11 **1.** La suite (u_n) est définie par la condition initiale $u_1 = a$ et la relation de récurrence, pour tout entier $n \geqslant 1$, $u_{n+1} = \frac{4}{10} - \frac{3}{10}u_n$.

> **Rappel**
> (u_n) est une suite arithmético-géométrique.

a) Soit (v_n) la suite de terme général $v_n = 13u_n - 4$.

Pour $n \geqslant 1$, $v_{n+1} = 13u_{n+1} - 4$, ce qui donne, compte tenu de la relation de récurrence :

$$v_{n+1} = 13\left(\frac{4}{10} - \frac{3}{10}u_n\right) - 4 = -\frac{39}{10}u_n + \frac{12}{10}.$$

Sachant que $v_n = 13u_n - 4$, on obtient $u_n = \dfrac{v_n + 4}{13}$, puis :

$$v_{n+1} = -\frac{39}{10} \times \frac{v_n + 4}{13} + \frac{12}{10}, \text{ c'est-à-dire } v_{n+1} = -\frac{3}{10}v_n - \frac{3 \times 4}{10} + \frac{12}{10}.$$

Donc pour tout $n \geqslant 1$, $v_{n+1} = -\frac{3}{10}v_n$: la suite $(v_n)_{n \geqslant 1}$ est une suite géométrique de raison $-\frac{3}{10}$.

Le premier terme est $v_1 = 13u_1 = 13a - 4$.

CORRIGÉS

Donc, pour tout n de $\mathbb{N}^*$, $v_n = v_1\left(\frac{-3}{10}\right)^{n-1}$,

c'est-à-dire pour tout n de $\mathbb{N}^*$:

$$\boxed{v_n = (13a-4)\left(\frac{-3}{10}\right)^{n-1}.}$$

Rappel

Si $(v_n)_{n\in\mathbb{N}}$ est une suite géométrique de raison q, pour tout n non nul, $v_n = v_1 q^{n-1}$.

b) Sachant que pour n dans $\mathbb{N}^*$, $u_n = \frac{v_n + 4}{13}$, on déduit de **a)** que pour n dans $\mathbb{N}^*$,

$u_n = \frac{13a-4}{13} \times \left(-\frac{3}{10}\right)^{n-1} + \frac{4}{13}$, ce qui peut encore s'écrire, pour tout n de $\mathbb{N}^*$:

$$\boxed{u_n = \frac{4}{13} + \left(a - \frac{4}{13}\right)\left(-\frac{3}{10}\right)^{n-1}.}$$

$\frac{-3}{10} \in \,]-1\,;1[$, donc $\lim\limits_{n\to+\infty}\left(\frac{-3}{10}\right)^n = 0$ et :

$$\boxed{\lim_{n\to+\infty} u_n = \frac{4}{13}.}$$

2. Pour n dans $\mathbb{N}^*$, on note E_n l'événement « le professeur oublie ses clés le jour n », et $\overline{E_n}$ l'événement contraire. On pose $p_n = p(E_n)$, $q_n = p(\overline{E_n})$ et $a = p_1$.

a) Les hypothèses sont :

si le jour n, il oublie ses clés, la probabilité qu'il les oublie le jour suivant est $\frac{1}{10}$;

si le jour n, il n'oublie pas ses clés, la probabilité qu'il les oublie le jour suivant est $\frac{4}{10}$.

Cela se traduit en termes de probabilités conditionnelles par :

$$p_{E_n}(E_{n+1}) = \frac{1}{10} \text{ et } p_{\overline{E_n}}(E_{n+1}) = \frac{4}{10}, \text{ pour } n \geqslant 1.$$

$(E_n, \overline{E_n})$ forme une partition (un système complet d'événements).

Donc, pour $n \geqslant 1$:

$p(E_{n+1}) = p(E_{n+1} \cap E_n) + p(E_{n+1} \cap \overline{E_n})$,

c'est-à-dire :

$p(E_{n+1}) = p_{E_n}(E_{n+1}) \times p(E_n) + p_{\overline{E_n}}(E_{n+1}) \times p(\overline{E_n})$.

Indication

Les événements E_n et $\overline{E_n}$ sont incompatibles, donc les événements $E_{n+1} \cap E_n$ et $E_{n+1} \cap \overline{E_n}$ aussi.

Compte tenu des hypothèses, cela se traduit par, pour $n \geqslant 1$:

$$p_{n+1} = \frac{1}{10} \times p_n + \frac{4}{10} \times q_n.$$

$\overline{E}_n$ étant l'événement contraire de E_n, on en déduit que $q_n = 1 - p_n$, puis :

$$p_{n+1} = \frac{1}{10}p_n + \frac{4}{10}(1 - p_n).$$

Finalement, on obtient pour $n \geqslant 1$: $\boxed{p_{n+1} = \frac{4}{10} - \frac{3}{10}p_n.}$

b) Les suites $(p_n)_{n \geqslant 1}$ et $(u_n)_{n \geqslant 1}$ vérifient la même relation de récurrence ; de plus $p_1 = u_1$. On en déduit que ces suites sont égales.

On a donc, pour tout n de $\mathbb{N}^*$, $p_n = u_n$, c'est-à-dire :

$$\boxed{p_n = \frac{4}{13} + \left(a - \frac{4}{13}\right)\left(-\frac{3}{10}\right)^{n-1}.}$$

$-\frac{3}{10}$ appartient à l'intervalle $]-1\,;1[$, d'où :

$$\lim_{n \to +\infty} \left(a - \frac{4}{13}\right)\left(-\frac{3}{10}\right)^{n-1} = 0, \text{ puis :}$$

$$\lim_{n \to +\infty} p_n = \frac{4}{13}.$$

Remarque
Si n est « grand » la probabilité d'oublier ses clés le $n^{\text{ième}}$ jour ne dépend pas de ce qui s'est passé le premier.

La limite de la suite $(p_n)_{n \geqslant 1}$ est indépendante de la condition initiale $p_1 = a$.

12 **1.** La variable X prend deux valeurs, 0 et 1.
Si le nombre lu est 1 ou 3, $X = 1$ et si le nombre lu est 2 ou 4, $X = 0$.
Le dé étant équilibré :

$$\boxed{p([X = 0]) = \frac{1}{2}} \quad \text{et} \quad \boxed{p([X = 1]) = \frac{1}{2}.}$$

2. a) Écrivons le résultat d'un lancer : A affiche a et B affiche b sous la forme d'un couple (a, b). Il y a 16 couples possibles : $(1, 1)$; $(1, 2)$; $(2, 1)$; $(1, 3)$; $(3, 1)$; $(1, 4)$; $(4, 1)$; $(2, 3)$; $(3, 2)$; $(2, 4)$; $(4, 2)$; $(3, 4)$; $(4, 3)$; $(2, 2)$; $(3, 3)$; $(4, 4)$. **Il y a quatre valeurs possibles pour Y : 0, 1, 2, 3.**

b) Écrivons les différents événements possibles :

$[Y = 0] = \{(1, 1)\,;(2, 2)\,;(3, 3)\,;(4, 4)\}$

$[Y = 1] = \{(1, 2)\,;(2, 1)\,;(2, 3)\,;(3, 2)\,;(3, 4)\,;(3, 4)\}$

$[Y = 2] = \{(1, 3)\,;(3, 1)\,;(2, 4)\,;(4, 2)\}$

$[Y = 3] = \{(1, 4)\,;(4, 1)\}$

Les dés étant équilibrés, la probabilité de faire apparaître un couple quelconque est $\frac{1}{16}$. D'où la loi de Y :

y	0	1	2	3
$p([Y=y])$	$\frac{4}{16}$	$\frac{6}{16}$	$\frac{4}{16}$	$\frac{2}{16}$

Remarque
Il faut toujours vérifier que la somme est égale à 1.
$\frac{4}{16}+\frac{6}{16}+\frac{4}{16}+\frac{2}{16}=\frac{16}{16}=1.$

3. On peut construire un tableau à 2 lignes et 4 colonnes résumant toutes les valeurs prises par X et Y :

Y \ X	0	1
0	$p([X=0]\cap[Y=0])$	$p([X=1]\cap[Y=0])$
1	$p([X=0]\cap[Y=1])$	$p([X=1]\cap[Y=1])$
2	$p([X=0]\cap[Y=2])$	$p([X=0]\cap[Y=2])$
3	$p([X=0]\cap[Y=3])$	$p([X=1]\cap[Y=3])$

Écrivons les différents événements :

$[X=0]\cap[Y=0]$: « le dé A est pair et les deux dés prennent la même valeur » $=\{(2,2)\,;(4,4)\}$

$[X=0]\cap[Y=1]=\{(2,3)\,;(2,1)\,;(4,3)\}$

$[X=0]\cap[Y=2]=\{(2,4)\,;(4,2)\}$

$[X=0]\cap[Y=3]=\{(4,1)\}$

$[X=1]\cap[Y=0]=\{(1,1)\,;(3,3)\}$

$[X=1]\cap[Y=1]=\{(1,2)\,;(3,2)\,;(3,4)\}$

$[X=1]\cap[Y=2]=\{(1,3)\,;(3,1)\}$

$[X=1]\cap[Y=3]=\{(1,4)\}$

Le tableau suivant peut donc être construit :

X \ Y	0	1	2	3
0	$\frac{2}{16}$	$\frac{3}{16}$	$\frac{2}{16}$	$\frac{1}{16}$
1	$\frac{2}{16}$	$\frac{3}{16}$	$\frac{2}{16}$	$\frac{1}{16}$

4. Les variables aléatoires X et Y sont indépendantes si pour tout x et tout y :

$$p([X=x]\cap[Y=y])=p([X=x])\times p([Y=y]).$$

CORRIGÉS

Il y a huit vérifications à effectuer :

$p([X=0]\cap[Y=0])=\dfrac{2}{16}=\dfrac{1}{8}$; $p([X=0])p([Y=0])=\dfrac{1}{2}\times\dfrac{4}{16}=\dfrac{1}{8}$;

$p([X=0]\cap[Y=1])=\dfrac{3}{16}$; $p([X=0])p([Y=1])=\dfrac{1}{2}\times\dfrac{6}{16}=\dfrac{3}{16}$;

.... ;

$p([X=1]\cap[Y=3])=\dfrac{1}{16}$; $p([X=1])p([Y=3])=\dfrac{1}{2}\times\dfrac{2}{16}=\dfrac{1}{16}$.

Les huit contrôles étant effectués, **on peut affirmer que les variables *X* et *Y* sont indépendantes.**

13 Une urne contient deux boules rouges et m boules noires.

1. L'expérience consiste à tirer successivement avec remise trois boules de l'urne. La variable aléatoire X associe à chaque tirage de trois boules, le nombre de boules rouges tirées.

On a ici un schéma de Bernoulli. Trois tirages indépendants réalisés dans les mêmes conditions : chaque tirage conduit à une boule rouge (succès) avec la probabilité $\dfrac{2}{m+2}$ ou à une boule noire (échec) avec la probabilité $\dfrac{m}{m+2}$.

X prend les valeurs 0, 1, 2 et 3.

$p([X=0])=\left(\dfrac{m}{m+2}\right)^3$.

$p([X=1])=3\times\dfrac{2}{m+2}\times\left(\dfrac{m}{m+2}\right)^2=6\times\dfrac{m^2}{(m+2)^3}$.

$p([X=2])=3\times\left(\dfrac{2}{m+2}\right)^2\times\left(\dfrac{m}{m+2}\right)=12\times\dfrac{m}{(m+2)^3}$.

$p([X=3])=\left(\dfrac{2}{m+2}\right)^3=8\times\dfrac{1}{(m+2)^3}$.

D'où l'espérance mathématique de X :

$$E(X)=0\times\left(\frac{m}{m+2}\right)^3+1\times\frac{6m^2}{(m+2)^3}+2\times\frac{12m}{(m+2)^3}+3\times\frac{8}{(m+2)^3}$$

$$\boxed{E(X)=\frac{6}{m+2}.}$$

$E(X)=1{,}2$ si, et seulement si $\dfrac{6}{m+2}=1{,}2$ d'où :

$E(X)=1{,}2$ si, et seulement si, $m=3$.

2. Tirages sans remise

L'expérience consiste à tirer cinq boules successivement et sans remise. Y est la variable aléatoire qui, aux cinq tirages, associe le rang de la première boule noire tirée.

L'urne ne comportant que deux boules rouges, une boule noire est nécessairement tirée parmi les trois premières.

Les valeurs prises par Y sont donc 1, 2 ou 3.

a) Loi de Y

Construisons un arbre qui décrit les tirages possibles jusqu'à ce que l'on obtienne la première boule noire :

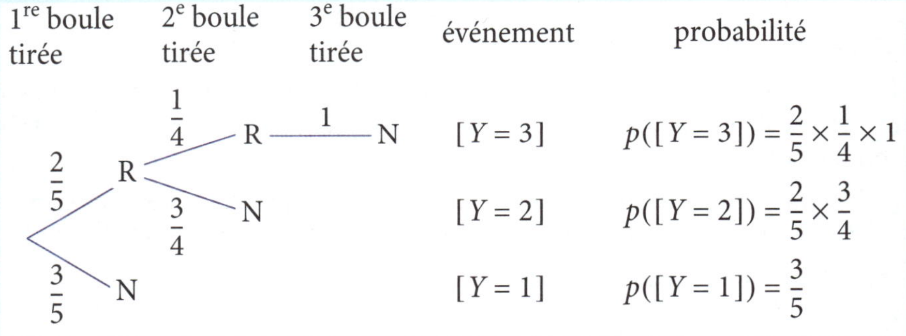

D'où la loi de probabilité de Y :

y	1	2	3
$p([Y = y])$	$\frac{3}{5}$	$\frac{3}{10}$	$\frac{1}{10}$

Remarque

L'espérance d'une variable aléatoire est toujours comprise entre la plus petite et la plus grande valeur prise par la variable : $\frac{3}{2} \in [1 \,;\, 3]$

b) L'espérance s'écrit :

$$E(Y) = 1 \times \frac{3}{5} + 2 \times \frac{3}{10} + 3 \times \frac{1}{10}$$

$$\boxed{E(Y) = \frac{3}{2}.}$$

La variance $V(Y)$ est égale à :

$$V(Y) = 1^2 \times \frac{3}{5} + 2^2 \times \frac{3}{10} + 3^2 \times \frac{1}{10} - \left(\frac{3}{2}\right)^2 = \frac{6 + 12 + 9}{10} - \frac{9}{4} = \frac{9}{20}.$$

$$\boxed{V(Y) = \frac{9}{20}.}$$

Sujets de type BAC

14 Soit E_n l'événement « le technicien intervient la n-ième semaine » ($n \in \mathbb{N}^*$) et p_n la probabilité de E_n.

1. Traduisons en terme de probabilités les données de l'énoncé.

• « Le technicien doit intervenir la première semaine » se traduit par « la probabilité de l'événement E_1 est égale à 1 » soit $p(E_1) = 1$.

• Si le technicien est intervenu la n-ième semaine, la probabilité qu'il intervienne la $(n+1)$-ième semaine est égale à $\frac{3}{4}$ signifie :

$$p_{E_n}(E_{n+1}) = \frac{3}{4}.$$

• De même, « si le technicien n'est pas intervenu la n-ième semaine, la probabilité qu'il intervienne la $(n+1)$-ième semaine est égale à $\frac{1}{10}$ » se traduit par :

$$p_{\overline{E_n}}(E_{n+1}) = \frac{1}{10}.$$

Par définition de la probabilité conditionnelle, $p_B(A) = \dfrac{p(A \cap B)}{p(B)}$ et donc $p(A \cap B) = p_B(A) \times p(B)$. D'où :

$$p(E_{n+1} \cap E_n) = p_{E_n}(E_{n+1}) \times p(E_n) \text{ et } p(E_{n+1} \cap \overline{E_n}) = p_{\overline{E_n}}(E_{n+1}) \times p(\overline{E_n}).$$

$p(E_n) = p_n$ et $p(\overline{E_n}) = 1 - p_n$ par définition. On a finalement :

$$\boxed{p(E_{n+1} \cap E_n) = \frac{3}{4}p_n} \text{ et } \boxed{p(E_{n+1} \cap \overline{E_n}) = \frac{1}{10}(1 - p_n).}$$

2. E_n et $\overline{E_n}$ forment un système complet d'événements (une partition) (ce sont des événements disjoints, dont la réunion est l'univers tout entier). D'où :

$$E_{n+1} = (E_{n+1} \cap E_n) \cup (E_{n+1} \cap \overline{E_n}).$$

La probabilité de la réunion de deux événements disjoints étant la somme des probabilités des deux événements, on en déduit :

> **Remarque**
> Les événements E_n et $\overline{E_n}$ sont incompatibles, donc les événements $E_{n+1} \cap E_n$ et $E_{n+1} \cap \overline{E_n}$ aussi.

$$\begin{aligned} p_{n+1} &= p(E_{n+1}) \\ &= p(E_{n+1} \cap E_n) + p(E_{n+1} \cap \overline{E_n}) \end{aligned}$$

donc d'après **1.**, $p_{n+1} = \frac{3}{4}p_n + \frac{1}{10}(1 - p_n)$ soit, après simplification :

$$p_{n+1} = \frac{13}{20}p_n + \frac{1}{10}.$$

Rappel
La suite (p_n) est une suite arithmético-géométrique.

3. On pose pour tout entier $n \in \mathbb{N}^*$, $q_n = p_n - \frac{2}{7}$.

Démontrons que la suite (q_n) est géométrique.

Pour tout entier $n \in \mathbb{N}^*$, $q_{n+1} = p_{n+1} - \frac{2}{7}$ et d'après **2.** :

$$q_{n+1} = \frac{13}{20}p_n + \frac{1}{10} - \frac{2}{7}, \text{ soit } q_{n+1} = \frac{13}{20}p_n - \frac{13}{70}.$$

En mettant $\frac{13}{20}$ en facteur, on obtient :

$$q_{n+1} = \frac{13}{20}\left(p_n - \frac{2}{7}\right), \text{ c'est-à-dire } q_{n+1} = \frac{13}{20}q_n.$$

La suite (q_n) est géométrique de raison $\frac{13}{20}$.

On en déduit que, pour tout entier $n \in \mathbb{N}^*$, $q_n = \left(\frac{13}{20}\right)^{n-1} q_1$.

Or $q_1 = p_1 - \frac{2}{7} = 1 - \frac{2}{7} = \frac{5}{7}$, d'où l'expression de q_n pour tout entier $n \in \mathbb{N}^*$:

$$q_n = \left(\frac{13}{20}\right)^{n-1} \times \frac{5}{7}.$$

Rappel
Attention, le premier terme étant q_1 $q_n = \left(\frac{13}{20}\right)^{n-1} q_1$; si le premier terme était q_0, on aurait $q_n = \left(\frac{13}{20}\right)^{n} q_0$.

Or, par définition de q_n, $q_n = p_n - \frac{2}{7}$.

On en déduit l'expression de p_n, pour tout entier $n \in \mathbb{N}^*$: $p_n = q_n + \frac{2}{7}$ c'est-à-dire :

$$p_n = \left(\frac{13}{20}\right)^{n-1} \times \frac{5}{7} + \frac{2}{7}.$$

Remarque
$\frac{13}{20} \in]0\ ;1[$; la suite géométrique (q_n) a donc pour limite 0 et donc la suite (p_n) a pour limite $\frac{2}{7}$. Pour n « assez grand », la probabilité que le technicien intervienne la n-ième semaine sera à peu près égale à $\frac{2}{7}$.

Déterminons n tel que p_n soit inférieure ou égale à $\frac{3}{10}$. Pour tout entier $n \in \mathbb{N}^*$:

$$p_n \leqslant \frac{3}{10} \Leftrightarrow \left(\frac{13}{20}\right)^{n-1} \times \frac{5}{7} + \frac{2}{7} \leqslant \frac{3}{10}$$

$$\Leftrightarrow \left(\frac{13}{20}\right)^{n-1} \times \frac{5}{7} \leqslant \frac{1}{70}.$$

En utilisant les logarithmes, on obtient $(n-1)\ln\dfrac{13}{20} \leqslant -\ln(50)$, soit :

$$n-1 \geqslant -\frac{\ln 50}{\ln\dfrac{13}{20}} \text{ soit } n \geqslant 1+\frac{\ln 50}{\ln\dfrac{20}{13}} \left(\text{car } \ln\frac{20}{13} = -\ln\frac{13}{20}\right).$$

$1+\dfrac{\ln 50}{\ln\dfrac{20}{13}} \approx 10{,}08.$

Pour que p_n soit inférieure ou égale à $\dfrac{3}{10}$, il faut prendre $n \geqslant 11$.

15 **1.** Variable aléatoire X

a) Valeurs prises par X

Le jeu peut être décrit par le schéma suivant :

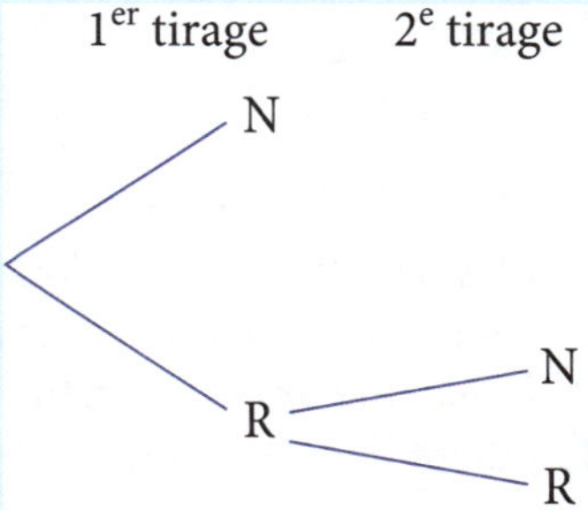

Les valeurs prises par la variable aléatoire X égale au gain algébrique du joueur sont les nombres -1, 1 et 2.

b) Loi de la variable aléatoire

Le joueur tire une boule parmi 10. La probabilité de tirer une noire est $\dfrac{7}{10}$ et la probabilité de tirer une rouge est $\dfrac{3}{10}$.

Si la boule est noire, le jeu s'arrête et le joueur gagne $1-2=-1$ €.

Si la boule est rouge, le joueur garde la boule tirée et tire une deuxième boule parmi les 9 restantes : la probabilité de tirer alors une boule noire est $\dfrac{7}{9}$ et le gain est de 1 €, et celle de tirer une boule rouge est $\dfrac{2}{9}$ et le gain est 2 €.

Construisons un arbre :

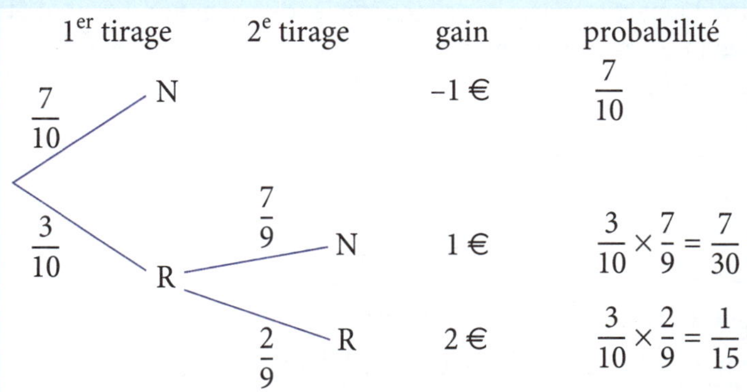

D'où le tableau donnant la loi de X :

x	-1	1	2
$p([X = x_i])$	$\frac{7}{10}$	$\frac{7}{30}$	$\frac{1}{15}$

On vérifie que $\frac{7}{10} + \frac{7}{30} + \frac{1}{15} = 1$.

L'espérance mathématique de X est :

$$E(X) = (-1) \times \frac{7}{10} + 1 \times \frac{7}{10} + 2 \times \frac{1}{15}$$

$$\boxed{E(X) = -\frac{1}{3}\cdot}$$

À chaque partie, le joueur perd, en moyenne, un tiers d'euro.

2. Un joueur fait trois jeux

Remarque
On notera X_1 le gain du joueur au 1er jeu ; X_2 le gain du joueur au 2e jeu ; X_3 le gain du joueur au 3e jeu.

• Soit A l'événement « le joueur perd 3 € ». L'événement A est donc l'événement « le joueur perd 1 € à chacune des trois parties ». Les trois parties se déroulent dans les mêmes conditions.

Donc la probabilité de perdre 1 € est toujours égale à 0,7 et les résultats des trois parties sont indépendants les uns des autres. Donc :

$p(\mathrm{A}) = p([X = -1] \cap [X = -1] \cap [X = -1]) = [p([X = -1])]^3 = (0{,}7)^3$ soit :

$$\boxed{p(A) = 0{,}343\cdot}$$

• Soit B l'événement : « le joueur perd 1 € ». L'événement B est réalisé uniquement dans le cas où il a perdu 1 € au cours de deux parties et gagné 1 € au cours d'une partie. La partie au cours de laquelle le joueur gagne 1 € peut être la première, la seconde ou la troisième, (il y a 3 possibilités) d'où, avec les hypothèses faites précédemment :

$$p(\mathrm{B}) = 3p([X_1 = -1] \cap [X_2 = -1] \cap [X_3 = +1]) = 3 \times (0{,}7)^2 \times \frac{7}{30}$$

$$\boxed{p(\mathrm{B}) = 0{,}343.}$$

• L'événement C est « le gain du joueur est nul ».

L'événement C est réalisé si le joueur perd deux fois 1 € et gagne une fois 2 €.

La partie au cours de laquelle le joueur gagne 2 € peut être la première, la seconde ou la troisième. Les parties étant faites dans les mêmes conditions et de façon indépendante les unes des autres :

$$p(\mathrm{C}) = 3p([X_1 = -1] \cap [X_2 = -1] \cap [X_3 = 2]) = 3 \times (0{,}7)^2 \times \left(\frac{2}{30}\right)$$

$$\boxed{p(\mathrm{C}) = 0{,}098.}$$

• L'événement D est « le joueur a un gain strictement positif ». Le gain Y du joueur à l'issue des trois jeux est négatif ou nul dans les deux cas suivants :

• il perd trois fois 1 € : événement A ;

• il perd deux fois 1 € : événement B ou C.

S'il ne perd qu'une seule fois 1 €, Y est strictement positif. S'il ne perd jamais 1 €, Y est évidemment strictement positif. Donc, puisque l'événement $[Y > 0]$ est l'événement contraire de l'événement $[Y \leqslant 0]$ et que l'événement $[Y \leqslant 0]$ est égal à la réunion $\mathrm{A} \cup \mathrm{B} \cup \mathrm{C}$:

$$p(\mathrm{D}) = p([Y > 0]) = 1 - p([Y \leqslant 0]) = 1 - p(\mathrm{A} \cup \mathrm{B} \cup \mathrm{C}).$$

Les événements A, B et C sont incompatibles deux à deux. Donc :

$$p(\mathrm{D}) = 1 - p(\mathrm{A}) - p(\mathrm{B}) - p(\mathrm{C}) = 1 - 2 \times 0{,}343 - 0{,}098$$

$$\boxed{p(\mathrm{D}) = 0{,}216.}$$

16 Pour une voiture louée une semaine, on considère les événements suivants :

M « la voiture a une panne mécanique » ;

$\overline{\mathrm{M}}$ « la voiture n'a pas de panne mécanique » ;

C « la voiture présente des dégâts à la carrosserie ».

$\overline{\mathrm{C}}$ événement contraire de C.

D'après le texte :

$p(\mathrm{M}) = 0{,}32$, donc $p(\overline{\mathrm{M}}) = 1 - p(\mathrm{M}) = 0{,}68$;

$p(\mathrm{C}) = 0{,}54$, donc $p(\overline{\mathrm{C}}) = 1 - p(\mathrm{C}) = 0{,}46$.

D'autre part, le texte précise que la probabilité pour qu'une voiture ayant une panne mécanique ait des dégâts à la carrosserie est 0,45.

Il s'agit de la probabilité de l'événement C sachant l'événement M est réalisé.

1. a) La probabilité qu'une voiture ait une panne et des dégâts est :

$p(\mathrm{M} \cap \mathrm{C}) = p_{\mathrm{M}}(\mathrm{C}) \times p(\mathrm{M}) = 0{,}45 \times 0{,}32$ soit :

$$\boxed{p(\mathrm{M} \cap \mathrm{C}) = 0{,}144.}$$

b) La probabilité qu'une voiture ait seulement une panne mécanique » est l'événement (M et $\overline{C}$).

Or, l'événement M est la réunion de deux événements incompatibles :

- avoir une panne mécanique et des dégâts à la carrosserie : M et C ;
- avoir une panne mécanique et pas de dégâts : M et $\overline{C}$.

$M = (M \cap C) \cup (M \cap \overline{C})$ d'où :

$p(M) = p((M \cap C) \cup (M \cap \overline{C}))$,

donc $p(M \cap \overline{C}) = p(M) - p(M \cap C)$.

$$p(M \cap \overline{C}) = 0{,}32 - 0{,}144 = 0{,}176.$$

Remarque

$M \cap C$ et $M \cap \overline{C}$ sont incompatibles

$(M \cap C) \cap (M \cap \overline{C})$

$M \cap (C \cap \overline{C}) = M \cap \varnothing = \varnothing$.

c) L'événement « la voiture a seulement des dégâts de carrosserie » est l'événement (C et $\overline{M}$).

Comme précédemment, $C = (C \cap M) \cup (C \cap \overline{M})$,

et $p(C) = p(C \cap M) + p(C \cap \overline{M})$ d'où :

$p(C \cap \overline{M}) = p(C) - p(C \cap M) = 0{,}54 - 0{,}144 = 0{,}396$.

$p(C \cap \overline{M}) = 0{,}396$.

$$p(C \cap \overline{M}) = 0{,}396.$$

Remarque

De même $\overline{M} \cap C$ et $\overline{M} \cap \overline{C}$ sont incompatibles.

d) Comme $\overline{M} = (\overline{M} \cap C) \cup (\overline{M} \cap \overline{C})$

$p(\overline{M} \cap \overline{C}) = p(\overline{M}) - p(\overline{M} \cap C) = 0{,}68 - 0{,}396 = 0{,}284$.

$$p(\overline{C} \cap \overline{M}) = 0{,}284.$$

→ Autre méthode

Après avoir calculé $p(C \text{ et } M)$, on peut se servir d'un tableau à double entrée que l'on remplit de proche en proche. Ce que l'on sait :

	M	**$\overline{M}$**	**Total**
C	0,144		0,54
$\overline{C}$			
Total	0,32		1

Ce que l'on en déduit :

	M	**$\overline{M}$**	**Total**
C	0,144	0,396	0,54
$\overline{C}$	0,176	0,284	0,46
Total	0,32	0,68	1

car $0{,}68 = 1 - 0{,}32$ et $0{,}176 = 0{,}32 - 0{,}144$ etc.

2. On répète chaque semaine, pendant 52 semaines, l'épreuve consistant à examiner l'état mécanique et l'état de la carrosserie de la voiture louée. En admettant que les 52 examens sont indépendants les uns des autres, on reconnaît un schéma de Bernoulli.

À chaque examen, ou bien l'événement ($\overline{\text{M}}$ et $\overline{\text{C}}$) est réalisé, ou bien il ne l'est pas. La variable aléatoire Y égale au nombre de semaines pendant lesquelles la voiture ne présente ni panne ni dégâts suit une loi binomiale de paramètres $n = 52$ et $p = p(\overline{\text{M}} \text{ et } \overline{\text{C}}) = 0{,}284$.

Pour tout entier k compris entre 0 et 52 :

$$p([Y = k]) = \binom{52}{k}(0{,}284)^k(1 - 0{,}284)^{52-k}.$$

On cherche la probabilité de l'événement $[Y = 26]$:

$$p([Y = 26]) = \binom{52}{26}(0{,}284)^{26}(0{,}716)^{26}.$$

$\binom{52}{26} \approx 5 \times 10^{14}$, donc :

$$\boxed{p([Y = 26]) \approx 0{,}000\,5.}$$

3. Le montant moyen des frais est :

- en cas de panne mécanique, 300 €, et la probabilité d'une panne mécanique est 0,32 ;
- en cas de dégâts à la carrosserie, 500 €, pour une probabilité de 0,54.

Donc le montant moyen des frais hebdomadaires est :

$$E(X) = 300 \times 0{,}32 + 500 \times 0{,}54 = 366\text{ €}.$$

$$\boxed{E(X) = 366\text{ €}.}$$

Remarque
La loi de probabilité de *X* n'est pas demandée. C'est pourquoi la méthode ci-contre est la plus rapide pour calculer le montant moyen des frais.

Indiquons la loi de probabilité de X :

$p([X = 0]) = p(\overline{\text{M}} \text{ et } \overline{\text{C}}) = 0{,}284$;

$p([X = 300]) = p(\text{M et } \overline{\text{C}}) = 0{,}176$;

$p([X = 500]) = p(\text{C et } \overline{\text{M}}) = 0{,}396$;

$p([X = 800]) = p(\text{C et M}) = 0{,}144$.

On retrouve l'espérance mathématique de X :

$E(X) = 0p(X = 0) + 300p(X = 300) + 500p(X = 500) + 800p(X = 800)$

$E(X) = 300 \times 0{,}176 + 500 \times 0{,}396 + 800 \times 0{,}144$

$$\boxed{E(X) = 366.}$$

17 **1.** • Construction de $\mathscr{C}_f$ et $\mathscr{C}_g$.

Les fonctions f et g sont croissantes sur $[0 ; 1]$.

$f(0) = g(0) = 0$ et $f(1) = g(1) = 1$.

$\mathscr{C}_f$ et $\mathscr{C}_g$ ont en commun les points O et K(1 ; 1) ; en O, $\mathscr{C}_f$ a pour tangente (OI) et $\mathscr{C}_g$ a pour tangente (OJ),

Pour tout x de $[0 ; 1]$:

$$0 \leqslant x^3 \leqslant \sqrt{x} \leqslant 1.$$

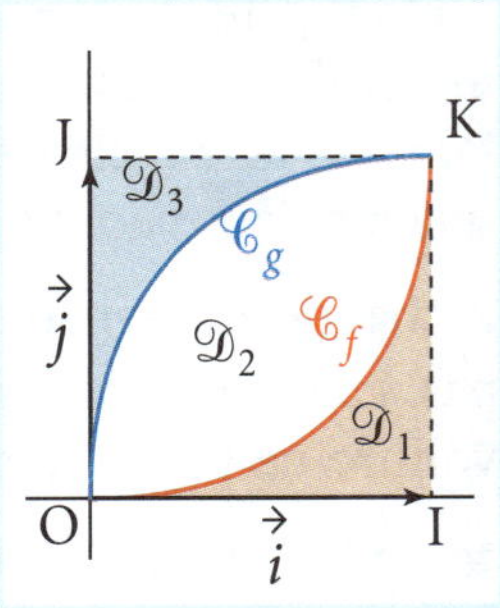

[OI] est au-dessous de $\mathscr{C}_f$, qui est au-dessous de $\mathscr{C}_g$ qui est au-dessous de [KJ].

• Aire de $\mathscr{D}_1$, notée a_1

$\mathscr{D}_1$ est l'ensemble des points M du plan dont les coordonnées $(x ; y)$ vérifient :

$$\begin{cases} 0 \leqslant x \leqslant 1 \\ 0 \leqslant y \leqslant f(x) \end{cases}.$$

En unités d'aires, l'aire de $\mathscr{D}_1$, notée a_1, est $\int_0^1 f(x)\,\mathrm{d}x = \left[\frac{1}{4}x^4\right]_0^1$ soit :

$$\boxed{a_1 = \frac{1}{4}.}$$

• Aire de $\mathscr{D}_2$, notée a_2

De même, M$(x ; y)$ appartient à $\mathscr{D}_2$, si et seulement si :

$$\begin{cases} 0 \leqslant x \leqslant 1 \\ f(x) \leqslant y \leqslant g(x) \end{cases}$$

$$a_2 = \int_0^1 (g(x) - f(x))\,\mathrm{d}x = \int_0^1 g(x)\,\mathrm{d}x - \int_0^1 f(x)\,\mathrm{d}x.$$

$$\int_0^1 g(x)\,\mathrm{d}x = \int_0^1 \sqrt{x}\,\mathrm{d}x = \int_0^1 x^{\frac{1}{2}}\,\mathrm{d}x = \left[\frac{x^{\frac{1}{2}+1}}{\frac{1}{2}+1}\right]_0^1 = \frac{1}{\frac{3}{2}} = \frac{2}{3},\text{ d'où :}$$

$$\boxed{a_2 = \frac{2}{3} - \frac{1}{4} = \frac{5}{12}.}$$

• Aire de $\mathscr{D}_3$, notée a_3

De même, M$(x ; y)$ appartient à $\mathscr{D}_3$, si et seulement si :

$$\begin{cases} 0 \leqslant x \leqslant 1 \\ g(x) \leqslant y \leqslant 1 \end{cases}$$

Remarque

On vérifie que la somme de ces trois aires est l'aire du carré OIKJ, c'est-à-dire une unité d'aire :

$$\frac{1}{4} + \frac{5}{12} + \frac{1}{3} = \frac{1}{4} + \left(\frac{2}{3} - \frac{1}{4}\right) + \frac{1}{3} = 1.$$

$$a_3 = \int_0^1 (1 - g(x))\,\mathrm{d}x = \int_0^1 1\,\mathrm{d}x - \int_0^1 g(x)\,\mathrm{d}x = [x]_0^1 - \frac{2}{3} = 1 - \frac{2}{3} \text{ soit :}$$

$$\boxed{a_3 = \frac{1}{3}.}$$

2. a) L'événement « Pierre rate la cible » est l'événement contraire de « Pierre atteint la cible ». Sa probabilité est donc 1 – 0,6, c'est-à-dire 0,4.
La probabilité pour que Pierre rate la cible est :

$$\boxed{p_0 = 0{,}4,}$$

b) Pierre atteint $\mathcal{D}_1$, $\mathcal{D}_2$ ou $\mathcal{D}_3$.
Soit :
- E_1 l'événement « Pierre atteint $\mathcal{D}_1$ » de probabilité p_1 ;
- E_2 l'événement « Pierre atteint $\mathcal{D}_2$ » de probabilité p_2 ;
- E_3 l'événement « Pierre atteint $\mathcal{D}_3$ » de probabilité p_3 ;

E_1, E_2 et E_3 sont trois événements deux à deux incompatibles dont la réunion est l'événement E « Pierre atteint la cible », donc :

$$p_1 + p_2 + p_3 = p(\mathrm{E}) = 0{,}6. \qquad (1)$$

De plus, p_1, p_2 et p_3 sont proportionnelles aux aires de $\mathcal{D}_1$, $\mathcal{D}_2$ et $\mathcal{D}_3$. Cela signifie qu'il existe un réel k tel que :

$$\begin{cases} p_1 = k \times a_1 \\ p_2 = k \times a_2 \\ p_3 = k \times a_3 \end{cases} \text{ soit } \begin{cases} p_1 = \dfrac{1}{4}k \\ p_2 = \dfrac{5}{12}k \\ p_3 = \dfrac{1}{3}k \end{cases} \qquad (2)$$

Remarque
Il y a d'autres façons de rédiger cette question. On peut écrire :
$$\frac{p_1}{a_1} = \frac{p_2}{a_2} = \frac{p_3}{a_3} = \frac{p_1 + p_2 + p_3}{a_1 + a_2 + a_1} = \frac{0{,}6}{1} = 0{,}6,$$
et en déduire p_1, p_2 et p_3 ; ou bien faire un tableau de proportionnalité.

Remplaçons dans l'égalité (1) : $\left(\frac{1}{4} + \frac{5}{12} + \frac{1}{3}\right)k = 0{,}6$ d'où $k = \frac{6}{10}$ et, remplaçant dans les égalités (2) :

$$\boxed{p_1 = \frac{3}{20}\,;\ p_2 = \frac{1}{4}\,;\ p_3 = \frac{1}{5}.}$$

3. La probabilité que Pierre marque un point lors d'un lancer est p_1, qu'il marque 2 points est p_2, qu'il marque 3 points est p_3. Notons p_0 la probabilité qu'il rate la cible, c'est-à-dire qu'il marque 0 point.
On répète deux fois l'épreuve consistant à lancer une fléchette, dans les mêmes conditions, et on suppose que le résultat du 2e lancer est indépendant du résultat du 1er lancer.

a) Soit N le nombre de points marqués au cours des 2 lancers.
On cherche la probabilité de l'événement « Pierre marque au moins un point » soit $[N \geqslant 1]$.

L'événement contraire de $[N \geqslant 1]$ est $[N = 0]$, c'est-à-dire « Pierre ne marque aucun point ».

Soit n_1 le nombre de points marqués au premier lancer et n_2 le nombre de points marqués au deuxième lancer.

$[N = 0]$ est l'événement « Pierre ne marque ni au premier ni au deuxième lancer » ;

$[N = 0]$ est l'événement $[n_1 = 0] \cap [n_2 = 0]$.

Puisque les résultats des deux lancers sont indépendants, la probabilité de cette intersection est le produit des probabilités.

$p[(N = 0)] = p([n_1 = 0] \cap [n_2 = 0]) = p([n_1 = 0]) \times p([n_2 = 0])$;

$p([N = 0]) = p_0 \times p_0 = (0{,}4)^2 = 0{,}16$;

$p([N \geqslant 1]) = p(\overline{[N = 0]}) = 1 - p([N = 0]) = 1 - 0{,}16$;

$$\boxed{p([N \geqslant 1]) = 0{,}84.}$$

b) L'événement « Pierre marque exactement trois points » soit $[N = 3]$ est la réunion de quatre événements deux à deux incompatibles :

- $[N_1 = 1] \cap [N_2 = 2]$ de probabilité $p_1 \times p_2$ puisqu'il y a indépendance des résultats des deux lancers ;
- $[N_1 = 2] \cap [N_2 = 1]$ de probabilité $p_2 \times p_1$;
- $[N_1 = 0] \cap [N_2 = 3]$ de probabilité $p_0 \times p_3$;
- $[N_1 = 3] \cap [N_2 = 0]$ de probabilité $p_3 \times p_0$.

La probabilité de $[N = 3]$ est la somme de ces 4 probabilités :

$$p([N = 3]) = 2(p_1 \times p_2 + p_0 \times p_3) = 2\left(\frac{3}{20} \times \frac{1}{4} + 0{,}4 \times \frac{1}{5}\right) = 2(0{,}0375 + 0{,}08)$$

$$\boxed{p([N = 3]) = 0{,}235.}$$

La Prépa attitude

Dénombrer un ensemble, c'est compter le nombre de ses éléments. On se propose ici de dénombrer, en fonction du cardinal de l'ensemble E, certains ensembles associés à E : ensemble de parties, d'applications, de listes, de combinaisons, de permutations ... puis d'appliquer ces résultats aux différents modes de tirage dans une urne.

Prolongement au cours de Term S

Notations

Parties d'un ensemble : $\mathcal{P}(E)$ désigne l'ensemble des parties de l'ensemble E.

Applications : $\mathcal{A}(E,F)$ désigne l'ensemble de toutes les applications de E vers F.

Cardinal : on dit qu'un ensemble E est fini s'il est vide ou s'il existe un entier $n \in \mathbb{N}^*$ et une bijection de $[\![1, n]\!]$ vers E. C'est cette bijection qui permet de numéroter les éléments de E de 1 à n : $E = \{x_1, x_2, \ldots, x_n\}$. On pose $\text{card}(E) = n$; n est aussi le nombre d'éléments de E.

Les premiers résultats

Ici, E et F sont des ensembles finis.

$$\text{card}(E \times F) = \text{card}(E)\text{card}(F)$$

$$\text{card}\left(F^p\right) = \left(\text{card}(F)\right)^p \quad (p \in \mathbb{N}^*)$$

$$\text{card}\left(\mathcal{A}(E,F)\right) = \left(\text{card}(F)\right)^{\text{card}(E)}$$

Démonstration

La première formule est le principe de la multiplication.

La deuxième se démontre à partir de la première par récurrence sur p : la formule est évidente pour $p = 1$. Si on l'admet au rang p, alors on a $F^{p+1} = E \times F$ en posant $E = F^p$. Il suffit alors d'appliquer la première formule :

$$\text{card}\left(F^{p+1}\right) = \text{card}\left(F^p\right) \times \text{card}(F) = \left(\text{card}(F)\right)^p \times \text{card}(F) = \left(\text{card}(F)\right)^{p+1}.$$

Pour la troisième on peut supposer que E possède p éléments, par exemple $E = [\![1, p]\!]$. Toute application $f : [\![1, p]\!] \to F$ peut s'identifier à l'élément $\big(f(1), f(2), \dots, f(p)\big)$ de F^p. On voit ainsi qu'il y a autant d'éléments dans $\mathscr{A}\big([\![1, p]\!], F\big)$ que dans F^p.

Nombre de parties d'un ensemble fini

- Si $E = \varnothing$ alors $\mathscr{P}(E) = \{\varnothing\}$ et $\text{card}\mathscr{P}(E) = 1$.
- Si $E = \{a\}$ alors $\mathscr{P}(E) = \{\varnothing, \{a\}\}$ et $\text{card}\mathscr{P}(E) = 2$.
- Si $E = \{a,b\}$ alors $\mathscr{P}(E) = \{\varnothing, \{a\}, \{b\}, E\}$ et $\text{card}\mathscr{P}(E) = 4$.
- Si E est un ensemble fini :

$$\text{card}\mathscr{P}(E) = 2^{\text{card}E}$$

Remarque

Bien distinguer ici entre :

$\varnothing$ qui est un ensemble à 0 élément,

et $\{\varnothing\}$ qui est un ensemble à 1 élément.

Démonstration

Montrons par récurrence sur n la proposition suivante :

H_n : « $\text{card}\mathscr{P}(E) = 2^n$ lorsque E possède n éléments. »

On vient de voir que la propriété est vraie pour $n = 0$, 1 ou 2.

Soit n un entier naturel quelconque tel que H_n est vraie. Montrons H_{n+1}.

Soit F un ensemble à $n+1$ éléments. Fixons un élément a de F et posons $E = F \setminus \{a\}$.

On a donc $F = E \cup \{a\}$ avec $\text{card}(E) = n$. Les parties de F sont de deux types :

- celles qui ne contiennent pas l'élément a. Ce sont alors des parties de E, il y en a donc 2^n d'après la proposition H_n ;
- celles qui contiennent a. Lorsqu'on retire a à une telle partie on retrouve une partie quelconque de E. Il y a donc également 2^n parties qui contiennent a.

Et donc $\text{card}\mathscr{P}(F) = 2^n + 2^n = 2 \times 2^n = 2^{n+1}$, d'où H_{n+1}.

Ce qui établit la propriété H_n pour tout entier naturel n.

Liste, liste d'éléments distincts, permutation, combinaison

Ici E est un ensemble fini possédant n éléments et p est un entier naturel.

Définitions

• On appelle **p-liste d'éléments de E** tout élément $x = \left(x_1, x_2, \ldots, x_p\right)$ de E^p. Le nombre de ces p-listes est donc $\operatorname{card}\left(E^p\right) = n^p$.

• On appelle **p-liste d'éléments distincts de E** toute p-liste $x = \left(x_1, x_2, \ldots, x_p\right)$ dans laquelle les éléments $x_1, x_2, \ldots, x_p$ sont deux à deux distincts.

On note A_n^p le nombre de p-listes d'éléments distincts de E.

• On appelle **permutation de E** toute n-liste d'éléments distincts de E.
On note $n!$ le nombre de permutations de E.

> **Remarque**
> Une permutation de E est une n-liste contenant tous les éléments de E.

• On appelle **p-combinaison de E** (ou combinaison de E à p éléments) toute partie de E contenant exactement p éléments.

On note $\begin{pmatrix} n \\ p \end{pmatrix}$ le nombre de combinaisons de E à p éléments.

Par convention, on pose : $A_n^0 = 1$ pour tout $n \in \mathbb{N}$. En particulier : $0! = 1$.

De même, on pose $A_0^p = 0$ pour tout $p \in \mathbb{N}^*$.

> **Remarque**
> De façon évidente :
> Si $p > n$ alors $A_n^p = 0$.

Attention ! On prendra garde à bien distinguer combinaison et liste :

• **Une combinaison** de E est **une partie** de E. **On l'écrit entre accolades**. Par exemple $X = \{1, 3, 4, 9\}$ est une combinaison à 4 éléments de $E = [\![0, 20]\!]$.

• Dans une combinaison, l'ordre des éléments n'intervient pas. Par exemple $Y = \{4, 9, 3, 1\}$ est la même combinaison que X car X et Y sont 2 ensembles constitués des mêmes éléments, on peut donc écrire $X = Y$: l'ordre n'intervient pas.

• **Une liste s'écrit entre parenthèses**. Par exemple $x = (1, 3, 4, 9)$ est une 4-liste d'éléments distincts de $E = [\![0, 20]\!]$.

• Au contraire d'une combinaison, dans une liste on tient compte **de l'ordre** dans lequel sont écrits les éléments. Par exemple $x = (1, 3, 4, 9)$ et $y = (4, 9, 3, 1)$ sont deux listes différentes, ne serait-ce que parce que $x_1 = 1$ et $y_1 = 4$.

• Deux p-listes $x = (x_1, x_2, \ldots, x_p)$ et $y = (y_1, y_2, \ldots, y_p)$ sont égales si et seulement si : $\forall i \in [\![1, p]\!]$, $x_i = y_i$ c'est-à-dire si et seulement si les termes des deux listes sont identiques et écrits dans le même ordre.

Formulaire

$$\forall n, p \in \mathbb{N}^* \text{ et } p \leqslant n, \quad A_n^p = n(n-1)\ldots(n-p+1)$$

$$\forall n \in \mathbb{N}^*, \quad n! = A_n^n = 1 \times 2 \times \ldots \times (n-1) \times n$$

$$\forall n, p \in \mathbb{N}, \quad \binom{n}{p} = \frac{A_n^p}{p!} = \begin{cases} 0 & \text{si } p > n \\ \dfrac{n!}{p!(n-p)!} & \text{si } 0 \leqslant p \leqslant n \end{cases}$$

Démonstration

Soient n et p deux entiers tels que $1 \leqslant p \leqslant n$. Pour former une p-liste d'éléments distincts $x = (\_, \_, \ldots, \_)$ de E, il faut d'abord choisir un premier élément x_1 dans E :

$x = (x_1, \_, \ldots, \_)$. Il y a n façons de faire ce choix.

Puis ensuite, un autre élément x_2 dans $E \setminus \{x_1\}$: $x = (x_1, x_2, \_, \ldots, \_)$, soit $n-1$ choix possibles pour x_2. Ce qui fait déjà $n(n-1)$ choix possibles pour fixer x_1 et x_2.

On réitère ce processus… Lorsqu'on aura fixé $x_1, x_2, \ldots, x_{p-1}$ il restera à choisir x_p dans $E \setminus \{x_1, \ldots, x_{p-1}\}$, soit $n-(p-1) = n-p+1$ choix possibles pour x_p. D'où la formule :

$$\text{Pour } 1 \leqslant p \leqslant n, \quad A_n^p = n(n-1)\ldots(n-p+1)$$

On remarque que la formule tient pour $p > n$ puisque dans ce cas $n-p+1$ est négatif, et donc 0 figure entre $n-p+1$ et n. Ainsi, le produit $n(n-1)\ldots(n-p+1)$ contient le facteur 0, donc il est nul.

AMBITION PRÉPA

La seconde formule : $n! = 1 \times 2 \times \ldots \times (n-1) \times n$ n'est autre que la précédente lorsque $p = n$.

Pour la dernière formule : $\binom{n}{p} = \frac{A_n^p}{p!}$, il suffit de remarquer qu'à partir d'une partie X de E à p éléments, on peut former, en permutant les éléments de X, $p!$ listes d'éléments distincts. Il y a donc $p!$ fois plus de listes que de combinaisons et : $A_n^p = p!\binom{n}{p}$.

Les trois modes de tirage dans une urne

Soit U une urne contenant n boules numérotées de 1 à n. On veut extraire p boules de cette urne. On distingue trois façons différentes de faire un tel tirage :

• **Le tirage successif avec remise** : à chaque boule tirée on note son numéro et on la remet dans l'urne. Puis on mélange le tout avant de procéder au tirage suivant. On constitue ainsi une p-liste $x = (x_1, x_2, \ldots, x_p)$ d'éléments de $[\![1, n]\!]$ qui caractérise ce tirage (x_1 : n° de la première boule tirée, x_2 : n° de la deuxième...).

Il y a n^p tirages avec remise de p boules dans une urne qui en contient n.

Par exemple, lorsqu'on on jette 3 fois de suite un dé, il y a $6^3 = 216$ suites de résultats différents possibles. Car lancer un dé 3 fois revient à tirer successivement avec remise 3 boules dans une urne contenant 6 boules numérotées de 1 à 6.

• **Le tirage successif sans remise (ou tirage exhaustif)** : dans ce cas les boules tirées ne sont pas remises dans l'urne, les boules obtenues sont toutes distinctes et la liste représentant ce tirage sera une p-liste d'éléments distincts de $[\![1, n]\!]$, donc :

Il y a A_n^p tirages exhaustifs de p boules dans une urne qui en contient n.

> **Remarque**
>
> Lorsque $p = n$, on vide entièrement l'urne.
>
> Il y a donc $n!$ façons de vider une urne contenant n boules distinctes.

Par exemple, au départ d'une course hippique de 10 chevaux, on peut miser $A_{10}^3 = 10 \times 9 \times 8 = 720$ « tiercés » différents.

• **Le tirage en une seule fois (ou tirage simultané)** : ici on plonge dans l'urne une louche d'une capacité de p boules et on extrait en une seule fois p boules.

Il n'y a pas d'ordre sur les boules tirées, le tirage se fait en une seule fois. Un tel tirage s'apparente à une p-combinaison de $[\![1, n]\!]$, et donc :

Il y a $\binom{n}{p}$ tirages simultanés de p boules dans une urne qui en contient n.

Par exemple, il y a $\binom{32}{5} = \dfrac{32 \times 31 \times 30 \times 29 \times 28}{5 \times 4 \times 3 \times 2 \times 1} = 201\ 376$ mains différentes au poker car une « main » au poker est un tirage simultané de 5 cartes dans un jeu de 32.

EXERCICES

➔ Corrigés p. 428

1 Vingt chevaux sont au départ d'une course.

Combien y a-t-il de tiercés possibles dans l'ordre ? Combien y a-t-il de manières de désigner les trois premiers chevaux sans tenir compte de l'ordre d'arrivée ?

2 On lance 3 fois de suite une pièce de monnaie. On écrit un résultat de cette expérience sous forme d'un triplet (x, y, z) dans lequel x est le résultat du 1er lancer (P si pile, F si face), y celui du 2e lancer et z celui du 3e.

1. Combien y a-t-il de résultats différents possibles ?

2. Combien y a-t-il de résultats comportant une fois pile exactement ?

3. Combien y a-t-il de résultats comportant au plus une fois pile ?

3 Un sac contient 20 jetons numérotés de 1 à 20.

1. On tire successivement et avec remise 3 jetons.

a) Combien y a-t-il de tirages différents possibles ?

b) Combien de tirages pour lesquels les numéros tirés sont impairs ?

2. Mêmes questions dans le cas d'un tirage successif sans remise de 3 jetons.

4 Quel est le nombre de façons d'obtenir au moins un roi en tirant simultanément 2 cartes d'un jeu de 32 ?

5 **1.** On écrit les lettres du mot LIVRE sur cinq cartes. Combien de mots de 3 lettres peut-on former en utilisant trois cartes ?

2. Même question avec le mot VIVRE ?

6 Six personnes lancent chacune un dé. Quelle est la probabilité

a) Que toutes obtiennent le six ?

b) Que le six soit obtenu par au moins l'une d'entre elles ?

c) Que ni le six ni le cinq ne soient obtenus ?

d) Que les six personnes obtiennent des numéros différents ?

7 On tire trois jetons d'une urne contenant dix jetons numérotés de 1 à 10. Quelle est la probabilité

a) Que le plus grand numéro obtenu soit inférieur ou égal à 5 ?

b) Que le plus grand numéro obtenu soit un 5 ?

c) Que le plus grand numéro obtenu soit un nombre pair ?

d) Que le produit des trois numéros soit pair ?

8 Soit un entier $n \geqslant 5$. Les personnes d'une assemblée élisent leur président. Chacune des personnes vote pour l'un des trois candidats a, b, c. Un candidat est élu s'il obtient au moins $n-2$ voix. Quelle est la probabilité pour qu'aucun candidat ne soit élu ?

9 Soit n un entier naturel non nul. On dispose de n urnes u_1, u_2, ..., u_n. L'urne numéro k contient n boules dont k blanches et $n-k$ noires.

a) Montrer que pour tout entier naturel n non nul

$$\sum_{k=1}^{n} k^2 = \frac{n(n+1)(2n+1)}{6}$$

b) On choisit une urne au hasard, puis on tire successivement avec remise deux boules de cette urne. Quelle est la probabilité d'obtenir deux boules blanches ?

CORRIGÉS

1 On peut convenir de numéroter les chevaux au départ de 1 à 20. Un tiercé dans l'ordre revient à former une 3-liste (x_1, x_2, x_3) d'éléments distincts de $[\![1, 20]\!]$ (x_1 désignant le cheval arrivé en premier, x_2 le deuxième et x_3 le troisième).

Il y en a donc $A_{20}^3 = 20 \times 19 \times 18 = 6\,840$.

Désigner les 3 chevaux arrivés en tête sans préciser l'ordre de leur arrivée revient à écrire une combinaison $\{x_1, x_2, x_3\}$ à 3 éléments de $[\![1, 20]\!]$. Il y en a donc :

$$\binom{20}{3} = \frac{A_{20}^3}{3!} = \frac{6840}{6} = 1140.$$

2 **1.** Un résultat possible de l'expérience est ici une 3-liste d'éléments de l'ensemble à 2 éléments $\{P, F\}$. Il y en a donc $2^3 = 8$.

2. Sur les huit résultats possibles, trois comprennent un pile exactement : (P, F, F), (F, P, F) et (F, F, P).

3. Au plus un pile signifie un pile ou aucun. Il y a un unique résultat ne comprenant aucun pile, à savoir (F, F, F). Ce qui fait, avec les trois résultats précédents pour un pile exactement, 4 possibilités d'avoir au plus un pile.

3 **1.** On tire successivement et avec remise 3 jetons.

a) Un résultat possible de l'expérience est ici une 3-liste de $[\![1, 20]\!]$.

Il y a donc $20^3 = 8\,000$ résultats différents possibles.

b) Soit I l'ensemble des nombres impairs entre 1 et 20 : $I = \{1, 3, \ldots, 19\}$. $\text{card} I = 10$. Un tirage de 3 numéros impairs est une 3-liste d'éléments de I. Il y a donc $10^3 = 1\,000$ tirages de 3 numéros impairs.

2. On tire successivement et sans remise 3 jetons.

a) Un résultat possible de l'expérience est ici une 3-liste d'éléments distincts de $[\![1, 20]\!]$.

Il y a donc $A_{20}^3 = 20 \times 19 \times 18 = 6\,840$ résultats différents possibles.

b) Un tirage de 3 numéros impairs est ici une 3-liste d'éléments distincts de I. Il y en a donc $A_{10}^3 = 10 \times 9 \times 8 = 720$.

4 Le raisonnement qui dit : « Choisissons un roi parmi les 4 du jeu, puis une carte quelconque parmi les 31 restantes donc le nombre est $4 \times 31 = 124$ » est faux !

En effet, les couples (roi ■, roi ■) et (roi ■, roi ■) fournissent la même combinaison {roi ■, roi ■}, qui serait comptée deux fois. Par contre, la combinaison {roi ■, 10 ■} ne serait comptée qu'une seule fois. Il faut donc procéder différemment.

1re méthode :

Comptons séparément le nombre de tirages amenant exactement 1 roi et le nombre de tirages amenant 2 rois :

Tirages de 2 cartes contenant 1 seul roi :

- On choisit 1 roi : 4 choix possibles.
- On choisit 1 carte parmi les 28 qui ne sont pas des rois : 28 choix.

Soit $4 \times 28 = 112$ tirages de 2 cartes amenant un roi exactement.

Tirages de 2 cartes contenant 2 rois : il y a $\begin{pmatrix} 4 \\ 2 \end{pmatrix} = 6$ tirages possibles de 2 rois.

Le nombre de tirages amenant au moins 1 roi est donc $112 + 6 = 118$.

2e méthode :

Il peut être plus simple, dans certains cas, de dénombrer le complémentaire, c'est-à-dire ici de chercher le nombre de tirages n'amenant aucun roi, soit $\begin{pmatrix} 28 \\ 2 \end{pmatrix} = 378$ tirages de ce type. Comme il existe au total $\begin{pmatrix} 32 \\ 2 \end{pmatrix} = 496$ tirages possibles de 2 cartes, il existe par conséquent $496 - 378 = 118$ tirages amenant au moins un roi.

5 **1.** Le mot LIVRE contient 5 lettres distinctes. Un « mot de 3 lettres » est ici une 3-liste d'éléments distincts de l'ensemble $\{L, I, V, R, E\}$. Il y en a donc $A_5^3 = 5 \times 4 \times 3 = 60$.

2. Le mot VIVRE contient 2 lettres identiques et 3 lettres distinctes. On distingue :

a) Les mots contenant deux fois la lettre V et 1 autre lettre quelconque. On choisit une lettre parmi {I, R, E} 3 choix et on place cette lettre dans le mot de 3 lettres (- - -). Il y a trois places possibles donc au final, il y a $3 \times 3 = 9$ possibilités d'écrire une lettre autre que V et de compléter le mot avec les deux lettres V. D'où 9 mots contenant deux fois la lettre V.

AMBITION PRÉPA

b) Les mots contenant une fois la lettre V et deux autres lettres autres que V.

Il y a $\binom{3}{2} = 3$ choix possibles de deux lettres choisies dans {I, R, E} puis il y a $3! = 6$ façons d'écrire ces deux lettres et la lettre V dans un ordre pour obtenir un mot. D'où $3 \times 3! = 18$ mots de trois lettres contenant une fois V.

c) Les mots ne contenant pas la lettre V : il y a trois lettres possibles et donc $3! = 6$ mots possibles

Le nombre de mots de 3 lettres que l'on peut former avec les lettres du mot VIVRE est donc :

$$9 + 18 + 6 = 33$$

6 On peut désigner par N_1, N_2, ..., N_6 les six personnes, un lancer des six dés peut être modélisé comme une « $6-$ liste » d'éléments de $\{1, 2, \ldots, 6\}$, il y a donc 6^6 résultats possibles tous équiprobables.

a) Il n'y a qu'un cas favorable, les six dés présentent le six sur la face supérieure. Soit A_1 l'événement : « les six personnes obtiennent le six »

$$\boxed{P(A_1) = \frac{1}{6^6}}$$

b) Soit A_2 l'événement : « il y a au moins une personne qui obtient le six ». Il est presque toujours judicieux lorsque la description de l'événement comporte « au moins un » de rechercher la probabilité de l'événement contraire $\overline{A_2}$: « le six n'est obtenu par aucune des six personnes », cela signifie que tous les lancers des six dés font apparaître des nombres compris entre un et cinq, un résultat est une « $6-$ liste » de l'ensemble $\{1, 2, \ldots, 5\}$ donc

$$\mathrm{P}(\overline{A_2}) = \frac{5^6}{6^6}$$

donc

$$\boxed{P(A_2) = 1 - \frac{5^6}{6^6}}$$

c) Soit A_3 l'événement : « ni le six ni le cinq ne sont obtenus » cela signifie que tous les lancers obtiennent un nombre compris entre 1 et 4, d'où

$$\boxed{P(A_3) = \frac{4^6}{6^6}}$$

d) Soit A_4 l'événement : « les six personnes obtiennent des numéros différents ». Un tel tirage correspond à une permutation de l'ensemble $\{1, 2, \ldots, 6\}$

AMBITION PRÉPA

c'est-à-dire une « $6-$ liste » d'éléments distincts deux à deux de l'ensemble $\{1,2,\ldots,6\}$, il y a $6!$ permutations de l'ensemble $\{1,2,\ldots,6\}$ d'où

$$\boxed{P(A_4)=\frac{6!}{6^6}}$$

7 Le tirage des trois jetons étant sans remise, le nombre total de tirages est égal au nombre de combinaisons à trois éléments de l'ensemble $\{1,2,\ldots,10\}$ qui est égal à $\binom{10}{3}$, tous les tirages sont équiprobables.

a) Si tous les numéros sont inférieurs ou égaux à 5, les cas favorables correspondent aux tirages de trois nombres distincts parmi $\{1,2,\ldots,5\}$, il y a donc $\binom{5}{3}$ cas favorables donc la probabilité p_1 de tirer trois numéros inférieurs ou égaux à 5 est égale à

$$p_1=\frac{\binom{5}{3}}{\binom{10}{3}}=\frac{\frac{5!}{3!2!}}{\frac{10!}{3!7!}}=\frac{5\times 4\times 3}{10\times 9\times 8}$$

$$\boxed{p_1=\frac{1}{12}}$$

b) Le tirage des trois jetons étant sans remise, les numéros tirés sont tous distincts, un cas favorable est donc le tirage du jeton numéroté 5 et de deux jetons dont les numéros sont strictement inférieurs à 5 donc inférieurs ou égaux à 4, le nombre de cas favorables est donc $\binom{4}{2}$ car il n'y a qu'un choix pour le jeton numéroté 5. La probabilité p_2 de tirer sans remise trois jetons dont le plus grand numéro est 5 est égale à

$$p_2=\frac{\binom{4}{2}}{\binom{10}{3}}=\frac{\frac{4!}{2!2!}}{\frac{10!}{3!7!}}=\frac{3\times 2}{10\times 3\times 4}$$

$$\boxed{p_2=\frac{1}{20}}$$

AMBITION PRÉPA

c) Si le plus grand numéro tiré est pair, cela signifie qu'un jeton porte le numéro 4 et les deux autres des numéros inférieurs ou égaux à 3 ou bien un jeton porte le numéro 6 et les deux autres des numéros inférieurs ou égaux à 5 ou bien un jeton porte le numéro 8 et les deux autres des numéros inférieurs ou égaux à 7 ou bien un jeton porte le numéro 10 et les deux autres des numéros inférieurs ou égaux à 9. Ces quatre cas sont incompatibles deux à deux donc la probabilité est égale à la somme des probabilités de réaliser chacun des cas, en raisonnant comme à la question précédente, la probabilité p_3 de l'événement cherché est égale à

$$p_3 = \frac{\binom{3}{2}}{\binom{10}{3}} + \frac{\binom{5}{2}}{\binom{10}{3}} + \frac{\binom{7}{2}}{\binom{10}{3}} + \frac{\binom{9}{2}}{\binom{10}{3}} = \frac{\frac{3!}{2!1!}}{\frac{10!}{3!7!}} + \frac{\frac{5!}{2!3!}}{\frac{10!}{3!7!}} + \frac{\frac{7!}{2!5!}}{\frac{10!}{3!7!}} + \frac{\frac{9!}{2!7!}}{\frac{10!}{3!7!}}$$

$$= \frac{3}{10 \times 3 \times 4} + \frac{5 \times 2}{10 \times 3 \times 4} + \frac{7 \times 3}{10 \times 3 \times 4} + \frac{9 \times 4}{10 \times 3 \times 4}$$

$$= \frac{3 + 10 + 21 + 36}{10 \times 3 \times 4} = \frac{70}{10 \times 3 \times 4}$$

$$\boxed{p_3 = \frac{7}{12}}$$

d) Le produit est pair si l'un au moins des numéros est pair, il sera plus simple de chercher la probabilité de l'événement contraire, le produit des trois numéros tirés est impair, ce qui est réalisé seulement si les trois numéros tirés sont impairs, c'est-à-dire sont tirés dans l'ensemble $\{1, 3, 5, 7, 9\}$. Cet ensemble contient 5 éléments donc la probabilité cherchée est égale à

$$p_4 = 1 - \frac{\binom{5}{3}}{\binom{10}{3}} = 1 - p_1 = 1 - \frac{1}{12}$$

$$\boxed{p_4 = \frac{11}{12}}$$

8 Les n personnes sont distinctes deux à deux, on peut les numéroter en utilisant par exemple l'ordre alphabétique des « nom-prénoms », l'ensemble des n personnes peut alors s'écrire $E = \{P_1, P_2, \ldots, P_n\}$. Les résultats d'un vote sont une n – liste $(x_1, x_2, \ldots, x_i, \ldots, x_n)$ où x_i est le vote de P_i donc x_i peut prendre trois valeurs possibles a, b ou c. Il y a 3^n votes possibles tous équiprobables. On peut dire aussi qu'un vote est une application de l'ensemble E à n éléments dans l'ensemble $\{a, b, c\}$ à trois éléments, il y a 3^n applications de E dans l'ensemble $\{a, b, c\}$.

Soit A, B, C et N les événements respectifs, « a est élu », « b est élu », « c est élu » et « aucun candidat n'est élu ». Ces quatre événements forment un système complet d'événements donc

$$\mathrm{P}(A) + \mathrm{P}(B) + \mathrm{P}(C) + \mathrm{P}(N) = 1 \text{ ou encore } \mathrm{P}(N) = 1 - \mathrm{P}(A) - \mathrm{P}(B) - \mathrm{P}(C)$$

Aucun des candidats n'étant privilégié, on a $\mathrm{P}(A) = \mathrm{P}(B) = \mathrm{P}(C)$

Calcul de $\mathrm{P}(A)$.

Le candidat a est élu lorsqu'il obtient $n-2$ ou $n-1$ ou n voix.

Pour être élu avec $n-2$ voix, on doit choisir les $n-2$ personnes parmi n qui vont voter a, il y a $\begin{pmatrix} n \\ n-2 \end{pmatrix}$ choix possibles de ces $n-2$ personnes, les deux personnes restantes ne peuvent voter que b ou c, il y a donc quatre votes possibles pour ces deux personnes (b, b), (b, c), (c, b) et (c, c).

Le nombre de votes possibles permettant l'élection de a avec $n-2$ voix est $\begin{pmatrix} n \\ n-2 \end{pmatrix} \times 4$.

Pour être élu avec $n-1$ voix, on doit choisir les $n-1$ personnes parmi n qui vont voter a, il y a $\begin{pmatrix} n \\ n-1 \end{pmatrix}$ choix possibles de ces $n-1$ personnes, la personne restante ne peut voter que b ou c, il y a donc deux votes possibles pour cette personne b ou c.

Le nombre de votes possibles permettant l'élection de a avec $n-1$ voix est $\begin{pmatrix} n \\ n-1 \end{pmatrix} \times 2$.

Pour être élu avec n voix, toutes les personnes doivent voter a, le nombre de votes possibles permettant l'élection de a avec n voix est 1.

Le nombre de votes conduisant à l'élection de a est donc

$$4\binom{n}{n-2}+2\binom{n}{n-1}+1=4\frac{n!}{(n-2)!(n-(n-2))!}+2\frac{n!}{(n-1)!(n-(n-1))!}+1$$

$$=4\frac{n(n-1)[(n-2)!]}{(n-2)!2!}+2\frac{n[(n-1)!]}{(n-1)!1!}+1$$

$$=\frac{4n(n-1)}{2}+2n+1$$

$$=2n^2+1$$

Tous les votes sont équiprobables, il y a 3^n votes possibles donc la probabilité de l'élection de a est

$$\mathrm{P}(A)=\frac{2n^2+1}{3^n}$$

On a donc

$$\mathrm{P}(A)+\mathrm{P}(B)+\mathrm{P}(C)=3\mathrm{P}(A)$$

$$=3\frac{2n^2+1}{3^n}=\frac{2n^2+1}{3^{n-1}}$$

Donc

$$\mathrm{P}(N)=1-\frac{2n^2+1}{3^{n-1}}$$

$$\boxed{P(N)=\frac{3^{n-1}-2n^2-1}{3^{n-1}}}$$

9 **a)** Un raisonnement par récurrence semble s'imposer, car la propriété à démontrer doit être vérifiée pour tout entier naturel n non nul.

– La propriété est vérifiée pour $n=1$ car $\sum_{k=1}^{1}k^2=1^2=1$ et

$$\frac{1\times(1+1)(2\times1+1)}{6}=\frac{2\times3}{6}=1$$

– Supposons que pour un certain entier n non nul, la propriété soit vérifiée, on a donc pour cet entier n

$$\sum_{k=1}^{n}k^2=\frac{n(n+1)(2n+1)}{6}$$

On a alors

$$\sum_{k=1}^{n+1} k^2 = \sum_{k=1}^{n} k^2 + (n+1)^2$$
$$= \frac{n(n+1)(2n+1)}{6} + (n+1)^2$$
$$= (n+1)\left[\frac{n(2n+1)}{6} + (n+1)\right]$$
$$= (n+1)\left[\frac{n(2n+1) + 6(n+1)}{6}\right]$$
$$= (n+1)\left[\frac{2n^2 + 7n + 6}{6}\right]$$

On a pour tout entier naturel n non nul, $(n+2)(2n+3) = 2n^2 + 7n + 6$, d'où

$$\sum_{k=1}^{n+1} k^2 = (n+1)\left[\frac{(n+2)(2n+3)}{6}\right]$$
$$= \frac{(n+1)(n+2)(2(n+1)+1)}{6}$$

La formule est donc vraie au rang $n+1$. D'après le principe de récurrence, pour tout entier naturel non nul n on a

$$\sum_{k=1}^{n} k^2 = \frac{n(n+1)(2n+1)}{6}$$

b) Soit n un entier naturel non nul et k un entier compris entre 1 et n, on désigne par U_k l'événement : « choisir l'urne u_k ». Toutes les urnes ont la même probabilité d'être choisies : $\frac{1}{n}$. Les événements U_1, U_2, ..., U_n forment un système complet d'événements.

Soit B l'événement : « on a tiré successivement et avec remise deux boules blanches ». D'après la formule des probabilités totales

$$\mathrm{P}(B) = \sum_{k=1}^{n} \mathrm{P}(U_k) \times \mathrm{P}_{U_k}(B)$$

AMBITION PRÉPA

On peut écrire $B = B_1 \cap B_2$ où B_1 est l'événement « tirer une boule blanche au premier tirage » et B_2 l'événement « tirer une boule blanche au deuxième tirage dans la même urne après avoir remis dans l'urne la boule tirée au premier tirage ». Les deux tirages sont indépendants et l'urne est identique à chacun des tirages donc

$$\mathrm{P}_{U_k}(B) = \mathrm{P}_{U_k}(B_1) \times \mathrm{P}_{U_k}(B_2) = \left(\mathrm{P}_{U_k}(B_1)\right)^2$$

L'urne u_k contient k boules blanches et $n-k$ boules noires donc

$$\mathrm{P}_{U_k}(B_1) = \frac{k}{n} \text{ donc } \mathrm{P}_{U_k}(B) = \frac{k^2}{n^2}$$

donc

$$\mathrm{P}(B) = \sum_{k=1}^{n} \mathrm{P}(U_k) \times \mathrm{P}_{U_k}(B) = \sum_{k=1}^{n} \frac{1}{n} \times \frac{k^2}{n^2}$$

$$= \frac{1}{n^3} \sum_{k=1}^{n} k^2 = \frac{1}{n^3} \frac{n(n+1)(2n+1)}{6}$$

$$\boxed{P(B) = \frac{(n+1)(2n+1)}{6n^2}}$$

AMBITION PRÉPA

CHAPITRE 10

Variables aléatoires à densité

DE QUOI S'AGIT-IL ?

Il s'agit ici d'étudier des variables aléatoires dont l'ensemble des valeurs prises n'est pas un ensemble fini $\{x_1, x_2, \ldots x_n\}$ mais un intervalle de $\mathbb{R}$, par exemple, $X(\Omega) = [a\ ;\ b]$ ou $X(\Omega) = \mathbb{R}^+$ ou $X(\Omega) = \mathbb{R}$.

COURS

1 Notion de variable aléatoire à densité

❶ Notation

Soit un ensemble Ω appelé **univers** des issues associé à une expérience aléatoire, p une probabilité sur Ω, X une application de Ω dans $\mathbb{R}$.

Si J désigne un intervalle inclus dans $\mathbb{R}$, on note $[X \in \text{J}]$ la partie de Ω :

$$\{\omega \in \Omega / X(\omega) \in \text{J}\}.$$

❷ Définitions

X est une **variable aléatoire à densité** sur Ω si l'on peut lui associer une fonction positive définie sur $\mathbb{R}$ et vérifiant, pour J intervalle de $\mathbb{R}$:

$p([X \in \text{J}]) = \text{Aire}\ \{\text{M}(x, y)/(x \in \text{J}) \text{ et } 0 \leqslant y \leqslant f(x)\}$.

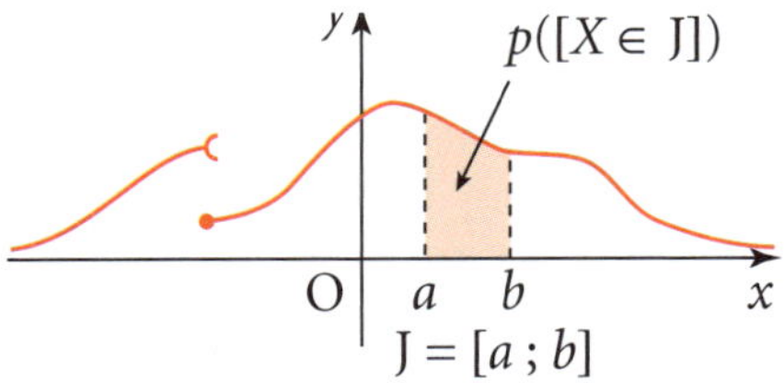

Remarque
Si J est un intervalle $[a\,;b]$ ou $[a\,;b[$ ou $]a\,;b]$ ou $]a\,;b[$:
$p([X \in \text{J}]) = \int_a^b f(t)\text{d}t$.

Bien comprendre

Si $\text{J} = [a\,;b]$ et f est continue sur $[a\,;b]$:

$$p = ([a \leqslant X \leqslant b]) = \int_a^b f(t)\text{d}t.$$

La fonction f ainsi définie est appelée une **densité de probabilité** de X.

❸ Propriétés de *f*

La fonction f est positive et continue sur $\mathbb{R}$, sauf peut être en un nombre fini de points et :

$\text{Aire}\{\text{M}(x, y)/x \in \mathbb{R} \text{ et } 0 \leqslant y \leqslant f(x)\} = 1.$

Remarque
On admettra que les conditions ci-contre sont nécessaires et suffisantes pour qu'une fonction soit une fonction de densité de probabilité.

COURS

4 Notations

L'événement $[x \in J]$ sera noté :

$[a \leqslant X \leqslant b]$ si $J = [a\,;b]$;

$[a < X < b]$ si $J =]a\,;b[$;

$[X \leqslant a]$ si $J =]-\infty\,;a]$ et $p([X \leqslant a]) = \lim\limits_{\lambda \to -\infty} \int_{\lambda}^{a} f(t)\mathrm{d}t$ noté $\int_{-\infty}^{a} f(t)\mathrm{d}t$;

$[X > a]$ si $J =]a\,;+\infty[$ et $p([X > a]) = \lim\limits_{\lambda \to +\infty} \int_{a}^{\lambda} f(t)\mathrm{d}t$ noté $\int_{a}^{+\infty} f(t)\mathrm{d}t$.

5 Ensemble des valeurs prises par *X*

Lorsque X est une variable aléatoire admettant f pour densité de probabilité, l'ensemble $X(\Omega)$ est défini par :

$$X(\Omega) = \{x \in \mathbb{R} / f(x) \neq 0\}.$$

Remarque
Dans la plupart des exercices, $X(\Omega)$ est un intervalle de $\mathbb{R}$.

2 Fonction de répartition d'une variable aléatoire *X*

1 Définition

On appelle **fonction de répartition** d'une variable aléatoire X admettant la fonction f pour densité de probabilité la fonction notée F, définie sur $\mathbb{R}$, telle que pour tout x de $\mathbb{R}$:

$$F(x) = p([X \leqslant x]) = \lim_{\lambda \to -\infty} \int_{\lambda}^{x} f(t)\mathrm{d}t.$$

Remarque
Bien remarquer que F est définie sur $\mathbb{R}$.

→ Bien comprendre

$p([a \leqslant X \leqslant b]) = p([a < X < b]) = p([a \leqslant X < b]) = F(b) - F(a).$

2 Propriétés de la fonction F

- F est croissante sur $\mathbb{R}$.
- F est continue sur $\mathbb{R}$.
- $\lim_{x \mapsto -\infty} F(x) = 0$ et $\lim_{x \mapsto +\infty} F(x) = 1$.

À retenir
En tout point x où F est dérivable : $F'(x) = f(x)$.

Bien comprendre
$F(x_0)$ est l'aire sous la courbe $\mathscr{C}_f$ du domaine $\{M(x, y)/(x \leqslant x_0)$ et $0 \leqslant y \leqslant f(x_0)\}$.

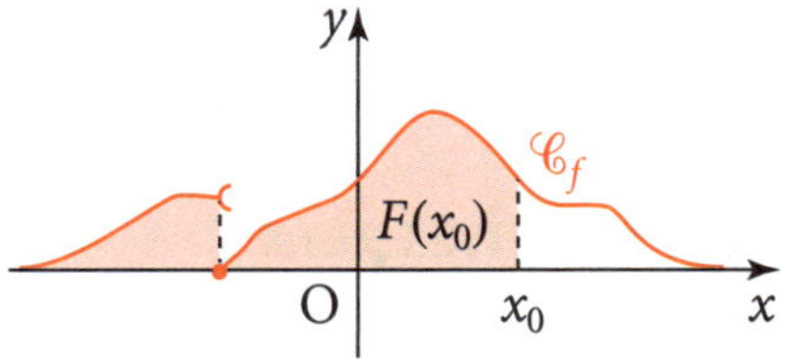

3 Lois classiques à densité

1 Loi uniforme sur un segment

On dit que la variable aléatoire X suit la loi uniforme sur $[a, b]$ $(a < b)$ si une densité de probabilité associée à X est la fonction f définie sur $\mathbb{R}$ par :

$$f(x) = \begin{cases} \dfrac{1}{b-a} & \text{si } x \in [a, b] \\ 0 & \text{si } x \notin [a, b] \end{cases}.$$

Remarque
On note $X \hookrightarrow \mathscr{U}([a ; b])$.

La fonction de répartition F est alors définie par :

$$F(x) = \begin{cases} 0 & \text{si } x < a \\ \dfrac{x-a}{b-a} & \text{si } a \leqslant x \leqslant b. \\ 1 & \text{si } x > b \end{cases}$$

Remarque
La fonction F est continue sur $\mathbb{R}$, dérivable en tout point différent de a et b et a pour dérivé f.

Exemple : $a = -1$ et $b = 3$

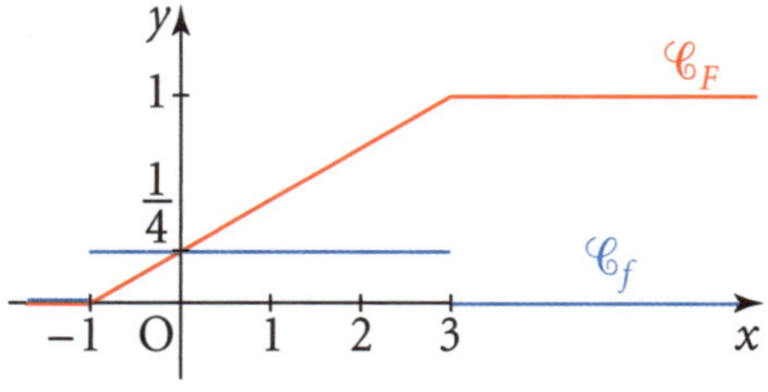

L'espérance de X est le réel noté $E(X)$ définie par :

$$E(X) = \int_a^b tf(t)\mathrm{d}t = \frac{a+b}{2}.$$

2 Loi exponentielle

- **Définition**

Soit λ un réel strictement positif, on dit que la variable aléatoire X suit la loi exponentielle de paramètre λ, si une densité de probabilité de X est la fonction f définie sur $\mathbb{R}$ par :

$$f(x) = \begin{cases} 0 & \text{si } x < 0 \\ \lambda \mathrm{e}^{-\lambda x} & \text{si } x \geqslant 0 \end{cases}.$$

Remarque
On note $X \hookrightarrow \mathscr{E}_\lambda$

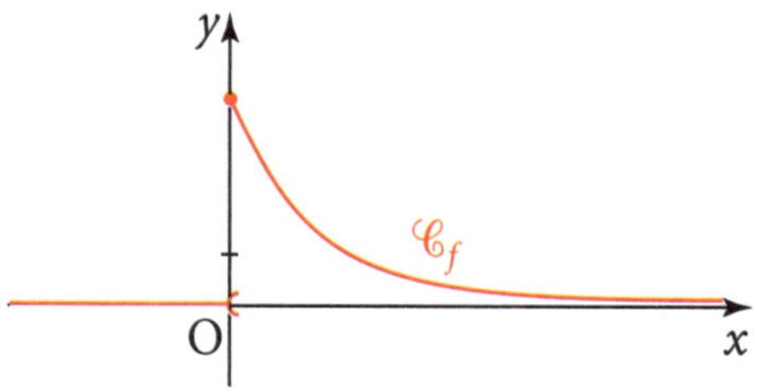

Remarque
La fonction f n'est pas continue en 0.

- **Fonction de répartition**

La fonction de répartition F est définie sur $\mathbb{R}$ par :

$$F(x) = \begin{cases} 0 & \text{si } x < 0 \\ 1 - \mathrm{e}^{-\lambda x} & \text{si } x \geqslant 0 \end{cases}.$$

Remarque
La fonction F est continue sur $\mathbb{R}$, est dérivable en tout point différent de 0 et $F'(x) = f(x)$.

- **Espérance de X**

Si X est une variable aléatoire qui suit une loi exponentielle de paramètre λ, l'espérance $E(X)$ de X est :

$$E(X) = \lim_{x \to +\infty} \int_0^x tf(t)\mathrm{d}t = \frac{1}{\lambda}.$$

- **Propriété de durée de vie sans vieillissement**

Si T suit une loi exponentielle de paramètre λ, alors pour tous réels positifs t et h :

$$p_{[T>t]}([T > t+h]) = p([T > h]).$$

Remarque
Comme T est une variable à densité, on peut remplacer des inégalités strictes par des inégalités larges.

COURS

→ Interprétation

Si T représente la durée de vie, en années, d'un organisme vivant, $[T > t]$ représente alors l'événement « l'organisme vit à l'instant t ». Sachant que l'organisme vit à l'instant t, la probabilité qu'il vive h années de plus ne dépend que de h. L'organisme ne connaît pas le vieillissement. On dit que la loi exponentielle décrit un processus sans mémoire.

3 La loi normale centrée réduite

- **Définition**

On admet que la fonction $\varphi : x \mapsto \frac{1}{\sqrt{2\pi}}e^{\frac{-x^2}{2}}$ est une fonction de densité de probabilité. Si X est une variable aléatoire ayant pour fonction de densité de probabilité la fonction φ, on dit que X suit **la loi normale centrée réduite**.

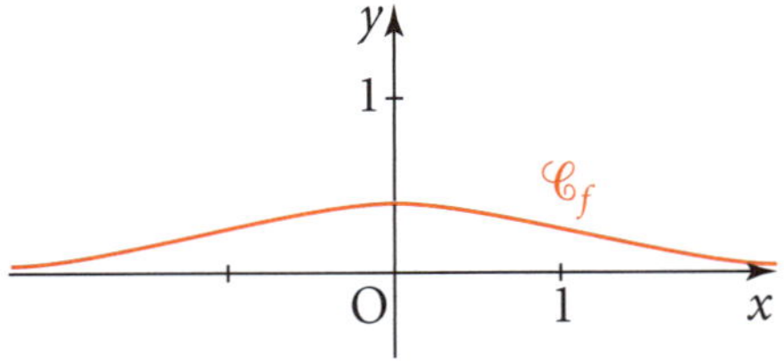

Notation
$X \hookrightarrow \mathcal{N}(0, 1)$

- **Espérance**

On appelle espérance de X et on note $E(X)$ le réel :

$$E(X) = \lim_{x \to -\infty} \int_x^0 t\varphi(t)\mathrm{d}t + \lim_{y \to +\infty} \int_0^y t\varphi(t)\mathrm{d}t.$$

On démontre que, si X suit la loi normale centrée réduite :

$$\boxed{E(X) = 0.}$$

Remarque
Comme $E(X) = 0$, on dit que X est centrée.

- **Variance**

On appelle variance de X, et on note $V(X)$, le réel $E((X - E(X))^2)$.

On admet que si X suit la loi normale centrée réduite :

$$\boxed{V(X) = 1.}$$

Remarque
Comme $V(X) = 1$, on dit que X est réduite.

• Fonction de répartition

X étant une variable aléatoire qui suit la loi normale centrée réduite, on note Φ la fonction de répartition de X et, pour tout réel x :

$$\Phi(x) = \lim_{y \to -\infty} \int_y^x \varphi(t)\,\mathrm{d}t.$$

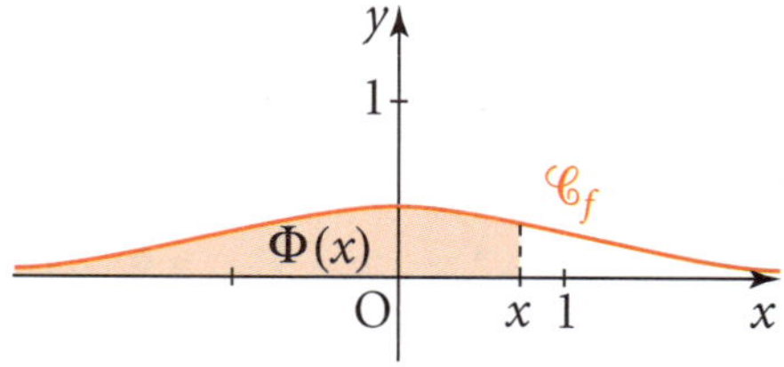

Pour tout réel x, $\Phi(-x) = 1 - \Phi(x)$ car l'aire totale sous la courbe est égale à 1 et la fonction f est paire.

Les domaines colorés ci-dessous sont symétriques l'un de l'autre par rapport à Oy, donc leurs aires sont égales.

Donc, pour tout réel a positif ou nul, si U suit la loi $\mathcal{N}(0, 1)$:

$$p([-a \leqslant U \leqslant a]) = 2\Phi(a) - 1.$$

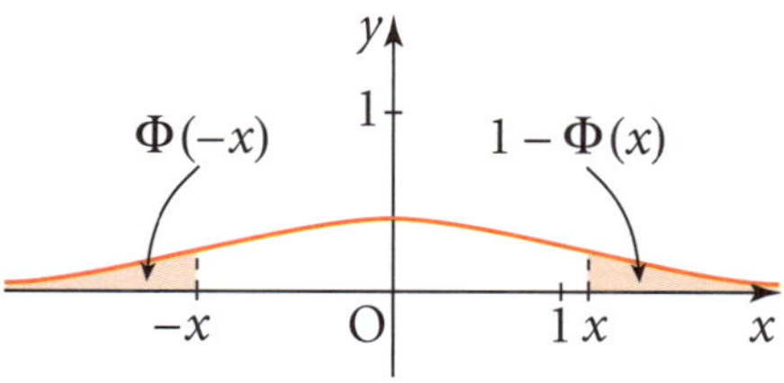

Remarque
La fonction φ est continue sur $\mathbb{R}$, la fonction Φ est dérivable sur $\mathbb{R}$ et $\Phi' = \varphi$.

On donne parfois des tables donnant les valeurs de $\Phi(x)$ pour $x > 0$; la formule $\Phi(-x) = 1 - \Phi(x)$ permet de calculer $\Phi(x)$ pour $x < 0$.

→ Bien retenir

La fonction Φ est continue et strictement croissante sur $\mathbb{R}$ et $\Phi(\mathbb{R}) = \,]0\,;1[$. Pour tout y de $]0\,;1[$, il existe un unique x de $\mathbb{R}$ tel que $\Phi(x) = y$. L'application qui à y associe x sera notée Ψ par la suite.

4 Loi normale : cas général

• Définition

Soit $\mu \in \mathbb{R}$ et $\sigma \in \mathbb{R}_+^*$. On dit qu'une variable aléatoire X suit **la loi normale** $\mathcal{N}(\mu, \sigma^2)$ si la variable $X^* = \dfrac{X - \mu}{\sigma}$ suit la loi $\mathcal{N}(0, 1)$.

Remarque
On dit dans ce cas que X est une variable gaussienne.

Pour tout réel $a \geqslant 0$:

$$p([\mu - a\sigma \leqslant X \leqslant \mu + a\sigma]) = p([-a \leqslant X^* \leqslant a])$$
$$= p([X^* \leqslant a]) - p([X^* \leqslant -a])$$
$$= \Phi(a) - \Phi(-a)$$
$$= 2\Phi(a) - 1.$$

Remarque
$E(X) = \mu$; $V(X) = \sigma^2$.

En particulier :

$p([\mu - \sigma \leqslant X \leqslant \mu + \sigma]) = 2\Phi(1) - 1 = 0{,}6826$;

$p([\mu - 2\sigma \leqslant X \leqslant \mu + 2\sigma]) = 2\Phi(2) - 1 = 0{,}9544$;

$p([\mu - 3\sigma \leqslant X \leqslant \mu + 3\sigma]) = 2\Phi(3) - 1 = 0{,}9973.$

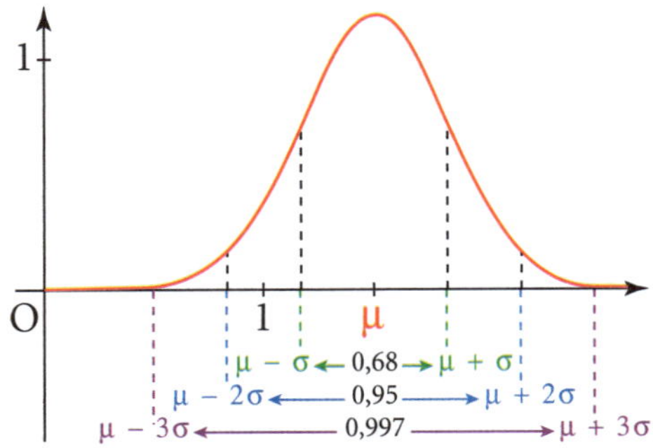

Bien retenir

Ces probabilités sont indépendantes des valeurs de μ et de σ.

- **Calcul avec la loi normale $\mathcal{N}(\mu, \sigma^2)$**

On souhaite ici calculer $F_X(x)$, où X suit la loi $\mathcal{N}(\mu, \sigma^2)$ et F_X désigne sa fonction de répartition.

Il existe trois possibilités :

– En utilisant la table de Φ :

Sachant que $X^* = \dfrac{X - \mu}{\sigma}$ suit la loi $\mathcal{N}(0, 1)$, on écrit :

$$F_X(x) = p([X \leqslant x]) = p\left(\left[\frac{X-\mu}{\sigma} \leqslant \frac{x-\mu}{\sigma}\right]\right) = \Phi\left(\frac{x-\mu}{\sigma}\right).$$

– En utilisant un tableur :

Dans Excel par exemple, on tapera dans une cellule :
= Loi. NORMALE (4 800 ; 5 000 ; 400 ; VRAI) et on obtiendra la valeur 0,308537539.

Remarque
VRAI renvoie la fonction de répartition en x.
FAUX renvoie la densité en x.

– En utilisant une calculatrice :

Attention ! Les calculatrices ne fournissent pas $p([X \leqslant x])$, mais $p([a \leqslant X \leqslant b])$; de sorte que si l'on veut $F_X(x)$ on appliquera la règle suivante :

• si $x \geqslant \mu$:

$F_X(x) = p([X \leqslant x]) = p([X \leqslant \mu]) + p([\mu \leqslant X \leqslant x]) = 0{,}5 + p([\mu \leqslant X \leqslant x])$

• si $x \leqslant \mu$:

$F_X(x) = p([X \leqslant x]) = p([X \leqslant \mu]) - p([x \leqslant X \leqslant \mu]) = 0{,}5 - p([x \leqslant X \leqslant \mu])$.

Pour $\mu = 5\,000$, $\sigma = 400$ et $x = 4\,800$:

Avec la TEXAS 83 Plus (et +) :	Avec la CASIO 35+ (et +) :
0,5 – normal F Rép (4 800, 5 000, 5 000, 400) affichage : 0,3085375	MENU STAT ▶ DIST ▶ NORM ▶ Ncd ▶ Lower : 4 800 ; Upper : 5 000 ; σ : 400 ; μ : 5 000 Affichage : Normal C.D.prob = 0,19147 puis : 0,5 – 0,19147 puis : 0,30853

Méthode

Si l'on ne dispose que de la fonction $p([a \leqslant X \leqslant b])$ pour calculer $p([X \leqslant x])$, on calcule $p([a \leqslant X \leqslant x])$ en prenant pour a une valeur très inférieure à $m - 5\sigma$, par exemple -10^{10}.

• **Pratiquement :**

Les calculatrices comportent une « fonction inverse » qui permet de calculer x tel que $p([X \leqslant x]) = y$ avec $y \in\ ]0\ ;1[$ donné. Par exemple sur CASIO :

MENU STAT ▶ DIST ▶ NORM ▶ InvN	
choisir	Tail : Left
choisir	Area : y
choisir	σ : $\sqrt{\sigma^2}$
choisir	μ : m
choisir	Execute.

COURS

4 Théorème de MOIVRE – LAPLACE

- Soit $p \in]0\,;1[$; pour tout $n \in \mathbb{N}^*$, considérons X_n une variable aléatoire suivant la loi $\mathcal{B}(n, p)$.

Posons $X_n^* = \dfrac{X_n - np}{\sqrt{np(1-p)}}$.

Alors X_n^* s'appelle **la variable centrée réduite** associée à X_n.

Remarque

$E(X_n^*) = 0$: X_n est centrée.

$V(X_n^*) = 1$: X_n est réduite.

- Théorème de MOIVRE – LAPLACE. Pour tout x réel :

$$\lim_{n \to +\infty} p([X_n^* \leqslant x]) = \Phi(x)$$

- Concrètement, cela signifie que pour n assez grand, X_n^* suit approximativement la loi $\mathcal{N}(0, 1)$ et par voie de conséquence que, pour n grand, toute variable aléatoire suivant une loi binomiale $\mathcal{B}(n, p)$ suit approximativement la loi $\mathcal{N}(np, np(1-p))$.

Pratiquement, on considère que n est suffisamment grand lorsque l'on a simultanément :

$$n \geqslant 30\,; \quad np \geqslant 5\,; \quad n(1-p) \geqslant 5.$$

Lorsque ces conditions sont réalisées, on peut remplacer tout calcul sur la loi de X_n par un calcul de loi normale. On **dit qu'on fait l'approximation de la loi binomiale par la loi normale**.

- **Correction de continuité**

Lorsqu'on fait l'approximation d'une loi binomiale par une loi normale, on obtient, comme pour toute variable à densité, $P([X = k]) = 0$ pour toute valeur de l'entier k.

Pour obtenir une meilleure approximation, on remplacera l'événement $[X = k]$ par $\left[k - \frac{1}{2} \leqslant X \leqslant k + \frac{1}{2}\right]$ de façon à obtenir une probabilité non nulle.

Ainsi, si a et b sont des entiers $(a < b)$ on écrira :

$$P([a \leqslant X \leqslant b]) = P\left(\left[a - \frac{1}{2} \leqslant X \leqslant b + \frac{1}{2}\right]\right) = F_X\left(b + \frac{1}{2}\right) - F_X\left(a - \frac{1}{2}\right)$$

$$P([a < X < b]) = P\left(\left[a + \frac{1}{2} \leqslant X \leqslant b - \frac{1}{2}\right]\right) = F_X\left(b - \frac{1}{2}\right) - F_X\left(a + \frac{1}{2}\right)$$

ce qui rétablira une légère différence entre ces deux probabilités.

Questions courtes

1 Loi uniforme

Corrigé p. 454

1. Soit X une variable aléatoire suivant une loi uniforme $[1\,;10]$. Quelle est la probabilité de l'événement $[X \in [2\,;5]]$?

Indication
On peut écrire « de l'événement $[2 \leqslant X \leqslant 5]$ ».

2. La variable aléatoire X suit une loi uniforme sur $[-5\,;5]$. Calculer la probabilité $p([|X| > 1])$.

Indication
Écrire autrement l'événement $[|X| > 1]$.

3. La variable aléatoire Y suit une loi uniforme sur $[-10\,;10]$. Calculer la probabilité $p([Y^2 < 4])$.

2 Loi exponentielle

Corrigé p. 454

1. Que signifie « la loi exponentielle décrit un processus sans mémoire » ?

2. X est une variable aléatoire qui suit une loi exponentielle de paramètre $\lambda = 0{,}001$.

Calculer $p([X \geqslant 30])$.

Indication
$p([X < 30]) = 1 - e^{-\lambda \times 30}$.

3. Avec les hypothèses de la question **2.**, calculer $p([X \leqslant 50])$.

4. Avec les hypothèses de la question **2.**, calculer $p([X > 50])$.

3 Fonction de densité

Corrigé p. 455

1. Soit f la fonction définie sur $\mathbb{R}$ par :

$$\begin{cases} \text{si } x \in \left[0\,;\dfrac{\pi}{2}\right], & f(x) = \sin x \\ \text{si } x \notin \left[0\,;\dfrac{\pi}{2}\right], & f(x) = 0 \end{cases}.$$

Indication
Revoir la remarque du résumé de cours sur les propriétés de f.

f est-elle une densité de probabilité ?

2. Même question pour la fonction f définie par :

$$\begin{cases} \text{si } x \geqslant 0, & f(x) = e^{-x} \\ \text{si } x < 0, & f(x) = 0 \end{cases}.$$

4 Loi exponentielle

Corrigé p. 455

X suit une loi exponentielle.

Quel est le paramètre de cette loi sachant que $p([X \leqslant 100]) = 0{,}06$?

5 Fonction de densité de probabilité

➔ Corrigé p. 455

Soit f une densité de probabilité vérifiant $f(x) = 0$ si $x \notin [a\ ;\ b]$. Quelle est la valeur de $\int_a^b f(t)\mathrm{d}t$.

6 Loi exponentielle

➔ Corrigé p. 455

X est une variable aléatoire qui suit une loi exponentielle.

Déterminer t pour que $p([X \leqslant t]) = p([X > t])$.

Indication
Le réel t dépend du paramètre de la loi exponentielle.

7 Probabilité conditionnelle

➔ Corrigé p. 456

1. X est une variable aléatoire qui suit une loi exponentielle de paramètre λ.

Calculer $p_{([X \geqslant 20])}([X \geqslant 60])$.

2. X est une variable aléatoire qui suit une loi uniforme sur l'intervalle $[0\ ;\ 20]$.

Calculer $p_{([X \geqslant 10])}([X \geqslant 12])$.

Indication
Utiliser la propriété de processus sans mémoire.

8 Loi normale

➔ Corrigé p. 456

$X \hookrightarrow \mathcal{N}(\mu, \sigma^2)$. Déterminer une fonction f_X de densité de probabilité de X.

Indication
Il faut déterminer la fonction de répartition F_X de X et utiliser le lien entre F_X et f_X.

9 Utilisation d'un moyen de calcul

➔ Corrigé p. 456

1. Soit X une variable aléatoire suivant la loi $\mathcal{N}(8,16)$.

Calculer $p([X < 7{,}5])$ et $p([X \geqslant 8{,}5])$.

2. Sous la même hypothèse, calculer $p([6{,}5 < X < 10])$, $p_{[X > 5]}([X > 6])$.

10 Espérance, variance

➔ Corrigé p. 457

Soit X une variable gaussienne, déterminer son espérance et sa variance sachant que :

$$\begin{cases} p([X < -1]) = 0{,}05 \\ p([X > 3]) = 0{,}12 \end{cases}.$$

Déterminer alors $p([X > 0])$.

11 Loi normale

➲ Corrigé p. 458

Soit U une variable suivant la loi normale centrée réduite.

1. Montrer que pour tout réel $\alpha \in]0, 1[$, il existe un unique réel $u_\alpha > 0$ tel que $p([|U| \leqslant u_\alpha]) = 1 - \alpha$.

2. Déterminer u_α pour $\alpha = 0{,}1$; $\alpha = 0{,}05$; $\alpha = 0{,}01$.

Exercices d'entraînement

12 Fonction de densité

★ 5 min ➲ Corrigé p. 458

Soit X une variable aléatoire prenant ses valeurs sur $[0 ; +\infty[$, de densité définie par $f(x) = x\mathrm{e}^{-x}$.
Déterminer $p([1 \leqslant X \leqslant 2])$.

Indication
Calculer deux réels tels que la fonction $x \mapsto (ax + b)\mathrm{e}^{-x}$ soit une primitive de f sur $[0 ; +\infty[$.

13 Fonctions de densité

★ 5 min ➲ Corrigé p. 459

Soit X une variable aléatoire prenant ses valeurs sur $[1 ; 2]$, de densité définie par $f(x) = kx^{-2}$ pour $x \in [1 ; 2]$. Déterminer k.
Calculer $p\left(\left[1 \leqslant X \leqslant \frac{3}{2}\right]\right)$.

14 Loi exponentielle

★ 5 min ➲ Corrigé p. 459

X est une variable aléatoire suivant une loi exponentielle de paramètre λ.
Calculer λ sachant que $p[X \leqslant 100]$ est égale à 0,1.

15 Loi exponentielle

★ 10 min ➲ Corrigé p. 460

La durée de vie d'un composant est une variable aléatoire T (exprimée en jours) qui suit la loi exponentielle de paramètre 0,0003.

1. Calculer $p([T \geqslant 100])$.

2. Sachant que le composant fonctionne après 100 jours, quelle est la probabilité qu'il fonctionne encore pendant 300 jours ?

16 Durée de vie

★ 15 min ➲ Corrigé p. 460

Soit un montage M comportant deux circuits C_1 et C_2 montés en série. La durée de vie de chacun d'eux est une variable aléatoire T (exprimée en jours) qui suit la loi exponentielle de paramètre 0,0003.

La panne de l'un d'eux entraîne la panne de montage.

Si T_1 est la durée de vie de C_1 et T_2 la durée de vie de C_2, on suppose que T_1 et T_2 sont des variables indépendantes.

1. Calculer $p([T_1 \geqslant 200])$.

2. Calculer la probabilité que les deux circuits fonctionnent après 200 jours et donc que le montage fonctionne après 200 jours.

17 Durée de vie

★ 15 min ➲ Corrigé p. 460

Reprendre l'exercice précédent dans le cas où les deux circuits sont montés en parallèle. Le montage M fonctionne dès que l'un des circuits fonctionne.

1. Calculer $p([T_1 \leqslant 200])$.

2. Si T désigne la durée de vie du montage M, démontrer que :

$$p([T \leqslant 200]) = p([T_1 \leqslant 200]) \times p([T_2 \leqslant 200]).$$

3. En déduire la probabilité que le montage fonctionne après 200 jours.

18 Partie entière – Partie décimale

★★ 20 min ➲ Corrigé p. 461

Soit X une variable aléatoire suivant la loi exponentielle de paramètre λ ($\lambda > 0$).

On pose $N = \lfloor X \rfloor$ la partie entière de X.

Montrer que N prend ses valeurs dans $\mathbb{N}$ déterminer la loi de N.

Rappel

Soit x un nombre réel. $\lfloor x \rfloor$ est le plus grand entier inférieur où égal à x tel que $\lfloor x \rfloor \leqslant x < \lfloor x \rfloor + 1$.

19 Fonction de répartition

★★ 30 min ➲ Corrigé p. 461

Soit f la fonction définie sur $\mathbb{R}$ par :

$$f(x) = \begin{cases} 0 \text{ si } x < -1 \text{ ou } x > 1 \\ 1 + x \text{ si } x \in [-1\,;0] \\ 1 - x \text{ si } x \in [0\,;1] \end{cases}.$$

1. Montrer que f est une densité de probabilité.

Méthode

Il faut vérifier que f est définie sur $\mathbb{R}$, positive et continue, sauf éventuellement en un nombre fini de points et que $\int_{-1}^{+1} f(t)\,\mathrm{d}t = 1$, car f est nulle en dehors de $[-1\,;+1]$.

Soit X une variable aléatoire de densité f.

2. Déterminer la fonction de répartition de X.

3. a) Déterminer $p([|X| > a])$ $(a \in \mathbb{R})$.

b) Pour quelles valeurs de a, a-t-on $p([|X| > a]) < \dfrac{1}{6a^2}$.

20 Approximation d'une probabilité

★★ 10 min ➲ Corrigé p. 462

Un dé régulier est lancé 9 000 fois.

Déterminer la probabilité d'obtenir entre 1 400 et 1 600 fois la face 6.

21 Approximation d'une probabilité

★★ 15 min ➲ Corrigé p. 463

Un joueur lance une pièce équilibrée ; lorsqu'il obtient pile, il gagne 1 € et lorsqu'il obtient face, il perd 1 €.

Quel est le nombre maximal de lancers à effectuer pour que le joueur ait 95 % de chances de perdre au plus 20 € ?

Sujets de type BAC

22 Loi exponentielle

★★ 40 min ➲ Corrigé p. 464

Partie A

Soit X une variable aléatoire continue qui suit une loi exponentielle de paramètre λ.

On rappelle que $p([X \leqslant a]) = \int_0^a \lambda e^{-\lambda t} \mathrm{d}t$.

La courbe ci-dessous représente la fonction densité associée.

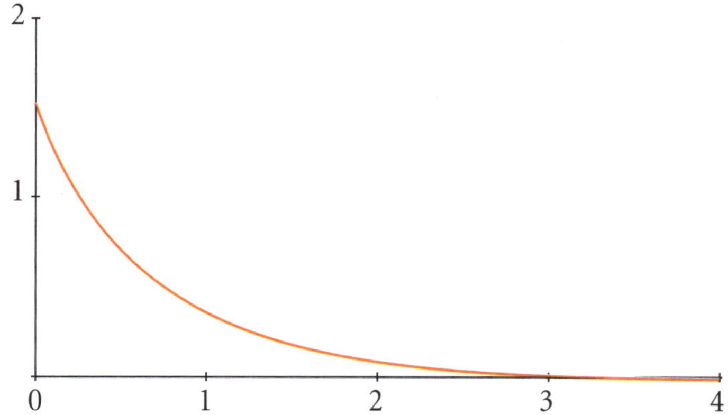

1. Interpréter sur le graphique la probabilité $p(X \leqslant 1)$.

2. Indiquer sur le graphique où se lit directement le paramètre λ.

Partie B

On pose $\lambda = 1{,}5$.

1. Calculer $p([X \leqslant 1])$, en donner une valeur exacte, puis une valeur approchée à 10^{-3} près par excès.

2. Calculer $p([X \geqslant 2])$.

3. Déduire des calculs précédents l'égalité suivante ;

$$p([1 \leqslant X \leqslant 2]) = 0{,}173 \text{ à } 10^{-3} \text{ près.}$$

4. Calculer l'intégrale $G(x) = \int_0^x 1{,}5te^{-1{,}5t}\mathrm{d}t$ pour tout réel x positif.

> **Méthode**
>
> Déterminer une fonction $g : t \mapsto (at + b)\mathrm{e}^{-1{,}5t}$ telle que pour tout $t \geqslant 0$, $g'(x) = 1{,}5t\mathrm{e}^{-1{,}5t}$.

Déterminer la limite quand x tend vers $+\infty$ de $G(x)$; on obtient ainsi l'espérance mathématique de la variable X.

Partie C

Une machine outil fabrique des cylindres. On mesure l'écart en dixièmes de millimètres, entre le diamètre des cylindres et la valeur de réglage de la machine.

On suppose que cet écart suit une loi exponentielle de paramètre $\lambda = 1{,}5$. Si l'écart est inférieur à 1, le cylindre est accepté. Si l'écart est compris entre 1 et 2, on procède à une rectification qui permet d'accepter le cylindre dans 80 % des cas. Si l'écart est supérieur à 2, le cylindre est refusé.

1. On prélève au hasard un cylindre dans la production.

a) Montrer que la probabilité qu'il soit accepté est égale à 0,915 à 10^{-3} près.

b) Sachant qu'il est accepté, quelle est la probabilité qu'il ait subi une rectification ?

2. On prélève de manière indépendante dix cylindres de la production. On suppose le nombre de cylindres suffisamment important pour assimiler ce tirage à un tirage successif avec remise.

a) Quelle est la probabilité que les dix cylindres soient acceptés ?

b) Quelle est la probabilité qu'au moins un cylindre soit refusé ?

23 QCM

★★ 40 min ➔ Corrigé p. 467

Cet exercice est un questionnaire à choix multiples constitué de six questions : chacune comporte trois réponses, une et une seule étant exacte.

Vous devez déterminer la réponse correcte pour chaque question.
Toute réponse ambiguë sera considérée comme une absence de réponse. Toute réponse exacte entraîne une bonification, toute erreur est pénalisée.

On s'intéresse à la durée de vie, exprimée en années, d'un appareil ménager avant la première panne. On peut modéliser cette situation par une loi de probabilité p de durée de vie sans vieillissement, définie sur l'intervalle $[0 ; +\infty[$. Ainsi, la probabilité d'un intervalle $[0 ; t[$, notée $p([0 ; t[)$, est la probabilité que l'appareil ménager tombe en panne avant l'instant t.

Cette loi est telle que $p([0 ; t[) = \int_0^t \lambda e^{-\lambda x} dx$, où t est un nombre réel positif représentant le nombre d'années (loi exponentielle de paramètre λ, avec $\lambda > 0$).

1. Pour $t \geqslant 0$, la valeur exacte de $p([t ; +\infty[)$ est :

a) $1 - e^{-\lambda t}$; **b)** $e^{-\lambda t}$; **c)** $1 + e^{-\lambda t}$.

2. La valeur de t pour laquelle on a $p([0 ; t[) = p([t ; +\infty[)$ est :

a) $\dfrac{\ln 2}{\lambda}$; **b)** $\dfrac{\lambda}{\ln 2}$; **c)** $\dfrac{\lambda}{2}$.

3. D'après une étude statistique, la probabilité que l'appareil tombe en panne avant la fin de la première année est 0,18. La valeur exacte de λ est alors :

a) $\ln\left(\dfrac{50}{41}\right)$; **b)** $\ln\left(\dfrac{41}{50}\right)$; **c)** $\dfrac{\ln(82)}{\ln(100)}$.

4. Sachant que cet appareil n'a connu aucune panne au cours des deux premières années après sa mise en service, la probabilité qu'il ne connaisse aucune panne l'année suivante est :

a) $p([1 ; +\infty[)$; **b)** $p([3 ; +\infty[)$; **c)** $p([2 ; 3[)$.

Dans la suite de l'exercice on prendra $\lambda = 0{,}2$.

5. La probabilité que l'appareil n'ait pas eu de panne au cours des trois premières années, arrondie à 10^{-4} près est :

a) 0,5523 ; **b)** 0,5488 ; **c)** 0,4512.

6. Dix appareils neufs de ce type ont été mis en service en même temps. On désigne par X la variable aléatoire égale au nombre d'appareils qui n'ont pas de panne au cours de trois premières années.

La valeur la plus proche de la probabilité de l'événement « $X = 4$ » est :

a) 0,5555 ; **b)** 0,8022 ; **c)** 0,1607.

Questions courtes

1 **1.** Si X est une variable aléatoire qui suit une loi uniforme sur $[1\,;10]$:

$$p([X \in [2\,;5]]) = p([2 \leqslant X \leqslant 5]) = \frac{5-2}{10-1} = \frac{3}{9}$$

$$\boxed{p([X \in [2\,;5]]) = \frac{1}{3}.}$$

Remarque
Ne pas oublier que $X(\Omega) = [-5\,;5]$.

2. La condition $|X| > 1$ équivaut à $-5 \leqslant X < -1$ ou $1 < X \leqslant 5$.

D'où $p([|X| > 1]) = p[-5 \leqslant X < -1] \cup [1 < X \leqslant 5]$

$= P([-5 \leqslant X < -1]) + p[1 < X \leqslant 5] = \dfrac{4}{10} + \dfrac{4}{10}$

$$\boxed{p([X > 1]) = \frac{4}{5}.}$$

Remarque
Les événements $[-5 < X \leqslant 1]$ et $[1 < X \leqslant 5]$ sont incompatibles.

3. La condition $Y^2 < 4$ est équivalente à $-2 < Y < 2$.
D'où, puisque Y suit une loi uniforme sur $[-10\,;10]$:

$$p([Y^2 < 4]) = p([-2 < Y < 2]) = \frac{4}{20}$$

$$\boxed{p([Y^2 < 4]) = \frac{1}{5}.}$$

2 **1.** La loi exponentielle est un processus sans mémoire signifie que, pour tous réels positifs s et t :

$$\boxed{p_{([X \geqslant s])}([X \geqslant t+s]) = p([X \geqslant t]).}$$

2. X suit une loi exponentielle de paramètre $\lambda = 0{,}001$, d'où :

$$p([X \leqslant 30]) = (1 - \mathrm{e}^{-0{,}001 \times 30}).$$

$p([X \geqslant 30]) = 1 - p([X < 30]) = 1 - p([X \leqslant 30]) = 1 - (1 - \mathrm{e}^{-0{,}03})$ soit :

$$\boxed{p([X \geqslant 30]) = \mathrm{e}^{-0{,}03}.}$$

3. $p([X \leqslant 50]) = 1 - \mathrm{e}^{-0{,}001 \times 50}$ d'où : $\boxed{p([X \leqslant 50]) = 1 - \mathrm{e}^{-0{,}05}.}$

4. $p([X > 50]) = 1 - p([X \leqslant 50])$ d'où : $\boxed{p([X > 50]) = \mathrm{e}^{-0{,}05}.}$

3 **1.** f est une fonction positive sur $\mathbb{R}$, continue sur $\mathbb{R} - \left\{\frac{\pi}{2}\right\}$, nulle sur $\mathbb{R}\setminus\left[0\,;\frac{\pi}{2}\right]$:

$$\int_0^{\frac{\pi}{2}} \sin t\,\mathrm{d}t = \left[-\cos t\right]_0^{\frac{\pi}{2}} = -\cos\frac{\pi}{2} + \cos 0 = 1.$$

f est donc une fonction de densité de probabilité d'une variable aléatoire.

2. f est positive sur $\mathbb{R}$, continue sur $\mathbb{R}^*$, nulle sur $]-\infty\,;0[$ et :

Rappel
$\lim\limits_{x \to -\infty} e^x = 0.$

$$\lim_{x \to +\infty} \int_0^x e^{-t}\,\mathrm{d}t = \lim_{x \to +\infty} ([-e^{-t}]_0^x) = \lim_{x \to +\infty} (-e^{-x} + 1) = 1.$$

Donc f est une fonction de densité de probabilité d'une variable aléatoire.

4 Soit λ le paramètre de la loi exponentielle.
Par définition, $p([X \leqslant 100]) = 1 - e^{-\lambda \times 100}$.

$$p([X \leqslant 100]) = 0{,}06 \Leftrightarrow 1 - e^{-100\lambda} = 0{,}06$$
$$\Leftrightarrow e^{-100\lambda} = 0{,}94.$$

Les deux membres étant strictement positifs, on a l'équivalence :

$$p([X \leqslant 100]) = 0{,}06 \Leftrightarrow -100\lambda = \ln 0{,}94$$
$$\Leftrightarrow \lambda = \frac{\ln 0{,}94}{-100}$$

d'où $\lambda \approx 6{,}19 \times 10^{-4}$.

Le paramètre λ est égal à $6{,}19 \times 10^{-4}$ environ.

5 Si f est une fonction de densité de probabilité :

$$\boxed{\int_a^b f(t)\,\mathrm{d}t = 1.}$$

Rappel
$\int_a^b f(t)\,\mathrm{d}t = p([a \leqslant X \leqslant b]).$

6 Si X suit une loi exponentielle de paramètre λ :

$$p([X \leqslant t]) = 1 - e^{-\lambda t} \quad \text{et} \quad p([X > t]) = e^{-\lambda t}.$$

D'où $p([X \leqslant t]) = p([X > t]) \Leftrightarrow 1 - e^{-\lambda t} = e^{-\lambda t} \Leftrightarrow 2e^{-\lambda t} = 1$

$$\Leftrightarrow e^{-\lambda t} = \frac{1}{2}.$$

Les deux membres étant strictement positifs, on a les équivalences :

$$p(X \leqslant t) = p(X > t) \Leftrightarrow -\lambda t = -\ln 2 \Leftrightarrow t = \frac{1}{\lambda}\ln 2.$$

Rappel
Le paramètre λ est un réel strictement positif, donc non nul.

La valeur cherchée est $t = \frac{1}{\lambda}\ln 2$.

7 **1.** D'après les propriétés de la loi exponentielle :

$$p_{([X \geqslant 20])}([X \geqslant 60]) = p_{([X \geqslant 20])}([X \geqslant 20+40])$$

$$\boxed{p_{([X \geqslant 20])}([X \geqslant 60]) = p([X \geqslant 40]).}$$

2. X suit une loi uniforme sur $[0 ; 20]$:

$$p_{([X \geqslant 10])}([X \geqslant 12]) = \frac{p([X \geqslant 12] \cap [X \geqslant 10])}{p([X \geqslant 10])} = \frac{p([X \geqslant 12])}{p([X \geqslant 10])} = \frac{\frac{8}{20}}{\frac{10}{20}}$$

$$\boxed{p_{([X \geqslant 10])}([X \geqslant 12]) = \frac{4}{5}.}$$

8 On sait qu'une densité d'une variable aléatoire s'obtient en dérivant sa fonction de répartition. Commençons par déterminer F_X, la fonction de répartition de X. Pour tout x réel :

$$F_X(x) = p([X \leqslant x]) = p\left(\left[\frac{X-\mu}{\sigma} \leqslant \frac{x-\mu}{\sigma}\right]\right) = p\left(\left[X^* \leqslant \frac{x-\mu}{\sigma}\right]\right)$$

$$= \Phi\left(\frac{x-\mu}{\sigma}\right) \text{ puisque } X^* \text{ suit la loi } \mathcal{N}(0, 1)$$

Et par dérivation :

$$f_X(x) = F'_X(x) = \frac{1}{\sigma}\Phi'\left(\frac{x-\mu}{\sigma}\right) = \frac{1}{\sigma}\varphi\left(\frac{x-\mu}{\sigma}\right),$$

d'où : $$\boxed{f_X(x) = \frac{1}{\sigma\sqrt{2\pi}}e^{-\frac{(x-\mu)^2}{2\sigma^2}}.}$$

Indication
La fonction F_X est dérivable sur $\mathbb{R}$ et a pour dérivée la fonction densité de probabilité f_X de X.

9 $X \hookrightarrow \mathcal{N}(8, 16)$.

Remarque
Attention le deuxième paramètre est σ^2, donc $\sigma = 4$.

1. Utilisons la calculatrice avec une loi normale de moyenne 8 et d'écart type $\sigma = 4$.
Pour calculer $p([X \leqslant 7{,}5])$, on calcule $p([-10^5 \leqslant X \leqslant 7{,}5])$ et on obtient :

$$\boxed{p([X \leqslant 7{,}5]) \approx 0{,}4503.}$$

Remarque
Les réels 7,5 et 8,5 sont symétriques par rapport à la moyenne 8.

Pour calculer $p([X \geqslant 8{,}5])$, on calcule $p([8{,}5 \leqslant X \leqslant 10^5]) \approx 0{,}4503$ d'où :

$$\boxed{p([X \geqslant 8{,}5]) \approx 0{,}4503.}$$

2. $p([6{,}5 \leqslant X \leqslant 10]) \approx 0{,}33763.$

$$p_{[X>5]}([X>6]) = \frac{p([X>6] \cap [X>5])}{p([X>5])} = \frac{p([X>6])}{p([X>5])} \text{ car } [X>6] \subset [X>5].$$

Pour faire le calcul, on va évaluer $p([6 < X < 1\,000])$ et $p([5 < X < 1\,000])$:

$p([6 < X < 1\,000]) \approx 0{,}6915$ et $p([5 < X < 1\,000]) \approx 0{,}7734$,

d'où $p_{[X>5]}([X > 6]) = \dfrac{0{,}6915}{0{,}7734} \approx 0{,}8941.$

$$p_{[X>5]}([X > 6]) \approx 0{,}8941.$$

10 Si $X \hookrightarrow \mathcal{N}(\mu, \sigma^2)$:

$$\begin{cases} 0{,}05 = p([X < -1]) = F_X(-1) = \Phi\left(\dfrac{-1-\mu}{\sigma}\right) \\ 0{,}12 = p([X > 3]) = 1 - F_X(3) = 1 - \Phi\left(\dfrac{3-\mu}{\sigma}\right) \end{cases},$$

Remarque

F_X désigne la fonction de répartition de X et Φ la fonction de répartition d'une variable suivant une loi normale centrée réduite.

d'où le système :

$$\begin{cases} \Phi\left(\dfrac{-1-\mu}{\sigma}\right) = 0{,}05 \\ \Phi\left(\dfrac{3-\mu}{\sigma}\right) = 0{,}88 \end{cases}.$$

En utilisant, dans Excel ou dans une calculatrice, la fonction inverse, on obtient, sachant que Φ est la fonction de répartition d'une variable suivant une loi centrée réduite :

$\Phi(-1{,}645) \approx 0{,}05$ et $\Phi(1{,}175) \approx 0{,}88$.

D'où le système $\begin{cases} \dfrac{-1-\mu}{\sigma} = -1{,}645 \\ \dfrac{3-\mu}{\sigma} = 1{,}175 \end{cases}$ ou $\begin{cases} \mu + 1 = 1{,}645\sigma \\ 3 - \mu = 1{,}175\sigma \end{cases}$,

d'où $\begin{cases} 4 = 2{,}82\sigma \\ \mu = 1{,}645\sigma - 1 \end{cases}$ soit $\begin{cases} \sigma = 1{,}4184 \\ \mu = 1{,}333 \end{cases}$ et $X \hookrightarrow \mathcal{N}(1{,}333\,;\,2{,}012)$.

D'où $p([X > 0]) = p([0 < X < 10^5]) \approx 0{,}8264.$

CORRIGÉS

11 **1.** $p([|U| \leqslant u_\alpha]) = p([-u_\alpha \leqslant U \leqslant u_\alpha])$.
$= \Phi(u_\alpha) - \Phi(-u_\alpha)$

puisque Φ est la fonction de répartition de U.
Mais $\Phi(-u_\alpha) = 1 - \Phi(u_\alpha)$ et donc $p([|U| \leqslant u_\alpha]) = 2\Phi(u_\alpha) - 1$.
Donc :

$$p([|U| \leqslant u_\alpha]) = 1 - \alpha \Leftrightarrow 2\Phi(u_\alpha) - 1 = 1 - \alpha$$
$$\Leftrightarrow \Phi(u_\alpha) = 1 - \frac{\alpha}{2}.$$

Si $\alpha \in]0, 1[$, alors $1 - \frac{\alpha}{2} \in \left]\frac{1}{2}, 1\right[$.

On sait que tout réel de]0, 1[admet un antécédent unique par Φ, donc il existe un unique u_α tel que $\Phi(u_\alpha) \in \left]\frac{1}{2}, 1\right[$.

Remarque
$\Phi(0) = 0,5 = \frac{1}{2}$ et la fonction Φ est strictement croissante, donc $u_\alpha \in \mathbb{R}_+^*$.

Comme $1 - \frac{\alpha}{2} \in \left]\frac{1}{2}, 1\right[$, il existe un unique $u_\alpha > 0$ tel que $\Phi(u_\alpha) = 1 - \frac{\alpha}{2}$.

2. Si $\alpha = 0,1$, il faut résoudre $\Phi(u) = 0,95$. On trouve : $\boxed{u_{0,1} = 1,65.}$

Si $\alpha = 0,05$, il faut résoudre $\Phi(u) = 1 - \frac{\alpha}{2} = 0,975$. On trouve : $\boxed{u_{0,05} = 1,96.}$

Si $\alpha = 0,01$, il faut résoudre $\Phi(u) = 1 - \frac{\alpha}{2} = 0,995$. On trouve : $\boxed{u_{0,01} = 2,58.}$

Exercices d'entraînement

12 Soit g la fonction définie sur $[0 ; +\infty[$ par $g(x) = (ax + b)e^{-x}$.
g est dérivable sur $[0 ; +\infty[$ et pour tout x de $[0, +\infty[$:
$g'(x) = ae^{-x} - (ax + b)e^{-x} = (-ax + a - b)e^{-x}$.
Pour tout x de $[0, +\infty[$:

$$g'(x) = f(x) \Leftrightarrow \begin{cases} -a = 1 \\ a - b = 0 \end{cases}$$
$$\Leftrightarrow a = -1 \text{ et } b = -1$$

Remarque
La fonction f est définie par
$f(x) = \begin{cases} 0 \text{ si } x < 0 \\ xe^{-x} \text{ si } x \geqslant 0 \end{cases}$.

Une primitive de f sur $[0\,;+\infty[$ est $x \mapsto (-x-1)\mathrm{e}^{-x}$ et :

$p([1 \leqslant X \leqslant 2]) = \int_1^2 x\mathrm{e}^{-x}\mathrm{d}x = [(-x-1)\mathrm{e}^{-x}]_1^2$

$$p([1 \leqslant X \leqslant 2]) = 2\mathrm{e}^{-1} - 3\mathrm{e}^{-2}.$$

Remarque

On peut vérifier que $p([X \in [0\,;+\infty[]) = 1$:

$$p([X \geqslant 0]) = \lim_{t \to +\infty} \int_0^t x\mathrm{e}^{-x}\mathrm{d}x = \lim_{t \to +\infty} [(-x-1)\mathrm{e}^{-x}]_0^t$$
$$= \lim_{t \to +\infty} -t\mathrm{e}^{-t} - \mathrm{e}^{-t} + 1 = 1,$$

car $\lim_{t \to +\infty} \mathrm{e}^{-t} = \lim_{t \to +\infty} t\mathrm{e}^{-t} = 0$.

13 La fonction f est nulle sur $]-\infty\,;1[\ \cup\ ]2\,;+\infty[$, est continue sur $[1\,;2]$, f est une densité si :

- f est positive ou nulle sur $\mathbb{R}$;
- $\int_1^2 kx^{-2}\,\mathrm{d}x = 1$;

or, $\int_1^2 kx^{-2}\,\mathrm{d}x = k\left[\dfrac{-1}{x}\right]_1^2 = k\left(-\dfrac{1}{2}+1\right) = \dfrac{k}{2}$.

Donc $\int_1^2 kx^{-2}\,\mathrm{d}x = 1$ si, et seulement si, $k = 2$.

La fonction f, nulle sur $]-\infty\,;1[\ \cup\ ]2\,;+\infty[$, égale à $x \mapsto \dfrac{2}{x^2}$ sur $[1\,;2]$ est une fonction positive sur $\mathbb{R}$.

***f* est une fonction de densité.**

$$p\left(\left[1 \leqslant X \leqslant \frac{3}{2}\right]\right) = \int_1^{\frac{3}{2}} 2x^{-2}\,\mathrm{d}x = 2\int_1^{\frac{3}{2}} \frac{\mathrm{d}x}{x^2} = 2\left[-\frac{1}{x}\right]_1^{\frac{3}{2}} = 2\left(1-\frac{2}{3}\right)$$

$$p\left(\left[1 \leqslant X \leqslant \frac{3}{2}\right]\right) = \frac{2}{3}.$$

14 Si λ est le paramètre :

$p(X \leqslant 100) = 1 - \mathrm{e}^{-\lambda \times 100} = 0{,}1$.

Remarque
La réponse est la même si l'on écrit $p(X < 100)$.

D'où $\mathrm{e}^{-\lambda \times 100} = 0{,}9 \Leftrightarrow -\lambda \times 100 = \ln 0{,}9 \Leftrightarrow \lambda = -\dfrac{1}{100}\ln 0{,}9$ soit :

$$\lambda \approx 0{,}001.$$

15 **1.** $p([T \geqslant 100]) = 1 - p([T < 100])$.

T suit une loi exponentielle de paramètre 0,0003, donc :

$p([T < 100]) = 1 - e^{-0{,}0003 \times 100} = 1 - e^{-0{,}03} \approx 0{,}03$, en utilisant la calculatrice.

D'où :

$$p([T \geqslant 100]) \approx 0{,}97.$$

2. Utilisons la propriété de la loi exponentielle ; si x et y sont deux réels positifs :

$$p_{([T > x])}([T > x + y]) = p[(T > y)].$$

Donc $p_{([T>100])}([T > 100 + 300]) = p([T > 300])$.

$$p([T > 300]) = e^{-0{,}0003 \times 300} = e^{-0{,}09} \approx 0{,}91.$$

$$p([T > 300]) \approx 0{,}91.$$

Remarque

On dit que le processus est sans mémoire ; savoir que l'appareil a fonctionné 100 jours ne change rien à la probabilité de fonctionner encore 300 jours.

16 **1.** $p([T_1 \geqslant 200]) = e^{-0{,}0003 \times 200} = e^{-0{,}06} \approx 0{,}94$.

$$p([T_1 \geqslant 200]) \approx 0{,}94.$$

2. Le montage fonctionne si, et seulement si, les deux circuits fonctionnent ; donc, si A désigne l'événement « les deux circuits fonctionnent après 200 jours » :

$$p(\mathrm{A}) = p([T_1 \geqslant 200] \cap [T_2 \geqslant 200]).$$

Les variables T_1 et T_2 étant indépendants :

$$p([T_1 \geqslant 200] \cap [T_2 \geqslant 200]) = p([T_1 \geqslant 200]) \times p([T_2 \geqslant 200])$$
$$= (e^{-0{,}06})^2 = e^{-0{,}12} \approx 0{,}89.$$

Il y a 89 % de chances que le montage M fonctionne après 200 jours.

17 **1.** $p([T_1 \leqslant 200]) = p(1 - p[(T_1 \geqslant 200)]) = 1 - e^{-0{,}06} \approx 0{,}058$.

$$p([T_1 \leqslant 200]) \approx 0{,}058.$$

2. Le système M ne fonctionne plus si les deux circuits sont en panne, donc :

$$[T \leqslant 200] = [T_1 \leqslant 200] \cap [T_2 \leqslant 200].$$

D'où $p([T \leqslant 200]) = p([T_1 \leqslant 200] \cap [T_2 \leqslant 200])$.

Les variables T_1 et T_2 étant indépendantes :

$$\begin{aligned} p([T \leqslant 200]) &= p([T_1 \leqslant 200]) \times p([T_2 \leqslant 200]) \\ &= (1 - \mathrm{e}^{-0,06})^2 \end{aligned}$$

$$\boxed{p([T \leqslant 200]) \approx 0{,}0034.}$$

3. D'où $p([T_1 \geqslant 200]) = 1 - p([T \leqslant 200]) \approx 0{,}996\,6$.

Il y a 99,66 % de chances que le montage fonctionne après 200 jours.

18 **1.** X est à valeurs dans $\mathbb{R}^+$, donc $N = \lfloor X \rfloor$ est à valeurs dans $\mathbb{N}$.

Pour $k \in \mathbb{N}$, $[N = k] = [k \leqslant X < k+1]$, donc :

$$p([N = k]) = p([k \leqslant X < k+1]) = \int_k^{k+1} \lambda \mathrm{e}^{-\lambda x} = [-\mathrm{e}^{-\lambda x}]_k^{k+1} = \mathrm{e}^{-\lambda k} - \mathrm{e}^{-\lambda(k+1)}$$

$$\boxed{p([N = k]) = \mathrm{e}^{-\lambda k}(1 - \mathrm{e}^{-\lambda}).}$$

19 **1.** f est positive sur $\mathbb{R}$, continue sur $\mathbb{R}$. La fonction f est nulle en dehors de $[-1\,;1]$.

$$\begin{aligned} \int_{-1}^{1} f(x)\,\mathrm{d}x &= \int_{-1}^{0} (x+1)\,\mathrm{d}x + \int_{0}^{1} (-x+1)\,\mathrm{d}x = \left[\frac{x^2}{2} + x\right]_{-1}^{0} + \left[-\frac{x^2}{2} + x\right]_{0}^{1} \\ &= -\left(\frac{1}{2} - 1\right) + \left(-\frac{1}{2} + 1\right) = 1. \end{aligned}$$

Donc f est une densité de probabilité.

2. Soit F la fonction de répartition de X.

Si $x < -1$, $F(x) = p([X \leqslant x]) = 0$.

$$\text{Si } x \in [-1\,;0],\ F(x) = \int_{-1}^{x} (t+1)\,\mathrm{d}t = \left[\frac{t^2}{2} + t\right]_{-1}^{x} = \frac{x^2}{2} + x - \frac{1}{2} + 1$$

$$= \frac{x^2}{2} + x + \frac{1}{2} = \boldsymbol{\frac{(x+1)^2}{2}}.$$

$$\text{Si } x \in [0\,;1],\ F(x) = \int_{-1}^{0} (t+1)\,\mathrm{d}t + \int_{0}^{x} (-t+1)\,\mathrm{d}t = \boldsymbol{\frac{1}{2} + \left(-\frac{x^2}{2} + x\right)}.$$

$$\text{Si } x > 1,\ F(x) = \int_{-1}^{0} (t+1)\,\mathrm{d}t + \int_{0}^{1} (-t+1)\,\mathrm{d}t = \frac{1}{2} + \frac{1}{2} = \mathbf{1}.$$

3. a) $p([|X| > a]) = p([X > a]) + p([X < -a])$.

$$\begin{cases} \text{si } a > 1,\ p([|X| > a]) = 0\ ; \\ \text{si } 0 \leqslant a \leqslant 1,\ p([|X| > a]) = 1 - F(a) + F(-a) = (a-1)^2\ ; \\ \text{si } a < 0,\ p([|X| > a]) = 1. \end{cases}$$

b) Montrons que $(a-1)^2 < \dfrac{1}{6a^2}$ pour $0 \leqslant a \leqslant 1$:

$(a-1)^2 - \dfrac{1}{6a^2} = \left(a - 1 - \dfrac{1}{\sqrt{6}a}\right)\left(a - 1 + \dfrac{1}{\sqrt{6}a}\right)$.

Si $0 \leqslant a \leqslant 1,\ a - 1 - \dfrac{1}{\sqrt{6}a} < 0$.

$a - 1 + \dfrac{1}{\sqrt{6}a} = \dfrac{1}{\sqrt{6}a}(\sqrt{6}a^2 - \sqrt{6}a + 1)$.

Remarque
$\sqrt{6}a^2 - \sqrt{6}a + 1$ est un trinôme du second degré en a.

$\Delta = 6 - 4\sqrt{6} < 0$, donc $a - 1 + \dfrac{1}{\sqrt{6}a} > 0$;

par suite, pour tout $a \in [0\ ;1]$, $p(|X| > a) < \dfrac{1}{6a^2}$.

Si $a > 1,\ p([|X| > a]) = 0 < \dfrac{1}{6a^2}$.

Si $a < 0,\ p([|X| > a]) = 1 < \dfrac{1}{6a^2}$ si et seulement si $a^2 < \dfrac{1}{6}$;

c'est-à-dire $-\dfrac{1}{\sqrt{6}} < a < 0$.

Donc $p([|X| > a]) < \dfrac{1}{6a^2}$ si et seulement si $a > -\dfrac{1}{\sqrt{6}}$.

20 Soit X le nombre de 6 obtenus au bout de 9 000 lancers.

X est une variable aléatoire suivant la loi binomiale $\mathcal{B}\left(9\,000, \dfrac{1}{6}\right)$ (le dé est équilibré, donc la probabilité de faire 6 en lançant le dé une fois est $\dfrac{1}{6}$).

$E(X) = \dfrac{9\,000}{6} = 1\,500$; $V(X) = 9\,000 \times \dfrac{1}{6} \times \dfrac{5}{6} = 1\,250$.

En posant $X^* = \dfrac{X - 1\,500}{\sqrt{1\,250}}$, nous sommes dans les conditions d'approximation de la loi binomiale par une loi normale ($n = 9\,000 \geqslant 30$; $np = 1\,500 \geqslant 35$;

$n(1-p) = 7\,500 \geqslant 35$), donc F_{X^*}, la fonction de répartition de X^* peut être approchée par Φ.

Il est toujours préférable de faire la correction de continuité pour avoir une meilleure approximation :

$$\begin{aligned} p([1\,400 \leqslant X \leqslant 1\,600]) &= p([1\,399{,}5 \leqslant X \leqslant 1\,600{,}5]) \\ &= p([-100{,}5 \leqslant X - 1\,500 \leqslant 100{,}5]) \\ &= p\left(\left[\frac{-100{,}5}{\sqrt{1\,250}} \leqslant X^* \leqslant \frac{100{,}5}{\sqrt{1\,250}}\right]\right) \\ &= \phi\left(\frac{100{,}5}{\sqrt{1\,250}}\right) - \phi\left(-\frac{100{,}5}{\sqrt{1\,250}}\right) = 2\phi\left(\frac{100{,}5}{\sqrt{1\,250}}\right) - 1 \end{aligned}$$

$p([1\,400 \leqslant X \leqslant 1\,600]) \approx 2\phi(2{,}84) - 1$

$$\boxed{p([1\,400 \leqslant X \leqslant 1\,600]) \approx 0{,}995\,4.}$$

Avec la TEXAS 83 Plus (et +) :

normal F Rép (13995, 1600.5, 1500, 35.355)
0. 99552466

Avec la CASIO 35 Plus (et +) :

MENU STAT ▶ DIST ▶ NORM ▶ Ncd ▶
Lower : 13.99.5 ; Upper : 1600.5 ; σ : 35.355 ; μ : 1500
0. 995525

21 Si n désigne le nombre de parties jouées, X le nombre de parties gagnées et G le gain obtenu lors de ces n parties alors :

• X suit la loi binomiale $\mathcal{B}\left(n, \frac{1}{2}\right)$ et $E(X) = \frac{n}{2}$, $V(X) = \frac{n}{4}$.

• Le nombre de parties gagnées est X et le gain obtenu à chaque partie gagnée est 1 ; le gain obtenu grâce à toutes les parties gagnée est donc $1 \times X$.

Le nombre de parties perdues est n – X et la somme due à chaque partie perdue est (–1), donc la somme perdue lors des partie perdues est (n – X)(–1).

D'où le gain total : $G = 1 \times X + (-1)(n - X) = 2X - n$.

On cherche ici la valeur maximale de n telle que $p([G \geqslant -20]) \geqslant 0,95$.

Supposons que l'on soit dans les conditions d'approximation de la loi binomiale par la loi normale, ce qui donne en faisant la correction de continuité :

$$[G \geqslant -20] = [G \geqslant -20,5] = [2X - n \geqslant -20,5] = \left[X - \frac{n}{2} \geqslant -\frac{20,5}{2}\right]$$

$$= \left[X^* \geqslant -\frac{20,5}{\sqrt{n}}\right] \text{ en posant } X^* = \frac{X - E(X)}{\sigma(X)} = \left(X - \frac{n}{2}\right)\frac{2}{\sqrt{n}}.$$

Donc :

$$p([G \geqslant 20]) = 1 - F_{X^*}\left(-\frac{20,5}{\sqrt{n}}\right) = 1 - \Phi\left(-\frac{20,5}{\sqrt{n}}\right) = \Phi\left(\frac{20,5}{\sqrt{n}}\right).$$

$p([G \geqslant -20]) \geqslant 0,95$ se traduit donc par $\Phi\left(\frac{20,5}{\sqrt{n}}\right) \geqslant 0,95$.

À l'aide d'une calculatrice, on obtient que cette inégalité est réalisée pour $\frac{20,5}{\sqrt{n}} \geqslant 0,65$ donc :

$$p([G \geqslant -20]) \geqslant 0,95 \Leftrightarrow \frac{20,5}{\sqrt{n}} \geqslant 1,65 \Leftrightarrow n \leqslant 154,26.$$

Le nombre maximal de lancers est 154.

Remarques

- La valeur trouvée pour n justifie l'approximation par une loi normale.
- La correction de continuité améliore l'approximation car, si on ne la fait pas, on obtient $n \leqslant 161$.

Sujets de type bac

22 Partie A

Soit X une variable aléatoire à densité qui suit une loi exponentielle de paramètre λ.

1. $p([X \leqslant 1]) = \int_0^1 \lambda e^{-\lambda t}\, dt$.

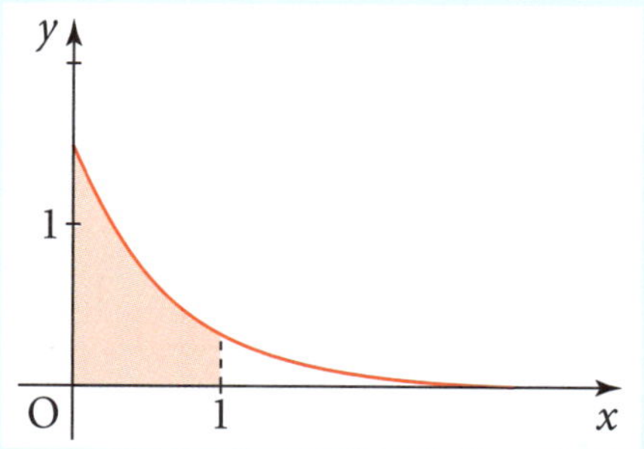

Le réel λ est strictement positif. $p([X \leqslant 1])$ est l'aire en unités d'aire du domaine, ensemble des points $M(x\,;y)$ tels que :

$$\begin{cases} 0 \leqslant x \leqslant 1 \\ 0 \leqslant y \leqslant \lambda e^{-\lambda x} \end{cases}$$

$p([X \leqslant 1])$ est donc l'aire du domaine compris entre les axes, la droite d'équation $x = 1$ et la courbe représentative de la fonction $x \mapsto \lambda e^{-\lambda x}$.

2. $\lambda e^{-\lambda \times 0} = \lambda$, donc **le paramètre λ est l'ordonnée du point d'intersection de la courbe avec l'axe des ordonnées.**

Partie B

On pose $\lambda = 1{,}5$.

1. $p([X \leqslant 1]) = \int_0^1 1{,}5e^{-1{,}5}\,dt = [-e^{-1{,}5t}]_0^1 = 1 - e^{-1{,}5}$

$$\boxed{p([X \leqslant 1]) \approx 0{,}777 \text{ à } 10^{-3} \text{ près par excès.}}$$

2. $p([X \geqslant 2]) = 1 - p([X < 2])$

$$= 1 - \int_0^2 1{,}5\,e^{-1{,}5t}\,dt = 1 - [-e^{-1{,}5t}]_0^2 = e^{-3}$$

$$\boxed{p([X \geqslant 2]) \approx 0{,}050 \text{ à } 10^{-3} \text{ près.}}$$

3. $p([1 \leqslant X \leqslant 2]) = \int_1^2 1{,}5e^{-1{,}5t}\,dt$

$$= [-e^{-1{,}5t}]_1^2 = -e^{-3} + e^{-1{,}5}$$

$$\boxed{p([1 \leqslant X \leqslant 2]) \approx 0{,}173 \text{ à } 10^{-3} \text{ près.}}$$

4. La fonction g est dérivable sur $\mathbb{R}^+$ et pour tout t de $\mathbb{R}^+$:

$$g'(t) = (a - 1{,}5b - 1{,}5at)e^{-1{,}5t}.$$

Par identification, on obtient :

$$a = -1 \text{ et } a - 1{,}5b = 0.$$

Soit $a = -1$ et $b = \dfrac{-1}{1{,}5} = -\dfrac{2}{3}$. La fonction g est $t \mapsto -\left(t + \dfrac{2}{3}\right)\mathrm{e}^{-1{,}5t}$.

Pour tout x de $\mathbb{R}^+$, $G(x) = \displaystyle\int_0^x 1{,}5t\,\mathrm{e}^{-1{,}5t}\,\mathrm{d}t = -\left[\left(t + \frac{2}{3}\right)\mathrm{e}^{-1{,}5t}\right]_0^x$

$$\boxed{G(x) = \frac{2}{3} - \frac{2}{3}\mathrm{e}^{-1{,}5x} - x\mathrm{e}^{-1{,}5x}.}$$

$$\lim_{x \to +\infty} \mathrm{e}^{-1{,}5x} = 0 \text{ et } \lim_{x \to +\infty} x\mathrm{e}^{-1{,}5x} = \lim_{x \to +\infty} \frac{1}{1{,}5}[1{,}5x\mathrm{e}^{-1{,}5x}] = 0, \text{ donc :}$$

$$\boxed{\lim_{x \to +\infty} G(x) = \frac{2}{3}.}$$

On admet que l'on obtient ainsi l'espérance mathématique de la variable X.

Partie C

1. a) On note A l'événement « le cylindre est accepté ».
Soit E l'événement « l'écart est inférieur à 1 », R l'événement « l'écart est compris entre 1 et 2 » et S l'événement « l'écart est supérieur à 2 ».

Les trois événements E, R et S forment un système complet d'événements, d'où :

$$A = (A \cap E) \cup (A \cap R) \cup (A \cap S).$$

> **Remarque**
> Les événements $(A \cap E)$, $(A \cap R)$ et $(A \cap S)$ sont incompatibles deux à deux.

L'événement $A \cap S$ est impossible, donc de probabilité nulle, d'où :

$$p(A) = p(A \cap E) + p(A \cap R).$$

Les événements R et E sont de probabilités non nulles, donc :

$$p(A) = p_E(A) \times p(E) + p_R(A) \times p(R).$$

Si l'écart est inférieur à 1, la pièce est toujours acceptée, d'où $p_E(A) = 1$;

$p(E) = \displaystyle\int_0^1 1{,}5\mathrm{e}^{-1{,}5t}\,\mathrm{d}t.$

Si l'écart est compris entre 1 et 2, la pièce est acceptée avec la probabilité 0,8, d'où $p_R(A) = \dfrac{8}{100}$;

$p(R) = \displaystyle\int_1^2 1{,}5\mathrm{e}^{-1{,}5t}\,\mathrm{d}t$; d'où :

$$\begin{aligned} p(A) &= \int_0^1 1{,}5\mathrm{e}^{-1{,}5t}\,\mathrm{d}t + \frac{80}{100} \times \int_1^2 1{,}5\mathrm{e}^{-1{,}5t}\,\mathrm{d}t \\ &= [-\mathrm{e}^{-1{,}5t}]_0^1 + \frac{80}{100}[-\mathrm{e}^{-1{,}5t}]_1^2 \end{aligned}$$

$$p(\mathrm{A}) = 1 - \mathrm{e}^{-1,5} + \frac{80}{100}[\mathrm{e}^{-1,5} - \mathrm{e}^{-3}]$$
$$= 1 - \frac{1}{5}\mathrm{e}^{-1,5} - \frac{4}{5}\mathrm{e}^{-3}$$
$$\approx 0,915 \text{ à } 10^{-3} \text{ près}$$

$$\boxed{p(\mathrm{A}) \approx 0,915 \text{ à } 10^{-3} \text{ près.}}$$

b) La probabilité demandée est une probabilité conditionnelle avec $p(\mathrm{A}) \neq 0$:

$$p_{\mathrm{A}}(\mathrm{R}) = \frac{p(\mathrm{A} \cap \mathrm{R})}{p(\mathrm{A})} = \frac{\frac{80}{100}[\mathrm{e}^{-1,5} - \mathrm{e}^{-3}]}{1 - \frac{1}{5}\mathrm{e}^{-1,5} - \frac{4}{5}\mathrm{e}^{-3}}.$$

$$\boxed{p_{\mathrm{A}}(\mathrm{R}) \approx 0,151.}$$

2. a) Le nombre de cylindres accepté suit une loi binomiale de paramètres $n = 10$ et $p = 0,915$. La probabilité qu'un cylindre soit accepté est 0,915.
La probabilité que les dix cylindres soient acceptés est :

$$\boxed{(0,915)^{10} \approx 0,411.}$$

b) L'événement « au moins un cylindre est refusé » est l'événement contraire de l'événement précédent, donc sa probabilité est :

$$\boxed{1 - (0,915)^{10} \approx 0,589.}$$

23 **1.** $p([0\,;t[) = \int_0^t \lambda \mathrm{e}^{-\lambda x}\,\mathrm{d}x = [-\mathrm{e}^{-\lambda x}]_0^t = 1 - \mathrm{e}^{-\lambda t}$,

donc $p([t\,;+\infty[) = 1 - p([0\,;t[) = \mathrm{e}^{-\lambda t}$.

Remarque
On pouvait d'emblée exclure la réponse **c.** puisque $1 + \mathrm{e}^{-\lambda t} > 1$.

La bonne réponse est b.

2. $p([0\,;t[) = p([t\,;+\infty[) \Leftrightarrow 1 - \mathrm{e}^{-\lambda t} = \mathrm{e}^{-\lambda t}$
$$\Leftrightarrow \mathrm{e}^{-\lambda t} = \frac{1}{2}$$
$$\Leftrightarrow \mathrm{e}^{\lambda t} = 2$$
$$\Leftrightarrow \lambda t = \ln 2$$
$$\Leftrightarrow t = \frac{\ln 2}{\lambda}.$$

La bonne réponse est a.

3. $p([0\ ;\ 1[\,) = 0{,}18$ c'est-à-dire :

$1 - e^{-\lambda} = 0{,}18$, ou encore $e^{-\lambda} = 0{,}82 = \dfrac{82}{100} = \dfrac{41}{50}$.

soit $e^{\lambda} = \dfrac{50}{41}$ et $\lambda = \ln\dfrac{50}{41}$.

La bonne réponse est a.

4. Si X désigne la durée de vie de l'appareil avant l'apparition de la première panne, il s'agit ici de calculer $p_{[X>2]}([X > 3])$. La loi exponentielle étant sans vieillissement, cette probabilité vaut $p([X > 1]) = p([1\ ;\ +\infty[\,)$.

La bonne réponse est encore a.

5. Il s'agit de calculer ici $p([3\ ;\ +\infty[\,)$:

$p([3\ ;\ +\infty[\,) = e^{-3\lambda} = e^{-0{,}6} = 0{,}548\,8$ arrondi à 10^{-4} près.

La bonne réponse est b.

6. Il s'agit ici d'un schéma de Bernoulli :

X suit la loi binomiale $\mathcal{B}(10\ ;\ 0{,}548\,8)$.

$$\text{Donc } p([X = 4]) = \binom{10}{4}(0{,}548\,8)^4(0{,}451\,2)^6$$

$$\approx 0{,}160\,7 \text{ arrondi à } 10^{-4} \text{ près.}$$

La bonne réponse est c.

CHAPITRE 11

Intervalle de fluctuation. Intervalle de confiance

DE QUOI S'AGIT-IL ?

Dans ce chapitre, il s'agit de donner des outils permettant d'effectuer une analyse critique de données chiffrées.

COURS

Dans tout ce chapitre, l'application probabilité sera notée P.

1 Univers des échantillons de taille n

Soit N et n deux entiers non nuls.

1 Définitions

- Dans une population Ω de N individus, on prélève au hasard et avec remise n individus successivement. On obtient ainsi une liste $e = (\omega_1, \omega_2, \ldots, \omega_n)$ qui s'appelle un échantillon de taille n extrait de la population Ω.
- L'ensemble $\mathscr{E}_n$ de tous les échantillons que l'on peut ainsi former s'appelle l'univers des échantillons de taille n. On a $\text{card}(\mathscr{E}_n) = N^n$.

Remarque
Lorsque N est grand par rapport à n $(N \geqslant 10n)$, on ne fait pas la différence entre tirage avec ou sans remise.

Remarque
$\mathscr{E}_n$ n'est autre que :

$$\Omega^n = \underbrace{\Omega \times \Omega \times \ldots \times \Omega}_{n \text{ fois}}$$

2 Propriétés

- On considère un caractère C dans la population et on note p la proportion d'individus possédant le caractère C au sein de la population, n_C l'effectif du groupe ayant le caractère C et N l'effectif de la population ($N = \text{card}(\Omega)$), alors :

$$p = \frac{n_C}{N}.$$

- Lorsque l'on extrait un échantillon e de taille n, on peut s'intéresser à la proportion (fréquence) f_e d'individus possédant le caractère C au sein de cet échantillon :

Remarque
Dans une population de 100 individus, on peut ainsi former 100^6 soit mille milliards d'échantillons de taille 6.

$$f_e = \frac{n_e}{n}.$$

où n_e est le nombre d'individus ayant le caractère C dans l'échantillon e choisi et n la taille de l'échantillon.

Selon l'échantillon choisi, f_e peut varier (fluctuer) de 0 à 1. On souhaiterait, quitte à retirer certains échantillons peu représentatifs, obtenir une « amplitude de fluctuation » pour f_e beaucoup plus restreinte.

Bien comprendre

Les valeurs de f_e dépendent de l'échantillon choisi et il se peut que, pour aucun échantillon, $f_e = p$.

3 Problématique

• Pour poser correctement ce problème, il convient de le définir en termes de probabilités. Pour cela, on définit deux variables aléatoires sur l'univers ε_n des échantillon de taille n. On note X_n le nombre d'individus possédant le caractère C dans un échantillon de taille n et $F_n = \dfrac{X_n}{n}$.

• **Propriétés**

• La variable X_n suit la loi binomiale $\mathcal{B}(n, p)$.

• La variable F_n est égale à la fréquence d'individus possédant le caractère C dans un échantillon de taille n.

• $E(F_n) = p$ et $\sigma^2(F_n) = \dfrac{p(1-p)}{n}$.

De plus :

$$F_n^* = \frac{F_n - E(F_n)}{\sigma(F_n)} = \frac{\dfrac{X_n}{n} - p}{\sqrt{p\dfrac{1-p}{n}}} = \frac{X_n - np}{\sqrt{np(1-p)}} = X_n^*$$

D'après le chapitre précédent, on déduit que, pour n grand, F_n^* suit approximativement la loi $\mathcal{N}(0, 1)$ et donc F_n suit approximativement la loi $\mathcal{N}\left(p, \dfrac{p(1-p)}{n}\right)$.

• Cette approximation est valable dans les conditions usuelles : $n \geqslant 30$, $np \geqslant 5$ et $n(1-p) \geqslant 5$.

Remarque

n_e est la réalisation de X_n sur l'échantillon e. De même f est une réalisation de F_n.

2 Intervalle de fluctuation

Soit α un réel fixé de $]0 ; 1[$.

p est la proportion connu d'individus ayant le caractère C dans la population.

Remarque

Les valeurs usuelles de α sont 0,05 ; 0,01 et 0,1.

1 Définition

f est la proportion d'individus ayant le caractère C dans un échantillon donné de taille n.

Un **intervalle de fluctuation** de f au seuil $1 - \alpha$ (ou au risque α) est un intervalle I tel qu'une proportion au moins égale à $1 - \alpha$ d'échantillons de taille n vérifie $f \in$ I.

En termes de probabilités, cela revient à dire que I doit vérifier :

$$P([F_n \in \mathrm{I}]) = 1 - \alpha.$$

Comme on cherche un intervalle aussi « resseré » que possible, il est naturel de centrer I en p.

Remarque
Pour une loi normale d'espérance p, c'est autour de p.

2 Méthodes

On cherche I du type $\mathrm{I} = [p - u\sigma(F_n) \,;\, p + u\sigma(F_n)]$ où u est un réel positif à déterminer et $\sigma(F_n) = \sqrt{\dfrac{p(1-p)}{n}}$.

Alors :

$$P([F_n \in \mathrm{I}]) = P([p - u\sigma(F_n) \leqslant F_n \leqslant p + u\sigma(F_n)])$$
$$= P([|F_n^*| \leqslant u]).$$

En utilisant le théorème de Moivre-Laplace :

$$\lim_{n \to +\infty} P([|F_n^*| \leqslant u]) = 2\Phi(u) - 1$$

et donc, par l'approximation par la loi normale, on détermine l'unique réel u_α tel que

$2\Phi(u_\alpha) - 1 = 1 - \alpha$ ou encore $\Phi(u_\alpha) = 1 - \dfrac{\alpha}{2}$.

En nommant I_α l'intervalle obtenu pour cette valeur u_α de u :

$$\lim_{n \to +\infty} P([F_n \in \mathrm{I}_\alpha]) = 1 - \alpha.$$

Remarque
Pour l'existence et l'unicité de u_α voir page 349.

Remarque
$u_{0,05} = 1{,}96$, $u_{0,01} = 2{,}58$, $u_{0,1} = 1{,}65$.

Remarque
Lorsque α « augmente », le réel u_α « diminue » et la « largeur » de l'intervalle I_α diminue.

3 Intervalle de fluctuation asymptotique

1 Définition

Soit α un réel fixé de $]0\,;1[$. Si u_α est l'unique réel tel que $\Phi(u_\alpha) = 1 - \dfrac{\alpha}{2}$, on appelle **intervalle de fluctuation asymptotique** de f au seuil $1 - \alpha$, l'intervalle :

$$\left[p - u_\alpha\sqrt{\frac{p(1-p)}{n}} \,;\, p + u_\alpha\sqrt{\frac{p(1-p)}{n}}\right].$$

Cet intervalle sera considéré comme un intervalle de fluctuation de f au seuil $1-\alpha$ dans les conditions usuelles $n \geqslant 30$, $np \geqslant 5$ et $n(1-p) \geqslant 5$.

2 Remarque

En classe de seconde, on a admis que l'intervalle $J = \left[p - \frac{1}{\sqrt{n}} ; p + \frac{1}{\sqrt{n}}\right]$ était un intervalle de fluctuation au seuil de 95 % dans les conditions $n \geqslant 30$ et $p \in [0,2 ; 0,8]$.

On observe tout d'abord que sous ces conditions, $n \geqslant 30$, $np \geqslant 5$ et $n(1-p) \geqslant 5$, ce qui garantit $P([F_n \in I_{0,05}]) = 0,95$.

De plus $u_{0,05} \approx 1,96 < 2$ et $p(1-p) \leqslant \frac{1}{4}$, donc $u_{0,05}\sqrt{\frac{p(1-p)}{n}} \leqslant \frac{1}{\sqrt{n}}$, donc $I_{0,05} \subset J$, d'où il résulte :

$$P([F_n \in I_{0,05}]) \leqslant P([F_n \in J]).$$

On a donc bien l'inégalité $P([F_n \in J]) \geqslant 0,95$, qui valide le résultat admis en seconde.

4 Estimation d'une proportion par intervalle de confiance

1 Problématique

On suppose à présent que la proportion p d'individus possédant le caractère C dans la population est inconnue. On prélève alors dans cette population un échantillon e de taille n et on observe parmi les n individus de cet échantillon une proportion f possédant le caractère C.

Que peut-on en déduire sur p ?

Remarque
L'échantillon est encore constitué avec remise.

Bien comprendre

Il a été vu précédemment qu'au moins 95 % des échantillons vérifiaient $|f-p| \leqslant \frac{1}{\sqrt{n}}$, ce qui signifie que si on n'a pas eu la « malchance » de tirer un mauvais échantillon (ce qui n'arrive en fait que moins de 5 fois sur 100), on peut affirmer $p \in \left[f - \frac{1}{\sqrt{n}} ; f + \frac{1}{\sqrt{n}}\right]$.

L'intervalle $\left[f-\frac{1}{\sqrt{n}}\,;f+\frac{1}{\sqrt{n}}\right]$ s'appelle un **intervalle de confiance** pour p au risque de 5 %. Ici le risque est lié au fait qu'on peut très bien avoir un échantillon qui ne fasse pas partie des 95 % des échantillons qui vérifient $|f-p| \leqslant \frac{1}{\sqrt{n}}$.

2 Définition

Plus généralement, on sait que pour $\alpha \in \left]0\,;1\right[$:

$$P\left(\left[|F_n-p| \leqslant u_\alpha\sqrt{\frac{p(1-p)}{n}}\right]\right) \approx 1-\alpha.$$

Or $p(1-p) \leqslant \frac{1}{4}$, donc :

$$P\left(\left[|F_n-p| \leqslant \frac{u_\alpha}{2\sqrt{n}}\right]\right) \geqslant 1-\alpha.$$

Ce qui signifie que pour une proportion d'échantillons au moins égale à $1-\alpha$, on peut affirmer :

$$p \in \left[f-\frac{u_\alpha}{2\sqrt{n}}\,;f+\frac{u_\alpha}{2\sqrt{n}}\right].$$

D'où la définition :

soit p une proportion inconnue d'individus possédant un certain caractère C dans une population ;

soit f la proportion observée d'individus possédant ce même caractère C dans un échantillon de taille n prélevé au hasard et avec remise dans la population ;

soit α un réel de $\left]0\,;1\right[$ et u_α le réel tel que $\Phi(u_\alpha) = 1-\frac{\alpha}{2}$;

alors $J_\alpha = \left[f-\frac{u_\alpha}{2\sqrt{n}}\,;f+\frac{u_\alpha}{2\sqrt{n}}\right]$ est un **intervalle de confiance de p au risque α.**

Bien comprendre

Cela signifie que la probabilité que l'intervalle J_α ne contienne pas p est inférieure ou égale à α, ou encore que la probabilité que cet intervalle contienne p est au moins égale à $1-\alpha$.

Questions courtes et QCM

1 Intervalle de fluctuation

➔ Corrigé p. 484

Un intervalle de fluctuation au seuil de 95 % est aussi :

1. un intervalle de fluctuation au seuil de 99 % ? ☐ V ☐ F

2. un intervalle de fluctuation au seuil de 90 % ? ☐ V ☐ F

2 Intervalle de confiance

➔ Corrigé p. 484

Un intervalle de confiance $I = [a ; b]$ d'une proportion p au risque de 5 % :

1. recouvre p avec une probabilité au moins égale à 5 % ☐ V ☐ F

2. recouvre p avec une probabilité au moins égale à 95 % ☐ V ☐ F

3. recouvre $1 - p$ avec une probabilité inférieure ou égale à 5 % ☐ V ☐ F

3 Intervalle de confiance

➔ Corrigé p. 484

$[0 ; 1]$ est intervalle de confiance d'une proportion p au risque de :

1. 10 % ☐ V ☐ F

2. 5 % ☐ V ☐ F

3. 1 % ☐ V ☐ F

4 Intervalle de fluctuation asymptotique

➔ Corrigé p. 484

Lorsqu'on diminue le risque α, l'amplitude de l'intervalle de fluctuation asymptotique au risque α augmente ou diminue-t-elle ?

Exercices d'entraînement

5 Sondage

★ 5 min ➔ Corrigé p. 484

Un journal veut procéder à la simulation d'un second tour de l'élection présidentielle en France. Il fait effectuer un sondage qui estime à 52 % le pourcentage de voix en faveur de L.

1. Estimer la proportion p de personnes votant pour L par un intervalle de confiance à 95 %.

Indication
Écrire l'intervalle de confiance à l'aide de la définition et en fonction de n, effectif de l'échantillon.

2. Déterminer la taille de l'échantillon utilisé pour le sondage sachant que, sur la base de cette estimation, le candidat L serait élu.

6 Sondage

★ 10 min Corrigé p. 485

1. Un sondage effectué sur 100 personnes indique que 20 % de ces personnes achètent plus de 10 tickets-jeux à gratter par semaine. Donner l'estimation au risque de 5 % du pourcentage de joueurs achetant plus de 10 tickets par semaine dans la population d'où est extrait l'échantillon.

2. Dans cette population, le pourcentage de joueurs est de 60 %. On tire au hasard un échantillon de 100 personnes.

> **Indication**
> Utiliser le théorème de Moivre-Laplace.

Quelle est la probabilité de perdre le pari que la proportion observée de joueurs soit comprise entre 0,5 et 0,7 ?

7 Intervalle de confiance

★ 10 min Corrigé p. 485

Pour obtenir une estimation de la population d'hypertendus dans la population des personnes âgées de plus de 65 ans (notée Ω), on choisit au hasard 180 personnes dans Ω, on constate que, parmi celles-ci, 40 sont hypertendues.

1. Donner un intervalle de confiance au risque de 5 % pour le pourcentage p de personnes hypertendues dans Ω.

2. Si l'on effectuait 100 fois le tirage au sort de 180 personnes dans Ω, on pourrait construire 100 intervalles de confiance du type précédent.
Parmi ces 100 intervalles, combien, en moyenne, contiendrait p ?

8 Intervalle de confiance

★★ 15min Corrigé p. 486

Un journal veut procéder à la simulation d'un second tour de l'élection présidentielle en France. Il fait effectuer un sondage pour déterminer le pourcentage de voix en faveur de L.

1. Un institut propose d'effectuer le sondage, dans les conditions suivantes :

- L'erreur absolue acceptée est $\pm$ 2 %,
- le niveau de confiance est 98 %.

Sur le devis de l'institut, il est dit que le sondage se fera sur un échantillon de 2 000 personnes. Qu'en pensez-vous ?

2. Au vu des frais nécessaires pour effectuer avec rigueur le sondage, le journal décide de l'effectuer sur un échantillon de 1 024 personnes, 529 se déclarent en faveur de L. Donner un intervalle de confiance de la proportion p d'électeurs votant pour L au seuil de 95 %.

9 Intervalle de confiance

★★ 10min ➲ Corrigé p. 486

Un nouveau fournisseur d'accès à l'Internet veut effectuer une étude de marché dans une ville. Il souhaite connaître la proportion p de ménages équipés d'un accès.

1. Sur un échantillon de 625 ménages, 475 sont équipés. Donner un intervalle de confiance de p au risque 5 %.

2. Quelle doit être la taille de l'échantillon pour estimer p par un intervalle de confiance d'amplitude 2 % au seuil de risque de 1 % ?

10 Intervalle de confiance

★ 10 min ➲ Corrigé p. 487

Une fabrique de petits bonbons acidulés au goût de fraise ou menthe ou orange sont mélangés dans un grand récipient avant d'être commercialisés en paquets de 100 grammes.

On se propose d'estimer la proportion, notée p, de bonbons à la fraise dans le récipient. On prélève un échantillon de 400 bonbons et on compte 125 bonbons à la fraise.

Déterminer au risque de 10 %, un intervalle de confiance de p.

11 Intervalle de fluctuation asymptotique

★★ 15min ➲ Corrigé p. 487

Lors d'un concours, 5 000 candidats ont composé à l'épreuve de mathématiques. Après correction de toutes les copies, on a constaté que 20 % d'entre eux ont obtenu une note au moins égale à 14 sur 20.

Avant la correction, il a été procédé au brassage de toutes les copies et on a remis à un correcteur C un paquet de 400 copies. On pourra assimiler la remise de ce paquet à la constitution d'un échantillon prélevé au hasard et avec remise dans la population des copies.

1. Déterminer l'intervalle de fluctuation asymptotique au seuil de 95 % du pourcentage de copies ayant obtenu 14 ou plus dans un échantillon de 400.

2. À l'issue de la correction de son paquet, le correcteur C a constaté qu'il avait mis 14 ou plus à 17 % de ses copies.

Peut-on en conclure, au risque de 5 %, que ce correcteur a corrigé plus sévèrement que les autres ?

12 Analyse de conformité

★★ 15min ➲ Corrigé p. 487

Un fabriquant de crème dermatologique utilise une machine à remplir des pots de 125 g, ces pots sont en bout de chaîne, conditionnés dans des caisses de 40 pots avant envoi.

On admet que la variable aléatoire X égale au poids d'un carton de 40 pots suit une loi normale d'espérance $\mu = 5\,000$ et $\sigma^2 = 160$. La caisse est jugée conforme si le poids est compris entre 4 962 g et 5 038 g (soit environ $\mu \pm 3\sigma$).

1. Calculer la probabilité qu'une caisse prélevée aléatoirement à la sortie du laboratoire soit non conforme.

2. Pour éviter que la machine ne se dérègle, on détermine des poids d'alerte $\mu - \alpha$ et $\mu + \alpha$ tels que :

$$P([\mu - \alpha \leqslant X \leqslant \mu + \alpha]) = 0{,}99.$$

Ces poids d'alerte servent de contrôle et correspondent à une marge de sécurité de telle sorte que les normes de conformité soient respectées.

Calculer les poids d'alerte.

13 Intervalle de confiance

★★ 20min Corrigé p. 488

La société FRUITEXO, spécialisée dans le commerce de fruits exotiques, envoie régulièrement dans le Nord de l'Europe de grandes quantités de mangues. Un contrôle de qualité effectué sur 800 mangues a permis de dénombrer 80 fruits tachés. On se propose de calculer, au risque de 5 %, une estimation par un intervalle de confiance du pourcentage p de fruits tachés dans l'envoi.

1. Première méthode

On note f le pourcentage de fruits tachés dans l'échantillon.

a) Calculer f.

b) Démontrer qu'au risque de 5 % :

$$|f - p| \leqslant 2\sqrt{\frac{p(1-p)}{800}}.$$

c) En déduire que p vérifie l'inéquation :

$$201p^2 - 41p + 2 \leqslant 0.$$

d) En déduire un intervalle de confiance au risque de 5 % pour p.

2. Deuxième méthode

a) Utiliser le cours pour obtenir un intervalle de confiance au risque de 5 % pour p.

b) Comparer les deux méthodes.

14 Second tour

★★★ 25 min Corrigé p. 490

Trois jours avant le second tour de l'élection présidentielle où deux candidats A et B restent en lice, on a interrogé 625 électeurs qui constituent un échantillon aléatoire du corps électoral, 55 % d'entre eux ont déclaré vouloir voter pour A.

1. On suppose qu'entre la date du sondage et celle du scrutin, les intentions de vote ne changent pas.

a) Déterminer au risque de 1 %, un intervalle où se situe la proportion p de votants favorables à A dans l'ensemble des électeurs.

b) Peut-on considérer dans ces conditions que A a 99 % de chances d'être élu.

2. a) Le réel p étant la proportion inconnue de votants favorables à A dans l'ensemble des électeurs et F_n la variable aléatoire représentant la proportion de votants favorables à A dans un échantillon de n individus, quelle est l'espérance et la variance de F_n.

b) Déterminer le réel u tel que :

$$P([Z \leqslant u]) = 0{,}99$$

où Z suit la loi $\mathcal{N}(0\,;1)$ En déduire :

$$P\left(\left[F_n - p \leqslant \frac{u}{2\sqrt{n}}\right]\right) \geqslant 0{,}99.$$

c) Quelle devrait être la taille de l'échantillon pour pouvoir affirmer, avec 55 % de votes favorables à A dans l'échantillon, que A a au moins 99 % de chances d'être élu ?

Problèmes de BAC

15 Hypertension

★★★ 25 min Corrigé p. 491

Dans une population, la proportion d'adultes souffrant d'hypertension est un réel inconnu p. On prélève dans cette population un échantillon aléatoire et avec remise de taille n.

> **Rappel**
> Les tirages pour construire un échantillon se font avec remise.

On note X la variable aléatoire représentant le nombre d'individus atteints d'hypertension dans cet échantillon, et on pose $F = \dfrac{X}{n}$.

1. Rappeler la loi de X, l'espérance et la variance de F.

2. Rappeler dans quelles conditions on peut approcher la loi de F par une loi normale et laquelle. On supposera ces conditions utilisées par la suite.

3. Soit α un réel élément de $]0\,;1[$.
Montrer l'existence et l'unicité d'un réel u_α tel que $\Phi(u_\alpha) = 1 - \dfrac{\alpha}{2}$.

En déduire un intervalle de confiance de p au risque α d'amplitude $\dfrac{u_\alpha}{\sqrt{n}}$.

4. On veut à présent construire un intervalle de confiance de p au risque α' tel que l'amplitude de cet intervalle soit k fois plus petite que le précédent avec $k > 1$.

a) Montrer que $\alpha' > \alpha$.

b) Montrer que tout réel de $]0\,;1[$ possède un antécédent et un seul par Φ ; on note ψ l'application qui à tout réel de $]0\,;1[$ associe l'antécédent calculé précédemment.

Remarque
On dit que ψ est l'application réciproque de Φ (voir p. 347).

c) Montrer que $\alpha' = 2\Phi\left(\frac{1}{k}\psi\left(\frac{\alpha}{2}\right)\right)$. Retrouver ainsi l'inégalité $\alpha' > \alpha$.

16 Intervalles de fluctuation asymétriques ★★★ 40 min ➔ Corrigé p. 493

La proportion d'individus présentant un certain caractère C dans une population est $p = 0{,}6$.

On prélève dans cette population un échantillon aléatoire avec remise de taille n.

1. À partir de quelle valeur de l'entier n, la loi de la variable aléatoire représentant la fréquence d'individus présentant le caractère C dans un échantillon de taille n, peut-elle être assimilée à une loi normale ?

2. Si f est la fréquence observée du caractère C dans l'échantillon prélevé, quels sont parmi les quatre intervalles ci-dessous, ceux qui sont des intervalles de fluctuation de f au seuil de 95 % ?

$I_1 = \left[0{,}6 - \frac{0{,}94}{\sqrt{n}}\,;\,0{,}6 + \frac{0{,}99}{\sqrt{n}}\right]$; $\quad I_2 = \left[0\,;\,0{,}6 + \frac{0{,}81}{\sqrt{n}}\right]$;

$I_3 = \left[0{,}6 - \frac{0{,}93}{\sqrt{n}}\,;\,0{,}6 + \frac{0{,}97}{\sqrt{n}}\right]$; $\quad I_4 = \left[0{,}6 - \frac{a}{\sqrt{n}}\,;\,0{,}6 + \frac{a}{\sqrt{n}}\right]$.

Discuter suivant les valeurs de a ($a \geqslant 0$).

17 Maladie des abeilles ★★★ 40 min ➔ Corrigé p. 495

La Nosémose est une maladie parasitaire des abeilles, on admet qu'elle atteint 14 % de la population des abeilles dans une région R. Un apiculteur de cette région constate un nombre important d'abeilles victimes de cette maladie dans son exploitation et décide d'entreprendre une étude pour savoir s'il a ou non plus d'abeilles atteintes que la « normale ». Il prélève 150 abeilles et décide que si la proportion d'abeilles atteintes est supérieure à la borne supérieure de l'intervalle de fluctuation asymptotique au seuil de 95 %, alors une étude plus poussée devra être menée pour comprendre la cause de ce phénomène.

1. Déterminer l'intervalle de fluctuation asymptotique au seuil de 95 % de la proportion d'abeilles atteintes par la Nosémose dans un échantillon de taille 150.

2. Il constate, après quelques jours, que parmi les 150 abeilles sélectionnées, 29 ont été atteintes par la Nosémose. Que pouvez-vous en conclure ?

3. L'apiculture pense que l'échantillon était trop petit pour pouvoir conclure de façon satisfaisante. Combien faudrait-il sélectionner d'abeilles pour qu'une proportion observée de 19,3 % soit en dehors de l'intervalle de fluctuation asymptotique ?

4. Représenter graphiquement la taille n de l'échantillon en fonction de la borne supérieure x de l'intervalle de fluctuation asymptotique au seuil de 95 %, avec x compris entre 0,14 et 0,22.

18 Intervalle de fluctuation

★★★ 40 min ➲ Corrigé p. 496

X étant une variable aléatoire suivant une loi normale centrée réduite, on dit qu'un intervalle I de $\mathbb{R}$ est un intervalle de fluctuation au seuil de 95 % X si $P([X \in \mathrm{I}]) \geqslant 0{,}95$.

1. Montrer que $]-\infty\,;1{,}65]$ et $[-2{,}576\,;1{,}696]$ sont des intervalles de fluctuation au seuil de 95 % de X.

2. Pour quelle valeur minimale de $x \in \mathbb{R}^+$, l'intervalle $[-x\,;x]$ est-il un intervalle de fluctuation au seuil de 95 % de X ?

3. a) Montrer qu'il existe un unique réel positif a tel que :

$$P([-2 \leqslant X \leqslant -2 + a]) = 0{,}95$$

et comparer l'amplitude de l'intervalle ainsi obtenu à celle de l'intervalle de la question **2.**.

b) Plus généralement, pour quelles valeurs du réel x existe-t-il un réel positif a tel que l'intervalle $[x\,;x+a]$ soit un intervalle de fluctuation au seuil de 95 % de X ?

4. Soit a un réel positif fixé. Déterminer x pour que $P([x \leqslant X \leqslant x + a])$ soit maximal.

19 Surbooking (sur réservation)

★★★ 40 min ➲ Corrigé p. 499

Une compagnie aérienne qui utilise des longs courriers d'une capacité de 400 places a vendu n billets pour le vol LC003.

On admet que la probabilité qu'un acheteur se présente à l'embarquement est p et que les comportements des acheteurs sont indépendants les uns des autres.

On note X_n la variable aléatoire désignant le nombre d'acheteurs d'un billet se présentant à l'embarquement.

Pour minimiser ses pertes, la compagnie accepte pour un vol de vendre un nombre n de billets supérieur à 400.

La compagnie prend un risque qu'elle veut maîtriser. Ce risque est que le nombre de passagers se présentant à l'embarquement soit supérieur à 400.

1. Déterminer la loi de X_n.

2. On suppose que $0{,}4 \leqslant p \leqslant 0{,}95$.

Écrire l'intervalle de fluctuation asymptotique I_n de $\dfrac{X_n}{n}$ au seuil de 0,95.

3. Montrer que si $I_n \subset \left[0\,;\dfrac{400}{n}\right]$, alors la probabilité que le nombre de passagers se présentant à l'embarquement excède 400 est inférieure à 0,05.

4. Soit n_0 la valeur maximale de n permettant de satisfaire la condition :

$$I_n \subset \left[0\,;\frac{400}{n}\right].$$

a) Montrer que si $I_n \subset \left[0\,;\dfrac{400}{n}\right]$, alors $pn + 1{,}96\sqrt{n}\sqrt{p(1-p)} - 400 \leqslant 0$.

b) Soit h la fonction définie sur $\mathbb{R}^+$ par :

$$h(x) = px + 1{,}96\sqrt{x}\sqrt{p(1-p)} - 400.$$

En posant pour tout réel positif x, $t = \sqrt{x}$, étudier le signe de $h(t^2)$. En déduire l'existence de l'entier n_0, valeur maximale de n satisfaisant à la condition :

$$I_n \subset \left[0\,;\frac{400}{n}\right].$$

À l'aide d'une calculatrice, représenter graphiquement la fonction h pour les valeurs $p = 0{,}8$; $p = 0{,}85$; $p = 0{,}9$ et $p = 0{,}95$ sur l'intervalle $[400\,;500]$.

c) Lire sur le graphique les valeurs de n_0 obtenues.

20 Petit-déjeuner

★★★ 40 min Corrigé p. 501

Un fabricant de céréales pour le petit déjeuner conditionne des pétales de céréales en boîtes de 300 g. Sur la chaîne de remplissage des boîtes, la quantité x de céréales fournie par la machine pour remplir chaque boîte peut être modélisée par une variable aléatoire suivant une loi normale d'espérance mathématique μ et d'écart-type $\sigma = 6$ g.

1. La réglementation impose qu'il y ait moins de 0,1 % des boîtes pesant moins de 300 g.

À quelle valeur doit-on régler μ pour respecter cette réglementation ?

2. Une boîte peut contenir au maximum 330 g. La machine étant réglée à la valeur minimale μ obtenue précédemment, quelle est la probabilité qu'une boîte déborde ?

3. Le technicien responsable de la chaîne veut qu'il y ait moins de 1 % de boîtes qui débordent, au risque de ne plus suivre la réglementation.

a) Quelle est alors la valeur maximale de μ ?

b) Quelle est, en considérant cette valeur maximale de μ obtenue à la question précédente, la probabilité qu'une boîte contienne moins de 300 g ?

c) Déterminer μ et σ pour qu'il y ait moins de 0,1 % de boîtes de moins de 300 g et moins de 1 % de boîtes qui débordent.

On représentera graphiquement les couples (μ, σ) solutions de ce problème dans un repère dont l'origine et les unités seront convenablement choisies.

Questions courtes et QCM

1 **1. → Faux.**

2. → Vrai.

Un intervalle de fluctuation I au seuil de 95 % vérifie $P[(F_n \in \text{I})] \geqslant 0{,}95$. Il vérifie donc nécessairement $P[(F_n \in \text{I})] \geqslant 0{,}90$.

Mais pas nécessairement $P[(F_n \in \text{I})] \geqslant 0{,}99$.

2 **1. → Faux. 2. → Vrai. 3. → Faux.**

C'est la définition d'un intervalle de confiance.

3 **1. → Vrai. 2. → Vrai. 3. → Vrai.**

La probabilité que p appartienne à $[0\,;1]$ est égale à 1.

Donc $[0\,;1]$ est un intervalle de confiance pour p au risque 0.

4 L'intervalle de fluctuation asymptotique au risque α est

$$I_\alpha = \left[p - u_\alpha\sqrt{\frac{p(1-p)}{n}}\,;\,p + u_\alpha\sqrt{\frac{p(1-p)}{n}}\right]$$

son amplitude est donc $2u_\alpha = \sqrt{\dfrac{p(1-p)}{n}}$,

où u_α est défini par $\Phi(u_\alpha) = 1 - \dfrac{\alpha}{2}$.

Lorsqu'on diminue le risque α, $1 - \dfrac{\alpha}{2}$ augmente, donc u_α aussi (Φ est croissante) et **donc l'amplitude de I_α augmente**.

Remarque
C'est logique : plus on agrandit l'intervalle, moins on a de chances de se tromper !

Exercices d'entraînement

5 **1.** L'intervalle de confiance à 95 % est :

$$\left[0{,}52 - \frac{1}{\sqrt{n}}\,;\,0{,}52 + \frac{1}{\sqrt{n}}\right].$$

Rappel
On majore $1{,}96\sqrt{p(1-p)}$ par $2 \times \sqrt{\dfrac{1}{4}} = 1$.

2. Si A est élu sur la base de cette estimation, cela signifie que :

$$0{,}52 - \frac{1}{\sqrt{n}} > 0{,}50$$
$$\frac{1}{\sqrt{n}} > 0{,}02$$
$$n > 2\,500.$$

L'échantillon contenait au moins 2 501 personnes.

6 **1.** L'intervalle de confiance au risque 5 % est $\mathrm{I} = \left[0{,}20 - \frac{1}{\sqrt{100}}\ ;\ 0{,}20 + \frac{1}{\sqrt{100}}\right]$, soit $\mathrm{I} = [0{,}10\ ;\ 0{,}30]$.

Au risque de 5 %, le pourcentage de personnes qui achètent plus de 10 tickets jeux par semaine est compris entre 10 % et 30 %.

2. Soit F la variable aléatoire représentant la proportion de joueurs dans un échantillon de 100 personnes. Le théorème de Moivre Laplace permet d'affirmer que F suit approximativement la loi normale de paramètre $m = 0{,}6$ et $\sigma^2 = \frac{0{,}6 \times 0{,}4}{100} = 0{,}0024$ soit $\sigma = 0{,}04899$.

Avec une calculatrice on trouve, à 10^{-2} près, $P([0{,}5 \leqslant F \leqslant 0{,}7]) = 0{,}96$.

La probabilité qu'un échantillon ne soit pas dans l'intervalle est donc de 0,04.

On a environ 4 % de chances de perdre son pari.

> **Remarque**
> Dans les calculatrices, il faut indiquer σ et non σ^2.

7 **1.** Ici $n = 180$ et $f = \frac{40}{180} \approx 0{,}22$.

Un intervalle de confiance au risque de 5 % s'écrit :

$$\mathrm{I} = \left[0{,}22 - \frac{1}{\sqrt{180}}\ ;\ 0{,}22 + \frac{1}{\sqrt{180}}\right].$$

On arrondit par défaut la borne inférieure et par excès la forme supérieure :

$$\boxed{\mathrm{I} = [0{,}14\ ;\ 0{,}30].}$$

2. On a au plus 5 % de chances que p ne soit pas dans cet intervalle. Si on répète 100 fois l'expérience, on aura en moyenne 5 cas pour lesquels l'intervalle ne contiendra pas p **et donc 95 cas pour lesquels l'intervalle contiendra p.**

> **Remarque**
> Il faut revoir ce que l'on appelle un intervalle de confiance au risque de 5 %.

8 **1.** On suppose que n est suffisamment grand pour permettre l'approximation de la loi de F_n par une loi normale.
Si f est la proportion de votants pour le candidat L dans un échantillon de n individus, alors l'intervalle de confiance au risque de 2 % s'écrit :

$$I = \left[f - \frac{u_{0,02}}{2\sqrt{n}} \; ; \; f + \frac{u_{0,02}}{2\sqrt{n}}\right]$$

où $u_{0,02}$ est défini par $\Phi(u_{0,02}) = 1 - \frac{0,02}{2} = 0,99$.
La calculatrice (ou la table de Φ) donne $u_{0,02} = 2,33$.
Donc $|f - p| \leqslant \frac{2,33}{2\sqrt{n}}$.
D'autre part, on veut que p soit connu avec une précision absolue de 2 % ; on doit donc avoir $|f - p| \leqslant 0,02$.
Pour réaliser cette condition, on choisira n de façon que $\frac{2,33}{2\sqrt{n}} \leqslant 0,02$, soit $\sqrt{n} \geqslant \frac{233}{4}$.

Il faut prendre un échantillon d'au moins 3 394 votants pour connaître la proportion de votants favorables au parti avec une précision de 2 %, au niveau de confiance 98 %.

> **Remarque**
> Les valeurs de n obtenues justifient *a posteriori* l'approximation de F_n par une loi normale.

2. Ici $n = 1\,024$ et $f = \frac{529}{1\,024} \approx 0,517$.
L'intervalle de confiance au risque de 5 % est donc :

$$I = \left[0,517 - \frac{1}{32} \; ; \; 0,517 + \frac{1}{32}\right],$$

$$\mathbf{I = [0,48 \; ; 0,55].}$$

On vérifie que les conditions de validité de l'intervalle de confiance ($n \geqslant 30$; $np \geqslant 5$ $n(1 - p) \geqslant 5$) sont bien vérifiées.

9 **1.** La proportion de ménages possédant un accès à l'Internet dans l'échantillon est $f = \frac{475}{625} = 0,76$.
L'intervalle de fluctuation au risque de 5 % est :

> **Rappel**
> $\frac{u_{0,05}}{2} \approx 1.$

$$I = \left[f - \frac{1}{\sqrt{n}} \; ; f + \frac{1}{\sqrt{n}}\right]$$

$$I = \left[0,76 - \frac{1}{25} \; ; 0,76 + \frac{1}{25}\right]$$

$$\boxed{I = [0,72 : 0,80].}$$

2. L'intervalle de confiance au risque de 1 % pour un échantillon de taille n est $\left[f-\dfrac{u_{0,01}}{2\sqrt{n}}\,;\,f+\dfrac{u_{0,01}}{2\sqrt{n}}\right]$ avec $u_{0,01}=2{,}58$.

L'amplitude de cet intervalle est $\dfrac{2{,}58}{\sqrt{n}}$ et on veut que cette amplitude soit de 2 %.

On veut donc $\dfrac{2{,}58}{\sqrt{n}}=0{,}02$, soit $\sqrt{n}=\dfrac{258}{2}=129$.

On choisira donc un échantillon de taille $n = 16\,641$.

10 Ici $n=400$, $f=\dfrac{125}{400}=0{,}3125$ et $\alpha=0{,}1$.

L'intervalle de confiance au risque α est :

$$\mathrm{I}=\left[f-\frac{u_\alpha}{2\sqrt{n}}\,;\,f-\frac{u_\alpha}{2\sqrt{n}}\right]\text{ avec } u_\alpha=u_{0,1}=1{,}65.$$

$\dfrac{u_\alpha}{2\sqrt{n}}=\dfrac{1{,}65}{40}=0{,}04125$, donc :

$$\mathrm{I}=[0{,}271\,;\,0{,}354].$$

Remarque
La valeur $u_\alpha=1{,}65$ est obtenue avec la calculatrice suivant l'expression $\Phi(u_\alpha)=1-\dfrac{\alpha}{2}=1-\dfrac{0{,}1}{2}=0{,}95.$

11 **1.** La proportion de notes au moins égales à 14 dans la population totale des candidats est $p=0{,}2$.

L'intervalle de fluctuation asymptotique au seuil de 95 % pour un échantillon de n copies est $\mathrm{I}=\left[p-2\sqrt{\dfrac{p(1-p)}{n}}\,;\,p+2\sqrt{\dfrac{p(1-p)}{n}}\right]$.

Or $2\sqrt{\dfrac{p(1-p)}{n}}=2\sqrt{\dfrac{0{,}2\times0{,}8}{20}}=0{,}04$, donc :

$$\mathrm{I}=[0{,}16\,;\,0{,}24].$$

2. Les conditions usuelles $n\geqslant30$, $np\geqslant5$, $n(1-p)\geqslant5$ sont ici réalisées, on peut donc considérer que 95 % des échantillons de 400 copies extraits de cette population vérifient $f\in[0{,}16\,;\,0{,}24]$. Cet intervalle contient la valeur 0,17. Donc, au risque de 5 %, cette proportion n'est pas significativement différente de la valeur 0,20.

On ne peut donc pas en conclure, au risque de 5 %, que le correcteur a noté plus sévèrement que les autres.

12 **1.** On sait que X suit une loi normale $\mathcal{N}(5\,000\,;\,160)$.
La probabilité qu'une caisse soit conforme est égale à :

$$P([4\,962\leqslant X\leqslant 5\,038])=0{,}997.$$

Remarque
On trouve le résultat à l'aide de la calculatrice.

Bien retenir

Attention de bien préciser $\sigma = \sqrt{160}$, il n'y a pas besoin de calculer au préalable $\sqrt{160}$, on peut retrouver le paramètre sans cette forme.

La probabilité qu'un carton soit non conforme est 0,003.

2. La variable $X^* = \dfrac{X - 5\,000}{\sqrt{160}}$ suit la loi normale $\mathcal{N}(0\,;1)$.

Déterminons λ réel positif tel que $P([-\lambda \leqslant X^* \leqslant \lambda]) = 0{,}99$.

$$\begin{aligned} P([-\lambda \leqslant X^* \leqslant \lambda]) &= \Phi(\lambda) - \Phi(-\lambda) \\ &= \Phi(\lambda) - (1 - \Phi(\lambda)) \\ &= 2\Phi(\lambda) - 1. \end{aligned}$$

$P([-\lambda \leqslant X^* \leqslant \lambda]) = 0{,}99$ équivaut à $\Phi(\lambda) = \dfrac{1{,}99}{2} = 0{,}995$, soit en utilisant la calculatrice, $\lambda = 2{,}58$, d'où :

$$\begin{aligned} 0{,}99 &= P([-2{,}58 \leqslant X^* \leqslant 2{,}58]) \\ &= P\left(\left[-2{,}58 \leqslant \frac{X - 5\,000}{\sqrt{160}} \leqslant 2{,}58\right]\right) \\ &= P([5\,000 - 2{,}58\sqrt{160} \leqslant X \leqslant 5\,000 + 2{,}58\sqrt{160}]) \\ &= P([4\,967 \leqslant X \leqslant 5\,032]). \end{aligned}$$

Donc :

$$\mu - \alpha = 4\,967 \text{ et } \mu + \alpha = 5\,032\,;$$
$$\mu = 5\,000 \text{ et } \alpha \approx 32{,}6.$$

Bien comprendre

Grâce à des cartons prélevés aléatoirement en sortie de chaîne, ces poids d'alerte permettent de déceler des anomalies en temps réel.

13 **1. a)** Dans l'échantillon, la proportion f est :

$$f = \frac{30}{300} = 0{,}1.$$

b) La variable aléatoire F, qui à tout échantillon de taille 800 associe la fréquence de fruits tâchés dans l'échantillon, suit approximativement la loi normale

$\mathcal{N}\left(p, \dfrac{p(1-p)}{800}\right)$, donc la variable $F^* = \dfrac{F-p}{\sqrt{\dfrac{p(1-p)}{800}}}$ suit la loi $\mathcal{N}(0, 1)$.

> **Rappel**
> F^* est la variable centrée réduite associée à F.

$P([|F^*| \leqslant 1{,}96]) = 0{,}95$, donc l'événement $[|F^*| \leqslant 1{,}96]$ contient 95 % des échantillons et comme $1{,}96 \leqslant 2$, l'événement $[|F^*| \leqslant 2]$ en contient encore davantage.

Donc, en tirant un échantillon quelconque, on a au moins 95 % de chances d'avoir $\left|\dfrac{f-p}{\sqrt{\dfrac{p(1-p)}{n}}}\right| \leqslant 2$, ce qui permet d'affirmer au risque de 5 % :

$$\boxed{|f-p| \leqslant 2\sqrt{\frac{p(1-p)}{800}}.}$$

c) En élevant au carré les deux membres de l'inégalité :

$$(f-p)^2 \leqslant \frac{p(1-p)}{200}$$

> **Rappel**
> Les deux membres étant positifs, on obtient une inégalité équivalente en élevant les deux membres au carré.

et en remplaçant f par 0,01 :

$$\boxed{201p^2 - 41p + 2 \leqslant 0.}$$

d) Pour résoudre cette inégalité, on commence par chercher les racines du trinôme :

$$201p^2 - 41p + 2 = 0.$$

$\Delta = 73$ et les racines sont $p' \approx 0{,}0807$ et $p'' \approx 0{,}1232$. On en déduit :

$201p^2 - 41p + 2 \leqslant 0$ si et seulement si $p \in [p' ; p'']$.

Un intervalle de confiance au risque de 5 % est donc :

$$\boxed{\mathrm{I} = [0{,}080 ; 0{,}124].}$$

2. a) Le cours donne comme intervalle de confiance au risque de 5 % :

$$\mathrm{I} = \left[f - \frac{1}{\sqrt{800}} ; f + \frac{1}{\sqrt{800}}\right].$$

$$\boxed{\mathrm{I} = [0{,}064 ; 0{,}136].}$$

b) On constate que la première méthode est beaucoup plus efficace car elle conduit à un intervalle beaucoup plus petit. Cela tient au fait qu'on a résolu très précisément l'inéquation $|f-p| \leqslant 2\sqrt{\dfrac{p(1-p)}{n}}$ (pour $f = 0{,}1$ et $n = 800$),

CORRIGÉS

alors que dans le cours on se contente de majorer $p(1-p)$ par $\frac{1}{4}$. Cette majoration reste acceptable lorsque p est voisin de 0,5, mais est très grossière pour p petit (ce qui est le cas ici) ou proche de 1. **C'est pourquoi la seconde méthode donne ici un résultat beaucoup plus grossier.**

14 **1. a)** On cherche ici un intervalle de confiance de p (proportion du corps électoral favorable à A) au risque de 1 %.

Rappel
Il faut connaître $u_{0,1}$; $u_{0,05}$ et $u_{0,01}$.

Ici $f = 0{,}55$; $n = 625$ et on sait que $u_{0{,}01} = 2{,}58$.

Un intervalle de confiance de p au risque de 1 % est donc :

$$I = \left[0{,}55 - \frac{2{,}58}{2} \times \frac{1}{\sqrt{625}} \, ; \, 0{,}55 + \frac{2{,}58}{2} \times \frac{1}{\sqrt{625}}\right]$$

$$\boxed{I = [0{,}4984 \, ; \, 0{,}6016].}$$

b) La borne inférieure de cet intervalle est inférieure à 0,5, donc **on ne peut pas considérer que le candidat a 99 % de chances d'être élu.**

2. a) Si X est le nombre de candidats en faveur de A dans un échantillon de taille n, X suit la loi $\mathcal{B}(n, p)$, donc $E(X) = np$ et $V(X) = np(1-p)$.

Par ailleurs, $F_n = \frac{X}{n}$ donc :

$$\boxed{E(F_n) = p \text{ et } V(F_n) = \frac{np(1-p)}{n^2} = \frac{p(1-p)}{n}.}$$

b) Il faut résoudre $\Phi(u) = 0{,}99$. L'utilisation de la calculatrice (ou d'une table) donne $u = 2{,}33$.

Les conditions sur n sont telles que l'on peut approcher la loi de F_n par une loi normale $\mathcal{N}\left(p, \frac{p(1-p)}{n}\right)$, donc $F_n^* = \frac{F_n - p}{\sqrt{\frac{p(1-p)}{n}}}$ suit la loi $\mathcal{N}(0, 1)$.

Donc $P\left(\left[F - p \leqslant u\sqrt{\frac{p(1-p)}{n}}\right]\right) = 0{,}99$.

$p(1-p) \leqslant \frac{1}{4}$, donc $u\sqrt{\frac{p(1-p)}{n}} \leqslant \frac{u}{2\sqrt{n}}$ et donc :

$$\left[F - p \leqslant u\sqrt{\frac{p(1-p)}{n}}\right] \subset \left[F - p \leqslant \frac{u}{2\sqrt{n}}\right].$$

Il en résulte : $P\left(\left[F-p \leqslant \frac{2{,}33}{2\sqrt{n}}\right]\right) \geqslant 0{,}99.$

c) Lorsqu'on choisit un échantillon au hasard de n personnes, on a donc au moins 99 % de chances d'avoir $f-p \leqslant \frac{2{,}33}{2\sqrt{n}}$, soit $p \geqslant f-\frac{2{,}33}{2\sqrt{n}}$.

Pour pouvoir affirmer que A est élu à un seuil de 99 %, il suffit d'avoir $f-\frac{2{,}33}{2\sqrt{n}} > 0{,}5$. Avec $f = 0{,}55$, cela donne $\frac{2{,}33}{2\sqrt{n}} < 0{,}05$, soit $\sqrt{n} > \frac{233}{10}$, ou encore $n \geqslant 543$.

Donc, si dans un échantillon d'au moins 543 personnes, A a 55 % d'opinions favorables (ou plus), on peut valablement considérer que A a plus de 99 % de chance d'être élu.

Problèmes de BAC

15 **1.** X suit une loi binomiale $\mathscr{B}(n, p)$, $F = \frac{X}{n}$ donc :

$$E(F) = p \text{ et } V(F) = \frac{p(1-p)}{n}.$$

Bien retenir

Les tirages pour construire un échantillon se font avec remise, on est donc dans le cadre d'un schéma de Bernoulli.

2. Les conditions sont :

$$n \geqslant 30,\ np \geqslant 5 \text{ et } n(1-p) \geqslant 5.$$

3. $\alpha \in]0\,;1[$, donc $\frac{\alpha}{2} \in \left]0\,;\frac{1}{2}\right[$ et $1-\frac{\alpha}{2} \in \left]\frac{1}{2}\,;1\right[$.

Tout élément de $]0\,;1[$ possède un antécédent et un seul par Φ.

$1-\frac{\alpha}{2} \in]0\,;1[$, d'où l'existence et l'unicité d'un réel u_α tel que $\Phi(u_\alpha) = 1-\frac{\alpha}{2}$.

Rappel

Le réel u_α est déterminé à la calculatrice.

$\Phi(0) = \dfrac{1}{2}$ et $1 - \dfrac{\alpha}{2} > \dfrac{1}{2}$, donc $u_\alpha > 0$.

$$P\left(\left[|F-p| \leqslant u_\alpha\sqrt{\frac{p(1-p)}{n}}\right]\right) = P([|F^*| \leqslant u_\alpha]) \text{ où } F^* = \frac{F-p}{\sqrt{\dfrac{p(1-p)}{n}}}.$$

Comme F^* suit la loi $\mathcal{N}(0, 1)$,
$P([|F^*| \leqslant u_\alpha]) = \Phi(u_\alpha) - \Phi(-u_\alpha) = 2\Phi(u_\alpha) - 1 = 1 - \alpha$.

D'où $P\left(\left[|F-p| \leqslant u_\alpha\sqrt{\dfrac{p(1-p)}{n}}\right]\right) = 1 - \alpha$.

Comme $p(1-p) \leqslant \dfrac{1}{4}$, $u_\alpha\sqrt{\dfrac{p(1-p)}{n}} \leqslant \dfrac{u_\alpha}{2\sqrt{n}}$ et :

$$P\left(\left[F - \frac{u_\alpha}{2\sqrt{n}} \leqslant p \leqslant F + \frac{u_\alpha}{2\sqrt{n}}\right]\right) = 1 - \alpha.$$

Si f est la proposition d'individus souffrant d'hypertension dans un échantillon aléatoire de taille n, la probabilité que p appartienne à $\left[f - \dfrac{u_\alpha}{2\sqrt{n}} ; f + \dfrac{u_\alpha}{2\sqrt{n}}\right]$ est au moins égale à $1 - \alpha$.

Un intervalle de confiance de p au risque α est donc :

$$\boxed{\mathrm{I}_\alpha = \left[f - \frac{u_\alpha}{2\sqrt{n}} ; f + \frac{u_\alpha}{2\sqrt{n}}\right].}$$

On constate que l'amplitude de I_α est $\dfrac{u_\alpha}{\sqrt{n}}$.

4. a) Si $\mathrm{I}_{\alpha'}$ est l'intervalle de confiance au risque α', son amplitude est $\dfrac{u_{\alpha'}}{\sqrt{n}}$.

Cette amplitude est k fois plus petite que la précédente si $u_{\alpha'} = \dfrac{u_\alpha}{k}$,
d'où $u_{\alpha'} < u_\alpha$ car $k > 1$.
Comme Φ est strictement croissante, alors $\Phi(u_{\alpha'}) < \Phi(u_\alpha)$.
Mais $\Phi(u_{\alpha'}) = 1 - \dfrac{\alpha'}{2}$ et $\Phi(u_\alpha) = 1 - \dfrac{\alpha}{2}$ donc :

$$\boxed{\alpha' > \alpha.}$$

b) La fonction Φ est continue sur $\mathbb{R}$ (puisque elle est dérivable, de dérivée φ) strictement croissante sur $\mathbb{R}$ (puisque $\Phi'(x) = \varphi(x) = \dfrac{1}{\sqrt{2\pi}}\mathrm{e}^{-\frac{x^2}{2}} > 0$), et $\lim_{x \to -\infty} \Phi(x) = 0$; $\lim_{x \to +\infty} \Phi(x) = 1$.

Donc tout réel de]0 ; 1[admet un antécédent unique par Φ.

c) $\Phi(u_{\alpha'}) = 1 - \frac{\alpha'}{2}$, donc $\Phi(-u_{\alpha'}) = \frac{\alpha'}{2}$,

soit $\alpha' = 2\Phi(-u_{\alpha'})$.

Rappel

On sait que tout réel x :

$$\Phi(-x) = 1 - \Phi(x).$$

Donc, si $u_{\alpha'} = \frac{u_\alpha}{k}$, alors $\alpha' = 2\Phi\left(-\frac{u_\alpha}{k}\right)$ (*)

$\Phi(u_\alpha) = 1 - \frac{\alpha}{2}$ et $\Phi(-u_\alpha) = \frac{\alpha}{2}$, donc $-u_\alpha = \psi\left(\frac{\alpha}{2}\right)$

Remarque

Revoir la fonction ψ page 347.

d'où, en remplaçant dans (*) :

$$u_{\alpha'} = 2\Phi\left(\frac{1}{k}\psi\left(\frac{\alpha}{2}\right)\right).$$

$k > 1$, donc $\frac{1}{k} < 1$. Il s'agit de multiplier cette inégalité par $\psi\left(\frac{\alpha}{2}\right)$.

$\frac{\alpha}{2} \in \left]0 ; \frac{1}{2}\right[$, donc $\psi\left(\frac{\alpha}{2}\right) < 0$, donc $\frac{1}{k}\psi\left(\frac{\alpha}{2}\right) > \psi\left(\frac{\alpha}{2}\right)$.

Puis on compose par Φ, qui est strictement croissante :

$$\Phi\left(\frac{1}{k}\psi\left(\frac{\alpha}{2}\right)\right) > \frac{\alpha}{2}$$

et on multiplie par 2 :

$$\alpha' > \alpha.$$

16 **1.** Les conditions dans lesquelles on peut assimiler à une loi normale la loi de cette variable aléatoire sont $n \geqslant 30$, $np \geqslant 5$ et $n(1-p) \geqslant 5$.

Mais pour $n \geqslant 30$, on a d'office $np \geqslant 5$ et $n(1-p) \geqslant 5$.

Donc la condition cherchée est $n \geqslant 30$.

2. Nommons F_n la variable aléatoire représentant la fréquence d'individus possédant le caractère C dans un échantillon aléatoire de taille n.

F_n suit donc approximativement une loi normale avec :

$$E(F_n) = 0{,}6 \text{ et } \sigma(F_n) = \frac{\sqrt{0{,}6 \times 0{,}4}}{\sqrt{n}} = \frac{\sqrt{0{,}24}}{\sqrt{n}}.$$

En posant $F_n{}^* = \dfrac{(F_n - 0{,}6)\sqrt{n}}{\sqrt{0{,}24}}$, on pourra donc considérer dans la suite que $F_n{}^*$ suit la loi $\mathcal{N}(0, 1)$.

On sait par ailleurs qu'un intervalle I est un intervalle de fluctuation de *f* au seuil de 95 % si et seulement si $P([F_n \in \mathrm{I}]) \geqslant 0{,}95$.

Il s'agit donc ici de calculer $P([F_n \in \mathrm{I}_k])$ pour $k = 1, 2, 3, 4$.

Pour I_1 :

$$P([F_n \in \mathrm{I}_1]) = P\left(\left[\frac{-0{,}94}{\sqrt{0{,}24}} \leqslant F_n{}^* \leqslant \frac{0{,}94}{\sqrt{0{,}24}}\right]\right) = P([-1{,}91 \leqslant F_n{}^* \leqslant 2{,}02]).$$

• À l'aide de la table de Φ, on poursuit en écrivant :

$$\begin{aligned} P([F_n \in \mathrm{I}_1]) &= \Phi(2{,}02) - \Phi(-1{,}91) \\ &= \Phi(2{,}02) - (1 - \Phi(1{,}91)) = \Phi(2{,}02) + \Phi(1{,}91) - 1 \\ &\approx 0{,}95024 \leqslant 0{,}9502. \end{aligned}$$

• À l'aide d'un tableur :

= Loi.NORMALE(2,02 ; 0 ; 1 ; VRAI) – Loi.NORMALE(–1,91 ; 0 ; 1 ; VRAI).

• À l'aide d'une calculatrice :

TEXAS 83 Plus (et +) :	CASIO 35+ (et +) :
normal F Rép(–1.91, 2.02, 0, 1)	MENU STAT ▶ DIST ▶ NORM ▶ Ncd ▶ Lower : –1.91 ; Upper : 2.02 ; σ : 1 ; μ : 0

Avec ces trois méthodes on obtient $P([F_n \in I_1]) \geqslant 0{,}95$ donc :

I_1 est un intervalle de fluctuation de *f* au seuil de 95 %.

Pour I_2 :

$$P([F_n \in \mathrm{I}_2]) = P\left(\left[\frac{-0{,}6}{\sqrt{0{,}24}}\sqrt{n} \leqslant F_n{}^* \leqslant \frac{0{,}81}{\sqrt{0{,}24}}\right]\right) \approx P([F_n{}^* \leqslant 1{,}65]),$$

car $\dfrac{0{,}6\sqrt{30}}{\sqrt{0{,}24}} \geqslant 6{,}7$, donc $P\left(\left[F_n{}^* \leqslant \dfrac{-0{,}6\sqrt{n}}{\sqrt{0{,}24}}\right]\right)$ est négligeable pour $n \geqslant 30$.

Donc $P([F_n \in \mathrm{I}_2]) \approx \Phi(1{,}65)$.

Par l'une des trois méthodes (table de Φ, tableur ou calculatrice) :

$$P([F_n \in \mathrm{I}_2]) \approx 0{,}9505.$$

I_2 est un intervalle de fluctuation de *f* au seuil de 95 %.

Pour I_3 :

$P([F_n \in I_3]) = P([-1{,}90 \leqslant F_n{}^* \leqslant 1{,}98])$ et, par l'une des trois méthodes :

$$P([F_n \in I_3]) \approx 0{,}9474.$$

I_3 n'est pas un intervalle de confiance de f au seuil de 95 %.

Pour I_4 :

$P([F_n \in I_4]) = P\left(\left[|F_n{}^*| \leqslant \dfrac{a}{\sqrt{0{,}24}}\right]\right).$

$P([|F_n{}^*| \leqslant u]) = 0{,}95$ pour $u = 1{,}96$.

Donc par croissance de la fonction $P([|F_n{}^*| \leqslant u])$:

$P([|F_n{}^*| \leqslant u]) \geqslant 0{,}95$ pour $u \geqslant 1{,}96$.

I_4 est donc un intervalle de fluctuation de f au seuil de confiance de 95 % si et seulement si $\dfrac{a}{\sqrt{0{,}24}} \geqslant 1{,}96$, c'est-à-dire si et seulement si $a \geqslant 0{,}96$ (en arrondissant à 10^{-2}).

17 **1.** L'intervalle de fluctuation asymptotique au seuil de 95 % est :

$$I_{0,95} = \left[p - 1{,}96\sqrt{\frac{p(1-p)}{n}}\ ;\ p + 1{,}96\sqrt{\frac{p(1-p)}{n}}\right]$$

$$I_{0,95} = \left[0{,}14 - 1{,}96\sqrt{\frac{0{,}14 \times 0{,}86}{150}}\ ;\ 0{,}14 + 1{,}96\sqrt{\frac{0{,}14 \times 0{,}86}{150}}\right]$$

$$\boxed{I_{0,95} = [0{,}0845\ ;\ 0{,}1955].}$$

2. La valeur $\dfrac{29}{150} \approx 0{,}193$ est à l'intérieur de l'intervalle de fluctuation asymptotique au seuil de 95 %, **on ne peut donc pas conclure à une proportion d'abeilles malades anormalement élevée.**

3. La borne supérieure de l'intervalle est ici :

$$p + 1{,}96\sqrt{\frac{p(1-p)}{n}} = 0{,}14 + 1{,}96\sqrt{\frac{0{,}14 \times 0{,}86}{n}} = 0{,}14 + \frac{0{,}68}{\sqrt{n}}$$

$0{,}14 + \dfrac{0{,}68}{\sqrt{n}} < 0{,}193$ équivaut à $\sqrt{n} > \dfrac{0{,}68}{0{,}053}$ soit $n > 164{,}6$.

Il faut donc étudier au minimum 165 abeilles pour qu'une proportion de 19 % mette en évidence une proportion d'abeilles malades anormalement élevée.

4. $x = 0{,}14 + 1{,}96\sqrt{\dfrac{0{,}14 \times 0{,}86}{n}}$ soit $n = \dfrac{1{,}96^2 \times 0{,}14 \times 0{,}86}{(x-0{,}14)^2} = \dfrac{0{,}463}{(x-0{,}14)^2}$.

La représentation graphique de la fonction $x \mapsto \dfrac{0{,}463}{(x-0{,}14)^2}$

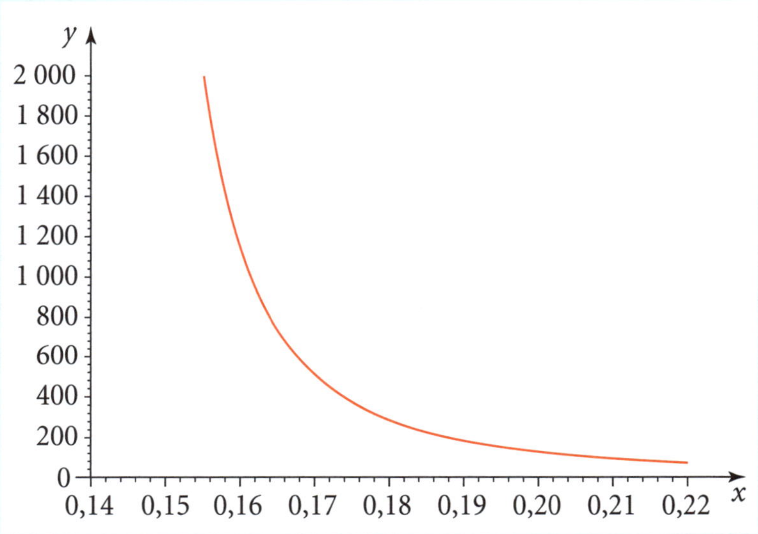

18 **1.** X suit la loi normale centrée réduite, donc en utilisant une calculatrice :

$P([X \leqslant 1{,}65]) \approx 0{,}9505 > 0{,}95$;

$P([-2{,}576 \leqslant X \leqslant 1{,}696]) \approx 0{,}95006 > 0{,}95$.

Donc $]-\infty\ ;\ 1{,}65[$ et $[-2{,}576\ ;\ 1{,}6996]$ sont des intervalles de fluctuation de X au seuil 95 %.

2. X suit la loi normale centrée réduite, donc pour tout réel x positif ;

$$P([-x \leqslant X \leqslant x]) = 2\Phi(x) - 1.$$

Rappel
$[-x\,;x]$ est un intervalle de fluctuation de X au seuil de 95 % si :
$p([-x \leqslant X \leqslant x]) \geqslant 0{,}95$.

$P([-x \leqslant X \leqslant x]) \geqslant 0{,}95$ équivaut à :

$2\Phi(x) - 1 \geqslant 0{,}95$ soit $\Phi(x) \geqslant 0{,}975$.

En utilisant la croissance de Φ et une calculatrice :

$$x \geqslant 1{,}96.$$

Rappel
$\Phi(x) \geqslant 0{,}975$ équivaut à $x \geqslant 1{,}96$ doit être retenu.

La valeur minimale de x, telle que $[-x\ ;\ x]$ soit un intervalle de fluctuation de X au seuil de 95 % est 1,96.

3. a) Pour tout réel positif x, on pose :

$$f(x) = P([-2 \leqslant X \leqslant -2 + x]) = \Phi(-2 + x) - \Phi(-2).$$

Pour tout réel x positif :

$$f'(x) = \varphi(-2+x) = \frac{1}{\sqrt{2\pi}}e^{-\frac{(x-2)^2}{2}}.$$

Remarque
$\Phi(-2)$ est une constante, de dérivée nulle.

Donc pour tout réel positif x, $f'(x) > 0$, la fonction f est strictement croissante sur $\mathbb{R}^+$.

$\lim\limits_{x \mapsto +\infty} \Phi(-2+x) = 1$, donc :

$\lim\limits_{x \mapsto +\infty} f(x) = 1 - \Phi(-2) = \Phi(2) \approx 0{,}9772 > 0{,}95.$

Rappel
Revoir les propriétés de Φ.

x	0 $+\infty$
$f'(x)$	$+$
f	0 ↗ $\Phi(2)$

En utilisant le tableau de variation, tout réel de $[0\ ;\ \Phi(2)[$ possède un antécédent et un seul, **donc il existe un réel strictement positif a, tel que $f(a) = 0{,}95$.**

$f(a) = \Phi(-2+a) - \Phi(-2) = 0{,}95$ d'où :
$\Phi(a-2) = 0{,}95 + \Phi(-2) = 0{,}95 + 1 - \Phi(2) = 1{,}95 - \Phi(2) \approx 0{,}9728.$

À l'aide de la calculatrice on trouve $a - 2 \approx 1{,}9236$, d'où $a \in [3{,}923\ ;\ 3{,}924]$.
L'amplitude de l'intervalle $[a\ ;\ a+2]$ est a, alors que celle de la question **2.** est $2 \times 1{,}96 = 3{,}92$.

L'amplitude de l'intervalle $[-2\ ;-2+a]$ **est supérieure à celle de** $[-1{,}96\ ;\ 1{,}96]$.

b) Pour x réel, on pose pour tout réel a positif :
$g(a) = p([x \leqslant X \leqslant x+a]) = \Phi(x+a) - \Phi(x).$

Pour tout réel a positif :

$$g'(a) = \varphi(x+a) = \frac{1}{\sqrt{2\pi}}e^{-\frac{(x+a)^2}{2}}.$$

La fonction Φ est strictement positive sur $\mathbb{R}$, donc la fonction g est strictement croissante sur $\mathbb{R}^+$.

$g(0) = \Phi(x) - \Phi(x) = 0$ et $\lim\limits_{a \to +\infty} g(a) = \lim\limits_{a \to +\infty} \Phi(x+a) - \Phi(x) = 1 - \Phi(x).$

a	0 $+\infty$
$g'(a)$	$+$
g	0 ↗ $1-\Phi(x)$

CORRIGÉS

D'après le tableau de variation, tout réel de $[0\ ;\ 1-\Phi(x)[$ possède un antécédent et un seul. Les réels n'appartenant pas à $[0\ ;\ 1-\Phi(x)[$ n'ont pas d'antécédent.

Pour qu'il existe a tel que $g(a) = 0{,}95$, il faut et il suffit que 0,95 appartienne à l'intervalle $[0\ ;\ 1-\Phi(x)[$ soit $0{,}95 \leqslant 1-\Phi(x)$, c'est-à-dire $\Phi(x) < 0{,}05$ soit $x < -1{,}6448$.

Remarque
À l'aide de la calculatrice, on trouve que $\Phi(-1{,}6448) = 0{,}05$ et on utilise la croissance de la fonction Φ.

Les valeurs de x telles qu'on puisse trouver un intervalle de fluctuation de X au seuil de 95 % de la forme $[x\ ;\ x+a[$ sont celles pour lesquelles $x < -1{,}65$ (arrondi à 10^{-2}).

4. Pour tout réel x et tout réel a positif :

$$h(x) = p([x \leqslant X \leqslant x+a])$$

$$h(x) = \Phi(x+a) - \Phi(x).$$

Remarque
Le réel x est de signe quelconque.

La fonction h est dérivable sur $\mathbb{R}$ et pour tout réel x :

$$h'(x) = \varphi(x+a) - \varphi(x).$$

$$h'(x) = \frac{1}{\sqrt{2\pi}}\left(e^{-\frac{(x+a)^2}{2}} - e^{-\frac{x^2}{2}}\right)$$

$$= \frac{1}{\sqrt{2\pi}}\left(e^{-\frac{x^2}{2}-\frac{2ax+a^2}{2}} - e^{-\frac{x^2}{2}}\right)$$

$$= \frac{1}{\sqrt{2\pi}}\left(e^{-\frac{x^2}{2}}\right)\left(e^{-\frac{2ax+a^2}{2}} - 1\right).$$

Le signe de $h'(x)$ est le signe de $\left(e^{-\frac{2ax+a^2}{2}} - 1\right)$ car les deux autres facteurs sont strictement positifs.

Le signe de $h'(x)$ est le signe de $-\frac{(2ax+a^2)}{2}$, soit le signe opposé de $2ax + a^2 = a(2x+a)$.

Si $x < -\frac{a}{2}$, $2x + a < 0$, donc $h'(x) > 0$.

Si $x > -\frac{a}{2}$, $2x + a > 0$, donc $h'(x) < 0$.

Si $x = -\frac{a}{2}$, $h'(x) = 0$.

Méthode
Pour tout réel x, $e^x - 1$ est du signe de x (si $x > 0$, $e^x > 1$ et si $x < 0$, $e^x < 1$).

D'où le tableau de variation de h :

x	$-\infty$	$-\dfrac{a}{2}$	$+\infty$
$h'(x)$	+	0	−
h	↗		↘

La fonction h est maximale pour $x = -\dfrac{a}{2}$, c'est-à-dire lorsque l'intervalle $[x\,;\,x+a]$ est centré en 0.

La probabilité est maximale pour $x = -\dfrac{a}{2}$, donc lorsque l'intervalle est centré en zéro et de largeur a.

19 **1.** Soit X_n la variable aléatoire égale au nombre d'acheteurs de billets se présentant à l'embarquement.

X_n suit une loi binomiale de paramètres n et p.

2. On suppose $0{,}4 \leqslant p \leqslant 0{,}95$.

$n \geqslant 400$, et $0{,}4 \leqslant p \leqslant 0{,}95$, donc $np \geqslant 5$ et $n(1-p) \geqslant 5$.

L'intervalle de fluctuation asymptotique I_n de $\dfrac{X_n}{n}$ au seuil de 95 % est donné par :

$$I_n = \left[p - 1{,}96\sqrt{\frac{p(1-p)}{n}}\,;\,p + 1{,}96\sqrt{\frac{p(1-p)}{n}}\right].$$

Remarque

$p = \dfrac{X_n}{n}$.

3. L'intervalle I_n est tel que $P\left(\left[\dfrac{X_n}{n} \in I_n\right]\right) \geqslant 0{,}95$.

On suppose $I_n \subset \left[0\,;\,\dfrac{400}{n}\right]$, donc :

$$P\left(\left[\frac{X_n}{n} \in I_n\right]\right) \leqslant P\left(\left[\frac{X_n}{n} \in \left[0\,;\,\frac{400}{n}\right]\right]\right)$$

$$0{,}95 \leqslant P\left(\left[\frac{X_n}{n} \in \left[0\,;\,\frac{400}{n}\right]\right]\right).$$

Donc $P\left(\left[\dfrac{X_n}{n} \notin \left[0\,;\,\dfrac{400}{n}\right]\right]\right) \leqslant 0{,}05$.

Comme $\dfrac{X_n}{n}$ est strictement positif, $P\left(\left[\dfrac{X_n}{n} > \dfrac{400}{n}\right]\right) \leqslant 0{,}05$, soit :

$$\boxed{P[X_n > 400] \leqslant 0{,}05.}$$

4. Soit n_0 la valeur maximale vérifiant $I_{n_0} \subset \left[0\,;\,\dfrac{400}{n_0}\right]$.

a) L'inclusion $I_n \subset \left[0\,;\,\dfrac{400}{n}\right]$ implique $p + 1{,}96\sqrt{\dfrac{p(1-p)}{n}} \leqslant \dfrac{400}{n}$.

Cette inégalité est, pour tout entier naturel non nul n, équivalente à :

$$\boxed{np + 1{,}96\sqrt{n}\sqrt{p(1-p)} - 400 \leqslant 0.}$$

b) Soit h la fonction définie sur $[0\,;+\infty[$ par :

$$h(x) = xp + 1{,}96\sqrt{x}\sqrt{p(1-p)} - 400.$$

En posant $t = \sqrt{x}$:

$$h(x) = (\sqrt{x})^2 p + 1{,}96\sqrt{x}\sqrt{p(1-p)} - 400$$

$$h(t^2) = g(t) = pt^2 + 1{,}96\sqrt{p(1-p)}\,t - 400.$$

La fonction g est une fonction trinôme du second degré en t $(p \neq 0)$ dont les coefficients extrêmes p et -400 sont de signes contraires. Cette fonction trinôme admet donc deux racines distinctes de signes contraires.

Soit t_0 la racine strictement positive.

D'après le théorème donnant le signe du trinôme :

• pour tout t de $[0\,;t_0]$, $g(t) \leqslant 0$ soit $h(t^2) \leqslant 0$;

donc si $\sqrt{x} \leqslant t_0$, soit si $x \leqslant t_0^2$, alors $h(x) \leqslant 0$.

• pour tout t de $]t_0\,;+\infty[$, $g(t) > 0$ soit $h(t^2) > 0$;

donc si $\sqrt{x} > t_0$, soit si $x > t_0^2$, alors $h(x) > 0$.

Posons $n_0 = E(t_0^2)$ où $E(t_0^2)$ désigne la partie entière de t_0^2 (telle que $n_0 \leqslant t_0^2 < n_0 + 1$), également notée $\lfloor t_0^2 \rfloor$

L'entier n_0 est unique et vérifie :

pour tout entier naturel n tel que $n \leqslant n_0$, alors $h(n) \leqslant 0$;

pour tout entier naturel n tel que $n > n_0$, alors $h(n) > 0$.

c) Lecture des valeurs n_0 obtenues.
Le graphique donne une valeur approchée de n_0.

CORRIGÉS

On peut calculer n_0, partie entière du réel t_0^2 :

$$t_0^2 = \left(\frac{-1{,}96\sqrt{p(1-p)} + \sqrt{1\,600 \times p + 1{,}96^2 p(1-p)}}{2p}\right)^2.$$

pour $p = 0{,}8$, $n_0 = 478$;
pour $p = 0{,}85$, $n_0 = 453$;
pour $p = 0{,}9$, $n_0 = 430$;
pour $p = 0{,}95$, $n_0 = 411$.

Remarque
Pour un risque constant inférieur à 0,05, le nombre maximum n_0 de billets vendus (avec $n_0 > 400$) diminue lorsque la probabilité p de présence des acheteurs augmente.

Représentations graphiques de la fonction h telle que :

$$h(x) = px + 1{,}96(\sqrt{p(1-p)})\sqrt{x} - 400$$

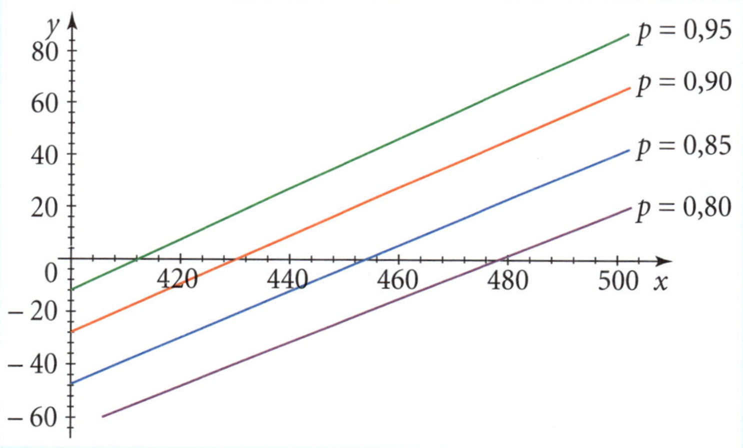

20 **1.** Il s'agit de déterminer μ tel que $P([X < 300]) < 0{,}001$.

On pose $X^* = \dfrac{X - \mu}{\sigma}$ et on sait que X^* suit la loi $\mathcal{N}(0, 1)$.

$P([X < 300]) = P\left(X^* < \dfrac{300 - \mu}{\sigma}\right) = \Phi\left(\dfrac{300 - \mu}{\sigma}\right)$.

On doit donc d'abord chercher x tel que $\Phi(x) = 0{,}001$.

• Par lecture inverse dans la table de Φ :

$\Phi(-x) = 0{,}999$ soit $x = -3{,}09$.

• En utilisant un tableur :

Dans Excel, on tape : =LOI.NORMALE.INVERSE (0,001 ; 0 ; 1) ; on obtient –3,090232.

(LOI.NORMALE.INVERSE est la fonction préprogrammée représentant la fonction réciproque d'une répartition normale).

• Avec une calculatrice :

TEXAS 83 Plus (et +) :	CASIO 35+ (et +) :
Frac Normale (.001, 0, 1) Affichage : – 3.0902323	MENU STAT ▶ DISTR ▶ NORM ▶ InvN ▶ area : .001 σ : 1 ; μ : 0 Affichage : Inverse Normal x = –3.0902.

On résout l'inéquation $\frac{300 - \mu}{6} \leqslant -3{,}09$, on trouve :

$$\mu \geqslant 318{,}54.$$

2. Il faut calculer $P([X > 330])$ pour $\mu = 318{,}54$ et $\sigma = 6$.

Commençons par le calcul de $P([X \leqslant 330])$:

• Avec la table de Φ :

$$P([X \leqslant 330]) = P\left(\left[X^* \leqslant \frac{330 - 318{,}54}{6}\right]\right) = \Phi(1{,}91) \approx 0{,}9719.$$

• Avec un tableur :

=LOI.NORMALE (330 ; 318,54 ;6 ;VRAI) : 0,9719…

• Avec une calculatrice :

TEXAS 83 Plus (et +) :	CASIO 35+ (et +) :
0.5 + normal F Rép (318.54, 330, 330, 6) Affichage : 0.9719…	MENU STAT ▶ DISTR ▶ NORM ▶ Ncd ▶ Lower : 318.54 ; Upper : 330 ; σ : 6 ; μ : 318.54 Affichage : Normal CD. prob = 0,4719… puis : 0.5 + 0.4719 puis : 0.9719

D'où :

$$P([X > 330]) \approx \mathbf{0{,}028.}$$

3. a) Il s'agit ici de déterminer μ tel que $P([X > 330]) < 0{,}01$.

$P([X > 330]) < 0{,}01$ si et seulement si $P([X \leqslant 330]) > 0{,}99$.

Or $P([X \leqslant 330]) = P\left(\left[X^* \leqslant \dfrac{330-\mu}{6}\right]\right) = \Phi\left(\dfrac{330-\mu}{6}\right)$.

Puis on résout $\Phi\left(\dfrac{330-\mu}{6}\right) \geqslant 0{,}99$.

Par l'une des trois méthodes expliquées au **1.** on trouve, $\dfrac{330-\mu}{6} \geqslant 2{,}33$ d'où :

$$\boxed{\mu \leqslant 316{,}02.}$$

b) Pour cette valeur de μ, on obtient :

$$\boxed{P([X < 300]) = 0{,}0038.}$$

c) Il s'agit de trouver μ et σ tels que :

$$\begin{cases} P([X < 300]) < 0{,}001 \\ \text{et} \\ P([X > 330]) < 0{,}001 \end{cases} \quad \text{ou, en considérant } X^* = \frac{X-\mu}{\sigma} :$$

$$\begin{cases} P\left(\left[X^* < \dfrac{300-\mu}{\sigma}\right]\right) < 0{,}001 \\ \text{et} \\ P\left(\left[X^* > \dfrac{330-\mu}{\sigma}\right]\right) > 0{,}01 \end{cases} \quad \text{c'est-à-dire} \begin{cases} \Phi\left(\dfrac{300-\mu}{\sigma}\right) < 0{,}001 \\ \text{et} \\ \Phi\left(\dfrac{330-\mu}{\sigma}\right) < 0{,}01 \end{cases}.$$

$$\text{D'où} \begin{cases} \dfrac{300-\mu}{\sigma} < 3{,}09 & \text{d'après } \mathbf{1.} \\ \dfrac{330-\mu}{\sigma} > 2{,}33 & \text{d'après } \mathbf{3.a)} \end{cases}$$

Donc les couples (μ, σ) solutions du problème sont ceux vérifiant les deux inéquations $\begin{cases} \mu - 3{,}09\sigma > 300 \\ \mu + 2{,}33\sigma < 330 \end{cases}$.

On placera l'origine en $\begin{cases} \mu = 300 \\ \sigma = 0 \end{cases}$ et on prendra $\begin{cases} \text{sur } O\mu : 1 \text{ cm pour } 2 \text{ g} \\ \text{sur } O\sigma : 1 \text{ cm pour } 2 \text{ g} \end{cases}$.

Puis on trace les deux droites d'équation $\begin{cases} \mu - 3{,}09\sigma = 300 & (D_1) \\ \text{et} \\ \mu + 2{,}33\sigma = 330 & (D_2) \end{cases}$.

L'ensemble des couples (μ, σ) solutions du problème est la zone en couleur de la figure.

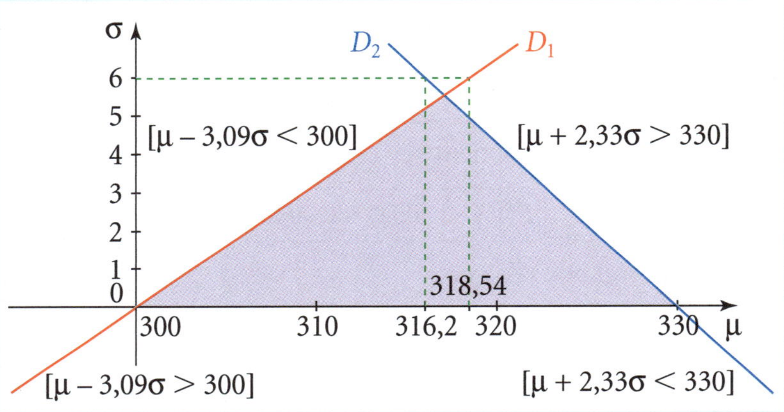

CHAPITRE 12

Matrices

DE QUOI S'AGIT-IL ?

Dans ce chapitre, il s'agit d'inscrire dans un tableau des données que l'on pourra utiliser de différentes manières.

COURS

1 Opérations sur les matrices

1 Définitions

- Deux entiers naturels m et n non nuls étant donnés, on appelle **matrice de taille $m \times n$**, tout tableau rectangulaire de mn nombres réels, disposés sur m lignes et n colonnes.

Remarque
On dit aussi de type (m, n) ou encore de format (m, n).

- On peut écrire une matrice :

– sous forme développée : $A = \begin{pmatrix} a_{11} & a_{12} & \dots & a_{1n} \\ \vdots & \vdots & & \vdots \\ a_{m1} & a_{m1} & \dots & a_{mn} \end{pmatrix}$.

– sous forme condensée : $A = (a_{ij})$.

- Le terme général de cette matrice sera noté a_{ij}.

Bien comprendre
Par convention le premier indice (ici i) désigne toujours l'indice de ligne et le second (ici j) l'indice de colonne.

- Lorsque $m = n$, on dit que la matrice est **carrée d'ordre n**.

Les éléments a_{11}, a_{22}, …, a_{nn} sont les éléments de la diagonale principale de la matrice.

La matrice identité d'ordre n est la matrice carrée d'ordre n dont tous les coefficients sont nuls, à l'exception de ceux situés sur la diagonale principale qui sont égaux à 1. On la note I_n.

Exemples : $I_2 = \begin{pmatrix} 1 & 0 \\ 0 & 1 \end{pmatrix}$; $I_3 = \begin{pmatrix} 1 & 0 & 0 \\ 0 & 1 & 0 \\ 0 & 0 & 1 \end{pmatrix}$.

- L'égalité ne peut intervenir qu'entre deux matrices $A = (a_{ij})$ et $B = (b_{ij})$ de même format, elle signifie que pour tout couple (i, j) d'indices, $a_{ij} = b_{ij}$.

Une matrice dont tous les coefficients sont nuls est dite **matrice nulle**.

Conséquence
Deux matrices nulles qui n'ont pas le même format ne sont pas égales.

- Une matrice ne possédant qu'une seule colonne (resp. ligne) s'appelle une matrice colonne ou unicolonne (resp. ligne ou uniligne).

Exemples : $X = \begin{pmatrix} x \\ y \end{pmatrix}$ est une matrice colonne (à deux lignes) ;

$L = (1\ 2\ 3)$ est une matrice ligne (à trois colonnes).

2 Addition, multiplication par un scalaire

Définitions : si $A = (a_{ij})$ et $B = (b_{ij})$ sont deux matrices de même format (m, n), on appelle **somme** de A et B la matrice $C = (c_{ij})$ de format (m, n) définie, pour tout couple d'indices (i, j), par $c_{ij} = a_{ij} + b_{ij}$.
On écrit $C = A + B = (a_{ij} + b_{ij})$.

On peut de même multiplier tous les coefficients de A par un même nombre α, la nouvelle matrice obtenue se note αA. On a ainsi $\alpha A = (\alpha a_{ij})$.

Remarque
Les matrices A, B, $A + B$ et αA sont de même format.

3 Produits de matrices

Règle 1

• La multiplication d'une matrice A de format (m, n) par une autre matrice B de format (n', p) (dans cet ordre) n'est possible que si $n = n'$.

• Cas particulier :
A est une matrice ligne $A = L = (l_1 \ \ l_2 \ \ \dots \ \ l_n)$ de format $(1, n)$;

B est une matrice colonne $B = C = \begin{pmatrix} c_1 \\ c_2 \\ \vdots \\ c_n \end{pmatrix}$ de format $(n, 1)$.

Dans ce cas, le produit LC est une matrice de format $(1, 1)$, c'est-à-dire un simple scalaire :

$$LC = l_1c_1 + l_2c_2 + \dots + l_nc_n = \sum_{k=1}^{n} l_kc_k.$$

• A est une matrice de format (m, n), $A = (a_{ij})$;
B est une matrice de format (n, p), $B = (b_{ij})$.
Si $C = AB = (c_{ij})$, alors le terme c_{ij} s'obtient en multipliant la ligne i de A $(a_{i1} \ \ a_{i2} \ \ \dots \ \ a_{in})$

Remarque
On écrit $A \times B$ ou plus simplement AB.

par la colonne j de B $\begin{pmatrix} b_{1j} \\ b_{2j} \\ \vdots \\ b_{nj} \end{pmatrix}$ soit :

$$c_{ij} = a_{i1}b_{1j} + a_{i2}b_{2j} + \dots + a_{in}b_{nj} = \sum_{k=1}^{n} a_{ik}b_{kj}.$$

- Disposition des calculs

$$B=\begin{pmatrix} \vdots & \vdots & b_{1j} & \vdots & \vdots \\ \vdots & \vdots & b_{2j} & \vdots & \vdots \\ \vdots & \vdots & b_{nj} & \vdots & \vdots \end{pmatrix}$$

$$A=\begin{pmatrix} \cdots & \cdots & \cdots & \cdots \\ \cdots & \cdots & \cdots & \cdots \\ a_{i1} & a_{i2} & \cdots & a_{in} \\ \cdots & \cdots & \cdots & \cdots \end{pmatrix} \begin{pmatrix} \cdots & \cdots & \cdots & \cdots \\ \cdots & \cdots & \cdots & \cdots \\ \cdots & c_{ij} & \cdots & \cdots \\ \cdots & \cdots & \cdots & \cdots \end{pmatrix} \leftarrow \text{ligne } i$$

$\uparrow$ colonne j

avec $c_{ij} = a_{i1}b_{1j} + a_{i2}b_{2j} + \cdots + a_{in}b_{nj}$.

Règle 2

- Dans ce cas, le produit s'effectue toujours ligne par colonne, ce qui signifie que chaque ligne de A sera multipliée par chaque colonne de B et le résultat sera une matrice de format (m, p).

Exemple :

$$A=\begin{pmatrix} 1 & 2 & 3 \\ -1 & 0 & 1 \end{pmatrix};\quad B=\begin{pmatrix} 4 & 2 & 0 & 1 \\ -2 & 1 & -1 & 3 \\ 1 & -1 & 1 & -2 \end{pmatrix};\quad AB=\begin{pmatrix} 3 & 1 & 1 & 1 \\ -3 & -3 & 1 & -3 \end{pmatrix};$$

2 Quelques exemples

1 Produit par une matrice colonne

Le produit d'une matrice A de format (m, n) par une matrice colonne X de format $(n, 1)$ donne une matrice colonne Y de format $(m, 1)$.

Bien comprendre

$$A=\begin{pmatrix} a_{11} & a_{12} & \dots & a_{1n} \\ a_{21} & a_{22} & \dots & a_{2n} \\ \vdots & \vdots & & \vdots \\ a_{n1} & a_{n2} & \dots & a_{nn} \end{pmatrix} \text{ et } X=\begin{pmatrix} x_1 \\ x_2 \\ \vdots \\ x_n \end{pmatrix}, \text{ alors } AX=\begin{pmatrix} a_{11}x_1 + a_{12}x_2 + \cdots + a_{1n}x_n \\ a_{21}x_1 + a_{22}x_2 + \cdots + a_{2n}x_n \\ \vdots \quad\quad \vdots \quad\quad \vdots \\ a_{n1}x_1 + a_{n2}x_2 + \cdots + a_{nn}x_n \end{pmatrix}.$$

2 Écriture matricielle d'un système linéaire

- Soit (S) un système linéaire à deux équations et deux inconnues :

$$(S)\begin{cases} ax+by=c \\ a'x+b'y=c' \end{cases}.$$

En posant $A=\begin{pmatrix} a & b \\ a' & b' \end{pmatrix}$, $X=\begin{pmatrix} x \\ y \end{pmatrix}$ et $B=\begin{pmatrix} c \\ c' \end{pmatrix}$, le système (S) s'écrit sous forme matricielle :

$$\boxed{(S)\ \ AX=B.}$$

Remarque
AX n'est autre que la matrice colonne $\begin{pmatrix} ax+by \\ a'x+b'y \end{pmatrix}$.

- D'une façon générale, soit un système linéaire à n équations et p inconnues x_1, x_2, …, x_p :

$$(S)\begin{cases} a_{11}x_1+a_{12}x_2+\ldots+a_{1p}x_p &= b_1 \\ \ \vdots \qquad\quad \vdots \qquad\qquad\quad \vdots & \ \ \vdots \\ a_{n1}x_1+a_{n2}x_2+\ldots+a_{np}x_p &= b_n \end{cases}$$

En posant $A=(a_{ij})$, matrice des coefficients du système, $X=\begin{pmatrix} x_1 \\ x_2 \\ \vdots \\ x_p \end{pmatrix}$, l'inconnue du système sous forme de matrice-colonne et $B=\begin{pmatrix} b_1 \\ \vdots \\ b_n \end{pmatrix}$ le second membre du système, le système s'écrit sous forme matricielle :

$$\boxed{(S)\ \ AX=B.}$$

3 Propriétés du produit matriciel

- Le produit des matrices carrées n'est pas commutatif ; en général, $AB \neq BA$.

Exemple :

$n=2$, $A=\begin{pmatrix} 1 & 2 \\ 3 & 4 \end{pmatrix}$, $B=\begin{pmatrix} 1 & 0 \\ 2 & 1 \end{pmatrix}$; $AB=\begin{pmatrix} 5 & 2 \\ 11 & 4 \end{pmatrix}$, $BA=\begin{pmatrix} 1 & 2 \\ 5 & 8 \end{pmatrix}$.

Le produit matriciel est associatif ; si A est de type (m, n), B de type (n, p) et C de type (p, q), alors :

$$(AB)C = A(BC).$$

Remarque
il faut d'abord contrôler que $(AB)C$ et $A(BC)$ sont deux matrices de même format (m, q).

I_n est élément neutre ; si A est une matrice carrée d'ordre n alors :

$$AI_n = I_nA = A.$$

- La multiplication est distributive par rapport à l'addition :

– si A est de type (m, n), B et C de type (n, p), alors $A(B + C) = AB + AC$.

– si A et B sont de type (m, n) et C de type (n, p), alors $(A + B)C = AC + BC$.

- Certaines matrices ne sont pas régulières pour le produit : l'égalité $AB = AC$, même avec $A \neq 0$, n'implique pas en générale $B = C$.

Exemple :

$$n = 2,\ A = \begin{pmatrix} 1 & 2 \\ 3 & 6 \end{pmatrix},\quad B = \begin{pmatrix} 3 & -2 \\ 0 & 1 \end{pmatrix},\ C = \begin{pmatrix} 1 & 2 \\ 1 & -1 \end{pmatrix};\ AB = \begin{pmatrix} 3 & 0 \\ 0 & 0 \end{pmatrix} = AC \text{ et } B \neq C.$$

- On peut avoir $A^2 = 0$ avec $A \neq 0$.

Exemple : si $A = \begin{pmatrix} 0 & 1 \\ 0 & 0 \end{pmatrix}$, alors $A^2 = 0$.

4 Matrice inverse d'une matrice carrée

- **Définition :** A étant une matrice carrée d'ordre n, on dit que A est inversible, s'il existe une matrice B vérifiant $AB = BA = I_n$.

- Lorsqu'une telle matrice B existe, elle est unique et on la note A^{-1}.

Remarque
Certaines matrices carrées ne sont pas inversibles.

Remarque
Lorsqu'elle existe, A^{-1} est aussi une matrice carrée d'ordre n.

Bien comprendre
Une matrice inversible est régulière :
si l'on a $AB = AC$ et si A est inversible, on peut multiplier les deux membres par A^{-1} et l'on obtient $B = C$.

Remarque
La matrice $A = \begin{pmatrix} 1 & 2 \\ 3 & 6 \end{pmatrix}$ n'étant pas régulière, n'est pas inversible.

Bien comprendre

Soit un système linéaire à n équations et n inconnues s'écrivant sous forme matricielle $AX = B$. Si la matrice A est inversible, alors le système possède une solution unique, $X = A^{-1}B$.
A est ici une matrice carrée.
On obtient ce résultat en multipliant les deux membres de l'égalité $AX = B$ par A^{-1} à gauche.

COURS

- Soit A et B deux matrices carrées d'ordre n inversibles.

Alors AB est inversible et $(AB)^{-1} = B^{-1}A^{-1}$.

Pour montrer ce résultat, il suffit de poser $C = B^{-1}A^{-1}$ et de calculer $(AB)C$ et $C(AB)$; on obtient :

$(AB)C = (AB)(B^{-1}A^{-1}) = A(BB^{-1})A^{-1} = AI_nA^{-1} = AA^{-1} = I_n$;

$C(AB) = (B^{-1}A^{-1})(AB) = B^{-1}I_nB = I_n$.

Ces deux résultats prouvent que AB est inversible, d'inverse C.

- Le calcul de l'inverse d'une matrice peut être assez délicat lorsque n est grand.
- Pour déterminer l'inverse d'une matrice A carrée d'ordre n, il suffit de déterminer une matrice B carrée d'ordre n telle que $AB = I_n$.

On a alors $BA = I_n$.

- Cas des matrices (2, 2)

Pour montrer que la matrice $A = \begin{pmatrix} a & b \\ c & d \end{pmatrix}$ est inversible et calculer son inverse, on détermine une matrice $A' = \begin{pmatrix} a' & b' \\ c' & d' \end{pmatrix}$ telle que $AA' = I$. On est amené à résoudre un système d'équations qui admet une solution unique si et seulement si :

$$ad - bc \neq 0.$$

Questions courtes

1 Formats et indices

➔ Corrigé p. 519

1. Soit $A = \begin{pmatrix} 2 & -3 & 4 & 7 \\ 0 & 3 & 7 & 4 \\ 14 & 5 & -6 & 0{,}1 \end{pmatrix}$.

Donner le format de A.

Donner la valeur de a_{14}, a_{23}, a_{33}.

2. Soit $A = \begin{pmatrix} 4 & \dots & 2 \\ \dots & 5 & -1 \\ 3 & \dots & 10 \\ -3 & 7 & 1 \end{pmatrix}$.

Compléter l'écriture de A sachant que $a_{21} = -4$; $a_{33} = 8$; $a_{12} = 11$; $a_{32} = 0$.

Quel est le format de A ?

3. Écrire la matrice $A = (a_{ij})$ carrée d'ordre 3, telle que pour tous indices i et j compris entre 1 et 3, $a_{ij} = 2j - i$.

2 Somme de matrices

➔ Corrigé p. 519

1. Soit $A = \begin{pmatrix} -1 & 2 \\ 3 & 5 \end{pmatrix}$ et $B = \begin{pmatrix} 4 & 1 \\ -2 & 6 \end{pmatrix}$.

Calculer $A + B$, $A - B$, $3A - 4B$.

2. On donne $A = \begin{pmatrix} 3x & 4 \\ 1 & x \end{pmatrix}$ et $B = \begin{pmatrix} y & 5 \\ 0 & 3y \end{pmatrix}$

Déterminer x et y pour que $A + B = \begin{pmatrix} 4 & 9 \\ 1 & -3 \end{pmatrix}$.

Déterminer x et y pour que $4A - 2B = \begin{pmatrix} 5 & 6 \\ 4 & -1 \end{pmatrix}$.

3 Produits de matrices

➲ Corrigé p. 520

Effectuer les produit suivants lorsque c'est possible.

Lorsque c'est impossible, expliquer pourquoi.

Vérifier les résultats obtenus à la calculatrice.

a) $\begin{pmatrix} 1 & 2 \\ 3 & 4 \\ 5 & 6 \end{pmatrix} \times \begin{pmatrix} 3 & 1 \\ 2 & 4 \end{pmatrix}$;

b) $\begin{pmatrix} 3 & 1 \\ 2 & 4 \end{pmatrix} \times \begin{pmatrix} 1 & 2 \\ 3 & 4 \\ 5 & 6 \end{pmatrix}$;

c) $\begin{pmatrix} -1 & 2 & 1 \end{pmatrix} \times \begin{pmatrix} 3 & 0 & -2 \\ 3 & 1 & -1 \\ 5 & 0 & -2 \end{pmatrix}$;

d) $\begin{pmatrix} 0 & 5 & 2 \\ 1 & 3 & 4 \\ 6 & 3 & 2 \end{pmatrix} \times \begin{pmatrix} 3 & -1 \\ 2 & 0 \\ 1 & 1 \end{pmatrix}$;

e) $\begin{pmatrix} 1 & -1 \\ 2 & 5 \\ 3 & 12 \end{pmatrix} \times \begin{pmatrix} 28 & 14 \\ 12 & -31 \\ -25 & 8 \end{pmatrix}$;

f) $\begin{pmatrix} 1 & 0 & 2 \\ 3 & -1 & 4 \\ 2 & 1 & -3 \end{pmatrix} \times \begin{pmatrix} 6 & 3 & -1 \\ 4 & 0 & 1 \\ 2 & -3 & 1 \end{pmatrix}$

4 Systèmes

➲ Corrigé p. 521

Définir pour chaque système, la matrice A et la matrice colonne B, permettant d'écrire le système donné sous la forme matricielle $AX = B$:

(S) $\begin{cases} 2x - z = 13 \\ y + x = -1 \\ -3z + y = 12 \end{cases}$;

(S′) $\begin{cases} x + 3y = 5x - z + 14 \\ 4y - 7z = x - y - 21 \end{cases}$.

Exercices d'entraînement

5 Matrice associée à un graphe

★★ 25 min ➔ Corrigé p. 521

On appelle graphe un ensemble constitué de points $A_1, A_2, \ldots, A_p$ (appelés sommets) et de segments reliant 2 sommets (appelés arêtes).

Deux sommets reliés par une arête sont dits adjacents.

On appelle chaîne de longueur n une liste constituée de $n + 1$ sommets adjacents (n est le nombre d'arêtes).

➔ Bien comprendre

Par exemple avec $p = 5$:

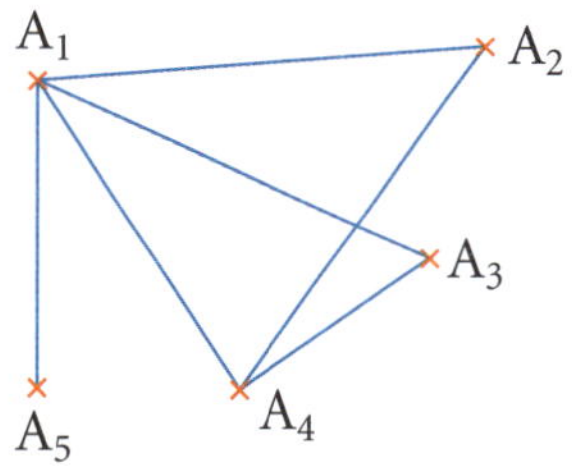

A_1 et A_5 sont adjacents ;

A_2 et A_3 ne le sont pas.

(A_1, A_3, A_4, A_2) est une chaîne de longueur 3 reliant A_1 à A_2.

On appelle enfin matrice associée à un graphe, la matrice M, carrée d'ordre p, dont le terme général m_{ij} vaut 1 si les sommets A_i et A_j sont adjacents et 0 sinon.

1. Étude de l'exemple.

a) Écrire la matrice M associé au graphe de l'exemple.

b) Écrire toutes les chaînes de longueur 3 reliant A_2 à A_4 et toutes les chaînes de longueur 4 reliant A_5 à lui-même.

c) Calculer M^2, M^3 et M^4.

2. Cas général : soit M la matrice associée à un graphe quelconque.

a) Montrer que M est symétrique (c'est-à-dire $m_{ij} = m_{ji}$ pour tous indices i et j).

b) Montrer que le terme de M^2 (en position (i, j)) fournit le nombre de chaînes de longueur 2 reliant A_i à A_j.

3. Pour $n \in \mathbb{N}^*$ on note $m_{ij}^{(n)}$ le terme d'indice (i, j) de M^n et on pose H_n « pour tout couple (i, j) d'indices, $m_{ij}^{(n)}$ est égal au nombre de chaînes de longueur n reliant A_i à A_j ».

a) On suppose que H_n est vraie. Montrer alors que si A_i, A_j et A_k sont 3 sommets quelconques du graphe, le nombre de chaînes de longueur $n + 1$ reliant A_i à A_j dont le 2e sommet est A_k est égal à $m_{ik} m_{kj}^{(n)}$.

b) En déduire que si H_n est vraie pour un entier $n \in \mathbb{N}^*$, alors H_{n+1} l'est aussi.

c) Que peut-on en conclure ?

6 Résolution d'un système

★★ 20 min ➲ Corrigé p. 523

On considère les matrices $A = \begin{pmatrix} 3 & 2 & 1 \\ -2 & 3 & -1 \\ 2 & -2 & 1 \end{pmatrix}$ et $B = \begin{pmatrix} 1 & \alpha & -5 \\ 0 & \beta & 1 \\ -2 & \gamma & 13 \end{pmatrix}$.

1. a) Déterminer l'unique matrice colonne $\begin{pmatrix} \alpha \\ \beta \\ \gamma \end{pmatrix}$ pour laquelle $AB = BA$.

b) Calculer AB pour cette valeur de $\begin{pmatrix} \alpha \\ \beta \\ \gamma \end{pmatrix}$.

2. Soit X une matrice colonne $X = \begin{pmatrix} x \\ y \\ z \end{pmatrix}$.

Résoudre l'équation d'inconnue X, $AX = \begin{pmatrix} 3 \\ 5 \\ 7 \end{pmatrix}$.

> **Indication**
> On pourra multiplier par B les deux membres de l'égalité après l'avoir justifié.

7 Puissances de matrices

★★ 20 min ➲ Corrigé p. 525

Soit $M = \begin{pmatrix} 2 & -2 & 1 \\ 2 & -3 & 2 \\ -1 & 2 & 0 \end{pmatrix}$ et $I = \begin{pmatrix} 1 & 0 & 0 \\ 0 & 1 & 0 \\ 0 & 0 & 1 \end{pmatrix}$.

1. a) Vérifier la relation $(M - I)(M + 3I) = 0$.

b) En déduire l'expression (E) de M^2 en fonction de M et I.

c) Utiliser cette relation pour exprimer I en fonction de M et M^2.

En déduire que M est inversible et exprimer M^{-1} en fonction de M et I.

Indication
On se souviendra ici que l'expression de $aM^2 + bM$ peut être factorisée à droite et à gauche par M.

2. a) Exprimer M^3 en fonction de M et I.

Exprimer de même M^4 en fonction de M et I.

Indication
On multipliera par M puis par M^2 les deux membres de (E).

b) Montrer que pour tout entier naturel n, M^n s'exprime en fonction de M et I sous la forme :

$$M^n = u_n M + v_n I.$$

(On posera par convention $M^0 = I$).

Établir les relations $\begin{cases} u_{n+1} = -2u_n + v_n \\ v_{n+1} = 3u_n \end{cases}$.

3. On se propose de déterminer u_n et v_n en fonction de n.

a) Que valent u_n et v_n pour $n \leqslant 4$?

b) Déterminer la matrice carré A telle que pour tout entier naturel n :

$$\begin{pmatrix} u_{n+1} \\ v_{n+1} \end{pmatrix} = A \begin{pmatrix} u_n \\ v_n \end{pmatrix}.$$

En déduire, pour tout entier naturel n :

$$\begin{pmatrix} u_n \\ v_n \end{pmatrix} = A^n \begin{pmatrix} u_0 \\ v_0 \end{pmatrix}.$$

c) On considère la matrice $P = \begin{pmatrix} 1 & 1 \\ 3 & -1 \end{pmatrix}$.

Calculer P^2. En déduire que P est inversible et déterminer P^{-1}. Puis calculer :

$$D = P^{-1}AP.$$

d) Montrer que tout $n \in \mathbb{N}$:

$$A^n = P D^n P^{-1}.$$

En déduire explicitement A^n et déterminer u_n et v_n en fonction de n.

Sujet de type bac

8 Marche aléatoire aux sommets d'un tétraèdre

★★★ 40 min ➲ Corrigé p. 529

Une puce se déplace d'un sommet à l'autre d'un tétraèdre A_1, A_2, A_3, A_4.

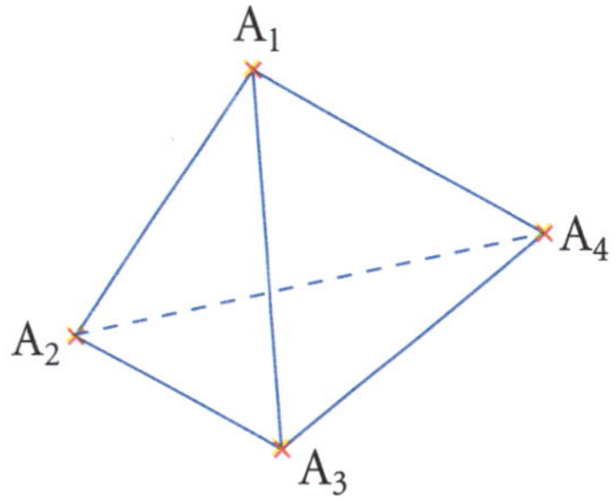

Au départ, la puce est en A_1. À chaque saut, la puce peut se retrouver sur l'un des 3 autres sommets de manière équiprobable.

On définit pour tout entier naturel n, la variable aléatoire X_n représentant le numéro du sommet sur lequel se trouve la puce à l'issue du n-ième saut. Ainsi $X_0 = 1$.

1. Déterminer la loi de X_1 et calculer son espérance mathématique.

2. Écrire la matrice M de transition du système, c'est-à-dire la matrice dont le coefficient m_{ij} représente la probabilité de passage du sommet i au sommet j.

3. On convient que $M^0 = I_4$.

a) Démontrer l'existence de deux suites $(u_n)_{n \in \mathbb{N}}$ et $(v_n)_{n \in \mathbb{N}}$ telles que pour tout entier naturel n, la matrice M^n s'écrit :

$$M^n = \begin{pmatrix} u_n & v_n & v_n & v_n \\ v_n & u_n & v_n & v_n \\ v_n & v_n & u_n & v_n \\ v_n & v_n & v_n & u_n \end{pmatrix}.$$

Déterminer u_{n+1} et v_{n+1} en fonction de u_n et v_n.

b) On pose $A = \begin{pmatrix} 0 & 1 \\ \frac{1}{3} & \frac{2}{3} \end{pmatrix}$. Montrer que $\begin{pmatrix} u_{n+1} \\ v_{n+1} \end{pmatrix} = A \begin{pmatrix} u_n \\ v_n \end{pmatrix}$.

4. Soit $P = \begin{pmatrix} 1 & -3 \\ 1 & 1 \end{pmatrix}$.

a) Montrer que P est inversible et calculer P^{-1}.

b) Montrer que $P^{-1}AP$ est une matrice diagonale.

c) En déduire explicitement A^n en fonction de n.

Indication
Utiliser l'exercice **7**.**3. c)** et **d)**

5. Calculer u_n et v_n en fonction de n.

6. Pour $n \in \mathbb{N}$, on considère la matrice ligne :

$$T_n = \begin{pmatrix} p([X_n = 1]) & p([X_n = 1]) & p([X_n = 3]) & p([X_n = 4]) \end{pmatrix}.$$

a) Montrer que $T_{n+1} = T_n M$.

b) En déduire que $T_n = T_0 M^n$.

c) En déduire la loi de X_n.

d) Que se passe-t-il après un grand nombre de sauts ?

7. On note Y la variable aléatoire représentant le nombre de sauts effectués pour que la puce se retrouve, pour la première fois, sur le sommet A_1.

a) Déterminer la loi de Y.

b) Vérifier que $\lim\limits_{n \to +\infty} \sum\limits_{k=2}^{n} p([Y = k]) = 1$.

8. On définit $E(Y)$ en posant, si la limite existe :

$$E(Y) = \lim_{n \to +\infty} \sum_{k=2}^{n} k\, p([Y = k]).$$

a) On pose $f_n(x) = \sum\limits_{k=0}^{n} x^k$, pour $(n, x) \in \mathbb{N} \times \mathbb{R}$.

Calculer $f_n'\left(\frac{2}{3}\right)$ et démontrer que $\lim\limits_{n \to +\infty} f_n'\left(\frac{2}{3}\right) = 9$.

b) Démontrer l'existence de $E(Y)$ et la calculer.

Interpréter ce résultat.

Questions courtes

1 **1.** ***A*** **est de format (3, 4) (3 lignes et 4 colonnes.)**

$$a_{14} = 7,\ a_{23} = 7,\ a_{33} = -6.$$

2. $A = \begin{pmatrix} 4 & 11 & 2 \\ -4 & 5 & -1 \\ 3 & 0 & 10 \\ -3 & 7 & 1 \end{pmatrix}$. ***A*** **est de format (4, 3).**

3. $A = \begin{pmatrix} 1 & 3 & 5 \\ 0 & 2 & 4 \\ -1 & 1 & 3 \end{pmatrix}$.

2 **1.** $A + B = \begin{pmatrix} 3 & 3 \\ 1 & 11 \end{pmatrix}$; $A - B = \begin{pmatrix} -5 & 1 \\ 5 & -1 \end{pmatrix}$; $3A - 4B = \begin{pmatrix} -19 & 2 \\ 17 & -9 \end{pmatrix}$.

2. $A + B = \begin{pmatrix} 3x + y & 9 \\ 1 & x + 3y \end{pmatrix}$, donc $A + B = \begin{pmatrix} 4 & 9 \\ 1 & -3 \end{pmatrix}$ équivaut à :

$\begin{cases} 3x + y = 4 & (L_1) \\ x + 3y = -3 & (L_2) \end{cases}$, soit $\begin{cases} 8x = 15 & (L_1 \leftarrow 3L_1 - L_2) \\ 8y = -13 & (L_2 \leftarrow -L_1 + 3L_2) \end{cases}$ c'est-à-dire :

$$(x\ ;\ y) = \left(\frac{15}{8}\ ;\ \frac{-13}{8}\right).$$

De même $4A - 2B = \begin{pmatrix} 12x - 2y & 6 \\ 4 & 4x - 6y \end{pmatrix}$ et, donc, $4A - 2B = \begin{pmatrix} 5 & 6 \\ 4 & -1 \end{pmatrix}$

équivaut à $\begin{cases} 12x - 2y = 5 & (L_1) \\ 4x - 6y = -1 & (L_2) \end{cases}$ soit $\begin{cases} 16y = 8 & (L_1 \leftarrow L_1 - 3L_2) \\ 32x = 16 & (L_2 \leftarrow 3L_1 - L_2) \end{cases}$,

c'est-à-dire : $$(x\ ;\ y) = \left(\frac{1}{2}\ ;\ \frac{1}{2}\right).$$

3 **a)** $\begin{pmatrix} 1 & 2 \\ 3 & 4 \\ 5 & 6 \end{pmatrix}\begin{pmatrix} 3 & 1 \\ 2 & 4 \end{pmatrix} = \begin{pmatrix} \mathbf{7} & \mathbf{9} \\ \mathbf{17} & \mathbf{19} \\ \mathbf{27} & \mathbf{29} \end{pmatrix}.$

format : $(3, 2)$ $(2, 2)$ $(13, 2)$

b) $\begin{pmatrix} 3 & 1 \\ 2 & 4 \end{pmatrix}\begin{pmatrix} 1 & 2 \\ 3 & 4 \\ 5 & 6 \end{pmatrix}.$

format : $(2, \mathbf{2})$ $(\mathbf{3}, 2)$ $2 \neq 3$, **donc le produit est impossible.**

c) $\begin{pmatrix} -1 & 2 & 1 \end{pmatrix}\begin{pmatrix} 3 & 0 & -2 \\ 3 & 1 & -1 \\ 5 & 0 & -2 \end{pmatrix} = \begin{pmatrix} \mathbf{8} & \mathbf{2} & \mathbf{-2} \end{pmatrix}$

format : $(1, 3)$ $(3, 3)$ $(1, 3)$

d) $\begin{pmatrix} 0 & 5 & 2 \\ 1 & 3 & 4 \\ 6 & 3 & 2 \end{pmatrix}\begin{pmatrix} 3 & -1 \\ 2 & 0 \\ 1 & 1 \end{pmatrix} = \begin{pmatrix} \mathbf{12} & \mathbf{2} \\ \mathbf{13} & \mathbf{3} \\ \mathbf{26} & \mathbf{-4} \end{pmatrix}$

format : $(3, 3)$ $(3, 2)$ $(3, 2)$

e) $\begin{pmatrix} 1 & -1 \\ 2 & 5 \\ 3 & 12 \end{pmatrix}\begin{pmatrix} 28 & 14 \\ 12 & -31 \\ -25 & 8 \end{pmatrix}.$

format : $(3, \mathbf{2})$ $(\mathbf{3}, 2)$ $2 \neq 3$, **donc le produit est impossible.**

f) $\begin{pmatrix} 1 & 0 & 2 \\ 3 & -1 & 4 \\ 2 & 1 & -3 \end{pmatrix}\begin{pmatrix} 6 & 3 & -1 \\ 4 & 0 & 1 \\ 2 & -3 & 1 \end{pmatrix} = \begin{pmatrix} 10 & -3 & 1 \\ 22 & -3 & 0 \\ 10 & 15 & -3 \end{pmatrix}$

format : $(3, 3)$ $(3, 3)$ $\mathbf{(3, 3)}$

CORRIGÉS

4 (S) : on pose $X = \begin{pmatrix} x \\ y \\ z \end{pmatrix}$; alors :

$$A = \begin{pmatrix} 2 & 0 & -1 \\ 1 & 1 & 0 \\ 0 & 1 & -3 \end{pmatrix} \text{ et } B = \begin{pmatrix} 13 \\ -1 \\ 12 \end{pmatrix}.$$

$(S') \Leftrightarrow \begin{cases} -4x + 3y + z = 14 \\ x - 5y + 7z = 21 \end{cases}$, d'où :

$$A = \begin{pmatrix} -4 & 3 & 1 \\ 1 & -5 & 7 \end{pmatrix} ; B = \begin{pmatrix} 14 \\ 21 \end{pmatrix}.$$

Méthode
On regroupe d'abord les inconnues dans le membre de gauche en écrivant dans l'ordre *x*, *y* et *z*.

Exercices d'entraînement

5 **1. a)** $M = \begin{pmatrix} 0 & 1 & 1 & 1 & 1 \\ 1 & 0 & 0 & 1 & 0 \\ 1 & 0 & 0 & 1 & 0 \\ 1 & 1 & 1 & 0 & 0 \\ 1 & 0 & 0 & 0 & 0 \end{pmatrix}$.

b) Il y a 5 chaînes de longueur 3 reliant A_2 à A_4 :

(A_2, A_1, A_3, A_4) ; (A_2, A_4, A_2, A_4) ; (A_2, A_1, A_2, A_4) ;
(A_2, A_4, A_3, A_4) ; (A_2, A_4, A_1, A_4).

Il y en a 4 de longueur 4 reliant A_5 à A_5 :

$(A_5, A_1, A_2, A_1, A_5)$; $(A_5, A_1, A_3, A_1, A_5)$
$(A_5, A_1, A_5, A_1, A_5)$; $(A_5, A_1, A_4, A_1, A_5)$.

c) Le calcul donne :

$$M^2 = \begin{pmatrix} 4 & 1 & 1 & 2 & 0 \\ 1 & 2 & 2 & 1 & 1 \\ 1 & 2 & 2 & 1 & 1 \\ 2 & 1 & 1 & 3 & 1 \\ 0 & 1 & 1 & 1 & 1 \end{pmatrix} ; M^3 = \begin{pmatrix} 4 & 6 & 6 & 6 & 4 \\ 6 & 2 & 2 & 5 & 1 \\ 6 & 2 & 2 & 5 & 1 \\ 6 & 5 & 5 & 4 & 2 \\ 4 & 1 & 1 & 2 & 0 \end{pmatrix} ; M^4 = \begin{pmatrix} 22 & 10 & 10 & 16 & 4 \\ 10 & 11 & 11 & 10 & 6 \\ 10 & 11 & 11 & 10 & 6 \\ 16 & 10 & 10 & 16 & 6 \\ 4 & 6 & 6 & 6 & 4 \end{pmatrix}.$$

On constate que le cœfficient en position (2, 4) de M^3 vaut $m_{24}^{(3)} = 5$ et que le cœfficient en position (5, 5) de M^4 vaut $m_{55}^{(4)} = 4$.

2. a) A_i et A_j sont adjacents si et seulement si A_j et A_i le sont et donc $m_{ij} = 1$ si et seulement si $m_{ji} = 1$.
Lorsque m_{ij} ne vaut pas 1, il vaut 0, donc dans tous les cas $m_{ij} = m_{ji}$.
Donc M est une matrice symétrique.

b) Notons $m_{ij}^{(2)}$ le terme de M^2 en position (i, j).
D'après la définition du produit matriciel ($M^2 = M \times M$) :

$$m_{ij}^{(2)} = m_{i1}m_{1j} + m_{i2}m_{2j} + \cdots + m_{ip}m_{pj}.$$

$$\text{Or } m_{i1}m_{1j} = \begin{cases} 1 \text{ si } [A_i - A_1] \text{ et } [A_1 - A_j] \text{ sont deux arêtes} \\ 0 \text{ sinon} \end{cases}.$$

Donc :

$$m_{i1}m_{1j} = \begin{cases} 1 \text{ si } (A_i, A_1, A_j) \text{ est une chaîne de longueur 2 reliant } A_i \text{ à } A_j \\ 0 \text{ sinon} \end{cases}.$$

Et de même pour $1 \leqslant k \leqslant p$,

$$m_{ik}m_{kj} = \begin{cases} 1 \text{ si } (A_i, A_k, A_j) \text{ est une chaîne de longueur 2 reliant } A_i \text{ à } A_j \\ 0 \text{ sinon} \end{cases}.$$

$m_{ij}^{(2)}$ étant la somme de ces nombres, **$m_{ij}^{(2)}$ est le nombre de toutes les chaînes de longueur 2 reliant A_i à A_j.**

3. a) Soit $C = (A_i, A_k, A_{k_1}, \ldots, A_{k_{n-1}}, A_j)$ une chaîne de longueur $n + 1$ reliant A_i à A_j, dont le 2e sommet est A_k. Cela signifie deux choses :

- $[A_i - A_k]$ est une arête ;
- $(A_k, A_{k_1}, \ldots, A_{k_{n-1}}, A_j)$ est une chaîne de longueur n reliant A_k à A_j.

Et donc, si l'on note N_k le nombre de telles chaînes :

- $N_k = 0$ si $[A_i - A_k]$ n'est pas une arête ;
- $N_k = m_{ik}^{(n)}$ si $[A_i - A_k]$ est une arête (en supposant que H_n est vraie).

Comme $m_{ik} = 1$ ou 0 selon que $[A_i - A_k]$ est une arête ou non, on peut dire que dans tous les cas :

$$\boxed{N_k = m_{ik}\, m_{kj}^{(n)}.}$$

b) Pour obtenir le nombre total N de chaînes de longueur $n + 1$ reliant A_i à A_j, il ne reste plus qu'à faire varier k de 1 à p :

$$N = N_1 + N_2 + \cdots + N_p = m_{i1}\, m_{1j}^{(n)} + m_{i2}\, m_{2j}^{(n)} + \cdots + m_{ip}\, m_{pj}^{(n)}.$$

Ce nombre total N de chaînes de longueur $n + 1$ n'est autre que le terme en position (i, j) de la matrice produit $M \times M^n$, c'est-à-dire de la matrice M^{n+1}.

Donc, si H_n est vraie pour un entier $n \in \mathbb{N}^*$, alors H_{n+1} l'est aussi.

c) D'après le principe de récurrence, on déduit que H_n est vraie pour tout $n \in \mathbb{N}^*$. **Donc, pour tout entier $n \in \mathbb{N}^*$, $m_{ij}^{(n)}$ représente le nombre de chaînes de longueur n reliant A_i à A_j.**

6 **1. a)** $A = \begin{pmatrix} 3 & 2 & 1 \\ -2 & 3 & -1 \\ 2 & -2 & 1 \end{pmatrix}$, $B = \begin{pmatrix} 1 & \alpha & -5 \\ 0 & \beta & 1 \\ -2 & \gamma & 13 \end{pmatrix}$

$$AB = \begin{pmatrix} 1 & 3\alpha + 2\beta + \gamma & 0 \\ 0 & -2\alpha + 3\beta - \gamma & 0 \\ 0 & 2\alpha - 2\beta + \gamma & 1 \end{pmatrix},$$

$$BA = \begin{pmatrix} -7 - 2\alpha & 12 + 3\alpha & -4 - \alpha \\ -2\beta + 2 & 3\beta - 2 & -\beta + 1 \\ 20 - 2\gamma & -30 + 3\gamma & 11 - \gamma \end{pmatrix}.$$

En identifiant les termes de la 3e colonne, on s'aperçoit que si $AB = BA$, alors

nécessairement $\begin{cases} \alpha = -4 \\ \beta = 1 \\ \gamma = 10 \end{cases}$.

En remplaçant α, β, γ par ces trois valeurs on vérifie que les 6 autres termes sont égaux. Et donc :

$$AB = BA \Leftrightarrow \begin{pmatrix} \alpha \\ \beta \\ \gamma \end{pmatrix} = \begin{pmatrix} -4 \\ 1 \\ 10 \end{pmatrix}$$

b) Pour cette valeur de $\begin{pmatrix} \alpha \\ \beta \\ \gamma \end{pmatrix}$: $AB = BA = I_3$.

2. Il résulte de l'égalité ci-dessus que A est inversible et que :

$$A^{-1} = B = \begin{pmatrix} 1 & -4 & -5 \\ 0 & 1 & 1 \\ -2 & 10 & 13 \end{pmatrix}.$$

En multipliant à gauche l'égalité $AX = \begin{pmatrix} 3 \\ 5 \\ 7 \end{pmatrix}$ par A^{-1} :

$$A^{-1}(AX) = A^{-1}\begin{pmatrix} 3 \\ 5 \\ 7 \end{pmatrix}.$$

Or $A^{-1}(AX) = (A^{-1}A)X = I_3X = X$, d'où :

$$X = \begin{pmatrix} 1 & -4 & -5 \\ 0 & 1 & 1 \\ -2 & 10 & 13 \end{pmatrix}\begin{pmatrix} 3 \\ 5 \\ 7 \end{pmatrix} = \begin{pmatrix} -52 \\ 12 \\ 135 \end{pmatrix}.$$

7 **1. a)** $M - I = \begin{pmatrix} 1 & -2 & 1 \\ 2 & -4 & 2 \\ -1 & 2 & -1 \end{pmatrix}$; $M + 3I = \begin{pmatrix} 5 & -2 & 1 \\ 2 & 0 & 2 \\ -1 & 2 & 3 \end{pmatrix}$.

Par le calcul on vérifie :

$$(M - I)(M + 3I) = 0.$$

b) En développant ce produit grâce aux règles de distributivité :
$M^2 + M \times (3I) - I \times M - I \times (3I) = 0.$

Mais $M \times (3I) = 3MI = 3M$; $I \times M = M$ et $I \times (3I) = 3I^2 = 3I,$ donc :

$$M^2 + 2M - 3I = 0$$

$$\boxed{M^2 = -2M + 3I.} \quad \text{(E)}$$

c) $M^2 = -2M + 3I \Leftrightarrow 3I = M^2 + 2M = M(M + 2I) = (M + 2I)M,$
en factorisant par M à gauche, puis à droite.

Si $N = \frac{1}{3}(M + 2I),$ alors $MN = NM = I,$ ce qui prouve que M est inversible, d'inverse N.
Donc M est inversible et :

$$\boxed{M^{-1} = \frac{1}{3}M + \frac{2}{3}I.}$$

2. a) On multiplie par M les deux membres de (E) :
$M^3 = M(-2M + 3I) = -2M^2 + 3M.$

On remplace M^2 par $-2M + 3I$:

$M^3 = -2(-2M + 3I) + 3M$:

$$\boxed{M^3 = 7M - 6I.}$$

De la même façon $M^4 = 7M^2 - 6M = 7(-2M + 3I) - 6M,$ soit :

$$\boxed{M^4 = -20M + 21I.}$$

b) Pour n élément de $\mathbb{N}$, définissons la propriété :
H_n « M^n s'écrit sous la forme $M^n = u_n M + v_n I,$ où u_n et v_n sont deux réels »
• H_0 est vraie puisque $M^0 = I$: il suffit de poser $u_0 = 0$ et $v_0 = 1.$
D'après ce qui précède H_1, H_2, H_3, H_4 sont vraies aussi.
• Soit n un entier quelconque tel que H_n soit vraie.
En multipliant par M l'égalité $M^n = u_n M + v_n I$:

$$M^{n+1} = u_n M^2 + v_n M = u_n(-2M + 3I) + v_n M$$
$$= (-2u_n + v_n)M + 3u_n I.$$

$-2u_n + v_n$ et $3u_n$ sont 2 réels qu'il suffit d'appeler u_{n+1} et v_{n+1} pour pouvoir écrire $M^{n+1} = u_{n+1}M + v_{n+1}I.$

Si H_n est vraie pour un certain $n \in \mathbb{N}$, alors H_{n+1} l'est aussi.
D'après le principe de récurrence, (H_n) est vraie pour tout n.
Donc, pour tout $n \in \mathbb{N}$:

$$M^n = u_n M + v_n I \text{ avec } \begin{cases} u_{n+1} = -2u_n + v_n \\ v_{n+1} = 3u_n \end{cases}.$$

3. a) $M^0 = I = 0M + 1I$;

$M^1 = M = 1M + 0I$;

$M^2 = -2M + 3I$;

$M^3 = 7M - 6I$;

$M^4 = -20M + 21I$.

D'où le tableau :

n	u_n	v_n
0	0	1
1	1	0
2	−2	3
3	7	−6
4	−20	21

b) Pour donner une traduction matricielle aux deux égalités $\begin{cases} u_{n+1} = -2u_n + v_n \\ v_{n+1} = 3u_n \end{cases}$ il suffit de poser :

$$A = \begin{pmatrix} -2 & 1 \\ 3 & 0 \end{pmatrix}.$$

Définissons alors pour $n \in \mathbb{N}$, la propriété :

$H_n : \begin{pmatrix} u_n \\ v_n \end{pmatrix} = A^n \begin{pmatrix} u_0 \\ v_0 \end{pmatrix}$.

Puisque par convention $A^0 = I_2$, la propriété H_0 est vraie d'évidence.

Mais on peut aussi vérifier $H_1 : \begin{pmatrix} u_1 \\ v_1 \end{pmatrix} = A \begin{pmatrix} u_0 \\ v_0 \end{pmatrix}$,

puisque $\begin{pmatrix} u_1 \\ v_1 \end{pmatrix} = \begin{pmatrix} 1 \\ 0 \end{pmatrix}$ et $\begin{pmatrix} u_0 \\ v_0 \end{pmatrix} = \begin{pmatrix} 0 \\ 1 \end{pmatrix}$.

De même H_2, H_3 et H_4 sont vraies.

Si n est un entier quelconque tel que H_n est vraie, alors $\begin{pmatrix} u_n \\ v_n \end{pmatrix} = A^n \begin{pmatrix} u_0 \\ v_0 \end{pmatrix}$ et en multipliant les deux membres de cette égalité par A à gauche :

$$A\begin{pmatrix} u_n \\ v_n \end{pmatrix} = AA^n \begin{pmatrix} u_0 \\ v_0 \end{pmatrix}.$$

Mais, d'après **b)** $A\begin{pmatrix} u_n \\ v_n \end{pmatrix} = \begin{pmatrix} u_{n+1} \\ v_{n+1} \end{pmatrix}$ et on sait par ailleurs que $AA^n = A^{n+1}$.

Donc $\begin{pmatrix} u_{n+1} \\ v_{n+1} \end{pmatrix} = A^{n+1} \begin{pmatrix} u_0 \\ v_0 \end{pmatrix}$, ce qui valide H_{n+1}.

Donc, dès que H_n est vraie, H_{n+1} l'est aussi.

Par le principe de récurrence, H_n est vraie pour tout n.

Pour tout entier naturel n :

$$\boxed{\begin{pmatrix} u_n \\ v_n \end{pmatrix} = A^n \begin{pmatrix} u_0 \\ v_0 \end{pmatrix}.}$$

c) $P = \begin{pmatrix} 1 & 1 \\ 3 & -1 \end{pmatrix}$; $P^2 = \begin{pmatrix} 4 & 0 \\ 0 & 4 \end{pmatrix} = 4I$, d'où $P\left(\frac{1}{4}P\right) = \left(\frac{1}{4}P\right)P = I.$

Cette égalité prouve que P est inversible et :

$$\boxed{P^{-1} = \frac{1}{4}P.}$$

Remarque
L'inverse d'une matrice, si elle existe, est unique.

$AP = \begin{pmatrix} -2 & 1 \\ 3 & 0 \end{pmatrix}\begin{pmatrix} 1 & 1 \\ 3 & -1 \end{pmatrix} = \begin{pmatrix} 1 & -3 \\ 3 & 3 \end{pmatrix}$;

$PAP = \begin{pmatrix} 1 & 1 \\ 3 & -1 \end{pmatrix}\begin{pmatrix} 1 & -3 \\ 3 & 3 \end{pmatrix} = \begin{pmatrix} 4 & 0 \\ 0 & -12 \end{pmatrix}$, d'où :

$$\boxed{P^{-1}AP = \frac{1}{4}PAP = \begin{pmatrix} 1 & 0 \\ 0 & -3 \end{pmatrix} = D.}$$

d) De l'égalité $P^{-1}AP = D$, on tire A en multipliant par P à gauche et P^{-1} à droite :

$$A = PDP^{-1}.$$

Si n est un entier naturel non nul :

$$A^n = \underbrace{A \times A \times \ldots \times A}_{n \text{ fois}} = (PDP^{-1})(PDP^{-1})\ldots(PDP^{-1}).$$

En déplaçant les parenthèses (sans changer l'ordre des matrices écrites), les produits $P^{-1}P$ se neutralisent : $(P^{-1}P = I)$, d'où :

Attention
Le produit matriciel n'étant pas commutatif, il ne faut pas écrire :
$A^n = P^n D^n (P^{-1})^n$.

$A^n = P\underbrace{(DI)(DI)\ldots(DI)}_{n \text{ fois}}P^{-1}$ et comme $DI = D$:

$$\boxed{A^n = PD^nP^{-1}.}$$

$D^2 = \begin{pmatrix} 1 & 0 \\ 0 & 9 \end{pmatrix}$, $D^3 = \begin{pmatrix} 1 & 0 \\ 0 & -27 \end{pmatrix}$ et plus généralement $D^n = \begin{pmatrix} 1 & 0 \\ 0 & (-3)^n \end{pmatrix}$.

→ Bien comprendre

Si $D = \begin{pmatrix} d_1 & & (0) \\ & \ddots & \\ (0) & & d_p \end{pmatrix}$ et $D' = \begin{pmatrix} d'_1 & & (0) \\ & \ddots & \\ (0) & & d'_p \end{pmatrix}$ sont deux matrices diagonales d'ordre p, alors

$DD' = \begin{pmatrix} d_1d'_1 & & (0) \\ & \ddots & \\ (0) & & d_pd'_p \end{pmatrix}$ et donc pour tout $n \in \mathbb{N}$: $D^n = \begin{pmatrix} d_1^n & & (0) \\ & \ddots & \\ (0) & & d_p^n \end{pmatrix}$.

Donc (par un simple calcul), en remarquant que $P^{-1} = \frac{1}{4}P$:

$$A^n = PD^nP^{-1} = \frac{1}{4}PD^nP = \frac{1}{4}\begin{pmatrix} 1-(-3)^{n+1} & 1-(-3)^n \\ 3+(-3)^{n+1} & 3+(-3)^n \end{pmatrix}.$$

Alors $\begin{pmatrix} u_n \\ v_n \end{pmatrix} = A^n\begin{pmatrix} u_0 \\ v_0 \end{pmatrix} = A^n\begin{pmatrix} 0 \\ 1 \end{pmatrix} = \frac{1}{4}\begin{pmatrix} 1-(-3)^n \\ 3+(-3)^n \end{pmatrix}$ soit, pour tout entier n :

$$\boxed{\begin{array}{l} u_n = \frac{1}{4}(1-(-3)^n) \\ v_n = \frac{1}{4}(3+(-3)^n) \end{array}}.$$

Remarque

On peut par curiosité remplacer n par -1 :

$u_{-1} = \frac{1}{4}\left(1 - \left(-\frac{1}{3}\right)\right) = \frac{1}{3}$; $v_{-1} = \frac{1}{4}\left(3 + \left(-\frac{1}{3}\right)\right) = \frac{2}{3}$ ce qui correspond bien à M^{-1} :

$M^{-1} = \frac{1}{3}M + \frac{2}{3}I.$

La formule tient pour $n = -1$: c'est magique !

Sujet de type bac

8 **1.** À l'issue du 1er saut, la puce peut se retrouver sur les sommets A_2, A_3, A_4 avec la même probabilité $\frac{1}{3}$ pour chacun des sommets :

$$X_1(\Omega) = \{2, 3, 4\} ;$$

$$p([X_1 = 2]) = p([X_1 = 3]) = p([X_1 = 4]) = \frac{1}{3} ;$$

$$E(X_1) = 2 \times \frac{1}{3} + 3 \times \frac{1}{3} + 4 \times \frac{1}{3} = 3.$$

2. Si la puce se trouve sur le sommet A_i, elle peut passer sur n'importe lequel des trois autres sommets avec la même probabilité $\frac{1}{3}$.

D'où $m_{ij} = \begin{cases} 0 \text{ si } i = j \\ \frac{1}{3} \text{ si } i \neq j \end{cases}$, et donc :

$$M = \frac{1}{3}\begin{pmatrix} 0 & 1 & 1 & 1 \\ 1 & 0 & 1 & 1 \\ 1 & 1 & 0 & 1 \\ 1 & 1 & 1 & 0 \end{pmatrix}.$$

3. a) On démontre cette propriété par récurrence sur n :
pour $n \in \mathbb{N}$, définissons la propriété H_n « il existe deux réels u_n et v_n tels que

$$M^n = \begin{pmatrix} u_n & v_n & v_n & v_n \\ v_n & u_n & v_n & v_n \\ v_n & v_n & u_n & v_n \\ v_n & v_n & v_n & u_n \end{pmatrix} \text{ ».}$$

La propriété H_0 est vraie, il suffit de poser $u_0 = 1$ et $v_0 = 0$ puisque

$$M^0 = I_4 = \begin{pmatrix} 1 & 0 & 0 & 0 \\ 0 & 1 & 0 & 0 \\ 0 & 0 & 1 & 0 \\ 0 & 0 & 0 & 1 \end{pmatrix}.$$

H_1 est également vraie $\left(u_1 = 0,\ v_1 = \dfrac{1}{3}\right)$.

Soit n un entier naturel quelconque tel que H_n est vraie. Montrons H_{n+1} :

$$M^{n+1} = MM^n = \frac{1}{3}\begin{pmatrix} 0 & 1 & 1 & 1 \\ 1 & 0 & 1 & 1 \\ 1 & 1 & 0 & 1 \\ 1 & 1 & 1 & 0 \end{pmatrix}\begin{pmatrix} u_n & v_n & v_n & v_n \\ v_n & u_n & v_n & v_n \\ v_n & v_n & u_n & v_n \\ v_n & v_n & v_n & u_n \end{pmatrix}$$

$$M^{n+1} = \frac{1}{3}\begin{pmatrix} 3v_n & u_n + 2v_n & u_n + 2v_n & u_n + 2v_n \\ u_n + 2v_n & 3v_n & u_n + 2v_n & u_n + 2v_n \\ u_n + 2v_n & u_n + 2v_n & 3v_n & u_n + 2v_n \\ u_n + 2v_n & u_n + 2v_n & u_n + 2v_n & 3v_n \end{pmatrix}.$$

Il suffit alors de poser $u_{n+1} = v_n$ et $v_{n+1} = \dfrac{1}{3}u_n + \dfrac{2}{3}v_n$ pour valider H_{n+1}.

Dès que H_n est vraie (pour $n \in \mathbb{N}$), H_{n+1} est vraie aussi. D'après le principe de récurrence, H_n est donc vraie pour tout $n \in \mathbb{N}$.
Pour tout entier naturel n, M^n est de la forme :

$$M^n = \begin{pmatrix} u_n & v_n & v_n & v_n \\ v_n & u_n & v_n & v_n \\ v_n & v_n & u_n & v_n \\ v_n & v_n & v_n & u_n \end{pmatrix}$$

les suites $(u_n)_n$ et $(v_n)_n$ vérifiant :

$$\begin{cases} u_0 = 1 \\ v_0 = 0 \end{cases} \text{ puis } \begin{cases} u_{n+1} = v_n \\ v_{n+1} = \frac{1}{3}u_n + \frac{2}{3}v_n \end{cases}.$$

b) En posant $A = \begin{pmatrix} 0 & 1 \\ \frac{1}{3} & \frac{2}{3} \end{pmatrix}$, on peut écrire les égalités précédentes sous la forme :

$$\begin{pmatrix} u_{n+1} \\ v_{n+1} \end{pmatrix} = A \begin{pmatrix} u_n \\ v_n \end{pmatrix}.$$

On peut alors utiliser le schéma de raisonnement de l'exercice précédent (ex 12, **3° b)**) :

$$\begin{pmatrix} u_n \\ v_n \end{pmatrix} = A^n \begin{pmatrix} u_0 \\ v_0 \end{pmatrix}.$$

4. a) $P = \begin{pmatrix} 1 & -3 \\ 1 & 1 \end{pmatrix}$.

$1 \times 1 - (+1)(-3) = 4 \neq 0$, donc P est inversible.

Son inverse $P^{-1} = \begin{pmatrix} a & b \\ c & d \end{pmatrix}$ est telle que $P^{-1}P = I_2$ d'où :

$$\begin{pmatrix} a & b \\ c & d \end{pmatrix} \begin{pmatrix} 1 & -3 \\ 1 & 1 \end{pmatrix} = \begin{pmatrix} 1 & 0 \\ 0 & 1 \end{pmatrix}.$$

On obtient le système $\begin{cases} a + b = 1 \\ -3a + b = 0 \\ c + d = 0 \\ -3c + d = 1 \end{cases}$ équivalent à $\begin{cases} a = \frac{1}{4} \\ b = \frac{3}{4} \\ c = -\frac{1}{4} \\ d = \frac{1}{4} \end{cases}$, d'où :

$$P^{-1} = \begin{pmatrix} \frac{1}{4} & \frac{3}{4} \\ -\frac{1}{4} & \frac{1}{4} \end{pmatrix} = \frac{1}{4}\begin{pmatrix} 1 & 3 \\ -1 & 1 \end{pmatrix}.$$

b) $P^{-1}AP = \frac{1}{4}\begin{pmatrix} 1 & 3 \\ -1 & 1 \end{pmatrix}\begin{pmatrix} 1 & 1 \\ 1 & -\frac{1}{3} \end{pmatrix}\begin{pmatrix} 1 & -3 \\ 1 & 1 \end{pmatrix} = \begin{pmatrix} 1 & 0 \\ 0 & -\frac{1}{3} \end{pmatrix}.$

$$P^{-1}AP = \begin{pmatrix} 1 & 0 \\ 0 & -\frac{1}{3} \end{pmatrix}.$$

c) Comme dans l'exercice 10 précédent :

$D = P^{-1}AP$, donc $A = PDP^{-1}$ (en multipliant à gauche par P et à droite par P^{-1}) ;

$A^n = (PDP^{-1})(PDP^{-1})\dots(PDP^{-1}) = PD^nP^{-1}$ (après simplification par $P^{-1}P$ qui vaut I),

Or $D = \begin{pmatrix} 1 & 0 \\ 0 & -\frac{1}{3} \end{pmatrix}$ est une matrice diagonale, donc $D^n = \begin{pmatrix} 1 & 0 \\ 0 & \left(-\frac{1}{3}\right)^n \end{pmatrix}$.

$$PD^n = \begin{pmatrix} 1 & -3 \\ 1 & 1 \end{pmatrix}\begin{pmatrix} 1 & 0 \\ 0 & \left(-\frac{1}{3}\right)^n \end{pmatrix} = \begin{pmatrix} 1 & \left(-\frac{1}{3}\right)^{n-1} \\ 1 & \left(-\frac{1}{3}\right)^n \end{pmatrix};$$

$A^n = PD^nP^{-1} = \frac{1}{4}\begin{pmatrix} 1 & \left(-\frac{1}{3}\right)^{n-1} \\ 1 & \left(-\frac{1}{3}\right)^n \end{pmatrix}\begin{pmatrix} 1 & 3 \\ -1 & 1 \end{pmatrix}$ d'où :

$$A^n = \frac{1}{4}\begin{pmatrix} 1-\left(-\frac{1}{3}\right)^{n-1} & 3-\left(-\frac{1}{3}\right)^{n-1} \\ 1-\left(-\frac{1}{3}\right)^{n} & 3-\left(-\frac{1}{3}\right)^{n} \end{pmatrix}.$$

5. $\begin{pmatrix} u_n \\ v_n \end{pmatrix} = A^n\begin{pmatrix} 1 \\ 0 \end{pmatrix} = \frac{1}{4}\begin{pmatrix} 1-\left(-\frac{1}{3}\right)^{n-1} \\ 1-\left(-\frac{1}{3}\right)^{n} \end{pmatrix}$, d'où, pour tout n de $\mathbb{N}$:

$$u_n = \frac{1}{4}\left(1-\left(-\frac{1}{3}\right)^{n-1}\right) ;$$

$$v_n = \frac{1}{4}\left(1-\left(-\frac{1}{3}\right)^{n}\right).$$

Remarque
On vérifie bien $u_{n+1} = v_n$.

6. a) Utilisons le système complet d'événements $([X_n = 1], [X_n = 2], [X_n = 3], [X_n = 4])$ pour calculer $p([X_{n+1} = j])$ $(j \in \{1, 2, 3, 4\})$:

$$\begin{aligned} p([X_{n+1} = j]) &= p([X_n = 1])p_{[X_n = 1]}([X_{n+1} = j]) \\ &\quad + p([X_n = 2])p_{[X_n = 2]}([X_{n+1} = j]) + p([X_n = 3])p_{[X_n = 3]}([X_{n+1} = j]) \\ &\quad + p([X_n = 4])p_{[X_n = 4]}([X_{n+1} = j]) \\ &= p([X_n = 1])m_{1j} + p([X_n = 2])m_{2j} + p([X_n = 3])m_{3j} \\ &\quad + p([X_n = 4])m_{4j} \end{aligned}$$

Ces quatre égalités (pour $j = 1, 2, 3, 4$) peuvent s'écrire matriciellement sous la forme :

$$\boxed{U_{n+1} = U_n M.}$$

b) On procède par récurrence en posant pour $n \in \mathbb{N}$:
H_n « $U_n = U_0 M^n$ ».
- H_0 est vraie puisque, par convention, $M^0 = I_4$.
- Si n est un entier naturel quelconque tel que H_n est vraie, alors :

$U_{n+1} = U_n M$ d'après **6° a)**
$= (U_0 M^n)M$ d'après H_n
$= U_0 M^{n+1}$ d'après l'associativité du produit matriciel, c'est-à-dire que H_{n+1} est vraie.

D'après le principe de récurrence, H_n est vraie pour tout $n \in \mathbb{N}$, c'est-à-dire que, pour tout $n \in \mathbb{N}$:

$$\boxed{U_n = U_0 M^n.}$$

c) X_0 est la variable certaine égale à 1 (la puce est en A_1 au début de l'expérience), donc $U_0 = (\ 1\ 0\ 0\ 0\ )$.

Donc $U_n = (\ 1\ 0\ 0\ 0\ )\begin{pmatrix} u_n & v_n & v_n & v_n \\ v_n & u_n & v_n & v_n \\ v_n & v_n & u_n & v_n \\ v_n & v_n & v_n & u_n \end{pmatrix} = \begin{pmatrix} u_n & v_n & v_n & v_n \end{pmatrix}$.

Donc, pour tout entier naturel n :

$$\boxed{\begin{aligned} &p([X_n = 1]) = u_n = \frac{1}{4}\left(1 - \left(-\frac{1}{3}\right)^{n-1}\right) ; \\ &p([X_n = 2]) = p([X_n = 3]) = p([X_n = 4]) = v_n = \frac{1}{4}\left(1 - \left(-\frac{1}{3}\right)^{n}\right). \end{aligned}}$$

d) $\lim\limits_{n \mapsto +\infty} u_n = \lim\limits_{n \mapsto +\infty} v_n = \dfrac{1}{4}$.

Après un grand nombre de sauts, la variable X_n se stabilise pour devenir une variable suivant une loi uniforme sur $\{1, 2, 3, 4\}$.

7. a) À l'issue du premier saut, la puce est en A_2, A_3, ou A_4.

Elle ne peut donc revenir pour la première fois en A_1 qu'à l'issue d'un certain nombre n de sauts avec $n \geqslant 2$: $Y(\Omega) = \mathbb{N} \backslash \{0, 1\}$.

Si S_k désigne l'événement « la puce est en A_1 à l'issue du k^{e} saut, alors pour $n \geqslant 2$, $[Y = n] = \overline{S_1} \cap \overline{S_2} \cap \ldots \cap \overline{S_{n-1}} \cap S_n$.

On applique la formule des probabilités composées :

$p(\overline{S_1}) = 1$: la puce est en A_1 au départ, elle ne peut s'y retrouver à l'issue du premier saut.

$p_{S_1}(\overline{S_2}) = \dfrac{2}{3}$: si par exemple la puce est sur A_2 à l'issue du saut 1, elle ne peut aller qu'en A_3 ou A_4 si l'on veut réaliser $(\overline{S_2})$; idem si la puce est sur A_3 ou A_4.

De même $p_{\overline{S_1} \cap \overline{S_2}}(\overline{S_3}) = \dfrac{2}{3}$ car la puce étant sur l'un des 3 sommets A_2, A_3 ou A_4, on n'a que le choix de deux sommets pour le saut suivant si l'on veut être sur que la puce n'ira pas en A_1.

Pour la même raison $p_{\overline{S_1} \cap \ldots \cap \overline{S_{k-1}}}(\overline{S_k}) = \dfrac{2}{3}$, et enfin $p_{\overline{S_1} \cap \ldots \cap \overline{S_{n-1}}}(S_n) = \dfrac{1}{3}$ car sachant que la puce se trouve sur A_2, A_3 ou A_4, on n'a qu'une chance sur trois qu'elle se retrouve sur A_1 au saut suivant, et donc :

$$p([Y = n]) = \left(\frac{2}{3}\right)^{n-2}\frac{1}{3} \text{ pour tout } n \in \mathbb{N}\backslash\{0, 1\}.$$

b) Si $n \in \mathbb{N}\backslash\{0, 1\}$, $\displaystyle\sum_{k=2}^{n} p([Y = k]) = \sum_{k=2}^{n}\left(\frac{2}{3}\right)^{k=2}\frac{1}{3} = \frac{1}{3}\sum_{k=2}^{n}\left(\frac{2}{3}\right)^{k=2}$.

On pose $j = k - 2$ dans cette somme ;
j varie de 0 à $n - 2$:

> **Rappel**
>
> Pour $q \neq 1$, $\displaystyle\sum_{k=0}^{n} q^k = \frac{1 - q^{n+1}}{1 - q}$.

$$\sum_{k=2}^{n} p([Y = k]) = \frac{1}{3}\sum_{j=0}^{n-2}\left(\frac{2}{3}\right)^{j} = \frac{1}{3}\,\frac{1 - \left(\frac{2}{3}\right)^{n-1}}{1 - \frac{2}{3}}$$

$$= 1 - \left(\frac{2}{3}\right)^{n-1}.$$

Donc, par passage à la limite lorsque $n \to +\infty$:

$$\sum_{k=2}^{+\infty} p([Y = k]) = 1.$$

8. a) $f_n(x) = \displaystyle\sum_{k=0}^{n} x^k = \frac{1 - x^{n+1}}{1 - x}$ pour $x \neq 1$.

Donc $f_n'(x) = \dfrac{-(n+1)x^n(1-x) - (1 - x^{n+1})(-1)}{(1-x)^2}$

$= \dfrac{nx^{n+1} - (n+1)x^n + 1}{(1-x)^2}$ après simplification.

$$f_n'\left(\frac{2}{3}\right) = \frac{n\left(\frac{2}{3}\right)^{n+1} - (n+1)\left(\frac{2}{3}\right)^n + 1}{\frac{1}{9}} = 9\left[1 - \frac{1}{3}n\left(\frac{2}{3}\right)^n - \left(\frac{2}{3}\right)^n\right].$$

Si $|q| < 1$, $\lim\limits_{n \mapsto +\infty} q^n = 0$ et $\lim\limits_{n \mapsto +\infty} nq^n = 0$ (croissances composées).

D'où, puisque $q = \frac{2}{3} \in \ ]-1\ ;1[$:

$$\boxed{\lim_{n \mapsto +\infty} f_n'\left(\frac{2}{3}\right) = 9.}$$

b) Pour $n \in \mathbb{N}\backslash\{0, 1\}$, posons $E_n = \sum\limits_{k=2}^{n} kP([Y = k])$.

$$E_n = \sum_{k=2}^{n} k\left(\frac{2}{3}\right)^{k-2}\frac{1}{3} = \frac{1}{2}\sum_{k=2}^{n} k\left(\frac{2}{3}\right)^{k-1}.$$

D'après **a)**, $f_n(x) = \sum\limits_{k=0}^{n} x^k$, donc

> **Remarque**
> Le terme $x^0 = 1$ s'élimine par dérivation.

$$f_n'(x) = \sum_{k=1}^{n} kx^{k-1},$$

soit $f_n'(x) = 1 + \sum\limits_{k=2}^{n} kx^{k-1}$ ($kx^{k-1} = 1$ lorsque $k = 1$).

Donc en reportant dans E_n (pour $x = \frac{2}{3}$), $E_n = \frac{1}{2}\left(f_n'\left(\frac{2}{3}\right) - 1\right)$.

$f_n'\left(\frac{2}{3}\right)$ a une limite lorsque n tend vers $+\infty$, donc E_n possède une limite lorsque $n \to +\infty$, donc $E(Y)$ existe. Et de plus :

$$\boxed{E(Y) = \lim_{n \to +\infty} E_n = 4.}$$

L'espérance mathématique est la moyenne pondérée des valeurs prises par la variable, donc **il faut en moyenne 4 sauts pour que la puce revienne sur A_1 pour la première fois.**

CHAPITRE 13

Arithmétique

DE QUOI S'AGIT-IL ?

Ce chapitre permet de donner des définitions rigoureuses des notions de PGCD, PPCM, nombres premiers… connues depuis le collège.

1 Division euclidienne dans $\mathbb{Z}$

• Quels que soient l'entier relatif a et l'entier naturel non nul b, il existe un couple unique d'entiers relatifs $(q\ ;\ r)$ tels que :

$$a = bq + r \quad \text{et} \quad 0 \leqslant r < b.$$

Trouver le couple $(q\ ;\ r)$, c'est effectuer la division euclidienne de a par b.

Les nombres q et r sont appelés respectivement le **quotient** et le **reste** de la division euclidienne de a par b.

Les nombres a et b sont appelés respectivement le **dividende** et le **diviseur** de la division euclidienne de a par b.

Si $r = 0$, on dit que a est **divisible** par b, ou que a est un **multiple** de b ou encore que b divise a.

→ Bien comprendre

Dans les programmes antérieurs, la division euclidienne concernait les entiers naturels, mais elle est étendue cette année aux entiers relatifs. Dans ce cas, le dividende est un entier relatif, le diviseur un entier naturel non nul, le quotient un entier relatif et le reste un entier naturel strictement inférieur au diviseur. Par exemple, la division euclidienne de -17 par 3 s'écrit $-17 = 3 \times (-6) + 1$ avec $0 < 1 < 3$.

2 Divisibilité dans $\mathbb{Z}$

• Précédemment, nous avons supposé a entier relatif et b entier naturel non nul.

Plus généralement, soit a et b deux entiers relatifs ; s'il existe un entier relatif q tel que $a = bq$, on dit encore que a est **divisible** par b, ou que a est un **multiple** de b ou encore que b **divise** a.

• Soit a, b, n des entiers relatifs. Si n divise a et b, alors n divise $a + b$, $a - b$ et plus généralement $ak + bk'$ (k et k' entiers relatifs quelconques).

3 PGCD de deux entiers relatifs

1 Définition

Soit a et b deux entiers relatifs. Il existe un unique entier naturel d tel que l'ensemble des diviseurs communs à a et b coïncide avec l'ensemble des diviseurs de d. Cet entier naturel d est appelé le **plus grand commun diviseur** de a et b.
On le note PGCD$(a\,;b)$ ou encore $a \wedge b$.

Remarque
a et b sont des entiers relatifs, d est un entier naturel.

2 Propriétés

Soit a et b deux entiers relatifs. Alors :

$$\text{PGCD}(a\,;b) = \text{PGCD}(b\,;a).$$

$$\text{PGCD}(a\,;b) = \text{PGCD}(|a|\,;|b|).$$

Il existe deux entiers relatifs u et v tels que :

$$au + bv = \text{PGCD}(a\,;b).$$

Si k est un entier relatif non nul, alors :

$$\text{PGCD}(ka\,;kb) = |k|\ \text{PGCD}(a\,;b).$$

Remarque
La propriété :
PGCD$(a\,;b)$ = PGCD$(|a|\,;|b|)$
permet de se ramener, dans tous les cas, au PGCD de deux entiers naturels.

3 Algorithme d'Euclide

Soit a et b deux entiers naturels tels que $0 < b < a$.
Effectuons les divisions successives définies de la façon suivante :

$$\begin{array}{ll}
a = bq_1 + r_1, & 0 \leqslant r_1 < b \\
b = r_1q_2 + r_2, & 0 \leqslant r_2 < r_1 \\
r_1 = r_2q_3 + r_3, & 0 \leqslant r_3 < r_2 \\
\vdots & \vdots \\
r_{p-2} = r_{p-1}q_p + r_p, & 0 \leqslant r_p < r_{p-1},
\end{array}$$

r_p étant le dernier reste non nul.

$$\begin{aligned}\text{PGCD}(a\,;b) &= \text{PGCD}(b\,;r_1) = \text{PGCD}(r_1\,;r_2) = \ldots = \text{PGCD}(r_{p-1}\,;r_p)\\ &= \text{PGCD}(r_p\,;0) = r_p.\end{aligned}$$

Bien comprendre

Le PGCD est le dernier reste non nul dans l'algorithme d'Euclide.

4 Entiers relatifs premiers entre eux

1 Définition

On dit que deux entiers relatifs sont **premiers entre eux** si leur PGCD est égal à 1.

2 Propriétés

- Si deux entiers relatifs sont premiers entre eux, alors leurs diviseurs communs sont 1 et –1.
- Si δ est un diviseur commun à a et b, alors $|\delta|$ est le PGCD de a et b si et seulement si les entiers relatifs $\frac{a}{\delta}$ et $\frac{b}{\delta}$ sont premiers entre eux.
- **Théorème de Bézout**

Deux entiers relatifs a et b sont premiers entre eux si et seulement s'il existe deux entiers relatifs u et v tels que $au + bv = 1$.

Bien retenir

Il n'y a pas unicité des entiers relatifs u et v.

- Si un entier relatif a est premier avec deux entiers relatifs b et c, alors il est premier avec le produit bc.
- Si un entier relatif a est premier avec un entier relatif b, et si n et p sont deux entiers naturels supérieurs ou égaux à 2, alors a^n et b^p sont premiers entre eux.
- **Théorème de Gauss**

Soit a, b et c trois entiers relatifs.

Si a divise bc et si a est premier avec b, alors a divise c.

- Soit a, b, c trois entiers relatifs.

Si a est divisible par b et par c, et si b et c sont premiers entre eux, alors a est divisible par bc.

5 PPCM de deux entiers relatifs

1 Définition

Soit a et b deux entiers relatifs. Il existe un unique entier naturel m tel que l'ensemble des multiples communs à a et b coïncide avec l'ensemble des multiples de m. Cet entier naturel m est appelé le **plus petit commun multiple** de a et b.

On le note $\text{PPCM}(a\,;b)$ ou encore $a \vee b$.

2 Propriétés

- Soit a et b deux entiers relatifs :

$$\text{PPCM}(a\,;b) = \text{PPCM}(b\,;a).$$
$$\text{PPCM}(a\,;b) \times \text{PGCD}(a\,;b) = |ab|.$$

Si k est un entier relatif non nul, alors :

$$\text{PPCM}(ka\,;kb) = |k|\ \text{PPCM}(a\,;b).$$

- Le PPCM de deux entiers relatifs est la valeur absolue de leur produit si et seulement si, ils sont premiers entre eux.
- Si μ est un multiple commun, non nul, à deux entiers relatifs non nuls a et b, alors $|\mu|$ est le PPCM de a et b si et seulement si les entiers relatifs $\frac{\mu}{a}$ et $\frac{\mu}{b}$ sont premiers entre eux.

6 Nombres premiers

1 Définition

On appelle **nombre premier** tout entier relatif n ayant exactement quatre diviseurs $-n$, -1, 1, n.

Remarque
Les nombres 1 et -1 ne sont pas premiers.

2 Propriétés

- L'ensemble des nombres premiers est infini.
- Tout entier naturel non premier, distinct de 0 et 1, admet au moins un diviseur premier p tel que $p^2 \leqslant n$.

- Un nombre premier p et un entier relatif n sont premiers entre eux si et seulement si p ne divise pas n.
- **Décomposition d'un entier naturel en facteurs premiers**

Tout entier naturel n supérieur ou égal à 2 s'écrit de façon unique sous la forme :

$$n = q_1^{\alpha_1} q_2^{\alpha_2} \ldots q_r^{\alpha_r}$$

où $q_1, q_2, \ldots, q_r$ sont des nombres premiers tels que $0 < q_1 < q_2 < \ldots < q_r$ et $\alpha_1, \alpha_2, \ldots, \alpha_r$ sont des entiers naturels non nuls.

- **Petit théorème de Fermat**

Si p est un nombre entier premier et a un entier non divisible par p, alors $a^{p-1} - 1$ est divisible par p.

7 Congruences

1 Définition

Soit m un entier naturel. Deux entiers relatifs a et a' sont congrus modulo m si a et a' ont le même reste dans la division par m ou encore si $a - a'$ est divisible par m. On note :

$$a \equiv a' \ (m).$$

2 Règles de calcul

Si $a \equiv b(m)$ et si $a' \equiv b' \ (m)$ alors :

$$a + a' \equiv b + b' \ (m), \ a - a' \equiv b - b' \ (m) \text{ et } aa' \equiv bb' \ (m).$$

→ Bien comprendre

Les nombres pairs sont les nombres congrus à 0 modulo 2 et les nombres impairs sont les nombres congrus à 1 modulo 2.

Questions courtes

1 Division euclidienne

➲ Corrigé p. 551

1. Les égalités suivantes traduisent-elles une division euclidienne ?

a) $52 = 5 \times 9 + 7$;

b) $28 = 5 \times 6 - 2$;

c) $37 = 5 \times 7 + 2$.

> **Indication**
> Revoir la définition de la division euclidienne.

2. a) Quels sont les restes possibles de la division d'un entier par 7.

> **Indication**
> Utiliser la définition de la division par 7.

b) Si les entiers a et b ont respectivement pour reste 3 et 5 dans la division par 7, quels sont, dans la division par 7, les restes de :

$$a + b\,;\quad a^2\,;\quad ab\,;\quad a^3\,?$$

c) La division euclidienne de l'entier naturel a par l'entier naturel non nul b donne un reste r supérieur au quotient q.

Quel est le quotient de la division euclidienne de a par $b + 1$?

2 Nombres premiers entre eux

➲ Corrigé p. 552

Deux entiers naturels non nuls consécutifs sont-ils premiers entre eux ?

> **Indication**
> Faire la différence des deux entiers.

3 Multiples

➲ Corrigé p. 552

1. Soit a, b et c trois entiers naturels.

Si a est multiple de b et aussi multiple de c, a est-il multiple de bc ?

2. a) Le nombre $n^3 - n$ où n est un entier naturel non nul est-il multiple de 6 ?

b) Pour quelles valeurs de n est-il multiple de 12 ?

4 Parité

➲ Corrigé p. 553

1. L'entier naturel x a un carré impair.

Quelle est la parité de x ?

2. Soit a, b et c trois entiers naturels tel que $a^2 = b^2 + c^2$.

Démontrer que l'un au moins est un entier pair.

5 Fonction irréductible

Corrigé p. 553

Indication
Utiliser la décomposition en facteurs premiers.

Si la fraction $\frac{a}{b}(a \in \mathbb{N},\ b \in \mathbb{N}^*)$ est irréductible, la fraction $\frac{a^2}{b^2}$ est-elle irréductible ?

6 PGCD – PPCM

Corrigé p. 553

1. Soit d le PGCD de deux entiers naurels a et b non nuls.
Quel est le PGCD de a^2 et ab, puis celui de b^2 et ab ?
2. Soit d le PPCM de deux entiers a et b non nuls premiers entre eux.
Quel est le PPCM de :
a) a^2 et ab ? **b)** b^2 et ab ? **c)** a^2 et b^2 ?

7 PGCD – PPCM

Corrigé p. 554

1. p et n sont deux entiers naturels non nuls.
Quel est le PGCD des entiers $a = pn$ et $b = pn + p$?
2. Le PPCM de a et b est b.
Que peut-on dire de a et b ?
3. d est un diviseur commun à a et b.
Le PGCD de a et b est-il un multiple de d ?

8 Divisibilité

Corrigé p. 554

Indication
$n + 1 = 2 + (n - 1)$.

Quels sont les entiers relatifs n tels que $n - 1$ divise $n + 1$?

9 Décomposition en facteurs premiers

Corrigé p. 555

1. Calculer le PGCD et le PPCM des nombres :

$$a = 2^6 \times 3^3 \quad \text{et} \quad b = 12 \times 3 \times 35.$$

2. Quel est le nombre de diviseurs de $p = 2^4 \times 3^2 \times 5^2$?

10 Nombres premiers

Corrigé p. 555

Rappel
Le nombre 1 n'est pas un nombre premier.

1. a) La somme de deux entiers premiers est-elle un nombre premier ?
b) La différence de deux entiers premiers est-elle un nombre premier ?
2. Combien faut-il faire d'opérations pour savoir si 97 est un nombre premier ?

11 Ensemble de nombres

Corrigé p. 556

Soit a et b deux entiers naturels et δ le PGCD $(a\,;b)$.

Démontrer que, quels que soient les entiers relatifs u et v, le nombre $z = au + bv$ est un multiple de δ.

Exercices d'entraînement

12 Quotient et reste

10 min Corrigé p. 556

Soit a et b deux entiers naturels non nuls tels que $a > b$.

Démontrer que si on divise a et b par leur différence $a - b$, les deux quotients obtenus diffèrent de 1, et les restes sont égaux.

13 Quotient et reste

10 min Corrigé p. 556

Soit n, a et b trois entiers naturels non nuls.

Démontrer que si q est le quotient de la division euclidienne de n par a et q_1 le quotient de q par b, alors q_1 est le quotient de n par ab.

14 Divisibilité

10 min Corrigé p. 557

Soit p un entier naturel non nul, et a un entier naturel strictement supérieur à 1, démontrer que si p divise $a^2 - a$, alors pour tout entier n non nul, p divise $a^n - a$.

15 Divisibilité par 5

10 min Corrigé p. 557

Déterminer le reste de la division par 5 du nombre $8^{1\,974}$.

16 Système d'équations

10 min Corrigé p. 557

Déterminer les entiers naturels a et b tels que :

$$\begin{cases}(a+b) = 168 \\ \text{PGCD}(a\,;b) = 21\end{cases}.$$

17 Calcul du PGCD

10 min Corrigé p. 557

Soit n un entier naturel non nul.

Déterminer, en fonction de n, $\text{PGCD}(n^2+1\,;n+1)$.

18 Nombres premiers entre eux

10 min Corrigé p. 558

Soit x et y deux entiers relatifs. Démontrer que si x et y sont premiers entre eux, alors $4x + 11y$ et $3x + 8y$ le sont aussi.

19 PGCD

10 min Corrigé p. 558

Démontrer que si a et b sont deux entiers naturels premiers entre eux tels que $a > b$, alors $\text{PGCD}(a + b\,;\, a - b)$ est égal à 1 ou à 2.

20 Système d'équations

★ 15 min Corrigé p. 559

Soit n un entier supérieur ou égal à 6 et a, b et c trois entiers naturels tels que :

$$a = n^2 + n + 1\,; \quad b = n^2 + n + 4\,; \quad c = n^4 + 3n^3 + 5n + 4.$$

1. Sachant que $c = ab$, déterminer n, puis les nombres a, b et c.

2. Vérifier, en utilisant l'algorithme d'Euclide, que a et b sont premiers entre eux. En déduire une solution de l'équation $ax + by = 1$.

21 Simplification d'une fraction

★★ 20 min Corrigé p. 560

n étant un entier relatif quelconque, on pose :

$$A = n - 1 \quad \text{et} \quad B = n^2 - 3n + 6.$$

1. Démontrer que :

$$\text{PGCD}\,(A\,;\,B) = \text{PGCD}\,(A\,;\,4).$$

2. Déterminer suivant les valeurs de n, PGCD $(A\,;\,B)$.

3. Pour quelles valeurs de l'entier relatif n, différent de 1, le nombre $\dfrac{n^2 - 3n + 6}{n - 1}$ est-il un entier relatif ?

22 Couples de nombres premiers entre eux

15 min Corrigé p. 561

1. Soit a, b et c trois entiers relatifs. Démontrer que si a et c sont premiers entre eux ainsi que b et c, alors $a \times b$ et c sont premiers entre eux.

2. Soit a, b deux entiers relatifs.

Démontrer que si a et b sont premiers entre eux, alors a est premier avec $a + b$.

3. Montrer que si deux nombres sont premiers entre eux, il en est de même de leur somme et de leur produit.

23 Système d'équations

10 min Corrigé p. 562

Résoudre dans l'ensemble des entiers naturels non nuls,

$$\begin{cases} \text{PGCD}(a\,;\,b) = 27 \\ \text{PPCM}(a\,;\,b) = 108 \end{cases}.$$

24 Divisibilité par 24

10 min Corrigé p. 562

Soit p un nombre premier supérieur ou égal à 5.
Démontrer que $p^2 - 1$ est divisible par 24.

25 Nombres de Mersenne

10 min Corrigé p. 563

Soit n un entier naturel supérieur ou égal à 2.
Démontrer que si $2^n - 1$ est un nombre premier, alors n est un nombre premier.

26 Division

15 min Corrigé p. 563

On effectue une division, le dividende est 353 et le reste 5.
Quels peuvent être le diviseur et le quotient ?

27 Équation

20 min Corrigé p. 564

1. Trouver tous les entiers naturels dont le cube divise 18 360.

2. En déduire dans $\mathbb{N}$, la résolution de l'équation d'inconnue b :

$$b^3[b^2 + (b+1)^2] = 18\,360.$$

3. Existe-t-il un entier $b \geqslant 5$, tel que :

$$36\,723 = 4b^5 + 4b^3 + 2b^2 + 3\ ?$$

Sujets de type bac

28 Calculs de PGCD

★★ 35 min Corrigé p. 565

n et c étant deux entiers naturels non nuls, le but de l'exercice est de comparer le PGCD de (cn) et de $2n + 1$ au PGCD de c et de $2n + 1$, puis de déterminer selon les valeurs de n, le PGCD des deux nombres :

$$A = 3n \quad \text{et} \quad B = 2n + 1.$$

1. Démontrer que n et $2n + 1$ sont premiers entre eux.

2. En utilisant le théorème de Bézout, démontrer que, pour tout entier naturel non nul c, le PGCD de (cn) et de $2n + 1$ est égal au PGCD de c et de $2n + 1$.

3. En déduire que le PGCD de A et B est le PGCD de 3 et de $2n + 1$.

4. Déterminer le PGCD de 3 et de $2n + 1$ selon les valeurs de n en utilisant par exemple, les trois valeurs possibles du reste dans la division euclidienne de n par 3.

29 Équation diophatienne

★★★ 10 min ➲ Corrigé p. 566

Soit l'équation d'inconnue rationnelle x, $78x^3 + ux^2 + vx - 14 = 0$ (1)

où u et v sont des entiers relatifs.

1. On suppose dans cette question que $\frac{14}{39}$ est solution de l'équation (1).

a) Prouver que les entiers relatifs u et v sont liés par la relation :

$$14u + 39v = 1\,129.$$

b) Utiliser l'algorithme d'Euclide, en détaillant les diverses étapes du calcul, pour trouver un couple $(x\,;y)$ d'entiers relatifs vérifiant l'équation :

$$14x + 39y = 1.$$

Vérifier que le couple $(-25\,;9)$ est solution de cette équation.

c) En déduire un couple $(u_0\,;v_0)$ solution particulière de l'équation :

$$14u + 39v = 1\,129.$$

Donner la solution générale de cette équation, c'est-à-dire l'ensemble des couples $(u\,;v)$ d'entiers relatifs qui la vérifient.

d) Déterminer, parmi les couples $(u\,;v)$ précédents, celui pour lequel le nombre u est l'entier naturel le plus petit possible.

2. a) Décomposer 78 et 14 en facteurs premiers.

En déduire, dans $\mathbb{N}$, l'ensemble des diviseurs de 78 et l'ensemble des diviseurs de 14.

b) Soit $\frac{p}{q}$ une solution rationnelle de l'équation (1) d'inconnue x :

$$78x^3 + ux^2 + vx - 14 = 0$$

où u et v sont des entiers relatifs.

Montrer que si p et q sont des entiers relatifs premiers entre eux, alors p divise 14 et q divise 78.

c) En déduire le nombre de rationnels, non entiers, pouvant être solutions de l'équation (1) et écrire, parmi ces rationnels, l'ensemble de ceux qui sont positifs.

30 Congruences

➲ Corrigé p. 569

Partie A – Question de cours

1. Énoncer le théorème de Bézout et le théorème de Gauss.

2. Démontrer le théorème de Gauss en utilisant le théorème de Bézout.

Partie B

Il s'agit de résoudre dans $\mathbb{Z}$ le système $(S)\ \begin{cases} n \equiv 13\ (19) \\ n \equiv 6\ \ (12) \end{cases}$.

1. Démontrer qu'il existe un couple $(u\,;v)$ d'entiers relatifs tel que :

$$19u + 12v = 1.$$

(On ne demande pas dans cette question de donner un exemple d'un tel couple).

Vérifier que, pour un tel couple, le nombre $N = 13 \times 12v + 6 \times 19u$ est une solution de (S).

2. a) Soit n_0 une solution de (S). Vérifier que le système (S) équivaut à :

$$\begin{cases} n \equiv n_0 \ (19) \\ n \equiv n_0 \ (12) \end{cases}.$$

b) Démontrer que le système $\begin{cases} n \equiv n_0 \ (19) \\ n \equiv n_0 \ (12) \end{cases}$ équivaut à $n \equiv n_0 \ (12 \times 19)$.

3. a) Trouver un couple $(u\,;v)$ solution de l'équation $19u + 12v = 1$ et calculer la valeur de N correspondante.

b) Déterminer l'ensemble des solutions de (S) (on pourra utiliser la question **2.b)**.

4. Un entier naturel n est tel que lorsqu'on le divise par 12, le reste est 6 et lorsqu'on le divise par 19, le reste est 13.

On divise n par $228 = 12 \times 19$. Quel est le reste r de cette division ?

31 Chiffrement

➲ Corrigé p. 572

Partie A

On considère l'équation (E) $11x - 26y = 1$, où x et y désignent deux nombres entiers relatifs.

1. Vérifier que le couple $(-7\,;-3)$ est solution de (E).

2. Résoudre alors l'équation (E).

3. En déduire le couple d'entiers relatifs $(u\,;v)$ solution de (E) tel que :

$$0 \leqslant u \leqslant 25.$$

Partie B

On assimile chaque lettre de l'alphabet à un nombre entier comme l'indique le tableau ci-dessus.

A	B	C	D	E	F	G	H	I	J	K	L	M
0	1	2	3	4	5	6	7	8	9	10	11	12

N	O	P	Q	R	S	T	U	V	W	X	Y	Z
13	14	15	16	17	18	19	20	21	22	23	24	25

On « code » tout nombre entier x compris entre 0 et 25 de la façon suivante : on calcule $11x + 8$; puis on calcule le reste de la division euclidienne de $11x + 8$ par 26, que l'on appelle y.

x est alors « codé » par y.

Ainsi, par exemple, la lettre L est assimilée au nombre 11.

$11 \times 11 + 8 = 129$; or $129 \equiv 25$ (modulo 26) ; 25 est le reste de la division euclidienne de 129 par 26. Au nombre 25 correspond la lettre Z.

La lettre L est donc codée par la lettre Z.

1. Coder la lettre W.

2. Le but de cette question est de déterminer la fonction de décodage.

a) Montrer que pour tous nombres entiers relatifs x et j :

$$11x = j \text{ (modulo 26) équivaut à } x = 19j \text{ (modulo 26).}$$

b) En déduire un procédé de décodage.

c) Décoder la lettre W.

32 Solutions particulières d'une équation

➔ Corrigé p. 574

Les parties A et B sont indépendantes.

Partie A

On considère l'équation (E) $7x - 6y = 1$ où x et y sont des entiers naturels.

1. Donner une solution particulière de l'équation (E).

2. Déterminer l'ensemble des couples d'entiers naturels solutions de l'équation (E).

Partie B

Dans cette partie, on se propose de déterminer les couples $(n\ ;\ m)$ d'entiers naturels non nuls vérifiant la relation $7^n - 3 \times 2^m = 1$ (F).

1. On suppose maintenant que $m \leqslant 4$.

Montrer qu'il y a exactement deux couples solutions.

2. On suppose maintenant que $m \geqslant 5$.

a) Montrer que si le couple $(n\ ;\ m)$ vérifie (F) alors $7^n \equiv 1$ (modulo 32).

b) En étudiant les restes de la division par 32 des puissances de 7, montrer que si le couple $(n\ ;\ m)$ vérifie la relation (F), alors n est divisible par 4.

c) En déduire que si le couple $(n\ ;\ m)$ vérifie (F), alors $7^n \equiv 1$ (modulo 5).

d) Pour $m \geqslant 5$, existe-t-il des couples $(n\ ;\ m)$ d'entiers naturels non nuls vérifiant la relation (F) ?

3. Conclure, c'est-à-dire déterminer l'ensemble des couples d'entiers naturels non nuls vérifiant la relation (F).

CORRIGÉS

Questions courtes

1 **1. a)** $0 \leqslant 7 < 9$, donc $\mathbf{52 = 5 \times 9 + 7}$ **est l'écriture de la division de 52 par 9.**
$7 > 5$, donc $\mathbf{52 = 5 \times 9 + 7}$ **n'est pas l'écriture de la division de 52 par 5.**

b) $-2 < 0$, donc $\mathbf{28 = 6 \times 5 - 2}$ **n'est pas l'écriture de la division de 28 par 6 ou de 28 par 5.**

> **Méthode**
> L'égalité $a = bq + r$ est l'écriture de la division euclidienne de a par b si et seulement si l'entier r vérifie $0 \leqslant r < b$.

c) $0 \leqslant 2 < 5$, donc $\mathbf{37 = 7 \times 5 + 2}$ **est l'écriture de la division de 37 par 5.**
$0 \leqslant 2 < 7$, donc $\mathbf{37 = 7 \times 5 + 2}$ **est l'écriture de la division de 37 par 7.**

2. a) Les restes possibles de la division d'un entier par 7 sont :

$$\boxed{0,\ 1,\ 2,\ 3,\ 4,\ 5 \text{ ou } 6.}$$

b) Si les entiers a et b ont respectivement pour reste 3 et 5 dans la division par 7, on écrit $a \equiv 3 \pmod 7$ et $b \equiv 5 \pmod 7$, ou encore, il existe deux entiers k et k' tels que $a = 7k + 3$ et $b = 7k' + 5$.

• En utilisant les propriétés des congruences :

$$a + b \equiv 3 + 5 \equiv 1 \quad (7).$$

L'entier naturel 1 est plus petit que 7, donc le reste de la division de $a + b$ par 7 est 1 ; avec l'autre méthode on écrit :

$$\begin{aligned} a + b &= 7k + 7k' + 8 \\ &= 7k + 7k' + 7 + 1 \\ &= 7(k + k' + 1) + 1. \end{aligned}$$

L'entier naturel 1 est plus petit que 7, l'écriture précédente est bien l'écriture de la division euclidienne de $a + b$ par 7.

Donc 1 est le reste de la division de $a + b$ par 7.

• À l'aide des propriétés des congruences, $a^2 \equiv 9 \equiv 2 \quad (7)$.

2 est plus petit que 7, c'est le reste de la division de a^2 par 7 ou encore :

$$\begin{aligned} a^2 = (7k + 3)^2 &= 7^2k^2 + 2 \times 3 \times 7k + 9 \\ &= 7^2k^2 + 7 \times 6k + 7 + 2 \\ &= 7(7k^2 + 6k + 1) + 2. \end{aligned}$$

> **Rappel**
> Si a et b sont deux réels, alors $(a + b)^2 = a^2 + 2ab + b^2$.

L'entier naturel 2 est plus petit que 7, l'écriture précédente est bien l'écriture de la division euclidienne de a^2 par 7 et donc **2 est le reste de la division de a^2 par 7.**

On démontre de même que **les restes de la division de ab et a^3 par 7 sont respectivement 1 et 6.**

3. Par hypothèse, il existe deux entiers q et r tels que :

$$a = bq + r, \quad \text{avec} \quad 0 \leqslant r < b \quad \text{et} \quad r \geqslant q.$$

Donc l'entier $r - q$ est positif et inférieur à r. Posons $s = r - q$:

$$a = bq + q + s, \qquad \text{avec} \qquad s \geqslant 0.$$

D'où $a = (b+1)q + s$ avec $0 \leqslant s \leqslant r < b < b + 1$, l'écriture précédente est donc l'écriture de la division euclidienne de a par $b + 1$.

Le quotient de la division euclidienne de *a* par $(b + 1)$ est donc *q*.

2 Si a et b sont deux entiers naturels consécutifs non nuls, tels que, par exemple $b = a + 1$, on peut écrire alors $b - a = 1$. D'après le théorème de Bézout, ***a* et *b* sont premiers entre eux.**

> **Rappel**
> Le théorème de Bézout est une condition nécessaire et suffisante pour que deux nombres soient premiers entre eux.

3 **1.** Soient a, b et c trois entiers naturels.

Si a est multiple de b et aussi multiple de c, a est-il multiple de bc ?

• **En général, non.** Par exemple $a = 18$, $b = 6$ et $c = 9$; le nombre 18 n'est pas un multiple de $6 \times 9 = 54$.

• Si b et c sont premiers entre eux, la propriété est vérifiée, car si a est multiple de b, il existe un entier q tel que :

$$a = bq$$

et un entier q' tel que :

$$a = cq'.$$

L'entier b divisant a, il divise cq' et étant premier avec c, il divise q' (théorème de Gauss) ; il existe un entier q'' tel que $q' = bq''$; d'où $a = cq' = cbq''$.

Donc l'entier bc divise a et **l'entier *a* est un multiple de *bc*.**

2. a) Le nombre $n^3 - n$ où n est un entier naturel non nul, s'écrit :

$$n(n^2 - 1) = n(n-1)(n+1) = (n-1)n(n+1).$$

C'est donc le produit de trois entiers consécutifs dont l'un au moins est pair et l'un est multiple de 3.

Les entiers 2 et 3 divisent donc $n^3 - n$, mais 2 et 3 étant premiers entre eux, $2 \times 3 = 6$ divise $n^3 - n$. **Donc $n^3 - n$ est un multiple de 6.**

b) Le nombre $n^3 - n$ est un multiple de 12, c'est donc que $n^3 - n$ est un multiple de 4. Or $n^3 - n = (n-1)n(n+1)$.
Si $(n - 1)$ est pair (c'est-à-dire n impair), $n + 1$ l'est aussi et donc $(n-1)n(n+1)$ est divisible par 4. Étant divisible par 3 et les entiers 4 et 3 étant premiers entre eux, $n^3 - n$ est divisible par 12.

Si $(n-1)$ est impair, $(n+1)$ est impair et $(n-1)n(n+1)$ sera divisible par 4, si n est divisible par 4.

En conclusion, $n^3 - n$ est divisible par 12 si n est impair ou si n est divisible par 4.

4 **1.** x est un nombre pair est équivalent à écrire $x \equiv 0 \quad (2)$; en utilisant les propriétés des congruences $x^2 \equiv 0^2 \equiv 0 \quad (2)$, donc x^2 est un nombre pair.

Utilisons l'écriture de la division euclidienne pour démontrer l'autre propriété, si l'entier x est impair, il existe un entier k tel que $x = 2k + 1$ et donc :

$$x^2 = 4k^2 + 4k + 1 = 2(2k^2 + 2k) + 1.$$

L'entier naturel 1 est strictement inférieur à 2 ; l'écriture précédente est la division euclidienne de x^2 par 2.

Donc x^2 est impair.

Si un entier naturel x est pair, son carré est pair et si x est un entier impair, son carré est impair.

Donc si un entier x a un carré impair, il est impair.

2. Si les trois entiers étaient impairs, alors les entiers b^2 et c^2 seraient impairs et $b^2 + c^2$ serait pair, et a^2 serait pair ce, qui est contraire à l'hypothèse a impair.

Donc un au moins des entiers est un entier pair.

5 Si la fraction $\frac{a}{b}(a \in \mathbb{N},\ b \in \mathbb{N}^*)$ est irréductible, les décompositions de a et de b en facteurs premiers n'ont pas d'élément en commun, la décomposition de a^2 comportant les mêmes nombres premiers que la décomposition de a, de même pour b.

Les nombres a^2 et b^2 n'ont donc pas de nombre premier commun dans leur décomposition en facteurs premiers.

La fraction $\frac{a^2}{b^2}$ est donc irréductible.

6 **1.** Soit d le PGCD de deux entiers a et b non nuls.

Si k est un entier naturel non nul, alors $\text{PGCD}(ka\ ;\ kb) = kd$, donc :

$$\boxed{\text{PGCD}(a \times a\ ;\ a \times b) = ad.}$$

De même :

$$\boxed{\text{PGCD}(b^2\ ;\ ab) = bd.}$$

2. a) Soit d le PPCM de deux entiers a et b non nuls premiers entre eux.
Les entiers a et b étant premiers entre eux, le PPCM de a et b est ab.

> **Rappel**
> Si a et b sont deux entiers naturels : $\text{PGCD}(a\,;b) \times \text{PPCM}(a, b) = ab$.

De plus, $\text{PPCM}(a^2\,;ab) \times \text{PGCD}(a^2\,;ab) = a^2 \times ab$.
Les entiers non nuls a et b étant premiers entre eux, $\text{PGCD}(a^2\,;ab) = a$, et donc :

$$\boxed{\text{PPCM}(a^2\,;ab) = a^2b.}$$

b) De même :

$$\boxed{\text{PPCM}(b^2\,;ab) = b^2a.}$$

c) Si a et b sont premiers entre eux, alors a^2 et b^2 le sont aussi et donc :

$$\boxed{\text{PPCM}(a^2\,;b^2) = a^2b^2.}$$

7 **1.** p et n sont deux entiers naturels non nuls :

$$a = pn \quad \text{et} \quad b = pn + p = p(n+1).$$

Donc p est diviseur commun à a et b.
Les entiers n et $n + 1$ étant premiers entre eux :

$$\boxed{\text{PGCD}(a\,;b) = p.}$$

2. Le PPCM de a et b est b. **Donc b est un multiple de a.**

3. d est un diviseur commun à a et b. Donc d est un diviseur du PGCD de a et b par définition du PGCD de deux entiers.
Donc le PGCD de a et b est un multiple de d.

8 Quels sont les entiers relatifs n tels que $n - 1$ divise $n + 1$?
L'entier n est différent de 1, car 0 ne divise aucun nombre.
Pour tout entier n différent de 1 :

$$\frac{n+1}{n-1} = \frac{n-1+2}{n-1} = 1 + \frac{2}{n-1}.$$

$n - 1$ divise $n + 1$ si et seulement si $\dfrac{n+1}{n-1}$ est un entier,

ou encore si $\dfrac{n+1}{n-1} - 1$ est un entier, c'est-à-dire si et seulement si $\dfrac{2}{n-1}$ est un entier,
c'est-à-dire si $n - 1$ est un diviseur de 2.
Donc si $n - 1$ est égal à -2 ; -1 ; 1 ou 2 ; c'est-à-dire si n est égal à :

$$\boxed{-1\,;\ 0\,;\ 2 \text{ ou } 3.}$$

CORRIGÉS

9 **1.** Soit les entiers naturels $a = 2^6 \times 3^3$ et $b = 12 \times 3 \times 35$.

Écrivons les décompositions en facteurs premiers des deux nombres a et b.

La décomposition est déjà faite pour a car 2 et 3 sont premiers.

$12 = 3 \times 4 = 3 \times 2^2$ et $35 = 5 \times 7$ d'où $b = 2^2 \times 3^2 \times 5 \times 7$.

Pour calculer le PGCD$(a\ ;\ b)$, on construit le nombre dont la décomposition en facteurs premiers s'obtient en prenant les nombres premiers présents dans les deux décompositions avec l'exposant le plus petit, soit :

$$\boxed{\text{PGCD}(a\ ;\ b) = 2^2 \times 3^2 = 36.}$$

Pour calculer le PPCM$(a\ ;\ b)$, on construit le nombre comportant tous les facteurs premiers présents avec l'exposant maximum rencontré, soit :

$$\boxed{\text{PPCM}(a\ ;\ b) = 2^6 \times 3^3 \times 5 \times 7 = 60\,480.}$$

2. Les diviseurs de $p = 2^4 \times 3^2 \times 5^2$ sont les nombres dont la décomposition en facteurs premiers ne comporte que des 2, 3 et 5 avec des exposants respectifs compris entre 0 et 4 (soit 5 choix), 0 et 2 (soit 3 choix) et 0 et 2 (soit 3 choix).

On peut dire aussi qu'un diviseur est un nombre de la forme :

$2^\alpha \times 3^\beta \times 5^\gamma$ avec $0 \leqslant \alpha \leqslant 4$, $0 \leqslant \beta \leqslant 2$ et $0 \leqslant \gamma \leqslant 2$.

> **Remarque**
> On peut aussi dénombrer les diviseurs à l'aide d'un arbre.

Il y a donc $5 \times 3 \times 3 = 45$ diviseurs.

10 **1. a)** Tous les nombres premiers, sauf 2, sont impairs et la somme de deux nombres impairs est paire.
La somme de deux entiers premiers n'est donc pas toujours un nombre premier.

> **Remarque**
> On peut donner aussi un contre-exemple : $3 + 5 = 8$ et 8 n'est pas un nombre premier.

b) La différence de deux nombres impairs est paire, **donc la différence de deux entiers premiers n'est pas toujours un nombre premier.**

> **Remarque**
> On peut aussi donner un contre-exemple :
> $3 - 2 = 1$ et 1 n'est pas un nombre premier.

2. Le plus grand diviseur premier p de 97 a un carré inférieur à 97, donc le plus grand diviseur premier de 97 est inférieur à $\sqrt{97} \approx 9{,}85$, donc les seuls diviseurs premiers possibles sont 2, 3, 5, 7.

Aucun de ces nombres ne divise 97, donc **en quatre divisions, on a montré que 97 est premier.**

11 Si δ est le PGCD$(a\,;b)$, il existe deux entiers naturels a' et b' tels que :

$$a = \delta a' \quad \text{et} \quad b = \delta b'.$$

Donc tout nombre $au + bv$ s'écrit $\delta a'u + \delta b'v = \delta(a'u + b'v)$,
donc tout nombre $au + bv$ où **u et v sont des entiers relatifs est un multiple de δ.**

Exercices d'entraînement

12 Soit q et r le quotient et le reste de la division de a par $a - b$.

$$a = (a-b)q + r \quad \text{avec} \quad 0 \leqslant r \leqslant a - b - 1.$$

L'entier q est non nul, car sinon on aurait $a = r$, et donc $0 \leqslant a \leqslant a - b - 1$, et donc $0 \leqslant -b - 1$, ce qui est impossible, donc $q \geqslant 1$.

$$\begin{aligned} b &= a + (b - a) \\ &= (a-b)q + r + (b-a) \quad \text{avec} \quad 0 \leqslant r \leqslant a - b - 1 \\ &= (a-b)(q-1) + r \quad \text{avec} \quad 0 \leqslant r \leqslant a - b - 1. \end{aligned}$$

L'écriture précédente est bien la division euclidienne de b par $a - b$, car :

$$b = (a-b)(q-1) + r \quad \text{avec} \quad 0 \leqslant r \leqslant a - b - 1.$$

Le quotient de la division de b par $a - b$ diffère de 1 du quotient de la division de a par $a - b$, et le reste est le même.

13 Si q et r sont respectivement le quotient et le reste de la division de n par a :

$$n = aq + r \quad \text{avec} \quad 0 \leqslant r \leqslant a - 1.$$

Si q_1 et r_1 sont respectivement le quotient et le reste de la division de q par b :

$$q = bq_1 + r_1 \quad \text{avec} \quad 0 \leqslant r_1 \leqslant b - 1.$$

D'où $n = a(bq_1 + r_1) + r$ avec $0 \leqslant r \leqslant a - 1$ et $0 \leqslant r_1 \leqslant b - 1$,
c'est-à-dire :

$$n = abq_1 + ar_1 + r.$$

q_1 est le quotient de la division de n par ab si et seulement :

$$0 \leqslant ar_1 + r \leqslant ab - 1.$$

Or, $0 \leqslant r \leqslant a - 1$ et $0 \leqslant r_1 \leqslant b - 1$, d'où en multipliant la deuxième double inégalité par l'entier naturel a et en ajoutant la première :

$$0 \leqslant ar_1 + r \leqslant a(b-1) + a - 1,$$

soit :

$$0 \leqslant ar_1 + r \leqslant ab - 1.$$

q_1 est donc le quotient de la division de n par ab.

14 Si $n = 1$, $a^n - a = a - a = 0$, donc l'entier naturel p divise $a - a = 0$;
Si l'entier naturel p divise $a^2 - a$, alors p divise $a^n - a$ avec $n = 2$.

Supposons que n soit un entier strictement supérieur à 2, $n - 1$ est donc un entier strictement supérieur à 1, d'où :

$$\begin{aligned} a^n - a = a(a^{n-1} - 1) &= a(a^{n-1} - 1^{n-1}) \\ &= a(a-1)(a^{n-2} + a^{n-3} + \cdots + a + 1) \\ &= (a^2 - a)(a^{n-2} + a^{n-3} + \cdots + a + 1). \end{aligned}$$

Rappel
Si n est un entier naturel non nul :
$a^n - b^n = (a - b)(a^{n-1} + a^{n-2}b + \cdots + ab^{n-2} + b^{n-1})$.

$(a^{n-2} + a^{n-3} + \cdots + a + 1)$ est un entier naturel,
donc si p divise $a^2 - a$, alors pour tout n strictement supérieur à 2, p divise $a^n - a$.

Donc pour tout entier naturel n non nul, si p divise $a^2 - a$ alors p divise $a^n - a$.

15 Les restes possibles de la division d'un nombre par 5 sont 0,1, 2, 3 ou 4.
Déterminons la suite des restes dans la division par 5 des différentes puissances de 8 : 8^0, 8^1, 8^2, 8^3, 8^4.

$8^0 \equiv 1 \ (5)$; $8^1 \equiv 3 \ (5)$; $8^2 \equiv 8 \times 8 \equiv 3 \times 3 \equiv 4 \ (5)$;
$8^3 \equiv 8^2 \times 8 \equiv 4 \times 3 \equiv 2 \ (5)$; $8^4 \equiv 8^3 \times 8 \equiv 2 \times 3 \equiv 1 \ (5)$.

Effectuons la division euclidienne de 1 974 par 4 :

$$1\,974 = 4 \times 493 + 2,$$

d'où :

$$8^{1\,974} = 8^{4 \times 493 + 2} = 8^{4 \times 493} 8^2 = (8^4)^{493} 8^2$$
$$8^{1\,974} \equiv (8^4)^{493} 8^2 \equiv 1^{493} 4 \equiv 4 \ (5).$$

$4 < 5$ donc 4 est le reste de la division euclidienne de $8^{1\,974}$ par 5.

16 Si le PGCD des nombres a et b est 21, les nombres entier $a' = \dfrac{a}{21}$ et $b' = \dfrac{b}{21}$ sont premiers entre eux et vérifient :

$$a + b = 21a' + 21b' = 168 \quad \text{et} \quad a' + b' = 8.$$

Il faut donc chercher tous les couples d'entiers naturels $(a' ; b')$ dont la somme est 8 et qui sont premiers entre eux. On obtient $(1 ; 7)$, $(3 ; 5)$, $(5 ; 3)$, $(7 ; 1)$, soit les couples $(a ; b)$:

$$\boxed{(21 ; 147), \quad (63 ; 105), \quad (105 ; 63), \quad (147 ; 21).}$$

17 **1.** Si $n = 1$, les deux nombres $(n^2 + 1)$ et $(n + 1)$ sont égaux à 2, leur PGCD est 2.

Si $n > 1$, utilisons l'algorithme d'Euclide $n^2 + 1 = (n + 1)(n - 1) + 2$.

$(n-1)$ et 2 sont respectivement le quotient et le reste de la division de n^2+1 par $n+1$ car 2 est compris entre 0 et n.

Continuons l'algorithme d'Euclide et effectuons la division euclidienne de $n+1$ par 2. Deux cas se présentent :

• Si $n+1$ est un nombre pair, c'est-à-dire si n est impair, $n+1$ est divisible par 2 et il existe un entier p tel que $n+1=2p+0$.

Le PGCD de n^2+1 et $n+1$ est le dernier reste qui précède le reste nul, c'est donc ici 2.

• Si $n+1$ est un nombre impair, c'est-à-dire si n est pair, il existe un entier p tel que $n+1=2p+1$. Et l'on écrit à l'étape suivante, $2=2\times 1+0$.

Le PGCD de n^2+1 et $n+1$ est le dernier reste qui précède le reste nul, c'est donc ici 1. Donc :

si n est pair, $\text{PGCD}(n^2+1\ ;\ n+1)=1$;
si n est impair, $\text{PGCD}(n^2+1\ ;\ n+1)=2$.

18 Les entiers $4x+11y$ et $3x+8y$ sont premiers entre eux si et seulement si on peut trouver deux entiers relatifs α et β tels que :

$$\alpha(4x+11y)+\beta(3x+8y)=1 \qquad \textbf{(1)}$$

c'est-à-dire si l'on peut trouver deux entiers α et β tels que :

$$(4\alpha+3\beta)x+(11\alpha+8\beta)y=1.$$

x et y étant premiers entre eux, il existe d'après le théorème de Bézout, deux entiers relatifs u et v tels que $uv+vy=1$.

α et β, s'ils existent, devront être solution de $\begin{cases} 4\alpha+3\beta=u \\ 11\alpha+8\beta=v. \end{cases}$

En résolvant ce système, on obtient $\alpha=8u-3v$ et $\beta=11u-4v$. α et β sont des entiers relatifs car u et v le sont. On a donc pu trouver α et β entiers tels que (1) soit vérifiée.

Les nombres $4x+11y$ et $3x+8y$ sont premiers entre eux.

19 Si d est le PGCD des deux entiers naturels $a+b$ et $a-b$, d est un diviseur commun à $a+b$ et $a-b$, il divise donc $(a+b)+(a-b)=2a$ et aussi $(a+b)-(a-b)=2b$. d est donc un diviseur commun à $2a$ et $2b$.

• Si d est un entier impair, d divise $2a$ et est premier avec 2, donc d'après le théorème de Gauss, il divise a ; on démontre de même que d divise b.

d est donc un diviseur commun à a et à b et a et b étant premiers entre eux :

$$\boxed{d=1.}$$

• Si d est un entier pair, il existe un entier d' tel que $d = 2d'$. d étant un diviseur commun à $2a$ et $2b$, d' est un diviseur commun à a et b, mais a et b étant premiers entre eux, le seul diviseur commun à a et b est 1, donc $d' = 1$ et :

$$\boxed{d = 2.}$$

Le PGCD de $a + b$ et $a - b$ est alors 1 ou 2.

20 **1.**

$$\begin{cases} n \geqslant 6 \\ a = n^2 + n + 1 \\ b = n^2 + n + 4 \\ c = n^4 + 3n^3 + 5n + 4 \end{cases}$$

n est solution du problème si et seulement si :

$$\begin{cases} n \geqslant 6 \\ n^4 + 3n^3 + 5n + 4 = (n^2 + n + 1)(n^2 + n + 4) \end{cases}$$

c'est-à-dire $\begin{cases} n \geqslant 6 \\ n^3 - 6n^2 = 0 \end{cases}$ ou encore $\begin{cases} n \geqslant 6 \\ n^2(n - 6) = 0. \end{cases}$

La seule solution est $n = 6$ et les nombres a, b, c sont alors égaux à :

$$\boxed{\begin{cases} a = 43 \\ b = 46 \\ c = 1\,978. \end{cases}}$$

2. Démontrons, en utilisant l'algorithme d'Euclide, que les nombres 43 et 46 sont premiers entre eux :

$$\boxed{46} = \boxed{43} \times 1 + \boxed{3}$$

$$\boxed{43} = \boxed{3} \times 14 + \boxed{1}$$

$$\boxed{3} = \boxed{1} \times 3 + \boxed{0}$$

Le PGCD de 43 et 46 est le dernier reste qui précède le reste 0, c'est donc 1, les nombres 43 et 46 sont premiers entre eux.

Remarque
Une autre méthode est d'utiliser la décomposition en facteurs premiers.

En utilisant la deuxième égalité :

$$1 = 43 - \boxed{3} \times 14.$$

En remplaçant le 3 encadré par son expression tirée de la première égalité on obtient :

$$1 = 43 - (46 - 43 \times 1) \times 14$$
$$1 = 43 - 46 \times 14 + 43 \times 14$$
$$1 = 43 \times 15 - 46 \times 14.$$

D'où $x = 15$ et $y = 14$ est une solution de l'équation $43x + 46y = 1$.

À retenir
La méthode précédente est très importante, elle permet de trouver une valeur particulière des coefficients de l'égalité de Bézout.

21 **1.** Pour tout entier relatif n :

$$B = n^2 - 3n + 6 = (n-1)(n-2) + 4 = A(n-2) + 4.$$

Le PGCD de A et B est un diviseur de 4 et donc est un diviseur commun à A et 4, donc divise le PGCD de A et de 4.

Le PGCD de A et 4 est un diviseur de B et donc est un diviseur commun à A et B, donc divise le PGCD de A et de B. Donc :

$$\boxed{\text{PGCD}(A\,;B) = \text{PGCD}(A\,;4).}$$

2. Si $n-1$ est un multiple de 4, c'est-à-dire s'il existe un entier relatif k tel que $n-1 = 4k$, c'est-à-dire $n = 4k+1$,

$$\boxed{\text{PGCD}(A\,;B) = \text{PGCD}(A\,;4) = 4.}$$

Si $n-1$ est de la forme $4k+1$ $(k \in \mathbb{Z})$, c'est-à-dire n de la forme $4k+2$, $(n-1)-4k-1 = 0$, $(n-1)-4k = 1$, les nombres $(n-1)$ et 4 sont premiers entre eux d'après le théorème de Bézout, d'où :

$$\boxed{\text{PGCD}(A\,;B) = \text{PGCD}(A\,;4) = 1.}$$

Si $n-1$ est de la forme $4k+2$ $(k \in \mathbb{Z})$, c'est-à-dire n de la forme $4k+3$, $(n-1)-(4k+2) = 0$, ou encore $(n-1)-4k = 2$.

Le PGCD de $(n-1)$ et de 4 est un diviseur de 2 ; 2 divise $n-1=4k+2$ et divise 4, donc :

$$\boxed{\text{PGCD}(A\ ;B)=\text{PGCD}(A\ ;4)=2.}$$

Si $n-1$ est de la forme $4k+3$ $(k\in\mathbb{Z})$, c'est-à-dire n de la forme $4k+4$, $(n-1)-4k+3=0$, donc $(n-1)-4k=-3$.

En ajoutant 4 aux deux membres, on obtient :

$$(n-1)-4k+4=1, \quad \text{soit} \quad (n-1)-4(k-1)=1.$$

D'après le théorème de Bézout, les nombres A et 4 sont premiers entre eux, d'où :

$$\boxed{\text{PGCD}(A\ ;B)=\text{PGCD}(A\ ;4)=1.}$$

3. Pour tout entier relatif, différent de 1, le nombre $\dfrac{n^2-3n+6}{n-1}$ est un entier si et seulement si $n-1$ divise n^2-3n+6, ce qui équivaut à :

$$\text{PGCD}(n^2-3n+6\ ;n-1)=\text{PGCD}(A\ ;B)=|n-1|.$$

Les valeurs possibles de $|n-1|$ sont donc 1, 2 ou 4. Les valeurs possibles, de $n-1$ sont donc –1, 1, –2, 2, –4, 4. Donc les valeurs possibles de n sont :

$$\boxed{0\ ;\quad 2\ ;\quad -1\ ;\quad 3\ ;\quad -3\ ;\quad 5.}$$

22 **1.** D'après le théorème de Bézout, il existe quatre entiers relatifs u, v, u' et v' tels que :

$$\begin{cases} ua+vc=1 \\ u'b+v'c=1. \end{cases}$$

En effectuant le produit des deux égalités, on obtient successivement :

$$(ua+vc)(u'b+v'c)=1\ ;$$

$$uu'ab+c(vu'b+uv'a+vv'c)=1.$$

D'après le théorème de Bézout, **les nombres *ab* et *c* sont premiers entre eux.**

2. D'après le théorème de Bézout, il existe deux entiers relatifs u, v tels que :

$$ua+vb=1.$$

On peut écrire l'égalité précédente en ajoutant et en retranchant va dans le premier membre, sous la forme :

$$ua-va+va+vb=1$$

$$(u-v)a+v(a+b)=1.$$

D'après le théorème de Bézout, **les nombres *a* et *a* + *b* sont premiers entre eux.**

3. Si a et b sont premiers entre eux, d'après la question précédente a et $a + b$, ainsi que b et $a + b$ sont premiers entre eux.

D'après la première question, $\boldsymbol{ab}$ **et** $\boldsymbol{a + b}$ **sont premiers entre eux.**

23 $|ab| = \text{PGCD}(a\,;b) \times \text{PPCM}(a\,;b) = 2\,916$.
Si $27 = \text{PGCD}(a\,;b)$, il existe deux entiers relatifs a' et b' premiers entre eux tels que $a = 27a'$ et $b = 27b'$.

D'où $|ab| = 27^2|a'b'| = 2\,916$ et $|a'b'| = 4$.

a' et b' sont des entiers relatifs premiers entre eux dont le produit est 4 ou -4, d'où :

	$a' = 1,$	$b' = 4$			$a = 27,$	$b = 108$
ou	$a' = 1,$	$b' = -4$		ou	$a = 27,$	$b = -108$
ou	$a' = -1,$	$b' = -4$		ou	$a = -27,$	$b = -108$
ou	$a' = -1,$	$b' = 4$	soit	ou	$a = 27,$	$b = 108$
ou	$a' = 4,$	$b' = 1$		ou	$a = 108,$	$b = 27$
ou	$a' = 4,$	$b' = -1$		ou	$a = 108,$	$b = -27$
ou	$a' = -4,$	$b' = -1$		ou	$a = -108,$	$b = -27$
ou	$a' = -4,$	$b' = 1.$		ou	$a = -108,$	$b = 27$

Bien retenir

Si a et b sont deux entiers relatifs : $\text{PGCD}(a\,;b) \times \text{PPCM}(a\,;b) = |ab|$.

24 p est un nombre premier supérieur ou égal à 5 :

$$p^2 - 1 = (p - 1)(p + 1),$$

p étant premier différent de 2, p est un nombre impair, les entiers $p - 1$ et $p + 1$ sont donc pairs. Il existe donc un entier k tel que :

$$p - 1 = 2k \quad \text{et} \quad p + 1 = 2(k + 1).$$

k et $k + 1$ sont deux entiers consécutifs, l'un des deux est un nombre pair, $p^2 - 1$ est divisible par 8.

Parmi les entiers consécutifs $p - 1$, p et $p + 1$, l'un est multiple de 3, ce n'est pas le nombre p qui est premier supérieur à 5, c'est donc l'un des deux nombres $p + 1$ ou $p - 1$.

3 divise donc le produit $(p - 1)(p + 1)$.

Les nombres 8 et 3 sont premiers entre eux et divisent chacun $p^2 - 1$, donc **le produit $8 \times 3 = 24$ divise $p^2 - 1$.**

25 Démontrons la propriété équivalente « si n n'est pas premier, alors $2^n - 1$ n'est pas premier ».
Si n n'est pas premier, il existe deux entiers naturels p et q $(2 \leqslant p \leqslant n - 1)$ tels que $n = pq$. Alors :

$$\begin{aligned} 2^n - 1 &= 2^{pq} - 1 = (2^p)^q - 1 \\ &= (2^p - 1)((2^p)^{q-1} + (2^p)^{q-2} + \cdots + 2^p + 1) \end{aligned}$$

en utilisant l'identité remarquable :

$$a^q - b^q = (a - b)(a^{q-1} + a^{q-2}b + \cdots + ab^{q-2} + b^{q-1}),$$

$(2^p - 1)$ est un diviseur de $2^n - 1$ différent de 1 et de $2^n - 1$.

Donc $2^n - 1$ n'est pas premier.

> **Remarque**
> Les nombres de la forme $2^n - 1$ sont appelés des nombres de Mersenne.

> **Remarque**
> La réciproque est fausse ; 11 est premier et $2^{11} - 1 = 2\,047 = 23 \times 49$ n'est pas premier.
> Donc $2^n - 1$ n'est pas premier.

26 Désignons par b et q le diviseur et le quotient cherché. $353 = bq + 5$ avec $5 \leqslant (b - 1)$.

D'où $b \geqslant 6$ et :

$$\begin{cases} bq = 348 \\ b \geqslant 6. \end{cases}$$

Effectuons la décomposition en facteurs premiers de 348 :

$$\begin{array}{r|l} 348 & 2 \\ 174 & 2 \\ 87 & 3 \\ 29 & 29 \\ 1 & \end{array}$$

D'où $348 = 22 \times 3 \times 29$.

Les valeurs de b possibles sont donc les diviseurs supérieurs ou égaux à 6 :

6, 12, 29, 58, 87, 116, 174, 348.

Les valeurs de q correspondantes sont :

58, 29, 12, 6, 4, 3, 2, 1.

27 **1.** Effectuons la factorisation en facteur premier de 18 360 :

18 360	2
9 180	2
4 590	2
2 295	3
765	3
255	3
85	5
17	17
1	

Donc $18\,360 = 2^3 \times 3^3 \times 5 \times 17$.

Les nombres dont le cube divise 18 360 sont 2, 3, 6.

2. b est un entier pris parmi les nombres dont les cubes divisent 18 360, d'où :

$$b = 2 \quad \text{ou} \quad b = 3 \quad \text{ou} \quad b = 6.$$

Si $b = 2$, le premier membre s'écrit $2^3[2^2 + (2+1)^2] = 104$.

Le nombre 2 n'est pas solution.

Si $b = 3$, le premier membre s'écrit $3^3[3^2 + (3+1)^2] = 675$.

Le nombre 3 n'est pas solution.

Si $b = 6$, le premier membre s'écrit $6^3[6^2 + (6+1)^2] = 18\,360$.

Le nombre 6 est solution.

3. Le nombre b s'il existe est solution du système :

$$\begin{cases} b \geqslant 6 \\ 36\,723 = 4 \times b^5 + 4 \times b^4 + 2 \times b^3 + 3 \end{cases}$$

soit des équations successives :

$$4 \times b^5 + 4 \times b^4 + 2 \times b^3 = 36\,720$$
$$2 \times b^5 + 2 \times b^4 + b^3 = 18\,360$$
$$b^3[2b^2 + 2b + 1] = 18\,360$$
$$b^3[b^2 + (b+1)^2] = 18\,360.$$

$b = 6$ est solution du système.

Sujets de type bac

28 **1.** Démontrons que n et $2n+1$ sont premiers entre eux.

$2n+1+(-2)n=1$, donc d'après le théorème de Bézout, **n et $2n+1$ sont premiers entre eux.**

2. Soit c un entier naturel non nul. Pour démontrer l'égalité des PGCD de cn et $2n+1$ et de c et $2n+1$, démontrons que ces deux couples de nombres ont le même ensemble de diviseurs.

• Si d divise c et $2n+1$ alors d divise cn et $2n+1$, donc l'ensemble des diviseurs communs à c et $2n+1$ est inclus dans l'ensemble des diviseurs communs à cn et $2n+1$;

• Soit d' un diviseur commun à cn et à $2n+1$. Les nombres n et $2n+1$ étant premiers entre eux, il existe deux entiers u et v tels que $u(2n+1)+vn=1$, nous avons déterminé de tels entiers à la première question.

Donc en multipliant l'égalité obtenue par l'entier non nul c, on obtient :

$$uc(2n+1)+vcn=c.$$

Si d' divise cn et $2n+1$, il divise $uc(2n+1)+vcn$, donc il divise c et donc c'est un diviseur commun à c et $2n+1$. On a démontré que l'ensemble des diviseurs communs à cn et $2n+1$ est inclus dans l'ensemble des diviseurs communs à c et $2n+1$.

En conclusion, cn et $2n+1$ et c et $2n+1$ ont même ensemble de diviseurs, donc :

$$\boxed{\text{PGCD}(cn\,;2n+1)=\text{PGCD}(c\,;2n+1)}$$

3. Le PGCD de A et B est le PGCD de 3 et $2n+1$; on utilise le résultat précédent avec $c=3$:

$$\boxed{\text{PGCD}(3n\,;2n+1)=\text{PGCD}(3\,;2n+1)}$$

4. Les diviseurs de 3 et $2n+1$ sont des diviseurs de 3, donc sont égaux à 3 ou 1.

• Si $n\equiv 0\ \ (3)$, n est un multiple de 3, donc il existe un entier q, tel que $n=3q$.

Nous cherchons donc le PGCD de 3 et de $6q+1$. Or $6q+1=3\times 2q+1$ donc $(6q+1)-3(2q)=1$, d'après le théorème de Bézout les nombres $6q+1$ et 3 sont premiers entre eux et donc :

$$\boxed{\text{PGCD}(3\,;2n+1)=1.}$$

• Si $n \equiv 1 \ \ (3)$, le reste de la division de n par 3 est 1 : donc il existe un entier q, tel que $n = 3q + 1$.

Nous cherchons donc le PGCD de 3 et de $2(3q + 1) + 1 = 6q + 3$.

Or $6q + 3 = 3(2q + 1)$ est un multiple de 3, donc :

$$\boxed{\text{PGCD}(3 \, ; 2n + 1) = 3.}$$

• Si $n \equiv 2 \ \ (3)$, le reste de la division de n par 3 est 2, donc il existe un entier q, tel que $n = 3q + 2$. Nous cherchons donc le PGCD de 3 et de :

$$2n + 1 = 2(3q + 2) + 1 = 6q + 4 = 6q + 3 + 1 = 3(2q + 1) + 1.$$

Donc $(6q + 4) - 3(2q + 1) = 1$, les nombres $2n + 1 = 6q + 4$ et 3 sont premiers entre eux d'après le théorème de Bézout :

$$\boxed{\text{PGCD}(3 \, ; 2n + 1) = 1.}$$

29 Soit (1) l'équation $78x^3 + ux^2 + vx - 14 = 0$ où x est rationnel et où u et v sont des entiers relatifs.

1. a) $\dfrac{14}{39}$ solution de (1) équivaut à :

$$78\left(\frac{14}{39}\right)^3 + u\left(\frac{14}{39}\right)^2 + v\left(\frac{14}{39}\right) - 14 = 0.$$

En multipliant les deux membres par 39^2 et en remarquant que $78 = 2 \times 39$:

$$2 \times 39 \times \frac{14^3}{39^3} \times 39^2 + \frac{(14)^2}{(39)^2} \times u \times 39^2 + \frac{14}{39} \times v \times 39^2 - 14 \times 39^2 = 0.$$

Après simplification, il reste :

$$2 \times 14^3 + 14^2 \times u + 14 \times 39 \times v - 14 \times 39^2 = 0.$$

En simplifiant par 14 :

$$14u + 39v = 39^2 - 2 \times 14^2$$

$$\boxed{14u + 39v = 1\,129.}$$

b) On effectue les divisions successives et on obtient :

$$39 = 14 \times 2 + 11 \qquad (1)$$

$$14 = 11 \times 1 + 3 \qquad (2)$$

$$11 = 3 \times 3 + 2 \qquad (3)$$

$$3 = 2 \times 1 + 1 \qquad (4)$$

Les nombres 39 et 14 ont pour plus grand commun diviseur 1, ils sont premiers entre eux. Il existe donc des entiers relatifs x et y tels que $14x + 39y = 1$. On obtient un couple $(x \, ; y)$ solution possible en utilisant les égalités ci-dessus.

L'égalité (4) s'écrit :

$1 = 3 - 2$

$1 = (14 - 11) - (11 - 3 \times 3)$ en utilisant les égalités (2) et (3)

$1 = 14 - 2 \times 11 + 3 \times 3$

$1 = 14 - 2(39 - 2 \times 14) + 3(14 - 11)$ en utilisant les égalités (1) et (2)

$1 = 8 \times 14 - 2 \times 39 - 3 \times 11$

$1 = 8 \times 14 - 2 \times 39 - 3(39 - 2 \times 14)$ en utilisant l'égalité (1)

$1 = 14 \times 14 - 5 \times 39.$

Le couple $(x\,;\,y)$ d'entiers relatifs $x = 14$ et $y = -5$ vérifie donc l'équation $14x + 39y = 1$.

D'autre part $-25 \times 14 + 9 \times 39 = -350 + 351 = 1.$

Donc le couple $(-25\,;\,9)$ est solution.

c) On vient de montrer que $14 \times 14 + 39 \times (-5) = 1.$

On en déduit que $14 \times 14 \times 1\,129 + 39 \times (-5) \times 1\,129 = 1\,129.$

Donc une solution particulière de l'équation $14u + 39v = 1\,129$ est le couple $(14 \times 1\,129\,;\,-5 \times 1\,129)$ soit $u_0 = 15\,806$ et $v_0 = -5\,645.$

Si $(u\,;\,v)$ est une solution de l'équation $14u + 39v = 1\,129,$ alors comme $14u_0 + 39v_0 = 1\,129$:

$$14u + 39v = 14u_0 + 39v_0$$
$$14(u - u_0) + 39(v - v_0) = 0$$
$$14(u - u_0) = -39(v - v_0).$$

L'entier 14 divise le 1er membre de l'équation, donc aussi le second.

Comme 14 et 39 sont premiers entre eux, d'après le théorème de Gauss, 14 divise l'entier $v - v_0$, donc il existe un entier relatif k tel que $v - v_0 = 14k$.

En reportant dans l'égalité précédente, la valeur de $v - v_0$:

$14(u - u_0) = -39 \times 14k,$ d'où $u - u_0 = -39k.$

Les entiers relatifs u et v solutions de l'équation $14u + 39v = 1\,129$ sont les entiers définis par $u = u_0 - 39k$ et $v = v_0 + 14k,$ où k est un entier relatif quelconque.

L'ensemble des solutions de l'équation $14u + 39v = 1\,129$ est :

$$\boxed{\{(u_0 - 39k\,;\,v_0 + 14k)/k \in \mathbb{Z}\}.}$$

d) Déterminons le couple pour lequel u est l'entier naturel le plus petit possible. $u \in \mathbb{N}$ si, et seulement si, $u \geqslant 0$ donc :

$$u_0 - 39k \geqslant 0, \text{ d'où } k \leqslant \frac{u_0}{39}.$$

Une valeur approchée de $\frac{u_0}{39} = \frac{15\,806}{39}$ est 405,28.

k étant un entier relatif, u_0 est un entier naturel si, et seulement si, $k \leqslant 405$.

u_0 étant un entier positif $(u_0 = 15\,806)$, $u = u_0 - 39k$ sera le plus petit entier naturel si k est le plus grand possible tout en étant inférieur à 405.

On calcule u avec $k = 405$ et on obtient :

$$u = 15\,806 - 405 \times 39 = 11.$$

De même $v = v_0 + 14k = -5 \times 1\,129 + 14 \times 405$, donc $v = 25$.

Parmi les solutions de l'équation, celle qui a une valeur u la plus petite possible est le couple $(11\,;25)$.

2. a) La décomposition en facteurs premiers de 78 est $2 \times 3 \times 13$.
Il y a trois facteurs premiers, 2, 3 et 13, on a donc $2 \times 2 \times 2 = 8$ diviseurs de 78.
L'ensemble $\mathcal{D}_{78}$ des diviseurs de 78 est :

$$\boxed{\mathcal{D}_{78} = \{1\,;2\,;3\,;6\,;13\,;26\,;\ 39\,;\ 78\}.}$$

La décomposition de 14 en facteurs premiers est $14 = 2 \times 7$.

Le nombre de diviseurs de 14 est $2 \times 2 = 4$.

L'ensemble $\mathcal{D}_{14}$ des diviseurs de 14 est :

$$\boxed{\mathcal{D}_{14} = \{1\,;2\,;7\,;14\}.}$$

b) Soit $\frac{p}{q}$ une solution rationnelle de l'équation **(1)**.

$$78\left(\frac{p}{q}\right)^3 + u\left(\frac{p}{q}\right)^2 + v\left(\frac{p}{q}\right) - 14 = 0.$$

q étant non nul, en multipliant les deux membres par q^3 :

$$78p^3 + up^2q + vpq^2 - 14q^3 = 0. \qquad \textbf{(2)}$$

$$78p^3 + up^2q + vpq^2 = 14q^3 \qquad \textbf{(3)}$$

p n'est pas nul car 0 n'est pas solution de l'équation **(1)**.

En mettant p en facteur dans le 1er membre de **(3)** :

$$p(78p^2 + upq + vq^2) = 14q^3.$$

p est un entier non nul qui divise le premier membre, il divise aussi le second membre, et comme p et q sont premiers entre eux, p et q^3 sont premiers entre eux donc p divise 14. On en déduit que p est un entier de l'ensemble :

$$\boxed{\{-14\,;-7\,;-2\,;-1\,;1\,;2\,;7\,;14\}.}$$

On reprend l'égalité (**2**) écrite sous la forme :

$$up^2q + vpq^2 - 14q^3 = -78p^3.$$

q n'étant pas nul, $q(up^2 + vpq - 14q^2) = -78p^3$.

q divise le 1er membre, donc divise aussi le second, comme p et q sont des entiers relatifs premiers entre eux, p^3 et q sont aussi premiers entre eux, donc q divise 78. On en déduit que q est un entier de l'ensemble :

$$\{-78 ; -39 ; -26 ; -13 ; -6 ; -3 ; -2 ; -1 ; 1 ; 2 ; 3 ; 6 ; 13 ; 26 ; 39 ; 78\}.$$

c) Les rationnels non entiers positifs pouvant être solutions sont :

- $\frac{1}{2} ; \frac{1}{3} ; \frac{1}{6} ; \frac{1}{13} ; \frac{1}{26} ; \frac{1}{39} ; \frac{1}{78}$;
- $\frac{2}{3} ; \frac{2}{13} ; \frac{2}{39}$;
- $\frac{7}{2} ; \frac{7}{3} ; \frac{7}{6} ; \frac{7}{13} ; \frac{7}{26} ; \frac{7}{39} ; \frac{7}{78}$;
- $\frac{14}{3} ; \frac{14}{13} ; \frac{14}{39}$.

Il y a 20 rationnels positifs possibles. Par symétrie, il y a donc aussi 20 rationnels négatifs.

Donc, au total, il y a 40 rationnels solutions de cette équation.

30 Partie A

1. Théorème de Bézout

Deux entiers relatifs non nuls a et b sont premiers entre eux si, et seulement si, il existe deux entiers relatifs u et v tels que $au + bv = 1$.

Théorème de Gauss

On considère trois entiers relatifs non nuls a, b, c.

Si a divise bc et si a et b sont premiers entre eux, alors a divise c.

2. a, b, c sont trois entiers relatifs non nuls.

On sait que a divise bc : il existe donc un entier relatif q tel que $bc = aq$.

On sait aussi que a et b sont premiers entre eux : d'après le théorème de Bézout, il existe deux entiers relatifs u et v tels que $au + bv = 1$.

En multipliant l'égalité $au + bc = 1$ par c, on obtient : $acu + bcv = c$.

En remplaçant bc par aq, on obtient : $acu + aqv = c$;

donc $c = a(cu + qv) = aq'$ où q' est un entier relatif.

L'égalité $c = aq'$, $q' \in \mathbb{Z}$, prouve que ***a* divise *c*.**

Partie B

1. 19 et 12 ont pour seul diviseur commun 1.

19 et 12 sont premiers entre eux et, en appliquant le théorème de Bézout, **il existe deux entiers relatifs u et v tels que $19u + 12v = 1$.**

Il existe un couple $(u\ ;\ v)$ d'entiers relatifs tels que $19u + 12v = 1$.

Lorsque $19u + 12v = 1$, $12v = 1 - 19u$, d'où :

$N = 13 \times 12v + 6 \times 19u = 13(1 - 19u) + 6 \times 19u$,

$N = 13 + 19(-13u + 6u) = 13 + 19(-7u)$.

$19 \equiv 0$ (modulo 19), donc $N \equiv 13$ (modulo 19).

De même, $19u = 1 - 12v$, donc :

$N = 13 \times 12v + 6 \times (1 - 12v) = 6 + 12v(13 - 6) = 6 + 12 \times 7v$,

$N \equiv 6$ (modulo 12).

N est bien solution du système (S).

Pour tout couple $(u\ ;\ v)$ vérifiant $19u + 12v = 1$, $N = 13 \times 12v + 6 \times 19u$ est solution de (S).

2. a) On veut montrer que, si n_0 vérifie $\begin{cases} n_0 \equiv 13 \quad (19) \\ n_0 \equiv 6 \quad (12) \end{cases}$, alors :

$$(S) \begin{cases} n \equiv 13 \quad (19) \\ n \equiv 6 \quad (12) \end{cases} \quad \text{équivaut à} \quad (S') \begin{cases} n \equiv n_0 \quad (19) \\ n \equiv n_0 \quad (12) \end{cases}.$$

Montrons que tout entier n solution de (S) est solution de (S') :

n est solution de (S), donc $n \equiv 13 \quad (19)$.

Par symétrie de la relation de congruence :

$n_0 \equiv 13 \quad (19)$ implique $13 \equiv n_0 \quad (19)$.

Par transitivité de cette relation :

$n_0 \equiv 13 \quad (19)$ et $13 \equiv n_0 \quad (19)$ implique $n \equiv n_0 \quad (19)$.

On montre de même que $n \equiv n_0 \quad (12)$.

On a montré que si n est solution de (S), alors n est solution de (S').

Réciproquement, soit n une solution de (S').

$n \equiv n_0 \quad (19)$ et $n_0 \equiv 13 \quad (19)$.

Par transitivité de la relation de congruence, on en déduit que :

$$n \equiv 13 \quad (19).$$

On montre de même que $n \equiv 6 \quad (19)$.

On a montré que si n est solution de (S'), n est solution de (S).

Les systèmes (S) et (S') ont les mêmes solutions, ils sont équivalents.

$$(S)\begin{cases} n_0 \equiv 13 \quad (19) \\ n \equiv 6 \quad (12) \end{cases} \text{ équivaut à } \begin{cases} n \equiv n_0 \quad (19) \\ n \equiv n_0 \quad (12) \end{cases}$$

où n_0 est solution de (S).

b) On note (E) l'équation $n \equiv n_0 \quad (12 \times 19)$.
Montrons que tout entier n solution de (E) est solution de (S').

$n \equiv n_0 \quad (12 \times 19)$ signifie qu'il existe un entier relatif k tel que :

$n = n_0 + 12 \times 19k$.

$n = n_0 + 12 \times (19k)$, donc $n \equiv n_0 \quad (12)$

$n = n_0 + 19 \times (12k)$, donc $n \equiv n_0 \quad (19)$.

n est bien solution de (S').

Réciproquement, montrons que tout entier n solution de (S') est solution de (E).

$n \equiv n_0 \quad (19)$ et $n \equiv n_0 \quad (12)$.

Il existe deux entiers k_1 et k_2 tels que :

$$n = n_0 + 19k_1 \quad \text{et} \quad n = n_0 + 12k_2.$$

On en déduit que $19k_1 = 12k_2 = n - n_0$.

12 divise $19k_1$ et 12 est premier avec 19, donc 12 divise k_1, d'après le théorème de Gauss. Il existe un entier relatif k_3 tel que $k_1 = 12k_3$.

Alors $n = n_0 + 19k_1 = n_0 + 19 \times 12k_3$, donc $n \equiv n_0 \quad (12 \times 19)$: n est bien solution de (E).

(S') et (E) ont les mêmes solutions. (S') et (E) sont équivalentes.

$$(S')\begin{cases} n \equiv n_0 \quad (19) \\ n \equiv n_0 \quad (12) \end{cases} \text{ équivaut à } (E)\ n \equiv n_0 \quad (12 \times 19)$$

n_0 étant une solution de (S).

3. a) Recherche d'un couple $(u\,;v)$ solution de $19u + 12v = 1$

Utilisons l'algorithme d'Euclide :

$$\begin{cases} 19 = 12 + 7 \\ 12 = 7 + 5 \\ 7 = 5 + 2 \\ 5 = 2 \times 2 + 1 \end{cases} \text{ donc } \begin{cases} 1 = 5 - 2 \times 2 \\ 2 = 7 - 5 \\ 5 = 12 - 7 \\ 7 = 19 - 12 \end{cases}.$$

CORRIGÉS

On en déduit successivement que :

$1 = 5 - 2 \times 2 = 5 - 2(7 - 5)$

$1 = (-2) \times 7 + 3 \times 5 = -2 \times 7 + 3 \times (12 - 7)$

$1 = 3 \times 12 - 5 \times 7 = 3 \times 12 - 5 \times (19 - 12)$

$1 = (-5) \times 19 + 8 \times 12 = u \times 19 + v \times 12$

Le couple $(-5\ ;\ 8)$ est solution de $19u + 12v = 1$.

$N = 13 \times 12 \times 8 - 6 \times 19 \times 5 = 678.$

Lorsque $u = -5$ et $v = 8$, $N = 678$.

b) D'après la question **1.**, nous savons que 678 est une solution de (S).
D'après la question **2. b)**, l'ensemble des solutions de (S) est l'ensemble des entiers n vérifiant $n \equiv n_0 \ \ (12 \times 19)$, où n_0 est une solution de (S).

L'ensemble des solutions de (S) est donc l'ensemble des entiers n tels que $n \equiv 678 \ \ (12 \times 19)$.

De plus, $678 = 2 \times 228 + 222$ où $222 < 228$.

$678 = 2 \times (12 \times 19) + 222.$

En effectuant la division euclidienne de 678 par $12 \times 19 = 228$.

$678 \equiv 222 \ \ (12 \times 19)$, donc $n \equiv 678 \ \ (12 \times 19)$ équivaut à $n \equiv 222 \ \ (12 \times 19)$.

L'ensemble des solutions de (S) est l'ensemble des entiers relatifs congrus à 222 modulo 12×19.

Remarque
On peut dire aussi que c'est l'ensemble des entiers n qui s'écrivent $n = 222 + 12 \times 19k$, où $k \in \mathbb{Z}$ $(12 \times 19 = 228)$.

4. Application

Lorsqu'on divise n par 12, le reste est 6, donc $n \equiv 6 \ \ (12)$.

Lorsqu'on divise n par 19, le reste est 13, donc $n \equiv 13 \ \ (19)$.

n est solution de (S), donc $n \equiv 222 \ \ [12 \times 19]$. Puisque $0 \leqslant 222 < 228$, le reste de la division de n par 228 est 222.

$$\boxed{r = 222.}$$

31 Partie A

Soit (E) l'équation $11x - 26y = 1$ où x et y désignent deux nombres entiers relatifs.

1. $11(-7) - 26(-3) = -77 + 78 = 1.$

Donc le couple $(-7\ ;\ -3)$ est bien solution de (E).

2. Soit x et y deux entiers relatifs solution de (E) :

$$\begin{cases} 11x - 26y = 1 \\ 11(-7) - 26(-3) = 1 \end{cases}.$$

Les entiers x et y sont donc les solutions de $11(x+7) - 26(y+3) = 0$ soit :

$$11(x+7) = 26(y+3).$$

Si x est un entier relatif, alors $x+7$ est aussi un entier relatif ; de même si y est un entier relatif, alors $y+3$ est aussi un entier relatif. Les entiers 11 et 26 sont premiers entre eux. L'entier 11 divise le premier membre, donc il divise aussi $26(y+3)$, comme il est premier avec 26, il divise $y+3$. Il existe donc un entier relatif k tel que $y + 3 = 11k$.

D'où $y = -3 + 11k$ où $k \in \mathbb{Z}$.

On déduit alors $11(x+7) = 26 \times 11k$.

Comme $11 \neq 0$, $x + 7 = 26k$, d'où $x = -7 + 26k$, où $k \in \mathbb{Z}$.

Réciproquement, on vérifie que les couples $(x\,;y)$ tels que $x = -7 + 26k$ et $y = -3 + 11k$, $k \in \mathbb{Z}$ sont solutions de (E).

Les nombres entiers relatifs solutions de (E) sont les entiers définis par :

$$\boxed{x = -7 + 26k \text{ et } y = -3 + 11k,\ k \in \mathbb{Z}.}$$

3. Déterminons l'entier k pour que $0 \leqslant -7 + 26k \leqslant 25$.

L'entier k vérifie $\frac{7}{26} \leqslant k \leqslant \frac{25+7}{26}$. Seule la valeur $k = 1$ convient.

D'où $u = -7 + 26 = 19$ et $v = -3 + 11 = 8$.

Le couple solution cherché est le couple (19 ; 8).

Partie B

1. La lettre W correspond d'après le tableau au nombre 22.

On calcul $11 \times 22 + 8 = 250$.

Le reste de la division de 250 par 26 est 16 car $250 = 9 \times 26 + 16$.

Le nombre 16 correspond à la lettre Q.

La lettre W est codée par la lettre Q.

2. a) Pour tout entiers x et j, $11x \equiv j \pmod{26}$ est équivaut à :

$$19 \times 11x \equiv 19j \pmod{26}$$

$$209x \equiv 19j \pmod{26}$$

$$x \equiv 19j \pmod{26} \quad \text{car } 209 \equiv 1[26].$$

$$x \equiv 19j \pmod{26}.$$

CORRIGÉS

Donc, pour tous entiers relatifs x et j :

$$\boxed{11x \equiv j \pmod{26} \text{ équivaut à } x \equiv 19j \pmod{26}.}$$

b) Soit x un entier compris entre 0 et 25, l'entier y qui code x est le reste de la division par 26 de l'entier $11x + 8$. Donc :

$$11x + 8 \equiv y \pmod{26}$$
$$11x \equiv y - 8 \pmod{26}.$$

En appliquant le résultat de la question précédente à l'entier $j = y - 8$, on obtient :

$$x \equiv 19(y-8) \pmod{26}.$$

Pour tout entier y compris entre 0 et 25, l'entier x qui décode y est le reste de la division de $19(y-8)$ par 26.

c) La lettre W correspond à l'entier $y = 22$.
$19(y-8) = 19 \times (22-8) = 266$. Or $266 = 10 \times 26 + 6$.

Le reste de la division par 26 de l'entier 266 est l'entier 6 qui correspond à la lettre G.

La lettre W est décodée par la lettre G.

32 Partie A

1. (E) est l'équation $7x - 6y = 1$.

$7 - 6 = 1$, donc $(x ; y) = (1 ; 1)$ est une solution particulière de (E).

$(1 ; 1)$ est une solution particulière de (E).

2. (E) équivaut à $7x - 6y = 7 \times 1 - 6 \times 1$ et à $7(x-1) = 6(y-1)$.

7 divise $6(y-1)$ et 7 et 6 sont premiers entre eux.

D'après le théorème de Gauss, 7 divise $(y-1)$.

Il existe un entier k tel que $y - 1 = 7k$.

Alors $7(x-1) = 6 \times 7k$, donc $x - 1 = 6k$.

Si $(x ; y)$ est solution de (E), alors $\begin{cases} x = 1 + 6k \\ y = 1 + 7k \end{cases}$, $k \in \mathbb{N}$.

Réciproquement, si $(x ; y) = (1 + 6k ; 1 + 7k)$, $k \in \mathbb{N}$,

$$7x - 6y = 7(1+6k) - 6(1+7k) = 7 - 6 = 1,$$

donc $(x ; y)$ est solution de (E).

L'ensemble des couples d'entiers naturels solutions de (E) est l'ensemble des couples $(1 + 6k ; 1 + 7k)$ où $k \in \mathbb{N}$.

Partie B

1. n et m sont des entiers naturels non nuls.

Si $m \leqslant 4$, m peut être égal à 1, 2, 3 ou 4.

Pour $m = 1$, (F) s'écrit $7^n - 6 = 1$ soit $7^n = 7$.

La seule solution est $n = 1$.

Pour $m = 2$, (F) s'écrit $7^n - 3 \times 2^2 = 1$ soit $7^n = 13$.

Aucun entier n ne vérifie $7^n = 13$.

Pour $m = 3$, (F) s'écrit $7^n = 3 \times 2^3 + 1 = 25$.

Aucun entier n n'est solution.

Pour $m = 4$, (F) s'écrit $7^n = 3 \times 2^4 + 1 = 49$.

La seule solution est $n = 2$.

Lorsque $m \leqslant 4$, il y a exactement deux couples $(n\,;\,m)$ solutions de (F) :

$$\boxed{(1\,;1) \text{ et } (2\,;4).}$$

2. On suppose $m \geqslant 5$.

a) On pose $p = m - 5$. puisque m est un entier supérieur ou égal à 5, p est un entier positif.

$2^m = 2^{5+m-5} = 2^5 \times 2^{m-5} = 2^5 \times 2^p = 32 \times 2^p$.

2^m est un multiple de 32, congru à 0 modulo 32.

Ainsi, $7^n = 3 \times 2^m + 1$ est congru à 1 modulo 32.

En effet, par somme et produit :

$2^m \equiv 0 \pmod{32}$ et $1 \equiv 1 \pmod{32}$, donc $3 \times 2^m + 1 \equiv 3 \times 0 + 1 \equiv 1 \pmod{32}$.

Si $(n\,;\,m)$ est solution de (F), alors $7^n \equiv 1 \pmod{32}$.

b) $7 = 7$, donc $7 \equiv 7 \pmod{32}$.

$7^2 = 49 = 32 + 17$, donc $7^2 \equiv 17 \pmod{32}$.

$7^3 = 7^2 \times 7$, donc, par produit, $7^3 \equiv 17 \times 7 \pmod{32}$.

$17 \times 7 = 119 = 3 \times 32 + 23$, donc $7^3 \equiv 23 \pmod{32}$.

$7^4 = 7^3 \times 7$, donc $7^4 \equiv 23 \times 7 \pmod{32}$;

$23 \times 7 = 161 = 5 \times 32 + 1$, donc $7^4 \equiv 1 \pmod{32}$.

Une période égale à 4 apparaît. Pour tout entier naturel k :

$7^{4k} = (7^4)^k$, donc $7^{4k} \equiv 1^k \equiv 1 \pmod{32}$;

$7^{4k+1} = 7^{4k} \times 7$, donc $7^{4k+1} \equiv 7 \pmod{32}$;

$7^{4k+2} = 7^{4k} \times 7^2$, donc $7^{4k+2} \equiv 7^2 \equiv 17 \pmod{32}$;

$7^{4k+3} = 7^{4k} \times 7^3$, donc $7^{4k+3} \equiv 7^3 \equiv 23 \pmod{32}$.

Les restes de la division de 7^n par 32 sont égaux à 1, à 7, à 17 ou à 23.

Le reste de la division de 7^n par 32 est égal à 1 si et seulement si il existe $k \in \mathbb{N}$ tel que $n = 4k$.

Si $(n\ ;\ m)$ est solution de (F), alors le reste de la division de 7^n par 32 est 1, donc n est un multiple de 4.

Si $(n\ ;\ m)$ est solution de (F), alors n est divisible par 4.

c) n est un multiple de 4 : $n = 4k$, k entier naturel.
$7 = 1 \times 5 + 2$, donc $7 \equiv 2 \pmod 5$, et $7^4 \equiv 2^4 \pmod 5$.

$2^4 = 16 = 3 \times 5 + 1$, donc $2^4 \equiv 1 \pmod 5$.

Si $(n\ ;\ m)$ est solution de (F), alors $7^n \equiv 1 \pmod 5$.

d) Si $(n\ ;\ m)$ est solution de (F), alors $7^n \equiv 1 \pmod 5$ et $7^n = 3 \times 2^m + 1$.
Donc $3 \times 2^m + 1 \equiv 1 \pmod 5$, $3 \times 2^m \equiv 0 \pmod 5$.

3×2^m est donc divisible par 5.

5 et 3 sont premiers entre eux, donc d'après le théorème de Gauss, 5 divise 2^m.

Aucune puissance de 2 n'est divisible par 5, donc ce résultat est absurde.

L'hypothèse faite $m \geqslant 5$ et $(n\ ;\ m)$ est solution de (F) est fausse.

Lorsque n est supérieur à 5, aucun $(n\ ;\ m)$ n'est solution de (F).

3. En envisageant $m \leqslant 4$ puis $m \geqslant 5$, on a envisagé tous les cas possibles.

Il y a exactement deux couples d'entiers naturels solutions de (F) :

$$(1\ ;\ 1) \text{ et } (2\ ;\ 4).$$

N° éditeur : 10240716 - Dépôt légal : juin 2018
Imprimé en France par Loire Offset Titoulet à Saint-Etienne
N° imprimeur : 201804.0727